L. FAUCONNET

Membre de la Société Entomologique de France



# FAUNE ANALYTIQUE
DES
# COLÉOPTÈRES
## DE FRANCE

AUTUN

IMPRIMERIE & LIBRAIRIE BLIGNY-COTTOT

5, Rue Saint-Saulge, 5

1892

L. FAUCONNET

Membre de la Société Entomologique de France

# FAUNE ANALYTIQUE
DES
# COLÉOPTÈRES
# DE FRANCE



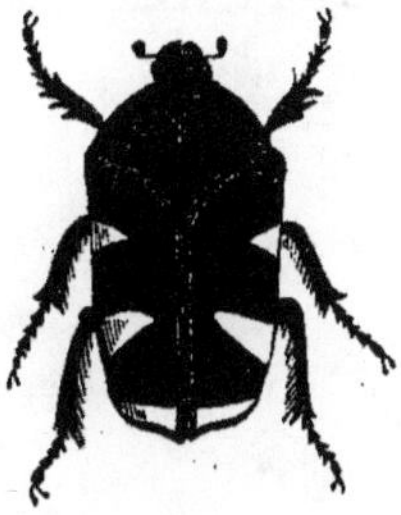

AUTUN

IMPRIMERIE & LIBRAIRIE BLIGNY-COTTOT

5, Rue Saint-Saulge, 5

1892

# Les Coléoptères de France

Sollicité par un certain nombre d'entomologistes, je me suis décidé à publier les tableaux dichotomiques que j'avais réunis, pour me rendre plus facile et plus rapide la détermination des Coléoptères de France; car il arrive souvent qu'au moment de chercher le nom d'un insecte, on se demande s'il a paru une étude du genre dont on s'occupe et dans quelle revue ou quel ouvrage spécial cette étude a été publiée. C'était surtout pour éviter ces recherches que j'avais collectionné tous les documents sur les Coléoptères de France, qui me tombaient sous les yeux. Aussi je n'offre ici qu'un travail de compilation, qui ne m'a demandé que du temps et de la patience, et à part quelques genres que j'ai étudiés avec intérêt (*Aphodius, Clytra, Cryptocephalus* etc), j'ai puisé largement dans les travaux de nos Maîtres en entomologie; à eux seuls revient tout le mérite de mon œuvre. Il m'eut été non pas difficile, mais impossible de mener à bien un pareil ouvrage, si je n'avais eu pour étudier les *Staphylinides*, la monographie de Mr FAUVEL et pour les *Rhynchophora* et *Carnivora,* la Faune du bassin de la Seine de Mr BEDEL, œuvres remarquables par la clarté, la concision et l'exactitude de leurs tableaux; puis j'ai trouvé de nombreux et précieux documents dans les *Bestimmungs-Tabellen* de notre savant collègue Mr REITTER, dans les monographies publiées par L'ABEILLE, dans les œuvres de MULSANT et de son collaborateur Mr REY et dans la Faune de Mrs FAIRMAIRE et LABOULBÈNE; enfin pour certains genres peu étudiés jusqu'à ce jour j'ai consulté avec fruit l'Histoire naturelle des insectes d'Allemagne d'ERICHSON, et quelques travaux spéciaux de Mr FAUVEL dans la Revue d'entomologie, de Mrs ABEILLE DE PERRIN et DES GOZIS.

Quelques uns de nos maîtres m'ont même aidé directement de leurs conseils, je les prie d'agréer doublement mes meilleurs remerciements et l'expression de ma sincère reconnaissance.

J'aurais voulu pouvoir comprendre un plus grand nombre d'espèces dans mes Tableaux, mais les types et les descriptions m'ont fait défaut; je suis arrivé cependant à donner les caractères de 7. 500 espèces et variétés, environ; une collection française de cette importance n'est déjà plus ordinaire et au-dessus de ce chiffre il n'existe guère que des raretés dont les heureux possesseurs sont peu nombreux.

Mon œuvre contiendra certainement bien des erreurs et des imperfections, mais telle qu'elle est j'espère qu'elle rendra d'importants services à nos jeunes collègues en entomologie, privés de bibliothèque scientifique; elle aplanira pour eux les difficultés si grandes au début, elle leur permettra de se mettre plus rapidement et plus facilement au courant de la science; tel a été mon but en publiant cette suite de Tableaux et j'aurai été grandement récompensé, s'il a été atteint.

*Autun, le 31 Décembre 1891.*

L. FAUCONNET

# FAUNE ANALYTIQUE

DES

# COLÉOPTÈRES DE FRANCE

## CICINDELA

Antennes insérées en dedans des mandibules

(A. FAUVEL: *Faune Gallo-rhén.*—FAIRMAIRE: *Faune française*).

1 Labre noir. 14—16 **sylvatica L**

— Labre blanc. 2

2 Episternes protothoraciques glabres: Th. plus long ou au moins aussi long que large. 3

— Episternes protothoraciques à pubescence blanche. 4

3 Dessus brun bronzé; une ligne de points bleuâtres, enfoncés près de la suture. 10—12 **scalaris Serv**

— Dessus vert; les points juxta-suturaux obsolètes et concolores. 8—10 **germanica L**

4 El. d'un noir velouté mat, à 6 P. jaunâtres (1, 1, 2, 1, 1,); épipleures rougeâtres. 12—13 **maura L**

— El. rarement noirâtres, non veloutées-mates. 5

5 Epipleures d'un blanc jaunâtre. 6

— Epipleures métalliques: Th. plus ou moins transverse. 8

6 Taille petite, dessins des El. linéaires. 7

— Taille grande; El. à larges fascies; tibias rougeâtres. 14—15 **circumdata Dej**

7 Bordure externe des El. blanchâtre de la base au sommet. 9—11 **trisignata Dej**

Var. El. envahies par la couleur blanche et n'ayant plus qu'une tache scutellaire triangulaire. **V. subsuturalis Sour**

— Bordure externe des El. blanchâtre, mais interrompue. 8—10 **arenaria Fuess**

8 Pas de point blanc entre les fascies médiane et apicale. 9

— Un point blanc juxta-sutural au delà de la fascie médiane. 12—16 **littoralis F**

9 Une tache juxta-suturale entre la fascie humérale et la fascie médiane. 12—14 **flexuosa F**

— Pas de tache juxta-suturale au dessus de la fascie médiane. 10

10 Pas de fascie médiane, mais 2 P. seulement, l'interne cerclé de noir; ♀ un P. noirâtre au premier tiers vers la suture. 12—15 **campestris L**

Var. El. un peu plus courtes, d'un vert plus obscur; tache discoïdale réunie à la tache latérale. **V. connata Heer**

— Une fascie médiane plus ou moins large. 11

11 El. vertes. 13—15 **gallica Brull**

— El. noirâtres à reflet plus ou moins cuivreux. 12

12 Th. à côtés bien rétrécis vers la base. 14—16 **sylvicola Dj**

— Th. à côtés subparallèles. 13

13 Fascie médiane simplement sinueuse. 12—16 **hybrida L**

— Fascie médiane brisée au milieu à angle droit. 13—14 **maritima Lat**

# CARABIDÆ

(A. Fauvel: *Faune Gallo-rhén.* —L. Bedel: *Faune des Coléopt. du bassin de la Seine.*—Fairmaire: *Faune française.*—Putzeys: *Monogr. des Amara.*)

## ELAPHRINI

### ELAPHRUS

Rebord latéral de l'El. non prolongé sur la base

1 Tibias bleus; dessus d'un vert brun ou bronzé; (dessus d'un vert assez brillant, plus vif sur les côtés et sur les espaces lisses des El. *Var. pyrenœus Mots*). 8—9 **uliginosus F**

— Tibias testacés. 2

2 Tarses bleuâtres ou violacés. 7,5—9 **cupreus Duft**

— Tarses d'un vert métallique. 3

3 Ocelles de la marge des El. verts, ceux du disque, violets cerclés d'émeraude. 7—7,5 **Ullrichi Redt**

— Ocelles latéraux d'un violacé noirâtre obscur. 4

4 Une seule facette luisante juxta-suturale. 6,5—7,5 **riparius L**

— Trois facettes luisantes juxta-suturales. 6,5—7 **aureus Müll**

### BLETHISA

Rebord latéral de l'El. prolongé à la base jusqu'à l'écusson

Bronzé brillant; El. à séries de fossettes inégales. 11—13 **multipunctata L**

### NOTIOPHILUS

Strie suturale très écartée de la 2e

1 El. à tache apicale jaunâtre. 2

— El. concolores au sommet. 4

2 Suture et interstries (excepté le 1er) alutacés, mats. **substriatus Wat**

— Interstries brillants. 3

3 Une seule fossette sur le 3e interstrie. 5—5,5 **biguttatus F**

— Deux fossettes sur le 3e interstrie. 5—5,5 **4-punctatus** Dj
4 Suture et interstries (sauf le 1er) alutacés, mats. 5—5,5 **geminatus** Dj
— Interstries brillants. 5
5 Tibias d'un noir bronzé. 4—6 **aquaticus** L
— » testacés rougeâtres. 6
6 Cuisses rougeâtres, sommet des El. mat. 5,5—6 **rufipes** Curt
— » noires: sommet des El. brillant. 4,5—5 **palustris** Duft

### OMOPHRON

Ecusson invisible; insecte jaune, suborbiculaire, maculé de vert métallique. 5—6,5 **limbatus** F

## NEBRIINI — CARABINI

### NEBRIA

Mandibules simples

1 Taille grande; dessus testacé à taches noires plus ou moins grosses. 18—23 (**Eurynebria**) **complanata** L
— Taille moyenne; dessus noir ou brun plus ou moins foncé. 2
2 El. à bordure flave. 3
— El. sans bordure flave. 4
3 Tête noire. 15—16 **livida** L
— Tête rouge. 13—14 **psammodes** Ros
4 Tête rougeâtre. 15—16 **picicornis** F
— Tête noire. 5
5 El. subparallèles; des ailes. 6
— El. ovales à côtés arqués; pas d'ailes. 8
6 Gouttière latérale du Th. fine, imponctuée; pattes noires. **Joskischi** Str
— » » large et ponctuée. 7
7 Epipleures, tibias et tarses, roux. 11—12 **brevicollis** F
— » et tibias noirs, tarses rougeâtres. 9—10 **Gyllenhali** Sch
8 Corps court, large. 9
— Corps allongé, plus ou moins étroit. 12
9 Taille moyenne. 10
— » petite. 11
10 Stries des El. nettement ponctuées. 11—12 **rubripes** Serv
— Stries des El. obsolètement » . 11 **Olivieri** Dj
11 Th. peu cordiforme à côtés de la base divergents. **Lariollei** Germ
— Th. cordiforme à côtés de la base subparallèles. 9 **laticollis** Dj
12 Gouttière du Th. large, égale, ponctuée. 13
— Gouttière du Th. étroite. 14
13 Noirâtre; pattes et ant. d'un noirâtre ferrugineux. **Lafresnayei** Serv
— Noir brillant; ant., pattes et presque tout le ventre, rouges ♂;

base du 1er art. des ant., angles postérieurs du Th. et écusson, rougeâtres; cuisses d'un noir de poix au milieu, abdomen d'un rouge plus obscur ♀. 10 **picticentris** Fvl

14 Th. plus large que moitié des El. 8,5—11 **castanea** Bon

— Th. au plus, égal à la moitié des El. 15

15 Th. redressé un peu avant la base. 10 **angustata** Dj

— Th. redressé bien avant la base: El. fortement atténuées vers la base. 7,5—10 **angusticollis** Bon

## LEISTUS

Mandibules dilatées sur les côtés en une lame horizontale

1 Dessus bleu ou noir-bleuâtre. 2

— Dessus brun plus ou moins foncé. 5

2 Gouttière du Th. large et ponctuée. 3

— Gouttière du Th. étroite; dessus métallique moins brillant. 4

3 Tête presque lisse, cuisses brunes. 8—9 **spinibarbis** F

— » ponctuée au milieu, pattes rousses. 8 **montanus** Step

4 Th. fortement transverse, brusquement rétréci à la base, avec les angles postérieurs très pointus. 8 **fulvibarbis** Dj

— Th. graduellement rétréci vers la base. 8—9 **nitidus** Duft

5 Gouttière du Th. large et entière: Th. et El. bordés de roux. 10 **rufomarginatus** Duft

— Gouttière du Th. étroite, peu visible au sommet. 6

6 Tête plus foncée que le Th. et les El. 7,5 **rufescens** F

— Tête pas plus foncée que le Th. et les El. 7

7 Brun de poix: Th. à côtés non brusquement rétrécis: El. très ovales sans épaules; rebord basal des El. remontant vers l'épaule. 8—10 **piceus** Frol

— Ferrugineux: Th. à côtés brusquement rétrécis vers la base; rebord basal des El. droit; épaules plus sensibles. 7,5 **ferrugineus** L

## CALOSOMA

2e art. ant. très court, le 3e coupant en dessus

1 Intervalles des El. convexes. 2

— » » plats. 3

2 Tête et Th. bleus; El. d'un vert-doré; intervalles finement ridés; les 4e, 8e, 12e à séries de points écartés. 25—27 **sycophanta** L

— Brun-bronzé; intervalles fortement ridés, les 4e, 8e, 12e à séries de gros points enfoncés. 18—20 **inquisitor** L

3 Rides transversales des intervalles, anguleuses; les gros points en séries, plus petits; dessus noir foncé, assez luisant. 29—31 **Maderæ** F

— Brun-noir, presque mat, soyeux; les points en séries sont plus forts et les rides transversales presque droites. 25 **sericeum** F

## CARABUS

Mandibules lisses; hanches postérieures contiguës; 2e art. ant. allongé

A Labre trilobé. (**Procrustes**) 33—37 **coriaceus L**

A' » bilobé. (**Carabus**)

$B^1$ El. déprimées, planes; 1er art. ant. claviforme.

1 Base des antennes rougeâtre. 20—23 **irregularis F**

— Antennes noires. **2**

**2** Yeux très éloignés du Th.: vertex renflé: El. à lignes de P. assez 'régulières avec 3 séries de caténulations. **pyrenæus Serv**

— Yeux plus rapprochés du Th.; vertex non renflé; 3 rangs de fossettes bien marqués sur les El. qui sont nettement striolées; côtés du Th. à peine sinués vers la base qui est peu impressionnée. 22 **depressus Bon**

Var. Côtés du Th. redressés vers la base qui est nettement impressionnée; strioles bien marquées. **V. Bonellii Dj**

El. obsolètement striolées, d'un cuivreux doré ou verdâtre. **V. lucens Schaum**

$B^2$ El. assez convexes, lisses, avec ou sans rangées de gros points.

1 El. d'un vert cuivreux doré, complètement lisses. **splendens F**

— El. d'un cuivreux doré avec 3 rangées de gros P. brillants. 28—36 **rutilans Dj**

$B^3$ El. à lignes serrées de points plus ou moins forts, au milieu desquelles on distingue 3 lignes régulières de gros P. ronds; tête et Th. d'un bleu violet: El. d'un cuivreux doré. **hispanus F**

$B^4$ El. noires à granulations fines et serrées, sans côtes ni sillons.

1 Th. transverse à angles postérieurs courts, très arrondis : El. à très fines et courtes strioles longitudinales. 22-24 **glabratus Payk**

— Th. presque carré, bordé ainsi que les El. de bleu violacé: El. finement rugueuses. 23-26 **violaceus L**

Var. Granulations des El. fortes, en lignes confuses ou assez nettes **V. exasperatus Duft**

$B^5$ El. à nombreuses côtes fines, séparées par des sillons à points rapprochés; noir; côtés du Th. et des El. à reflets métalliques. **V. purpurascens F**

$B^6$ El. à fines lignes élevées, serrées, et 3 rangs de gros P. souvent métalliques.

1 Abdomen à stries ventrales entières; dessus brun noirâtre bronzé. **hortensis L**

— Abdomen à stries ventrales nulles ou interrompues au milieu. **2**

2 Dessus noir ou noir bleuâtre, points des El. peu profonds. **3**

— Dessus bronzé ou à couleurs métalliques, points des El. profonds. **4**

3 Lignes élevées des El. bien nettes; Th. et El. teintés de bleuâtre sur les côtés; points des El. obsolètes. 15—17 **convexus F**

— Points des El. mieux marqués; lignes élevées irrégulières, souvent interrompues; base et côtés du Th., pourtour des El., violacés-bleuâtres. 20—21 **monticola Dej**

**4** **Th. à rugosités convexes et presque égales sur tout le disque. 20—21** **sylvestris F**

— Th. à rugosités aplaties et plus larges sur le disque. 5

5 Une rangée de gros points vers le bord des El. **nemoralis Müll**

— Un rang de granulations serrées et saillantes près du bord externe des El.; ♂ art. 5—9 ant. échancrés. 19—21 **concolor F**

Var. Intervalles des El. simplement striés: ♂ art. 6—9 ant. échancrés. **V. Fairmairei Thom**

Art. 5—11 ant. ♂ échancrés: El. plus larges à la base. **V. Putzeysianus Geh**

Art. 5—10 ant. ♂ échancrés: El. plus atténuées à la base. **V. Cenisius Kr**

B⁷ El. à trois côtes saillantes, interrompues par des fossettes ou de larges impressions, ou séparées par une rangée de fossettes.

1 Trois rangs de fossettes cuivreuses, séparés par une côte saillante: dessus brun bronzé. 25—29 **clathratus L**

— Trois rangs de fortes impressions alternées, interrompant trois lignes peu saillantes; dessus noir foncé, peu luisant. **variolosus F**

B⁸ El. à 3 côtes saillantes, intervalles sans granulations.

1 Côtes des El. concolores. 2

— » » » noires. 3

2 Vert clair bronzé, intervalles finement chagrinés; pattes rouges (cuisses brunes: Th. très transverse, très arrondi en avant *V. lotharingus Dj*). 23—25 **auratus L**

— Bronzé obscur, terne; intervalles avec une ou deux rangées de fines aspérités. 24—25 **melancholichus F**

3 Intervalles transversalement ridés; dessus vert métallique avec bords du Th. et des El. cuivreux. 14—15 **nitens L**

— Intervalles finement rugueux; pattes et ant. foncées. 24—26 **Solieri Dj**

— » » ridés et irrégulièrement ponctués; pattes et 1ᵉʳ art. ant., roux. 20—23 **auronitens F**

Var. Cuisses rouges, tibias noirs. **V. festivus Dj**

Cuisses noires, » roux. **V. Farinesi Dj**

El. déprimées à points nombreux interrompant plus ou moins les côtes; intervalles ruguleux-ponctués. **V. punctatoauratus Germ**

B⁹ El. à 3 séries caténulées séparées par 3 côtes simples ou accomgnées de 2 latérales plus faibles ou triplées et égales.

1 1ᵉʳ art. ant. rouge: El. à 3 carènes noires séparant trois séries de caténulations faibles (cuisses parfois rouges, *V. femoralis Geh*). 22—26 **cancellatus Ill**

— Ant. noires. 2

2 Angles postérieurs du Th. très courts, très obtus. 3

— » » » saillants, subaigus ou obtus. 4

3 El. subéchancrées vers le sommet; 3 rangées de chaînons et 3 côtes, intervalles granuleux; côte juxta-suturale effacée en arrière (cuisses quelquefois rouges, *V. rubripes Geh*). 18—22 **granulatus L**

— El. entières au sommet, à caténulations et carènes peu élevées, celles-ci souvent accompagnées de 2 latérales plus faibles. **arvensis Hbst**

4 Taille petite (13—14): El. à peine rebordées: 3 séries de chaînons lisses et trois petites carènes; intervalles plans, ruguleux. **Cristoforii Spen**

— Taille grande (20—26): El. fortement rebordées. 5

5 Bronzé obscur; angles postérieurs du Th. très saillants et aigus;

3 séries de chaînons et 3 côtes obtuses, accompagnées souvent de 2 côtes latérales obsolètes; intervalles ruguleux; ant. ♂ simples. **vagans Ol**

— Ant. ♂ avec plusieurs art. échancrés en dedans. 6

6 El. à 3 séries caténulées alternant avec 3 carènes saillantes, accompagnées de 2 côtes latérales fines; taille moyenne. **italicus Dj**

— Coloration très variée; taille grande: Th. transverse, ruguleux, à angles postérieurs larges, obtus et saillants; 3 rangées de chaînons, séparés par 3 lignes élevées, égales, lisses ou (*V. consitus Panz*) chaînons séparés par une ligne carénée flanquée de chaque côté d'une faible ligne interrompue, granulée. **monilis F**

B[10] El. à lignes longitudinales élevées, nombreuses, plus ou moins interrompues.

1 Bleu-violacé: El. ruguleuses à chaînons et lignes entremêlés et plus ou moins distincts. 25—32 **intricatus L**

— Bronzé obscur: El. à 6 séries caténulées, larges, obtuses, dont 3 plus fortes. 21—24 **alysidotus Ill**

— Noir-bleuâtre, peu brillant, avec marges du Th. et des El. violacées (Th. non rugueux à côtés lisses, *V. Brisouti Fvl*): El. à 3 séries de chaînons plus ou moins nets, les intervalles à stries plus ou moins crénelées et granuleuses. 22—28 **catenulatus Scop**

### CYCHRUS

Hanches postérieures séparées

1 Tibias roux ou testacés. 2

— » noirs. 3

2 Angles postérieurs du Th. arrondis. 15—17 **attenuatus F**

— » » » spiniformes. 14—16 **spinicollis Duf**

3 Th. mat, à angles postérieurs presque droits. 25—27 **Italicus Bon**

— Th. brillant, à angles postérieurs arrondis (3 lignes élevées assez marquées sur les El. *V. pyreneus Kr*). 18—20 **rostratus L**

## DRYPTIDÆ

### DRYPTA

1er art. ant. un peu plus long que les trois suivants: Th. sans rebord latéral

1 Bleu; ant. et pattes rousses. 9—9,5 **dentata Ross**

— Jaune-roussâtre, avec une bande suturale s'arrêtant aux 2/3, et une petite ligne près du bord externe, d'un vert obscur. 9 **distincta Ros**

### ODACANTHA

Rebord latéral du Th. visible au milieu seulement

Bleu-vert, avec base des ant., pattes et El., testacées; celles-ci avec une tache noire bleuâtre au sommet. 7 **melanura L**

### ZUPHIUM

Tête séparée du Th. par un cou distinct

1 Jaune pâle testacé, peu brillant; tête rembrunie. 6 **Chevrolati Cast**

— Roux ferrugineux, tête noire: El. brunes avec une tache subhumérale rousse et une autre commune, suturale, antéapicale. 9 **olens F**

### POLYSTICHUS

Art. basilaires des ant. pubescents; corps aplati, très ponctué, pubescent

1 Brun, avec une bande médiane, longitudinale, ferrugineuse, sur chaque El. 7—9 **connexus Fourc**

— Les bandes se réunissent aux 2/3 postérieurs. 7—9 **fasciolatus Ross**

## CYMINDIDÆ

### CYMINDIS

Tempes légèrement pubescentes

1 Crochets des tarses simples; dessus brun mat. (**Cymindoidea**) **Famini Dej**

— Crochets des tarses dentelés. 2

2 Rebord latéral des El. effacé avant l'écusson. (**Menas**) 3

— Rebord latéral des El. prolongé jusqu'à l'écusson. 4

3 El. vertes ou bleuâtres pubescentes, densément pointillées. **variolosa F**

— El. noires à base d'un brun fauve. **vaporarium L**

4 El. presque lisses, rougeâtres, à disque brun; angles postérieurs du Th. arrondis. 7 **canigoulensis Frm**

— El. à stries bien nettes. 5

5 El. glabres, luisantes, à intervalles sérialement ponctués. 6

— El. pubescentes, peu luisantes, à intervalles très densément ponctués. 7

6 Th. noir bordé de rougeâtre, à angles postérieurs saillants. 8—10 **humeralis Fourc**

— Th. rouge ou rougeâtre à angles postérieurs peu saillants: El. à tache humérale fauve soit détachée de la bordure latérale, soit vittiforme (*var. lineola Dufl*), ou envahissant le disque de l'El. 7 **axillaris F**

7 Base du Th. cintrée; taches élytrales bien nettes; tête et Th. fortement ponctués. 8

— Côtés de la base du Th. fortement ramenés en avant: taches élytrales peu visibles; tête et Th. moins fortement ponctués. 9

8 Tache humérale réunie à la base seulement, à la bande latérale. 9—10 **scapularis Scha**

— Tache humérale complètement réunie à la bande latérale. 8—9 **angularis Gyll**

9 Tête et Th. à ponctuation forte, peu serrée. 8 **coadunata Dj**

— » » » grosse, écartée, plus serrée à la base et sur les côtés du Th. 7—8 **melanocephala Dj**

Le C. macularis Dj a les El. pubescentes, ternes, à intervalles densément ponctués; le Th. est court et à disque brun.

# BRACHINIDÆ

## APTINUS

Epaules effacées

1 Dessus noir, Th. rouge. 15—18 **displosor Duf**
— Dessus complètement noir. 2
2 Ant. et pattes jaunes. 7—10 **pyrenæus Dj**
— Ant. et pattes d'un brun plus ou moins foncé; cuisses noires. 10 **alpinus Dj**

## BRACHYNUS

Épaules arrondies, mais marquées; abdomen à 7 ou 8 segments

1 El. jaunes, à suture noire, dilatée vers le sommet. 8—10 **humeralis Ahr**
— El. bleues, verdâtres ou noirâtres, concolores ou tachées. 2
2 El. bicolores. 3
— El. concolores. 4
3 El. bleues avec chacune deux taches jaunes latérales. **exhalans Ros**
— El. d'un bleu brillant, à linéoles scutellaire et suturale, jaunes. 5—7 **sclopeta F**
4 El. à côtes bien visibles; ant. noires à 2 premiers art. testacés. 7—8 **incertus Brull**
— El. à intervalles plats et stries peu visibles; ant. rougeâtres. 5
5 Dessous du corps complètement rouge. 7—8 **psophia Serv**
— » » plus ou moins foncé. 6
6 Poitrine noire (El. plus courtes, un peu plus larges en arrière : Th. plus étroit, écusson plus petit *V. glabratus Dj*) **explodens Duf**
— Poitrine rougeâtre. 7
7 El. visiblement cannelées; ordinairement 3 ou 4 art. des ant. avec une tache brune. 7,5—10 **crepitans L**
— Ant. concolores, taille plus grande: El. à côtes effacées, élargies en arrière: Th. plus étroit; q. q. fois la poitrine est foncée, on le distinguera alors facilement de l'*explodens* par sa taille plus forte et son Th. très allongé. 10—11 **immaculicornis Dj**

# DROMIDÆ

## DEMETRIAS

Avant-dernier art. des tarses bilobé

1 El. testacées avec une tache obscure autour de l'écusson et le long de la suture; tempes garnies de poils. 5—6 **atricapillus F**
— El. à suture et une tache commune, en losange, aux 2/3, brunes; tempes glabres. 4,5 **monostigma Sam**
— El. à tache suturale bifurquée en arrière, plus ou moins développée, et se réduisant quelquefois à une tache suturale et deux points latéraux (tête quelquefois rougeâtre *V. ruficeps Gen*). **imperialis Germ**

## DROMIUS

Dernier art. tarses postérieurs, à peu près égal au 1er

1 El. d'un jaune testacé plus ou moins foncé, concolores ou à sommet taché de noir. 2
— El. jaunes à suture et tache transverse, brunes. 4
— El. d'un brun rougeâtre ou foncé, concolores ou avec 2 taches discales antérieures pâles. 9
2 El. à stries bien tracées, nettement ponctuées. 4 **linearis Ol**
— El. à stries superficielles ou effacées; tête noire. 3
3 Palpes bruns: Th. subtransverse; tête peu plus longue que large. 3,5—4 **melanocephalus Dej**
— Palpes jaunes: Th. très allongé, très rétréci à la base, tête très allongée. 4 **longiceps Dj**

Le D. capitalis Grm en diffère par la taille plus grande (7m) la tête plus allongée presque parallèle en arrière et le Th. plus court, moins rétréci en arrière.

4 Tête striolée; El. noires à 4 taches pâles. 5 **4-maculatus L**
— Tête non striolée au milieu du front. 5
5 Rebord basal des El. allant jusqu'à l'écusson. 6
— » » » cessant avant l'écusson. 7
6 Th. rouge: El. pâles à dessin noir. 3 **bifasciatus Dj**
— Th. brun; El. brunes à 4 taches pâles. 4 **4-notatus Panz**
7 El. brunes à 4 taches pâles; ant. à art. 5-10 assez courts. **4-signatus Dj**
— El. testacées à bande transverse brunâtre aux 2/3; ant. à art. 3-11 allongés. 8
8 Dessous rembruni; bande des El. vague. 3,5 **nigriventris Thom**
— » testacé: bande des El. nette. 3,5 **sigma Ros**
9 3e et 7e interv. des El. avec pores espacés; dessus brun assez foncé. 10
— 3e intervalle des El. sans pores espacés; dessus brunâtre moins foncé. 11
10 El. noires (deux taches basales et quelquefois une tache plus petite, juxta-suturale, antéapicale, jaunes, *V. bimaculatus Lat*); Th. peu plus long que large. 5—6 **agilis F**
— Th. transverse, noir, bordé de roux: El. à 2 taches juxta-suturales petites, presque arrondies. 5—9 **fenestratus F**
11 Th. rétréci à la base. 5-6 **angustus Brüll**
— Th. presque carré. 5-6 **meridionalis Dj**

## BLECHRUS

Rebord latéral du Th. bordant extérieurement les angles postérieurs: Th. à peine transverse

1 El. noires, lisses, avec des vestiges de stries. 2,5—3 **glabratus Duft**
— Taille plus petite: El. noires à stries indistinctes. **maurus Strm**
— El. noires à tache médiane allongée, jaunâtre. 2,5 **plagiatus Duft**

## LIONYCHUS

Rebord latéral du Th. dirigé vers l'écusson et laissant en dehors les angles postérieurs

1 El. à tache humérale allongée blanchâtre, dépassant le milieu.

2,5 **albonotatus** Dj

— El. à tache humérale simple. 2

2 Noir luisant: El. aplaties au milieu, à intervalles internes subconvexes; ordinairement une deuxième tache après le milieu. 4 **quadrillum** Duft

— Noir un peu bronzé; intervalles plans; tache humérale blanche, grande. 3,5 **Sturmi** Gen

— Noir brillant un peu déprimé; intervalles à rides transverses très fines; tache humérale mal arrêtée. 2 **maritimus** Frm

### METABLETUS

Th. nettement transverse, à angles postérieurs rebordés

1 El. à 2 fovéoles sur le 3e intervalle; tibias et tarses noirs. **foveatus** Four

— El. sans fovéoles. 2

2 El. noires, ovales. 3 **truncatellus** L

— El. en ovale oblong, à épaules roussâtres. 3 **obscuroguttatus** Duft

Le M. myrmidon Frm. est plus petit, la tache humérale est plus nette et se prolonge souvent vers la suture; tempes beaucoup plus longues que les yeux.

### APRISTUS

Dessus complètement noir, réticulé, peu brillant: Th. cordiforme, subtransverse, pas plus large que la tête avec les yeux: El. à 4 premières stries distinctes, lisses, effacées près de la base; 2 P. peu distants sur le 3e intervalle. 5 **subæneus** Chaud

## LEBIINI

### LEBIA

Th. rouge, transversal, lobé au milieu de la base

1 El. bleues, verdâtres ou violettes. 2

— El. noires, à taches jaunes ou rouges. 5

— El. rougeâtres, à taches noires. 6

2 El. pubescentes à stries fortes et intervalles subconvexes, très ponctués. **pubipennis** Duf

— Stries fines, intervalles peu ponctués, plats. 3

3 Tête noire: El. alutacées, à intervalles uniponctués. 4—6 **rufipes** Dj

— Tête à reflets métalliques. 4

4 1er art. ant. rouge, genoux noirs (base des ant. rougeâtre, Th. plus ponctué, *V. annulata Brul*). 6—7 **cyanocephala** Hoff

— 2 ou 3 premiers art. ant. testacés; pattes testacées. 4,5—6 **chlorocephala** Hoff

5 Une bande apicale rouge; tête rouge. 4 **marginata** Four

— Une tache humérale jaune, atteignant le tiers de l'El. (quelquefois une tache au sommet des El. *V. 4-maculata Dj*). **scapularis** Four

6 Suture, une bande transverse postmédiane et bordure du sommet des El., noires; pattes rouges (pattes en entier ou cuisses seulement, noires, *V. nigripes Dj*). 5—6 **crux-minor** L

— Vers la 2e moitié des El. une tache suturale noire, flanquée de chaque côté d'une tache arrondie de même couleur. **3-maculata** Vill

### SOMOTRICHUS (Coptodera)

Dernier art. palpes cylindrique

Rougeâtre, pubescent : El. à bande transverse noire. **elevatus** F

### PLOCIONUS

Dernier art. palpes sécuriforme; crochets des tarses dentelés

Testacé-rougeâtre; ant. courtes presque monoliformes: El. assez fortement striées; stries paraissant lisses. **pallens** F

## MASOREINI

### MASOREUS

Th. court, large, arrondi, rebordé latéralement

Brun-rougeâtre; base des El. moins foncée: El. striées; 2 P. sur le 3e interv. et une rangée de P. au bord extérieur. **Wetterhali** Gyll

## NOMIINI

### NOMIUS

Rebord latéral du Th. denté près de l'angle postérieur

Brun-châtain luisant: El. à 7 stries; ant. pubescentes dès la base, à 2e art. monoliforme, très court. 7 **pygmæus** Dj

## CHLÆNIINI

### CALLISTUS

Tibias à fine pubescence couchée

Tête noire: Th. et El. d'un jaune rouge, celles-ci à tache humérale et 2 bandes transversales, noires. 7 **lunatus** F

### PANAGÆUS

Dessus pubescent; vertex en forme de cou

1 El. d'un rouge-brique, à suture, bandes basale, médiane et apicale, noires: Th. à ponctuation uniforme sur les côtés; vertex étranglé derrière les yeux qui sont plus proéminents. 8—10 **crux-major** L

— Ponctuation latérale du Th. double: vertex non étranglé derrière les yeux: Th. plus étroit, presque circulaire, à ponctuation plus forte, moins serrée. **bipustulatus** F

## LOROCERA

Art. 2-6 ant. garnis de longues soies

Bronzé verdâtre, luisant; 3 gros P. sur chaque El. 8—10 **pilicornis F**

## BADISTER

Labre bilobé; dernier art. des palpes ovalaire, non tronqué

1 Th. rouge: El. bleuâtres, à pourtour, suture et tache antéapicale, rouges. 2
— Th. noir, finement bordé de jaune, ainsi que les El. 3
2 Ecusson rouge; épisternes mésothoraciques roux: Th. à sommet très échancré. **unipustulatus Bon**
— Episternes mésothoraciques noirs; écusson noirâtre (ou roux *V. lacertosus St*); sommet du Th. presque droit. **bipustulatus F**
3 El. noires concolores. 5 **peltatus Panz**
— El. » à tache humérale et bordure latérale, testacées. **sodalis Duft**

## CHLÆNIUS

Tibias sans pubescence couchée, à spinulos dressées; dernier art. palpes non effilé

1 El. bordées de jaune. 2
— El. non bordées de jaune. 7
2 Bordure très dilatée au sommet. 9—11 **vestitus Payk**
— » non dilatée postérieurement. 3
3 Dessus glabre. 4
— El. très pubescentes. 5
4 Vert-noirâtre: Th. à gros points épars bien marqués; rebord des El. anguleux à l'épaule. (**Epomis**) 21—24 **circumscriptus Duft**
— Vert bronzé clair: Th. à fines rides transverses et q. q. points peu visibles: rebord latéral de l'El. arrondi à l'épaule. **spoliatus Ros**
5 Th. chagriné, à points fins très rapprochés; abdomen pubescent, complètement pointillé. 10—12 **variegatus Four**
— Th. à points assez gros à la base et le long de la ligne médiane; abdomen ponctué sur les côtés seulement. 6
6 Th. vert, à faibles rides transversales; intervalles peu convexes. 15—17 **velutinus Duft**
— Th. vert-cuivreux doré, assez fortement ridé transversalement; intervalles convexes. 15—17 **festivus Panz**
7 Dessus vert-cuivreux, au moins sur le Th. 8
— » complètement bleu, bleu-verdâtre ou violet. 12 **azureus Duft**
— » noir, à peine bronzé. 11
8 Tête aussi fortement ponctuée que le Th. 9
— Tête presque lisse. 10
9 Pattes rousses. 9—9,5 **chrysocephalus Ros**
— » noires. 11—12 **fulgidicollis Duf**

10 1er art. ant. seul testacé. 10—11 **nigricornis** F
— 2 ou 3 premiers art. ant. testacés; pattes rousses (cuisses noires, tibias plus clairs, *V. tibialis* Dj). 12—14 **nitidulus** Schr
11 Th. chagriné, finement ponctué, très finement sillonné. 10 **tristis** Schal
— Th. fortement sillonné, à plaques lisses latérales. 12
12 Intervalles plans, uniformément colorés et ponctués. **sulcicollis** Payk
— » impairs plus relevés et plus foncés. 12—14 **cælatus** Web

### ATRANUS

Th. cordiforme; plus de 7 stries aux El.

Noir, pubescent: Th. rougeâtre; ant. et pattes rousses. 6—7 **collaris** Men

### OODES

El. à 7 stries; gouttière latérale des El. prolongée jusqu'à l'angle sutural

1 Pattes noires; palpes et base des ant. brunâtres. 8—9 **helopioides** F
— Cuisses d'un brun rougeâtre; extrémité des palpes et 1r art. ant. rougeâtres: Th. un peu rétréci à la base. 8 **gracilis** Vill

### LICINUS

Orbite des yeux à 2 pores sétigères; labre échancré: El. noires à interv. ponctués

1 Stries profondes, interv. convexes (l'**oblongus** Dj a le Th. presque aussi long que large, les côtés à peine ponctués, la base moins échancrée). 10—12 **Hoffmannseggi** Panz
— Stries superficielles; interv. plans ou à peine relevés. 2
2 Interv. 3,5,7, relevés en côtes au milieu; tous transversalement ridés. 3
— Tous les intervalles plans. 4
3 Interv. avec une série de gros P.; dessus glabre. 12—15 **granulatus** Dj
— » » 3 ou 4 séries de points plus fins, moins fortement ridés transversalement; tête et Th. à poils fins, redressés. 13-15 **silphoides** Ros
4 Sommet du Th. non rebordé : El. à stries très fines. 13—14 **cassideus** F
— » » » rebordé, sur les côtés au moins. 5
5 Ventre plus ou moins fortement ponctué sur les côtés des segments, très finement sur le disque. 11—14 **planicollis** Fvl
— Ventre lisse. 6
6 Tête à ponctuation très fine, écartée: Th. presque orbiculaire à côtés arrondis peu relevés; sommet des El. presque tronqué; rebord antérieur du Th. effacé au milieu. 10—11 **depressus** Payk
— Tête à ponctuation fine, peu serrée: Th. trapézoïdal rétréci en arrière; côtés fortement relevés. 14—16 **æquatus** Dj

## STOMIDÆ

### STOMIS

Mandibules longues, saillantes; premier art. ant. égal à 2 et 3 réunis

Brun-roussâtre: El. à 9 stries ponctuées-crénelées. **pumicatus** Panz

### BROSCUS

Ecusson non compris entre les El.

Noir brillant; tête ponctuée-ridée : El. à 9 stries peu visibles, finement ponctuées. 19—23 **cephalotes L**

## SCARITIDÆ

### SCARITES

Tête creusée sous chaque œil d'un sillon pour loger le scape

1 3 derniers segments ventraux sillonnés à la base (**Distichus**): El. déprimées à stries très fines, pointillées. 14 **planus Bon**

— 3 derniers segments ventraux non sillonnés. 2

2 Jambes intermédiaires fortement bidentées en dehors. **buparius Forst**

— » » unidentées. 3

3 Stries des El. très fines et finement ponctuées. 14—16 **lævigatus F**

— » » » fortes et bien ponctuées. 18—21 **arenarius Bon**

### CLIVINA

Rebord latéral du Th. entier; gouttière latérale des El. prolongée jusqu'à l'angle sutural

1 Stries fines; interv. larges et plans : El. non parallèles, d'un brun de poix ainsi que le Th. 6—7 **fossor L**

— El. parallèles, moins foncées que le Th., rougeâtres, avec suture plus foncée ou non; stries fortes, interv. subconvexes. **collaris Hbst**

### REICHEIA

Palpes maxillaires à deux derniers art. subsoudés, le dernier conique

Jaune-testacé, facies de *Dyschirius*; yeux presque invisibles; El. à 8 stries ponctuées, la suturale rejoignant la suture aux 2/3. 1,5 **lucifuga Saulc**

### DYSCHIRIUS

Rebord latéral du Th. effacé postérieurement

1 El. à large tache apicale rougeâtre. 3 **substriatus Duft**

— El. concolores. 2

2 Une dent au milieu de l'épistome. 3

— Epistome sans dent médiane. 4

3 Th. et El. alutacés. 3,5—4 **obscurus Gyll**

— Th. et El. polis; (stries fortement ponctuées à la base *V. numidicus Putz*); stries finement ponctuées à la base. 4,5—5 **thoracicus Ros**

4 El. à pore ombiliqué dans l'axe de la strie suturale. 5

— Pas de pore ombiliqué à la base de la strie suturale. 18

5 Stries des El. entières. 6

— Stries effacées en arrière et sur les côtés. 15

6 Tibias antérieurs sans dent épineuse externe avant l'épine terminale. 7

— » » avec une dent épineuse externe. 10

7 Stries lisses. 4,5—5 **impunctipennis Caws**

— Stries ponctuées. 8

8 Strie suturale très enfoncée sur sa déclivité basilaire. **chalceus Er**

— Strie suturale non renforcée à la base. 9

9 Cuisses noires bronzées. 4,5—5 **nitidus Schaum**

— Cuisses rougeâtres. 4—4,5 **politus** Dj

10 Bordure marginale des El. cessant à l'angle huméral. 11

— Cette bordure prolongée jusqu'au pédoncule du Th. **angustatus** Ahr

11 Base extrême de l'El. avec 1 saillie dans l'axe de la 3e strie. **salinus** Schm

— Base extrême de l'El. sans saillie. 12

12 Palpes, ant. et les 4 pattes postérieures, jaunes. 3 **ruficornis** Putz

— Dernier art. des palpes obscur; ant. à base jaune; pattes rougeâtres. 13

13 Stries profondes, larges, à P. gros, serrés, profonds. **chalybæus** Putz

— Stries fines. 14

14 El. plus ovales, interv. subconvexes: stries effacées à la base; 1re et 2e non réunies. 3 **intermedius** Putz

— El. oblongues-ovales, interv. plans; stries bien marquées à la base, 1re et 2e réunies; dessus bronzé brillant. 3,5 **æneus** Dj

15 Rebord latéral du Th. prolongé jusqu'aux angles postérieurs. 16

— » » » » cessant près du pore antérieur. 17

16 Strie suturale enfoncée près du bord basal. 3,5—4 **apicalis** Putz

— » » obsolète » » » » . 3,5 **Lafertei** Putz

17 Dent externe des tibias antér. plus petite que l'interne. **globosus** Hbst

— » » » » » » grande » » . **semistriatus** Dj

18 Stries des El. entières ou à peu près. 19

— » » effacées en arrière. 22

19 Bordure marginale des El. atteignant le pédoncule du Th. 20

— » » » cessant à l'épaule. 21

20 Stries écartées, à points gros, effacés près du sommet. **cylindricus** Dj

— Stries rapprochées, à points fins, serrés, allant presque au sommet. 3,2 **macroderus** Chaud

21 Carinule latérale du Th. courte. 3,5—4 **importunus** Schaum

— » » du Th. allant jusqu'aux angles postérieurs. **punctatus** Dj

22 El. globuleuses. 3 **læviusculus** Putz

— El. ovales, allongées. 3 **halophilus** Fvl

## APOTOMIDÆ

### APOTOMUS

Th. sans rebord latéral; tibias tous échancrés extérieurement

Rouge ferrugineux, très pubescent: El. à stries fortement ponctuées. **rufus** Ol

## HARPALINI

### ARISTUS

Th. en croissant; tête très grosse, non rétrécie en arrière

1 Th. glabre. 12—14 **opacus** Er

— Th. pubescent. 2

2 Tête sans impressions longitudinales; angles antér. du Th. non saillants, embrassant la tête; interv. plans finemt ponct. **sphærocephalus** Ol

— Tête à 2 sillons peu profonds: interv. densément ponctués, pubescents; angles antérieurs du Th. saillants. 11—14 **capito** Dj

— Tête à 2 impressions profondes; interv. lisses, subconvexes, glabres, (moins ceux des côtés) avec ou sans pores espacés en série; angles antérieurs du Th. saillants. 9—14 **clypeatus Ros**

## DITOMUS

Th. cordiforme; tête rétrécie derrière les yeux

1 Taille petite (6 à 9m); dessous du Th. à ponctuation dense, peu forte; sommet de la tête lisse. 6—10 **fulvipes Dj**

— Taille grande; dessous du Th. à ponctuation grosse, réticulée. 12—19 **calydonius Ross**

## ACINOPUS

Tête renflée, presque aussi large que les El.

1 Un point vers le sommet du 3e interv. 13—17 **picipes Ol**

— Pas de point vers le sommet du 3e interv.; épistome fortement échancré: Th. rétréci vers la base; sommet du prosternum ♂ tuberculeux. 16—17 **megacephalus Rps**

## DAPTUS

Tarses antérieurs ♂ peu plus larges que ceux des ♀, sans poils ni squamules en dessous

Jaune-testacé, à tache allongée, noirâtre, sur chaque El. **vittatus Fisch**

## ANISODACTYLUS

Front maculé de rouge; 1er art. tarses postérieurs bien plus long que le 2e

1 Dessus concolore. 2

— Roux-testacé avec Th. et El. (moins 1/3 basal) d'un noir bleuâtre. **heros F**

2 Pattes rousses. 3

— » noires. 4

3 El. finement pubescentes au sommet. **V. spurcaticornis F**

— El. glabres. 9—10 **nemorivagus Duft**

4 Angles postérieurs du Th. bien marqués. 5

— » » » » arrondis. 6

5 Art. 1-2 ant. roux; angles postér. du Th. avec une petite dent. 11 **binotatus F**

— Ant. brunes, concolores. 13-14 **signatus Panz**

6 Sommet du Th. presque aussi large que la base; dessus noir luisant. 15 **intermedius Dj**

— Th. plus rétréci au sommet, et à fossettes postérieures mieux marquées; dessus vert métallique ou bleu noirâtre. **pœciloides Steph**

## GYNANDROMORPHUS

Éperon terminal des tibias antérieurs tricuspide

Bleu-violet, très ponctué, avec base des El. et marges du Th. rougeâtres. 10 **etruscus Quens**

## DIACHROMUS

Tibias antérieurs avec deux éperons au sommet, l'un grand concave, l'autre très petit

Très ponctué; testacé avec Th. et une tache apicale aux El., bleus. 9 **germanus L**

## DICHIROTRICHUS

El. et abdomen pubescents

1 Tous les interstries pubescents; angles postér. du Th. bien accusés. 2
— Interstries médians glabres ou très peu pubescents. (**Tachycellus**) 3
2 Interstries bisérialement ponctués et points plus forts. **pubescens Payk**
— » plurisérialem[t] ponctués, points plus faibles. 7 **obsoletus Dj**
3 Interstries intermédiaires lisses; angles postérieurs du Th. arrondis. 4 **placidus Gyll**
— Interstries intermédiaires ponctués; angles postérieurs du Th. obtus. 4—4,5 **Godarti Jacq**

## BRADYCELLUS

Interv. glabres; les 4 stries internes isolées et parallèles au sommet

1 Striole scutellaire nulle ou à peu près. 3,5 **collaris Payk**
— Une striole scutellaire. 2
2 Pas de pore en arrière contre la 2e strie; forme épaisse; dessus testacé rougeâtre. 4 **distinctus Dj**
— Un pore en arrière contre la 2e strie. 3
3 Angles postérieurs du Th. accusés. 4,5 **verbasci Duft**
— » » » arrondis. 4
4 Fossettes du Th. lisses; yeux peu saillants, non détachés des tempes en arrière. 3 **similis Dj**
— Fossettes du Th. avec de gros points; yeux saillants. **harpalinus Dj**

## STENOLOPHUS

1er art. des tarses postérieurs presque aussi long que 2 et 3 réunis

1 Th. rouge. 2
— » noir, à bords roussâtres; 1er art. ant. testacé. 4
2 Tache dorsale des El. d'un noir-bleuâtre, bien nette; interv. brusquement rétrécis et subcostiformes au sommet (ventre rouge, *V. abdominalis Gen*). 6 **teutonus Schr**
— Tache dorsale des El. vague. 3
3 Angles postérieurs du Th. bien rebordés. 6,5 **skrimshiranus Steph**
— » » » non » . 6,5—7 **discophorus Fisch**
4 3e interv. avec un point: Th. rétréci à la base. 6 **mixtus Hbst**
— » sans point; Th. à côtés régulièrement arqués; taille plus grande. 7 **proximus Dj**

## EGADROMA

Vert-bronzé foncé: Th. et El. bordés de jaune. 6 **marginatum Dj**

## MANICELLUS

Testacé; tête noire et une tache sur la moitié postérieure des El. ne cachant pas la suture (El. entièrement jaunes, *V. ephippium Dj*), (terrains salés). 4 **elegans** Dj

Le **M. Chevrolati Gaub** est d'un testacé clair concolore, la base du Th. est couverte de P. assez espacés, plus forts et plus enfoncés sur les côtés

## ACUPALPUS

1er art. tarses postérieurs à peine plus long que le 2e

1 Angles postérieurs du Th. droits. 2

— » » » » arrondis ou obtus; abdomen glabre. 3

2 Th. trapézoïdal peu rétréci en arrière; fossettes profondes. **consputus** Dft

L'**A. lemovicensis Blz** a les côtés du Th. rétrécis dès le milieu vers la base; le corps est parallèle, étroit, plus allongé: la tête est subconvexe, moins large, non étranglée derrière les yeux.

— Th. cordiforme très rétréci en arrière; fossettes moins profondes. **longicornis** Schm

3 Sillon médian du Th. net et entier. 4 **meridianus** L

— » » » obsolète ou rétréci à ses extrémités. 4

4 3e interv. avec un point après le milieu. 5

— « sans point vers le sommet. 6

5 Th. à peine rétréci en arrière: El. testacées à tache antéapicale brune; (El. bleuâtres avec une tache arrondie à la base et pourtour, clairs, *V. notatus Mls*). 4—5 **dorsalis** F

— Th. assez rétréci en arrière; dessus brun noir luisant (tête et El. d'un brun rouge, Th. jaune rouge *V. luteatus Duft*). 2,5 **exiguus** Dj

6 Th. rouge; fossettes des angles postér. lisses. 3,5—4 **flavicollis** Str

— Th. noir brun; fossettes des angles postér. ordint ponctuées. 3,5 **brunnipes** Str

## AMBLYSTOMUS

Stries des El. superficielles ou nulles; orbite de l'œil avec un seul pore sétigère

1 Th. transverse, arrondi aux angles postérieurs. 2,5—3 **niger** Heer

— Plus grand: Th. plus court, plus rétréci en arrière; rebord de l'épistome impressionné au milieu. 4 **metallescens** Dj

— Th. presque cordiforme, à angles postérieurs obtus, bien marqués; taille plus petite. 2 **Raymondi** Gaut

## PANGUS

Noir luisant, angles postér. du Th. arrondis; ant. courtes; art. 1-4 des tarses postér. presque d'égale longueur. 8—10 **scaritides** Str

## SCYBALICUS (Apatelus)

Repli basilaire des El. dévié au niveau de la 3e strie

1 Brun foncé, très ponctué: ponctuation des El. serrée. **oblongiusculus** Dj

— Ponctuation des El. serrée formant de petites rides transverses: El. plus longues, plus parallèles: Th. cordiforme à peine marginé, à angles postérieurs obtus. **ditomoides** Dj

## HARPALUS

A—Art. des tarses garnis de poils en dessus. **Ophonus**

1 Tête lisse ou presque lisse; Th. ponctué à la base ou à la base et sur les côtés, disque lisse. 2

— Tête plus ou moins ponctuée: Th. et El. complètement ponctués. 6

2 El. complètement et finement ponctuées; pattes rousses. 3

— Les deux interv. externes seuls ponctués; pattes noires. **calceatus** Duft

3 Th. ponctué à la base seulement. 4

— Th. ponctué à la base et sur les côtés; disque lisse. 5

4 Episternes métath. ponctués; abdomen lisse au milieu. **pubescens** Müll

— » » lisses: abdomen pointillé au milieu. **griseus** Panz

5 Base du Th. rebordée; art. 2-3 des ant. tachés de brun. **signaticornis** Duft

— Base du Th. non rebordée; ant. testacées; El. à reflets irisés; angles postérieurs du Th. droits. 9 **hirsutulus** Dj

6 Dessus vert ou bleuâtre, q. q. fois noir, mais à reflets métalliques. 7

— Dessus brun plus ou moins foncé, sans reflets métalliques. 11

7 Base du Th. non rebordée. 8

— Base du Th. rebordée q. q. f. très finement; angles postérieurs obtus ou subarrondis; couleur très variable (dessus brun-bleuâtre, jamais verdâtre, plus noirâtre sur la tête et le Th.; tête à points plus serrés, angles postér. du Th. rugueux, ponctuation des El. plus grosse *V. similis Dej.*— Dessus brun un peu bleuâtre: Th. à ponctuation profonde et assez serrée surtout à la base et au sommet *V. cribricollis Dj*). 7-9 **azureus** F

8 Angles postérieurs du Th. vifs et presque droits. 9—10 **punctatulus** Dj

— » » « très obtus ou à sommet émoussé. 9

9 Face externe des cuisses postérieures densément pointillée; abdomen terne densément ponctué. 12—14 **sabulicola** Panz

— Cuisses postérieures peu ou pas ponctuées; abdomen brillant à ponctuation fine. 10

10 Dessus bleuâtre; ponctuation du Th. fine et peu serrée, excepté aux angles postér. 11—12 **diffinis** Dj

— Dessus verdâtre; ponctuation du Th. grosse et serrée. **obscurus** F

11 1er art. tarses postér. aussi long que 2 et 3 réunis; pubescence des El. couchée, bien visible de haut. 12

— Premier art. des tarses postér. plus court que les 2 suivants; pubescence des El. dressée, visible de profil seulement. 13

12 El. d'un rouge-brique; tête et Th. noirs. 7 **mendax** Ross

— Tête, Th. et El. d'un brun concolore. 6—6,5 **maculicornis** Duft

13 Angles postérieurs du Th. droits: Th. plus ou moins cordiforme. 14

— » » » obtus ou arrondis. 18

14 Base du Th. rebordée au moins sur les côtés. 15

— » « non rebordée. 16

15 Th. à ponctuation assez rapprochée sur le disque, à côtés moins

fortement arrondis, à angles postér. graduellement redressés; stries lisses. 6—8 **puncticollis** Payk

— Th. à ponctuation très écartée sur le disque, à angles postér. brusquement redressés; stries souvent ponctuées. 7—8 **cordatus** Duft

16 2e art. des ant. un peu plus court que le 4e; rebord latéral des El. anguleux à l'épaule. 6—7 **rufibarbis** F

— 2e art. des ant. bien plus court que le 4e. 17

17 Dessous du Th. à points profonds, serrés; 3e,5e et 7e interv. avec une ligne de P. plus gros. 12—13 **incisus** Dj

— Dessous du Th. à points superficiels; interv. des El. sans points plus gros en série. 8—9 **rupicola** Str

18 Angles postérieurs du Th. arrondis. 7 **rotundatus** Dj

— Angles postérieurs du Th. obtus. 19

19 Taille 7-9m; El. assez finement ponctuées; angles postér. du Th. émoussés. **meridionalis** Dj

— Taille 14m: El. allongées, parallèles, peu convexes, à ponctuation très serrée, presque égale à celle du Th.; tête grosse, angles postér. du Th. non émoussés. **cephalotes** Frm

**A'** Art. des tarses glabres en dessus. **Harpalus**

1 Interstries externes des El. finement ponctués. 2

— » » » lisses. 3

2 Noir luisant; palpes tachés de brun; 2e art. ant. brun à sommet testacé; 4-9e intervalles ponctués; pattes brunes. 11 **punctipennis** Mls

— Vert bronzé ou brun obscur; ant. et palpes roux, à art. tachés de noir; bords latéraux du Th. rougeâtres; stries des El. ponctuées; cuisses d'un brun-noir, tibias et tarses rougeâtres. 9—10 **dispar** Dj

— Couleur métallique variable; ant., palpes et pattes, roux; les 2 ou 3 premiers interv. externes ponctués; sommet des El. fortement sinué; stries lisses, (pattes d'un brun noir *V. confusus Dj*). 9—10 **æneus** F

3 El. à couleurs métalliques, q. q. fois noires, mais à reflets métalliques. 4

— El. à couleur non métallique. 10

4 Base du Th. ponctuée en dehors des impressions. 6

— Impressions du Th. seules ponctuées. 5

5 Angles postérieurs du Th. droits, pointus: dessus violacé ou bleuâtre; ant. à art. 2,3,4 tachés de noir; pattes noires, tarses roux; abdomen brillant. 9—10 **honestus** Duft

— Angles postér. du Th. arrondis; dessous mat. V. **patruelis** Dj

6 Epipleures des El. noirs. 7

— » » rougeâtres. 8

7 Vert métallique; ant. foncées à 1rs art. rouges ou rouges tachés de noir; 7e intervalle sans pores au sommet. **cupreus** Dj

— Dessus foncé; côtés du Th. rougeâtres, ant. et pattes rouges; 7e interv. ponctué au sommet (cuisses noirâtres, tibias bruns, *V. sobrinus Dj*). 9—10 **rubripes** Duft

8 Pattes et ant. rouges; côtés du Th. roussâtres; dessous brun-rouge. 9 **smaragdinus** Duft

— Pattes et dessous du corps foncés; ant. brunâtres ou testacées à art. intermédiaires tachés de noir. 9

9 Dessous noir brillant; ant. testacées, base des 3e et 4e art. foncée. 11—12 **psittaceus Four**

— Dessous noir mat; ant. brunâtres à 1er art. plus clair: Th. à base très ponctuée. **punctatostriatus Dj**

10 Tibias antérieurs prolongés à l'angle apical externe. 11

— Tibias antérieurs sans prolongement à l'angle apical externe. 13

11 Dessus jaune testacé. 10—12 **rufus Brug**

— Dessus noir. 12

12 Dessous d'un brun mat; Th. de la largeur des El. à la base. **hirtipes Panz**

— Dessous noir brillant; El. plus larges que la base du Th. **zabroides Dj**

13 Th. à base ponctuée en dehors des impressions. 14

— Th. non ponctué en dehors des impressions qui q. q. fois sont lisses. 25

14 2 ou 3 pores espacés sur le 3e interv. 10—12 **4-punctatus Dj**

— 1 pore près du sommet du 3e interv. 15

15 Angles postérieurs du Th. arrondis. 16

— » » » droits ou droits émoussés. 17

16 Th. d'un bleu foncé brillant. 12—13 **dimidiatus Ross**

— Dessus noir concolore. 10 **fuliginosus Duft**

17 Angles postér. du Th. droits. 18

— » » » émoussés ou subarrondis. 21

18 Episternes métathoraciques étroits, très allongés. 19

— » » courts, peu allongés. 20

19 Brun châtain peu brillant; sommet du Th. droit. 6—7 **pygmæus Dj**

— Sommet du Th. échancré; dessus brun noir. 9—10 **attenuatus Step**

20 1er art. des tarses postérieurs 3 f. aussi long que le 3e; tibias et tarses roux. 7—8 **lævicollis Duft**

— 1er art. des tarses postér. à peine double du 3e; pattes brunâtres. 11 **atratus Lat**

21 8e interv. des El. avec q. q. pores au sommet. 22

— 8e » » sans pores au sommet. 23

22 Base du Th. peu ponctuée en dehors des impressions. **melancholicus Dj**

— » assez fortement ponctuée en dehors des impressions. **litigiosus Dj**

23 Episternes métathor. étroits, très allongés; dessus noir presque bleuâtre (7e interv. ponctué au sommet *V. Solieri Dj*). 9—10 **tenebrosus Dj**

— Episternes métathor. courts ou peu allongés. 24

24 Base du Th. densément pointillée, sa région angulaire noire en dedans de la marge latérale. 8—9 **latus L**

— Base du Th. peu visiblement ponctuée, sa région angulaire rougeâtre en dedans de la marge latérale. 6,5 **luteicornis Duft**

25 **Th. rétréci ou sinué vers la base, sans dépression latérale oblique. 26**

— Th. latéralement impressionné, à côtés régulièrement arrondis de la base au sommet. 30
26 El. avec un pore vers le 1/3 postérieur, contre la 2e strie. 27
— El. sans pore vers le 1/3 postérieur. 5,5—6 **picipennis** Duft
27 Ant. brunes, à 1er art. roux; pattes foncées; tarses roussâtres; cuisses postérieures avec 8 à 9 P. pilifères. **neglectus** Dj
— Cuisses postér. avec 4-6 P. pilifères. 28
28 Tibias roux, cuisses foncées. 29
— Tibias et cuisses concolores et foncés. **rufitarsis** Duft
29 Côtés du Th. peu redressés à la base; cuisses foncées. **sulphuripes** Cerm
— » » fortement redressés à la base; pattes rousses. 8 **Goudoti** Dj
30 7e interv. avec q. q. pores au sommet; ant. et pattes rousses. 7—8 **autumnalis** Duft
— 7e interv. sans pores au sommet. 31
31 12 à 14 P. pilifères aux cuisses postérieures; cuisses et tibias noirs. 7—9 **tardus** Panz
— 3 à 4 P. pilifères » » au plus. 32
32 Ant. et palpes d'un roux vif; pattes brunes, tarses ferrugineux. 33
— Ant. et palpes variés de noir; tarses postérieurs et tibias concolores. 34
33 Episternes très rétrécis au sommet; pores du 9e interv. espacés assez régulièrement. 6—7 **modestus** Dj
— Episternes peu rétrécis en arrière; pores du 9e interv. irréguliers. 7—10 **rufimanus** Marsh
34 Eperon interne des tibias antérieurs 3 f. aussi large que celui de l'échancrure; dessus convexe. 8—10 **serripes** Schm
— Eperon terminal des tibias antérieurs 2 fois aussi large que celui de l'échancrure; dessus peu convexe. 35
35 Th. à dépression latérale, à ligne médiane fine; forme ovale. **servus** Duf
— Th. sans dépression latérale, à ligne médiane bien marquée; forme elliptique. 7—8 **anxius** Duft

# FERONIDÆ

## ZABRUS

Tibias antérieurs triangulaires armés intérieurement d'un grand éperon et d'un petit

1 Bronzé; côtés, base et milieu du sommet du Th., ponctués. **obesus** Dj
— Dessus noir ou brun foncé. 2
2 Base du Th. droite au milieu, puis se redressant pour former des côtés anguleux; q. q. points épars à la base. 15 **inflatus** Dj
— Base du Th. arquée ou droite, mais sans angle bien net sur les côtés. 3
3 Th. à impressions basales seules, ponctuées légèrement. 13 **curtus** Dj
— Th à base, côtés et sommet, densément ponctués. 4
4 Prosternum à côtés ponctués; base du Th. non impressionnée: pattes rougeâtres. 13—14 **tenebrioides** Goez
— Prosternum lisse; base du Th. impressionnée; pattes rougeâtres, cuisses foncées. 14—16 **gibbus** F

## AMARA

3e interv. sans pore dorsal; 3 premiers art. tarses ♂ fortement triangulaires ou cordiformes

1 Prosterunum non rebordé au sommet; ant. rousses. 2
— » rebordé au sommet. 4
2 Côtés du Th. arqués de la base au sommet; fossettes du Th. seules ponctuées. 7—7,5 **glabrata** Dj
— Th. cordiforme à côtés redressés vers la base; base ponctuée en dehors des impressions; striole scutellaire distincte. 3
3 Rebord latéral du Th. oblitéré avant d'arriver au sommet. **aulica** Pz
— » » » continué jusqu'au sommet; striole scutellaire longue; angles antérieurs du Th. non saillants. **convexiuscula** Marsh
4 Prosternum avec 2 à 4 points pilifères au sommet ou sur les côtés. 5
— » sans points pilifères au sommet ou sur les côtés. 10
5 » à 3 ou 4 P. pilifères de chaque côté. 10—15 **equestris** Duft
Plus grand, plus large, plus convexe. V. **zabroides** Dj
— Prosternum avec 2 P. pilifères au sommet. 6
6 Th. rétréci vers la base. 7
— Th. à côtés non ou très peu rétrécis vers la base. 8
7 Brun plus ou moins foncé; côtés et sommet du Th. ponctués; côtés du Th. ne se relevant pas à la base; prosternum ♂ ponctué. 7,5 **eximia** Dj
— Brun clair: Th. subcordiforme ponctué au sommet; prosternum ♂ ponctué au milieu; angles antérieurs du Th. saillants, aigus. 7 **meridionalis** Putz
— Tibias intermédiaires sinués en dedans; fossettes internes du Th. seules un peu ponctuées; prosternum ♂ non ponctué. 6 **frigida** Putz
L'A. **lantoscana** Fvl se distingue de la **frigida** par la taille plus petite, le sommet du Th. échancré, le Th. non cordiforme, mais subtrapézoïdal.
8 Tête large; angles antérieurs du Th. arrondis, peu proéminents; anus ♂ avec 1 P. pilifère. 7 **rufoænea** Dj
L'A. **Solieri** Dj a chez le ♂ 2 P. pilifères à l'anus et les deux impressions du Th. forment deux traits parallèles, profonds et remontant au-delà du 1/3.
— Tête petite: angles antérieurs du Th. aigus, peu proéminents; anus ♂ avec 2 P. pilifères de chaque côté. 9
9 Brun métallique: Th. arrondi en avant, avec 2 fossettes ponctuées. 6,5 **Quenseli** Schæh
— Elliptique, plus large: Th. moins arrondi en avant; coloration plus rougeâtre, ant. plus grêles. 7 **sylvicola** Zim
10 Tibias antérieurs terminés par une épine trifide. 11
— » » » » » simple. 17
11 Th. déprimé vers les angles postérieurs qui sont prolongés en arrière, sommet échancré à angles très saillants, aigus; cuisses noires. 6—6,5 **plebeja** Gyl
— Th. convexe. 12
12 Pattes complètement rouges. 13
— Cuisses noires ou bronzées. 14

13 Stries très fines; base du Th. à peine ponctuée. 7 **concinna** Zim
— Stries profondes; impressions du Th. ponctuées. 9 **rufipes** Dj
14 Th. tronqué au sommet. 15
— Th. échancré en avant, angles antérieurs saillants; épine terminale des tibias antérieurs spiniforme, aiguë. 16
15 Épine terminale des tibias antérieurs aiguë. 10 **fulvipes** Serv
— » » » » large, obtuse. **erythrocnemis** Zim
16 Th. rétréci en avant; dessus noir ou noir bronzé. 8 **tricuspidata** Dj
— » moins rétréci en avant; dessus bronzé clair. 9 **strenua** Zim
17 Cuisses et tibias noirs. 18
— » noires; tibias roux ou testacés, au sommet au moins. 21
— Cuisses et tibias testacés (cuisses quelquefois un peu foncées au sommet). 32
18 2 ou 3 $^1/_2$ premiers art. ant. testacés; tibias postérieurs ♂ pubescents en dedans. 19
— Ant. et palpes noirs; tibias postér. ♂ glabres en dedans. **erratica** Duf
19 3 premiers art. ant. testacés; striole scutellaire à pore ombiliqué. 20
— 2 premiers art. ant. testacés; striole scutellaire sans pore ombiliqué. **lunicollis** Schdt
20 Point basal du Th. placé à l'angle même; impressions basilaires distinctes. **ovata** F
— Point basal du Th. plus près de la base que des côtés; impressions basilaires non distinctes. **montivaga** Strm
21 Th. presque quadrangulaire, peu rétréci en avant. 22
— Th. trapézoïdal sensiblement rétréci en avant. 23
22 Pas de striole scutellaire; 3 premiers art. ant. rouges; ♂ 1 P. pilifère à l'anus. 5 **tibialis** Pk
— Une striole scutellaire; 1^er^ art. ant. rouge; ♂ 2 p. pilifères à l'anus. 6 **municipalis** Duft
23 Stries des El. renforcées en arrière: 24
— » » aussi fines au sommet qu'à la base. 30
24 1 pore ombiliqué à la base de la strie scutellaire. 25
— Strie scutellaire sans pore ombiliqué à la base. 26
25 Angles antér. du Th. saillants; point pilifère de la base situé dans l'angle; impression interne ponctuée; ♂ 2 P. pilifères à l'anus. 8—9,5 **similata** Gyll
— Angles antérieurs du Th. arrondis; point pilifère basal plus rapproché de la base que des côtés; impression interne formée d'une courte strie: ♂ 1 P. pilifère à l'anus. **nitida** Strm
26 Point pilifère basal du Th. situé dans l'angle; fossettes peu marquées. 6 **curta** Dj
— Point pilifère basal du Th. plus rapproché de la base que des côtés. 27
27 Base du Th. non ponctuée en dehors des impressions, l'externe nulle. 7,5 **nitida** Strm
— Base du Th. ponctuée en dehors des impressions. 28

28 Les deux impressions du Th. entourées de P. qui remontent vers les angles antérieurs; q. q. points au sommet du Th. **Schimperi** Wenk

— Les deux impressions du Th. entourées de ponctuation serrée. 29

29 Fossettes du 9e interv. largement interrompues. 6—9 **communis** Strm

— » » » sans interruption notable; El. plus ovales. 6—9 **convexior** Steph

30 Th. à côtés explanés à la base surtout. 31

— » » non explanés; 3 prem. art. ant. testacés: fossette externe du Th. faible, l'interne profonde, linéaire, entourée de q. q. petits points. 7 **ænea** Deg

31 Striole scutellaire avec 1 pore ombiliqué à la base; 3 1/2 premiers art. ant. testacés; fossette interne du Th. seule visible, en strie lisse, courte. 10 **eurynota** Payk

— Striole scutellaire sans pore ombiliqué; fossettes du Th. profondes avec de gros P. autour; 2 premiers art. ant. ferrugineux. **spreta** Dj

32 Striole scutellaire à point ombiliqué. 33

— » » sans point ombiliqué. 35

33 Impressions du Th. non ponctuées, ainsi que la base. 5—7 **anthobia** Dj

— » » ponctuées ainsi que la base. 34

34 Angles ant. du Th. non saillants; fossettes peu visibles. 7 **sabulosa** Dj

— » « » saillants; fossettes bien marquées et ponctuées. 7 **prætermissa** Sahl

35 Angles postérieurs du Th. rougeâtres: El. profondément striées-ponctuées. 5,5 **brunnea** Gyll

— Angles postérieurs du Th. non rougeâtres. 36

36 Tibias postér. ♂ pubescents au bord inféro-interne; tête grosse. 37

— » » glabres » » . 39

37 Dessus jaune roussâtre: Th. à fossettes peu profondes. 9 **fulva** de G

— » noir ou brun plus ou moins métallique. 38

38 Th. rétréci à la base; pli de la fossette externe allant jusqu'à la base. 7 **apricaria** Payk

— Th. à peine rétréci à la base, pli de la fossette externe séparé de la base par le pore pilifère. 6,5 - 8 **consularis** Duft

39 Th. trapézoïdal fortement rétréci en avant; tibias interméd. ♂ non feutrés. 40

— Th. presque quadrangulaire, à côtés en courbe régulière de la base au sommet; impressions doubles et bien marquées. 41

— Th. à côtés sinueux, rétrécis fortement à la base, presque cordiforme. 44

40 Angles antérieurs du Th. proéminents; deux impressions souvent ponctuées. 6—7 **familiaris** Duft

— Angles ant. du Th. non saillants; impression interne effacée. **lucida** Duft

41 Striole scutellaire nulle ou peu visible: art. des ant. presque carrés. 5 **infima** Duft

— Striole scutellaire bien marquée. 42

42 Prosternum ♂ ni fovéolé, ni ponctué: ♂ 1 P. pilifère à l'anus. 6—6,5 **bifrons** Gyll

— Prosternum ♂ fovéolé, ponctué; ♂ 2 P. pilifères à l'anus. 43

43 Art. 5-8 ant. larges, comprimés; les deux impressions du Th. profondes et ponctuées, l'externe arrondie. 9 **ingenua** Duft

— Art. 5-8 ant. étroits, allongés; la plus grande largeur du Th. avant le milieu. 8,3 **cursitans** Zim

44 Prosternum ♂ ponctué; tibias postérieurs fortement arqués; brun de poix; toute la base du Th. ponctuée; stries crénelées. **crenata** Dj

— Prosternum ♂ non ponctué. 45

45 Tibias intermédiaires sinués en dessous; noir de poix, un peu rougeâtre sur la tête et le Th. (plus grande est l'*A. puncticollis* Dj dont la tête et le Th. sont plus fortement ponctués en dessus et en dessous; points des stries plus marqués). 9,5 **pyrenæa** Dj

— Tibias intermédiaires non arqués; brun plus ou moins clair: Th. avec deux impressions ovales, linéaires au fond. 7,5 **montana** Dj

## PŒCILUS

Ant. à premiers art. carénés en dessus

1 1r art. ant. seul caréné: bleu, vert, noir ou bronzé. 9—11 **infuscatus** Dj

— 3 premiers art. ant. carénés. 2

2 Noir mat: El. sans stries, à lignes de points fins. 14 **punctulatus** Schal

— Dessus brillant à couleur variable: stries ponctuées bien marquées. 3

3 5e art. des tarses postérieurs sans soies en dessous; ligne médiane du Th. ponctuée. 9—10 **puncticollis** Dj

— 5e art. des tarses postérieurs avec 3 ou 4 soies raides en dessous. 4

4 Th. franchement cordiforme à angles postér. droits et très pointus; dessus vert bleuâtre métallique; interv. convexes, stries à gros P. 12 **striatopunctatus** Duft

— Th. à côtés arrondis ou redressés à l'extrême base seulement. 5

5 Bords latéraux du Th. explanés en arrière surtout. 6

— » » » nullement explanés. 7

6 Tête et base du Th. entièrement pointillées (pattes complètement rouges *V. affinis Str*). 10—12 **cupreus** L

— Tête et milieu de la base du Th. presque lisses. 9—12 **cœrulescens** L

7 Art. 1-2 des ant. testacés; tête pointillée. **cursorius** Dj

— » » » noirs ou testacés mais tachés de noir en dessus; tête lisse ou à pointillé fin et écarté. 8

8 Spinules des tibias et des tarses noirâtres; dessus vert métallique; tête et Th. d'un cuivreux brillant. 13 **dimidiatus** Ol

— Spinules des tibias et des tarses d'un roux vif. 9

9 Th. à côtés arrondis de la base au sommet; angles postérieurs obtus. 14 **Koyi** Germ

— Th. à côtés sinués, redressés tout près de la base; angles postérieurs droits. 14 **lepidus** Lesk

## PERCUS

El. sans rebord à la base

1 **El. striées-ponctuées à interst. légèrement relevés en toit: ♀ El. d'un**

noir mat. 26—28 **Willæ** Kr

— Dessus lisse: épaules arrondies. 15—18 **navaricus** Dj

## STEROPUS

El. rebordées à la base; repli basilaire arrondi à l'épaule; épisternes métathor. aussi larges que longs

1 P. pilifère basal du Th. placé sur le bord même de l'angle; 3e interv. triponctué. 12—13 **æthiops** Panz

— P. pilifère basal du Th. éloigné de l'angle; 3e interv. avec un seul P. en arrière (pattes complètement noires, *V. concinnus Str*). **madidus** F

La v. validus Dj est plus épaisse, plus robuste; l'impression postér. du Th. est large et profonde, sans stries longitudinales: la base est échancrée en demi-cercle.

## LYPEROSOMUS

Episternes métathoraciques plus longs que larges

1 7e strie obsolète à la base; interv. inégaux; 1 fossette sur la 4e strie et 2 sur le 3e interv. 12 **aterrimus** Hbst

— 7e strie visible à la base; intervalles égaux. 2

2 Bordure latérale du Th. entière jusqu'à la base: Th. subcordiforme à angles postér. marqués. 12—13 **elongatus** Duft

— Bordure latérale du Th. rejointe avant la base par le pli externe de la fossette basale; angles postér. arrondis. 14,5 **V. nigerrimus** Dj

## ABAX

Repli basilaire de l'El. angulé à l'épaule; 7e interv. saillant, subcostiforme à la base

1 Fossettes du Th. densément et rugueusement ponctuées. **carinatus** Duft

— » » ridées mais non ponctuées. 2

2 Une dent bien visible à l'épaule. 19—20 **ater** Vill

— Epaules à dent nulle ou peu visible. 3

3 Striole scutellaire nulle ou peu visible. 15—16 **parallelus** Duft

— » » bien visible. 4

4 Corps ovale: Th. rétréci de la base en avant, à marge latérale épaisse. 10 **ovalis** Duft

— Corps allongé : Th. rétréci vers la base. 14—15 **pyrenæus** Dj

## MOLOPS

7e interv. non saillant; dessus des tarses et 3e art. ant. pubescents

1 Tibias postér. bispinulés sur leur partie dorsale; dessus brun. **piceus** Panz

— Tibias postér. plurispinulés sur leur partie dorsale; dessus noir luisant. **elatus** F

## PEDIUS

Dessus des tarses et 3e art. ant. glabres; segments abdominaux 4-6 bordés d'une strie

Noir luisant; pattes, ant. et palpes, roux; striole scutellaire nulle; interv. finement ponctués. 5—6 **inæqualis** Marsh

## LAGARUS

Segm. abdominaux 4-6 non bordés d'une strie; tarses sillonnés au milieu

Noir luisant; 1er art. ant. et pattes rougeâtres; pas de striole scutellaire : Th. rebordé vers les angles postérieurs (plus grand, plus large, dessus à reflets bleuâtres, *V. cursor Dj*). **vernalis Panz**

## ADELOSIA

Tarses non sillonnés; sommet de la saillie prosternale rebordé en avant

Noir; palpes, pattes et ant. rougeâtres ; Th. cordiforme à angles postér. aigus ; 3e interv. avec 3 pores; une striole scutellaire. 12 **picimana Duft**

## HAPTODERUS

Saillie prosternale immarginée; épisternes aussi larges que longs ; dernier art. palpes effilé, peu visiblement tronqué

1 Taille grande : Th. aussi large que les El. presque carré ou trapézoïdal, à base assez fortement arquée, à sommet échancré et angles antér. vifs. (**Pseudorthomus**) 2

— Taille plus petite : Th. cordiforme à angles antér. émoussés, presque arrondis. (**Haptoderus**) 4

2 Base du Th. non ou obsolètement ponctuée même dans les impressions. 7—9 **amaroides Dj**

— Base du Th. ponctuée, dans les impressions au moins. 3

3 Th. avec 2 impressions basales nettes, à angles postér. rougeâtres par transparence et à ponctuat. fine et rare. 10 **abacoides Dj**

— Th. avec une seule impression (l'externe obsolète), à ponctuation plus forte et plus serrée, à angles postér. concolores. **unctulatus Duft**

4 3e interv. 3- ou 4-ponctué. 5

— 3e interv. biponctué après le milieu, rarement un 3e P. en avant. 6

5 Dessus à léger reflet bronzé, forme plus longue, plus parallèle : El. à interv. subconvexes, à sommet subtronqué. 6 **amblypterus Chd**

— El. à sommet arrondi, à interv. plans (stries très fines, plus finement ponctuées, *V. infimus Chd*). 5,5 **pusillus Chd**

6 Stries des El. non ponctuées. 7

— » » plus ou moins fortement ponctuées. 8

7 Th. assez fortement rétréci postérieurement, à côtés bien sinués vers la base; ant. assez grêles à art. assez allongés. **glacialis Bris**

— Th. moins cordiforme, moins sinué postérieurement, plus étroit; ant. plus courtes. 4,8 **Kiesenwetteri Chd**

8 Tête courte : Th. à côtés presque droits s'arrondissant un peu en avant : El. assez convexes. 6 **spadiceus Dj**

— Tête grande et allongée : Th. notablement plus étroit en arrière à côtés redressés avant la base : El. planes. 6 **amœnus Dj**

L'H. parvulus Chd en diffère par la tête plus large, le Th. plus court et plus large, plus carré, moins rétréci à la base; base rebordée entre l'impression et l'angle, le milieu lisse; stries moins profondes, interv. plus plans.

*(de CHAUDOIR : Feronia d'Europe)*

## PTEROSTICHUS

**Episternes aussi larges que longs; dern. art. palpes fortement tronqué: strie scutellaire visible**

1 Yeux non saillants, angles antér. du Th. très aigus. **micropthalmus** Del
— » saillants. 2
2 Dessus à couleurs métalliques ou d'un noir-bronzé, à points sériaux des El. généralement en forme de fossettes. 3
— Dessus noir, ni métallique, ni bronzé, à points sériaux des El. peu marqués, non fossulés. 12
3 Stries des El. fines, peu marquées sur les côtés et au sommet; points sériaux peu enfoncés. 4
— Stries des El. fortes, bien marquées. 5
4 El. tronquées; pattes noires; tête et Th. plus foncés que les El. **bicolor** Ar
— Sommet des El. arrondi; tibias testacés; dessus concolore. **metallicus** F
5 Pattes et souvent épipleures des El., rouges. 10 **Escheri** Heer
— Pattes noires. 6
6 3e interstrie seul ponctué. 7
— 3e et 5e interst. ponctués; dessus généralement noir-bronzé. 8
— 3e, 5e, 7e, et 8e ou 9e interstries ponctués. 9
7 Th. très cordiforme. **rutilans** Dj
— Th. à côtés arrondis, redressés à l'extrême base seulement. **Xatarti** Dj
8 Th. à côtés redressés à l'extrême base seulement pour former une petite dent, et à base fortemt échancrée au milieu. **Yvani** Dj
— Côtés du Th. redressés avant la base qui est peu échancrée au milieu. 12–14 **Baudii** Chd
9 Th. cordiforme à angles postérieurs droits, légèrement festonnés latéralement; dessus brun bronzé foncé; fossettes des El. profondes. **impressus** Frm
— Th. à côtés redressés peu avant la base, à angles postér. non ou peu festonnés. 10
10 Rebord latéral des El. effacé à la base; Th. avec une seule fossette à la base. 15 **Prevosti** Dj
— Rebord latéral des El. marqué à la base. 11
11 Th. cordiforme, avec 2 impressions postéro-latérales bien marquées. **multipunctatus** Dj
— Th. presque carré, à côtés arrondis, redressés à l'extrême base seulement, où ils forment une petite échancrure; 2 impressions latérales réunies dans une fossette ponctuée. **externepunctatus** Dj
12 Cuisses rouges, tibias noirs. 14–15 **femoratus** Dj
— Pattes complètement rougeâtres ou d'un brun rougeâtre. 13
— » » noires, (moins les hanches et la base des cuisses dans une espèce). 14
13 Impression externe du Th. nette; interv. des El. plus convexes. **Hagenbachi** Str

— Impression externe du Th. nulle ou obsolète : El. subtronquées au sommet. 16 **Honnorati Dj**

14 Une seule fossette à la base du Th., l'externe nulle, obsolète; 3 à 4 P. sur le 3e interv.; ♂ une carène subtriangul. pointue, au segment anal. 16 **Lasserrei Dej**

— Deux impressions latérales à la base du Th. 15

15 Hanches, base des cuisses et tarses rougeâtres; 3e et 7e interv. ponctués; segment anal ♂ avec une petite carène et deux faibles impressions. 12 **nodicornis Frm**

— Pattes complètement noires. 16

16 Th. presque carré à côtés arqués, redressés à l'extrême base pour former une dent visible; ant. courtes ne dépassant guère la base du Th. 17—19 **melas Creutz**

— Th. presque toujours cordiforme; ant. atteignant la moitié du corps environ. 17

17 Les deux fossettes basales du Th. longues, presque égales; angles postérieurs droits et saillants en dehors. 14—16 **Panzeri Pz**

— La fossette externe est plus petite que l'interne. 18

18 3e art. ant. fortement et subitement grossi au sommet, visiblement courbé en dedans extérieurement. 19

— 3e art. ant. modérément épaissi au sommet et régulièremt conique. 20

19 3e interv. à 7 P. qui touchent la 3e et 4e strie; ♂ dernier segm. anal avec une crête arquée. **Dufouri Dj**

— Même sculpture, mais El. terminées postérieurement en dehors par une petite dent. **Boisgiraudi Dufr**

— 3e interv. à 3 gros P. enfoncés; segment anal ♂ avec 2 tubercules aplatis, concaves au milieu ; El. déprimées, fortement tronquées♂. 16 **truncatus Dj**

20 Segment anal ♂ avec une carène, conique au milieu. 21

— » » » » non relevée en cône au milieu. 22

21 Fossette externe du Th. très petite, réunie par la base à l'interne. **V. Cantalicus Chd**

— Fossette externe du Th. plus longue, non réunie à l'interne par la base; dessus parfois à reflets irisés. 14 **cristatus Duft**

La V. **Platypterus** Frm est plus allongée, plus déprimée, plus rétrécie antérieurement; le Th. plus cordiforme est plus rétréci postérieurement; épaules plus arrondies: 3e interv. avec 4 P.

22 Stries régulières; 3e interv. très ponctué. 14 **impressicollis Peir**

— Stries larges, profondes, les externes sinueuses; 3e interv. avec 3 ou 4 fossettes profondes qui l'interrompent. **vagepunctatus Heer**

## BOTHRIOPTERUS (Platysma)

Episternes à peine plus longs que larges ; rebord latéral du Th. bordé en dedans d'une gouttière sensible

1 Noir bronzé; tibias et tarses roussâtres; 2e et 3e stries avec 5 ou 6 gros P. 19 **oblongopunctatus F**

— El. presque parallèles, sinuées-rétrécies, acuminées au sommet; 2e strie avec 2 P., 3e avec un seul en avant. 10—11 **angustatus Duft**

## OMASEUS

Episternes métathor. bien plus longs que larges, fortement rétrécis vers le sommet

1 Onychium à soies raides en dessous. 13–16 **vulgaris L**

— Onychium sans soies raides en dessous. 2

2 El. mates, à gouttière latérale aussi large en arrière que le 9e interv. 16—20 **niger Schal**

— El. brillantes : 9e interv. plus large en arrière que la gouttière. 3

3 Abdomen à côtés nettement ponctués. 4

— » » lisses, ou à points rares. 5

4 Segm. anal ♂ avec un petit tubercule; côtés du Th. ne se redressant qu'à la base pour former une petite dent : El. arrondies au sommet. 12 **nigritus F**

— Segm. anal ♂ avec une fossette ; côtés du Th. redressés avant la base et formant un angle droit; angle apical des El. ♀ denté, ♂ anguleux. 12 **anthracinus Ill**

5 Pattes noires; fossettes du Th. plus profondes et plus ponctuées, bords du dessous du Th. lisses. **gracilis Dj**

— Pattes d'un brun rougeâtre ; fossettes du Th. superficielles, peu ponctuées; dessous du Th. ponctué jusqu'aux bords. **minor Gyll**

## ORTHOMUS

Rebord latéral du Th. sans gouttière bien sensible : Th. rétréci de la base au sommet

Noir luisant; 3e interv. biponctué; palpes, pattes et ant., rougeâtres obscurs. 10 **barbarus Dj**

## ORITES—ARGUTOR

Th. cordiforme, sans gouttière latérale bien sensible

1 Dessous du Th. ponctué, vers les hanches antér.; pattes d'un rougeâtre obscur. 2

— Dessous du Th. lisse; cuisses brunes; onychium à soies dressées en dessous. 3

2 Fossettes du Th. unistriées; onychium avec poils en dessous. **strenuus Panz**

— Fossettes du Th. bistriées; onychium sans poils en dessous. 7 **interstinctus Str**

3 Th. cordiforme. 7—8 **negligens Str**

— Th. rétréci vers la base seulement. 5—6 **diligens Str**

## ABACETUS (Astygis)

Sillons frontaux nets prolongés jusqu'entre les deux pores orbitaires

Dessus bleuâtre; palpes, ant., et épipleures jaunes ferrugineux: El. à stries profondes, lisses, sans striole scutellaire. **Salzmanni Germ**

## PLATYDERUS

Ongles des tarses simples; 1er art. tarses postér. et interméd. sillonnés au bord externe

Corps déprimé, châtain : Th. plus clair : El. planes à stries fines, presque lisses ; striole scutellaire bien nette. 7 **ruficollis Marsh**

## CALATHUS

Ongles des tarses pectinés

1 Th. rougeâtre clair, tête et El. noires (Th. brun-rougeâtre obscur, à angles postérieurs plus droits *V. alpinus Dj*). 7 **melanocephalus L**

— Dessus brun-rougeâtre clair ou fauve, concolore. 7 **mollis Marsh**

— Dessus brun foncé ou noir. 2

2 Th. et El. à bordure roussâtre étroite. (**Bedelius**) **circumseptus Germ**

— El. sans bordure plus claire. 3

3 Angle huméral des El. plus avancé que l'angle scutellaire. **piceus Marsh**

— Angle huméral des El. ne dépassant pas le niveau de l'angle scutellaire. 4

4 3e et 5e intervalles ponctués: (Th. densément ponctué au milieu de la base; strie suturale et 1re strie, non réunies à la base *V. punctipennis Germ*). 12—13 **fuscipes Goez**

— 3e interv. seul ponctué (souvent les P. se trouvent sur les stries). 5

5 Dessus et dessous d'un noir brillant; palpes, pattes et ant. noirs (1er art. rougeâtre); 3e strie à série de dix pores ou plus. **luctuosus Lat**

— Pattes rousses ou rougeâtres; série de la 3e strie formée de 2 ou 3 pores. 6

6 Episternes allongés, très rétrécis en arrière; 1ers art. tarses postér. subsillonnés au bord latéral interne. **fuscus F**

— Episternes assez courts; 1ers art. tarses postérieurs sans sillons au bord interne. 7

7 Angles postérieurs du Th. coupants. 8—10 **erratus Sahb**

— » » » émoussés. 7—8 **micropterus Duft**

## DOLICHUS

Crochets des tarses dentelés; tarses antér. ♂ à art. 1-3 en carré long

Noir brunâtre; 2 taches entre les yeux et Th. bordé de jaune: El. striées, à grande tache ferrugineuse plus ou moins étendue, manquant quelquefois. 14—18 **halensis Schal**

## CARDIOMERA

Pénultième art. tarses postérieurs et intermédiaires bilobé

Brun roussâtre; pattes pâles; 1rs art. tarses postérieurs sillonnés au milieu. 9 **Bonvouloiri Schau**

## SYNUCHUS (Taphria)

Dernier art. palpes labiaux sécuriforme: Th. presque arrondi

Brun noir, foncé; ant. et pattes testacées: El. à 9 stries lisses et à striole scutellaire; 3e interv. biponctué. **nivalis Panz**

## OLISTHOPUS

Echancrure du menton sans dent médiane

1 Dessus bronzé obscur: El. à bords jaunâtres, à interv. pointillés. 6 **fuscatus D**

— El. concolores. 2
2 Interv. des El. très finement ponctués. 6,5 **glabricollis Germ**
— Interv. des El. lisses. 3
3 Taille petite: El. ovales, courtes, stries lisses; base du Th. presque imponctuée. 5,5 **Sturmi Duft**
— Plus grand; El. ovales oblongues, stries ponctuées; base du Th. densément ponctuée sur les côtés surtout. **rotundatus Payk**

## AGONUM

Th. non cordiforme, angles postérieurs obtus ou arrondis

1 Dessus vert métallique. 2
— » noir, sans reflets métalliques. 7
2 Une série de larges fossettes sur le 3e interv. 8 **impressum Panz**
— » » de points q. q. fois très fins sur le 3e interv. 3
3 El. bordées de jaune. 10 **marginatum L**
— El. concolores ou à bordure verte. 4
4 El. cuivreuses bordées de vert. 6—10 **6-punctatum L**
— El. concolores. 5
5 1er art. ant. roux, au moins en dessous. 6
— Ant. noires concolores: El. vertes (une large bande suturale cuivreuse *V. austriacum F*). 7—10 **viridicupreum Goez**
6 Couleur uniforme; 3e interv. avec 4 à 6 P. 9—10 **gracilipes Duft**
— Th. verdâtre; El. bronzées; 3e interv. triponctué. 8—9 **Mülleri Hbst**
7 Ant. pubescentes à partir du sommet du 3e art. 13
— » » » du 4e art. seulement. 8
8 3e interv. avec 4 fossettes profondes. 5—6 **4-punctatum Dj**
— 3e interv. avec des points fins au plus. 9
9 Vertex transversalement impressionné; ant. et pattes rousses. **livens Gyl**
— Vertex sans impression transversale; ant. noires, sauf parfois le 1er article. 10
10 Côtés du Th. bordés d'une gouttière linéaire et plus rétrécis en arrière qu'en avant; tibias, tarses, 1er art. des ant. et épipleures roussâtres; interv. subconvexes. 8 **atratum Duft**
— Côtés du Th. assez largement concaves le long du bord latéral. 11
11 Art. 1-2 tarses postér. luisants, non carénés; interv. plans. **versutum Str**
— Art. 1-2 tarses postér. mats, carénés sur la ligne dorsale. 12
12 El. chagrinées, d'un noir mat; interv. subconvexes. 10 **lugens Duft**
— El. brillantes, obsolètement alutacées, légèrement bronzées (ou noires *V. mæstum Duft*); interv. convexes. **viduum Panz**
13 El. brunes, plus ou moins foncées, pattes rougeâtres. 14
— El. noires. 16
14 Palpes, base des ant. et pattes, roux. 6—6,5 **Thoreyi Dj**
— Ant. brunes; pattes brunes plus ou moins foncées; épipleures roux. 15
15 Tête et Th. légèrement bronzés: Th. en ovale court, presque carré: El. fauves à léger reflet bronzé. 6—6,5 **piceum L**

— Tête et Th. non bronzés: El. d'un brun-châtain sans teinte bronzée: Th. plus long, plus convexe. 5—6 **fuliginosum Panz**

16 Epipleures rougeâtres: Th. moins large que moitié des El.; interv. subconvexes: tête et Th. légèrement bronzés. 6 **micans Nic**

— Epipleures foncés; interv. des El. plans. **17**

17 Angle huméral des El. plus avancé que l'angle scutellaire; stries lisses: Th. très étroit. 7 **gracile Gyll**

— Angle huméral pas plus avancé que l'angle scutellaire; stries ponctuées: Th. plus large. 6 **scitulum Dj**

## ANCHOMENUS

Th. cordiforme à angles postérieurs aigus

1 El. d'un roux ferrugineux avec une tache bleuâtre, commune, antéapicale; tête et Th. verts. 8 **dorsalis Müll**

— El. concolores. **2**

2 Pattes très claires d'un testacé pâle ou rougeâtres. **3**

— » noires. **4**

3 El. à stries lisses; côtés du prosternum et de la poitrine imponctués. 8,5 **ruficornis Gœz**

— El. à stries fortement ponctuées; côtés du prosternum et de la poitrine à gros points. 6 **obscurus Hbst**

4 Dessus bleu. 10 **cyaneus Dj**

— » noir. 5

5 Intervalles plans. 10 **Peirolerii Bas**

— » convexes. **6**

6 Deux taches rouges sur le vertex. 10 **complanatus Bon**

— Vertex sans taches, impressionné transversalement. **assimilis Pk**

## SPHODRUS

Crochets des tarses simples; 3ᵉ art. ant. aussi long que 4 et 5

Noir, un peu terne sur les El.; El. à 9 stries fines peu marquées. 25 **leucophthalmus L**

## LÆMOSTHENES (Pristonychus)

Crochets des tarses dentelés; tarses velus en dessus

1 Jambes intermédiaires un peu courbées. **2**

— Tibias intermédiaires droits. **3**

2 Ant., dessous et pattes d'un brun foncé; épisternes métath. courts, presque triangulaires. 16 **terricola Hbst**

— Ant., dessous et pattes rougeâtres: Th. plus allongé, plus arrondi latéralement. 15 **oblongus Dj**

3 Tête assez fortement ponctuée; stries très ponctuées. 15—16 **venustus Dj**

— » peu ou non ponctuée; stries non ou finement ponctuées. **4**

4 Dessus bleu-violet; épisternes allongés. 16—18 **janthinus Duft**

— » noir avec ou sans teinte bleuâtre, insectes aptères, moins *complanatus*. **5**

5 Th. très long, (1 f. 1/2 aussi long que large), peu rétréci à la base, impressions profondes; stries profondes, lisses; ongles des tarses dentelés à la base. 14 **angustatus** Dj

— Th. ou carré, ou peu plus long que large, à côtés assez arrondis. 6

6 Th. large, rebordé à la base; impressions peu profondes, ponctuées; épisternes presque carrés. 20–22 **alpinus** Dj

— Th. à côtés fortement redressés à la base qui n'est pas rebordée; épisternes allongés; stries 3-4 et 5-6 géminées au sommet; cuisses antérieures à saillie dentiforme. 14—16 **algerinus** Gor

— Th. à base rebordée, à côtés peu redressés vers les angles postérieurs; des ailes; épist. métatho. allongés en arrière. **complanatus** Dj

# POGONIDÆ

## PATROBUS

Strie suturale sans retour en avant; 2 prem. art. tarses ♂ dilatés; dern. art. palpes labiaux presque acuminé

1 El. rougeâtres, pattes testacées, tête et Th. bruns; une touffe de poils derrière les yeux. 10 **rufipennis** Dj

— El. noires ou brunes plus ou moins foncées. 2

2 Palpes et pattes d'un roux ferrugineux; aptère. 8–10 **atrorufus** Stm

— Pattes foncées: El. plus allongées: Th. plus court, plus rétréci à la base; des ailes, 9–10 **septentrionis** Dj

## POGONUS

Rebord latéral de l'El. prolongé à la base jusqu'à l'écusson

1 Th. et El. testacés. 5 **testaceus** Dj

— Th. bronzé; El. testacées, q. q. fois à reflet métallique léger. 2

— Th. et El. bronzés. 3

2 Th. presque carré; disque des El. à reflet un peu bronzé. 8 **pallidipennis** Dj

— Th. transverse à côtés fortement arrondis: El. sans reflet bronzé. 8 **luridipennis** Germ

3 Ant., palpes et pattes, d'un jaune roussâtre. 4

— Ant. brunes à premiers art. bronzés, ainsi que les palpes. 5

4 Base du Th. très ponctuée en dehors des fossettes; stries plus profondes; 5 P. sur le 3e interv.; sommet rougeâtre. 5 **gilvipes** Dj

— Base du Th. ridée plutôt que ponctuée en dehors des fossettes; stries peu profondes, 3e interv. triponctué, sommet concolore. 5 **gracilis** Dj

5 Interv. alternes des El. avec des points. 6–7 **meridionalis** Dj

— El. sans points ou seulement sur le 3e interv. 6

6 Art. intermédiaires des ant. allongés, 3 fois aussi longs que larges. 6 **chalceus** Mrsh

— Art. interméd. des ant. plus courts, 2 f. 1/2 aussi longs que larges. 7

7 Milieu de la base du Th. avec des stries bien nettes. 7 **littoralis** Duft

— Milieu de la base du Th. avec des points allongés, croisés, mais sans stries nettes. 6,5 **riparius** Dj

# TRECHINI

## TRECHUS

Dernier art. des palpes maxillaires aussi long ou presque aussi long que le pénultième

1 Des yeux; strie suturale des El. contournée à son extrémité et revenant en avant. **2**

— Pas d'yeux. **17**

2 El. finement pubescentes; forme allongée, subparallèle. **3**

— El. glabres. **4**

3 Th. pubescent. (**Trechoblemus**) 4 **micros** Hbst

— Th. glabre: El. à tache transverse noire. (**Lasiotrechus**) **discus** F

4 Forme allongée, subparallèle; ant. longues; strie suturale réunie à la 3e par le sommet. (**Thalassophilus**) **longicornis** Stm

— Forme ovale ou ovale oblongue. **5**

5 Angles postér. du Th. émoussés ou très obtus. **6**

— » » » droits ou aigus. **11**

6 Dessus brun foncé, souvent à reflets irisés, ordinairement avec suture et bords des El. plus clairs. **7**

— Dessus brun marron, brun rougeâtre ou testacé. **8**

7 2e art. des ant. plus petit que le 4e, ant. épaisses à l'extrémité; stries distinctes. 3,5 **angusticollis** Ksw

— 2e art. des ant. plus long que le 4e; stries ponctuées. **latebricola** Ksw

— » » » égal au 4e; stries lisses. **cantalicus** Fvl

8 Angles postérieurs du Th. arrondis: El. fortement ponctuées; dessus roux ferrugineux. (**Epaphius**) 3 **secalis** Payk

— Angles postérieurs du Th. obtus mais marqués. **9**

9 Stries imponctuées; brun rougeâtre; 3 premières stries seules visibles. 4 **obtusus** Er

— Stries des El. finement ponctuées. **10**

10 Brun: El. couleur marron à 4 stries dorsales distinctes; 2e art. ant. plus court que le 4e. 5 **rubens** F

— Brun-rougeâtre; tête plus foncée; 2e art. ant. plus court que le 4e; dernier pore sétigère du 3e interstrie compris dans la crosse de la strie suturale. 3,6 **4-striatus** Schrk

— Brun-marron: Th. cordiforme; 2e art. ant. égal au 4e. **distinctus** Frm

11 Dessus brun foncé à reflets q. q. fois irisés. **12**

— Dessus brun marron, brun rougeâtre ou testacé. **13**

12 Taille grande: El. ovales larges, en creux vers l'écusson, à 6 premières stries visibles, mais peu profondes et indistinctement ponctuées. 5 **Bonvouloiri** Pand

— Taille moyenne: stries fortement ponctuées, les 6 premières visibles. 4 **amplicollis** Frm

— Taille petite; stries très finement ponctuées, les 4 premières seules visibles. 3 **Delarouzeei** Pand

13 Yeux déprimés, aplatis, à 20 grosses facettes; dessus testacé. **aveyronensis** Fvl

— Yeux arrondis, saillants, à nombreuses facettes, très petites. 14

14 El. ovales oblongues à stries profondes, fortement ponctuées, toutes visibles, la suturale et la 5e réunies au sommet. **fulvus** Dej

— El. plus ovales, moins allongées, à stries plus ou moins profondes, au plus finement ponctuées. 15

15 2e art. ant. égal au 4e; brun-rougeâtre: Th. subtransverse à angles postér. aigus. 3,5—4 **distigma** Ksw

— 2e art. ant. plus petit que le 4e. 16

16 Taille petite : Th. bien cordiforme : El. en ovale oblong. **pyrenæus** Dj

— Plus grand : Th. transverse, faiblement cordiforme; El. ovales. 3,6 **palpalis** Dej

17 Th. ovale allongé ; El. allongées très rétrécies à la base, à stries obsolètes; ant. et pattes longues (*s. g. Aphænops*). 18

— Th. cordiforme ou non; base des El. arrondie en dehors ou coupée obliquement (*Anophthalmus*). 22

18 Ant. plus longues que le corps. 7—8 **Pluto** Dieck

— » » courtes ou au plus de la longueur du corps. 19

19 El. à strie suturale seule, peu marquée et triponctuée; tête avec deux forts sillons divergeant en arrière. 4,5 **crypticola** Lind

— El. à traces de stries ou paraissant rugueuses. 20

20 El. assez courtes presque ovales, légèrement striées, plus fortement vers la suture; interv. un peu interrompus transversalement, ce qui les fait paraître rugueux; tête et Th. très allongés, très étroits; ant. 1/3 moins longues que le corps. 4 **Pandellei** Lind

— El. à stries fines, plus allongées, ne paraissant pas rugueuses; tête et Th. plus larges. 21

21 Tête oblongue, très rétrécie en arrière, avec 2 sillons profonds un peu arqués; sillon médian du Th. approfondi à la base et au sommet; Th. également rétréci en avant et en arrière. **Leschnaulti** Bonv

— Tête oblongue avec 2 sillons divergeant en arrière; sillon médian du Th. bien marqué; base du Th. moins large que le sommet. **Cerberus** Dieck

— Tête grosse, ovale, convexe, plus large que le Th., à col qui s'élargit en arrière; Th. plus étroit à la base qu'au sommet; ligne médiane peu marquée; forme plus trapue, pattes moins allongées. 5,5 **Tiresias** La Brul

22 Th. à poils couchés; 3 pores sétigères orbitaires; El. obsolètement striées-ponctuées sur le disque, épaules assez anguleuses; épistome échancré. 6—7 **Gounellei** Bdl

— Th. glabre. 23

23 El. glabres. 25

— El. pubescentes; forme déprimée; ant. épaisses. 24

24 Tête de la largeur du Th.; El. oblongues. 3,5 **Orcinus** Lind

— Tête moins large que le sommet du Th.; El. plus parallèles à stries plus distinctes; Th. plus ramassé, pattes plus courtes. 2,2 **Trophonius Ab**

25 Th. large, non cordiforme. 26

— Th. cordiforme. 28

26 Th. à côtés presque droits, non redressés à la base qui est armée d'un denticule qui semble le prolongement du rebord basilaire. 27

— Th. à côtés presque parallèles à peine rétrécis à la base; angles postérieurs droits; El. non striées, un peu rugueuses. 5 **Minos Lind**

— Th. à côtés se rétrécissant en courbe légère du sommet à la base; tête parallèle: El. striées de P. superficiels et distants. **Ehlersi Ab**

— Th. arrondi latéralement en avant et fortement rétréci du premier tiers à la base; angles postérieurs obtus; épaules obliquement taillées, stries fortement ponctuées. 3,5 – 4 **Orpheus Dieck**

27 Impressions du Th. éloignées du bord; El. subconvexes à 5 ou 6 premières stries profondes, avec de gros P. enfoncés, les latérales vont en s'effaçant. 4 **Lantosquensis Ab**

— Impressions du Th. sur les bords mêmes; El. déprimées; stries peu profondes indiquées seulement par q. q. P. assez gros, peu enfoncés, les 2 juxtasuturales nettes, les autres oblitérées, incomplètes. 3,5 **Clairi Ab**

28 El. avec vestiges de stries; sillon médian du Th. profond; base du Th. rebordée. 5 **Rhadamantus Lind**

— El. à stries lisses; les 2 premières bien marquées, la 3e légère, les autres nulles, dessus testacé presque transparent. **Gallicus Del**

— El. à stries bien marquées. 29

29 Forme aplatie: El. parallèles à base droite; interv. plans avec q. q. strioles transverses peu visibles: Th. presque plat à impressions transversalement ridées: dessus testacé rougeâtre. **Raymondi Del**

— Th. bombé; base des El. arrondie ou obliquement coupée. 30

30 Stries fortement ponctuées. 5 **Delphinensis Ab**

Angles antér. du Th. moins arrondis; sillon médian profond : El. sans dépressions intrahumérales: tête et Th. alutacés: interv. avec de petites soies dorées, mal alignées, peu apparentes. **V. Villardi Bdl**

— Stries des El. finement ponctuées. 31

31 Intervalles plats. 5 **Auberti Gren**

— » convexes. 32

32 Angles antérieurs du Th. très arrondis; sillon médian peu profond, impressions latérales très éloignées du bord: El. à forte dépression intrahumérale où les stries sont interrompues et se fondent en l'enclosant. 4 **Simoni Ab**

— Th. transversal, à côtés fortement arrondis, se redressant près de la base: El. à épaules arrondies, à 10 lignes de points petits, espacés, plus sensibles sur les côtés, formant des stries bien enfoncées, peu régulières, sur le disque. 4 **Mayeti Ab**

* *
*

# BEMBIDIINI

## AËPUS

Sommet de l'abdomen découvert

1 Testacé: El. à stries effacées et sommet tronqué. 2 **marinus St**

— Testacé à tache vague à la base des El.; celles-ci avec 3 P. larges, peu enfoncés et le sommet arrondi. 2 **Robini Lab**

## PERILEPTUS (Blemus)

El. pubescentes

Noir-brun; Th. cordiforme à angles postérieurs droits; El. testacées, à écusson, sommet et pourtour, brunâtres. 3 **areolatus Creutz**

## CILLENUS

3e interv. des El. avec quatre pores ombiliqués

Verdâtre métallique: El. flaves, mates. 4 **lateralis Curt**

## ANILLUS

Pas d'yeux: dernier art. palpes subulé

1 El. lisses ou à points obsolètes; impression de la base du Th. anguleuse en avant. (**Scotodipnus**) 2

— El. à stries ou lignes de points plus ou moins nettes. 4

2 El. allongées, parallèles. 3

— El. ovales, courtes, dilatées en arrière. 1 **Aubei Saulc**

3 Epaules à bord externe en gouttière; angles postérieurs du Th. dentiformes; El. complètement lisses. 1,5 **Rialensis Guill**

— Epaules sans gouttière; angles postérieurs du Th. non dentiformes: El. obsolètement ponctuées. 1 **Schaumi Saulc**

4 Th. sans impression transversale à la base. 1 **frater A**

— » transversalement impressionné à la base. 5

5 Impression droite au milieu. 1—2 **convexus Saulc**

— Impression arrondie en avant. 6

6 Angles postérieurs du Th. obtus; Th. plus large, moins rétréci en arrière; El. à stries très serrées, finement ponctuées. 2 **hypogæus A**

— Angles postérieurs du Th. droits. 1,5—2 **cœcus du V**

L'A. Mayeti Bris (2mm) est très voisin du cœcus; la ponctuation des El. paraît plus nette; les El. ont des séries de points irrégulières, sont substriées sur le dos et ne sont pas distinctement réticulées.

## TACHYTA

Noir plombé; El. alutacées à stries obsolètes et lisses. 3 **nana Gyl**

## TACHYS

Striole scutellaire nulle; sommet de la strie suturale contourné et revenant en avant

1 Base du Th. coupée obliquement vers les angles postérieurs. 2

— » » droite. 4

2 Retour de la strie suturale arqué, assez long, bien net et placé à égale distance de la suture et du bord. 3

— Retour de la strie suturale très court, peu distinct; dessus testacé. **brevicornis Chd**

3 Testacé: Th. rougeâtre; pourtour de l'écusson enfumé. V. **gregarius Chd**

— Th. et El. concolores, d'un brun-fauve, stries lisses. **bistriatus** Duft

— Tête et Th. noirs; El. jaunes à tache triangulaire scutellaire, obscure, et tache antéapicale. 2,5 **scutellaris** Germ

4 Retour de la strie suturale rapproché des côtés; dessus testacé rougeâtre. 3 **bisulcatus** Nic

— Retour de la strie suturale à égale distance de la suture et du bord. 5

5 Testacé ; Th. rougeâtre; El. à tache antéapicale sombre. **fulvicollis** Dj

— Dessus noir avec ou sans taches. 6

6 El. à sommet rougeâtre, avec 2 stries dorsales lisses. **hæmorrhoidalis** Dj

— El. noires à 4 taches vagues, avec 3 stries dorsales, lisses, la 3$^e$ limitée à ses extrémités par les pores dorsaux. 2 **6-striatus** Duft

— El. avec 4 stries dorsales au moins. 7

7 El. sans taches, à stries presque lisses; pattes pâles. **parvulus** Dj

— El. à 4 taches fauves; base des cuisses ordinairement rembrunie. 2,5 **4-signatus** Duft

## BEMBIDIUM

Des yeux; dernier art. palpes petit, mince, en alène

1 Angles antérieurs du Th. saillants, aigus; El. à stries entières, égales. (**Bracteon**) 2

— Sommet du Th. tronqué droit. 5

2 El. sans fossettes rectangulaires, ternes, sur le 3$^e$ interv. 6 **striatum** F

— 3$^e$ interv. des El. avec 2 fossettes mates. 3

3 3$^e$ et 4$^e$ stries sinueuses; pattes verdâtres bronzées. 5—6 **littorale** Ol

— 3$^e$ et 4$^e$ stries droites. 4

4 Fossettes du 3$^e$ interv. vertes, précédées et suivies d'une tache cuivreuse. 6 **velox** L

— Fossettes du 3$^e$ interv. d'un noir plombé, sans taches en avant et en arrière (dessus bleu ou vert-bleu, *V. azureum Geb*). **argenteolum** Ahr

5 El. à ourlet intrahuméral atteignant la 4$^e$ strie. 6

— El. à ourlet intrahuméral nul ou ne dépassant pas la 5$^e$ strie. 8

6 Th. 1/4 plus large que la tête à base plus étroite que le sommet. 7

— Th. moitié plus large que la tête; base plus large que le sommet (**Platytrachelus**); dessus vert bronzé, base des ant. et pattes, rousses. 7 **laticolle** Duft

7 Stries légères, 6$^e$ peu marquée, 7$^e$ nulle; q. q. fois une tache rougeâtre aux 2/3 postérieurs des El. (**Neja**) 3,5—4 **pygmæum** F

— El. fortement striées-ponctuées, la 6$^e$ strie bien marquée à la base, 7$^e$ nulle (7$^e$ strie bien distincte, *V. prosperans Step*). (**Metallina**) **lampros** Hbst

8 Yeux petits, tempes longues; stries profondes, entières; pore oculaire placé loin de l'œil. (**Limnæum**) 9

— Yeux gros, saillants, tempes courtes; pore oculaire placé au bord postérieur de l'œil. 11

9 4 tibias postérieurs droits; tête et Th. alutacés; brun de poix: El. d'un noir-verdâtre à suture et épipleures roux. 5—6 **inustum** Duv

— 4 tibias postérieurs sinués; tête et Th. brillants. 10

10 Th. très transverse, à angles postérieurs sans carène; épaules effacées. 4 **nigropiceum** Marsh

— Th. cordiforme, peu transverse, à angles postér. carénés; épaules marquées. 5 **Abeillei** Bd

11 El. carénées au sommet externe. (**Ocys**) 12

— El. sans pli saillant vers le sommet. 13

12 Brun, angles postérieurs du Th. saillants, aigus. 5 **harpaloides** Serv

— Brun-verdâtre bronzé; angles postér. du Th. obtus. 4 **5-striatum** Gyl

13 Sillons oculaires confus ou effacés, tête et parfois Th. ponctués. 14

— » » bien marqués. 16

14 Stries des El. effacées en arrière et latéralement. 15

— Stries des El. entières (**Princidium**). Bronzé verdâtre ou bleuâtre, tête et Th. bien ponctués. 5 **punctulatum** Drap

15 Bronzé luisant: Th. ponctué (peu sur le disque); 3e interv. avec deux fossettes. (**Testedium**) 4—5 **bipunctatum** L

— Vert-bronzé, base du Th. seule ponctuée, mais fortement: El. pâles à tache suturale et bande postmédiane, d'un vert-bronzé. (**Actedium**). 5 **pallidipenne** Ill

16 Stries des El. entières. 17

— Stries plus ou moins effacées au sommet et sur les côtés. 22

17 Stries des El. ponctuées. (**Notaphus**) 18

— Stries des El. non ponctuées: (**Plataphus**) noir: ant. (moins 1er art. rougeâtre) et pattes noires. 5 **prasinum** Duft

18 Ant. rousses: tête et Th. polis; El. testacées à bande brunâtre postmédiane. 3 **ephippium** Marsh

— Ant. brunâtres au sommet; tête et Th. alutacés. 19

19 El. à fond poli; pore oculaire antérieur limité en dedans par un bourrelet. 5 **dentellum** Thumm

— El. à fond finement alutacé; pore oculaire antérieur sans bourrelet. 20

20 Stries profondes, égales sur tout le parcours; épaules arrondies. 4 **adustum** Schau

— Stries faibles, amincies en arrière; épaules accusées. 21

21 Sommet des El. métallique; pattes et ant. foncées. 4 **obliquum** St

— » » testacé, pattes et ant. claires. 5 **varium** Ol

22 Th. non cordiforme à côtés arrondis de la base au sommet. (**Philochthus**) 23

— Th. cordiforme ou subcordiforme. 29

23 El. à tache apicale rousse. 24

— El. sans taches. 27

24 Th. à base presque droite. 3,5 **guttula** F

— Côtés de la base du Th. très obliques. 25

25 7e strie bien marquée en avant. 4 **biguttatum** F

— » non marquée en avant. 26

26 Stries intermédiaires indiquées en arrière; El. irisées à ponctua-

tion médiocre en avant. 5 **iricolor** Bd

— Stries interméd. effacées au sommet: El. à ponctuation grosse en avant. 3—5 **lunulatum** Fourc

27 Pattes et ant. noirâtres. 4 **æneum** Germ

— » rousses, ant. pâles à la base. 28

28 Rebord latéral de l'El. rabattu obliquement vers la base de la $5^{e}$ strie; angles postérieurs du Th. obtus. (**Phyla**) 3 **obtusum** Serv

— Rebord latéral de l'El. dirigé en avant, s'éloignant de la naissance des stries. 4 **Mannerheimi** Sahl

29 Sillons oculaires limitant deux arêtes linéaires. (**Campa**) 30

— » » formant un seul bourrelet. 32

30 El. sans taches sur la première moitié. 31

— El. à taches jaunes en damier, à partir de la base. 4 **fumigatum** Dnft

31 Base des ant. et sommet des El. testacés; une tache testacée aux 2/3 postérieurs des El. 3 **assimile** Gyl

— $1^{er}$ art. ant. testacé: El. à tache peu visible, à sommet concolore. 3,5 **Clarki** Daws

32 Sillons réguliers, profonds, convergeant en pointe au sommet. (**Trepanes**) 33

— Sillons moins réguliers, non convergents en avant. 36

33 El. avec de petits traits jaunes longitudinaux. 34

— El. sans petits » » » . 35

34 Pattes et ant. noirâtres. 3,5 **maculatum** Dj

— Pattes et base des antennes rousses. 3 **8-maculatum** Gœz

35 El. d'un brun foncé avec la base et une bande postérieure, testacées. 4 **articulatum** Gyll

— El. noires, brillantes, avec au plus, une tache vague testacée, aux 2/3 postérieurs. 3—3,5 **Doris** Gyll

36 El. à fond alutacé, mat (**Talanes**). — Noir-bleu; tête et Th. ponctués; sommet des El. largement rouge. 3 **aspericolle** Germ

— El. à fond plus ou moins brillant. 37

37 El. à $8^{e}$ strie, isolée en arrière de la gouttière marginale, soit effacée avant le milieu ou ne rejoignant la marge qu'au premier tiers antérieur. (**Synechostictus**) 38

— El. à $8^{e}$ strie entière, confondue avec la gouttière latérale. (**Bembidium**) 43

38 $8^{e}$ strie sulciforme très nette en avant jusque vers le premier quart où elle rejoint la marginale. 39

— $8^{e}$ strie sulciforme et isolée en arrière, effacée avant le milieu. 40

39 El. verdâtres, métalliques, sans taches. 5 **cribrum** Duv

— El. d'un brun-rougeâtre, q. q. fois un peu bleuâtres, avec une tache pâle, vague, aux 2/3. 5 **Dahli** Dj

40 El. à sommet et à tache ronde, orangés. 4—4,5 **elongatum** Dj

— El. sans taches. 41

41 Front avec quelques points. 3,5 **decoratum** Duft

— » lisse entre les sillons. 42

42 Stries peu profondes à la base, à points médiocres. 5 **stomoides** Dj
— » profondes et fortement ponctuées à la base. 6 **ruficorne** Stm
43 Base du Th. à peine plus large que le pédoncule. 44
— » » bien plus large que le pédoncule. 49
44 El. à 4 taches fauves. 45
— El. concolores ou à 2 taches. 48
45 Tache humérale allongée sur les côtés et souvent reliée à la tache subapicale. 4 **laterale** Dj
— Tache humérale non fortement allongée latéralement. 46
46 Sillons non convergents: tache humérale triangulaire, plus large sur le côté (stries effacées, *V. speculare Küst*). **4-guttatum** F
— Sillons convergeant en avant. 47
47 Base des ant. et cuisses d'un noir bronzé. 4 **4-pustulatum** Serv
— Base des ant. et pattes testacées. 3,5 **4-maculatum** L
48 El. immaculées; sillons subparallèles (le *tenellum* est q. q. fois sans taches, mais les sillons convergent en avant). **normannum** Dj
— El. à tache subapicale:

*a* — Sillons non convergents. 4,6 **Cantalicum** Fvl

*a'* — » convergents en avant. 3 **tenellum** Er

— El. à tache humérale, sans tache apicale. 3 **humerale** Str
49 Taille petite ou très petite. 50
— » grande ou moyenne. 55
50 Sillons non convergents. 51
— Sillons convergeant en avant. 54
51 Base des ant. et pattes claires. 52
— Base des ant. et pattes, plus ou moins foncées. 53
52 Dessus concolore. 4 **hypocrita** Dj
— El. quadrimaculées. *minimum v.* **latiplaga** Chd
53 Pattes et ant. noires; noir brillant à stries peu marquées. **pyrenæum** Dj
— » » foncées: El. à stries fortes à la base, à sommet plus clair. 3 **minimum** F
54 Dessus bleuâtre finement alutacé. 3 **Schüppeli** Dj
— Dessus noir, poli. 3 **gilvipes** St
55 El. à deux premières stries profondes, entières, réunies au sommet:

**a**-El. allongées, déprimées, avec ou sans bande longitudinale d'un brun roux. 6—7 **fasciolatum** Duft

**a'**-El. assez courtes:

**b**-Dessus convexe vert ou bleu; tibias et tarses souvent plus clairs. **tibiale** Duft

**b'**-El. subdéprimées à tache discale rouge occupant ou la base ou toute l'El. moins la suture et les marges. **tricolor** F

**b''**-El. déprimées d'un bleuâtre obscur, taille plus petite. **atrocæruleum** Step

— 2e strie des El. affaiblie, à peine indiquée au sommet. 56
56 Angles postér. du Th. sans carinule limitant les fossettes. 57
— » » » avec une carinule limitant les fossettes. 60
57 Tête avec q. q. P. au bord interne des sillons. 58

— Tête non ponctuée. 59
58 El. à bande transverse rousse avant le sommet. 5 **modestum F**
— El. sans bande rousse. 5—6 **decorum Pz**
59 El. bleuâtres à tache orangée subapicale. 6 **bisignatum Men**
— El. rougeâtres dans la moitié antérieure, ou avec une tache humérale, ou obscurément 4-maculées. 5—6 **ripicola Duft**
60 El. sans taches, au plus avec le sommet moins foncé. 61
— El. avec taches. 64
61 El. alutacées, peu brillantes; stries assez finement ponctuées. 4—5 **monticola St**
— El. à fond lisse et brillant. 62
62 Dessus roux ou testacé. 5 **Fauveli Gangl**
— » vert bronzé ou bleuâtre. 63
63 Th. oblong, pointillé à la base, à angles postér. peu saillants. **fulvipes Dj**
— Th. court, rugueux à la base, à » » droits, saillants. 5 **nitidulum Mars**
64 El. bleuâtres presque entièrt rouges sur la première moitié. **eques St**
— Tache de la première moitié des El. simplement humérale, accompagnée d'une subapicale, ou El. sans taches sur la 1re moitié. 65
65 El. à base concolore, à tache subapicale commune. 6 **lunatum Duft**
— El. à deux taches isolées ou réunies. 66
66 Taches réunies en dehors. 5 **concinnum Step**
— Taches isolées. 67
67 Base du Th. lisse ou vaguement ponctuée. 68
— » » nettement ponctuée. 69
68 Sommet des El. peu foncé; tache médiane noire s'étendant vers l'écusson sur le 1er interv. seulement. 5 **Andreæ F**
— Sommet des El. largement foncé; les 3 prem. interv., au moins noirs (7e strie distincte *V. distinguendum du V.*). V. **femoratum St**
69 Avant-dernier art. palpes foncé; 1er art. ant. testacé. 4,5 **rupestre L**
— » » » » testacé; base des ant. testacée. 70
70 Gouttière latérale du Th. effacée en avant. 6 **fluviatile Dj**
— » » » bien nette en avant. 6 **ustulatum L**

## TACHYPUS

El. pubescentes ponctuées complètement; dernier art. palpes subulé

1 Tête brillante à ponctuation forte; dessus finement et densément ponctué, un peu mat (dessus brillant, à ponctuation forte et nette aux El. surtout *V. nebulosus Ros*). 6—7 **caraboides Schrk**
— Tête mate, ruguleuse. 2
2 Th. finement ridé, sans ponctuation distincte. 5 **pallipes Duft**
— Th. distinctement ponctué. 3
3 Ant., palpes, cuisses et tarses, en partie métalliques. **cyanicornis Pand**
— **Palpes, pattes et moitié basilaire des ant. au moins, testacés. flavipes L**

# AQUICOLES

(Bedel: *Faune des Coléop. du bassin de la Seine.*—Fairmaire: *Faune française*).

## DYTISCIDÆ

### CYBISTER

Un seul crochet aux tarses postérieurs

Vert-olivâtre; dessous, labre, épistome, côtés du Th. et une bande vers le bord des El., jaunes: El. ♂ à 3 lignes de points; ♀ couvertes d'impressions linéaires serrées. 30 **laterimarginalis** Deg

### DYTISCUS

Ongles des tarses postérieurs à deux crochets d'égale longueur: El. ♀ généralement sillonnées

1 Th. largement bordé de jaune sur les 4 côtés. 2
— » » » » latéralement et très finement ou pas, à la base et au sommet. 7
2 Bord externe de l'El. fortement dilaté et tranchant. 40 **latissimus** L
— Bord externe de l'El. non dilaté. 3
3 Abdomen à premiers segments bordés de noir. 4
— » » » non bordés de noir. 5
4 Apophyses coxales émoussées. 30—35 **pisanus** Lap
— » » très aiguës (♀ à El. sillonnées, *V. perplexus Lac*). 28—32 **circumflexus** F
5 Yeux entourés d'une bordure rousse. 6
— » non entourés de roux (♀ El. lisses, *V. conformis Kunz*). 30—35 **marginalis** L
6 El. noires (♀ El. sillonnées *V. dubius Gyll*). 32 **circumcinctus** Ahr
— El. à fines lignes fauves sur le disque (♀ El. lisses *V. septentrionalis Gyl*). 25—28 **lapponicus** Gyl
7 Dessous noir. 29 **punctulatus** F
— » jaunâtre; un fin liseré jaune au sommet du Th. **dimidiatus** Berg

### ACILIUS

El. ♀ ordinairement à 4 sillons velus: prosternum arrondi

1 Cuisses postérieures noires à la base. 16—18 **sulcatus** L
— Cuisses postérieures concolores. 2
2 Les deux bandes noires du Th. sont réunies à leurs extrémités: El. à ponctuation fine et serrée. 14—15 **canaliculatus** Nic
— Les deux bandes noires du Th. sont libres: El. à ponctuation plus grosse, celles des ♀ sans sillons. 13 **Duvergeri** Gob

## EUNECTES

Crochets des tarses postér. égaux; dernier art. palpes plus ong que les autres

Jaune gris; une bande noire sur le Th.: El. à points noirs avec 3 rangs de P. plus gros sur le disque, une bande aux 2/3 et deux taches marginales oblongues, noires. **sticticus L**

## HYDATICUS

Crochets des tarses postér. inégaux; corps brun, varié de fauve

1 El. à lignes longitudinales jaunes. 2

— El. à bande transversale jaune, peu avant la base. 3

— El. sans lignes ni bandes jaunes sur le disque. 4

2 Th. testacé. 11 **grammicus Germ**

— Th. noir bordé de testacé au sommet et sur les côtés. 14 **stagnalis F**

3 Bordure fauve des El. irrégulière et mouchetée de noir; dessus alutacé finement ponctué; tibias intermédiaires concolores. 13 **transversalis Brün**

— Bordure fauve des El. régulière, bien limitée intérieurement: El. alutacées sans ponctuation distincte; tibias intermédiaires d'un brun de poix. **lævipennis Thom**

4 Th. à bande jaune médiane, base et sommet, noirs. (**Graphoderes**) 5

— Tête et Th. testacés, avec vertex et base extrême du Th. légèrement rembrunis. 10—11 **Leander Ros**

— Th. rouge à tache basale circulaire noire: El. noires, à côtés d'un jaune rougeâtre bien tranché. 13—14 **seminiger Deg**

5 La bande jaune est au moins 3 fois plus large que la bande noire basale. 16 **bilineatus Dj**

— Bande jaune à peu près de même largeur au milieu que la bande basale noire. 6

6 Th. sans sinuosité près des angles postér. qui paraissent droits. **cinereus L**

— Th. sinué à la base près des angles postérieurs. 7

7 Une fine bordure jaune au sommet du Th. **zonatus Hep**

— Th. sans bordure jaune au sommet. 13 **austriacus Stm**

## COLYMBETES

Crochets des tarses postér. inégaux; corps légèrement convexe

1 Dessus noir, terne. 2

— » brunâtre ou jaunâtre varié de noir. 3

2 Dessous noir: El. très finement pointillées. 12 **Grapii Gyl**

— » ferrugineux: El. à fines impressions semi-circulaires. (**Meladema**) 20—22 **coriaceus Lap**

3 Côtés du Th. non marginés: El. à strioles transversales: Th. à côtés largement fauves. (**Cymatopterus**) 16—18 **fuscus L**

Le C. *striatus* L en diffère par le Th. fauve, à bande transversale courte, noire.

— Côtés du Th. marginés: El. sans strioles transverses. (**Rhantus**) 4

4 Ant. complètement testacées. 5

— Ant. à art. annelés de noir au sommet, sur les dern. art. au moins. 6

5 Th. à tache noire transverse, au milieu; prosternum, poitrine et abdomen, noirs. 10—11 **conspersus** Gyl

— Prosternum testacé. 10—11 **notaticollis** A

6 Th. à tache noire transverse, médiane; q. q. f. deux petites taches latérales; ♀ El. à strioles longitudinales irrégulières à la base. 11—12 **notatus** F

Le notaticollis a souvent les ant. foncées au sommet, on le distinguera du notatus par ses El. concolores qui n'ont pas comme ce dernier la suture et 3 fines lignes longitudinales jaunâtres.

— Th. sans tache noire au milieu. 7

7 Dessous complètement testacé. 10—11 **exoletus** Forst

— » noir en grande partie. 8

8 1er segm. abdominal noir. 9- 9,5 **bistriatus** Er

— 1er segment abdominal fauve ou testacé: El. dilatées en arrière. 10 **adspersus** F

## ILYBIUS

Ongles des tarses postér. inégaux, crochet supérieur le plus court; ♀ à segment anal relevé au milieu et bilobé

1 El. à bordure jaune, nette, divisée vers le sommet par un léger trait noir longitudinal. 2

— El. sans bordure jaune nette. 3

2 Bordure large et plus nette. 11—12 **fuliginosus** F

— » plus étroite. 11—12 **meridionalis** A

3 Dessous du corps roussâtre; ailes métasternales très étroites. 12 **fenestratus** F

— Dessous du corps noir-brun plus ou moins foncé; ailes métasternales triangulaires ou progressivement atténuées. 4

4 Dessus noir profond. 5

— » plus ou moins bronzé; art. 1-4 des tarses postérieurs ♂ rebordés au côté externe. 6

5 Forme plus allongée; dessus moins convexe; vertex bimaculé de rouge. 9—10 **guttiger** Gyll

— Plus ovale, plus convexe; vertex sans taches. 11 **obscurus** Marsh

6 Taille de 8 à 9m; rebord des tarses postérieurs ♂ coupant, précédé d'une gouttière. **ænescens** Thom

— Taille 10—14; rebord des tarses postér. ♂ en bourrelet simple. 7

7 Dessus bronzé franchement; taille de 10—11. **subæneus** Er

— » légèrement bronzé; taille 13—14: El. avec un trait rouge latéral après le milieu et une autre antéapical. **ater** Deg

## MELANODYTES

Noir-brun, un peu bronzé; labre, épistome, une tache sur le vertex, bords extérieurs du Th. et des El. et pattes d'un roux-ferrugineux; 4 premiers art. des tarses antér. ♂ dilatés transverst. **pustulatus** Ros

## AGABUS

Ongles des tarses postérieurs sensiblement d'égale longueur

1 Angle apical des fémurs postérieurs sans petit peigne de soies épineuses : El. à ponctuation très fine et serrée. (Copelatus) **ruficollis Schal**

— Angle apical des fémurs postérieurs avec des soies épineuses. 2

2 Ailes latérales du métasternum en forme de bande très étroite, très aiguë au sommet. 3

— Ailes métasternales en pointe triangulaire. 6

3 El. légèrement bronzées avec bandes ou taches jaunes sur le disque. 4

— El. d'un brun bronzé à côtés ordinairement moins foncés. 5

4 Th. à bande transverse jaune : El. avec bord externe, une tache à la base et 3 lignes longitudinales, plus ou moins réunies, jaunes ; épipleures progressivement rétrécis vers le sommet. **maculatus L**

— Th. sans bande fauve : El. à bande infrabasale ondulée, prolongée latéralement et point subapical, fauves ; épipleures brusquement rétrécis à partir du 1er segment abdominal. 7 **Hermanni F**

5 Brun bronzé ; pattes antérieures et intermédiaires jaunes, les postérieures brunes ; ongles des tarses antérieurs ♂ simples. **femoralis Pk**

— Noir, peu bronzé ; fémurs rembrunis en dessous ; ongle interne des tarses antérieurs ♂ fortement denté. 6,5—7 **unguicularis Thom**

6 El. d'un jaune grisâtre avec nombreuses taches, q. q. f. peu nettes. 7

— El. à teinte unie sur le disque au moins. 8

7 Th. avec deux taches noires ; taches élytrales plus nettes. **nebulosus Fors**

— Th. immaculé, taches des El. vagues, comme frottées. **conspersus Marsh**

8 Sommet de la courbe des hanches postérieures placé sur le côté. 9

— » » » » postér. placé au milieu même. 11

9 Dessus noir soyeux à peine bronzé. 8—10 **Erichsoni Gem**

— » nettement bronzé. 10

10 El. polies dans les mailles de la réticulation ; dernier art. ant. rembruni au sommet. 8—10 **chalconotus Pz**

— El. à fond alutacé : dern. art. ant. non rembruni au sommet. **neglectus Er**

11 La pointe des ailes métasternales dépasse en arrière le niveau des hanches postérieures à leur maximum de saillie. 12

— La pointe des ailes métasternales ne dépasse pas le sommet des hanches postérieures. 19

12 Base du Th. tronquée, droite. 13

— Base du Th. arrondie en arrière. 14

13 El. à traits longitudinaux fins, formant des cellules oblongues. **striolatus A**

— El. non strigueuses. 6,5—7 **affinis Payk**

14 Dessus roux ferrugineux concolore. 8—9 **brunneus F**

— » noir concolore. 15

— El. avec taches jaunes sur le disque ; dessus légèrement bronzé ; bords du Th. étroitement rouges : El. avec une tache irrégulière (q. q. fois divisée) au delà du milieu et une autre apicale. **didymus Ol**

— El. brunâtres avec bord latéral et parfois une bande basale, plus clairs. 16

15 ♂ brillant ♀ mate; El. à fins traits longitudinaux, très rapprochés, se réunissant ou se croisant; angles postérieurs du Th. presque droits, non émoussés, un peu prolongés en arrière. **bipustulatus L**

— Plus étroit, plus déprimé; angles postérieurs du Th. très obtus, émoussés, côtés plus arrondis. 10 **Solieri A**

16 El. ternes finement réticulées, à pourtour et épipleures roux; bords du Th. largement testacés, un seul ongle aux tarses antérieurs ♂. 8-9 **Sturmi Gyll**

— El. plus ou moins brillantes. 17

17 Une ligne de P. à la base du Th.; sommet des El. à P. assez nombreux et sans ordre; ♂ ongle interne des tars. antér. épaissi. 7 **uliginosus L**

— Base du Th. sans ligne de points, ou avec une ligne interrompue devant l'écusson. 18

18 Bords du Th. à peine testacés: labre seul rouge; dessus brun, légèr[t] bronzé, à bord externe et épipleures plus pâles. **congener Payk**

— Bords du Th. largement testacés; épistome testacé; El. brunes à disque plus ou moins foncé. 7 **paludosus F**

19 El. sans taches latérales. 8,5 **melanarius A**

— El. avec deux petites taches rondes, rougeâtres, près du bord externe, l'une après le milieu, l'autre apicale. 20

20 Th. à bords latéraux rougeâtres, à base tronquée, droite; palpes roux. 8—9 **guttatus Payk**

— Th. concolore, à base arquée, palpes plus foncés (El. brunes, *V. nigricollis Zoub*). 9 **biguttatus Ol**

Var. Ongle interne des tarses antér. ♂ denté au lieu d'être angulé au milieu. **? V. nitidus F**

## NOTERUS

Epimères mésothoraciques linéaires

1 Points des El. disposés en avant en 3 rangs assez réguliers jusqu'au milieu. 4 **clavicornis Deg**

— Points des El. sans ordre à la base. 2

2 Points des El. enfoncés, très forts. 5 **sparsus Marsh**

— » » très petits, rares, écartés; ant. ♂ fortem[t] dilatées. **lævis Strm**

## LACCOPHILUS

Epimères mésothoraciques triangulaires

1 Base du Th. prolongée en pointe vers l'écusson. 2

— « » à peine avancée vers la suture des El. 5 **interruptus Panz**

La V. **testaceus A** a les El. plus convexes, moins atténuées en arrière, sans taches dorsales sensibles.

2 El. verdâtres avec quelques taches pâles à la base, au bord externe et quelques lignes sur le disque. 4,5 **obscurus Panz**

— El. brunâtres, avec le bord externe et 3 fascies ondulées, rougeâtres: (1 basale, 1 antéapicale, 1 apicale). 4 **variegatus Germ**

# HYDROPORIDÆ

## HYDROPORUS

Ecusson invisible; crochets des tarses postérieurs égaux; tarses antér. et intermèd. de 4 art. apparents

1 Epipleures à repli oblique à la base limitant une cavité qui reçoit les deux paires de pattes antérieures au repos. **2**

— Epipleures sans repli à la base. **10**

2 Tête rebordée en avant. **3**

— Tête non rebordée. **(Cœlambus)** **7**

3 Angle apical des El. mucroné; dernier segment abdominal acuminé. (**Hydrovatus**) **4**

— Dernier segment abdominal obtus au sommet. **(Hygrotus)** **5**

4 Th. à ponctuat. assez forte à la base et au sommet: El. noires à taches rousses bien apparentes. 3 **cuspidatus Kunz**

— Ponctuation du Th. très fine: El. moins foncées, à taches confuses ou nulles. 3 **clypealis Scharp**

5 El. à ponctuation grosse, assez serrée, égale; noires, à taches basale, latérale et antéapicale, jaunes. 3 **inæqualis F**

— El. à ponctuation double. **6**

6 El. brunes à 4 taches rousses, à ponct. double, espacée. **decoratus Gyll**

— El. à suture et à 4 lignes plus ou moins nettes, noires, à ponctuation composée de gros P. superficiels et d'un pointillé fin. **versicolor Schl**

7 El. à ponctuation grosse (semée de q. q. P. plus fins), ferrugineuses, avec suture et 4 lignes noires peu visibles, 4 lignes de gros P. serrés formant presque des stries. 5 **impressopunctatus Schal**

— El. à ponctuation fine. **8**

8 El. à 4 lignes discales noires, très abrégées en avant. **9**

— » » » » » et deux petites externes, l'une au milieu, l'autre au sommet. 5 **parallelogrammus Ahr**

9 El. à pointillé fin doublé de gros P. vers la base surtout. **confluens F**

— El. plus pâles finement pointillées, sans séries de gros P. avec q. q. fois des traces de 3 lignes discales de P. plus forts. **pallidulus A**

10 Th. ayant à la base de petites stries ou plis obliques continués sur les El. par une strie ou une carène. (**Bidessus**) **11**

— Th. sans ou avec stries à la base, mais alors nullement continuées sur les El. (**Hydroporus-Deronectes**). **17**

11 Pli oblique du Th. continué sur les El. par une côte très saillante; une autre plus longue en dehors; dessus testacé, à suture et deux bandes transversales, noires. 2,5 **bicarinatus Lat**

— Strioles du Th. continuées sur les El. par une strie courte. **12**

12 Quatre calus en avant sur le front. 2,5 **Goudoti Lap**

— Front sans calus en avant. **13**

13 Strie suturale prolongée jusqu'au sommet des El. 2,5 **geminus F**

— » » obsolète ou effacée après le milieu. 14

14 Ponctuation des El. très forte et serrée : El. à bord externe et 3 taches qui le touchent, plus clairs. 2 **pumilus A**

— El. à ponctuation fine ou très fine. 15

15 Corps en ovale court, convexe : El. d'un brun-noirâtre confusément tachées de testacé, à ponctuation assez forte. **unistriatus Ill**

— Corps allongé, peu convexe : El. testacées, à suture, base et deux bandes transverses, noires, à ponctuation très fine ou obsolète. 16

16 Ponctuation des El. bien visible, très serrée; fond brillant. **coxalis Sharp**

— » » indistincte, fond presque mat. **minutissimus Germ**

17 Bord externe des El. armé près du sommet d'un denticule aigu : Th. à côtés fortement arqués. 18

— Bord externe des El. sans denticule. 20

18 Th. noir, à tache discale rouge mal limitée : El. à base et 3 taches testacées : 1 médiane suturale, 1 latérale, 1 apicale. 5,5 **luctuosus A**

— Th. testacé à base et sommet, noirs. 19

19 El. noires à 6 taches (2. 2. 1. 1) et q. q. linéoles flaves. 5 **elegans Stm**

— El. testacées avec pourtour de l'écusson, suture et 6 lignes, noirs. 4,5 **assimilis Pk**

20 El. à disque orné de lignes longitudinales noires sur fond testacé ou testacées sur fond noir. 21

— Disque des El. sans lignes noires ou testacées, nettes. 32

21 Th. ayant de chaque côté une strie droite plus ou moins entière, parallèle au bord externe. 22

— Th. à ligne arquée courte, de chaque côté de la base près des bords; cette ligne atteint ordinairement la base où elle est accompagnée de plusieurs petits plis. 26

— Th. sans strie ou ligne arquée sur les côtés. 29

22 Tête rougeâtre. 23

— » noire. 24

23 Th. rougeâtre, à base et sommet noirs : El. à suture et 5 lignes noires. 2,6 **meridionalis A**

— Th. noir à côtés rougeâtres : El. noires, à bord externe et une bande médiane, testacés, celles-ci entourant une grande tache noire. **pictus F**

24 4 lignes testacées sur les El. dont 3 dorsales entières ou interrompues; côtés du Th. largement flaves; 4e art. ant. plus petit que les contigus. 2,5 **flavipes Ol**

— El. à bordure marginale flave et 2 lignes jaunes dont une dorsale. 25

25 Th. à étroite bordure jaune; 4e art. ant. plus court que les contigus; la 1re ligne des El. se réunit à la 2me qui contourne l'El. et se dilate. 2,2 **granularis L**

— Lignes élytrales plus pâles, l'interne plus droite, non déjetée en dehors, peu dilatée à la base. 3 **bilineatus Stm**

26 Th. brun bordé de roux ; El. à lignes noires irrégulières. **fractus Sharp**

— Th. roux taché de noir. 27

27 Ovale, allongé, peu convexe; 1 tache noire en accolade à la base du Th.: El. à suture, 6 lignes et 3 taches latérales, noires. **borealis Gyl**

— Corps en ovale court, convexe. **28**

28 El. à suture, 7 lignes discales et une petite externe, noires. 3,5 **septentrionalis Gyl**

— El. à suture, 5 lignes discales et une petite externe, noires; corps plus convexe (les lignes se réunissent q. q. fois en une tache discale, irrégulièrement découpée dans son contour en taches linéaires, *V. rivalis Gyll*). 3 **Sanmarki Sahl**

29 El. à côtes saillantes, avec suture, 6 ou 7 lignes et 2 ou 3 bandes obliques latérales, noires. 5 **canaliculatus Lac**

— El. sans côtes saillantes. **30**

30 Taille plus petite; corps ovale, convexe, fortement atténué au sommet; sommet et base du Th. noirs au milieu; El. à suture, 4 lignes discales, et 1 latérale oblique, noires. 3,2 **lineatus F**

— Taille plus grande; corps ovale, allongé. **31**

31 Vertex, base et sommet du Th. et 2 taches sur le disque, noirs; El. à suture et 5 ou 6 lignes noires réunies par des taches carrées situées sur les interv. 4—4,5 **halensis F**

— Vertex et pourtour des yeux, base et sommet du Th., deux taches au devant de la base, noirs: El. à suture et 7 lignes noires, la 1re très étroite, abrégée en avant. 5 **griseostriatus Deg**

— Sommet et base du Th. étroitement noirs: El. à suture, 5 lignes et 2 taches obliques, latérales, obsolètes, noires. 5 **Cerisyi A**

32 El. concolores (au plus la marge latérale légèrement plus claire). **33**

— El. à taches fauves (au moins la marge latérale largement éclaircie). **48**

33 Taille grande: Th. à côtés bien arrondis. **34**

— » plus petite; côtés du Th. rectilignes ou subarrondis. **36**

34 Noir mat, à pubescence feutrée, d'un gris-verdâtre; El. à côtes plus ou moins saillantes. 5 **opatrinus Germ**

— Dessus glabre. **35**

35 Dessus brun-roux avec vestiges de côtes. 4,5 **Aubei Mls**

— » noir mat, sans » » . 5 **mœstus Fairm**

36 El. avec deux lignes de points plus gros sur le disque. **37**

— El. sans lignes de points plus gros sur le disque ou lignes très obsolètes: El. ordinairement rougeâtres. **43**

37 Th. avec une fovéole au milieu du disque. 3—4 **foveolatus Heer**

— Th. sans fovéole sur le disque. **38**

38 Bord latéral de l'El. faisant un angle avec celui du Th. **39**

— » » » faisant suite au bord latéral du Th. **41**

39 Ant. et palpes testacés; disque du Th. imponctué; dessus luisant, à ponctuation assez forte, médiocrement serrée; (El. mates à ponctuation obsolète *V.* ♀ *castaneus A*). 4,5 **memnonius Nic**

— Sommet des ant. et des palpes, rembruni. **40**

40 Dessus peu luisant; disque du Th. imponctué; ponctuation des El. obsolète à la marge latérale et au sommet. 3,6 **longicornis Sharp**

— Th. à ponctuation dense: El. non parallèles, à base un peu plus large que celle du Th. (côtés des El. éclaircis *V. sabaudus Fvl*). 3—4 **nivalis Heer**

41 Ant. et palpes roux; disque du Th. presque imponctué. **longulus Mls**

— Ant. un peu rembrunies au sommet, palpes roux; disque du Th. ponctué. 3,5 **cantabricus Sharp**

— Ant. et palpes rembrunis au sommet. **42**

42 Noir profond, un peu mat; Th. et El. aussi alutacés que la tête. **nigrita F**

— Brillant: El. à fond lisse ou moins alutacé que la tête. **discretus Frm**

43 Taille petite: Th. brun-noir à disque ponctué, à côtés parallèles vers les angles postérieurs: El. brunes. 2 **neglectus Schau**

— Taille petite; dessus roux testacé; El. plus foncées: Th. à disque lisse. **scalesianus Step**

— Taille moyenne. (3—4) **44**

44 El. aussi foncées que le Th., celui-ci à disque presque imponctué. **45**

— El. plus claires que le Th. **46**

45 Brillant; ant. brunes à base plus claire. 3,3 **melanocephalus Gyl**

— Ant. roussâtres, dessus assez terne, sommet des El. éclairci. 3,7 **melanarius Str**

46 Pas d'angle thoraco-élytral: Th. à rebord latéral; tête rousse, ombrée près des yeux; El. à points espacés, assez forts. **obscurus Str**

— Un angle thoraco-élyt. plus ou moins accusé. **47**

47 Angle thoraco-élyt. faible: El. visiblement pubescentes: Th. court. 3,7 **elongatulus Str**

— Angle thoraco-élyt. plus accusé: pubescence des El. fugace, très fine: Th. moins court. 3—4 **tristis Payk**

48 Th. avec une strie latérale parallèle au bord externe. **49**

— Th. sans strie latérale. **52**

49 El. à premier tiers testacé, avec une tache médiane transverse se prolongeant le long de la suture en se rétrécissant. **50**

— El. à base noire. **51**

50 El. presque cunéïformes fortement rétrécies depuis le 1/4 antér. **crux F**

— El. atténuées à partir du milieu seulement et moins fortement. 2,7 **bimaculatus Duf**

51 El. ovales, peu convexes, peu atténuées au sommet, testacées, avec suture très large, dilatée au milieu et appendiculée de chaque côté au sommet, une tache humérale, une discale, une ligne latérale, noires, plus ou moins dilatées. 2,5 **varius A**

— El. ovales, convexes, fortement atténuées au sommet, testacées, avec suture sinueuse, bicruciée, tache humérale et linéole externe, noires. 3,3 **lepidus Ol**

52 Th. à côtés fortement arrondis, non rebordés: El. à 6 taches testacées. 6 **12-pustulatus Ol**

— Th. à côtés droits ou subarrondis. **53**

53 Th. à dépression basale en accolade terminée par une fossette; côtés immarginés: El. à bordure latérale et taches variables, fauves. 4—4,5 **dorsalis F**

— Th. sans dépression basale en accolade. 54

54 Dessus aplati, d'un testacé rougeâtre: El. brunes, à bande basale, taches latérale et apicale, testacées; disque du Th. assombri. 4 **ferrugineus Steph**

— Dessus plus ou moins convexe, à fond moins clair. 55

55 Abdomen à points confondus, rugueux: Th. bordé de testacé; El. noires à bord externe, bande onduleuse presque basilaire, et 2 taches au sommet, testacés. 4 **analis A**

— Abdomen ponctué ou non, mais non rugueux. 56

56 Hanches postér. chagrinées, sans points: El. à bande basale et taches irrégulières au sommet, testacées. 3,5 **marginatus Duft**

— Hanches postérieures ponctuées. 57

57 Bords de l'El. et du Th. formant un angle. 58

— » » » se faisant suite, sans former d'angle. 64

58 Taille petite (1,5—2); Th. noirâtre, déprimé à sa base, sans rebord: El. pubescentes. **umbrosus Gyl**

— Taille moyenne ou grande. 59

59 El. à côte saillante sur le disque ♂ et une autre latérale ♀; El. à points gros et écartés, à tache humérale fauve. 4—5 **latus Step**

— El. sans côtes saillantes. 60

60 Côtés du Th. non ou légèrement marginés: El. à ponctuation serrée, peu accusée. 61

— Côtés du Th. rebordés; ponctuation des El. forte, serrée. **piceus Step**

61 Th. presque imponctué sur le disque, avec 2 impressions basales; El. d'un brun-marron à côtés plus clairs. 3 **angustatus Stm**

— Disque du Th. ponctué. 62

62 Hanches postér. assez luisantes, à ponctuation forte, serrée, nette; tête rousse en avant; El. à tache basilaire transverse. **V. incognitus Scharp**

— Hanches postér. mates à ponctuation mal accusée. 63

63 Tête foncée en avant; sommet des tibias et tarses noirâtres; côtés des El. plus clairs avec une ligne plus foncée. 3 **V. vittula Er**

— Tête largement rousse en avant; pattes rousses: El. à dessins clairs bien apparents: la tache basilaire des El. oblique (taches des El. plus larges, plus diffuses, *V. vagepictus Fairm*). 4 **palustris L**

64 Rebord latéral du Th. non visible en dessus; tête rousse ombrée près des yeux: El. à fond lisse ou alutacé. **erythrocephalus L**

— Rebord latéral du Th. bien apparent en dessus. 65

65 Art. ant. allongés, roussâtres; palpes roux: Th. aussi alutacé que la tête: El. obsolètement alutacées, à base et côtés roux. **rufifrons Duft**

— Art. 5—8 ant. obconiques, oblongs. 4,5 **planus F**

— » » » ovoïdes. 66

66 El. d'un brun assez uniforme. 3,5 **pubescens Gyll**

— El. à base, côtés et mouchetures subapicales, pâles. **tessellatus Drap**

L'H. limbatus A est plus fort (5,5), moins déprimé, plus convexe; sa pubescence abondante est plus longue, sa ponctuation plus forte et plus écartée; ant. testacées; tête et Th. marqués de ferrugineux.

### HYPHYDRUS

Ongles des tarses postérieurs d'inégale longueur

1 El. d'un brun ferrugineux concolore, avec q. q. fois des vestiges de taches roussâtres vagues vers la base, le milieu et le sommet. 5 **ovatus L**

— El. testacées-ferrugineuses claires, avec base, suture, une large tache discoïdale irrégulière, sinueuse, une postérieure, et une externe, noires, bien limitées. 4,5 **variegatus A**

### HYGROBIA (Pelobius)

Ecusson apparent; tête non enfoncée dans le Th.

Ferrugineux, avec 2 taches entre les yeux, base et sommet du Th., une tache discoïdale largement découpée, commune aux deux El., noirâtres; dessus profondément ponctué. **tarda Hbst**

## HALIPLIDÆ

### BRYCHIUS

Bord externe des El. très finement denté en scie en arrière

Jaune pâle: El. à 3e interv. costiforme, à dessin noir formé de lignes longitudinales et de fascies. 3,5—4 **elevatus Pz**

### HALIPLUS

Côtés du Th. non sinueux, rétrécis en avant dès la base; abdomen en grande partie caché par un développement des hanches postérieures

1 Th. avec un sillon de chaque côté de la base. 2

— Th. sans sillon de chaque côté de la base. 5

2 El. à rangées de points à peine visibles: Th. à points indiqués, mais peu profonds. 3—3,5 **lineatus A**

— El. à rangées striales ponctuées, bien marquées; Th. ponctué. 3

3 Stries du Th. profondes, longues, très arquées. 3 **lineatocollis Marsh**

— » » légères, courtes, peu arquées. 4

4 Yeux ne dépassant pas les bords antérieurs du Th.; corps brièvement ovale; El. 4-maculées, alutacées sur la moitié postér. ♀. **ruficollis Deg**

L'H. Heydeni Wenk a le corps brièvement ovale, rétréci en arrière: El. 4-maculées: points basilaires des stries fovéiformes; ♀ El. polies. L'Immaculatus Gerh. a le corps ovale, les El. sans taches, à lignes noires presque continues; ♀ El. polies.

— Yeux proéminents, dépassant les bords antérieurs du Th. **fluviatilis A**

5 El. à fin pointillé parsemé de P. médiocres, subsériés, peu enfoncés. 6

— » à séries de P. formant des stries bien apparentes. 7

6 Th. à bande noire basale; épaules dépassant la base du Th. **varius Nic**

— Th. sans bande basale noire; bordure externe des El. faisant suite à la bordure latérale du Th. 3,5 **obliquus F**

7 El. sans taches. 8

— El. avec taches noires. 9

8 Sommet du Th. droit dans sa partie médiane. 3 - 3,5 **flavicollis Str**

— » » anguleux dans sa partie médiane. 4 **badius A**

9 1er point des 5 premières stries beaucoup plus gros que les autres. 3,3 **laminatus Schal**

— 1er point des 5 premières stries pas plus gros que les suivants. 10

10 Ponctuation du sommet du Th. forte et serrée. 3,5 **variegatus Stm**

— » » » irrégulière et éparse. 11

11 Points des stries rapprochés. 4 **fulvus F**

— » » très espacés. 3,5 **guttatus A**

### CNEMIDOTUS (Peltodytes)

El. à suture bordée d'une strie linéaire, effacée en avant

1 El. à base déprimée; stries à points très gros; pas de série accessoire de gros points entre la 3e et la 4e strie. 3,7 **rotundatus A**

— El. déprimées sur la suture, non à la base; quelques gros points supplémentaires entre la 3e et la 4e strie. 4 **cæsus Duft**

## GYRINIDÆ

### GYRINUS

Glabre; 4 yeux, dont deux en dessous; pattes intermédiaires natatoires

1 Th. et El. à bordure jaune testacée; celles-ci avec 10 stries ou sillons d'un vert glauque. 2

— Th. et El. sans bordure testacée. 3

2 El. à sommet arrondi ou obliquement tronqué; stries internes planes: Th. bleuâtre à bande transversale cuivreuse; poitrine et anus testacés. 7 **concinnus Klug**

— El. tronquées au sommet; stries internes sillonnées: Th. à bande transverse médiane et légère bordure au sommet et à la base, cuivreuses; poitrine et anus ordinairement noirs. 8 **striatus Ol**

3 Ecusson à très fine carène longitudinale. 4 – 5 **minutus F**

— » sans carène. 4

4 Epipleures noirs. 5

— » testacés. 6

5 El. tronquées au sommet. 5,5—6 **Dejeani Brull**

— El. arrondies au sommet (noir, terne, avec milieu du Th. et des El., ferrugineux; interv. finement réticulés *V. dorsalis Gyl*). **marinus Gyll**

6 Stries des El. placées sur de petites bandes cuivreuses brillantes. 6—8 **urinator Ill**

— El. sans bandes cuivreuses. 7

7 Corps elliptique, très allongé, étroit, convexe, sommet des El. arrondi. 7 **bicolor F**

— Corps ovoïde. 8

8 El. à sommet tronqué; segment anal rougeâtre. 6 **elongatus A**

— **Sommet des El. arrondi.** 9

9 Sommet des El. non relevé, à série elliptique de points plus gros que ceux des stries; séries dorsales internes presque effacées. 10
— Sommet des El. relevé, à série elliptique nulle ou oblitérée, séries dorsales internes fortes. 5 **Suffriani Scrib**
10 Interv. des El. non ponctués. 6—6,5 **natator L**
— » » ponctués (voir avec une forte loupe). 6 **distinctus A**

### ORECTOCHILUS

Mêmes caractères, mais dessus pubescent, entièrement ponctué

Ovale, allongé, à duvet jaunâtre; dessus brunâtre peu bronzé. 6 **villosus Müll**

# PALPICORNES

## HYDROPHILIDÆ

(L. Bedel : *Palpicornia, Faune, Pag. 288.*— Fairmaire*: Faune française.* — C. Rey: *Palpicornes 2e édit.*).

### LIMNOBIUS

El. tronquées, sans strie suturale; abdomen saillant, terminé par une ou 2 soies

1 Labre échancré; cuisses rembrunies; noir, très finement ponctué. 2 **truncatellus Thun**
— Labre arrondi ou subtronqué. 2
2 Suture des El. finement rebordée en arrière. 3
— « » non rebordée en arrière. 4
3 El. d'un rouge brun; cuisses postér. légèrement rembrunies. **atomus Duft**
— El. brunes; cuisses postérieures non rembrunies. 1 **picinus Marsh**
4 Menton creusé au milieu, relevé sur les côtés; dessus brun fauve, tête et disque du Th. noirs. 1,5—2 **papposus Mls**
— Menton uni. 5
5 Cuisses (postérieures au moins) rembrunies; dessus ovale, convexe, brillant, noir: Th. et El. à bordure couleur de poix. **truncatulus Thom**
— Pattes entièrement rousses. 6
6 Th. subalutacé, imponctué; dessus noir: El. presque lisses. **aluta Marsh**
— Th. lisse, obsolètement pointillé. 7
7 El. presque entièrement noires à côtés un peu roussâtres. **sericans Mls**
— El. uniformément rousses ou brunes. 8
8 Th. roux. 0,6 **punctillatus Rey**
— Th. rembruni au milieu. 0,8 **myrmidon Pand**

### BEROSUS

Tibias interméd. et postér. à franges de soies au bord interne

1 El. épineuses avant le sommet. (**Acanthoberosus**) 2

— El. inermes. 3
2 Mésosternum caréné: El. grisâtres à taches nébuleuses: forme oblongue. 5 **spinosus** Stev
— Mésosternum obsolètement caréné: El. pâles à taches noires: forme ovalaire. 5 **guttalis** Rey
3 Interv. plans; les 3,5 et 7e à ponctuation doublée de P. plus gros. 5 **signaticollis** L
— Interv. plans ou subconvexes à ponctuation homogène. 4
4 Stries des El. étroites, peu profondes; interv. plans. 4,5 **affinis** Brull
— Stries des El. profondes, crénelées de gros P.; interv. convexes. **luridus** L

## HYDROPHILUS

Prosternum profondément canaliculé

1 Une épine à l'angle sutural des El. 40—48 **piceus** L

Chez l'angustior Rey la plaque de l'onychium antér. ♂ est largement tronquée, subéchancrée au sommet, au lieu d'être arrondie.

— Angle sutural des El. sans épine. 2
2 4 premiers segm. ventraux carénés au milieu. 35—38 **pistaceus** Lap
— » » » non carénés. 35 **aterrimus** Esch

## HYDROUS

Prosternum en carène tranchante

1 Carène prosternale épineuse postérieurt; pattes brunes. **caraboides** L
— » » sans épine; pattes en grande partie testacées. **flavipes** Stev

## HYDROBIUS

Ant. de 9 art.; dernier art. palpes fusiforme

1 El. à stries ponctuées ou à P. alignés sans stries (sauf à la suture); taille de 6m au moins. 2
— El. sans stries ni séries ponctuées; taille de 3m au plus. 4
2 Fémurs postérieurs glabres; saillie mésosternale en lame verticale : El. à P. alignés, sans stries (**Limnoxenus**). **oblongus** Hbst
— Fémurs postér. pubescents; saillie mésosternale dentiforme. (**Hydrobius**) 3
3 El. à stries ponctuées, plus profondes en arrière. 6—7 **fuscipes** L
— El. à P. alignés sans stries, sauf à la suture. 9—10 **convexus** Brull
4 Base du Th. non rebordée, fémurs postérieurs glabres; dessus bronzé. (**Paracymus**) 5
— Base du Th. finement rebordée; fémurs postérieurs pubescents; dessus non bronzé. (**Anacæna**) 7
5 Tête, Th. et El. assez finement pointillés. 6
— Tête et Th. très finement pointillés, El. moins finement. **punctillatus** Rey
6 Palpes largement rembrunis au sommet; pattes brunes. **scutellaris** Rosh
— » et pattes testacés; forme plus oblongue. 2 **æneus** Germ

7 Tête à tache rousse devant chaque œil. 2 **bipustulatus Marsh**

— Tête noire sans tache, ou tache peu distincte. 8

8 Corps globuleux : El. d'un noir de poix, à côtés testacés; palpes roux, dernier art. rembruni au sommet. 2,5—3 **globulus Payk**

— Corps elliptique; palpes foncés à dernier art. noir; arrière-corps noir, brun ou roussâtre. 2,5—3 **limbatus F**

## HELOCHARES

El. sans strie suturale

Testacé; dessous et fémurs noirâtres : Th. immarginé à la base, à angles postérieurs presque droits : El. subparallèles dans les 2 premiers tiers (*l'H. subcompressus Rey* a les pattes testacées et la ponctuation des El. un peu plus forte que celle de la tête et du Th). 5—6 **lividus Forst**

L'H. *punctatus* Sharp à ponctuation plus forte et serrée, au milieu de laquelle on distingue peu les séries élytrales, à série de gros points sur le Th., n'est, d'après M. BEDEL, qu'une forme extrême d'une espèce très variable.

## LACCOBIUS

El. sans strie suturale; tibias postérieurs arqués

1 Fond du Th. poli entre les points. 2

— » » alutacé. 7

2 Rangées de points des El. nombreuses et rapprochées, formées de points serrés. 3

— Rangées de points des El. écartées, avec des rangs de points plus fins et espacés, sur les intervalles. 2 **gracilis Mots**

3 Epistome maculé de testacé. 4

— » noir immaculé. 5

4 El. à rangées striales toutes régulières, à tache pâle subapicale. **bipunctatus F**

— Rangées striales alternativt régulières et diffuses. **V. maculiceps Gerh**

5 2e art. tarses postérieurs un peu moins long que les deux suivants; El. à rangées striales assez régulières, plus légères ou obsolètes sur les côtés. 3 **regularis Rey**

— 2e art. tarses postérieurs au moins égal aux deux suivants; El. à rangées striales peu régulières. 6

6 Cuisses interméd. ♂ densément pointillées; ponctuation des El. en séries alternativement régulières et subdiffuses. **nigriceps Thom**

— Cuisses interméd. ♂ normales, éparsement ponctuées; El. à rangées striales assez diffuses, obsolètes latéralement. 3,5 **scutellaris Mots**

7 El. à rangées de points écartées avec rangées intermédiaires de points plus fins et espacés. 2,1 **alternus Mots**

— El. à ponctuation diffuse, en rangées sur les bords seulement; 3e art. tarses postérieurs égal au 4e. 3 **pallidus Muls**

— El. à rangées de P. nombreuses et rapprochées plus ou moins régulières, formées de points serrés; intervalles sans points plus fins en séries; 3e art. tarses post. plus long que le 4e. 8

8 El. à rangées striales diffuses. 2,3 **alutaceus Thom**

— » » » toutes régulières. 2,2 **minutus L**

### PHILYDRUS

El. avec une strie suturale

(*des Gozis: Feuille des Jeunes naturalistes n° 119*)

1 Th. sans rebord à la base, tête noire: Th. à série latérale de gros P.; dernier art. palpes noir; pattes brunes. (**Cymbiodyta**) 3—4 **marginellus F**

— Th. à rebord basal très fin. 2

2 Pattes noires; tête noire à 2 taches fauves: Th. à deux séries de gros P. sur les côtés. 4,5 **melanocephalus Ol**

— Pattes testacées ou brunâtres. 3

3 Th. à ponctuation uniforme. 4

— Th. à points plus gros sur les côtés formant deux séries arquées, l'une derrière le bord antér., l'autre après le milieu. 5

4 Palpes roux: El. rousses à suture foncée. 3 **coarctatus Gred**

— Dernier art. palpes noir au sommet: El. d'un brun fauve, suture concolore. 3—3,5 **affinis Thun**

5 El. sans traces de séries de pores; palpes testacés. 5 **frontalis Er**

— El. à ponctuation foncière doublée de séries de pores espacés. 6

6 2e art. palpes maxil. en grande partie noirâtre. 5,5—6 **testaceus F**

— » » » » testacé. 7

7 Tête en grande partie testacée, ordinairement une tache isolée sur le front; palpes fauves. (**Enochrus**) 5—6 **bicolor F**

— Tête noire au moins jusqu'aux yeux. 8

8 Dernier art. des palpes non ou peu rembruni au sommet; cuisses noires à sommet seul plus clair: El. noires ou d'un brun-noir. 4—5 **halophilus Bd**

— Dernier art. des palpes noir au sommet; dessus fauve: arête supérieure des cuisses testacée. 4—5 **4-punctatus Hbst**

### CHÆTARTHRIA

2 prem. segm. de l'abdomen excavés, recouverts de pellicules tapissées de soies dorées

Subglobuleux, noir luisant: Th. rebordé à la base: El. à strie suturale, à ponctuation éparse avec q. q. rangs de points réguliers sur les côtés. 2 **seminulum Hbst**

## SPÆRIDIDÆ

### CRYPTOPLEURUM

Epipleures nuls; tibias antér. non échancrés; côtés du Th. angulés au milieu

1 Interstries subcostiformes. 2 **crenatum Panz**

— Interstries plans. 1,5 **atomarium Ol**

## MEGASTERNUM

Epipleures nuls; tibias antér. échancrés extérieurement

Brun de poix, convexe : El. à séries de points superficiels.
2 **obscurum Marsh**

## SPHÆRIDIUM

Pygidium visible; écusson 2 f. aussi long que large; tibias très épineux

1 Angles postérieurs du Th. émoussés; suture des El. entièrement noire. 5—7 **scarabæoides L**

— Angles postér. du Th. aigus, prolongés en arrière; ponctuation fine, serrée, confuse (q. q. séries de points sur les El. *V. semistriatum Cast*). 3,5—5 **bipustulatum F**

## CERCYON

Epipleures des El. visibles à la base

1 Corps déprimé: Th. rétréci à la base (espèces maritimes). 2

— Dessus ovale, convexe; côtés du Th. arrondis. 3

2 Moins déprimé; tibias antér. échancrés extérieur[t] au sommet et terminés par un fort onglet crochu. 2—3,3 **littoralis Gyll**

— Plus déprimé; tibias antér. sans onglet ni échancrure. **depressus Steph**

Le C. **arenarius** Rey en diffère par les interv. finement pointillés sur fond lisse au lieu d'être à peine ponctués et subalutacés au sommet surtout.

3 Interv. sans ponctuation bien distincte et toujours beaucoup plus faible que celle du Th. 4

— Interv. des stries ponctués, à la base au moins. 6

4 Stries des El. effacées vers le sommet; interv. alutacés presque mats; sommet des El. rougeâtre. 1,5—2 **minutus Gyl**

— Stries des El. distinctes jusqu'au sommet, mais non approfondies. 5

— Stries des El. plus approfondies en arrière; sommet nettement rougeâtre. 1,7 **subsulcatus Rey**

5 Dessus mat, soyeux; palpes testacés: El. à sommet nettement roux. 2 **lugubris Pk**

— El. aussi brillantes que le Th., subconcolores; dernier art. palpes rembruni. 1—1,5 **granarius Er**

6 Rebord latéral du Th. continué sur les angles postér. et une portion latérale plus ou moins grande de la base; côtés du Th. toujours plus clairs. 7

— Angles postér. et base du Th. non rebordés. 9

7 Ponctuation des El. nette et assez serrée sur toute la surface. 8

— » » plus fine et moins distincte au sommet: El. jaunâtres concolores, ou à tache discoïdale peu nette. **centromaculatus Strm**

8 El. testacées, à suture et tache commune médiane, noires. **unipunctatus L**

— El. testacées, à suture et écusson plus ou moins bruns : Th. à côtés étroitement roux. 1,5—3 **quisquilius L**

9 Th. très convexe à base retombante: El. noires à sommet plus clair; 10e strie atteignant l'épaule en se rapprochant de la 7e. 2—3 **ustulatus Preys**

— Th. et El. confondus dans la même courbure. **10**

10 Th. à côtés ou angles antérieurs seulement, roux; El. noires à tache apicale assez nette, à ponct. dense et nette sur toute la surface. **11**

— Th. complètement noir. **12**

11 Tache apicale plus petite, bien tranchée, remontant latéralement jusqu'à l'épaule; angles antérieurs du Th. roux. **aquaticus Lap**

— Tache apicale plus grande, mais ne remontant que jusqu'à moitié du côté des El.; angle sutural des El. droit; Th. à côtés roux. **bifenestratus Küst**

— Tache apicale peu tranchée; côtés du Th. largement roux; palpes roux. 2—3,3 **lateralis Marsh**

12 Une fossette à la base du Th. en face l'écusson; sommet des El. plus clair; palpes noirs. 2,5—3,3 **impressus Str**

— Pas de fossette à la base du Th. **13**

13 Epipleures, palpes et pattes, testacés. **14**

— » » » (cuisses au moins) noirs ou brunâtres. **16**

14 9e intervalle unisérialement ponctué: El. noires, atténuées en arrière, à sommet rouge, moins la suture. 2,3 **analis Payk**

— 9e intervalle au moins bisérialement ponctué. **15**

15 El. noires à côtés largement rougeâtres, à stries nettes sur toute leur longueur. 2 **terminatus Marsh**

— El. rougeâtres à large tache suturale noire; stries internes obsolètes à la base. 1—1,5 **pygmæus Ill**

16 Epipleures noirs: El. rougeâtres à taches subhumérale et scutellaire triangulaire, noires. 2—3 **melanocephalus L**

— Epipleures bruns-rougeâtres: El. ordinairement noires à sommet plus clair. **17**

17 Angles postérieurs du Th. presque droits; palpes noirs; pattes d'un rouge-brun, tarses plus clairs. 3,5—4 **obsoletus Gyll**

— Angles postérieurs du Th. obtus; pattes rougeâtres, cuisses brunes; angle sutural des El. généralement prolongé en bec en dessous; palpes brunâtres; coloration variable. 2,5—3 **flavipes F**

## DACTYLOSTERNUM

Yeux entaillés par les joues; 1er segment ventral caréné

Noir; écusson en triangle équilatéral: El. finement ponctuées, à séries de points; pattes rousses. 5—6 **insulare Lap**

## CŒLOSTOMA (Cyclonotum)

Yeux presque entiers: El. ponctuées, avec une seule strie suturale raccourcie en avant

1 Palpes bruns; fémurs interméd. peu ponctués. 3,6 **orbiculare F**

— Palpes testacés; fémurs intermédiaires pubescents, densément pointillés. 4,7 **hispanicum Küst**

**SPERCHEUS**

Brun: El. à bande suturale dentée et q. q. taches irrégulières, noires; q. q. vestiges de côtes sur les El. 6—6,5 **emarginatus Schal**

# HELOPHORIDÆ

## HELOPHORUS

Ecusson semi-circulaire ou arrondi; Th. à sillons longitudinaux

1 Interstries impairs des El. costiformes; épipleures prolongés jusqu'à l'angle sutural. (**Empleurus**) 2

— Interst. impairs des El. non costiformes; épipleures réduits en arrière à une simple tranche. 5

2 Epaules anguleuses, formant presque une dent saillante. **rugosus Ol**

— » non anguleuses, presque arrondies. 3

3 2e et 4e côtes des El. interrompues, l'une avant, l'autre après le premier tiers. 3 **Schmidti Vill**

— Côtes des El. non interrompues. 4

4 Reliefs du Th. réguliers, contigus; taille plus petite. 3–4 **nubilus F**

— » du Th. irréguliers, flexueux, subinterrompus. 4,5 **porculus Bd**

5 Une courte rangée de points à la base, entre la 1re et la 2e strie. 6

— Pas de commencement de strie entre la suturale et la 2e. 8

6 Interstrie marginal des El. creusé en gouttière; interv. alternes très convexes. 5 **intermedius Mls**

— Interv. marginal des El. relevé en carène; interv. alternes presque plats. 7

7 3e art. tarses postér. un peu plus long que le 4e; reliefs dorsaux du Th. à granulation râpeuse. 6,5 **aquaticus L**

— 3e art. tarses postér. non ou peu plus long que le 4e; reliefs dorsaux du Th. à granulation écrasée. 4,5 **æqualis Thom**

8 Dernier art. palpes ovoïde ou pyriforme. 9

— » » » allongé à côté interne presque rectiligne. 12

9 Ant. et palpes plus ou moins obscurs; dessus bronzé ou brunâtre. 10

— Ant., palpes et pattes, testacés. 11

10 Sillons du Th. très flexueux, le médian profond, fovéolé; interv. externes convexes; pattes couleur de poix, tarses plus foncés. 3,5 **nivalis Gir**

— Sillons du Th. peu flexueux, le médian peu profond; interv. presque tous plans; pattes d'un noir ou brun, bronzé. 3,3 **glacialis Vil**

11 Marge latérale du Th. explanée, une série de petits points sur les interv. 3 **griseus Er**

— Marge latérale du Th. déclive; interv. finemt ciliés-frisés. **Arvernicus Mls**

Reliefs dorsaux du Th. presque lisses: sillon du vertex net, profond, non évasé en avant. 3 **nanus St**

— Reliefs du Th. plus ou moins granulés. 13

13 Th. bombé à marge latérale déclive, à sillons internes fins presque droits; interv. étroits. 3 **pumilio Er**

— Th. peu convexe à marge latérale explanée. 14

14 Sillon du vertex non ou peu évasé en avant. 15

— « » plus ou moins évasé en avant. 17

15 Th. presque aussi large que les El., celles-ci non ensellées à la base. 4 **crenatus Rey**

— Th. moins large que les El. qui sont ensellées derrière l'écusson. 16

16 Th. à côtés arqués, à sillons internes légèrement sinueux. **arcuatus Mls**

— Th. » subsinués en arrière, à sillons internes fortement sinueux. 3,8 **asperatus Rey**

17 El. très fortement striées-ponctuées; intervalles subconvexes, les alternes un peu relevés. 18

— El. assez fortement ou assez finement striées-ponctuées; interv. alternes pas plus relevés. 19

18 Th. à peine moins large en avant que les El., fortement fovéolé au milieu; El. à tache pâle subsuturale précédée d'un trait noir. 4 **dorsalis Marsh**

— Th. moins large en avant que les El. peu fovéolé sur le disque; tache des El. peu distincte. 3,8 **fulgidicollis Mots**

19 El. à reflets métalliques au moins sur la suture, ensellées à la base; interv. larges, peu convexes. 2,6—3,4 **obscurus Mls**

— El. sans reflet métallique, non ensellées. 20

20 El. assez finement striées-ponctuées; interv. plans; gris-testacé avec deux taches noires ou nébuleuses. 3 **Erichsoni Bach**

— El. assez fortement striées-ponctuées; interv. subconvexes. 21

21 El. testacées avec 1 tache noire; interv. peu plus larges que les points. 2,8 **discrepans Pand**

— El. testacées, obscures, à 2 taches nébuleuses; interv. aussi étroits que les P.; tête et Th. d'un bronzé cuivreux ou pourpre. **granularis L**

## HYDROCHOUS

Yeux gros, saillants; 2e art. palpes moins long que l'œil et dernier au moins aussi long que le précédent

1 Interv. alternes des El. costiformes. 2

— » » » non costiformes. 4

2 Dessus noir métallique; 4e intervalle costiforme. 3

— Dessus vert métallique, souvent brun-rougeâtre bronzé; 4e interv. costiforme en arrière. **elongatus F**

3 Th. plus long que large, à côtés presque droits; interv. moins fortement costiformes: pattes rougeâtres. 2,5 **carinatus Germ**

— Th. subcarré à côtés arrondis, sinués en arrière; interv. fortement costiformes; pattes noirâtres. 2,5 **brevis Hbst**

4 El. non impressionnées vers le milieu des côtés; 7e interv. ni interrompu, ni surbaissé; 3e non costiforme. 5

— El. subimpressionnées vers le milieu des côtés; 7e interv. subcostiforme, surbaissé au milieu ou subinterrompu. 6

5 Bronzé cuivreux; palpes testacés, dernier art. rembruni au sommet. 2,3 **angustatus Germ**

— Vert ou bleu en avant: El. bronzées; palpes d'un brun de poix à dernier art. complètement noir. 2,6 **bicolor Dahl**

6 Palpes testacés à dernier art. obscur; El. cuivreuses; tête et Th. verts ou bleuâtres; tête fortement ponctuée. 2,5 **impressus Rey**

— Palpes brunâtres; dessus bronzé cuivreux; tête à ponctuation éparse. 2,2 **nitidicollis Mls**

## OCHTHOBIUS

Dern. art. palpes aussi long que moitié du précédent ou un peu plus court; front bi ou trifovéolé; tête avec les yeux moins large que le Th.

1 Dernier art. des palpes très court, épipleures prolongés jusque vers le sommet des El. 2

— Dernier art. palpes aussi long que moitié du précédent; épipleures en bord tranchant au sommet. 4

2 Taille plus grande; dessus vert doré; Th. très ponctué; El. ensellées à la base, à 3e interv. relevé à la base, et 5e et 7e un peu plus que les autres dans toute leur longueur. 3 **granulatus Mls**

— Plus petit; Th. peu ponctué: El. non ensellées. 3

3 Bronzé brillant; pattes rougeâtres, genoux et tarses obscurs; ♂ Th. bombé à sillon médian et 2 sillons obliques partant de la base; ♀ Th. à sillon médian et à fossettes et sillons profonds. 1,5—2 **exsculptus Germ**

— Noir brillant; interv. saillants, le 5e atteignant l'angle huméral; pattes foncées. 1 **gibbosus Germ**

4 Labre angulairement entaillé. 5

— » entier ou faiblement sinué. 8

5 Th. ponctué plus ou moins fortement. 6

— Th. finement et éparsement pointillé. 7

6 Th. bronzé à ponctuation assez forte, rugueuse, à oreillettes subbilobées. 2,3 **lobicollis Rey**

— Th. bronzé obscur, à ponctuation fine, non rugueuse, à oreillettes entières. 1,7 **metallescens Rosen**

7 Angles antér. du Th. avancés en dent aiguë: interv. subconvexes plus étroits que les points. 1,7 **dentifer Pand**

— Angles antér. du Th. presque droits; interv. plans plus larges que les points. 1—1,5 **foveolatus Germ**

8 Marge latérale des El. denticulée postérieurement. 9

— » » » simple. 10

9 Tête et Th. rugueusement ponctués; interv. subconvexes à peine aussi larges que les P. 1,5—2 **Lejolisi Mls**

— Tête et Th. non rugueusement ponctués; interv. plans un peu plus larges que les P. 1,7 **subinteger Mls**

10 El. ponctuées sans ordre, pubescentes. 2–2,5 **punctatus Steph**
— El. striées-ponctuées. 11
11 Th. sillonné au milieu, sans impressions ni fossettes latérales. 12
— Th. avec fossettes ou sillons de chaque côté. 13
12 Tête presque lisse; ponct. du Th. fine et clairsemée. 2 **æneus Steph**
— » fortement ponctuée; Th. à ponctuat. forte et serrée. **pygmæus Gyll**
13 Th. à impressions transverses sur le disque. 14
— Th. à sillon médian et à fossettes latérales. 20
14 Th. à fond lisse, sur les parties saillantes au moins. 15
— Th. entièrement alutacé; dessus bronzé obscur. 1,1 **obscurus Dj**
15 Th. lisse, très brusquement rétréci et comme échancré vers la base au 1/4 postér.; El. assez grossièremt striées-ponctuées, d'un noir brillant, sommet du Th. échancré derrière chaque œil. **exaratus Mls**
— Th. graduellement rétréci vers la base, sommet tronqué. 16
16 Métasternum luisant au milieu; palpes obscurs: El. d'un bronzé noir à intervalles plus larges que les P. 1 **marginipallens Lat**
— Métasternum mat; Th. plus ou moins alutacé. 17
17 Th. graduellement rétréci vers la base, plus brusquement et parallèlement dans son tiers basilaire: El. d'un roux livide ponctuées-striées. **subabruptus Rey**
— Th. graduellement rétréci en arrière, sinueusement dans son tiers basilaire. 18
18 Impressions transvers. du Th. limitées par une linéole latérale; El. testacées. **meridionalis Dj**
— Impressions transv. du Th. non limitées par une linéole. 19
19 El. d'un brun bronzé à interv. peu plus larges que les P. **marinus Pk**
— El. d'un testacé pâle à interv. plus larges que les P. **deletus Rey**
20 El. ensellées à la base, relevées en bosses de chaque côté de la suture; corps bronzé. 21
— El. ni ensellées, ni bossuées. 22
21 Tête et Th. mats; oreillettes du Th. dentées sur les côtés. 1,6 **Barnevillei Pand**
— Tête et Th. brillants; oreillettes du Th. inermes. 2 **impressicollis Lap**
22 Bord antérieur du Th. sinué derrière les yeux. 23
— « » » largement tronqué. 24
23 Th. légèrement ponctué à côtés testacés : El. d'un brun-roussâtre à interv. étroits et plans. **auriculatus Rey**
— Th. fortement ponctué, concolore: El. d'un noir bronzé à interv. étroits et convexes. **bicolon Germ**
24 Rétrécissement latéral du Th. presque à angle droit. **pellucidus Mls**
— » » » oblique, moins brusque. **difficilis Mls**

## CALOBIUS

Tête bisillonnée au moins aussi large avec les yeux que le Th.

**Dessus noir bronzé assez brillant; labre bilobé; Th. en carré trans-**

verse, El. finement ponctuées-striées. 2 **quadricollis** Mls

### HYDRÆNA

2e art. palpes, presque aussi long que le Th.

1 El. ayant 5 ou 6 lignes ponctuées entre la suture et l'angle huméral. 2
— » » plus de 6 lignes ponctuées entre la suture et l'angle huméral. 9
2 Lignes ponctuées des El. irrégulières sur les côtés et à la base surtout. 3
— Lignes ponctuées des El. régulières dès la base. 4
3 Th. roux, cordiforme, à côtés sinueux: El. rousses, déprimées. 1,7 **Sieboldi** Rosen
— Th. hexagonal, à disque rembruni; El. pâles, à bords enfumés. 1,2 **pulchella** Germ
4 2 derniers art. palpes maxil. ♂ fortement épaissis: El. rousses, creusées en stries ponctuées. 2,2 **dentipes** Germ
— 2 dern. art. palpes maxil. ♂ ou le dernier, normalement épaissis; El. simplement striées-ponctuées. 5
5 Stries peu serrées, à points forts (5 au plus entre la suture et l'angle huméral); rouge-brun, tête et disque du Th. rembrunis; ♀ El. tectiformes au sommet. 1,5 **atricapilla** Wath
— 6 lignes ponctuées entre la suture et l'angle huméral. 6
6 El. subdéprimées à la région suturale, à gouttière marginale, large, entière; Th. avec deux espaces lisses. 2 **polita** Ksw
— El. régulièrement subconvexes, à gouttière marginale, peu large. 7
7 Front éparsement ponctué au milieu; dessus noir de poix; El. rousses. 1,9 **truncata** Rey
— Front à ponctuation assez dense au milieu. 8
8 El. à pointe rougeâtre au sommet ♀, subtronquées ♂, à ponctuation plus embrouillée sur les côtés et au sommet: Th. transverse. 2 **producta** Mls
— El. ♂ et ♀ non prolongées au sommet, à ponctuation plus nette, subarrondies sur les côtés: Th. aussi long que large; cuisses souvent foncées; El. rousses, testacées par exception. **gracilis** Germ

L'H. *emarginata* Rey a les El. toujours rougeâtres et les lobes extérieurs de l'échancrure ♀ submucronés, celle-ci profonde; chez la *gracilis* les lobes externes de l'échancrure des El. sont arrondis et celle-ci peu profonde.

9 El. à interv. caréniformes minces et à gros points formant réseau; marge latérale postér. offrant des points à jour: El. testacées, tête noire. 1,5–1,7 **testacea** Curt
— El. à ponctuation fine et sans points à jour sur la marge postér. 10
10 Tête impressionnée latéralement; El. d'un brun terne à marge latérale explanée en arrière. 1,8 **rugosa** Mls
— Tête non impressionnée. 11
11 Th. à côtés subparallèles du milieu au sommet, bordé de fauve à la base et au sommet; sommet échancré. 1,5 **palustris** Er
— Th. à côtés rétrécis du milieu au sommet. 12
12 Th. un peu relevé en avant, à sillon raccourci bien net; dessus d'un noir profond peu brillant; palpes roux. 3 **carbonaria** Ksw

— Palpes à dernier art. rembruni au sommet: Th. non ou obsolètement sillonné. **13**
13 Th. densément ponctué à sillon court et léger. **riparia Kug**
— Th. sans sillon à ponctuation plus fine, plus éparse sur le disque. **14**
14 El. allongées, assez étroites, subparallèles à la base; Th. bifovéolé à la base. **15**
— El. ovales ou ovales oblongues, assez brillantes, à sommet obtus. **16**
15 Th. angulé au milieu des côtés, à disque ponctué. 2,1 **longior Rey**
— Th. plus transverse, obtusément angulé latéralement, à disque presque lisse. 1,6 **angustata Str**
16 El. convexes brillantes, obtusément acuminées au sommet, régulièrement ponctuées-striées jusqu'au bout. 1,7 **regularis Rey**
— El. obtuses au sommet, subconvexes, assez brillantes. **17**
17 Marge latérale des El. à peine visible de dessus, étroite; Th. à sommet un peu roussâtre. 1,8 **subdeficiens Rey**
— Marge des El. assez large, bien visible de dessus; Th. noir. **18**
18 El. régulièrement ovales, à rangées striales régulières jusqu'au sommet: Th. alutacé. 1,8 **subimpressa Rey**
— El. subélargies vers le sommet; stries confuses en arrière. **19**
19 El. subovales; interv. aussi larges que les P.; Th. transverse à fond presque lisse. 1,7 **nigrita Germ**
— El. plus courtes; interv. plus étroits que les points: Th. fortement transverse à fond alutacé; dessus moins foncé. 1,6 **curta Ksw**

*(Tiré des Palpicornes de Cl. Rey — 2e édition)*

# CLAVICORNES

## HETEROCERIDÆ

### AUGYLES

Ant. de 10 art.; arête des plaques du 1er arceau ventral remontant intérieurement jusqu'à la rencontre des hanches postérieures

(Cl. Rey: *Revue Linnéenne 1890*)

1 Ponctuation des El. assez forte; dessus plus ou moins brillant. **2**
— » » fine ou très fine. **5**
2 Arête interne des plaques ventrales remontant en angle obtus. **3**
— » » » « » en angle droit; Th. non rétréci en avant; bandes noires des El. atteignant la bordure. 3,5 **pruinosus Ksw**
3 El. à ponctuation forte, à points très fins dans les intervalles. **4**
— Ponctuation des El. forte et serrée, sans points fins dans les interv.; El. à 3 fascies transverses et bande suturale, noires: bordure marginale complètement flave. 3,5 **hispidulus Ksw**

4 El. à intervalles plus larges que les points. **intermedius** Ksw

— » » à peine plus larges que les P.; forme ramassée, plus petite. **curtus** Ros

5 El. mates, à ponctuation dense, à interv. finement chagrinés. **flavidus** Ros

— El. brillantes, à ponctuation fine, à interv. finement pointillés; pattes pâles : Th. à bordure pâle. 6

6 El. paraissant rugueuses avec q. q. traces de côtes; 2 faibles bandes obliques et le sommet, d'un brun fauve. 2,5—2 **maritimus** Gené

— El. finement pointillées avec bordure marginale, une tache subhumérale, une, entre celle-ci et la suture, une bande arquée et une tache apicale, flaves. 2—2,8 **sericans** Ksw

— El. d'un roux de poix, à région suturale à peine rembrunie; taille très petite. **humilis** Rey

## HETEROCERUS

Tarses de 4 art. apparents; tête transverse enfoncée dans le Th.; massue des ant. dentée en scie intérieurement

(Mulsant: *Hétérocérides*)

1 Ecusson en triangle plus large que long: El. sans taches. **murinus** Ksw

— » » plus long que large. 2

2 Th. non rebordé aux angles postérieurs: El. à ligne jaune recourbée, enclosant la saillie humérale. 3

— Th. à angles postérieurs rebordés. 5

3 Th. bordé de flave tout autour; pattes testacées. 6—7,5 **parallelus** Ksw

— Th. sans bordure flave au sommet et sur les côtés de la base. 4

4 Pattes flaves, genoux et base des tibias, bruns: El. avec une étroite bordure basale de l'épaule à l'écusson. 5—6 **fossor** Ksw

— Pattes brunes, cuisses antér. en partie testacées : El. à tache flave juxta-scutellaire, sans bande basale. 4—5 **femoralis** Ksw

5 El. à ligne humérale flave contournant l'épaule, mais sans revenir à la base; pas de bande juxta-suturale, partant de la base. 4,5 **marginatus** F

— El. sans ligne humérale flave contournant l'épaule. 6

6 El. à bande suturale flave allant de la base aux 2/5, ou au moins à tache flave juxta-suturale. 7

— El. sans bande suturale, ni tache juxta-suturale; pattes noires ou brunes: El. à bordure marginale flave interrompue. **obsoletus** Curt

7 Pattes brunes; angles antér. du Th. flaves (bande juxta-suturale interrompue au milieu *V. pulchellus Ksw*). 3 **fusculus** Ksw

— Pattes testacées : Th. bordé de flave. 4—5 **lævigatus** Panz

## PARNINI

Mulsant: *Parnidæ* — Reitter: *traduct. Reiber, Rev. d'entomol. 1887*

1 Ant. visibles au repos : Th. à angles postér. échancrés, avec une dent avant l'échancrure. (**Potamophilus**) 7—8 **acuminatus** F

— Ant. non visibles au repos: Th. sans échancrure postérieure. 2

2 Th. sans ligne longitud. sur les côtés. (**Pomatinus**) **substriatus Müll**

— Th. à ligne longitudinale latérale. (**Parnus**) 3

3 El. hérissées de poils noirs ou obscurs (abstraction faite des poils fins couchés, sous-jacents). 4

— Poils hérissés des El. de couleur claire. 7

4 El. à rangées striales de gros P. affaiblies au sommet seulement. 5 **striatopunctatus Heer**

— El. sans rangées striales de gros P. ou avec vestiges de stries à l'extrême base seulement. 5

5 El. avec commencement de 5 stries à la base entre l'épaule et l'écusson, la 1re la mieux marquée. 4,5 **auriculatus Panz**

— El. ponctuées sans rangées striales de P. ni traces de stries à la base. 6

6 Allongé, à poils courts; pattes brunes, cuisses q. q. f. rouges. **obscurus Duft**

— Court, trapu, à poils très longs; pattes rougeâtres. 4 **nitidulus Heer**

7 El. à stries complètes (sur les côtés surtout) plus fortement ponctuées que les intervalles. 8

— El. sans stries, ou à stries rudimentaires ou à stries pas plus fortement ponctuées que les intervalles. 9

8 El. planes; strie suturale plus fine que les autres. 4 **lutulentus Er**

— El. convexes; strie » » profonde que les autres. **striatellus Frm**

9 El. à ponctuation assez forte, peu dense, inégale; tibias roussâtres. 4 **rufipes Kryn**

L'Hydrobates Ksw est une variété à ponctuat. plus fine; les points des El. sont aussi fins que ceux du Th. mais ils sont séparés par un espace égal à 3 fois leur diamètre.

— Ponctuation des El. très fine, très dense. 10

10 Front avec une protubérance entre les ant. (vu de dessus), celles-ci très rapprochées à la base (Th. bifovéolé, *V. impressus Curb*). 4—5 **prolifericornis F**

— Front sans protubérance. 11

11 A peine traces de stries; pubescence redressée, cendrée; ant. 1 f. plus rapprochées entre elles que du bord des yeux. 4—5 **niveus Heer**

— El. à stries latérales fines; pubescence la plus longue cendrée-jaunâtre ou d'un brun-fauve; ant. 1/4 seulement plus rapprochées entre elles que des yeux. 4 **luridus Er**

## ELMINI

(Mulsant : *Uncifères*)

1 Ant. de la longueur du corps: El. subcarénées sur la 2e moitié de la suture, à 3e interv. tuberculeux vers la base. (**Macronychus**) 5 **4-tuberculatus Mül**

— Ant. moins longues que le corps. 2

2 Th. largement canaliculé. (**Stenelmis**) 3

— Th. sans sillon. 4

3 $3^{e}$ interv. très saillant: un commencement de strie entre les $1^{re}$ et $2^{me}$ stries internes. 2 **canaliculatus Gyl**

— $3^{e}$ interv. peu saillant; pas de rangée striale entre les $1^{re}$ et $2^{me}$ stries internes. 3 **consobrinus Duft**

4 Th. sans ligne longitudinale latérale. (**Riolus**) 5

— Th. à ligne ou relief latéraux. 7

5 Corps ovalaire, sa plus grande largeur aux 2/5 des El. 6

— El. subparallèles jusqu'à la moitié, puis rétrécies presque en ligne droite; épaules saillantes; interv. subconvexes. **subviolaceus Mül**

6 Th. subparallèle du milieu à la base: El. plus larges que le Th.; $7^{e}$ interv. seul très saillant; les $3^{e}$ et $5^{e}$ peu plus élevés que les autres. 1,4 **nitens Mül**

— Th. élargi d'avant en arrière : El. peu plus larges; interv. 1,3,5,7 saillants, le $7^{e}$ plus sensiblement caréniforme. 1,5 **cupreus Müll**

7 Ecusson suborbiculaire. 8

— » étroit moitié plus long que large. 10

8 Taille grande; tête pubescente: Th. échancré devant l'écusson, à angles postér. un peu prolong. en arrière. (**Dupophilus**) **brevis M-R**

— Taille plus petite; $5^{e}$ interv. plus large que les autres, saillant et crénelé au côté interne, ainsi que le $6^{e}$. (**Limnius**) 9

9 Corps ovalaire: Th. moitié plus large que long à lignes latérales droites. 1,4 **troglodytes Gyll**

— Corps oblong: Th. 1/3 plus large que long à lignes latérales sinueuses. 1,5 **Dargelasi Lat**

— Corps oblong: Th. 1/4 plus large que long à lignes latérales sinueuses. 1,1 **rivularis Rosen**

10 Ligne latérale du Th. bien tracée du sommet à la base. 11

— » » » incourbée et obsolète à la base. (**Lareynia**) 15

11 Interv. des El. tous également plans ou subconvexes. (**Elmis**) 12

— $7^{e}$ interv. des El. saillant. (**Esolus**) 16

12 Lignes du Th. droites aboutissant à la $3^{e}$ strie. 2,2 **Mülleri Er**

— » » convergentes en avant. 13

13 Interstries plans même au sommet; côtés du Th. moins recourbés en avant. 2,8 **opacus Mül**

— Interstries subconvexes au sommet. 14

14 Moins allongé, plus large, stries peu distinctes postérieurement, à ponctuation très fine, très rapprochée. 3,3 **Germari Er**

— Allongé, subparallèle; stries distinctes au sommet, à ponctuation grosse, bien visible, moins serrée. 3,5 **Volkmari Panz**

15 El. à ponctuation grosse, profonde, bien nette, à $7^{e}$ et $5^{e}$ (celui-ci un peu moins) interv. crénelés fortement en dedans et en côtes saillantes; dessus régulièrement convexe: El. fortement élargies en arrière. 2,2 **ænea Müll**

— El. à ponctuation grosse, moins nette; interv. 1 fortement relevé; corps déprimé en avant, fortement déclive en arrière: El. ovales: Th. rétréci vers le sommet. 2,2 **Maugeti Mül**

— **Même ponctuation ; interv. 1 très faiblement, 3 un peu plus, 5 et 7** le plus, relevés en côtes non crénelées: Th. peu rétréci en avant. 1,5 **obscura** Mül

16 Tête et Th. noirs: El. bronzées ou d'un brun fauve, corps ovalaire, lignes du Th. droites. 0,8 **pygmæus** Mül

— Dessus noir concolore, corps allongé. 17

17 Th. presque aussi large à la base qu'au sommet; lignes du Th. parallèles; 5e interv. sensiblement saillant postérieurement. 1,1 **parallelopipedus** Müll

— Plus grand: Th. à côtés plus arqués et rétrécis en avant, à lignes incourbées en avant; 5e interv. non saillant au sommet. 1,8 **angustatus** Mül

# GEORYSSIDÆ

## GEORYSSUS

Tête cachée en partie par le Th; ant. de 9 art. les trois derniers en massue globuleuse; corps globuleux

Reitter: *Bestimm. Tabell. IV*

1 El. à 3 côtes saillantes (1, 3 et 5e interv., celui-ci un peu moins). 2

— El. striées à points plus ou moins gros et rapprochés: interv. plans ou convexes. 3

2 Interv. des côtes (1er surtout) larges et trisérialement ponctués. **cælatus** Er

— » » avec un rang de granulations plus ou moins saillantes. 1,6 **costatus** Lap

3 El. à stries sulciformes, interv. convexes. 1,5 **læsicollis** Garm

— El. à rangées striales de points plus ou moins gros: Th. uni. 4

4 El. à 9 rangs de gros points; interv. subconvexes; pas d'écusson. 1,8 **crenulatus** Ross

— El. à rangs de points assez fins; interv. plans; écusson visible; tête sillonnée au milieu. 1,8 **substriatus** Heer

# CISTELIDÆ

(Reitter: *Bestimm. Tabell. IV* — Mulsant: *Piluliformes*)

## BOTHRIOPHORUS

Convexe, noir; ant. et pattes brunâtres; dessus finement ponctué, à pubescence grise. 0,7 **atomus** Mls

## PELOCHARES

Noir, à ponctuation fine et dense, à pubescence grise et rousse. 2,2 **versicolor** Mls

## LIMNICHUS

Tête rétractée au repos sous le Th.; ant. rétractiles en dessus et non en dessous

1 Dessus à pubescence dorée dirigée dans tous les sens; ponctuation assez forte et écartée, allant jusqu'à la suture. 2 **aurosericeus** du V

— Pubescence dorée des El. mêlée de poils blanchâtres formant des taches sur les côtés et en arrière; plus petit. V. **variegatus** Guill
— Dessus à pubescence grise ou brune. 2
2 El. à ponctuation très fine et serrée. 1,5 **pygmæus** Stm
— El. » assez grosse. 3
3 Une ligne de points rapprochés formant presque une strie le long de la suture, mais à une certaine distance. 1,5 **incanus** Ksw
— Ligne de points suturale manquant ou visible au sommet seulement. 1,8 **sericeus** Duft

## SYNCALYPTA

Ant. brusquement terminées par une massue de 3 art.

1 Dessus du corps sans écaillettes. 2
— » » revêtu d'écaillettes. 3
2 Front à 2 sillons convergeant à la base; stries des El. peu marquées. 1,5 **spinosa** Ross
— Front sans sillons; stries élytrales bien marquées. **striatopunctata** Stef
3 Stries des El. non ponctuées. 2,5 **paleata** Er
— » » ponctuées. 4
4 Points des stries gros, profonds. 2,5 **setosa** Walt
— Points des stries fins; soies plus longues. 2,5–3 **setigera** Illi

## CURIMUS

Labre tres apparent; ant. grossissant graduellement à partir du 5e ou 6e art.

1 Dessus à soies grandes; dessous à points gros. (**Curimus**) 2
— » » courtes; » finement ponctué. (**Porcinolus**) El. à soies noires redressées et ordinairement avec 2 bandes transversales jaunâtres (interv. alternes à soies cendrées jaunâtres *V. alternans Mls*). 4 **murinus** F
2 El. à taches noires sur fond pubescent jaune. 3,8 **Lariensis** Vill
— Th. sans bandes de duvet jaune: El. à taches jaunes sur fond pubescent noir. 3,5 **erinaceus** Duft

## SEMINOLUS (Byrrhus)

Tête rétractée au repos sous le Th.; ant. rétractiles en dessous

1 El. non soudées. 2
— El. soudées. 4
2 Front et épistome à ponctuation égale. 6,5 **pustulatus** Forst
— » plus finement ponctué que l'épistome. 3
3 Segment anal avec 3 fossettes transverses; El. à bandes longitudinales de duvet alternativement noir et doré (bandes plus nombreuses, taches plus largement interrompues; taches jaunes formant 2 bandes transverses qui se rejoignent vers le bord, *V. Dennyi Curt*). 7—9 **pilula** L
— Segment anal uni, sans fossette médiane. **fasciatus** F

Var. **a**-Couleur foncière de la pubescence des El. noire ou brune :
**b**-El. à 2 fascies blanches reliées vers le bord, non interrompues. V. **arietinus** Stef

b'-El. avec une large bande sinueuse d'un brun-ferrugineux. V. complicans Reitt

a'' Pubescence des El. grise :

c-El. à 2 bandes transversales, sinuées, d'un blanc argenté, reliées vers le bord. V. bilunulatus Mls

c' El. avec mêmes bandes mais l'espace qu'elles enclosent est d'un brun doré. V. niveus Reitt

4 El. sans stries, avec des rides ou gerçures irrégulières. 5

— El. avec 8 stries plus ou moins régulières. 8

5 El. d'un brun-rouge, tête et Th. noirs. 11—13 **gigas F**

— El. noires. 6

6 El. sans bandes ou taches de duvet velouté; corps en ovale long. 11—13 **pyrenæus Duf**

— El. à bandes ou taches de duvet velouté; corps en ovale court. 7

7 El. à taches de duvet brun, à rides saillantes. 10—12 **sorreziacus Frm**

— El. à taches de duvet noir, à rides peu saillantes. **signatus Panz**

— El. à taches de duvet doré, à rides aplaties. 9—10 **auromicans Ksw**

8 3e art. des tarses avec une languette en dessous. 11

— 3e art. des tarses simple. 9

9 Dessous à poils mi-dressés. 7–8 **pilosellus Heer**

— » sans poils dressés. 10

10 Stries régulières, les 2e et 3e réunies peu après le milieu. **luniger Germ**

— » irrégulières les externes surtout. 9 **picipes Duft**

11 Premières stries internes irrégulières; Th. à ponctuation double. **Kiesenwetteri Mls**

— Toutes les stries régulières; Th. à ponctuation fine, serrée, simple. 12

12 Stries profondes, corps allongé. **striatus Stef**

— Stries peu profondes, corps court, largement ovale. **ornatus Panz**

## CYTILUS

Tarses postér. non rétractés sur le tibia; 5 derniers art. ant. devenant brusquement plus gros

Ovale, convexe; dessus bronzé soyeux, à lignes longitudinales de taches alternes jaunes et noires. 5 **varius F**

## PEDILOPHORUS (Morychus)

Ant. grossissant graduellement vers le sommet

(DES GOZIS : *Revue d'Entomologie, Tome 1*)

1 Dessus glabre. 4—4,5 **auratus Duft**

— » à poils dressés fins et roussâtres, sur la tête et le Th. au moins. 2

— Dessus du corps à pubescence couchée, plus ou moins fournie. 3

2 Pubescence hérissée également répartie sur la tête, le Th. et les El. **Stierlini Goz**

— Pubescence hérissée nulle ou à peu près sur les El. **Piochardi Heyd**

3 Ecusson glabre ou à pubescence brune. 4

— » à pubescence blanche, épaisse, presque feutrée. 5

4 Taille petite; écusson finement ponctué, glabre ou à peu près. **nitens Pan**
— » grande; écusson fortement ponctué à pubescence brune épaisse. 6,5 **metallicus Chv**
5 3e art. tarses sans languette en dessous. 3—4,5 **æneus F**
— » » avec une languette en dessous. 4 **modestus Ksw**

### SIMPLOCARIA

Tarses libres, non rétractés sur le tibia

1 Stries des El. complètes, entières. 3,5 **metallica Stm**
— Stries des El. obsolètes à partir du milieu. 3 **semistriata F**

### NOSODENDRON

Ant. au repos, cachées sur les côtés de la poitrine; tête penchée en avant

Noir-brun, ponctué; 5 rangs de bouquets de poils roussâtres sur chaque El. 5 **fasciculare Ol**

# DERMESTIDÆ

(Mulsant : *Dermestides* —Reitter : *Bestimm. Tabel. Traduct. Leprieur*)

### ORPHILUS

Noir luisant; glabre, ponctué; suture relevée sur ses bords. **niger Ross**

### ANTHRENUS

Dessus et dessous revêtus d'écaillettes; tarses libres; repli des El. appliqué contre les côtés de la poitrine

1 Ant. de 5 art. le dernier formant massue; El. noires à 3 fascies fauves(souvent interrompues) et une tache apicale. (**Helocerus**) 2,5 **fuscus Lat**
— Ant. de 8 art. les deux derniers formant massue. (**Florilinus**) 2
— » 11 » » trois » » » . (**Anthrenus**) 3
2 Sillons antennaires n'atteignant pas le milieu du Th.; El. à 3 fascies bien arrêtées et une tache apicale, blanches. 3 **Oberthüri Reit**
— Sillons anten. dépassant le milieu du Th. : El. à 3 fascies étroites, vagues, mal arrêtées. 2,5—3 **museorum L**
3 El. à large fascie blanche en avant du milieu. 4
— El. à 3 fascies subégales ou à taches blanches ou sans taches. 6
4 Tous les segments abdominaux à tache latérale noire sur fond blanc. 5
— 1er segment ventral sans tache noire latérale (la fascie blanche des El. s'étend vers le sommet et n'en laisse libre qu'une faible partie, *V. niveus Reit*). 3—4 **V. Goliath Mls**
5 Fascie dorsale blanche plus ou moins réunie à 2 taches blanches (l'une juxta-suturale, l'autre près du bord). 3 **pimpinellæ F**
— Fascie dorsale bien séparée des taches apicales. **V. delicatus Ksw**
6 El. à squamules courtes au plus 2 fois aussi longues que larges. 7
— **El. à squamules minces, filiformes, 3 f. plus longues que larges.** 8

7 El. à bande suturale rouge dilatée au sommet et à 3 fascies blanches interrompues, formant 6 taches; une tache de chaque côté de l'écusson; bords du Th. à squam. blanches mêlées de squam. rouges, une fine ligne longitudinale de squam. rouges sur le disque (dessus jaune d'ocre avec 3 fascies blanches plus ou moins interrompues *V. albidus Brul*). 3,8 **scrophulariæ** L

— Bords latéraux du Th. à squam. blanches, enclosant un point noir; El. à bordure suturale d'un brun-jaunâtre non dilatée et 3 fascies étroites formées de taches ponctiformes. 2,5 **festivus** Rosh

8 Dessus et dessous à squam. concolores. 2,6 **molitor** A

— Dessous moucheté; El. à 3 fascies blanches ou pâles. 2–3 **verbasci** L

## TRINODES

Pas de sillons antenn.; un pli longitudinal raccourci en avant, sur les côtés du Th.

Noir brillant, à poils longs peu serrés; ant. et pattes jaunes. **hirtus** F

## TROGODERMA

Th. densément ponctué; massue des ant. fusiforme

1 Dessus noir (sommet des El. q. q. f. rougeâtre), sans taches, à pubescence longue, rare. 2,5—3 **villosulum** Duft

— El. à fascies ou taches pubescentes. 2

2 El. à fond noir ou à sommet seulement rougeâtre. 3

— El. noires avec taches rougeâtres couvertes de poils clairs, plutôt jaunes que blancs (pubescence des El. plutôt blanche que jaune *V. testaceicorne Perr*). 3–4 **versicolor** Creutz

3 El. à 3 fascies mal limitées : Th. à mouchetures noires et grises-jaunâtres. 4 **glabrum** Herbst

— El. à 5 fascies blanches; Th. à mouchetures blanches latérales. 3,5 **5-fasciatum** Duv

— Th. avec 8 ou 10, El. avec 15 ou 18 macules blanches. **albonotatum** Mls

## CTESIAS (Tiresias)

Th. à ponctuation très faible et écartée

Noir brillant, finement ponctué, à poils noirs, rares : El. élargies en arrière; ant. et pattes testacées. 4–5 **serra** F

## GLOBICORNIS (Hadratoma)

Ant. de 10 art.; 1er art. des tarses postér. à peine de moitié plus long que le 2e

1 El. à pubescence uniforme, rare, sans dessins ou fascies clairs. 2

— Pubescence des El. formant des taches ou fascies. 3

2 Noir ou brun-noir: El. à poils noirâtres, courts et fins; pattes d'un rouge ferrugineux; massue des ant. allongée. **marginata** Payk

— Même couleur, mais pattes (moins les tarses) foncées; massue des ant. courtement ovale. 3 **nigripes** F

— Brun à poils jaunâtres : El. à striole courte, enfoncée, près de l'écusson. 3—3,5 **depressa** Mls

3 El. noires avec une fascie de duvet jaune, arquée en arrière. **fasciata** Frm

— El. brunes avec plusieurs bandes ou taches de duvet cendré. 3 **variegata** Küst

## MEGATOMA

Repli des El. montrant par côté ses deux bords, après la poitrine

1 El. noires bifasciées de blanc : Th. à pubescence blanche plus épaisse devant l'écusson et aux angles postér. 4—6 **undata** L

— El. ferrugineuses à fascies blanches moins nettes. 2

2 Pattes d'un noir brun; massue des ant. noire. 4—6 **pubescens** Zett

— Ant. et pattes testacées (probablt un *pubescens* immature). V. **ruficornis** A

## DERMESTES

Hanches antér. contiguës: Th. rétréci en avant, sa plus grande largeur à la base

1 Une épine à l'angle sutural des El. 8—10 **vulpinus** F

— Angle sutural des El. inerme. 2

2 Une large bande basale aux El. de poils bruns-jaunâtres, enclosant trois points noirs. 7—8 **lardarius** L

— Pas de large bande jaunâtre à la base des El. 3

3 Dessous à poils blancs. 4

— » du corps à poils jaunâtres ou noirs. 10

4 Segment anal de l'abdomen largement blanc au milieu de la base, noir au sommet; bord latéral du Th. garni de poils gris. **Frischi** Kug

— Segment anal noir au milieu, avec taches ponctiformes, longitudinales ou triangulaires, latérales, et q. q. f. une linéole médiane. 5

5 Massue antennaire noire, segment anal avec 3 petites taches blanches au bord basal; écusson à poils jaunes. 7—9 **murinus** L

— Massue des ant. rouge ou rouge brune. 6

6 2-3-4 segm. abdominaux à petite tache noire apicale de chaque côté du milieu. 7

— 2-3 segm. abdom. sans tache noire de chaque côté du milieu. 8

7 Ecusson et bords postér. du Th. couverts en grande partie de poils jaunes. 8 **laniarius** Ill

— Ecusson à fond noir et à bords entourés de longs poils jaunes; 2 macules à la base des El. et une bande transversale de même couleur, au milieu du Th. 8 **sardous** Küst

8 Segment anal noir (rarement deux fines lignes latérales blanches); écusson jaunâtre; 4e segm. abdom. ayant de chaque côté du bord apical une petite tache noire. 7 **mustelinus** Er

— Segm. anal noir avec taches blanches bien nettes: Th. à poils jaunes mêlés de poils noirs. 9

9 Segment anal avec 2 taches latérales et une fine ligne médiane blanches: Th. à ondulations jaunes et noires; 1er segm. abdom. largement noir sur les côtés; cuisses annelées de blanc; écusson jaune. 5,5 **undulatus** Brah

— Segment anal avec deux lignes blanches; écusson blanc-jaunâtre; Th. moucheté de jaune et de noir sur les côtés. 5—6 **atomarius** Er

— Ecusson noir entouré d'une légère bordure de poils jaunes, courts; **segment anal avec deux taches latérales triangulaires allongées** blanches; 1er segm. abdom. avec deux taches noires sur les côtés. **pardalis** Bill

10 El. nettement sillonnées; dessous à pubescence uniforme. **bicolor** F

— El. non sillonnées. 11

11 Dessus et dessous à pubescence noire; massue des ant. ferrugineuse (massue antenn. noire, q. q. fois segments abdominaux bordés de poils fauves, *V. fuliginosus Ross*). 6—7 **ater** Ol

— Dessous à poils grisâtres ou jaunâtres, ou brunâtres. 12

12 Pubescence ventrale uniforme sans taches latérales. **peruvianus** Lap

— » » offrant des taches latérales foncées. 13

13 2-3-4 segm. ventraux à taches médianes et latérales foncées; dessus noir à pubescence d'un brun foncé (brun ferrugineux à poils gris jaunâtres, *V. Favarcgi God*). 7—8 **cadaverinus** F

— 2-3-4 seg. ventraux à taches latérales foncées, sans taches médianes. 14

14 Tête et Th. à mouchetures ondulées noires et jaunes; El. à poils noirs et à mouchetures grises jaunâtres; segm. abdom. tous tachés latéralement de noir. 6 **tessellatus** F

— 1er segm. abdom. sans taches latérales, dessus à mouchetures de poils gris, jaunes et noirs. 6—7 **aurichalceus** Küst

## ATTAGENUS

Front avec un ocelle; 1er art. tarses postérieurs 2 fois plus court que le 2e

1 El. sans taches. 2

— El. noires ou brunes à taches multiples ou fascies blanches ou cendrées. (**Lanorus**) 3

— El. noires avec un point médian et une tache subhumérale externe, blancs. 4 **pellio** L

2 Tibias d'un brun-testacé, cuisses rembrunies, tarses jaunes. 4—4,5 **Schæfferi** Hbst

— Pattes d'un rouge jaune; dessus noir, labre brun (dessus noir, labre rouge *V. stygialis Mls*; dessus rouge-brun, labre rouge *V. fulvipes Mls*). 4—5 **piceus** Ol

3 Th. moucheté de blanc: El. à 9 ou 10 taches blanches. **20-guttatus** F

— El. à fascies plus ou moins nettes. 4

4 El. à 3 fascies claires, larges, sur fond noir et 2 petites taches l'une près de l'écusson, l'autre à l'extrémité. 3—4 **3-fasciatus** F

— El. à 2 fascies (et q. q. petites taches) de duvet cendré sur fond brun; fascies à coloration moins tranchée. 4 **bifasciatus** Ross

— El. à 4 fascies vagues, légères, formées de points rapprochés sur fond noir: Th. blanc sur les côtés, fauve au milieu, avec 4 mouchetures blanches transverses sur le disque. 5 **pantherinus** Ahr

## THORICTUS

El. sans strie suturale: Th. à peine cordiforme

1 Brun-marron: Th. à côtés peu arrondis, largement aplatis. **loricatus** Pey

— Brun-ferrugineux: Th. à côtés fortement arrondis, très convexe. **grandicollis** Germ

## THORICTODES

El. à strie suturale: Th. cordiforme

Roux allongé: Th. ponctué à sillon médian raccourci à la base;

El. ponctuées presque sérialement. 1,3 **Heydeni** Reit

# TRITOMIDÆ

## TRITOMA (Mycetophagus)

Th. à fossette basale de chaque côté; yeux réniformes, fortement transverses

1 El. brunes bifasciées de blanc jaunâtre, à poils redressés; Th. crénelé latéralement. 4,6 **fulvicollis** F
— El. à pubescence fine et couchée. 2
2 Tête rouge, Th. noir; El. brunes à 4 taches rouges. 6 **4-pustulata** L
— Tête toujours plus foncée que le Th. ou de même couleur. 3
3 Côtés du Th. finement crénelés: El. brunes à nombreuses taches jaunes, plus ou moins fortes, unies ou séparées. **multipunctata** Hlw
— Th. à côtés non crénelés. 4
4 Dessus mat; tête, Th. et El., roux; celles-ci avec la base, une fascie médiane, un point apical, plus clairs. 4,5 **populi** F
— Dessus brillant. 5
5 Ant. à massue nette de 4 art.; Th. faiblement rétréci vers le sommet; El. d'un brun-rouge à 2 taches plus claires (1 humérale, 1 médiane) et q. q. f. un point apical. 3,5 **4-guttata** Müll
— Ant. sans massue nette; Th. fortement rétréci au sommet. 6
6 Tache humérale jaune des El. entourant un point noir. 7
— » » des El. sans point noir au milieu. 8
7 El. avec une tache humérale, une fascie postmédiane précédée de 4 à 6 P. et suivie d'un point apical; dernier art. ant. un peu plus long que le précédent. 4—5 **atomaria** Helw
— El. à deux bandes humérales arquées, une 2e lunulée, une tache au milieu près du bord, et une apicale, plus claires; dernier art. ant. aussi long que les 2 précédents. 4—5 V. **salicis** Bris
8 Epistome, bouche et Th., noirs; dernier art. ant. ovale aussi long que les 2 précédents réunis. 4,5 **picea** F
Th. rouge-brun var. **histrio** Schal-Bande basilaire des El. allant jusqu'à la suture V. **undulata** Marsh.
— Plus court, plus convexe; épistome et bouche, rouges; dernier art. ant. acuminé, plus long que les deux précédents. **10-punctata** F

## TRIPHYLLUS

Côtés du Th. finement crénelés; chaperon séparé par un sillon profond

1 Th. à fossettes basilaires de chaque côté; brun-jaunâtre : El. à suture et bords externes, plus foncés. (**Pseudotriphyllus**) **suturalis** F
— Th. sans fossettes basilaires; rougeâtre, très ponctué : El. brunes avec la base et une tache apicale, plus claires. 4 **punctatus** F

## LITARGUS

Dessus finement ponctué et pubescent; côtés du Th. non crénelés : El. sans traces de lignes ponctuées

1 Noir, avec base des côtés du Th., bord externe des El., deux fascies sinuées et un point apical, jaunes. 3,3 **connexus** Fourc

— Brun-jaunâtre; tête noire: El. avec une tache humérale oblique, une tache ronde médiane et une subapicale plus petite, jaunes. 2,2 **coloratus Rosh**

### BERGINUS

Massue des ant. de 2 art.; Th. subcarré, plus étroit que les El.

Allongé, brun, pubescent; ant., pattes et angle huméral, testacés; El. à stries crénelées. 1,5 **tamarisci Wol**

### TYPHÆA

Massue des ant. de 3 art.; Th. transverse aussi large que les El.

Allongé, aplati, rouge ferrugineux à pubescence jaune couchée; El. finement striées-ponctuées. 3 **fumata L**

### DIPHYLLUS

Massue des ant. de 2 art.; El. ponctuées-striées

1 Noir de poix, pubescent: El. avec une tache pubescente grise commune, anguleuse en arrière. 3,5 **lunatus F**

— El. sans taches, à stries effacées près de la suture. 2,8 **frater A**

### DIPLOCŒLUS

Ant. à massue de 3 art.; El. striées-ponctuées

Brun, avec les épaules et souvent la base et le sommet des El., testacés. 3 **fagi Guer**

### TRIXAGUS (Byturus)

1 Th. plus largement explané vers les angles postérieurs; yeux très gros, proéminents; forme plus allongée. **fumatus F**

— Th. à côtés moins explanés; yeux petits, peu saillants. **tomentosus Deg**

## EROTYLIDÆ

### TRIPLAX

Dernier art. des palpes très transversal; base du Th. finement rebordée

1 Th. fortement rétréci au sommet; corps court, ovale. (**Platychna**) 2

— Th. non ou peu rétréci au sommet, corps plus allongé. 5

2 Tête noire; poitrine et ventre, noirs. 3,5 **collaris Schal**

— Tête rouge. 3

3 Ecusson rougeâtre; poitrine et ventre, rouges. 5 *V.* **scutellaris Charp**

— Ecusson noir. 4

4 3e art. des ant. à peine plus long que le 2e. 5 **lepida Fald**

— 3e art. des ant. presque double du 2e. **rufipes F**
5 Tête noire; poitrine et abdomen, noirs. 6
— Tête rouge. 7
6 Stries fortement marquées; saillie humérale visible; interv. ponctués. 4—4,5 **melanocephala Lat**
— Des lignes de points sur les El.; pas de saillie humérale; interv. indistinctement ponctués. 3—3,5 **Marseuli Bed**
7 Ecusson rougeâtre; poitrine et ventre, rouges: El. bleues ou vertes. 3,5—4,5 **ænea Schal**
— Ecusson et El. noirs. 8
8 Poitrine noire, ventre rouge. 4,5—6 **russica L**
— Taille plus petite, ventre noir. 3—3,8 **Lacordairei Crotch**

### CYRTOTRIPLAX (Tritoma)

Dernier art. palpes très transverse; base du Th. non rebordée

Noir, avec ant., tarses, une tache humérale et épipleures, rouges. 3,4 **bipustulata F**

### COMBOCERUS

Dernier art. palpes ovale: El. à stries ponctuées

Noir: Th., une tache humérale, une tache apicale et pattes, rouges. 4 **glaber Schal**

### ENGIS (Dacne)

Dernier art. palpes ovale; El. non striées

1 Th. rouge. 3 **bipustulata Thun**
— Th. noir. 2
2 Tête noire; tache humérale des El. plus nette. 3—3,5 **notata Gmel**
— Tête rouge; sommet des El. rougeâtre. 3 **rufifrons F**

## CRYPTOPHAGIDÆ

(Reitter: *Bestim. Tabel. XVI*)

### ANTHEROPHAGUS

1 Angles antér. du Th. à bordure non visible. 4,5 **nigricornis F**
— » » » » bien visible et plus séparée du bord. 2
2 Dessus à pubescence longue et épaisse. 4—5 **silaceus Hbst**
— » » très fine, régulière, peu visible. **pallens Ol**

### SETARIA

Massue des ant. de 2 art.; El. sans strie suturale

Convexe, jaune-brun, presque mat: Th. à côtés finement crénelés. 1,8 **sericea Mls**

### EMPHYLUS (Spavius)

Rouge-brun, à pubescence peu visible: Th. et El. à ponctuation très fine, peu visible. 2,8 **glaber Gyll**

### HENOTICUS

Dessus pubescent; côtés du Th. crénelés; angles antérieurs non épaissis

Ovale allongé, peu convexe, dessus brun plus ou moins foncé: El. aussi fortement ponctuées que le Th. 2—2,5 **serratus Gyl**

### CRYPTOPHAGUS

Art. des tarses simples; ant. enchassées sur les côtés du front

1 El. à stries ponctuées ou à rangées de P. (**Cryptophilus**) **integer Heer**
— El. ponctuées sans ordre. 2
2 Côtés du Th. lisses: El. à ponctuation peu visible. (**Spaniophænus**) 2,4 **lapidarius Frm**
— Côtés du Th. finement crénelés, angles antérieurs non épaissis. (**Pteryngium**) **crenatus Gyll**
— Côtés du Th. entaillés ou dentés, angles antérieurs épaissis. 3
3 Une dent plus forte au milieu des côtés. 4
— Côtés du Th. à denticule latéral nul. (**Micrambe**) 27
4 Th. échancré au sommet, à angles antérieurs un peu saillants. 5
— Th. à sommet droit. 6
5 Th. presque carré; ponctuation serrée, plus fine. 2,5 **montanus Bris**
— Th. subtransv.; ponctuat. moins serrée, assez profonde. **baldensis Er**
6 El. à pubescence relevée. 7
— El. à pubescence couchée, plus ou moins fine et dense. 12
7 Angles antér. du Th. calleux, sans fine épine dirigée en arrière. 8
— » » » » avec un fin denticule dirigé en arrière. 11
8 Denticule latéral du Th. placé avant le milieu; carinule antéscutellaire bien visible. 9
— Denticule latéral du Th. placé au milieu; carinule très obsolète ou nulle. 10
9 Art. interméd. des ant. allongés, le 3e, 2 f. plus long que large. **Schmidti Stm**
— Art. intermédiaires des ant. globuleux, presque transverses, le 3e, une f. 1/2 plus long que large, subconique. 2,5 **setulosus Stm**
10 Th. presque rugueux à ponctuation forte, très serrée. 2,4 **affinis Stm**
— Th. à ponctuation visiblement écartée. 2,5 **cellaris Scop**
11 Angles postérieurs du Th. émoussés; tibias antérieurs à dent apicale externe. 3 **lycoperdi Hbst**
— Angles postérieurs du Th. droits; tibias antér. simples: El. à pubescence assez longue mais déprimée (rouge de rouille, à ponctuat. un peu diffuse; pubescence des El. longue et hérissée *V. punctipennis Bris*). **pilosus Gyll**

12 Angles ant. du Th. à denticule dirigé en arrière. 13
— » » » sans » » » » . 22
13 Art. 4-8 ant. allongés; angles antér. du Th. très fortement saillants. 2,5 **acutangulus** Gyll
— Art. 4-8 ant. subglobuleux. 14
14 Denticule latéral du Th. placé au milieu des côtés. 15
— » » » » après le milieu. 20
— » » » » avant le milieu. 21
15 Angles antérieurs du Th. fortement calleux. 16
— » » » très faiblement calleux. 18
16 Th. transverse, légèrement rétréci à la base, à ponctuation assez dense et forte, pas plus dense que celle des El. 2,3 **badius** Stm
— Th. à ponctuation serrée, peu plus forte que celle des El. 17
— » » très serrée, 2 f. plus forte que celle des El. dont les points sont fins; base et bords des El. moins foncés que le disque. 3 **populi** Payk
17 Th. subcarré, non ou peu rétréci à la base. 2,5—2,8 **fumatus** Marsh
— Th. subtransverse, sensiblement rétréci à la base. 2,2 **quercinus** Kr
— Th. transverse, à côtés rétrécis à la base; dessus rouge de rouille. 3 **rufus** Bris
18 Th. à côtés arrondis; dessus convexe, luisant. 2,7 **Brisouti** Reit
— » » à peine arrondis; angles postér. presque toujours droits. 19
19 Th. de moitié plus étroit que les El., subparallèle, angles postér. droits: El. à bande transverse, plus foncée, manquant rarement. 2—2,5 **fasciatus** Kr
— Th. à peine plus étroit que les El. en carré transverse, à côtés presque parallèles, à angles postérieurs droits: El. concolores, (*V. de distinguendus*, veresim). 2 **ruficornis** Step
20 Denticule latéral fin; 1er art. de la massue, subégal au 2e. 2,2 **distinguendus** Stm
— Denticule latéral fort, large; 1er article de la massue plus étroit que le 2e. 2 **dorsalis** Sahl
21 Fossettes basales du Th. distinctes. 2 **fuscicornis** Stm
— » » » nulles ou obsolètes. 2 **labilis** Er
22 Denticule latéral du Th. situé avant le milieu. 23
— » » » » au milieu. 26
— » » » » après le milieu; 1er art. de la massue, moitié plus étroit que le 2e. 2,4 **pubescens** Stm
23 Ponctuation du Th. pas plus forte et seulement peu plus dense que celle de la base des El. 24
— Th. beaucoup plus fortement ponctué que les El. 25
24 Th. à côtés arrondis, peu plus étroit que les El.; denticule placé de suite avant le milieu. **reflexicollis** Reit
— Th. presque parallèle, bien plus étroit que les El.; denticule placé bien avant le milieu. **scutellatus** New

25 Angles antérieurs du Th. faiblement calleux. 2,3 **subvittatus Reit**

— Angles antérieurs fortement calleux: Th. à ponctuation excessivement serrée. 2,3 **dentatus Hbst**

26 Th. moins large que long, rétréci à la base; corps cylindrique. 2,2 **cylindrus Ksw**

— Th. transverse, plus fortement rétréci à la base; denticule latéral très petit. 2,5 **scanicus L**

— Th. très transv., plus rétréci au sommet qu'à la base. **subdepressus Gyl**

27 Angles antérieurs du Th. subcalleux, non prolongés en denticule. 1,8 **bimaculatus Gyl**

— Angles antér. du Th. fortement calleux, occupant 1/4 du bord latéral. 28

28 Angles antérieurs du Th. obliquement tronqués, non prolongés en arrière; bords latéraux rétrécis du milieu à la base. 2 **abietis Payk**

— Th. à angles antérieurs prolongés en arrière en forme de denticule; côtés rétrécis depuis les angles antérieurs jusqu'à la base. 29

29 El. à pubescence simple, sans plus longs poils redressés. 1,8 **vini Panz**

— El. à fine pubescence au milieu de laquelle se dressent de longs poils. 1,8–2 **villosulus Herr**

## LEUCOHIMATIUM

El. à rangées de points; angles antérieurs du Th. un peu épaissis

Brun clair, allongé, à pubescence épaisse, couchée: El. à fines rangées de points: Th. carré. 3,6 **elongatum Stm**

## PARAMECOSOMA

Dessus pubescent; côtés du Th. lisses, unis; angles antérieurs simples

— Tête et Th. noirs: El. d'un brun rouge. 1,5 **melanocephalum Hbst**

— Couleur rouge de rouille concolore. 1,8 **univestre Reit**

## HYPOCOPRUS

5e art. ant. un peu plus épais que 4 et 6; El. non striées

Noir-brun à peine brillant: Th. peu plus long que large: El. 2 fois plus longues que larges au milieu. 1 **4-collis Reit**

## ATOMARIA

Ant. insérées devant les yeux à la partie antérieure du front

1 Massue des ant. biarticulée; une fine ligne élevée en dedans de la marge du Th.; dessus jaune rouge. (**Cænoscelis**) **ferruginea Sahl**

— Massue des antennes triarticulée. **2**

2 Corps généralement oblong, subparallèle; ant. moins distantes entre elles que des yeux. **3**

— Corps court, convexe; ant. plus distantes entre elles que des yeux. **13**

3 Impression basale du Th. terminée par un pli court, de chaque côté; brun-noir à épaules et sommet plus clairs ou brun-rouge concolore. 2 **fuscicollis Manh**

— Th. sans replis à la base. 4

4 Dernier art. des ant. plus étroit que le précédent; Th. de la largeur des El. 2,2 **fimetarii Hbst**

— Dern. art. des ant. pas plus étroit que le précédent: Th. moins ample. 5

5 Les deux premiers art. de la massue sensiblement plus larges que longs. 6

— Les deux premiers art. de la massue au moins carrés; ant. plus grêles. 11

6 Dessus convexe, moins allongé: Th. assez bombé. 7

— » assez aplati, Th. surtout; corps allongé. 9

7 Th. à peine plus étroit que les El., sa plus grande largeur au milieu, également rétréci à la base et au sommet. 1,8 **Barani Bris**

— Th. plus étroit que les El. presque toujours plus rétréci au sommet. 8

8 Th. peu plus finement ponctué que les El., dessus assez densément ponctué. 2 **umbrina Gyl**

— Dessus très éparsement et assez fortement ponctué. **nigriventris Step**

9 Th. beaucoup plus étroit que les El., presque parallèle. **alpina Heer**

— Th. non ou peu plus étroit que les El. 10

10 El. parallèles; 1er art. ant. suballongé pas 2 f. aussi long que large. 1,5 **linearis Steph**

— El. plus rétrécies vers le sommet; 1er art. ant. fortement épaissi, en massue allongée, 2 fois plus long que large. 1,8 **diluta Er**

11 Base du Th. arquée, finement et également rebordée: El. plus convexes, leur plus grande largeur au milieu ou peu avant. **procerula Er**

— El. moins convexes: Th. à base assez droite et à bordure basilaire relevée devant l'écusson; la plus grande largeur des El. après le milieu. 12

12 Th. presque d'égale largeur, pas plus rétréci en avant. 2,3 **prolixa Er**

— Th. à côtés sensiblement rétrécis en avant. 1,6 V. **pulchra Er**

13 Th. à impression basale forte, limitée par un repli très fin. 14

— Th. sans replis à la base. 15

14 Brun-rouge, tête et Th. plus foncés; 2 avant-derniers art. des ant. pas plus larges que longs. 2 **impressa Er**

— El. noires à épaules plus claires; tête et Th. rouges; 2 premiers art. de la massue, transverses, 1,8 **munda Er**

15 Th. non bisinué à la base. 16

— Base du Th. bisinuée, côtés à peine arrondis; sommet plus étroit que la base; angles postérieurs droits. 30

16 Angles postérieurs du Th. presque droits, côtés à peine arrondis, rétrécis du milieu au sommet, presque droits à la base. 17

— Angles postér. du Th. plus ou moins obtus, côtés arrondis (q. q. f. subanguleux) au milieu; sommet ordinairement moins large que la base. 18

17 7^me art. ant. subtransverse; ligne marginale du Th. visible de dessus que du milieu à la base; rouge à El. noires ou brunes. 1,7 **nigripennis Payk**

— 7^e art. ant. oblong; dessus brun ou rougeâtre; ligne marginale du Th. visible en entier. 1,5 **gravidula Er**

18 1^er art. ant. allongé, deux fois plus long que large; jaune-rougeâtre, avec une bande transverse foncée sur les El. **unifasciata Er**

— 1^er art. ant. non ou peu plus long que large. 19

19 Ant. grêles, allongées, à 2 premiers art. de la massue non transverses. 20

— Ant. plus courtes, massue plus forte, plus nettement séparée, à 2 premiers art. faiblement transverses. 26

20 Th. (base exceptée) à ponctuation pas plus forte que celle des El. 21

— Th. à ponctuation discale plus forte que celle des El.; base du Th. non marginée, relevée devant l'écusson. 24

21 El. plus densément ponctuées que le Th. qui est gros, aussi large qu'elles; 3 premiers art. tarses antér. ♂ dilatés. **grandicollis Bris**

— El. pas plus densément ponctuées que le Th. 22

22 Rebord basal du Th. arqué, plus élevé devant l'écusson; 7^e art. ant. allongé: El. noirâtres, épaules rougeâtres. **scutellaris Mots**

— Rebord basal du Th. légèrement arrondi, non relevé devant l'écusson. 23

23 Base du Th. peu impressionnée: El. rougeâtres à base largement noire. 1,8 **mesomelas Hbst**

— Base du Th. fortement impressionnée: El. noires à tache médiane et sommet, le plus souvent, rouges. (El. jaunes rouges à base noire, *V. Rhenana Kr*). 1,5 **gutta Step**

24 7^e art. ant. subtransverse, non allongé: Th. fortement transversal, El. plus convexes que lui. 1,8—2 **fuscata Sch**

— 7^e art. ant. allongé ou suballongé. 25

25 Noir, moitié postér. des El. rougeâtre; pattes, ant. testacées. **nitidula Heer**

— Rouge-jaune à sommet éclairci, tête noirâtre, base du Th. et de la suture étroitement assombrie. 1,8 **atricapilla Step**

26 Rebord basal du Th. arqué et élevé devant l'écusson. 27

— » » » légèrement arrondi, non élevé au milieu. 29

27 7^e art. ant. suballongé ou allongé: Th. peu plus étroit que les El. à marge latérale non visible de dessus. 1,5 **atra Hbst**

— 7^e art. ant. subtransverse, non allongé. 28

28 Brun à sommet des El. et épaules plus clairs; cuisses souvent foncées. 1,8 **peltata Kr**

— Très petit, jaune rougeâtre, base des El. noirâtre (taille très petite, à ponctuation très dense *V. minutissima Tour*). 1,2 **pusilla Sch**

29 Noir concolore; ant. et pattes brunes. 1,4 **fuscipes Gyll**

— El. noirâtres, à base et sommet rougeâtres; ant. et pattes testacées. 2 **contaminata Er**

30 Th. finement rebordé à la base. 31

— Th. à base non rebordée; relèvement antéscutellaire plus ou moins saillant. 32

31 Bordure latérale du Th. visible de haut du milieu à la base: Th. régulièrement rétréci de la base au sommet. 1,8 **ornata Heer**

— Bordure latérale du Th. non visible de haut; une impression sensible à la base du Th. 1,7—2 **turgida Er**

32 Th. à ponctuation deux fois plus forte ou 2 f. plus dense que celle des El. 33

— Th. à ponctuation pas 2 f. plus forte ou 2 fois plus dense que celle des El. 34

33 1er art. ant. 2 fois aussi long que large; brun-noir, sommet des El. et épaules, plus clairs. 1,5 **apicalis Er**

— 1er art. ant. peu plus long que large. 1,5 **ruficornis Marsh**

34 2 avant-derniers art. ant. carrés ou allongés, 7me oblong: El. en ovale long. 1,6—2 **testacea Heer**

— 2 avant-derniers art. ant. subtransverses, 7me non allongé: El. en ovale court, fortement convexes. 1,7 **gibbula Er**

## EPHISTEMUS

Dessus non distinctement pubescent; écusson petit, arrondi

1 Angles postérieurs du Th. presque pointus. 2

— » » » arrondis. 3

2 Noir, sommet des El., ant. et jambes, rougeâtres. 1 **globulus Pk**

— Noir: Th. rouge ferrugineux; moitié postér. des El., ant. et jambes, d'un jaune brun. **V. dimidiatus St**

3 Taille 1,6; noir; ant. et jambes d'un rouge-jaune; base des El. à ponctuation sensible. **nigriclavis Step**

— Taille 0,8; noir; dessus à peine pointillé; sommet des El. plus clair. **exiguus Er**

## MURMIDIUS

Brun rougeâtre : El. glabres, à points alignés. **ovalis Leach**

# MYCETÆINI

## ALEXIA

4 art. aux tarses; ant. de 10 art.; corps demi-sphérique

1 Pubescence du corps droite, relevée. 1—2 **pilifera Mül**

— » » couchée. 2 **pilosa Panz**

— Dessus glabre, à peine ponctué; écusson non visible. **globosa Stm**

## SYMBIOTES

Th. creusé de chaque côté de la base jusqu'au milieu; strie suturale des El. courbée vers les épaules à la base

1 El. striées-ponctuées. 2 **rubiginosus Heer**

— El. sans stries, à lignes ponctuées irrégulières. 1,5 **gibberosus Luc**

### MYCETÆA

El. à points alignés: Th. également rétréci à la base et au sommet

El. grossièrement ponctuées en lignes avec poils écartés, longs et dressés. 1,5 **hirta Marsh**

### LEIESTES

Strie suturale entière: Th. impressionné de chaque côté à la base; dessus glabre

Noir; tête et Th. rouges. 3 **seminigra Gyll**

### MYRMECOXENUS

4 derniers art. ant. un peu plus grands: Th. sans lignes sur les côtés

1 Th. subtransverse, cordiforme. 1,5 **subterraneus Chev**
— Th. transverse, non cordiforme. 2
2 Brun foncé, fortement ponctué: Th. à peine moins large que les El. 2 **picinus A**
— Jaune ferrugineux, finement et densément ponctué: Th. beaucoup plus large que les El. 2 **vaporarium Guer**

## TELMATOPHILINI

### PSAMMŒCUS

1$^{er}$ art. ant. plus long que le 3$^{me}$, allongé: Th. plus large que long

Jaune-rougeâtre avec la tête noire: El. à 2 P. noirs latéraux, subapicaux (manquant q. q. fois *V. Boudieri Luc*). 3 **bipunctatus F**

### TELMATOPHILUS

El. non ponctuées-striées: Th. à faible trace de ligne longitudinale près des bords latéraux

1 Th. transversal. 2
— Th. carré ou presque carré. 4
2 Ant. et pattes d'un rouge-brun, cuisses plus foncées. **Schœnherri Gyll**
— « » rouges. 3
3 Th. tectiforme au milieu, avec une ligne saillante. 2,3 **typhæ Fall**
— Th. également convexe. 2,3 **brevicollis A**
4 Th. tectiforme; dessus brun clair avec une fascie transverse et le pourtour de l'écusson, plus foncés. 2,8 **sparganii Ahr**
— Th. simplement convexe: El. noires. 2,8 **caricis Ol**

## LATHRIDIIDÆ

Reitter: *Bestimm. Tabel III, Traduct. Leprieur*—H. Brisout: *Monogr. du g. Corticaria.*

### LANGELANDIA

Pas d'yeux; front sillonné en arrière: Th. oblong, à deux côtes plus ou moins sensibles

1 Th. à côtés très finement crénelés, à angles antér. très proéminents en avant; côtes du Th. élevées, entières. 4 **anophthalma A**

— Th. à côtés non ou à peine crénelés, à angles antér. non proéminents; roux clair; carènes du Th. peu marquées. 2 **exigua** Perr

## ANOMMATUS

Massue des ant. globuleuse uniarticulée; tête plus étroite que le Th.

1 Th. en carré suboblong, à gros points subsériés, à ligne médiane lisse, subélevée, bien nette: El. à peine 2 fois plus longues que lui. 1,8 **12-striatus** Mul

— Th. transverse, à points fins à peine sériés, à ligne médiane peu nette: El. plus de 2 f. plus longues que lui; forme plus déprimée. 1,5 **planicollis** Frm

— Th. carré, ayant une petite entaille de chaque côté de la base. **Diecki** Reit

## COLUOCERA

Th. transverse, rétréci de la base au bord antérieur; écusson visible; dernier art. ant. tronqué, formant massue

1 El. presque lisses: Th. ayant sa plus grande largeur à la base. 1,5 **formicaria** Mots

— El. finement, mais visiblement ponctuées: Th. ayant sa plus grande largeur avant la base et plus fortement rétréci en avant. 1,5 **punctata** Mærk

## MEROPHYSIA

Ecusson non visible: Th. non transverse, jamais plus rétréci en avant qu'en arrière

Brun-roussâtre pâle: Th. finement rebordé, à points pilifères, à base plus foncée: El. à P. pilifères, suture plus foncée. **formicaria** L

## ABROMUS

Tête aussi large que le Th.; massue des ant. globuleuse de 2 art.

Testacé, oblong: Th. garni sur les côtés de fins denticules, peu nombreux; El. près de 2 fois plus larges que lui, assez fortement ponctuées en séries. 0,9 **Brucki** Reit

## HOLOPARAMECUS

Massue des ant. de 2 art.; El. sans stries ponctuées

1 El. sans strie suturale: Th. bituberculé à la base. 1,5 **Bertouti** A

— El. avec une strie suturale. 2

2 Th. avec 2 fossettes à la base, limitées par un profond sillon. 3

— El. avec 2 tubercules à la base, séparés ou non. 4

3 Th. à fossette discale, oblongue, obsolète; El. allongées. **singularis** Beck

— Th. à fossette discale, oblongue, bien visible; strie suturale bien marquée; El. allongées. 1,3 **Kunzei** A

— El. larges, courtement ovalaires; impressions du Th. profondes; roux testacé. **Ragusæ Reit**

4 Tubercules du Th. terminés par des sillons transverses et séparés par une fine carène médiane; dessus noir (brun-testacé *V. Lowei Wol*). **niger A**

— Tubercules du Th. réunis près du bord postérieur, non séparés par une carène, limités en avant par deux fossettes confluentes. 1,2 **caularum A**

## NEOPLOTERA

Ovale, convexe, rouge testacé luisant, pointillé; lobe médian du Th. arrondi. 2 (Rouen, *Arachides*) **peregrina Bel**

## METOPHTHALMUS

Tête à 3 ou 4 sillons; massue des ant. de deux articles: El. à suture et interv. alternes relevés

Th. peu plus long que large: El. en ovale oblong; tête et côtés du Th. à enduit blanc crétacé. 1 **niveicollis Duv**

## LATHRIDIUS

Tempes très petites: Th. avec 2 fines carènes; massue des ant. pas très brusque

1 El. glabres à sommet pointu dépassant l'abdomen. **lardarius de G**

— El. à sommet arrondi ou subacuminé, ne dépassant pas l'abdomen. 2

2 El. à séries de soies assez longues. 3

— El. non hérissées de soies longues. 5

3 Tête avec les yeux plus large que le sommet du Th. 1,9 **laticeps Bel**

— » » » moins » » » ». 4

4 Th. plus long que large, rétréci vers la base, à lobes des angles antérieurs arrondis: El. non déprimées transversalement à la base. 2 **angulatus Man**

— Th. presque parallèle, aussi long que large, à lobes des angles antérieurs acuminés : El. à dépression basale nette. **productus Rosh**

5 Interv. altern. des El. en côtes très légères et à la base seulement 2 **angusticollis Hum**

— Intervalles alternes des El. relevés en côtes bien nettes. 6

6 Th. moins long que large, à côtés faiblement marginés, crénelés, à peine sinués. 2 **rugicollis Ol**

— Th. plus long que large, ses côtés, assez fortement incisés, sinués. 2,5 **alternans Mannh**

## CONINOMUS

Th. avec 2 fines carènes; tempes longues; massue antennaire brusquement formée

1 El. tuberculées avant le sommet; massue des ant. de 3 art. 2 **nodifer West**

— El. non tuberculées avant le sommet; massue des ant. de 2 art. 1,7 **constrictus Hum**

## ENICMUS

**Th. sans carènes, sillonné sur la ligne médiane; massue des ant. pas très brusquement formée**

1 El. hérissées de poils alignés. 2 **hirtus Gyl**

— El. glabres. 2

2 Ant. n'atteignant pas le milieu du Th.; 1er art. de la massue plus épais dès la base que les précédents; dessus mat; interv. plans. 2 **brevicornis Man**

— Ant. dépassant le milieu du Th.; 1er art. de la massue non épaissi à la base. 3

3 Yeux éloignés du Th., celui-ci carré, jamais cordiforme; interv. plans; El. impressionnées derrière l'écusson. 1,8—2 **transversus Ol**

— Yeux plus ou moins rapprochés du Th. qui n'est pas carré. 4

4 El. fortement ponctuées-striées; base du 2e interv. au moins, relevée. 5

— El. légèrement ponctuées-striées; interv. plans; une dépression oblique derrière l'écusson. 6

5 Angles antérieurs du Th. élargis, arrondis; interv. étroits, les alternes un peu relevés. 2—2,4 **minutus L**

— Th. subtransverse à angles antérieurs non saillants-élargis; interv. égaux, plans, larges, le deuxième seul un peu relevé. 2 **consimilis Man**

— El. semblables, mais Th. très transverse, cordiforme. **brevicollis Thom**

6 Th. fortement transverse, cordiforme, à côtés crénelés; corps mat, réticulé; dessus brun-testacé. 1,5—2 **testaceus Step**

— Th. transverse, peu cordiforme, non crénelé latéralement; El. faiblement brillantes. 7

7 Dessus noir, excepté les ant. et les pattes. 1—1,8 **rugosus Hbst**

— » » avec les El. d'un roux clair; taille plus grande. 2,2 **fungicola Thom**

## CARTODERE

**Th. sans sillon; massue des ant. brusquement formée, ses 2 premiers art. d'égale longueur**

1 El. à interv. alternes costiformes: Th. plus étroit en avant que les El. 2

— » » » non relevés en côtes; tous les interstries égaux ou le sutural, le 5e et la base du 4e seulement, costiformes, chez l'*elongata*. 3

2 Finement pubescent; base du Th. légèrement impressionnée. **pilifera Reit**

— Glabre; base du Th. plus fortement impressionnée. 1,3 **elegans A**

3 Massue de 2 art.; une fossette médiane au devant du Th. **filum A**

— Massue de 3 art.; pas de fossette médiane au devant du Th. 4

4 Six séries de points élytraux; suture, base du 4e interv. et 5e, costiformes. 1,8 **elongata Curt**

— **7 à 8 séries de points élytraux; tous les interstries égaux.** 5

5 Subconvexe; roux testacé: El. d'un brun noir à ponctuation onduleuse. 1,2 **ruficollis Marsh**

— Déprimé; dessus testacé concolore, ponctuation des El. non onduleuse. 1,3 **filiformis Gyl**

## DASYCERUS

Ant. capillaires, longues, de 11 art. à 4 derniers globuleux au sommet: Th. et El. à côtes élevées

El. courtes; écusson invisible; 1re côte des El. fortement relevée à la base. 2 **sulcatus Brong**

## MIGNEAUXIA

Ant. de 10 art., les 2 premiers de la massue transverses: Th. latéralement denté et cilié

Brun-roux: El. à séries de petites soies redressées; Th. à fossette basale. 1,3 **crassiuscula A**

## CORTICARIA

Th. finement denticulé latéralement, à fossette arrondie à la base, plus ou moins visible

1 El. non striées, à rangées de points irrégulières, peu nettes; pubescence longue, couchée. 2

— El. striées ou à rangées de points régulières montrant des interv. bien nets. 3

2 Th. plus étroit que les El., tempes assez longues à dent obtuse. 3 **pubescens Gyll**

— Th. presque aussi large que les El.; tempes très courtes. **crenulata Gyll**

3 El. à poils longs et dressés sur tous les intervalles, bien visibles de profil. 4

— El. à pubescence alternativement dressée et couchée; interv. étroits sensiblement ridés; forme étroite, cylindrique: Th. presque aussi large que les El. 2 **umbilicata Beck**

— El. à pubescence fine, couchée: Th. presque toujours fossulé à la base. 7

4 Corps un peu déprimé: Th. de la largeur des El.; points des stries forts, un peu ocellés. 1,5 **monticola Bris**

— Corps allongé, un peu convexe. 5

5 Corps moins allongé, plus convexe; tête moitié moins large que le Th.; celui-ci à fossette obsolète, à denticules séparés, à ponctuation aussi forte que celle des El. 2 **sylvicola Bris**

— Corps plus allongé, moins convexe: Th. finement denticulé, à ponctuation moins grosse que celle des El. 6

6 La plus grande largeur du Th. avant le milieu: Th. éparsement ponctué: El. élargies vers le sommet; dessus brun-roux à suture, bords, disque et extrémité des El., plus clairs. 2 **illæsa Man**

— La plus grande largeur du Th. au milieu: Th. densément ponctué, presque mat; dessus brun-testacé clair, uniforme. **fulva Com**

7 Th. presque carré, peu ou pas plus étroit au premier tiers que les El.; rangées striales visibles jusqu'au sommet; dessus ferrugineux clair; côtés du Th. denticulés à la base seulement. 1,8 **elongata Hum**

— Th. denticulé à la base seulement, transversalement arrondi et beaucoup plus étroit que les El.; rangées striales obsolètes à partir du milieu; dessus ferrugineux ou marron, tête noirâtre. 1,8 **fenestralis L**

— Th. en carré à peine transverse ou El. ponctuées en stries jusqu'au sommet. 8

8 Tempes sans tubercules. 9

— » avec un tubercule saillant. 10

9 Th. densément ponctué, presque mat, assez profondément fossulé à la base; denticules de la base du Th. plus forts. 2,2 **serrata Payk**

La C. Weisi Reit a une forme plus courte, plus ovale et le Th. est ponctué moins ruguleusement

— Th. assez brillant, à ponctuation éparse; fossette obsolète. **obscura Bris**

10 Interv. légèrement relevés, à séries de points très fins. 11

— » non relevés, transversalement ridés. 12

11 Th. transversal, arrondi vers le milieu, côtés denticulés; rangées striales obsolètes au sommet. 2 **denticulata Gyl**

— Th. peu transverse, arrondi avant le milieu, côtés peu crénelés; stries entières. 2 **longicornis Hbst**

12 Th. à sa plus grande largeur, plus étroit que les El. 13

— Th. aussi large ou presque aussi large que les El. 15

13 Déprimé; fossette profonde; tête peu plus étroite que le Th.: El. parallèles à P. des interv. aussi forts que ceux des stries (P. des interv. plus fins que ceux des stries *V. Mannerheimi Reit*). **foveola Beck**

— Un peu convexe; tête beaucoup plus étroite que le Th.; fossette moins profonde: El. subovales. 14

14 Noir-brun convexe. 2 **linearis Pk**

— Roux-testacé, moins convexe: interv. fortement ridés. **Eppelsheimi Reit**

15 Noir: El. d'un roux-ferrugineux avec le pourtour de l'écusson, q. q. fois le sommet et le bord externe, noirs. 1,0 **corsica Bris**

— Roux, rarement le bord externe rembruni. 16

16 Corps plus ou moins déprimé: El. à interv. ridés, à côtés rembrunis; cuisses souvent brunes. 2 **lateritia Man**

— Corps convexe; interv. à points plus fins que ceux des stries. 17

17 Th. carré; interv. finement ponctués. 1,8 **longicollis Zett**

— Th. plus long que large; interstries rugueux. 1,9 **crenicollis Man**

## MELANOPHTHALMA (Corticarina)

Th. à côtés à peine crénelés, à fossette ovale transverse à la base; corps assez court; El. ne cachant pas le pygidium

1 Th. beaucoup plus étroit que la base des El., à impression transverse arquée, à la base, plus ou moins profonde. 2

— Th. à peu près de la largeur des El. à la base avec une fossette ovale basale et souvent une autre de chaque côté (*Similata*). 5

2 Côtés du Th. anguleux au milieu; interv. des stries imponctués. 2 **distinguenda Com**

— Côtés du Th. arrondis au milieu. 3

3 Roux-ferrugineux vif à El. noirâtres ou rarement rembrunies sur le disque seulement. 1,5 **fuscipennis Man**

— Brun plus ou moins foncé à El. concolores ou plus claires. 4

4 Th. presque aussi large que long, à fossette latérale profonde; tempes presque nulles. 1,3 **gibbosa Herb**

— Th. transverse à fossette latérale peu marquée; yeux un peu distants du sommet du Th.; (*l'albipilus Reitt* est une var. à poils fins, courts, squamuliformes). **transversalis Gyl**

5 Th. subtransverse; interv. étroits subcarénés à la base. **similata Gyl**

— Th. très transverse fortement arrondi latéralement; massue des antennes obscure. 6

6 Brun plus ou moins obscur : El. plus larges que le Th., profondément striées-ponctuées; (une fossette de chaque côté du disque du Th. en avant de la fossette basilaire *V. 3-foveolata Redt*). 2 **fuscula Hum**

— Roux clair uniforme; milieu du Th. à peu près de la largeur des El. 1,2 **truncatella Man**

— Brun clair ou roux ferrugineux uniforme: El. quelquefois rembrunies; milieu du Th. moins large que les El. à leur point maximum. 1,5 **fulvipes Com**

# MONOTOMIDÆ

## MONOTOMA

Ant. de 10 art., le dernier globuleux; El. tronquées au sommet; pygidium découvert

REITTER : *Bemerk. über die Gattung Monotoma : Bresl. 1877*

1 Tempes longues, aussi ou plus longues que les yeux. 2

— » courtes. 5

2 Th. conique bifovéolé à la base. 3

— Th. carré, 4-fovéolé à la base. 4

3 Th. allongé, à angles antér. en pointe en avant. **conicicollis A**

— Th. presque carré à angles ant. en pointe obtuse. **angusticollis Gyll**

4 Cou à côtés parallèles; marge latérale du Th. étroite. **4-foveolata Mots**

— Cou à côtés rétrécis; marge latérale du Th. large. **4-impressa Mots**

5 Tempes sans dent ou avec une dent obtuse. 6

— » avec une petite dent. 10

6 Une dent bien visible avant les yeux. **spinicollis A**

— Front sans dent visible avant les yeux. 7

7 Th. un peu oblong, non rétréci au sommet. 8

— Th. presque carré, obsolètement bifovéolé. 9

8 Th. profondément bifovéolé. **ferruginea Bris**

— Th. obsolètement » . **4-collis A**

9 Th. carré à côtés parallèles. **punctaticollis A**

— Th. subtransverse, un peu rétréci au sommet. **brevicollis A**

10 Front obsolètement bifovéolé: El. subpubescentes. **longicollis** Gyll
— Front bifovéolé: El. transversalement strigueuses. 11
11 Th. bifovéolé plus ou moins nettement. **picipes** Payk
— Th. 4-fovéolé. **sub-4-foveolata** Wth

# CUCUJIDÆ

## SILVANUS

Corps pubescent; massue des ant. de 3 art. d'égale largeur

1 Côtés du Th. dentés (6 dents). 2
— » » régulièrement dentés: El. à bande transversale foncée. **signatus** Frau
— Côtés du Th. inermes. 3
2 Tempes réduites à une petite dent; sillons du Th. parallèles. **mercator** Fvl
— » longues. **surinamensis** L
3 Angles antér. du Th. en denticule dirigé latéralement. **unidentatus** Ol
— » » » » » en avant. 4
4 Th. bisillonné, un peu plus étroit que les El., légèrement rétréci à la base. 3 **bidentatus** F
— Th. presque sans sillons, fortement rétréci à la base, moins large que les El. qui sont convexes. 2,5—3 **similis** Er

## AIRAPHILUS

Ant. à massue indistincte; 1er segment de l'abdomen aussi long que les deux suivants; angles antérieurs du Th. non dentiformes

1 Tête triangulaire, aussi (yeux compris) ou presque aussi large que longue. 3 **geminus** Kr
— Tête prolongée en pointe en avant beaucoup plus longue que large, y compris les yeux. 2
2 Th. presque pas plus long que large. 3 **talpa** Kr
— Th. beaucoup plus long que large. 3
3 El. 2 fois aussi longues que le Th.; forme robuste, ant. fortes. 3 **nasutus** Chev
— El. plus de 2 fois aussi longues que le Th.; espèce étroite à ant. minces. 2—3 **subferrugineus** Reit

## NAUSIBIUS

Ant. à forte massue ovale de 4 art.; base des El. profondément échancrée au milieu

Brun, à fine pubescence: Th. 6-denté latéralement, bifovéolé à la base. 4,5 **clavicornis** Kug

## CATHARTUS

Dernier art. de la massue des ant. plus petit; angles antérieurs du Th. dentiformes

1 Brun-rougeâtre: El. testacées: Th. très long, échancré vers les angles antérieurs. 3,5—5 **cassiæ** Reich
— Rouge-brun: Th. carré, à angles antérieurs avancés en denticule obtus. 3 **advena** Walt

## PEDIACUS

3e art. ant. à peine plus long que large; corps déprimé : El. non striées

1 Th. et El. non impressionnés. 3,3 **fuscus Er**
— El. impressionnées longitudinalement : Th. à 4 P. libres ou réunis. 2
2 Th. à P. peu profonds en carré. 3,3 **depressus Hbst**
— Points du Th. réunis par deux sillons; Th. plus court, à côtés plus arrondis, à disque noirâtre. 3—4,5 **dermestoïdes F**

## PHLŒOSTICHUS

3me art. ant. plus long que large : El. densément ponctuées en stries; corps légèrement convexe

Noir, pubescent : Th. avec quatre fins denticules sur les côtés : El. striées-ponctuées avec deux fascies jaunes obliques. **denticollis Redt**

## LÆMOPHLŒUS

Th. avec une ligne de chaque côté continuée sur la tête : Ant. atteignant la base du Th.

*(L'Echange 1885—86 :* Reitter, *traduction* Guillebeau*)*.

1 Bord du front en ligne droite. 2
— » » échancré ou trisinué. 11
2 Th. à deux fines lignes latérales. 1,5—2 **duplicatus Walt**
— Th. avec une seule ligne latérale. 3
3 El. 2 fois ou moins de 2 fois aussi longues que larges. 4
— El. plus de 2 f. aussi longues que larges; ant. courtes, massue nettement séparée. 6
4 Angles postérieurs du Th. obtus, émoussés; dessus noir plus ou moins foncé. 2 **ater Ol**
— Angles postérieurs du Th. droits ou aigus. 5
5 Th. transverse non arrondi sur les côtés. 1,5 **pusillus Sch**
— Th. carré, arrondi avant le milieu. 2,3 **ferrugineus Step**
6 Angles postérieurs du Th. obtus, émoussés. 7
— » » » droits ou aigus. 9
7 Dessus brillant : El. à stries alternativemt plus distinctes. **hypobori Perr**
— Tête et Th. mats, à ponctuation rugueuse : El. également striées. 8
8 Peu déprimé; sommet des El. arrondi. 2,5—3 **clematidis Er**
— Fortement déprimé; sommet des El. obtus. 2 **corticinus Er**
9 El. un peu élargies au sommet, chaque El. subtronquée en biais. 1,8 **fractipennis Mots**
— El. arrondies ensemble au sommet. 10
10 El. impressionnées entre la suture et l'épaule; tête et Th. pubescents. 2,5 **juniperi Grouv**
— El. régulièrement mais faiblement convexes; pubescence peu visible. 2 **alternans Er**

11 Dessus glabre : El. noires à tache médiane rouge. 12
— Dessus pubescent, mais peu visiblement. 13
12 Th. rouge, noir au milieu. 4 **denticulatus Prey**
— Th. complètement noir. 3—4 **nigricollis Luc**
13 Noir; une fine ligne transverse entre les yeux. 3,5 **muticus F**
— Testacé; un P. noir au milieu des El. 2,2 **bimaculatus Payk**
— Brun-rougeâtre ou rouge-testacé. 14
14 Brun- rouge: El. plus claires; front sans ligne transverse. **castaneus Er**
— Jaune-rouge brillant; front avec une ligne transverse. 2,5 **testaceus F**

## LATHROPUS

Lignes latérales du Th. non continuées sur la tête; ant. n'atteignant pas la base du Th.

Noir, mat, finement pubescent; bords du Th. obtusément crénelés; El. striées-ponctuées, à intervalles alternes un peu relevés. 1,5 **sepicola Müll**

## HYLIOTA (Brontes)

Th. plus large que long, denté sur les côtés

Aplati, noir, mat: Th. avec deux fins sillons: El. striées-ponctuées, à 5e intervalle caréné. 5—5,6 **planata L**

## DENDROPHAGUS

Th. plus long que large à côtés non rebordés

Brun avec poils dressés; 1er art. ant. très grand: Th. aplati, finement ponctué: El. striées-ponctuées, chaque P. émettant un poil. 7 **crenatus F**

## CUCUJUS

3e art. ant. allongé: El. non striées

Rouge; ant. et pattes noires; El. à deux lignes élevées. **sanguinolentus L**

## PROSTOMIS

Mandibules de la longueur de la tête; ant. à longs poils; côtés du Th. non rebordés

Rouge-ferrugineux, aplati: Th. à sillon étroit: El. striées-ponctuées. 6 **mandibularis F**

## RHYSODES

Yeux latéraux, arrondis ou transverses, granulés

1 Th. à sillons entiers, profonds. 6—7 **americanus Lap**
— Th. à trois sillons profonds, le médian entier, les latéraux larges à la base, se rétrécissant vers le sommet qu'ils n'atteignent pas. 6—7 **sulcatus F**

### CLINIDIUM

♀ sans yeux; ♂ yeux allongés, petits, non visiblement granulés

Brun-rougeâtre: Th. profondément sillonné avec deux fossettes allongées à la base: El. à rangées de points et à interv. costiformes, tous deux interrompus et irréguliers. 6—8 **trisulcatum Germ**

## COLYDIIDÆ

### ORTHOCERUS (Sarrotrium)

Ant. épaisses, insérées sous la tête en avant des yeux; dessus à soies fines couchées

1 La plus grande largeur des ant. au sommet. 3—4 **tereticornis Er**

— Ant. très larges au milieu, rétrécies aux deux extrémités, garnies de longs poils; noir, Th. sillonné, El. à rangées de points et à interv. 2,4,6 carénés. 4—5,5 **muticus L**

### DIODESMA

Ant. pubescentes de 11 art., 1 et 2 plus gros que les suivants; El. à bords denticulés

Brun convexe, à soies raides; front à impression longitudinale; bords latéraux du Th. crénelés: El. à rangées de P. profonds, précédés d'une soie. 3 **subterranea Er**

### ENDOPHLŒUS

Ant. de 11 art., massue de 2; côtés du corps dentelés

1 Th. à côtés arrondis, garnis de fortes dents. 4—7 **spinulosus Lat**

— Th. très arrondi au milieu, échancré à la base, à angles antérieurs très saillants, à marge à peine crénelée. 4—5 **exsculptus Germ**

### COLOBICUS

3ᵉ art. ant. fortement allongé: Th. à côtés arrondis; corps ovale

Noir, mat, couvert de soies; bords du Th. plus clairs. **emarginatus Lat**

### LYREUS

Corps parallèle; pas d'yeux

Brun-clair : Th. à tubercules aplatis, à bords légèrement crénelés; El. à gros points serrés. 2 **subterraneus A**

### COXELUS

Ant. de 11 art., massue de 2

Brun, garni de soies : Th. à impression médiane longitudinale, à bords crénelés : El. striées-ponctuées à taches claires, vagues. 3 **pictus Str**

## ESARCUS

Dernier art. palpes non en alène ; ant. grossissant peu à peu vers le sommet

Brun-rougeâtre; tête et Th. à ponctuation espacée. 2,7 **Abeillei** Ancey

## SYNCHITODES

Ant. de 11 art.; massue de 2; une fine ligne vers les côtés du Th.

Noir ; El. striées-ponctuées, à interv. alternes élevés, à 4 taches rouges qui souvent se fondent et font des El. uniformément rouges. 3 **crenata** Ol

## DITOMA (Synchita)

Ant. de 10 art., Th. à sommet droit

1 Côtés du Th. parallèles, soies des El. très fines, peu visibles; dessus brun, concolore, non brillant. 4—5 **juglandis** Helv

— Côtés du Th. arrondis, soies des El. plus grosses, très visibles; Th. à points plus forts, plus écartés. 4 **Mediolanensis** Vil

## CICONES

Ant. de 10 art., le dernier en bouton; El. brunes. à fascies rougeâtres

1 Th. large au sommet, rétréci à la base. 3 **variegatus** Helw

— Th. à côtés subparallèles. 3 **pictus** Er

## AULONIUM

El. sans côtes; ant. de 11 art., massue triarticulée

1 Jaune-rougeâtre : Th. 4-sillonné : El. à lignes de P. peu visibles. 5—6 **trisulcatum** Four

— Plus petit, noir, avec base des El. largement rougeâtre. **ruficorne** Ol

## COLYDIUM

El. avec des côtes; des yeux; ant. de 11 art., massue de 3

1 Massue des ant. 3 f. aussi large que le funicule (les ant. étant comprimées, la regarder dans sa plus grande largeur) : El. arrondies ensemble au sommet. 5—7 **elongatum** F

— Massue 2 f. seulement aussi large que le funicule : El. arrondies séparément au sommet, à base ordinairement plus claire. **filiforme** F

## TEREDUS

Massue des ant. de 2 art. distincts; corps glabre

1 Allongé, noir, lisse; tête et Th. ponctués : El. striées-ponctuées 3 fois aussi longues que larges. 4,5 **cylindricus** Ol

— Brun-foncé; plus étroit : Th. plus allongé : El. 4 f. aussi longues que larges. 4,5 **opacus** Hab

## OXYLÆMUS

Corps pubescent; massue des ant. paraissant inarticulée

1 Etroit, brun-rouge; cylindrique: Th. à points profonds, écartés, avec 2 fossettes devant l'écusson et de chaque côté un large sillon allant au tiers du Th. 3 **cylindricus Pz**

— Plus large; points du Th. plus écartés et fossettes latérales allant à la moitié du Th. 3 **variolosus Duf**

## AGLENUS

Th. sans sillons; pas d'yeux: El. irrégulièrement et obsolètement ponctuées

Rouge-ferrugineux, luisant, glabre: Th. ponctué. 1,5 **brunneus Gyl**

## BOTHRIDERES

Massue des ant. de 2 art., Th. impressionné

1 Tête à peu près de la largeur du Th., celui-ci plus long que large, à ponctuation fine, arrondie. 4,5 **angusticollis Bris**

— Tête moins large que le Th., celui-ci pas plus long que large, à ponctuation grosse, serrée, allongée. 2

2 Interv. 3,5,7 des El. peu plus saillants, avec une rangée de P. fins très distants. 2,5—5 **contractus Ol**

— Interv. 3,5,7 des El. un peu plus saillants que les autres, avec une rangée de P. forts et serrés. 4,5 **interstitialis Heyd**

## PYCNOMERUS

Ant. de 10 art., le dernier petit, arrondi

1 Th. étroitement rebordé, avec 2 impressions longitudinales distinctes. 4 **inexpectus Duv**

— Th. largement rebordé en gouttière, à impressions obsolètes. 4—5 **terebrans Ol**

## APISTUS

Ant. de 10 art., le dernier en cône renversé

Brun-rouge, mat; bords du Th. crénelés: El. ponctuées en séries, les interv. à soies alignées. 3—4 **Rondanii Vil**

## PHILOTHERMUS

Ant. de 11 art., la massue de deux

Brun-ferrugineux à duvet léger: Th. ponctué: El. à stries assez fortement ponctuées, disparaissant au sommet. 2 **Montandoni A**

## CERYLON

Ant. de 10 art. le dernier forme la massue

(Reitter: *Bestim-Tabel. VI*)

1 Ant. allongées à 2e art. 3 f. aussi long que large; stries dorsales des El. obsolètes au sommet; strie suturale non sulciforme. 2 **semistriatum Per**

— 2e art. ant. à peine 2 f. aussi long que large; stries dorsales des El. entières; strie suturale subsulciforme au sommet. 2

2 Art. 4—7 ant. fortement transverses : Th. avec une profonde impression longitudinale de chaque côté de la base. 2,5 **fagi** Bris

— Art. 4—7 ant. non ou faiblement transverses. 3

3 Th. légèrement et graduellement rétréci de la base au sommet. ♀ **histeroïdes** F

— Th. non rétréci vers le sommet; sa plus grande largeur avant le milieu et de là parallèle ou attenué vers le sommet. 4

4 Th. un peu plus large que long, à côtés arrondis au milieu et de là rétrécis en avant. 2—2,4 ♂ **histeroïdes** F

— Th. au moins aussi long que large, brièvement rétréci au devant des angles antérieurs. 5

5 Strie suturale subsulciforme au sommet; côtés du Th. un peu convergeant vers la base. 2 **deplanatum** Gyl

— Strie suturale sulciforme au sommet; côtés du Th. parallèles. 6

6 Th. à fossettes basales obsolètes. 2 **ferrugineum** Step

— » » » grandes et profondes. 2 **impressum** A

# PELTIDÆ

## THYMALUS

Téte petite, cachée par le Th.; yeux non visibles, El. à rangées de gros points assez serrés

Cuivreux-foncé, luisant; interv. à P. fins, écartés. 7 **limbatus** F

## OSTOMA (Peltis)

Tête assez dégagée; yeux libres : El. à interv. élevés

1 El. à 3 côtes saillantes. 2

— El. à côtes plus nombreuses et plus fines. 3

2 Côtes lisses, interv. ponctués. 14—18 **grossa** L

— Côtes irrégulières formées de petites saillies devenant plus fortes et plus aiguës vers le sommet; pourtour du Th. et des El. denticulé. 9 **dentata** F

3 Large, brun, à pourtour moins foncé; interv. à rangées de P. profonds; Th. et El. à bords fortement relevés. 8 **ferruginea** L

— Etroit, allongé, noir; côtes alternes des El. en carènes, plus élevées. 8 **oblonga** L

— Petit, allongé, brun-ferrugineux : El. à 7 lignes élevées, fines; interv. larges, plans, avec un rang de points. 3 **Yvani** All

## TROGOSITA

Massue des ant. perfoliée, tête sub-carrée : El. allongées, parallèles

Brun-noirâtre : El. striées, interv. avec une rangée de points. 7—10 **mauritanica** L

### TEMNOCHILA

Mandibules saillantes, bidentées : El. allongées, parallèles, arrondies au bout

Noir, à reflets métalliques, très ponctué : El. striées-ponctuées, interv. rugueux avec une rangée de petits points. 12—14 **cœrulea** Ol

### NEMOSOMA

Noir, allongé, cylindrique : El. à points fins, avec la base et une tache subapicale, rougeâtres. 4,5 **elongatum** L

### RHIZOPHAGUS

Ant. de 10 art., les 2 derniers en massue; pygidium découvert en partie

1 Dessus bleu luisant; marge latérale du Th. subcrénelée; épisternes métathor. larges, à pubescence grise, feutrée. 3,3 **æneus** Rich

— Dessus noir-brillant, ant. et pattes rousses. 4 **politus** Helw

— El. d'un noir-brun, avec une tache humérale petite, et une tache postmédiane un peu vague, rousses. 3 **bipustulatus** F

— Dessus noir-brun, à base des El. plus claire. 2

— El. d'un ferrugineux plus ou moins clair. 3

2 El. noires, à base et sommet, rouges. 4,5 **dispar** Pk

— El. noires, à base seule rouge : Th. plus rétréci à la base; tibias antérieurs à sommet épineux. 3—5 **nitidulus** F

3 Base du 2e interv. élargie et à ponctuation diffuse. 3—4 **depressus** F

— » » » non élargie. 4

4 Th. court, pas plus long que large, à ponctuation presque ronde, fine, peu serrée. 3 **parvulus** Pk

— Th. allongé, plus long que large. 5

5 Th. à P. forts, profonds, écartés : El. un peu ventrues au milieu. 3,3 **cribratus** Gyl

— Th. très allongé, à côtés parallèles; à points allongés, assez marqués; tempes bien plus longues que les yeux; dos du Th. et des El. rembruni. 4 **parallelocollis** Gyl

— Th. à P. longs, bien marqués, peu serrés; art. intermédiaires des ant. souvent bruns : El. bien striées, rétrécies de la base au sommet. 4 **ferrugineus** Pk

— P. du Th. allongés, superficiels : El. à stries plus légères, parallèles d'abord puis rétrécies après le milieu. 3,3 **perforatus** Er

## NITIDULIDÆ

(Reitter : *Bestim. Tabel. VI et Systemat. Eintheil. der Nitidulidæ* — de Marseul : *l'Abeille*. - Rew. w. w. Fowler : *Nitidul. Of England, Entomol. Monthly Magaz.*)

### PITYOPHAGUS

1 Ponctuation du Th. grosse, assez serrée : El. d'un brun-rouge, enfumées au sommet. 5 **ferrugineus** L

— Ponctuation du Th. moins grosse, moins serrée : El. d'un brun-rouge concolore. 7 **lævior** Ab

## IPS

Tête en museau : Th. subcarré, rebordé; 3 premier art. tarses dilatés

1 Noir, avec une tache partant du milieu de la base et bifurquant au 1er tiers vers la suture et la marge qu'elle n'atteint pas, plus une fascie antéapicale, blanches (1re tache décomposée en 3, et la 2e en 2 taches, *V. 10- guttata Ol*). 5 **4-guttata** F

— Noir à 4 taches rouges, simples. 2

2 Bord antérieur du front non ponctué; taches des El. arrondies. 5—7 **4-punctata** Ol

— Tête partout finement ponctuée; tache basale des El. touchant la base et se dirigeant vers les côtés, qu'elle n'atteint pas. **4-pustulata** L

## CRYPTARCHA

Ant. de 11 art., à massue de 3 art. peu serrés, comprimés

1 El. brunes, à tache basale bifurquée, fascie antéapicale en zig-zag et pourtour du sommet, d'un jaune-clair. 4 **strigata** F

— El. rougeâtres à 3 bandes de taches noires fortement anguleuses. 3,5 **imperialis** F

## CYBOCEPHALUS

1 Tête rouge. **rufifrons** Reit

— Tête noire. 2

2 Suballongé : El. à ponctuation et pubescence très fines, mais visibles. **Heydeni** Reit

— Globuleux, El. lisses. 3

3 Noir uniforme. **pulchellus** Er

— El. noires à sommet plus ou moins rougeâtre. **politus** Gyl

## STRONGYLUS (Cyllodes)

Subhémisphérique, noir, luisant : El. à lignes de points. 4 **ater** Hbst

## CYCHRAMUS

1 El. ferrugineuses à bande latérale noire. 2

— El. d'un jaune-ferrugineux concolore. 4 **luteus** F

2 Th. à 4 P. noirs : El. plus finement pubescentes que le Th. 5—6 **4-punctatus** Hbst

— Th. sans P. noirs; pubescence du Th. semblable à celle des El. 3—4,5 **fungicola** Heer

## POCADIUS

Tarses non dilatés; tibias antérieurs à forte pointe au sommet

Brun-rouge pubescent: El. à stries ponctuées presque sulciformes au sommet. 4 **ferrugineus F**

## MELIGETHES

Tous les tarses dilatés; tibias antér. plus ou moins dentés extérieurement

N. B. Pour l'analyse des Meligethes, le mot tibia, signifiera l'arête externe des tibias antérieurs.

**A** Tibias finement crénelés ou finement et également dentés.

1 Front coupé droit. 2

— Tout le bord du front échancré ou en courbe plus ou moins forte. 14

2 Ongles avec une grande dent à la base 2,4 **hebes Heer**

— » non dentés. 3

3 Dessus (El. au moins) à éclat métallique; suture et ordinairement écusson, foncés. 4

— Dessus noir ou brun, rarement avec une légère teinte métallique. 7

4 Dessus mat. 2 **cœruleovirens Forst**

— » brillant. 5

5 » concolore. 6

— Tête et Th. noirs, El. d'un vert métallique. 1,8 **gracilis Bris**

6 El. à ponctuation fine et serrée; dessus vert ou vert-bleu (dessus bleu-vert, bleu ou violet *V. cœruleus Marsh*). 2,4 **brassicæ Scop**

— El. à ponctuation grosse, assez écartée. 2,4 **viridescens F**

7 Fond du Th. et des El. lisse. 8

— » des El. alutacé, ou à strigosités transverses de point à point. 11

8 El. très densément, très finement ponctuées, à fines lignes ondulées transverses, à la base surtout. 9

— Points des El. réunis par de très fines lignes aciculées, transverses; ant. et pattes foncées (2e art. ant. et tibias antérieurs d'un brun-rouge, *V. substrigosus Er*). 3 **subrugosus Gyl**

— El. simplement ponctuées, sans rides aciculées transverses. **corvinus Er**

9 Th. aussi finement, aussi densément ponctué que les El. **rufipes Gyl**

— Th. à ponctuation moins rapprochée que celle des El. 10

10 Th. au moins aussi large à la base que les El.; 1er art. des ant. et massue, noirâtres. **lumbaris Stm**

— Th. à peine aussi large à la base que les El. **Försteri Reit**

11 Pattes et ant. rouges; noir avec un éclat plombé. 2 **rubripes Mls**

— Ant. foncées ou claires, mais massue toujours foncée. 12

12 Dessus noir-verdâtre, ou noir plus ou moins brun, q. q. fois assez clair sur les El.; ponctuation très fine et serrée; interv. plus petits que les points. 13

— **Noir-bronzé; suture concolore; interv. aussi grands que les points. 1,8—2,2** **subæneus Stm**

— Noir profond, presque mat; interv. plus grands que les points. 2,2 **anthracinus** Bris
13 Noir-verdâtre; 3e art. ant. plus long que le 2e. 2 **coracinus** Stm
— Noir à peine verdâtre ou brunâtre; 3e art. ant. égal au 2e. **pumilus** Er
14 Tête et Th. alutacés : El. à fond lisse. 1,6 **hypocrita** Bris
— Dessus complètement alutacé. 15
15 Vert-métallique, densément et profondément ponctué. **elongatus** Rosen
— Noir à reflets plombés : El. à disque rougeâtre de chaque côté, par transparence. 2,4 **discoïdeus** Er
— Noir, El. et pygidium toujours bruns clairs. 2 **immundus** Kr
— Noir concolore, quelquefois à reflets plombés. 16
16 Angles postér. du Th. arrondis; ant. et pattes rouges. **rotundicollis** Bris
— » » » obtus; art. 1–2 des ant. et pattes antérieures d'un brun-rouge, le reste brun. **Brisouti** Reit
**B** Tibias à dents de scie égales ou devenant graduellement plus fortes vers le sommet, bord du front droit.
1 Th. 2 f. plus large que long et au plus aussi large que la base des El. 2
— Th. 1/3 plus large que long, aussi large que les El.; angles postér. obtus, arrondis; base des ant. ou 2e art. seulement, rouge. **assimilis** Str
2 Dents du sommet des tibias, larges, triangulaires. 2 **alpigradus** Reit
— Quatre dernières dents du sommet, dirigées obliquement en bas. 1,8 **serripes** Gyl
— Dents du sommet des tibias, larges et courtes. **brachialis** Er
**C** Tibias irrégulièrement dentés en scie de la base au sommet; front droit.
1 Th. et El. à fond poli. 2 **picipes** Stm
— El. au moins, alutacées; ant. et pattes rougeâtres. 2
2 Bleu-noir, luisant, métallique, rarement vert. **symphyti** Heer
— Noir, sans éclat métallique, à ponctuat. dense et profonde. **opacus** Rosen
**D** Tibias à 6—8 dents en peigne (à la base, 1—2 grandes, au sommet une grande, mais moins que les premières).
1 Front droit en avant. 2
— » échancré en courbe d'un angle à l'autre. 3
2 Finement pubescent : El. pas 2 f. aussi longues que le Th. **nanus** Er
— Densément pubescent : El. 2 f. aussi longues que le Th. **villosus** Bris
3 Ovale, court, obtus : Th. et écusson alutacés. 2,3 **tristis** Stm
— Allongé : Th. seul alutacé. 2 **planiusculus** Heer
**E** Tibias plus ou moins finement dentelés ou crénelés à la base, avec 1 à 5 dents plus fortes au sommet.
1 Une seule dent très grande au sommet. 2 **sulcatus** Bris
— Deux fortes dents au sommet. 2
— Trois dents plus fortes, séparées par de plus petites (9 dents ordinairt, 1, 5, 8 les plus fortes); front finement tuberculé. **exilis** Str
— Trois, quatre ou cinq dents fortes au sommet des tibias, non séparées. 9
2 Ces dents se touchent; front droit en avant; noir, pattes et ant. foncées, moins les 2 premiers art. des ant. et les pattes antérieures. **bidens** Bris

— Les deux dents sont séparées par d'autres plus petites. 3

3 Front droit en avant; ovale-obtus, noir-gris, convexe; 1er art. ant. et tibias antér. plus pâles (ovale parfait, noir profond *V. confusus Bris*). 2 **obscurus** Er

— Front échancré au milieu, dessus à fond lisse. **distinctus** Stm

— » en courbe d'un angle à l'autre. 4

4 El. finement strigueuses transversalement. 5

— El. non strigueuses transversalement. 8

5 El. alutacées-aciculées. **egenus** Er

— El. entièrement lisses. 6

6 La première grande dent placée au milieu environ du tibia. 7

— » » » » bien après le milieu du tibia. 2 **gagatinus** Er

7 Angles postér. du Th. obtus : El. 2 f. aussi longues que lui, parallèles. 1,8 **acicularis** Bris

— Angles postér. du Th. droits, pointus :El. plus de 2 f. plus longues que lui, leur plus grande largeur au premier tiers. **lugubris** Str

8 ♂ une carène transversale sur le segment anal. 1,8 **erythropus** Gyl

— ♂ segm. anal sans carène : Th. à côtés fortement arrondis; noir, luisant plombé, densément ponctué, à fond aciculé. **Erichsoni** Bris

Ici se placerait le M. Buyssoni Bris, noir-brun, luisant; ant. et pattes rouges; tibias antér. arqués aves deux dents plus fortes au sommet

9 Ongles dentés, bouche presque toujours rouge. 10

— Ongles inermes, bouche noire. 12

10 Tibias à 4 grandes dents en peigne; bouche brune. 2,5 **solidus** Str

— » à 3 longues dents aiguës; bouche rouge. 2,2 **denticulatus** Heer

— » à 5 (rarement 6) longues dents; les deux dernières ou la dernière seule, moins longue. 11

11 Brun, très finement et très densément ponctué (tout noir, moins pattes et ant. *Var. lamii Ros*). 3 **fuscus** Ol

— Dessus fortement ponctué; interv. aussi grands que les points; (dos des El. rouge *Var. mutabilis Ros*). 1,6—2 **brevis** Strm

Le M. Reyi Guill. n'est probablement que la même espèce

12 Front à bord ant. droit. 13

— » échancré au milieu. 25

— » » en arc d'un angle à l'autre. 34

13 Th. et El. à fond entièrement poli. 14

— El. au moins alutacées ou à strigosités transverses de point en point. 20

14 Th. 1/3 plus large que long, aussi large que les El. à la base. 15

— Th. bien plus large que long, au plus aussi large que les El. à la base. 16

15 Tibias à 4 dents larges, peu longues, l'avant-dernière la plus forte. 2 **mœstus** Er

— Tibias à 4—5 dents serrées, dirigées obliquement en avant; les 2 ou 3 avant-dernières sont souvent bien plus fortes. **flavipes** Str

16 Pattes noires ou foncées, les antérieures plus claires; tibias à longues dents (le *M. parvulus Bris,* présente une ponctuation très serrée, et doit être séparé de cette espèce) 2 **memnonius** Er

— Ant. et pattes rouges; tibias à 3—4 dents apicales. 17

17 Pygidium et segment anal, rouges; tibias souvent avec 3 dents, l'avant dernière la plus longue. 2 **hæmorrhoïdalis** Fors

— Pygidium et segment anal, noirs. 18

18 Court, ovale, très large : El. au plus 2 f. aussi longues que le Th.; tibias à 3 dents apicales, la 2e la plus forte. 2 **ochropus** Str

— Ovale, allongé : El. plus de 2 f. plus longues que le Th. 19

19 Noir ou noir-brun; assez densément et fortement ponctué; tibias à 3 ou 4 dents apicales, l'avant dernière ou les deux dernières plus longues. **brunnicornis** Str

— Noir à éclat métallique vert, à points profonds, assez clair-semés. **angustatus** Küst

20 Base du Th. presque plus large que celle des El.; El. à peine doubles du Th. en longueur. 21

— Th. au plus de la largeur des El. à la base, ou plus étroit. 22

21 Court, large, convexe, très densément et finement ponctué. **umbrosus** Stm

— Très large, noir, mat, densément et fortement ponctué; tibias à 4 dents, la 3e la plus longue, la 4e la plus courte. 2,4 **ater** Bris

22 Tibias à 3-4 grandes dents, généralement d'inégale longueur. 23

— » à 4 larges dents triangulaires pas très longues. 24

23 Pubescence courte, foncée, un peu rare; 2e art. ant. testacé. **maurus** Stm

— » assez longue, dense, d'un gris-brun. 2,4 **incanus** Stm

24 El. tronquées, dessus mat, pubescence courte, tibias antér. bruns; ovale, allongé, très comprimé, finement ponctué. **melancholicus** Reit

— El. tronquées obliquement à l'angle sutural, la pointe paraissant un peu saillante. **ovatus** Str

25 Dessus à fond lisse. 26

— » complètement ou en partie alutacé. 32

26 Ant. et pattes presque toujours rouges : Th. finement et densément ponctué, El. plus fortement et plus éparsement. 27

— Sommet des ant. et pattes antérieures souvent foncés; ponctuation du Th. plus fine que celle des El. 28

27 Ovale, allongé, noir ou brun foncé: tibias à 4-5 dents en scie étroites. **difficilis** Stm

— Ovale, large, rouge-brun clair : El. à P. forts et rares. **blandulus** Reit

28 Art. 1-2 ant. et pattes antérieures d'un brun-rouge, les postérieures brunes; ovale-allongé, noir-brun. **Austriacus** Reit

— Art. 1-2 ant. d'un rouge-jaune clair; pattes antér. rouges, postér. d'un brun-rouge. 29

29 Epaules saillantes arrondies; tibias à 3 ou 4 grosses dents, l'avant-dernière ou les deux dernières les plus longues, 1,5—2 **morosus** Er

— Epaules indistinctement saillantes. 30

30 Pubescence peu visible. V. **luctuosus** Forst

— » toujours distincte. 31

31 Fort convexe, densément et profondément ponctué, plus luisant. **viduatus** Stm

— Moins convexe, très densément et finement ponctué. **pedicularius Gyl**

32 Dessus complètement alutacé; tête et Th. noirs, à reflets verts : El. à reflets d'un bleu-violet. **cœrulescens Kr**

— El. seules alutacées, tête et Th. lisses. **tropicus Reit**

— El. à fond lisse, tête et Th. ou Th. seul, alutacés; dessus à reflets métalliques; tibias à 4-5 petites dents triangulaires espacées. **lepidii Mil**

33 Pubescence grise, longue, serrée, cachant les téguments; fond du Th. lisse. 34

— Pubescence fine, courte, serrée : El. à strigosités transverses de point en point; tibias à 4 dents fortement saillantes, subégales. 35

34 Noir à éclat métallique : El. à fond lisse; tibias à 5 dents plus fortes, les 1re et 5me les plus longues. 2 **fumatus Er**

— Noir, sans éclat métallique : El. à fond alutacé; tibias à 4-6 dents en scie inégales, l'avant-dernière beaucoup plus longue. **Grenieri Bris**

35 Brun-rougeâtre assez clair; segm. ventral ♂ bidenté. **bidentatus Bris**

— Noir, pattes obscures; forme plus allongée subquadrangulaire; Th. à côtés moins arrondis; front profondément échancré. **punctatus Bris**

## THALYCRA

Tibias antérieurs simples, les intermédiaires et postérieurs épineux

Rouge-ferrugineux, luisant : El. noirâtres au sommet, moins densément ponctuées que le Th. 3,5–4,5 **fervida Ol**

## PRIA

Tête sans rainures antennaires; tibias simples

1 Brun-foncé; angles postérieurs du Th. droits, pointus. **dulcamaræ Ill**

— Testacé; angles postérieurs du Th. obtus. 1,5 **pallidula Er**

## EPURÆA

Th. marginé; cuisses postérieures rapprochées, écartées dans limbata seulement

1 Cuisses postér. très écartées (**Omosiphora**); testacé-rouge, avec moitié apicale des El. et disque du Th., foncés. 2,8 **limbata F**

— Cuisses postérieures rapprochées. 2

2 Marge latérale du Th. à peine visible (**Micrurula**). 2,8 **melanocephala Marsh**

— » » » bien visible. 3

3 Th. beaucoup plus rétréci au sommet qu'à la base. 4

— Th. à côtés subparallèles ou peu arrondis, avec base et sommet presque d'égale largeur; dessus q. q. fois foncé à côtés plus clairs, ordinairement rougeâtre jaune, concolore. 17

4 Tibias ant. dilatés au sommet; fémurs postér. ♂ à dent obtuse: El. foncées, avec 5 taches claires (3 latérales, 1 basale, 1 au delà du milieu). (La var. *diffusa Bris* est plus petite, à taches confuses, à El. plus acuminées au sommet). 3,6 **10-guttata F**

— **Tibias antér. au plus légèrement dilatés au sommet; hanches intermédiaires modérément séparées; tibias intermédiaires ♂ souvent sinués.** 5

5 Dessus et dessous d'un rouge-testacé; disque du Th. non plus sombre que la marge: El. ayant q. q. f. une tache noirâtre, vague, mal limitée. 6

— Dessus taché ou bigarré de noir, les taches souvent mal définies; q. q. f. le dessus est rougeâtre foncé concolore, avec disque du Th. plus foncé que les bords; dessous plus ou moins rembruni. 10

6 Corps ovale, convexe; sommet du Th. fortement échancré. 7

— Forme oblongue; sommet du Th. faiblement échancré; ant. à massue sombre, les 3 art. d'égale largeur; sommet des El. tronqué, un peu arrondi; pygidium bien découvert. **longula** Er

7 Dernier art. ant. plus large et plus grand que les autres; ant. concolores; (q. q. f. une tache sombre sur les El. *V. bisignata Str*). **æstiva** L

— Dernier art. ant. plus étroit que le pénultième. 8

8 Dernier art. ant. distinctement noirâtre; angles postér. du Th. obtus; ponctuation des El. forte, peu serrée. 3,3 **melina** Er

— Ant. concolores. 9

9 La plus large espèce du genre; jaune d'ocre concolore, fortement tronquée par derrière; côtés du Th. largement séparés; tibias intermédiaires ♂ sinués. 4,6 **silacea** Hbst

— Côtés du Th. étroitement séparés; jaune-rougeâtre, moins large; El. en pointe obtuse, arrondie: *Var. claire de* **fagi** Bris

10 Côtés du Th. fortement arrondis en avant, non resserrés en arrière; dessus foncé à bords plus clairs: El. coupées droit au sommet, pygidium très découvert. 3 **neglecta** Heer

— Th. à côtés devenant graduellement plus larges à partir du sommet jusqu'aux 2/3 ou plus, puis resserrés à la base, q. q. f. sinués au point de contraction. 11

11 Côtés du Th. sans relèvement concave au devant des angles postér. 12

— » » avec un petit relèvement concave, plus ou moins grand au devant des angles postérieurs. 13

12 Couleur claire, à suture et sommet des El. foncés; massue des ant. concolore, à dernier art. plus étroit que le précédent; sommet du Th. fortement échancré; sommet des El. tronqué. 3,3 **deleta** Er

— Sommet et côtés des El. rembrunis; massue des ant. noire à art. de même largeur; sommet du Th. moins fortement échancré: El. à sommet obtus, un peu arrondi. 2,8 – 3,6 **immunda** Strm

— Forme plus large; massue des ant. concolore à dernier art. moins large que les précédents: El. à extrémité obtuse, un peu arrondie. 3—4 **fagi** Bris

13 Relèvement très petit, juste au devant des angles postérieurs. 14

— Relèvement plus grand, occupant le tiers du bord latéral; côtés du Th. sinués. 16

14 **Côtés du Th. largement séparés, fortement arrondis; massue antennaire de la couleur du corps.** 15

15 Bords latéraux du Th. légèrement ondulés; pygidium recouvert : El. à sommet oblique: angles postér. du Th. presque droits. 3 **parvula Stm**

— Fossettes antennaires libres : Th. un peu rétréci en avant, à ponctuation grosse, un peu clair-semée : El. fortement ponctuées, à sommet obtus, un peu arrondi; une petite tache noirâtre sur le disque. 3 **variegata Hbst**

— Côtés du Th. peu arrondis et étroitement; massue des ant. brune ou noire. 16

16 Th. de la largeur des El.; forme assez parallèle; dernier art. des ant. plus étroit que le précédent; El. tronquées au sommet avec les angles arrondis, à légère impression transverse entre la base et le milieu. 2,5–3,3 **obsoleta F**

— Th. bien plus étroit que les El. qui sont élargies au milieu; souvent une tache sombre sur chacune. **nana Reitt**

17 Relèvement fort, formant une échancrure distincte, fortement sinuée; El. vaguement tachées de noir. 3 **distincta Grim**

— Relèvement léger : El. noires ou brunes, au plus les côtés étroitement plus clairs : Th. impressionné de chaque côté après le sommet et avant la base. 3 **boreella Zett**

18 Sommet du Th. presque droit, non échancré. 19

— » » très échancré; côtés subparallèles faiblement rétrécis à la base. 20

19 Ponctuation très fine, peu visible; dernier art. de la massue plus étroit que le pénultième; dessus jaune-brunâtre terne. **oblonga Hbst**

— Ponctuation forte, bien nette : El. tronquées; pygidium peu découvert; 3e art. de la massue, de même largeur que le 2e; dessus jaune concolore. 2,8 **florea Er**

20 Massue des ant. noire : Th. plus large au sommet qu'à la base, à côtés convergeant faiblement à la base en ligne droite; dessus brun-noir à bords plus clairs. **angustula Er**

— Massue des ant. testacée, à dernier art. plus étroit que les 2 précédents; Th. plus large à la base qu'au sommet, à côtés presque droits en arrière; dessus rouge ferrugineux, concolore. **pusilla Ill**

— Ant. semblables; dessus foncé à bords plus clairs : Th. légèrement impressionné transversalement après le sommet et avant la base; angles postérieurs droits. 2,8 **rubromarginata Reit**

## IPIDIA

Noir-luisant : El. à rangées de points et deux taches rouges (1 humérale, 1 post-médiane près de la suture); 7e interv. caréné. **4-notata F**

## AMPHOTIS

Rainures des ant. subparallèles; front fortement lobé; mandibules bifides au sommet

1 Bords des El. et du Th. largement explanés, testacés : El. brunes à 5 lignes élevées, avec 2 taches basales et une lunulée médiane, plus claires. 5 **marginata F**

— Taille plus petite; plus convexe, plus allongé; bords latéraux du Th. moins largement explanés et plus fortement creusés en gouttière: El. à ponctuat. plus forte, à bords plus étroitement creusés en gouttière. 3,5—4,5 **Martini** Bris

## SORONIA

Tarses non dilatés; disque du Th. avec des impressions

1 El. à 4 côtes bien nettes, plus 2 plus faibles entre la 1re et la 2e, et la 2e et la 3e; couleur foncée des El. n'atteignant pas la suture au premier tiers postérieur. 3—6 **punctatissima** Ill

— El. à 5 côtes presque également fortes; tache noire antéapicale des El. couvrant la suture. 3—5 **grisea** L

— El. à côtes très obsolètes; tache antéapicale des El. touchant la suture. 3—4 **oblonga** Bris

## OMOSITA

Mandibules dentées au tiers; rainures des ant. subparallèles

1 Th. brun ferrugineux, à bords largement explanés; El. fortement marginées. 5 **depressa** L

— Th. foncé à marges plus claires : El. faiblement marginées. 2

2 Côtés du Th. peu explanés; El. à petites taches à la base, et une plus grande juxta-suturale, au delà du milieu. **colon** L

— Côtés du Th. largement explanés; El. à tache commune, allant de la base au delà du milieu et de la suture presqu'au côté. **discoïdea** F

## NITIDULA

Corps aplati; ant. à massue ovale et abrupte de 3 art.: El. ovales

1 Th. noir (ou très légèrement marginé de jaune). 2

— Th. largement marginé de jaune; El. à 4 taches (2 humérales, 2 suturales médianes), q. q. fois confluentes. 3,5—5 **flavomaculata** Ross

2 El. noires, mates, sans taches. 3—4 **rufipes** L

— El. à taches jaunes ou rougeâtres; sommet du Th. droit. 3

3 Une tache jaune au milieu de chaque El. 3,5—5 **bi-pustulata** L

— El. ayant chacune 2 taches claires, q. q. fois confluentes. **carnaria** Schal

## CARPOPHILUS

Massue des ant. ronde, compacte; Th. n'embrassant pas la base des El.: deux segments de l'abdomen découverts

1 Th. rétréci à la base; El. brunes, deux fois plus longues que le Th., avec une tache humérale, une discale et une autre apicale, q. q. fois peu distinctes. 3 **6-pustulatus** F

— Th. non rétréci à la base, celle-ci aussi large que les El. 2

2 El. peu plus longues que le Th., à taches humérale et apicale, assez distinctes. 3

— El. sans taches ou à taches vagues. 4

3 Tache humérale assez large, un peu étendue sur la base; tache apicale touchant le sommet. 3,5 **hemipterus L**

— Tache humérale petite, tache apicale, ovale, juxta-suturale et ne touchant pas le sommet. *Var.* **4-signatus Heer**

4 El. à tache vague oblique, allant des épaules au sommet de la suture; cette tache a une pubescence plus abondante que le reste de l'El. 3 **dimidiatus Er**

— El. sans taches et à pubescence uniforme. 5

5 Noir, à peine pubescent; trois derniers segments de l'abdomen découverts. 4,5 **rubripennis Heer**

— Testacé, à longue pubescence; deux derniers segments de l'abdomen découverts. **4-mutilatus Er**

## HETERHELUS

Brun-rougeâtre plus ou moins foncé; côtés du Th. anguleux avant le sommet. 1,6 **sambuci Er**

## CERCUS (Anomæocera)

Masse des ant. faible, allongée; ongles des tarses peu ou non visiblement dentés

1 Th. à côtés peu arqués, ayant sa plus grande largeur à la base. **rufilabris Latr**

— Th. à côtés très arrondis, sa plus grande largeur vers le milieu. 2

2 Tête et Th. noirs ou bruns: El. brunes à tache médiane jaune rouge, (immature, le pourtour des El. au moins plus foncé). **bipustulatus Pk**

— Tête et Th. d'un testacé ferrugineux: El. de même couleur, à suture et pourtour de l'écusson souvent rembrunis. 3

3 El. à P. gros, profonds, espacés; dessus testacé uniforme. **inglorius des G**

— El. à ponct. assez forte et dense; suture presque toujours rembrunie, ainsi que la poitrine et le pourtour de l'écusson. 2 **pedicularius L**

## HETEROSTOMUS

1 Dessus à longs poils gris cachant la couleur foncière. 2,5 **cinereus Heer**

— « plus ou moins pubescent; couleur foncière toujours bien visible. 2

2 Taille grande, antennes et pattes ferrugineuses. 3—4,6 **vestitus Ksw**

— » plus petite, cuisses postérieures au moins, noires. 3

3 Noir mat; angles postérieurs du Th. assez pointus; ant. et pattes antérieures rouges. 2,5—3 **gravidus Ill**

— Plus pubescent, un peu plus brillant; angles postérieurs du Th. arrondis; toutes les cuisses foncées. 2 **linariæ Corn**

## BRACHYPTERUS

Ongles des tarses dentés à la base

1 Taille grande; Th. bombé, rétréci par derrière, moins large que les élytres. 5 **quadratus Creutz**

— Taille petite; Th. à angles postérieurs plus ou moins marqués. 2
2 El. rougeâtres moins foncées que le Th. 3 **rubiginosus** Er
— El. de même couleur que le Th. 3
3 Ecusson lisse; dessus à poils jaunes épars; art. des antennes terminés par des poils jaunes. 1,4 **Lucasi** Mur
— Ecusson ponctué. 4
4 Brun-luisant, métallique; pattes et antennes rouges. 1,5—2,5 **urticæ** F
— Noir-plombé; antennes et pattes d'un brun de poix; El. moins fortement ponctuées. 2 **pubescens** Er
— Noir luisant; Th. à côtés subanguleux; antennes testacées à massue brune. 1,3 **fulvipes** Er

# BREVIPENNES

(Fauvel: *Faune Gallo-Rhénane*; *Staphylinides.* — Fairmaire: *Faune française.* — Cl. Rey: *Aleocharaires*).

## MICROPEPLIDÆ

### MICROPEPLUS

El. avec des côtes; antennes de 9 art. terminées en bouton

1 Quatre côtes dorsales aux El. (côte suturale non comprise). **porcatus** F
— Trois côtes dorsales aux El. 2
2 Intervalles des El. lisses. 1,5—2 **tesserula** Curt
— » » ponctués. 3
3 El. peu plus longues que le Th.; avant-dernier segment de l'abdomen avec une carène allongée, acuminée à l'extrémité. 2 **staphylinoides** Marsh
— El. presque 2 f. plus longues que le Th.; saillie de l'avant-dernier segment abdominal non acuminée à l'extrémité. 2 **fulvus** Er
— El. 2 f. plus longues que le Th.; carène abdomin. obsolète; front avec 2 carinules transverses. 2,3 **longipennis** Kr

## PIESTIDÆ

### THORACOPHORUS

Abdomen non rebordé; ant. de 11 art.; tarses de 3 art.

Roux-ferrugineux: Th. à 6 côtes et El. à 5 côtes alternativement plus élevées. 2,3 **corticinus** Mots

### SIAGONUM (Prognatha)

Abdomen rebordé; tarses de 5 art.

1 El. à 5 stries ponctuées, rouges, à sommet et suture, noirs. **4-corne** Kirb
— El. à 7 » » , noires, à tache humérale rougeâtre; abdomen lisse. 5 **humerale** Germ

### TRIGONURUS

El. dépassant beaucoup la poitrine

Noir-brillant: Th. ponctué, sillonné, impressionné de chaque côté de la base: El. à stries formées de points transverses; abdomen triangulaire. 5,5 **Mellyi Mls**

## PHLŒOCHARIDÆ

### PSEUDOPSIS

Tête, Th. et El., sillonnés

Brun-rougeâtre: Th. à 4 carènes droites: El. à 4 carènes (suturale et marginale, comprises,) les deux médianes recourbées en dedans au sommet. 3,5 **sulcatus New**

### PHLŒOCHARIS

Tête, Th. et El., non sillonnés

1 Des yeux; dessus brunâtre. 1,5 **subtilissima Man**
— Pas d'yeux; dessus testacé. 1 **paradoxa Saulc**

### OLISTHÆRUS

Mandibules mutiques; tarses antér. simples

Tête noirâtre: Th. rougeâtre, très lisse: El. d'un brun ardoisé, striolées: abdomen roussâtre, très ponctué. 5,5 **substriatus Pk**

## PROTINIDÆ

### PHLŒOBIUM

Front pourvu d'un ocelle

Testacé, mat, très ponctué: Th. sillonné, échancré à l'angle basilaire. 2,5 **clypeatum Mül**

### PROTINUS

3 derniers art. ant. bien plus grands

1 1er art. ou base des ant. brunâtres ou d'un noir de poix. 2
— 1er » des ant. testacé: Th. mat. 1,5—2 **brachypterus F**
— Deux premiers art. ant. testacés: Th. mat. 1,5 **macropterus Gyl**
— Ant. testacées à massue brune: Th. mat. 1 **atomarius Er**
2 Th. brillant. 1,5 **limbatus Mækl**
— Th. mat. 2 **ovalis Step**

### MEGARTHRUS

Dernier art. ant. seul plus grand

1 Dessus roux-ferrugineux; tête noire. 1,5—2 **hemipterus Ill**
— Dessus noir-mat. 2
2 1er art. des ant. et pattes, testacés-rougeâtres. 2 **denticollis Beck**
— Ant. noires concolores ou brunes à la base. 3
3 Th. concolore, à côtés arrondis. 2 **depressus Pk**
— Th. à côtés simplement sinués, souvent rougeâtres. 2,5 **affinis Mil**
— Th. à côtés toujours plus ou moins rougeâtres, bi-angulés vers le milieu. 2,5 **sinuatocollis Lac**

## HOMALIDÆ

### ANTHOBIUM

4 prem. art. tarses postér. courts, égaux : El. dépassant la poitrine

1 Th. noir ou noir de poix, concolore. 2
— Th. noir de poix ou brun, toujours marginé de rougeâtre. 12
— Th. testacé à tache médiane brune plus ou moins marquée. 13
— Th. testacé concolore. 15
2 Th. avec un sillon profond ou de larges fossettes discoïdales. 3
— Th. sans fossettes discoïdales et au plus avec un sillon obsolète, effacé en avant. 5
3 Th. à sillon large et profond. 3,5 **robustum Heer**
— Th. avec deux larges fossettes discoïdales. 4
4 Ant. testacées. 1,5—2 **impressicolle Ksw**
— Ant. testacées, rembrunies au sommet. 2,5 **foveicolle Fvl**
5 El. ♂ plus courtes que l'abdomen, ♀ pas plus longues. 6
— El. ♂ de la longueur de l'abdomen, ♀ beaucoup plus longues. 11
6 Th. à large fossette en avant des angles postérieurs. 7
— Th. à dépression latérale allant de la base au milieu des côtés. 8
7 Ant. testacées. 3 **florale Panz**
— » » rembrunies au sommet. 3 **atrum Heer**
8 El. beaucoup plus courtes que l'abdomen dans les 2 sexes. **oblitum Frm**
— El. peu plus courtes ou aussi longues que l'abdomen chez la ♀. 9
9 Corps court, large : El. brunes à base foncée. 2 **minutum F**
— Corps étroit, allongé. 10
10 Th. à côtés très sinués vers la base : El. brunes. 2,5 **sinuatum Fvl**
— Th. à côtés non sinués : El. d'un testacé brunâtre. **angusticolle Fvl**
11 El. à ponctuation extrêmement fine, assez serrée. 2,5 **angustatum Ksw**
— » » moyenne, plus serrée; un espace imponctué au milieu du Th. 2,3 **alpinum Heer**
— El. à ponctuation grosse et éparse, effacée au sommet. 2 **anale Er**

12 El. d'un testacé sale, à ponctuation fine, très serrée; front densément ponctué. 3 **Octavii** Fvl

— El. d'un noir de poix, à sommet et côtés plus clairs, à ponctuation plus forte et écartée; front lisse et brillant. 2 **procerum** Baud

— El. rougeâtres à disque rembruni, à ponctuation grosse, peu serrée; tête imponctuée : Th. subfossulé à la base. 3 **primulæ** Steph

13 Th. avec deux larges fossettes discoïdales. 3 **abdominale** Grav

— Th. sans fossettes. 14

14 Th. à angles postérieurs obtus, à ponctuation bien visible : El. testacées, à points fins, serrés. 3,5 **signatum** Mærk

— Th. à angles postér. droits, à ponctuation éparse, effacée : El. testacées, rembrunies à l'écusson, à points plus fins. 3 **limbatum** Er

15 Ant. complètement testacées. 16

— Ant. testacées à sommet plus ou moins rembruni. 20

16 Abdomen testacé. 2,5 **Kraatzi** Bris

— » rembruni, au moins à la base. 17

17 El. pubescentes : Th. mat. 2 **pallens** Heer

— El. glabres. 18

18 El. bien plus courtes que l'abdomen. 3 **acupariæ** Ksw

— El. au moins aussi longues que l'abdomen ; Th. brillant. 19

19 Th. finement sillonné, à fine ponctuation visible à la base et sur les côtés. 3 **longipenne** Er

— Th. sans sillon, avec q. q. points obsolètes sur les côtés seulement. 2 **palligerum** Ksw

20 Tête rembrunie sur le vertex. 21

— Tête complètement testacée. 22

21 ♂ El. arrondies couvrant presque l'abdomen; ♀ El. acuminées le dépassant; sommet de l'abdomen testacé. 2,5 **sordidulum** Kr

— El. ♂ bien plus courtes, ♀ moins longues que l'abdomen, qui est noir concolore. 2,5 **torquatum** Marsh

22 Tête et Th. à ponctuation très fine, très serrée, bien visible. 2,5 **ophthalmicum** Pk

— Tête lisse ou à ponctuation obsolète, espacée. 23

23 Poitrine plus ou moins rembrunie. 2 **Marshami** Fvl

— » testacée. 24

24 Ponctuation du Th. très fine, mais visible. 25

— » » nulle ou effacée; fond chagriné. 26

25 Th. court, transversal. 3 **macropterum** Kr

— Th. allongé, presque carré, obsolètement bi-impressionné. 2 **umbellatorum** Ksw

26 Th. avec deux larges fossettes discoïdales. 2 **rhododendri** Baud

— Th. sans fossettes discoïdales. 27

27 Th. à côtés très arrondis de la base au sommet, angles postérieurs très obtus. 2 **sorbi** Gyl

— Th. à côtés arrondis en avant, peu rétrécis à la base, à angles postér. presque droits. 2 **rectangulum** Fvl

## PYCNOGLYPTA

Brun de poix brillant, abdomen mat: Th. à côtés droits, brusquement rétrécis à la base, à grosse ponctuation peu serrée, ainsi que les El. 2,5 **lurida** Gyl

## HADROGNATHUS

Mandibules très longues et saillantes en avant

Roux-ferrugineux brillant: Th. obsolètement bi-impressionné: El. densément ponctuées. 2,5 **longipalpis** Rey

## ACRULIA

5e art. tarses postérieurs plus long que les autres réunis

Brun de poix brillant; pourtour du Th. moins le sommet, base et côtés des El., d'un roux clair. 2 **inflata** Gyl

## HOMALIUM

Mandibule droite, denticulée; 4 premiers art. tarses postér. courts, égaux

1 Tête, Th. et El. très mats; taille petite: Th. à fovéoles discales et latérales. 2
— Tête, Th. et El. plus ou moins brillants. 3
2 El. à ponctuat. très fine, serrée, rugueuse; fossettes latérales du Th. profondes. 1,5 **minimum** Er
— El. à ponctuat. éparse, obsolète; fossettes latérales du Th. obsolètes. 2 **pusillum** Grav
3 Th. inégal à larges impressions latérales et à fossettes discales profondes. 4
— Th. inégal à larges impressions latérales et à fossettes discales obsolètes. 2,5 **oxyacanthæ** Grav
— Th. égal offrant q. q. fois sur le disque des fossettes obsolètes. 11
— Th. ayant sur le disque une large impression transverse. 2 **rufulum** Er
4 Ant. complètement testacées; dessus testacé-rougeâtre peu brillant, avec tête, écusson et milieu des segments enfumés. **validum** Kr
— Ant. complètement noires; dessus d'un noir profond. 2,5 **funebre** Fvl
— Ant. plus ou moins foncées avec le premier ou les 1rs art. rougeâtres. 5
— Ant. noirâtres à base brunâtre ou d'un brun-rougeâtre à base noire ou enfumée. 9
5 Abdomen mat; dessus brun de poix peu brillant. 3 **Allardi** Bris
— » brillant. 6
6 Jaune-ferrugineux clair; tête noire; disque du Th. q.q. fois enfumé: El. peu plus longues que le Th. 2,5 **nigriceps** Ksw
— Dessus noir: El. d'un brun-rougeâtre, bien plus longues que le Th. 7

7 El. noirâtres, marginées de rougeâtre au sommet. 8

— El. concolores noirâtres, ponctuées presque en lignes; épaules plus claires; anus rougeâtre. 3,5 **rivulare** Pk

8 Th. à ponctuation assez forte et nette. 3,5 **riparium** Thoms

— » » rare, obsolète. 4 **læviusculum** Gyl

9 El. largement rebordées au sommet et relevées. 3,3 **cæsum** Grav

— El. ni rebordées, ni relevées. 10

10 Dépression latérale du Th. profonde, côtés du Th. relevés; abdomen brillant, lisse. 3,3 **excavatum** Step

— Dépression latérale du Th. moins profonde; abdomen finement ponctué, presque mat. 2,2 **exiguum** Gyl

11 El. à stries écartées, nettes, égales, finement pointillées. **striatum** Grav

— El. ponctuées, au plus avec vestiges de stries irrégulières, confuses. 12

12 Corps très déprimé, parallèle. 13

— Corps plus ou moins convexe. 14

13 Plus déprimé; ponctuation du Th. et des El. peu visible. 2 **lapponicum** Zett

— Moins déprimé; ponctuation du Th. et des El. bien nette: El. rougeâtres enfumées à la base, sur les côtés et vers le sommet. 2,3 **planum** Pk

14 Corps ovale court, convexe. 15

— Corps ovale-oblong. 16

— » parallèle ou subparallèle, plus ou moins déprimé. 19

15 Roux-testacé sale et obscur: Th. et El. à ponctuation assez forte et serrée. 2,5 **pygmæum** Pk

— Th. plus fortement ponctué; El. moins densément, plus fortement et subrugueusement ponctuées en séries confuses. 2,3 **distincticorne** Baud

16 Th. et dessus du corps, foncés. 17

— Th. rougeâtre; dessus du corps roux ou rougeâtre. 18

17 El. à intervalles convexes, lisses. 4 **salicis** Gyl

— El. » plats, striolés. 3,5 **florale** Pk

18 Th. à ponctuation éparse, à fossettes distinctes; roux, moins la tête, sommet des El. et avant-dernier segment abdominal. 4 **melanocephalum** F

— Plus étroit, subparallèle, rougeâtre; tête noire, une tache scutellaire, El. et abdomen enfumés vers le sommet: Th. à ponctuation serrée, à fossettes à peine distinctes. 2,3 **iopterum** Step

19 Th. à ponctuation forte, subrugueuse, à impressions profondes. 3 **scabriusculum** Kr

— Th. à ponctuation plus ou moins forte, non rugueuse. 20

20 El. mates à points très fins, très denses, peu distincts. **deplanatum** Gyl

— El. brillantes à ponctuation plus ou moins grosse, bien distincte. 21

21 Dessus noir ou noir de poix: El. d'un rougeâtre plus ou moins foncé. 22

— Dessus testacé rougeâtre ou pâle. 23

22 El. à ponctuation assez fine et serrée, presque en séries; abdomen ovalaire plus large que le Th. 2,5 **vile** Er

— El. à ponctuation dense et fine, densément striolées au sommet; abdomen peu plus large que le Th. 3 **concinnum** Marsh

23 Testacé; tête, une tache scutellaire et extrémité de l'abdomen, enfumées: Th. à ponctuat. substriolée, court, transverse. **testaceum** Er

— Plus parallèle, non élargi en arrière; pas de tache scutellaire: Th. subquadrangulaire à ponctuation plus forte, plus écartée. **lineare** Zet

— Th. à disque enfumé, à ponctuat. fine, ordinaire: El. à ponctuation grosse, peu serrée, un peu enfumées vers le sommet et l'écusson; abdomen ovalaire plus large que le Th. 2,5 **gracilicorne** Frm

## CORYPHIUM

1er art. des palpes labiaux un peu plus long que le 2e

Noir, pattes et base des ant., rousses: Th. cordiforme, avec deux impressions réunies en avant et arrière. 3 **angusticolle** Step

## BOREAPHILUS

1er art. palpes labiaux un peu plus court que le 2e

Brun-roux obscur; ant. et pattes testacées: Th. allongé, subparallèle, anguleux au milieu. 3 **velox** Heer

## MICRALYMMA

El. moins longues que le Th.

Noir, peu brillant: Th. cordiforme à poils jaunâtres, ainsi que les El. qui sont élargies en arrière. 2,2 **marinum** Stræ

## PHILORINUM

Mandibules allongées, échancrées en dehors au milieu

Noir, déprimé; base des ant., pattes et bouche, testacées: El. d'un brun de poix ou testacées: Th. également rétréci en avant et en arrière. 2 **sordidum** Step

## ARPEDIUM

4e art. palpes maxil. plus long que le 3e

Noir; côtés du Th., côtés et sommet des El., rougeâtres; tête quadrifovéolée: El. subparallèles, moitié plus longues que le Th. (El. élargies au sommet, d'un tiers plus longues que le Th. *V. alpinum Fvl*). 5 **quadrum** Kr

## ACIDOTA

Dernier art. des palpes maxil. à peine plus long que le précédent

Th. bi-impressionné, à angles postérieurs droits. 4,5 **cruentata** Man

— Th. sans impressions, à angles postér. obtus; interv. des El. plus larges, subconvexes. 6—7 **crenata F**

## AMPHICHROUM

Dernier art. palpes maxil. moitié plus long que le précédent

1 Tibias antér. ♂ arqués, finement crénelés au sommet; ponctuat. des El. fine et serrée. 4—5 **hirtellum Heer**

— Tibias antér. ♂ non arqués, non crénelés; ponctuat. des El. forte, écartée. 5 **canaliculatum Er**

## LATHRIMÆUM

Tibias inermes; ant. épaissies au sommet

1 4 segments de l'abdomen découverts. 3 **fusculum Er**

— Abdomen presque complètement recouvert par les El. 2

2 Th. à sillon visible se perdant en arrière dans une impression en accolade. 3

— Th. à sillon obsolète; dessus testacé. 3 **unicolor Marsh**

3 Sillon plus fort: Th. subcordiforme échancré en avant, à côtés rétrécis vers la base. 3,5 **melanocephalum Ill**

— Sillon plus faible; côtés du Th. arrondis de la base au sommet; celui-ci tronqué. 2,5 **atrocephalum Gyll**

## DELIPHRUM

Tibias denticulés; mandibules mutiques

1 El. ponctuées en stries; interv. convexes. 4—5 **crenatum Grav**

— El. non ou peu visiblement ponctuées en stries.

2 El. testacées. 3 **tectum Pk**

— El. brunes, taille plus grande. 5 **algidum Er**

## OLOPHRUM

Tibias inermes; ant. filiformes

1 Corps d'un brun-clair: Th. et El. testacés. 3,5 **assimile Pk**

— Corps noir: Th. et El. d'un brun plus ou moins foncé. 2

2 El. ponctuées en séries près de la suture avec 1 ou 2 interv. subconvexes. 4,5 **fuscum Grav**

— El. à ponctuation grosse et sans ordre. 3

3 Noir: Th. subcordiforme, rétréci vers la base. 5 **alpinum Heer**

— Brun-rougeâtre: Th. à angles postér. très arrondis, à côtés non rétrécis à la base. 4,5—5 **piceum Gyl**

## OROCHARES

Tibias denticulés; mandibule droite, dentée au milieu

**Noir-luisant**: El. et pattes testacées; ponctuation obsolète sur la **tête et le Th.**, très fine et en séries sur les El. 4 **angustata Er**

## LESTEVA

1er art. des tarses postér. plus long que le 2e; mandibules dentées au milieu

1 Tête largement sillonnée vers les yeux. 2
— Tête bifovéolée entre les yeux. 4
2 Pattes noires, tarses testacés. 4 **luctuosa Fvl**
— » rougeâtres plus ou moins. 3
3 Th. à ponctuation fine, à interv. brillants, bien visibles: El. très élargies en arrière. 3,5—4 **fontinalis Ksw**
— Th. à points très fins, très denses, à interv. peu visibles, peu brillants. 4 **Pandellei Fvl**
4 Tête plane. 5
— Tête convexe entre les yeux. 6
5 Th. cordiforme à angles postér. droits; couleur d'un brun de poix assez brillant. 4 **punctata Er**
— Th. à côtés en courbe de la base au sommet, à angles postér. obtus; couleur plus claire; fovéoles de la tête peu visibles. 3,5 **Heeri Fvl**
6 Th. mat, à ponctuation, très fine, très serrée, peu distincte. 4,5 **pubescens Man**
— Th. à points nets, bien visibles, séparés par un intervalle brillant. 7
7 Arrière corps très ovale; ant. rousses: Th. non cordiforme. **monticola Ksw**
— Arrière corps presque parallèle; base des ant. rembrunie: Th. à côtés rétrécis, relevés à la base. 4,3 **longælytra Goez**

## GEODROMICUS

Mandibules bidentées avant le sommet

Noir, assez brillant: Th. à sillon terminé en arrière en une ligne élevée: El. noires ou avec une tache rouge discale. 5,6 **plagiatus F**
Var. El. à tache rouge allongée sur la suture. **V. suturalis Lac**
El. testacées à pourtour et tache circascutellaire enfumés. **V. marginatus Fvl**
El. d'un noir de poix, parfois obscurément brunes sur le disque, vers la suture et d'un tiers plus longues que le Th. **V. globulicollis Zett**

## ANTHOPHAGUS

1er art. des tarses postér. plus long que le 2e; mandibules bidentées avant le sommet; ocelles rapprochés

1 Noir de poix, à pubescence fine et serrée; ongles des tarses simples. 5 **æmulus Rosh**
— Dessus plus ou moins glabre; ongles des tarses munis d'une languette; El. ordinairement testacées, plus claires que l'abdomen. 2
2 El. à tache apicale brunâtre. 3
— El. à sommet concolore. 5
3 Tête et Th. noirs; front profondément bistrié. 6,5 **spectabilis Heer**
— Th. rougeâtre testacé. 4

4 Tête moins large que le Th.; pubescence des El. longue, éparse: Th. à côtés moins carrément rétrécis à la base. 5 **præustus Mül**

— Th. subcordiforme, allongé, à angles postér. droits, aigus: El. à pubescence courte, serrée; tache apicale, moins nette; une tache circascutellaire vague. 5 **brevicornis** Ksw

5 Dessus complètement testacé. 5 **caraboïdes L**

— Tête et abdomen plus ou moins rembrunis ou noirs. 6

6 Th. noir ou brun de poix. 7

— Th. testacé ou rougeâtre à disque q.q. fois rembruni. 9

7 Taille grande: Th. noir, bi-impressionné obsolètement; tête ♂ inerme. 5 **alpestris Heer**

— Taille plus petite; tête ♂ bi-épineuse. 8

8 Epines frontales ♂ inclinées en dehors; tête presque carrée. 4 **pyrenæus Bris**

— Epines frontales ♂ inclinées en dedans; tête transverse; la ♀ se distingue de *pyrenæus* ♀ par le Th. noir, non chagriné. 4 **alpinus Pk**

9 Th. transverse. 10

— Th. aussi long ou plus long que large. 12

10 Taille grande; tête ♂ bi-épineuse. 6 **bicornis Blok**

— » petite. 11

11 Th. à ponctuat. serrée et fine; tête rougeâtre, tempes obscures. **fallax** Ksw

— Th. à » éparse; tête d'un brun de poix. 3,5 **homalinus Zet**

12 Taille petite. 13

— Taille plus grande. 14

13 Art. intermédiaires des ant. 2 f. plus longs que larges. **abbreviatus F**

— » » » 1/2 f. plus longs que larges. 3 **melanocephalus Heer**

14 Dessus à pubescence assez longue, sur le Th. et l'abdomen surtout; environs de l'écusson enfumés. 5 **scutellaris Er**

— Pubescence invisible: El. sans tache circascutellaire. 5 **muticus** Ksw

# COPROPHILIDÆ

## DELEASTER

Tarses de 5 art., tibias mutiques

Rouge, peu brillant; tête et abdomen noirs; dessus à pubescence jaune, serrée sur les El. et l'abdomen. 6,5 **dichrous Grav**

## ACROGNATHUS

Tibias antér. et intermédiaires épineux

Testacé-mat; tête noire: Th. brun-foncé; El. avec trois espaces imponctués en lignes subélevées. 6 **mandibularis Gyl**

### PLANEUSTOMUS (Compsochilus)

Tarses de 4 art.

1 El. obscures au sommet: Th. et El. très brillants. 3 **Kahri** Kr
— Th. et El. presque mats; celles-ci non obscures au sommet. **palpalis** Er

### COPROPHILUS

Hanches intermédiaires distantes

Noir-brillant, pattes rougeâtres: Th. à 5 impressions, à côtés crénelés: El. à 6 stries ponctuées. 6 **striatulus** F

### SYNTOMIUM

Massue des ant. nette, triarticulée; mandibules 3-dentées au sommet

Corps large, court, vert-bronzé, à ponctuation dense et rugueuse: Th. avec une ligne élevée lisse et deux fossettes à la base. **æneum** Mül

### PHOLIDUS (Euphanias)

Trois art. aux tarses; tibias mutiques, pubescents

Noir, très mat, à petites écailles cendrées; disque et base du Th. en bosses spongieuses: El. à 8 stries fines, incomplètes. 2 **insignis** Mls

### ACTOCHARIS

Tarses postér. de 5 art., les autres de 4

Testacé mat, tête obscure; abdomen noir, moins le sommet; ponctuat. invisible. 1,5 **marina** Fvl

## OXYTELIDÆ

### THINOBIUS

3e art. palpes maxil. renflé, le 4e subulé

(A. Fauvel: *Revue d'Entomol. 1889 Pag. 83*)

1 Dessus mat; tête moins large que le Th. 2
— Tête de la largeur du Th.; dessus plus ou moins brillant. 4
2 Art. 4-6 ant. allongés. 1,5 **longipennis** Heer
— » » transverses. 3
3 Ant. testacées, massue obscure: El. brunes. 0,6 **minutissimus** Fvl
— 2 premiers art. ant. testacés: El. rougeâtres. 0,7 **atomus** Fvl
4 Taille très petite. 5
— » assez grande. 7
5 Tête plus longue que large; art. 4-10 ant. transverses. 0,8 **nitens** Fvl

— Tête transverse ou carrée, à base carrément tronquée. 6
6 Abdomen mat, à ponctuation non visible. 0,8 **micros Fvl**
— » brillant, à ponctuation nette. **Ligeris Pyot**
7 Art. 3—6 ant. d'égale largeur, au moins aussi longs que larges. 1,6 **linearis Kr**
— Art. 4—6 ant. plus petits et plus étroits que les contigus. 8
8 Tête transverse; ant. plus longues que la tête et le Th. **diversicornis Fvl**
— Tête carrée; ant. courtes et fines. 1,5 **delicatulus Kr**

## ANCYROPHORUS

Dernier art. palpes maxillaires grand, pyriforme

1 Côtés du Th. fortement sinués vers la base, ce qui forme de chaque côté une dent visible. 3,5 **flexuosus Mls**
— Côtés du Th. arrondis. 2
2 El. à pubescence d'un jaune doré. 4 **aureus Fvl**
— » » grisâtre ou jaune-grisâtre. 3
3 Ant. testacées: El. d'un testacé pâle. 2,7 **angustatus Er**
— Ant. noires à base testacée: El. moitié plus longues que le Th. 2,5 **homalinus Er**
— Ant. noires, art. 1 et 2 rougeâtres aux extrémités: El. plus de 2 f. plus longues que le Th. 3 **longipennis Frm**

## TROGOPHLŒUS

Ecusson caché; tibias mutiques, pubescents.

1 Une impression en fer à cheval à la base du Th. 2
— Pas d'impression en fer à cheval à la base du Th. 5
2 Pointe de l'écusson visible; abdomen court, conique, dessus à pubescence couchée et à longs poils redressés (l'*hirticollis Rey* a le Th. beaucoup plus large et la ponctuation des El. plus visible). 3,5 **dilatatus Er**
— Ecusson non visible; abdomen plus allongé, parallèle; pubescence relevée, plus rare. 3
3 1er art. ant. testacé-rougeâtre: El. à ponctuation très fine et très serrée. 3 **Brebissoni Fvl**
— Ant. noires. 4
4 Ponctuation des El. très fine, très serrée. 3 **distinctus Frm**
— » » grosse, écartée, bien distincte. 3 **arcuatus Step**
5 Th. à 4 fossettes bien nettes, q. q f. réunies et formant deux sillons; q. q. f. les deux fossettes basales, seules bien visibles. 6
— Th. sans fossettes ou à fossettes très obsolètes. 15
6 Ant. complètement testacées; forme filiforme, allongée. 1,5 **subtilis Er**
— Ant. à 1er art. seul, testacé ou rougeâtre. 2 **impressus Lac**
— Ant. à base plus ou moins testacée. 7
— Ant. brunes ou noires, concolores. 11

7 Th. fortement dilaté au 1/3 antérieur. 8
— Th. à côtés arrondis; taille très petite. 9
8 Impressions nettes; côtés du Th. granulés. 3 **bilineatus** Step
— » moins nettes; côtés du Th. non granulés. **Erichsoni** Scop
9 El. de la longueur du Th. 1,5 **parvulus** Mls
— El. beaucoup plus longues que le Th. 10
10 El. plus larges que le Th. dont les fossettes sont peu marquées. 1,5 **pusillus** Grav
— El. à peu près de la largeur du Th. dont les fossettes sont bien visibles. 1,3 **tenellus** Er
11 Th. à points écartés, à fond brillant; fossettes séparées à la base par une ligne lisse élevée. 2 **nitidus** Baud
— Th. à ponctuation fine et serrée, à fond peu brillant. 12
12 Th. allongé, fortement dilaté-anguleux au 1er tiers. **anthracinus** Mls
— Th. plus ou moins court, côtés non anguleux. 13
13 Th. carré; ponctuation de l'abdomen visible. 1,5 **despectus** Baud
— Th. transverse. 14
14 Th. à côtés très dilatés en avant, fossettes frontales profondes. 3 **memnonius** Er
— Th. à côtés arrondis; fossettes frontales profondes. 2,5 **corticinus** Grav
— Th. à côtés arrondis; fossettes du front et du Th. peu marquées. 1,5 **foveolatus** Sahl
15 1er art. ant. seul, testacé ou rougeâtre: Th. mat, à ponctuation nulle. 1,2 **punctipennis** Ksw
— Base des ant. testacée ou rougeâtre. 16
— Ant. brunes ou noirâtres. 17
16 Th. presque aussi large que les El., à côtés dilatés en avant. 2,5 **fuliginosus** Grav
— Th. à côtés arrondis, moins large que les El. 2,5 **elongatulus** Er
17 Th. allongé, presque aussi long que large, cordiforme, sans impressions. 2 **exiguus** Er
— Th. transverse, à côtés arrondis, à impression basilaire transverse faible. 1,5 **halophilus** Ksw
— Th. presque aussi long que large, à côtés subanguleux, à impression médiane transverse, faible. 2,5 **politus** Ksw

## HAPLODERUS

Corps pubescent, hanches intermédiaires rapprochées

**Noir, brillant; tête et Th. mats; vertex sans fossettes: El. carrées, souvent testacées ou brunes. 3,5** cælatus Grav

## OXYTELUS

Th. trisillonné; tibias ant. et interméd. épineux

1 **Côtés du Th. crénelés.** 2

— Côtés du Th. non crénelés. 3

2 Tête à ponctuation striolée, serrée, à front déprimé en carré mat. 5 **rugosus F**

— Tête brillante à points très écartés; front non déprimé; couleur plus claire. 4 **insecatus Grav**

3 Th. entièrement brillant. 4

— Th. mat, ou carènes discales seules brillantes. 9

4 Ant. rougeâtres. 3,5 **Perrisi Fvl**

— Ant. noires à base rougeâtre. 5

— Ant. noires concolores. 7

5 El. d'un noir brillant à forte ponctuat. striolée; front brillant. **fulvipes Er**

— El. testacées ou brunes plus ou moins foncées, à ponctuat. striolée plus fine. 6

6 Vertex trisillonné; front brillant, déprimé; El. testacées. **laqueatus Marsh**

— Vertex unisillonné; front mat, déprimé : El. brunes. 4,5 **sculptus Grav**

— » » ; front un peu mat : El. testacées. 4 **piceus L**

7 Vertex sans fossette, tête brillante. 3 **inustus Grav**

— Vertex sillonné. 8

8 Taille grande; dessus un peu mat; front déprimé, presque mat. 4 **sculpturatus Grav**

— Plus petit; assez brillant; front déprimé, relevé au milieu en saillie luisante. 2 **nitidulus Grav**

9 Pattes noires, tarses testacés. 10

— » testacées (cuisses q. q. fois rembrunies). 11

10 Abdomen peu pointillé, peu brillant. 2 **pumilus Er**

— » très brillant, à ponctuation bien visible. 2 **Fairmairei Pand**

11 Tête mate. 12

— Tête mate, mais avec des saillies brillantes. 16

12 Th. à ponctuation forte, serrée et rugueuse. 2,7 **intricatus Er**

— » » striolée. 13

13 Taille assez grande (3$^{m}$ 2); massue des ant. de 7 art.; tête moins mate que dans les espèces suivantes. **complanatus Er**

— Taille plus petite; massue de 3 art., sillons de la tête non réunis en avant. 14

— Taille très petite; massue de 4 art., sillons de la tête réunis en arc en avant. 1,2 **tetratoma Czw**

14 Abdomen à ponctuation effacée, très éparse. 1,5 **Saulcyi Pand**

— » à » dense et visible. 15

15 Plus grand; ponctuation des El. striolée, très fine et serrée, non ruguleuse, celle de l'abdomen bien visible; tibias antér. simples. 1,7 **tetracarinatus Block**

— Plus petit; ponctuation des El. ruguleuse, celle de l'abdomen peu nette; tibias antér. sinués. 1,2 **hamatus Frm**

16 El. complètement mates, ainsi que le vertex; abdomen peu brillant. 2 **clypeonitens Pand**

— El. à reflets brillants vers la base et la suture; abdomen très brillant; vertex avec deux espaces contigus brillants. 2 **speculifrons** Kr

## PLATYSTETHUS

Th. unisillonné; tibias antér. épineux

1 Th. à ponctuation grosse et serrée. 2,5 **capito** Heer
— » » » assez serrée et striolée; front déprimé, mat. 3 **arenarius** Fourc
— Th. à ponctuation fine, obsolète, écartée. 2
2 El. maculées de testacé, chagrinées, à strioles très fines et très serrées (El. noires *V. alutaceus Thom*). 2,5—3 **cornutus** Grav
— El. lisses à ponctuation plus ou moins forte et serrée. 3
3 El. beaucoup plus courtes que le Th. 2 **Burlei** Bris
— El. au moins aussi longues que le Th.; front brillant. 4
4 El. à ponctuation forte, serrée. 2,2 **nodifrons** Sahl
— Ponctuation des El. fine et très espacée. 5
5 Ponctuation des El. plus fine; abdomen élargi au sommet. **spinosus** Er
— Plus petit; ponctuat. des El. plus forte, plus visible; abdomen subparallèle. 2,5 **nitens** Sahl

## BLEDIUS

Tibias antér. à double rangée d'épines

1 El. d'un noir profond, ou d'un brun-noir concolore très foncé. 2
— El. rouges ou testacées, avec ou sans taches, ou noires tachées de testacé. 7
2 Th. mat, à fond nettement alutacé, armé d'une corne en avant ♂. 3
— Th. à fond lisse ou légèrement alutacé. 4
3 Grand; Th. assez brillant, aussi large que les El.; tête ♂ avec 2 cornes. 6,5 **taurus** Germ
— Plus petit: Th. mat, plus étroit que les El. 4 **unicornis** Germ
4 Th. à côtés redressés vers la base, où ils forment des angles obtus: Th. mat, à ponctuation superficielle. 3,3 **subterraneus** Er
— Th. à angles postér. non ou peu sensiblement marqués. 5
5 Th. à ponctuation grosse, superficielle, écartée, sur fond alutacé. 4 **pallipes** Grav
— Th. à ponctuation très fine, très serrée, ruguleuse. 6
6 Th. légèrement sinué vers les angles postér., non arrondi à la base, à sillon à peine distinct. 3,5 **hispidulus** Frm
— Th. nettement sillonné, transverse, arrondi à la base. 2,5 **tibialis** Heer
7 Th. non sillonné. 8
— Th. sillonné. 14
8 Th. imponctué; tête et Th. pruineux. 2,2 **tristis** A
— Th. plus ou moins ponctué. 9
9 Ponctuation du Th. très fine. 3 **erraticus** Er

— Ponctuation du Th. plus ou moins serrée, mais forte. 10

10 El. à ponctuation obsolète. 3 **obsoletus** Fvl

— Ponctuation des El. bien nette. 11

11 Th. non chagriné. 12

— Th. chagriné. 13

12 Th. à ponctuation éparse: El. rouges à ponctuation forte et serrée; écusson rembruni. 3,5 **cribricollis** Heer

— Th. à ponct. dense: El. à suture largement rembrunie. **dissimilis** Er

— Th. à ponctuation peu dense: El. à écusson rembruni, à ponctuation peu forte et peu serrée. 4 **ruficornis** Rey

13 Th. fortement ponctué, à angles postér. obtus; ant. atteignant presque le milieu du Th.; ponctuation des El. plus forte. 3,5 **crassicollis** Lac

— Th. moins fortement ponctué, à angles postér. droits; ant. très courtes. 2,5 **pusillus** Er

14 Taille très grande; base des ant. recouverte d'une saillie plus ou moins longue. 15

— Taille petite ou moyenne. 18

15 Th. avec des espaces relevés, imponctués. 5—7 **spectabilis** Kr

— Th. sans espaces relevés, imponctués. 16

16 El. d'un brun-noir, rougeâtres sur les côtés et au sommet, plus longues que le Th.; Th. à ponctuation grosse, sur fond brillant. 5—6 **bicornis** Germ

— El. de la longueur du Th. ou très peu plus longues. 17

17 El. d'un jaune orange, à tache suturale noire triangulaire. **tricornis** Hbst

— El. d'un rouge foncé, à écusson et q. q. f. suture, enfumés. **Graëllsi** Fvl

— El. d'un testacé rougeâtre, à suture enfumée: Th. resserré, étranglé à la base. 6 **littoralis** Heer

18 Th. moitié plus large que long, quadrangulaire, à base étranglée: El. d'un testacé pâle, à base et côtés sombres. 3,5 **arenarius** Pk

— Th. non quadrangulaire. 19

19 El. noires à tache jaune triangulaire de chaque côté. 3—4 **fossor** Heer

— El. rougeâtres ou testacées, à suture enfumée. 20

20 El. plus courtes que le Th. 21

— El. bien plus longues que le Th. 23

21 Tête et Th. brillants. 3 **longulus** Er

— » » mats. 22

22 Th. à ponctuation peu profonde, peu nette. 2,5 **pygmæus** Er

— Ponctuation du Th. assez profonde, très nette. 3,5 **procerulus** Er

23 Taille très petite: El. d'un brun de poix: Th. mat, chagriné. **Baudii** Fvl

— Taille moyenne. 24

24 Th. à ponctuation fine ou très fine: El. testacées à suture foncée. 25

— Th. à ponctuation grosse, nette. 26

25 Base des ant. avec un tubercule assez saillant. 3,5 **verres** Er

— » » » une fine saillie obtuse. 3,5 **atricapillus** Germ

26 Ant. testacées: Th. mat, étranglé à la base. 3 **defensus** Fvl

— Ant. d'un noir de poix. 3 **femoralis** Gyl

— Ant. brunes à base testacée ou ferrugineuse. 27
27 Angles antérieurs du Th. presque droits. 4 **denticollis** Fvl
— » » » arrondis. 28
28 Base des ant. rougeâtre: Th. moins mat que la tête. 4 **fracticornis** Pk
— Ant. à base d'un testacé pâle: Tête et Th. mats. 4,5 **opacus** Block

# OXYPORIDÆ

## OXYPORUS

Pattes interméd. insérées sur les côtés de la poitrine

1 Noir-bleuâtre, avec Th., base des El. et de l'abdomen, rouges. **rufus** L
— Noir, avec El. (moins les angles postéro-externes) et l'abdomen, rouges. **maxillosus** F

# STENIDÆ

## EDAPHUS

Mandibules mutiques

Brillant, lisse, roux-ferrugineux; base du Th. et abdomen plus foncés: Th. avec quatre fossettes à la base, séparées par un pli. 1,3 **dissimilis** A

## OCTAVIUS

Massue des ant. de 5 art.; yeux invisibles

Rougeâtre, peu brillant; Th. avec trois larges dépressions sur le disque: El. subconvexes, finement granuleuses. 1,5 **pyrenæus** Fvl

## EVÆSTHETUS

Ant. insérées sur le bord ant. de la tête. Massue antennaire de 3 art.

1 Th. en ovale court, tête brillante. 1,3 **læviusculum** Man
— Th. subcordiforme, tête peu brillante. 2
2 Fossettes du Th. obsolètes, distantes: El. rugueuses. 2 **bipunctatum** Lj
— Th. à fossettes profondes, rapprochées: El. non rugueuses. **ruficapillum** Lac

## LEPTOTYPHLUS

Ant. insérées entre les yeux, courtes, robustes; palpes labiaux de 3 art., tarses de 3 art.

1 Filiforme, parallèle: Th. à sillon latéral partant des angles postér.; El. presque de moitié plus courtes, pas plus larges, très élargies de la base au sommet; traces de points rares. 1 **sublævis** Fvl
— Plus grand, plus robuste, plus large; sillons du Th. plus larges, très profonds, bordés d'une carène qui atteint le 1/3 antér.; El. subcylindriques, convexes, 1/3 plus courtes que le Th., à ponctuation très fine, assez serrée. 1,3 **cribratus** Fvl

— Ressemble au *sublævis*, mais plus petit, plus étroit : Th. non sillonné : El. très petites, 1/3 plus étroites, non transverses, mais en trapèze allongé étant 1/3 plus longues que larges. 1 **Grouvellei Fvl**

## DIANOUS

Abdomen terminé par deux longues soies

Bleu-foncé : El. avec une tache orangée, cerclée de violet. **cœrulescens Gyl**

## STENUS

Tarses de 5 art.; yeux gros; ant. insérées entre les yeux

1 4me art. des tarses non bilobé. 2
— » » bilobé. 37
2 Abdomen rebordé. 3
— Abdomen non rebordé. 36
3 El. avec une tache ronde, jaune. 4
— El. sans taches jaunes. 10
4 Pattes noires. 5
— Pattes testacées. 8
5 Tache élytrale grande, presque transverse, se prolongeant jusque près du bord latéral. 5 **ocellatus Fvl**
— Tache des El. petite et placée au milieu du disque. 6
6 Front presque plan, avec une carène lisse, à la base. **bipunctatus Er**
— Front très déprimé, carène de la base moins saillante. 7
7 Tache élytrale plus petite : Th. moins rétréci à la base, non impressionné. 4,5 **biguttatus L**
— Tache des El. plus grande : Th. très rétréci à la base, impressionné latéralement. 5 **longipes Heer**
8 Taille grande : El. un peu inégales; 1ers segm. de l'abdomen carénés. 6 **bimaculatus Gyl**
— Taille petite. 9
9 El. relevées en bosses de chaque côté de l'écusson. 4 **guttula Mül**
— El. égales; tête, Th. et El. mats. 4 **stigmula Er**
10 Premiers segments de l'abdomen sans carènes à la base. 11
— Une fine carène à la base des premiers segments de l'abdomen. 17
— Premiers segm. de l'abdomen avec quatre petites carènes à la base. 26
11 Pattes noires. 12
— Cuisses rougeâtres ou brunes en totalité ou en partie. 13
12 Palpes noirs à 1er art. brun; ant. courtes, dépassant à peine le sommet du Th.; El. égales: Th. sans impressions latérales. **incanus Er**
— Palpes noirs à 1er art. testacé : Th. non impressionné : El. inégales, à pubescence longue, soyeuse. 3 **mendicus Er**
— Palpes noirs à 1er art. et base du 2e, testacés : Th. impressionné latéralement; pubescence des El. plus fine, plus rare. **asphaltinus Er**
13 Taille petite. 14

— Taille grande. 15
14 El. de la longueur du Th.; celui-ci finement sillonné. 3 **alpicola** Fvl
— El. beaucoup plus longues que le Th. 2,5 **nanus** Step
15 Pattes complètement brunes: El. un peu inégales. 4—5 **aterrimus** Er
— Pattes marquées de testacé. 16
16 Base des cuisses et sommet des tibias, testacés: Th. profondément sillonné. 5,5 **Guynemeri** Duv
— Base des cuisses et milieu des tibias plus clairs: Th. sans sillon. 4,5 **fossulatus** Er
17 Pattes complètement noires. 18
— Cuisses testacées ou brunes, au moins à la base. 22
18 Taille très petite; dessus presque mat: Th. trisillonné vers la base. 2 **pusillus** Step
— Taille moyenne. 19
19 Ponctuation des El. varioleuse. 5 **intricatus** Er
— El. à ponctuation non varioleuse. 20
20 Tête à peu près de la largeur d'une El. 5 **longitarsis** Thom
— Tête presque aussi large que les deux El. 21
21 Th. déprimé vers la base: El. inégales, plus larges. 5 **Juno** F
— Th. sans dépression basale: El. égales, moins larges. 5 **ater** Man
22 Taille très petite: Th. à ponctuat. ruguleuse; pattes testacées moins les genoux. 2 **circularis** Grav
— Taille grande ou moyenne. 23
23 El. égales; palpes et pattes (moins les genoux), testacés. **clavicornis** Scop
— El. inégales; palpes variés de noir. 24
24 Pattes brunes, base des cuisses et milieu des tibias, testacés: Th. peu rétréci en avant; palpes testacés à 3e art. brun au sommet. 5 **providus** Er
— Pattes brunes, base des cuisses testacée. 25
25 Dernier art. des palpes seul, brun: Th. fortement rétréci en avant. 4 **sylvester** Er
— 3e et sommet du 2e art. palpes, bruns: Th. peu rétréci en avant. 4,5 **lustrator** Er
26 Pattes brunes ou testacées. 27
— Pattes noires. 28
27 Front presque plan; pattes d'un testacé rougeâtre, genoux bruns. 2,5 **vafellus** Er
— Front légèrement creusé; pattes brunes. 2,5 **fuscipes** Grav
28 Th. sillonné plus ou moins fortement. 29
— Th. non sillonné; 1er art. palpes, testacé. 33
29 Th. sillonné dans toute sa longueur. 3,5 **canaliculatus** Gyl
— Th. sillonné à la base seulement: El. égales. 2,7 **explorator** Fvl
— Th. à sillon raccourci à la base et au sommet. 30
30 1er art. des palpes testacé: El. inégales: tête presque aussi large qu'elles. 3,5 **buphthalmus** Grav

— Palpes noirs. 31

31 Tête et El. à pubescence argentée, soyeuse: Th. glabre, paraissant mat. 4 **palposus** Zett

— Tête, Th. et El. pubescents. 32

32 Front peu déprimé, sillons peu marqués; dessus à pubescence argentée, soyeuse. 3 **ruralis** Er

— Front déprimé à deux sillons nets, qui se rejoignent par devant. 3 **melanopus** Lac

33 El. égales: Th. aussi long que large. **morio** Grav

— El. inégales. 34

34 Abdomen pas plus brillant que la tête et le Th. 3 **atratulus** Er

— Abdomen plus brillant que la tête et le Th. 35

35 Ponctuation des El. ruguleuse, presque en sillons. 3 **incrassatus** Er

— Ponctuation des El. assez égale, non ruguleuse. 3 **melanarius** Step

36 Pattes noires; tête de la largeur du Th. 2 **crassus** Step

— Pattes noires, cuisses brunes; tête à front bisillonné, plus large que le Th. qui est sillonné. 2,3 **eumerus** Ksw

— Pattes d'un brun rougeâtre; tête à front plan, plus large que le Th. qui n'est pas sillonné. 2,3 **opticus** Grav

37 Abdomen non rebordé sur les côtés. 38

— Abdomen rebordé. 44

38 El. avec une tache rouge. 5,5 **Kiesenwetteri** Rosh

— El. sans taches. 39

39 Cuisses noires. 40

— Cuisses à base testacée, ou cuisses d'un brun-clair concolore. 41

40 Ant. testacées à 1er art. noir; tibias noirs, tarses rougeâtres. **tarsalis** Lj

— Ant. brunes à massue foncée; tibias à base testacée, tarses noirs. 2 **contractus** Er

41 Base des ant. complètement testacée. 42

— Premier art. des ant. noir (q. q. f. le 2e brun), les autres testacés. 43

— Ant. brunes, plus foncées à la base et au sommet; pattes d'un brun-roux; 1er art. palpes et q. q. f. base du 2e, testacés. 3 **latifrons** Er

42 Th. presque cylindrique à ponctuation fine : El. relevées sur le disque, à ponctuation fine et serrée. 5 **solutus** Er

— Th. élargi en avant, à ponctuation variolique, serrée, un peu rugueuse; El. à ponct. très grosse, un peu moins serrée. **cicindeloides** Grav

43 Premier art. ant. noir; palpes testacés; pattes jaunes, sommet des cuisses et des tibias, noir. 5 **oculatus** Grav

— Art. 1—2 ant. bruns; pattes d'un roux-brunâtre, tarses testacés; 2e et 3e art. palpes, à sommet brun. 3,5 **paganus** Er

44 Th. sans traces de sillon. 45

— Th. à traces de sillon plus ou moins nettes; tarses postér. allongés. 57

45 Corps couvert d'une pubescence pruineuse, blanchâtre, serrée. 46

— Dessus sans pubescence pruineuse blanche. 51

46 Corps large; abdomen conique, à peine ponctué sur le disque. 5 **canescens** Rosh

— Corps parallèle ou subparallèle, allongé. 47

47 Tarses testacés. 48

— Tarses noirs. 49

48 El. allongées, de la largeur de la tête et presque aussi larges que l'abdomen qui est conique. 4 **niveus** Fvl

— El. moins longues, plus larges que la tête et que l'abdomen qui est subconique. 5 **pallitarsis** Step

49 Plus grand; ant. testacées à $1^{er}$ art. noir; $8^{me}$ art. ant. conique, allongé : Th. à impression latérale assez forte; front presque plan. 6 **pubescens** Step

— Plus petit; ant. plus foncées à $8^{me}$ art. ovalaire pas plus long que large. 50

50 Tête convexe, nettement sillonnée; sommet du Th. sans ligne lisse brillante; abdomen à ponctuation fine et dense. **binotatus** Lj

— Tête plane à sillons obsolètes; sommet du Th. à bordure brillante assez large; milieu des segm. abdominaux presque lisse. **salinus** Bris

51 Ant. noires. 3 **Leprieuri** Cuss

— Ant. rougeâtres moins le $1^{er}$ art. et la massue. 52

52 Pattes complètement testacées. 3 **flavipes** Step

— Pattes plus ou moins foncées. 53

53 Ant. à $1^{er}$ art. seul testacé. 3 **picipennis** Er

— Ant. à $1^{er}$ art. noir ou brun. 54

54 El. parallèles, plus longues que le Th. 3,5 **picipes** Step

— El. de la longueur du Th. 55

55 Segments 2—5 de l'abdomen carénés à la base. 3 **bifoveolatus** Gyl

— » » non carénés. 56

56 Abdomen mat, à ponctuation forte et serrée : El. presque égales. 3,5 **foveicollis** Kr

— Abdomen brillant à points épars : El. inégales. 4 **nitidiusculus** Step

57 Pattes brunes (base des cuisses q. q. f. moins foncée mais tibias toujours foncés). 58

— Pattes plus ou moins testacées, tibias rougeâtres au moins au sommet. 59

58 El. plus courtes que le Th. 3 **speculifer** Fvl

— El. de la longueur du Th.; base des cuisses orangée. 3,5 **palustris** Er

— El. plus longues que le Th. 3 **fuscicornis** Er

59 El. bien plus courtes que le Th. (moitié ou 1/3). 2 **montivagus** Heer

— El. au plus de la longueur du Th. 60

— El. beaucoup plus longues que le Th. 65

60 $1^{er}$ art. des ant. noir, le $2^{me}$ souvent brun. 4,5 **geniculatus** Grav

— Ant. testacées dès la base. 61

61 Abdomen cylindrique, faiblement marginé; pattes testacées, genoux à peine bruns. 3,5 **pallipes** Grav

— Abdomen conique, fortement marginé. 62

62 Abdomen à ponctuat. forte, éparse; ant. atteignant la base des El. 4,5 **glacialis** Heer

— Abdomen à ponctuation fine et serrée. 63

63 Cuisses et tibias largement rembrunis au sommet: Th. à ponctuation forte, rugueuse. 4 **scaber** Fvl

— Genoux à peine rembrunis: Th. à ponctuation fine, non rugueuse. 64

64 El. de la longueur du Th. bosselées le long de la suture. **impressus** Germ

— El. un peu plus courtes que le Th. 3—4 **Erichsoni** Rye

65 Taille grande. 66

— Taille moyenne ou petite. 67

66 Th. à sillon très large: El. inégales bosselées vers la suture à la base. 6 **cordatus** Grav

— Sillon du Th. fin: El. peu inégales. 6 **hospes** Er

67 Ant. dépassant la base du Th.; abdomen conique: El. convexes. **politus** A

— Ant. plus courtes que la tête et le Th.; abdomen subparallèle ou conique. 68

68 Deux premiers art. ant. noirs: Th. à sillon et quatre impressions faibles; pattes brunes, base des cuisses, milieu des tibias et tarses roux. 4,5 **subæneus** Er

— 1er art. ant. brun; sillon du Th. très court; abdomen conique; sommet des cuisses, base et sommet des tibias et sommet des tarses, bruns. 3 **elegans** Rosh

— Pattes testacées, genoux à peine rembrunis. 4 **ærosus** Er

— Pattes brunes, base des cuisses testacée; dessus presque mat. **ossium** Step

# PÆDERIDÆ

## ASTENUS (Sunius)

Tarses antér. simples; labre bidenté

1 El. testacées, avec ou sans tache noire médiane. 2

— El. noires, à tache apicale testacée plus ou moins étendue, q.q. fois nulle. 3

2 Tête allongée, subparallèle: El. avec ou sans taches noires. **bimaculatus** Er

— Tête large, courte; dessus complètement testacé moins le 6me segm. abdominal. 3,5 **melanurus** Kust

3 Taille grande. 4

— Taille moyenne ou petite. 5

4 El. mates à ponctuation forte, serrée, formant des ondulations transverses. 4 **cribrellus** Baud

— El. brillantes à ponctuation plus fine, moins serrée. **filiformis** Lat

5 Tête allongée, subparallèle; tache apicale des El. de dimensions variables; forme petite, allongée, déprimée; dessus assez fortement ponctué. 4 **pulchellus** Heer

— Tête large, courte: El. liserées de testacé au sommet; dessus convexe, noir, assez brillant. 3,7 **intermedius** Er

— Tête de même forme: El. à tache apicale testacée remontant sur la suture; dessus noir, peu brillant, tête et Th. mats. 3 **gracilis** Pk

## STILICUS

4e art. tarses postér. simple; languette bilobée

1 Th. rouge. 2
— Th. noir. 3
2 Tête rouge. 5,5 **festivus** Mls
— Tête noire. 6 **fragilis** Grav
3 Pattes testacées. 4
— Pattes brunâtres ou testacées avec genoux postér. au moins, rembrunis. 5
4 Tête plus large que le Th.; carène du Th. large. 3,5 **Erichsoni** Fvl
— Tête peu plus large que le Th.; carène du Th. étroite, sillonnée. 5 **similis** Er
5 Tête oblongue, allongée: El. concolores; labre 4-denté. 6 **subtilis** Er
— Tête transverse ou subtransverse. 6
6 El. à ponctuation forte et serrée. 5 **geniculatus** Er
— El. à ponctuation fine et éparse. 7
7 Ligne lisse du Th. effacée en avant, pattes brunâtres. 6 **rufipes** Germ
— Ligne lisse du Th. nette et entière. 4,5 **orbiculatus** Payk

## DOMENE

2 prem. art. des tarses postér. égaux

Noir-mat; ant. et pattes rousses; tête grosse, suborbiculaire. El. un peu plus courtes que le Th. 6 **scabricollis** Er

## SCOPÆUS

4 prem. art. tarses postér. graduellement plus courts; languette tridentée

1 Tête pas plus large en arrière que vers les yeux, à angles postér. fortement arrondis. 2
— Tête tronquée à la base, plus large en arrière que vers les yeux, à angles postér. droits ou presque droits. 6
2 Tête plus large que longue; abdomen dilaté postérieurement. 3,5 **lævigatus** Gyl
— Tête plus longue que large. 3
3 Corps noirâtre; bouche, pattes et ant. testacées. 3 **longicollis** Fvl
— Corps plus ou moins rougeâtre. 4
4 Ponctuation effacée, même aux El. qui sont largement testacées au sommet. 3 **scitulus** Baud
— El. au moins, à ponctuation bien visible. 5
5 El. peu brillantes, abdomen parallèle. 3,5 **gracilis** Sper
— El. assez brillantes, déprimées le long de la suture vers l'écusson; abdomen dilaté vers le sommet. 3 **sericans** Mls
6 Ponctuation des El. très fine, peu visible. 7

— El. à ponctuation assez visible. 8
7 Tête subparallèle, peu rétrécie en avant des yeux. 3 **didymus** Er
— Tête subtriangulaire fortement rétrécie en avant des yeux. **minimus** Er
8 Roussâtre-clair; tête et base des El. enfumées, ventre brun. **rubidus** Mls
— Dessus d'un brun plus ou moins foncé. 9
9 El. à ponctuation fine; abdomen presque mat. 3 **sulcicollis** Step
— Ponctuation des El. assez forte; abdomen assez brillant. **cognatus** Mls

## LITHOCHARIS

Tarses antér. légèrement dilatés; labre bidenticule; dernier art. palpes subulé

1 Th. chagriné à points confus, peu profonds; ant. très courtes. 2,5 **debilicornis** Wol
— Th. non chagriné à points assez profonds, non confus. 2
— Th. plus ou moins mat, à fond lisse, à points peu profonds, confondus, souvent très fins, serrés, peu visibles. 9
2 Dessus d'un noir profond. 2,5 **nigritula** Er
— Th. rougeâtre ou testacé, q. q. f. tête et El. également testacées. 3
3 Tête ponctuée plus ou moins fortement sur le disque. 4
— Disque de la tête imponctué. 6
4 Th. testacé. 4 **brunnea** Er
— Th. à disque rembruni. 5
5 Tête et Th. à points forts et serrés; abdomen noir, anus plus clair. 5 **pocofera** Peyr
— Tête et Th. à ponctuation très fine; abdomen brun plus ou moins foncé. 3 **rufiventris** Nord
6 Tête, Th. et El., testacés. 2,5 **aveyronensis** Mat
— Tête noire. 7
7 Fond de la tête alutacé entre les points. 4 **propinqua** Bris
— Tête très brillante entre les points. 8
8 El. parallèles, plus longues que le Th. 4 **ruficollis** Kr
— El. pas plus longues que le Th., un peu élargies en arrière. 3 **melanocephala** F
9 Corps mat, à ponctuation très fine, très serrée, non distincte. 10
— Ponctuation du Th. plus ou moins distincte. 11
10 Couleur plus claire: Th. roux; tête rétrécie en avant. **ochracea** Grav
— Plus foncé; tête presque arrondie. 3,3 **obsoleta** Nord
11 Tête un peu brillante. 12
— Tête très mate. 14
12 Th. rétréci à la base. 13
— Th. carré, subtransverse, à carinule distincte. 4 **picea** Kr
13 Plus grand; tête allongée; carène basale du Th. visible. 6 **castanea** Grav
— Taille moyenne, tête assez courte. 5 **diluta** Er
14 Th. à ponctuation assez distincte. 4,5 **fuscula** Man

— Th. à ponctuation très fine, obsolète. 15
15 Th. plus clair que les El. 3,5 **ripicola Kr**
— Th. de la couleur des El., celles-ci à tache apicale foncée. **apicalis Kr**

## PÆDERUS

Tarses antér. dilatés; ant. filiformes

1 Abdomen noir bronzé obscur; deux prem. art. ant. plus ou moins rougeâtres (abdomen bleu, *V. sanguinicollis Step*). 8 - 10 **ruficollis F**
— Abdomen testacé à derniers segments noirs. 2
2 El. dilatées vers le sommet, plus courtes que le Th. 3
— El. au moins de la longueur du Th. 4
3 Taille grande, genoux largement noirs. 10 **Baudii Frm**
— Plus petit, genoux étroitement bruns. 6,5 **brevipennis Lac**
4 Mandibules testacées. 5
— Mandibules noires. 7
5 El. peu plus longues que le Th. à ponctuation grosse, éparse. 5 **caligatus Er**
— El. beaucoup plus longues que le Th. à ponctuation serrée. 6
6 Ecusson noir: Th. bien moins large que les El. 6,5 **fuscipes Curt**
— Ecusson rougeâtre: Th. en avant, presque aussi large que les El. 6,5 **riparius L**
7 Tibias rougeâtres, dernier art. palpes à peine rembruni au sommet. 8 **littoralis Grav**
— Dernier art. palpes brun; tibias bruns au milieu. 6,5 **limnophilus Er**

## DOLICAON

Dernier art. palpes maxil. très court, globuleux, obtus

Noir-brillant; palpes, ant., pattes et une tache arrondie au sommet de chaque El., testacés. 6 **biguttulus Lac**

## LATHROBIUM

2e art. tarses postér. plus long que le 1er, et 5e plus court que les autres réunis

1 Th. presque lisse avec 2 lignes de P. assez fins et sur les côtés des points fins, écartés. 7 **lusitanicum Grav**
— Th. à ponctuation assez grosse et assez serrée, une ligne lisse médiane. 2
2 El. à fortes stries de gros P. presque entières. 3
— El. à ponctuation irrégulière. 4
3 Ligne lisse du Th. bordée par 2 séries régulières de P. 4 **labile Er**
— Ligne du Th. bordée par des points irrégulièrement placés. 6 **multipunctatum Grav**
4 Dessus brun de poix, brun rougeâtre ou testacé rougeâtre. 5

— Dessus noir: El. noires ou brunes, concolores ou non. 8
5 Ant. longues dépassant la base du Th. 6
— Ant. plus courtes atteignant au plus la base du Th. 7
6 El. testacées ou rougeâtres à base plus foncée; dessus testacé rougeâtre. 7 **bicolor** Er
— Dessus brun plus ou moins foncé: El. concolores. 4,5 **picipes** Er
7 El. à pontuation superficielle, peu marquée. 5 **pallidum** Er
— El. à ponctuat. forte, bien marquée; tête et Th. à points plus serrés. 8 **spadiceum** Er
8 El. noires à liseré sutural et apical rouge. 6 **suturale** Wenk
— El. noires ou brunes, concolores ou avec un fin liseré apical plus clair. 9
— El. rougeâtres ou testacées, à base plus ou moins noire. 13
9 Tête orbiculaire: El. ordinairement avec une tache jaune au sommet. 6 **quadratum** Payk
— Tête courte, oviforme: El. à fin liseré testacé au sommet. **fovulum** Step
— Tête carrée, oblongue ou subparallèle. 10
10 Tête courte, plus étroite que le Th. 9 **punctatum** Four
— Tête pas plus étroite que le Th. 11
11 Pattes d'un testacé rougeâtre. 12
— Pattes brunes: El. noires. 6 **filiforme** Grav
12 Taille grande: El. brunes. 8—8,5 **castaneipenne** Kvl
— Plus petit: El. noires, q. q. f. rougeâtres au sommet de la suture. 4 **longulum** Grav
13 Tête large, oviforme, front et disque peu ponctués; antennes très longues. 7 **angusticolle** Lac
— Tête orbiculaire à ponctuation serrée. 6 **angustatum** Lac
— Tête carrée, oblongue ou subparallèle. 14
14 Taille petite. 15
— Taille grande ou moyenne. 16
15 El. testacées. 4,5 **dilutum** Er
— El. rembrunies à la base. 4 **dividuum** Er
16 Tête à ponctuation forte et serrée, presque mate. 6 **rufipenne** Gyl
— Tête à ponctuation moins serrée sur le disque. 17
17 Base des El. moins nettement noire; ponctuation de l'abdomen plus distincte: Th. très étroit, allongé. 7—8 **fulvipenne** Grav
— Base des El. nettement noire: Th. plus large, un peu plus long que large; ponctuation de l'abdomen moins distincte. 18
18 Tête à ponctuation forte et serrée en dessous. 8—9 **elongatum** L
— Ponctuation du dessous de la tête, fine et rare. 8—9 **geminum** Kr

## SCIMBALIUM

Tarses antér. très dilatés; dernier art. palpes subulé

1 Th. brillant, à ponctuation grosse, profonde, peu serrée. **planicolle** Er
— Th. peu brillant, à ponctuation très fine ou obsolète. 2

2 El. plus courtes que le Th., tête subtriangulaire. 5—6 **testaceum** Er
— Tête parallèle; El. plus longues que le Th. 6 **pubipenne** Frm

### ACHENIUM

5e art. tarses postér. égal aux autres réunis

1 Dessus noir, El. rouges en entier ou en partie; sommet de l'abdomen q. q. fois testacé. 8 **depressum** Grav
— Dessus brun de poix ou brun-rougeâtre. 2
2 Ant. longues, fortes, à 2e art. subégal au 3e; anus rougeâtre. **humile** Nic
— Ant. fines, courtes, à 2e art. bien plus court que le 3e; anus concolore. 5,5 **rufulum** Frm

### CRYPTOBIUM

Ant. fortement coudées

Noir-brillant; ant., palpes et pattes testacés : Th. à ligne longitudinale lisse, limitée par 2 séries de points; El. à ponctuation forte, transversalement ruguleuse. 5 **glaberrimum** Hbst

## XANTHOLINIDÆ

### OTHIUS

1er art. ant. arqué : El. sans strie suturale

1 Trois P. en ligne de chaque côté du Th. 2
— Deux P. en ligne de chaque côté du Th., le 3e P. presque confondu avec le rebord antérieur. 3
2 Taille grande; dessus noir : El. rouges à P. moyens, peu serrés, peu enfoncés. 10 **fulvipennis** F
— Plus petit; brun : ponct. des El. forte et dense. **myrmecophilus** Ksw
3 Th. rouge testacé à disque parfois rembruni. 5 **melanocephalus** Grav
— Th. noir ou brun. 4
4 Tête ovalaire, rétrécie vers la base, moins large que le Th. 5 **læviusculus** Step
— Tête large en arrière, subparallèle, aussi large que le Th. **lapidicola** Ksw

### BAPTOLINUS

Strie suturale des El. nette, profonde; 1er art. ant. arqué

1 Tête transverse, plus large que le Th. 2
— Tête allongée, un peu moins large que le Th.; El. ponctuées. 6 **longiceps** Fvl
2 Dessus noir : El. chagrinées, striolées. 6 **pilicornis** Pk
— El. finement pointillées; testacé, avec tête, sommet des El. et de l'abdomen, noirs. 6,5 **affinis** Pk

## LEPTACINUS

Dernier art. palpes subulé; tarses antér. simples; ant. fines, allongées

1 Th. à séries discales de 5 à 6 points, à angles antér. fortement arrondis. 6 **parumpunctatus Gyl**
— Th. à séries discales de 9 à 13 P., à angles antér. bien marqués. 2
2 Tête et Th. finement alutacés. 5 **batychrus Gyl**
— Tête et Th. lisses. 3,5 **formicetorum Mærk**

## LEPTOLINUS

Tarses antér. dilatés

Dessus noir, très ponctué; tête et abdomen presque mats: Th. et El. peu brillants; ant. pattes et anus rougeâtres. 7 **nothus Er**

## METOPONCUS

Ant. très courtes, à art. larges, déprimés

Noir, ant. et pattes testacées; forme cylindrique, parallèle; entre les ant. deux sillons courts à intervalle relevé en double carène canaliculée au milieu. 6 **brevicornis Er**

## XANTHOLINUS

Dernier art. palpes maxil. conique, peu plus étroit que le 3e à la base

1 Th. imponctué; tête à ponctuation striolée-fovéolée: El. rouges. 9 **fulgidus F**
— Th. à disque plus ou moins ponctué. 2
2 Tête non rétrécie de la base au sommet. 3
— Tête plus ou moins rétrécie vers le sommet. 4
3 Th. rouge: El. à sommet liseré de testacé. 7 - 8 **collaris Er**
— Th. noir: El. testacées. 7,5 **lentus Grav**
4 Yeux atrophiés; tête finement striolée, en avant surtout. **gracilipes Duv**
— Yeux ordinaires. 5
5 Th. noir. 6
— Th. plus ou moins rougeâtre, au moins sur les bords. 8
6 El. noires; tête à ponctuation rugueuse excepté sur le disque où elle est fine. 7 **punctulatus Pk**
— El. rouges, pattes brunâtres. 7
— El. testacées; ressemble à *glabratus*, mais les ant. et les pattes sont testacées, les P. du Th. moins gros. 8 - 9 **relucens Grav**
7 Tête à gros P. épars; Th. à séries de 6 à 8 gros P., El. à ponctuat. assez forte, écartée. 10—13 **glabratus Grav**
— Tête à points fins, écartés; Th. alutacé, à séries de 9 P. fins: El. avec trois lignes de points. 7 **glaber Nord**
8 Tête sans espace lisse médian déterminé, à ponctuation très fine, très rare. 10 **elegans Ol**

— Tête à ligne médiane lisse, à ponctuation assez forte, peu serrée. 9
9 Th. alutacé-bronzé à séries discales de 13 à 15 P., à ponctuation latérale dense et confuse: El. à P. très serrés. 8—10 **cribripennis** Fvl
— Th. lisse, à ponctuation latérale éparse, peu serrée. 10
10 Tête courte, enfumée: El. chagrinées, testacées; abdomen brun. 7 **distans** M-R
— Tête noire allongée; abdomen noir ou brun-foncé. 11
11 Dessus à reflets bronzés, noir-brillant: El. rougeâtres; ponctuation latérale du Th. plus forte, plus nombreuse. 6—7 **linearis** Ol
— Dessus d'un rougeâtre plus vif, sans reflets bronzés; ponctuation latérale du Th. plus fine, plus rare. 7—9 **tricolor** F

# STAPHYLINIDÆ

## STAPHYLINUS — EMUS — LEISTOTROPHUS

Languette échancrée: Th. à double ligne latérale, supérieure et inférieure

1 El. rousses; pattes rousses, cuisses q. q. fois rembrunies. 2
— El. noires, brunes ou bleues, avec ou sans taches pubescentes. 8
2 Ant. grêles au sommet, abdomen sans taches pubescentes dorées. 12 **fulvipennis** Er
— Ant. renflées vers le sommet. 3
3 El. maculées de pubescence rousse au sommet. 15 **fossor** Scop
— El. sans macules pubescentes. 4
4 Ecusson à pubescence veloutée-dorée; 2 taches transverses dorées, aux segments abdominaux. 14 **erythropterus** L
— Ecusson noir à pubescence dorée sur les côtés; pourtour de la base du Th. à poils dorés. 18 **cæsareus** Ced
— Ecusson noir-velouté. 5
5 Tête et Th. noirs. 13 **stercorarius** Ol
— Tête et Th. cuivreux. 6
6 Ant. rousses. 15 **lutarius** Grav
— Ant. noires. 7
7 Cuisses brunes; tête à ponctuation grosse, très serrée. **chalcocephalus** F
— Cuisses rousses, moins les antérieures; tête à points moins serrés. 10 **latebricola** Grav
8 El. à taches ou fascies pubescentes. 9
— El. glabres. 15
9 Tête et Th. d'un noir-brillant, lisses et glabres: El. noires, à large bande cendrée irrégulière, ponctuée de noir. 16 **maxillosus** L
— Tête et Th. pubescents et ponctués. 10
10 Pubescence de la tête et du Th. et des trois derniers segments abdominaux, très longue, d'un jaune-doré. 21 **hirtus** L
— Pubescence de la tête et du Th. courte et serrée. 11
11 Pattes noires; angles antér. du Th. saillants, épineux. 10 **murinus** L

— Pattes variées de noir et de testacé. 12
12 Tête d'un jaune-d'or, à pubescence dorée; pattes noires, sommet des cuisses avec un anneau testacé. 15 **chrysocephalus** Four
— Tête noire à duvet plus ou moins épais, plus ou moins foncé. 13
13 Pattes noires avec un anneau testacé au sommet des cuisses; tête à pubescence dorée, assez épaisse. 13 **pubescens** de G
— Pattes testacées, cuisses plus ou moins rembrunies. 14
14 Angles antér. du Th. saillants, subépineux: El. noires à fond cuivreux et pubescence fauve. 15 **nebulosus** F
— Angles antér. du Th. non saillants: El. à teinte verte, abdomen violacé. 10 **chloropterus** Pz
15 Tête, Th. et El. ou El. seules, à teinte bleuâtre ou bleue-verdâtre vive. 16
— Tête, Th. et El. noirs ou bruns, sans reflets bleuâtres vifs. 18
16 Pattes et ant. noires. 17 **ophthalmicus** Scop
— Pattes et base des ant. rousses. 17
17 Ant. fortes, renflées au sommet, à base rousse. 15 **fulvipes** Scop
— Ant. grêles amincies au sommet, à 1^er^ art. roux. 14 **falcifer** Nord
18 Tête et Th. à reflets cuivreux. 19
— Tête et Th. sans reflets bronzés. 20
19 Abdomen avec 5 lignes pubescentes longitudinales. **æneocephalus** de G
— Abdomen sans lignes pubescentes parallèles. 16 **obscuroæneus** Frm
20 Tête, Th. et abdomen très mats. 21
— Tête, Th. et abdomen légèrement mats ou très brillants. 22
21 Tête plus large que le Th. qui est rétréci vers la base. 20 **Baudii** Fvl
— Tête de la largeur du Th. dont les côtés sont subparallèles. **olens** Mül
22 Abomen à point pubescent jaune à la base des segments. **æthiops** Wal
— Abdomen sans point jaune à la base des segments 2 à 5. 23
23 Base et sommet des ant. testacés; pattes rousses à cuisses et q. q. f. tibias, plus ou moins noirs. 24
— Base des ant. noire et pattes généralement foncées, noires ou brunes. 26
24 Tête et Th. à points fins et très serrés, presque mats; pattes rousses. 13 **compressus** Marsh
— Tête et Th. très brillants à P. plus gros et écartés. 25
25 Ant. déliées; pattes d'un rouge-clair: El. brunes plus ou moins foncées. 13 **brunnipes** F
— Ant. plus grosses; cuisses et tibias souvent rembrunis: El. à faible teinte bleue, obscure. 18 **pedator** Grav
26 Th. très brillant à P. gros, écartés, entremêlés de points plus fins. 27
— Th. moins brillant, à ponctuation simple. 28
27 Tête à ponctuation plus rare et plus fine au milieu. 13 **fuscatus** Grav
— Tête avec une ligne lisse, médiane. 11 **ater** Grav
28 Abdomen avec 5 lignes pubescentes parallèles d'un jaunâtre obscur: El. mates, d'un brun de poix; écusson noir-velouté. 15 **picipennis** F
— Abdomen non maculé. 29
29 **Mandibules inermes au milieu, simplement sub-angul. 14 edentulus Bloc**

— Mandibules (la gauche au moins) fortement bi ou tridentées. 30

30 Ecusson velouté; tête orbiculaire, fortement transverse, plus ou moins arrondie postérieurement. 15 **alpestris** Er

— Ecusson non velouté; tête carrée, non transverse, à angles postér. plus ou moins droits. 15—20 **nitens** Schr

## CAFIUS

1er art. tarses postér. plus long que le 5me

1 Th. mat, à ponctuation très fine avec une ligne lisse médiane. 5 **sericeus** Holm

— Th. brillant. 2

2 Th. sans points. 9—10 **cribratus** Er

— Th. bifovéolé sur le disque. 9—10 **cicatricosus** Er

— Th. à double série triponctuée. 3

3 El. concolores, abdomen brillant. 8—10 **fucicola** Curt

— Abdomen mat, El. finement marginées de rougeâtre. **xantholoma** Grav

## HESPERUS

Soie latérale du Th. très écartée du bord; 1er et 5e art. tarses postér. égaux

Noir brillant; deux derniers art. des ant. testacés; El., tibias en partie et tarses, roussâtres. 8—9 **rufipennis** Grav

## ERICHSONIUS

1er art. tarses postér. plus court que le 5e; dernier art. palpes conique, plus long que le 3e

1 El. et abdomen mats. 2

— El. et abdomen brillants. 3

2 Tête à ponctuation très fine, disque lisse; ant. d'un brun-ferrugineux. 5 **cinerascens** Grav

— Tête fortement ponctuée; ant. à sommet testacé. 4,5 **signaticornis** Mls

3 Ant. et pattes testacées. 4 **villosulus** Step

— Base des ant. testacée; pattes plus ou moins foncées. 4

4 El. complètement noires. 3,5 **orbus** Ksw

— El. noires à sommet plus ou moins testacé ou d'un brun de poix concolores. 5

5 El. d'un brun de poix, ordinairement à bord apical testacé; genoux et tarses testacés. 4,5 **procelurus** Grav

— El. d'un roux vif sauf la base et les côtés; pattes d'un roux vif. 4 **prolixus** Er

## PHILONTHUS

Th. à double ligne latérale; soie latérale du Th. placée sur le bord même

A Th. sans séries discales ponctuées.

1 Tête et Th. noirs: El. bronzées. 12—14 **splendens** F

— Tête et Th. bronzés. 2
2 Tête très large, El. bronzées. 10—11 **intermedius** Lac
— Tête orbiculaire, El. d'un cuivreux-verdâtre. 10—12 **laminatus** Creut
**B** Th. à séries de 3 P. (celui du bord antérieur compris).
1 El. d'un noir bronzé, lisses, avec 2 ou 3 séries de gros P. peu serrés sur le disque. 7—8 **montivagus** Heer
— El. plus bronzées, un peu mates, à ponctuation irrégulière, presque égale. 8 **lævicollis** Lac
**C** Th. à séries de 4 points.
1 Th. bordé de rougeâtre, dessus noir. 7—9 **marginatus** Stroem
— Th. concolore. 2
2 El. bleues. 12—14 **cyanipennis** F
— El. rouges. 3
— El. noires à reflets bronzés ou verdâtres. 4
3 Ant. et pattes noires. 11—12 **nitidus** F
— Ant. à 1er art. testacé, pattes d'un rouge-testacé. 5 **lepidus** Grav
4 El. d'un bronzé verdâtre à tache apicale rouge-brique, plus ou moins dilatée. V. **bimaculatus** Grav
— El. concolores. 5
5 Tête pas plus longue que large, dans l'un des deux sexes au moins. 6
— Tête plus longue que large, soit rectangulaire (au moins chez ♂), soit oblongue, ovale ou ovoïde. 13
6 Tête fortement transverse, arrondie postérieurement, ou légèrement transverse avec angles postér. très droits, ♂ au moins. 7
— Tête orbiculaire ou légèrement transverse avec angles postér. non rectangulaires, même chez le ♂. 11
7 Taille grande. 8
— Taille petite ou moyenne. 10
8 Une fine ligne en accolade à la base des segm. abdominaux 3 et 4. 9
— Segm. abdominaux sans ligne transverse en accolade; El. bronzées-verdâtres. 9 **carbonarius** Gyl
9 El. bronzées-verdâtres; pattes noires; abdomen à ponctuation éparse. 11 **chalceus** Step
— El. cuivreuses; pattes brunâtres; abdom. densément ponctué. **æneus** Ros
10 El. à ponctuation forte, ruguleuse, serrée; pattes d'un brun de poix. 7 **cephalotes** Grav
— Ponctuation des El. très fine; pattes d'un testacé sale. 7 **umbratilis** Grav
— El. à ponctuation forte, non ruguleuse, peu rapprochée; pattes d'un noir de poix. 5 **sordidus** Grav
11 Tête et Th. noirs, El. bronzées, verdâtres. 5—7 **frigidus** Ksw
— Tête, Th. et El. bronzés. 12
12 Tête et Th. à fond nettement, mais très finement, pointillé. 8—11 **rotundicollis** Men
— Tête et Th. à fond lisse. 7,5—9 **atratus** Grav
**13** **Tête rectangulaire ou subrectangulaire (♂ au moins), déprimée sur le front avec un court sillon: El. bronzées. 5,5—6** **fimetarius** Grav

— Tête oblongue, ovale ou ovoïde. 14
14 Taille grande. 15
— Taille moyenne ou petite. 17
15 El. mates. 16
— El. brillantes; 1er art. ant. testacé en dessous. 9—10 **politus** F
16 El. bleuâtres; pattes et palpes noirs. 9,5—11 **lætus** Heer
— El. cuivreuses; tarses et palpes roussâtres. 10—12 **decorus** Grav
17 El. verdâtres, très bronzées, de la longueur du Th. 6,5—7 **varius** Gyl
— El. d'un noir bronzé, plus courtes que le Th.; pattes testacées. 4 **nitidulus** Grav

**D** Th. à séries de 5 P.
1 El. d'un rouge vif. 2
— El. noires ou verdâtres, plus ou moins tachées de rouge. 3
— El. brunâtres, plus ou moins foncées, à suture, sommet ou pourtour rougeâtres. 4
— El. noires ou bronzées concolores. 5
2 Ant. et pattes noires. V. **corruscus** Grav
— Base des ant. et pattes testacées: El. à base étroitt noire. V. **inquinatus** Step
3 El. noires avec une tache sur chacune, et une autre commune, rouges. 7 **sanguinolentus** Grav
— El. noires à tache rouge triangulaire sur le disque. **cruentatus** Gmel
— El. verdâtres plus ou moins tachées de rougeâtre. V. **inquinatus** Step
4 El. d'un brun de poix à suture et pourtour rougeâtres; tête bombée 5 **discoideus** Grav
— El. brunâtres à suture et sommet rougeâtres; tête aplatie. 4,5 **splendidulus** Grav
5 Tête pas plus longue que large. 6
— Tête plus longue que large, rectangulaire ou oblongue. 11
6 Tête très transverse à angles postér. non rectangulaires ou légèrement transverse à angles postér. droits (♂ au moins). 7
— Tête orbiculaire ou légèrement transverse à angles postér. non rectangulaires. 10
7 Pattes noires ou brunes, concolores ou marquées de testacé. 8
— Pattes testacées à tibias plus ou moins obscurs. 9
8 Pattes complètement d'un noir de poix: El. brunes. **immundus** Gyl
— Pattes noires, les 4 cuisses antér. testacées: El. d'un bleu d'acier verdâtre. 7 **rufimanus** Er
9 El. brunes plus ou moins foncées, fortement ponctuées. **ventralis** Grav
— El. finement ponctuées, taille petite. 4,5 **debilis** Grav
10 El. brillantes, métalliques à reflets verdâtres; pattes noirâtres. 6—7,5 **ebeninus** Grav
— El. métalliques mates; pattes d'un testacé sale. 6 **quisquiliarius** Kr
11 Tête rectangulaire ou subrectangulaire, ♂ au moins: El. sans reflets bronzés. 3 **thermarum** A
— **Tête oblongue, ovale ou ovoïde.** 12

12 Pattes pâles; taille petite: El. un peu mates. 5—6 **vernalis Grav**

— Pattes foncées; taille plus grande. 13

13 Abdomen très irisé, à ponctuation très fine et dense. **longicornis Step**

— Abdomen peu irisé, à ponctuation assez forte, peu dense. 14

14 El. à ponctuation fine; hanches antér. testacées. 5—6,5 **varians Pk**

— El. à ponctuation forte; hanches antér. noires. V. **agilis Grav**

**E** Th. à séries de 6 P.

1 Th. rouge: El. rouges à base plus ou moins foncée. 5 **tenuis F**

— Th. noir. 2

2 El. rouges. 3

— El. noires plus ou moins bronzées. 4

3 Tête subrectangulaire; 2 prem. art. ant. testacés. 6 **rubripennis Ksw**

— Tête ovale; ant. à art. plus longs, à 1er art. seul testacé. 6 **salinus Ksw**

— Tête ovale; art. des ant. plus courts, les 3 premiers testacés. **fulvipes F**

4 Tête subrectangulaire. 5

— Tête ovale. 6

5 El. à reflets bronzés; ant. noires. 6 **astutus Er**

— El. sans reflets bronzés; ant. à base moins foncée: El. et bords des segments abdominaux bruns. 3—4,5 **nigritulus Grav**

6 Th. cylindrique; corps noir, El. à simple reflet bronzé; segm. 2—4 de l'abdomen impressionnés à la base. 5 **pullus Nord**

— Th. non cylindrique. 7

7 Tête très longue, régulièrement oblongue: El. d'un bronzé-verdâtre. 5 **exiguus Nord**

— Tête ovale assez courte. 8

8 Abdomen mat: El. mates d'un noir ardoisé. 5—6 **micans Grav**

— Abdomen brillant. 9

9 Pattes d'un testacé rougeâtre. 7—8 **fumarius Grav**

— Pattes d'un brun de poix. 6,5 **nigrita Grav**

**F** Th. à séries de 8 P., ou à double série discoïdale et côtés confusément ponctués.

1 Th. à séries de 8 P.; El. bronzées-cuivreuses. 7—8,5 **puella Nord**

— Th. à double série discoïdale et côtés confusément ponctués. 2

2 El. noires à peine bronzées. 9—10 **punctatus Grav**

— El. noires à tache d'un roux-testacé au sommet, remontant sous l'épaule. 4—5 **dimidiatipennis Er**

## VELLEIUS

Antennes dentées en scie

Noir brillant: Th. large, demi-circulaire, irisé: El. à pubescence grise, à ponctuation fine, serrée. 15—16 **dilatatus F**

## QUEDIUS

Th. à ligne latérale simple

1 **Tête dégagée du Th.; une série oblique de 3 gros P. entre les yeux et la base. 2**

— Tête engagée dans le Th. et sans série postoculaire de 3 gros P. 3

2 El. noires; tête sans P. entre les yeux. 6 **riparius** Kel

— El. d'un roux-testacé; tête avec 2 P. en avant entre les yeux. **Kraatzi** Bris

3 Yeux très petits, non saillants; tête étroite, très allongée. 4

— Yeux médiocres, non saillants; tête large, assez courte. 5

4 Art. des ant. non transversaux. 7—9 **longicornis** Kr

— Art. des ant. très transverses. 5 **microps** Grav

5 Ecusson ponctué. 6

— » lisse. 13

6 Abdomen roux-ferrugineux, plus ou moins foncé à la base; dessus d'un noir profond. 8—10 **ventralis** Ar

— Abdomen noir, au plus avec le sommet des segm. légèrement plus clair. 7

7 Six points placés transversalement entre les yeux: El. noires à forte pubescence. 12 **tristis** Grav

— Tête sans P. entre les yeux. 8

8 Yeux non saillants; art. 7—10 ant. transverses; taille petite. **infuscatus** Er

— Yeux plus ou moins saillants occupant environ les 2/3 de la tête: El. noires ou ferrugineuses plus courtes que le Th. **molochinus** Grav

— Yeux très grands, occupant tout le côté de la tête. 9

9 Abdomen soyeux à macules pubescentes latérales noires, à la base des segm. 2—5 : El. cuivreuses, liserées de testacé au sommet. 6—7,5 **semiæneus** Step

— Abdomen avec 3 lignes parallèles de pubescence dorée. 5 **virgulatus** Er

— Abdomen à pubescence ordinaire. 10

10 Tête ovale-allongée: El. noirâtres, mates, densément chagrinées-pointillées. 8—9 **rufipes** Grav

— Tête orbiculaire transverse ou non. 11

11 Tête non transverse; dernier art. des palpes noir. 5 **attenuatus** Gyl

— Tête légèrement transverse, d'un noir cuivreux ainsi que le Th. et les El. 6 **acuminatus** Hoch

— Tête fortement transverse. 12

12 Taille grande; palpes testacés: Th. et El. d'un bronzé un peu cuivreux. 8 **paradisianus** Heer

— Taille petite; tête un peu plus étroite que le Th.; El. plus longues ou aussi longues que lui (tête presque aussi large que le Th., El. bien plus courtes que lui, *V. brevipennis Frm*). 4—5 **boops** Grav

13 El. ponctuées ou non, à séries de P. discoïdaux, plus forts. 14

— El. à ponctuation uniforme sans séries de P. plus forts. 16

14 El. rougeâtres, un peu mates, non ponctuées, à série discoïdale de 4 P. effacés. 8 **lævigatus** Gyl

— El. à ponctuation fine avec une série suturale et deux discoïdales de points plus forts. 15

15 El. noires à suture et sommet rougeâtres, à séries de 6 à 8 points; abdomen densément ponctué. 6 **punctatellus** Heer

— El. à reflets verdâtres, marginées de rougeâtre, à séries de 9 à 10 P.; abdomen à ponctuation éparse. 8 **cinctus** Pk

16 Yeux très grands occupant tout le côté de la tête. 17
— Yeux assez gros occupant les 2/3 de la tête. 18
— Yeux médiocres non saillants. 30
17 Th. et El. noirs; celles-ci à peine rougeâtres au sommet; abdomen très irisé. 5 **pyrenæus** Bris
— Th. et El. d'un vert-doré; abdomen avec 2 fascies latérales de poils dorés. 5 **auricomus** Ksw
— Th., tête et El. d'un vert-bronzé vif; celles-ci à ponctuation forte peu serrée. 4 **alpestris** Heer
18 Pattes noires. 19
— Pattes rougeâtres ou testacées. 20
19 Front avec 4 P. entre les yeux: El. mates. 9—10 **fuliginosus** Grav
— Front sans points entre les yeux en avant. 13 **unicolor** Ksw
20 El. rouges ou ferrugineuses: Th. noir (chez les immatures des espèces à El. noires, le Th. devient rougeâtre sur les bords). 21
— El. noires ou brunes, concolores ou bordées de roux. 22
21 El. rouges, abdomen concolore, très irisé. 7—9 **picipes** Man
— El. ferrugineuses à disque q. q. fois enfumé; hanches d'un brun-noir; segments de l'abdomen largement marginés de roux. 8–11 **ochropterus** Er
22 Derniers art. des antennes transverses. 23
— » » » plus ou moins allongés. 24
23 Tête et Th. cuivreux: El. peu brillantes, à points fins et serrés; abdomen avec deux bandes rousses vers la base. 5—5,5 **lucidulus** Er
— Tête et Th. bronzés-verdâtres: El. brillantes à points forts, écartés. 5 **scintillans** Grav
24 Taille assez forte, tête forte, grosse. 25
— Taille assez grande, tête assez petite: El. mates à liseré apical testacé, à ponctuation peu profonde, peu serrée. 8—9 **fumatus** Step
— Taille moyenne ou petite; tête petite: El. marginées de roux à la suture et au sommet au moins. 27
25 El. brunes à disque foncé, à ponctuation fine, très dense; tête ponctuée derrière les yeux. 6 **præcox** Grav
— Ponctuation des El. très forte, plus ou moins serrée. 26
26 El. verdâtres, à points très gros, assez serrés, liserées de testacé sur le pourtour et la suture. 7—8 **dubius** Heer
— El. brunes foncées, plus ou moins liserées de testacé au sommet et à la suture; ponctuation forte, écartée. 6—7 **umbrinus** Er
27 El. avec une large bande subhumérale, le sommet et la suture testacés. 28
— El. à sommet, suture et côtés testacés, mais sans large bande subhumérale. 29
28 El. à ponctuation fine, très serrée, assez profonde; tête ovale. 6 **obliteratus** Er
— Ponctuation des El. forte, serrée, profonde; tête courte. **suturalis** Ksw
29 El. peu brillantes, à points fins, très serrés. 6—6,5 **maurorufus** Grav

— El. assez brillantes, à ponctuation forte, assez serrée. **limbatus** Heer
30 Th. sans séries de points sur le disque. 31
— Th. à séries discales de 3 points. 32
31 Corps très large et trapu, noir: El. rouges, presque lisses, pointillées sur les côtés (El. d'un bleu métallique, *V. cœruleipennis Fvl*). 7 **curtus** Er
— Corps d'un noir de poix, plus parallèle: El. rousses, à ponctuation uniforme, forte, écartée. 6 **brevis** Er
32 El. noires ou à reflets métalliques, concolores. 33
— El. noires à repli latéral testacé. 11—12 **lateralis** Grav
— El. rouges, ou concolores, ou enfumées. 35
33 Th. noir. 34
— Th. d'un noir de poix, à bords plus ou moins rougeâtres. **xanthopus** Er
34 Pattes d'un brun foncé. 8—10 **mesomelinus** Marsh
— Pattes d'un roux-testacé vif. V. **virens** Rott
35 El. largement enfumées à l'angle apical externe. 7 **scitus** Grav
— El. concolores. 36
36 Th. non déprimé latéralement; 7—10 art. ant. transverses. **cruentus** Ol
— Th. déprimé latéralement. 37
37 Marge des segments abdominaux et anus, roussâtres. 8—10 **fulgidus** F
— Abdomen noir; pattes noires. 38
38 Ant. fines à art. peu transverses. 7—8 **crassus** Frm
— Ant. robustes à art. très transverses. 39
39 Th. sans points latéraux. 9—11 **brevicornis** Thom
— Th. avec deux points latéraux, rapprochés, obliques. **ochripennis** Men

## HETEROTHOPS

Dernier art. des palpes subulé; abdomen à styles anaux, longs, sétigères

1 Tête large, suborbiculaire, à angles postér. subanguleux; abdomen assez mat. 2
— Tête étroite, oblongue, à angles postér. effacés; abdomen brillant. 3
2 Un point de chaque côté du sommet du Th.; El. à ponctuation forte, dense. 5 **binotata** Grav
— Th. sans points au sommet: El. à points plus fins, plus serrés. 4,5 **prævia** Grav
3 Corps très noir: El. à P. assez forts, épars. 3,5—4 **4-punctula** Grav
— Corps d'un brun de poix: Th., marges des El. et de l'abdomen plus ou moins clairs: El. à points fins, serrés. 4—4,5 **dissimilis** Grav

## ASTRAPÆUS

Ant. droites; dernier art. des palpes sécuriforme

Noir-brillant: El. et moitié apicale du 6e segm. abdominal, rouges: El. avec 2 séries (suturale et discoïdale) de gros P. 10—11 **ulmi** Ross

### EURYPORUS

Ant. coudées; dernier art. palpes sécuriforme

Noir-brillant; 2 P. sur le Th.; ponctuation des El. forte et rugueuse; abdomen très irisé à ponctuation profonde; pattes irisées-dorées. 9 **picipes Pk**

### ACYLOPHORUS

Antennes coudées; scape très long

Très noir, très brillant: Th. en ovale court, avec 2 P. sur le disque; El. à ponctuation rugueuse, profonde. 7 **glabricollis Lac**

### TANYGNATHUS

Tarses de 4 art.

Noir, très brillant: Th. brun; un fin liseré testacé aux El.; 2 points sur le disque du Th.; 1er art. ant. testacé. 4 **terminalis Er**

## TACHYPORIDÆ

### BOLITOBIUS

El. à strie suturale; palpes maxillaires filiformes

1 El. noires, irisées, avec une lunule basilaire ou la base, blanches. 2
— El. testacées plus ou moins pâles, à angle apical externe plus ou moins nettement taché de noir. 4
2 Une lunule humérale blanche aux El. 5—6 **lunulatus L**
— Base des El. blanche. 3
3 Séries suturale et humérale de 8—11 P.; la bande blanche plus sinueuse postérieurement. 8 **speciosus Er**
— Séries suturale et discoïdale de 4—5 P. 4—5 **pulchellus Man**
4 El. avec une tache triangulaire à l'écusson. 5
— El. sans tache triangulaire à l'écusson. 6
5 Ant. à art. allongés, ou carrés, bien plus longues que la tête et le Th. 5 **trinotatus Er**
— Ant. à art. 7—10 transverses, atteignant à peine la base du Th. 3—4 V. **biguttatus Step**
6 Tête rousse; taille grande. 7—8 **bicolor Grav**
— Tête noire. 7
7 Séries suturale et discoïdale de 12 P. pilifères bien marqués; art. 7—10 ant. allongés ou carrés au plus. 4—5 **exoletus Er**
— Séries suturale et discoïdale de 5—7 P. obsolètes, souvent effacés; art. 7—10 ant. transverses. 3—4,5 **pygmæus F**

### MEGACRONUS

4e art. des palpes maxil. plus long que le 3e

1 **El. fortement ponctuées en dehors des séries.** 2

— El. fortement striolées, subrugueuses. 4 **rugipennis** Pand
— El. lisses ou très finement pointillées en dehors des séries. 3
2 Th. testacé, à ponctuation très fine et très dense ; anten. courtes, fines. 5 **rufus** Er
— Ant. très longues et robustes, atteignant le milieu des El. **inclinans** Grav
3 El. rougeâtres à tache apicale noire. 5—6 **striatus** Ol
— El. sans tache apicale noire. 4
4 Th. à pointillé fin et dense, liséré de rouge à la base. 6 **cernuus** Grav
— Th. lisse. 5
5 Ant. à art. 1—2 et 10—11, testacés. 7—9 **cingulatus** Man
— Ant. à base testacée, le 11e seul enfumé ou concolore. 6
6 4e art. ant. allongé. 6—7 **analis** F
— 4e art. ant. transverse. 3,5—4 **crassicornis** Mærk

## MYCETOPORUS

4e art. palpes, moitié plus court que le 3e

1 El. avec une seule série de P. sur le disque (les suturale et marginale non comprises). 2
— El. avec plus d'une série de P. sur le disque. 9
2 Th. testacé, à disque q. q. fois rembruni. 3
— Th. brun-foncé ou noir. 6
3 Ant. très longues, atteignant le 1/3 des El. 3,5—4 **splendidus** Grav
— Ant. atteignant à peine la base du Th. 4
4 Tête noire, Th. et El. rouges; série discoïdale de 7—10 points. 4—4,5 **pachyraphis** Pand
— Tête testacée ou rougeâtre ou brunâtre. 5
5 Séries de 4—5 P.; 4—5 art. ant. plus longs que larges. **forticornis** Fvl
— Séries de 5—7 P.; ant. à art. 4—5 transverses. 3 **clavicornis** Step
6 El. rouges concolores ou rembrunies à l'écusson et sur les côtés. 7
— El. noires ou à fond brun. 8
7 El. un peu rembrunies à l'écusson et sur les côtés: Th. avec un ou plusieurs P. de chaque côté de la ligne médiane. **brunneus** Marsh
— Th. sans points latéraux: El. rouges. 4—5 **splendens** Marsh
8 Premiers segm. de l'abdomen lisses ou presque lisses. 4 **niger** Frm
— Abdomen à ponctuation fine, peu serrée. 3,5 **angularis** Mls
— » à ponctuation forte et serrée. 3—3,5 **Reichei** Pand
9 Th. roux ou brun-roux. 10
— Th. noir ou brun généralement bordé de roux à la base. 11
10 Th. sans points supplémentaires latéraux. 4—5 **rufescens** Step
— Th. avec deux P. latéraux. 4—4,5 **punctus** Gyl
11 El. à 4 séries discoïdales de P. y compris l'huméral. **Brucki** Pand
— El. à 2 séries discoïdales, non compris l'humérale qui est obsolète. 12
12 Série discoïdale interne de 4 P. 5—6 **Mærkeli** Kr
— » » » de 6—11 P. fortement marqués. 3 **nanus** Er

## TACHINUS

El. sans strie suturale, glabres; yeux saillants, ant. simples

1 El. à tache discoïdale triangulaire rouge; corps glabre, très brillant. 4 **discoideus Er**
— El. sans tache rouge discoïdale isolée. 2
2 Abdomen parallèle; dessus brun-noir brillant: El. à ponctuation substriolée. 7 **elongatus Gyl**
— Abdomen conique fortement rétréci vers le sommet. 3
3 El. d'un rouge vif concolore fortement ponctuées. 6—7 **rufipennis Gyl**
— El. non d'un rouge vif uniforme et brillant. 4
4 Dessus complètement chagriné. 5
— Dessus non chagriné en entier. 7
5 El. brunes à vestiges de strioles parallèles. 6
— El. sans traces de strioles, noires à large tache testacée très nette. 5—6 **subterraneus L**
6 Abdomen à ponctuation assez serrée, bien visible. 4 **fimetarius Grav**
— Abdomen à ponctuation très rare, très obsolète. 4 **Bonvouloiri Pand**
7 Th. rougeâtre à disque enfumé: El. rougeâtres à sommet plus clair, q. q. fois à tache humérale obscure. 3-3,5 **collaris Grav**
— Th. noir, plus ou moins bordé de roussâtre. 8
8 El. à bordure périphérique moins la base, plus claire; taille petite. 9
— El. non bordées de couleur plus claire tout autour; taille plus grande. 11
9 Th. à bordure périphérique plus claire. 3,5 **flavolimbatus Pand**
— Th. à côtés et base seulement, plus clairs. 10
10 El. bien plus longues que le Th. 3,5—4 **marginellus F**
— El. courtes, carrées, à peine plus longues que le Th. 4 **laticollis Grav**
11 Ant. noires ou brunes à base noire: El. rougeâtres à disque q. q. fois enfumé; côtés du Th. étroitement rougeâtres vers la base; segments 2—5 de l'abdomen avec 2 traits saillants. 5—6 **flavipes F**
— Ant. à base testacée ou rougeâtre. 12
12 Segm. 2—5 de l'abdomen avec 2 petits traits, saillants, divergeant . 13
— Segm. abdominaux 2—3 avec deux petits traits saillants. 14
13 Ant. moins larges: El. à ponctuat. très fine, bien séparée. **proximus Kr**
— Ant. plus épaisses; ponctuat. des El. plus forte, plus rapprochée, ruguleuse. 7 **humeralis Grav**
14 El. sans bordure apicale rougeâtre bien nette. 15
— El. à bordure apicale rougeâtre. 16
15 Art. 5—11 ant. allongés, noirs: El. à bande basale rougeâtre. 6 **scapularis Step**
— Art. 5—11 ant. subtransverses, rougeâtres; El. à tache triangulaire basale. 5 **bipustulatus F**
16 Th. marginé de testacé, largement sur les côtés et à la base. **pallipes Grav**
— Th. noir à côtés vaguement bruns. 5 **rufipes de G**

## CILEA

Mésosternum caréné; ant. simples

1 . Dessus brun-brillant, subglobuleux; El. éclaircies vers la suture **(Coproporus)**. 1,5 **colchica** Kr

— Noir avec côtés, base et sommet du Th., pourtour de chaque El. d'un testacé pâle **(Leucoparyphus)**. 3 **silphoïdes** L

## HABROCERUS

Ant. très ténues à art. garnis de longs poils verticillés

Noir de poix, lisse; deux premiers art. ant. épais; côtés du corps hérissés de poils noirs. 3 **capillaricornis** Grav

## TACHYPORUS

El. pubescentes; yeux non saillants

1 Ant. rousses, courtes, fusiformes, comprimées latéralement **(S. G. Lamprinus)**. 2

— Ant. grêles, peu comprimées, à art. 7—9 allongés. 4

2 Th. testacé. 4,5—5 **saginatus** Grav

— Th. noir, à angles postérieurs rougeâtres. 3

3 Art. 4—7 ant. non transverses : Th. très rétréci en avant. 3,5 **hæmatopterus** Kr

— Art. 4—10 ant. transverses: Th. à peine rétréci en avant. 3,5 **erythropterus** Pz

4 Tête et Th. rouges. 5

— Tête brune ou noire. 6

5 El. à tache noire occupant la moitié basilaire des El. 3,5—4 **obtusus** L

— El. à tache noire circa-scutellaire, demi-arrondie, n'atteignant pas l'épaule de chaque côté. 3.5 **formosus** Mat

6 Corps peu convexe, allongé: Th. plus large que les El. qui ont une forte ponctuation râpeuse. 2,5 **nitidulus** F

— Corps ovale: Th. non sensiblement plus large que les El. qui ont une ponctuation ordinaire. 7

7 El. noires, concolores ou à sommet testacé. 8

— El. testacées, enfumées à la base. 11

8 Th. testacé; tête ponctuée: El. d'un noir-bleuâtre à sommet rougeâtre. 3 **atriceps** Step

— Th. rougeâtre à sommet largement noir: El. d'un noir bleuâtre à sommet testacé. 2,5—3 **transversalis** Grav

— Th. rougeâtre ou noirâtre marginé de rouge. 9

9 Th. roux: El. d'un noir-bleuâtre. 3—3,5 **ruficollis** Grav

— Th. noirâtre marginé de rougeâtre. 10

10 El. brunes à côtés plus foncés, de moitié plus longues que le Th.; ponctuation fine et dense. 3 **pusillus** Grav

— El. un peu plus longues que le Th., très finement ponctuées, d'un brun-noirâtre à bord apical rougeâtre. 2,5 **macropterus Step**

11 Disque du Th. largement enfumé: El. à tache triangulaire scutellaire et suture, noires. 12

— Th. testacé ou à ligne légèrement ombrée sur le disque. 13

12 Ponctuation des El. fine, assez serrée. 4 **hypnorum F**

— El. à ponctuation forte, écartée, taille plus petite. 2,5 **tersus Er**

13 Tache triangulaire basilaire des El. non prolongée sur la suture. 3,5 **solutus Er**

— Tache basilaire des El. non triangulaire plus ou moins prolongée sur la suture. 3,5 **chrysomelinus L**

## CONURUS

Corps pubescent; abdomen immarginé

1 El. sans taches. 2

— El. ayant chacune à la base une tache rougeâtre nette. 3

2 El. moins longues ou pas plus longues que le Th.; forme courte, large. 2 **pedicularius Grav**

— El. plus longues que le Th. (taille plus petite; ant. plus courtes, plus renflées au sommet, à derniers art. plus transverses, *V. immaculatus Step*). 4 **pubescens Pk**

3 Th. à angles postér. roussâtres; corps chagriné. 4—4,5 **littoreus L**

— Th. concolore. 4

4 El. à longues soies latérales et apicales. 2—3 **bipunctatus Grav**

— El. sans longues soies. 4—4,5 **bipustulatus Grav**

## TYPHLOCYPTUS

Testacé-clair; abdomen très conique, antennes très longues, taille 0m 5. **atomus Rey**

## HYPOCYPTUS

Abdomen marginé contractile; ant. de 10 art., tarses de 4 art.

1 Ant. terminées en massue fusiforme; bords du Th. pâles, angles postérieurs presque droits. 1,5 **longicornis Pk**

— Ant. renflées brusquement en massue. 2

2 El. d'un testacé vif. 1 **rubripennis Pand**

— El. brunes ou noires. 3

3 Th. à angles postérieurs droits ou légèrement obtus. 5

— Angles postérieurs du Th. arrondis. 4

4 Ant. testacées; chaque El. avec une large tache rouge. **discoideus Er**

— Ant. brunes ou noirâtres: El. concolores. 1,2 **læviusculus Man**

5 Ant. brunes à base testacée; côtés du Th. roussâtres. 1,5 **ovulum Heer**

— Ant. complètement testacées. 6

6 Abdomen brun: El. un peu mates: Th. à côtés d'un testacé vif. 1 **seminulum Er**

— Les trois derniers segm. de l'abdomen testacés: El. plus courtes, plus brillantes, à ponctuation plus nette. 1,25 **apicalis** Bris

### TRICHOPHYA

Ant. à poils verticillés; tête saillante à cou distinct

Noir, mat, pubescent; ant., anus et pattes, testacés: Th. transverse, subanguleux au milieu. 2—2,5 **pilicornis** Gyl

## ALEOCHARIDÆ

### GYMNUSA

Tête infléchie avancée en pointe; tarses de 5 art.

1 Ant. noires: El. et abdomen sans taches pubescentes. **brevicollis** Pk

— Premier art. ant. rouge: El. et abdomen à macules de pubescence grise-dorée. 4,5—5 **variegata** Ksw

### DINOPSIS

Tête avancée en pointe; tarses de 3 art.

Noir mat; pubescence fine, dense, soyeuse; ant. fines à 1er art. brun; abdomen assez déprimé. 3 **erosa** Step

### MYLLÆNA

Tête en pointe; tarses postér. de 5 art., les antér. et intermédiaires de 4

1 Taille très petite. 2

— Taille assez grande. 4

2 El. bien plus courtes que le Th.; dessus un peu brillant. 1 **infuscata** Kr

— El. plus longues que le Th. 3

3 Dessus noir mat; abdom. très acuminé; ant. courtes, fines. **minuta** Grav

— Abdomen subparallèle; dessus noirâtre; ant. longues, plus épaissies au sommet, à art. 7—10 bien plus longs que larges. 1,5 **gracilis** Matt

4 Corps large, court; abdomen court, brusquement acuminé. 5

— Cors étroit, fusiforme, allongé; abdomen long, subacuminé. 6

5 Base du Th. fortement bisinuée, angles postér. subobtus, saillants en arrière. 2,3 **dubia** Grav

— Taille plus petite: Th. peu bisinué à la base, angles postér. droits, non saillants. 1,7 **intermedia** Er

6 El. plus courtes que le Th. 7

— El. au moins aussi longues que le Th.; dessus noir à pubescence grise; échancrure de l'angle postéro-externe des El. en angle presque aigu. 2,5 **gracilicornis** Frm

7 Rougeâtre, presque mat, à pubescence jaune. 2,2 **brevicornis** Matt

— Noir, à pubescence grise. 2,5 **elongata** Matt

### ENCEPHALUS

Corps très large, très court, abdomen très large au milieu, creusé en dessus pour tout le corps

Noir; suture et partie du disque des El., rougeâtres; ant. renflées. 2 **complicans** West

## GYROPHÆNA — (Agaricochara)

Corps subdéprimé, court ou oblong

1 Corps noir, El. brunes; tête un peu transverse, tempes assez grandes. 2
— El. en partie et généralement la base de l'abdomen rougeâtres ou testacées; tête toujours transverse, yeux gros et saillants. 6
2 Th. bisérialement ponctué sur le disque; tête allongée, saillante. 3
— Th. sans séries ni sillons discoïdaux. 4
3 Double série du Th. en sillon obsolète; côtés du Th. bien arrondis. 1,5 V. **strictula** Er
— Double série du Th. assez bien marquée: Th. à côtés presque droits et angles postér. moins obtus. 1,2 **polita** Grav
4 Yeux très saillants, tête transverse: Th. lisse avec q. q. P. écartés, sur les côtés. 1 **manca** Er
— Yeux peu saillants; tête allongée, assez saillante. 5
5 Th. à ponctuation fine et serrée. 1 **boleti** L
— Th. presque lisse; dessus varié de noirâtre et de ferrugineux. 1 **lævicollis** Kr
6 Th. bisérialement ponctué-sillonné, sur le disque. 7
— Th. non ou obsolètement ponctué-sillonné. 13
7 Ant. 5—10 ant. plus longs que larges. 8
— Ant. 5—10 ant. transverses. 10
8 El. testacées, enfumées à la suture et à l'angle externe, à ponctuation difficilement visible. 3 **pulchella** Heer
— Ponctuation des El. bien distincte. 9
9 Abdomen brun; bords des segm. et anus, testacés; El. à gros P. épars. 2 **nitidula** Gyl
— Abdomen testacé, les 2 avant-derniers segments bruns: El. à ponctuation très forte, râpeuse. 1,7 **affinis** Sahl
10 El. lisses, à angles externes ponctués; 2 P. en dehors des deux séries du Th. 2 **lævipennis** Kr
— El. pointillées, à angles externes plus ponctués. 11
— El. densément et finement rugueuses. 12
11 Th. moins foncé, côtés moins arrondis. 1,5—2 **fasciata** Marsh
— Th. plus foncé, côtés plus arrondis. 1,7 **bihamata** Thom
12 Un ou 2 P. en dehors de la série du Th. dont les côtés sont très arrondis. 1,5—2 **nana** Pk
— Th. à côtés subparallèles; 3 à 5 P. en dehors de la série dorsale; dessus plus clair. 2 **gentilis** Er
— Th. assez fortement ponctué latéralement, rugueusement ponctué sur sa base, et à pourtour roux. 1,5 **rugipennis** M-R
13 El. lisses. 1 **lucidula** Er
— El. ponctuées. 14
14 Ponctuation des El. fine, serrée, égale. 1,5 **Poweri** Crot
— El. à ponctuation forte, râpeuse. 1—1,3 **minima** Er

## BRACHIDA

Palpes labiaux de trois art.

Large, court, noir-brunâtre, pileux; 4 prem. art. des ant. testacés; ♂ un petit tubercule vers l'angle sutural des El. 1,5 **exigua** Heer

## OLIGOTA

Ant. de 10 art., tarses de 4 art.

1 Corps ovalaire, large; abdomen conique. 2
— Corps parallèle ou subparallèle. 3
2 Ant. à massue abrupte de 3 art.; pattes brunes. 1 **flavicornis** Lac
— Ant. à massue graduellement formée de 5 art.; pattes et sommet de l'abdomen, testacés. 1 **apicata** Er
3 Massue des ant. de 3 art. 4
— Ant. à massue de 4 art. 7
4 Dessus brun: El. d'un roux obscur; sommet de l'abdomen testacé. 0,7 **parva** Kr
— Dessus noir-brillant. 5
5 Sommet des ant. et pattes, d'un brun de poix. 1 **atomaria** Er
— Ant. et pattes testacées. 6
6 El. longues, noires, à ponctuation très serrée. 1,2 **punctulata** Heer
— El. courtes, brunes, à points moins serrés et plus forts. **pusillima** Grav
7 Taille petite: El. à ponctuation très écartée. 0,7 **pumilio** Ksw
— Taille plus grande. 8
8 Noir: El. à ponctuation peu serrée. 1,2 **granaria** Er
— Dessus varié de brun-roux et de testacé: El. à ponctuation écartée. 1 **rufipennis** Kr
— Noir de poix, mat: El. à ponctuation réticulée, très dense. **inflata** Man

## CYPHEA

3e art. des palpes, en cône renversé

Noir, peu brillant, densément ponctué; ant. à base testacée: El. 2 fois aussi longues que le Th. avec un tubercule près de l'écusson, chez le ♂. 1,5 **curtula** Er

## PLACUSA

3e art. des palpes maxil. fusiforme

1 Th. moitié plus étroit que les El., noir un peu brillant: El. déprimées, d'un brun-foncé; 7e segm. abdom. ♂ à dent aiguë, bidenticulée à la base, et munie de chaque côté d'une épine. 2 **adscita** Er
— Th. un peu plus étroit que les El. 2
— Th. très court, aussi large que les El. à la base. 3

2 Abdomen un peu brillant, nettement ponctué; angles postér. du Th. effacés. 2—2,5 **pumilio Grav**

— Abdomen assez mat, très densément ponctué; angles postér. du Th. presque droits. 1,7 **infima Er**

3 Th. à base très fortement bisinuée, à angles postér. bien marqués, à côtés assez fortement arqués. 3 **complanata Er**

— Base du Th. à peine bisinuée; angles postérieurs arrondis. **humilis Er**

## HOMALOTA

Tarses antér. de 4 art., interméd. et postér. de 5; 1er art. des tarses postér. moins long que les 2 suivants; 3e art. des palpes, peu renflé; tempes rebordées en entier ou en partie

A Abdomen nettement rétréci vers le sommet.

1 Quatrième art. ant. légèrement transverse. 2

— Quatrième art. ant. carré. 4

— Quatrième art. ant. plus long que large. 10

2 El testacées à suture enfumée (q.q.f. concolores). 3—3.5 **sordida Marsh**

— El. noires, taille plus petite. 3

3 El. plus longues que le Th., à ponctuation très serrée; art. 5—10 ant. subtransverses. 1,3 **cribrata Kr**

— El. à peine aussi longues que le Th. à ponctuation squameuse; art. 5—10 ant. fortement transverses. 1,5 **nigerrima A**

4 Abdomen à ponctuation écartée, au moins au sommet. 5

— Abdomen à ponctuation serrée, même au sommet. 9

5 El. noires concolores. 6

— El. testacées, tachées de noir 7

6 Th. subsillonné, fossulé à la base. 2 **subsinuata Er**

— Th. avec parfois une trace de sillon, mais base sans fossette. 2 **parva Sahl**

7 Th. brillant: El. testacées avec écusson et angles externes noirs. 2,5 **pulchra Kr**

— Th. mat à points très serrés. 8

8 Th. sillonné. 2 **fuscipes Heer**

— Th. sans sillon. 2—2,7 **tenera Sahl**

9 Th. mat, sans sillon; 1er art. ant. à peu près aussi large que le 2e. 2 **parens Rey**

— Th. brillant, sillonné; 1er art. ant. renflé, plus large que le 2e. 2 **orphana Er**

10 Abdomen soyeux, mat ou peu brillant, à points fins et serrés. 11

— Abdomen non soyeux, brillant, à points plus ou moins écartés au sommet. 12

11 Pattes et anus testacés: Th. moins transverse. 2 **pygmæa Gyl**

— Pattes testacées, cuisses enfumées: Th plus transverse. **aterrima Grav**

12 Th. nettement sillonné. 2,5 **laticollis Step**

— Th. non ou très obsolètement sillonné. 13

13 Art. 6—10 ant. transverses; côtés du Th. des El. et de l'abdomen à soies hérissées. 1—1,7 **cauta** Er
— Art. 6—10 ant. non transverses. 14
14 Taille petite; art. 6—10 ant. non pileux. 1,5 **macrocera** Thom
— Plus grand; art. 6—10 ant. pileux. 2,3 **fungi** Grav

**B** Abdomen légèrement, mais visiblement rétréci au sommet.
1 4e art. ant. transverse. 2
— 4e art. ant. carré: Th. sillonné. 1,6 **zosteræ** Thom
— 4e art. ant. plus long que large. 5
2 El. testacées sur le disque: Th., El. et abdomen hérissés de longs poils; art. 5—10 ant. allongés. 3 **longicornis** Grav
— El. noires. 3
3 Tête et Th. sillonnés; tête, Th. et El. mats; abdomen à ponctuation égale, très dense. 4
— Th. sillonné, assez transverse; dessus assez mat; abdomen à sommet moins densément ponctué. 1,3 **celata** Er
— Th. peu transverse, à fossette basilaire; noir, assez brillant. **villosula** Kr
4 El. de la longueur du Th. 1,3 **canescens** Sharp
— El. plus longues que le Th. 1,3 **sordidula** Er
5 Ant. sétosellées: El., pattes et base des ant., testacées. **marcida** Er
— Ant. pubescentes, non sétosellées. 6
6 Base des ant. testacée. 7
— Ant. noires. 8
7 Abdomen assez pileux: Th. suborbiculaire, subtransverse. **livida** M-R
— Abdomen moins pileux: Th. subcarré non transverse. 2,5 **putrida** Kr
8 Avant-corps presque mat à reflets bronzés; art. 7—10 ant. à peine transverses. 2—2,7 **picipennis** Man
— Avant-corps assez brillant. 9
9 Avant-corps bronzé; art. 7—10 ant. transverses: Th. fortement transverse: pattes brunes ou noirâtres. 2,5 **atramentaria** Gyl
— Avant-corps non bronzé: Th. fortement transverse; pattes brunes ou noirâtres. 2,5 **cadaverina** Bris
— Th. étroit peu transverse; pattes testacées. 2 **lævana** Muls

**C** Abdomen nettement parallèle.
**1°** Th. nettement transverse (plus ou moins fortement).
1 Tête bien dégagée du Th. 2
— Tête plus ou moins engagée dans le Th. 4
2 Ant. testacées. 3
— Ant. brunes, à 1er art. testacé. 2—2,3 **soror** Kr
— Ant. noirâtres, à base brune; ♂ Th. profondément excavé; 4e art. ant. carré. 1,7 **cava** Fvl
3 Tête fovéolée. **cavifrons** Sharp
— Tête non fovéolée, un peu moins large que le Th.; abdomen à sommet testacé. 2 **analis** Grav
4 4e art. ant. plus long que large. 5

— 4e art. ant. carré. 13

— 4e art. ant. transverse. 24

5 Taille grande; dessus brun-rougeâtre avec la tête et 2 ou 3 segm. abdominaux, noirs. 6

— Corps noir ou brun: El. brunes ou testacées; taille assez grande. 7

— Corps noir; pattes brunes ou testacées. 11

6 Avant-corps brillant à ponctuation très nette, peu serrée, à pubescence courte, rare. 3,5—4 **brunnea** F

— Avant-corps mat, à pubescence plus longue, plus serrée; tête et Th. chagrinés. 4 **melanocephala** Heer

7 Art. 8—10 ant. plus longs que larges. 8

— Art. 8—10 ant. transverses. 10

8 Th. à reflets bronzés. 9

— Th. non bronzé, à ponctuation forte et serrée. 3,5 **castanoptera** Man

9 Th. noir, très bronzé,étroit, à impression basilaire prolongée en sillon en avant: El. bien plus longues. 3,3 **aquatica** Thom

— Th. large, d'un noir de poix, peu bronzé: El. subtransverses. 3,5 **incognita** Shapr

10 Art. 5—7 ant. carrés, à base au moins, rougeâtre; tête et Th. bronzés: Th. à ponctuation râpeuse, serrée. 3 **Pertyi** Heer

— Art. 5—10 ant. tranverses; ant. brunes, concolores. 3 **succicola** Thom

— Art. 5 ant. subcarré, 6—10 transverses; ant. noires; pattes brunes. 2 **subglabra** Shar

11 Deux gros P. rapprochés, à la base du Th. 2 **gemina** Er

— Th. sillonné, le sillon partant d'une fovéole basale. 12

12 Abdomen à ponctuation forte, très dense, égale. 2,3 **meridionalis** M-R

— Abdomen à ponctuation fine, plus rare vers le sommet. 2,3 **Aubei** Bris

13 Ant. testacées; dessus presque mat: tête aussi large que le Th. 1,3 **laticeps** Thom

L'H. **deformis** Kr a le corps assez brillant, la taille plus forte, la tête plus étroite que le Th.

— Ant. noires. 14

— Ant. noires à base plus ou moins testacée, ou d'un noir de poix à base moins foncée. 18

14 Taille petite ou moyenne. 15

— Taille grande, art. 5—10 ant. à peine transverses; ♂ 7e segm. échancré, muni de 4 dents, les médianes obtuses. 3 **contristata** Kr

15 Ant. courtes à art. 6—10 très transverses. 16

— Ant. plus longues à art. 6—10 plus ou moins transverses. 17

16 Plus brillant: Th. peu transverse: El. et anus, ferrugineux. **corvina** Thom

— Plus mat: Th. plus court, très transverse. 1,5 **subtilis** Scrib

17 Tête et Th. mats, rugueusement pointillés. 2—2,2 **nigricornis** Thom

— Tête et Th. assez brillants, à ponctuation peu visible, celle de l'abdomen rare aux segm. 2—4. **angusticollis** Thom

18 Ant. d'un noir de poix; leur base et El. d'un brun plus ou moins clair. 19

— Ant. noires à base testacée. 21

19 Derniers art. ant. très courts, très transverses; le 11e aussi long que les trois précédents. 2—2,3 **divisa** Mærk

— Derniers art. ant. moins transverses; 11e plus court que 9 et 10. 20

20 El. un peu déprimées; tête et Th. brillants à ponctuation peu visible. 2—2,5 **palustris** Ksw

— Tête et Th. peu brillants; celui-ci à ponctuation nette, râpeuse. 2—2,5 **gagatina** Baud

21 El. testacées; ant. presque complètement testacées. **subcavicola** Bris

— El. d'un brun plus ou moins clair. 22

22 El. peu plus longues que le Th.; art. 6—10 ant. très transverses. 2 **myrmecobia** Kr

— El. bien plus longues que le Th. 23

23 Antennes plus épaisses à derniers art. moins transverses: Th. peu brillant. 2,5—3 **sericans** Crav

— Th. brillant; impression basilaire du Th. semblable à deux gros P. réunis par un sillon transverse. 2—2,5 **sodalis** Er

24 Taille de 0m7; noir, peu brillant: El. souvent brunes; art. 4—10 ant. très transverses. **inquinula** Grav

— Taille moyenne ou grande. 25

— Taille petite. 37

25 Ant. assez longues, non en massue perfoliée. 26

— Ant. courtes, en massue perfoliée. 31

26 Noir; tête et Th. mats; tarses seuls et genoux, d'un testacé sale. 2 **depressicollis** Fvl

— El., pattes en partie, ou base des ant., plus ou moins testacées. 27

27 Ant., pattes, épaules et une ligne oblique sur les El., testacées. 2 **pallidicornis** Thom

— Base des ant. testacée. 28

— Ant. brunes ou noires, à la base. 30

28 Tête et Th. mats: El. brunes; abdomen mat, densément ponctué. 1,6 **clancula** Er

— Tête et Th. mats; abdomen brillant au sommet seulement qui est peu ponctué: El. testacées. 2,5 **boletophila** Thoms

— Tête et Th. brillants. 29

29 El. beaucoup plus larges que le Th.: Th. brillant à ponctuation effacée. 2 **coriaria** Kr

— El. peu plus larges que le Th., celui-ci peu brillant, à ponctuation nette, râpeuse. 2,3 **nigritula** Grav

30 Pattes testacées: El. testacées, moins le pourtour de l'écusson et les angles externes. 2,7 **trinotata** Kr

— Pattes foncées; cuisses brunes: El. noires ou d'un brun-foncé. 3 **nitidicollis** Frm

31 Ant. testacées. 32

— Ant. plus ou moins foncées, concolores, ou à base plus claire. 34

32 El. testacées; tête et Th. très mats. 2 **liturata** Step

— El. et Th. plus ou moins rougeâtres: Th. brillant. 33

33 El. testacées à ponctuation obsolète. 2,3 **subterranea M-R**

— El. testacées à base et côtés foncés, très fortement ponctuées. **minor A**

34 Th. brillant, peu transverse. 2 **dilaticornis Kr**

— Th. plus ou moins mat. 35

35 Base des ant. testacée; tête et Th. un peu brillants. 36

— Base des ant. d'un noir de poix; tête et Th. très mats. 2 **oblita Er**

36 Segm. 5—6 de l'abdomen à ponctuation nette et dense. 2 **antumnalis Er**

— Segm. 5—6 de l'abdomen presque lisses. 1,7 **basicornis M-R**

37 El. plus courtes que le Th., fortement ponctuées; base des ant. et pattes, testacées. 1 **cæsula Er**

— El. plus longues que le Th. 38

38 Ant. courtes, en massue perfoliée: Th., base et sommet de l'abdom. rougeâtres: El. rousses, q.q.f. enfumées; pattes testacées. **palleola Er**

— Ant. assez longues; dessus non varié de testacé. 39

39 Pattes testacées. 40

— Ant. et pattes (cuisses au moins) noirâtres. 42

40 Corps noir, mat; ant., El. et anus, bruns; ♂ tête fovéolée. **amicula Step**

— Corps brillant. 41

41 Th. assez brillant, très fortement transverse. 1,3 **liliputana Bris**

— Th. très brillant, légèrement, transverse. 1,5 **ægra Heer**

42 El. noires, à ponctuation dense; pattes brunes. 1,5 **indubia Shar**

— El. à disque rougeâtre, à ponctuation éparse; base et sommet des jambes, et tarses, testacés. 1,5 **atomaria Kr**

2° Thorax non ou à peine transverse:

1 4e art. des antennes transverse. 2

— 4e art. ant. carré ou très peu plus long que large. 15

— 4e art. des antennes bien plus long que large. 26

2 3e art. ant. plus court que le deuxième. 3

— 3e art. ant. égal au 2e, ou très peu plus long. 10

— 3e art. ant. plus grand que le deuxième. 14

3 Dessus roux-ferrugineux ou testacé avec une ceinture abdominale foncée. 4

— Dessus brun ou noir de poix, plus ou moins brillant. 5

4 Tête concolore. 1,2 **indocilis Heer**

— Tête noire ou brune: Th. carré: El. très fortement transverses; poitrine testacée. 2,6 **circellaris Grav**

5 Corps épais, subconvexe, fortement ponctué, d'un noir brillant concolore. 1,6 **inconspicua Er**

— Corps peu épais, finement pointillé. 6

6 5e segment abdominal plus long que les précédents. 7

— 5e segm. aussi long ou à peine plus court que les précédents. 8

7 Ant. à base testacée, fortement épaissies, à art. 5—10 très courts, très fortement transverses. 1,6 **exilis Er**

— Ant. graduellement épaissies ou subfiliformes; dessus noir, peu brillant. 1,7 **vilis** Er

8 Noir, peu brillant; ant. roussâtres et pattes d'un testacé de poix; hanches interméd. légèrement distantes; lame mésosternale prolongée aux 2/3 des hanches. 2,3 **paradoxa** M-R

— Hanches intermédiaires plus ou moins rapprochées; lame mésosternale dépassant à peine le milieu des hanches intermédiaires. 9

9 Ant. noirâtres; pattes d'un brun de poix. 2,3 **luctuosa** M-R

— Base des ant., pattes et sommet de l'abdomen, testacés. 1,4 **talpa** Heer

10 4e segment abdominal impressionné à la base. 11

— 4e segment abdominal sans impression à la base. 12

11 Noir, brillant; tête impressionnée au milieu: Th. impressionné à la base: El. plus longues que lui. 3,4 **monticola** Thom

— Noir, peu brillant: Th. sétosellé sur les côtés: El. plus courtes que lui. **excellens** Kr

12 Tête sillonnée ou excavée; noir, assez brillant: El. moins foncées. 2,9 **picipes** Thom

— Tête ni sillonnée, ni excavée. 13

13 Noir, assez brillant: Th. moins foncé: El. d'un brun-roux; sommet de l'abdomen, base des ant. et pattes, testacés. 2,5 **nutans** M-R

— Noir, brillant: El. à bande oblique testacée; tibias et tarses, testacés. 3,5 **triangulum** Kr

14 Abdomen plus ou moins ponctué vers la base: El. à bande oblique testacée. 3,4 **xanthopus** Thom

— Abdomen médiocrement ponctué à la base: El. à peine moins foncées. 3,7 **ebenina** M-R

15 Troisième art. ant. plus long que le deuxième. 16

— Troisième art. ant. plus petit que le deuxième. 19

— Troisième art. égal au deuxième. 21

16 Tempes rebordées à la base seulement et non en avant. 17

— Tempes complètement rebordées; disque des El. et pattes, testacés. 4,3 **Reyi** Ksw

17 Th. subrétréci en arrière; dessus noir: El. brunâtres; base des ant. et pattes, testacées. 3,6 **vestita** Grav

— Th. subrétréci en avant. 18

18 3 premiers art. ant. plus clairs. 4,3 **pagana** Er

— 1er art. ant. seul testacé. 3,7 **hypnorum** Ksw

19 5e segm. abdom. aussi grand que les précédents; ant. pilosellées. 3 **puncticeps** Kr

— 5e segment de l'abdomen plus grand que les précédents. 20

20 Brun de poix assez brillant, densément pointillé: Th. et El. moins foncés; ant., sommet de l'abdomen et pattes, testacés. **subtilissima** Kr

L'H. **delicatula** Sharp est plus grande, d'une teinte plus obscure; art. 4—10 des ant. un peu plus oblongs.

— Noir-brillant à ponctuation serrée: El. brunâtres, sommet de l'abdomen roux; base des ant. et pattes, testacées; ant. verticillées-pilosellées. 3,1 **fallaciosa** Sharp

21 4e segm. abdom. impressionné à la base; dessus noir: El. un peu roussâtres, ant. obscures. 3,2 **occulta Er**

— 4e segm. abdom. non impressionné. **22**

22 Tempes non rebordées; dessus noir: El. brunâtres; ant., pattes et sommet de l'abdomen, testacés. 2,3 **fragilis Kr**

— Tempes rebordées. **23**

23 5e segm. abdom. peu plus grand que le précédent. **24**

— 5e segment beaucoup plus grand que les autres. **25**

24 El. noires à disque testacé; 1er segm. abdom. ♂ tuberculé au milieu. 3,8 **vicina Step**

— El. uniformément brunes; 1er segm. ♂ mutique. 3,8 **nitidula Kr**

25 Noir-brillant: El. brunes et sommet de l'abdomen d'un roux de poix; base des ant. et pattes, testacées. 3,1 **melanocera Thom**

— Noir de poix, brillant: El., sommet de l'abdomen, ant. et pattes, testacés. 3,3 **debilis Er**

26 3e art. ant. plus grand que le deuxième. **27**

— 3e art. ant. égal au deuxième. **28**

— 3e art. ant. plus petit que le 2e; tempes non rebordées. **44**

27 Tempes non rebordées en avant; noir-brillant, base des ant. et pattes brunes, tibias et tarses roussâtres. 4 **graminicola Grav**

— Tempes rebordées sur toute la longueur; noir presque mat; une bande oblique, testacée, aux El.; base des ant. et pattes, testacées. 2,7 **Linderi Bris**

28 4e segm. abdominal impressionné. **29**

— 4e segm. de l'abdomen, non impressionné. **30**

29 Tempes rebordées sur les côtés; noir-brillant; Th. fovéolé à la base, pattes obscures. **fungivora Thom**

— Tempes non rebordées; pattes obscures, genoux et tarses roussâtres. 3,8 **annulata Fvl**

30 Tempes non rebordées; 5e segm. abdom. ordinairement plus long que les précédents. **31**

— Tempes rebordées. **39**

31 Lame mésosternale en angle aigu, prolongée jusqu'à la moitié des hanches intermédiaires. **32**

— Lame mésosternale en angle presque droit, prolongée jusqu'au 1/3 des hanches. **36**

32 5e segm. abdom. ♂ et ♀ inerme, 4e et 5e égaux, un peu plus grands que les précédents; noir: El. brunâtres, ant. d'un roux obscur, pattes testacées. 3,3 **gregaria Er**

— 5e segm. abdom. ♂ avec une dent sur le dos. **33**

33 8—10 art. ant. visiblement transverses. **34**

— 8—10 art. ant. pas ou peu plus longs que larges; noir de poix brillant: El. moins obscures, pattes testacées. 2,7 **cambrica Woll**

— 8—10 ant. bien plus longs que larges. **35**

34 Ant. pilosellées, testacées; 5e segm. abdom. seul, un peu plus grand que les précédents. **insecta Thom**

— Ant. peu pilosellées; 4e et 5e segm. abdom. un peu plus grands que les précédents. 3,6 **sulcifrons** Step

35 Noir, ant. obscures; 4 prem. segm. abdom. peu pointillés. 4,2 **currax** Kr

— Brunâtre; base des ant. testacée; 4 prem. segm. de l'abdomen très densément pointillés (art. 4—10 ant. moins longs: Th. moins court: El. d'un roux presque testacé; 4 prem. segments plus finement, plus densément pointillés *V. longicollis M-R*). 4,3 **languida** Er

36 2—3 art. ant. allongés, 5—10 suballongés; El. testacées. **gracilicornis** Er

— 2—3 art. ant. suballongés, 5—10 oblongs. 37

37 Th. subcarré, obsolètement canaliculé: El. en carré oblong; corps brunâtre: El. moins foncées. 2,2 **fragilicornis** Kr

— Th. subtransverse: El. presque carrées ou subtransverses. 38

38 Base du Th. impressionnée; front presque plan; corps noir brillant. 3,3 **libitina** M-R

— Th. largement sillonné; front sillonné; corps d'un brun de poix, sommet de l'abdomen testacé. 2,2 **eximia** Sharp

39 5e segm. abdom. non ou à peine plus grand que les précédents; noir de poix brillant: El., sommet de l'abdomen et poitrine, roussâtres; base des ant. testacée (plus large, ant. obscures: Th. plus court, plus étroit, plus rétréci en avant, subimpressionné sur le dos, *V. oblonga Er*). **granigera** Ksw

— 5e segment abdominal plus grand que les autres. 40

40 Abdomen uniformément pointillé, à peine moins densément en arrière. 41

— Abdomen plus ou moins ponctué à la base, lisse ou presque lisse sur le 4e ou 5e segment. 42

41 El. d'un brun roussâtre; ant., sommet de l'abdomen et pattes, testacés. 2,3 **marina** M-R

— El. et ant. brunâtres; base de celles-ci et pattes, d'un testacé obscur. 3,8 **hygrotopora** Kr

42 Ant. obscures, 1er art. moins foncé: El. d'un brun-roux; abdomen concolore. 3,2 **sequanica** Bris

— Ant. entièremt obscures; abdomen concolore: El. noires. **Brisouti** Germ

— Ant. d'un roux obscur ou roux-ferrugineux; sommet de l'abdomen roussâtre. 43

43 Ant. d'un roux obscur à base plus claire: Th. subtransverse: El. brunâtres: 6e segm. abdom. seul, roux. 3,2 **elongatula** Grav

— Ant. rousses: Th. subcarré: El. d'un brun-roux; 6e segm., extrémité du 5e et intersections ventrales d'un roux-ferrugin. **terminalis** Grav

— Base des ant., extrémité de l'abdomen, intersections abdominales et ventrales, et pattes, testacées: El. testacées. **luridipennis** Mann

44 Noir-brillant: El. et sommet de l'abdomen d'un brun de poix; ant. d'un roux obscur; pattes testacées; tête ♂ échancrée au milieu de sa base. 3,2 **debilicornis** Er

— Noir, assez brillant: El. brunâtres; ant. brunes, pattes d'un testacé obscur: Th. subtransverse à côtés subarqués. 2,7 **fluviatilis** Kr

— Noir: El. un peu moins foncées; ant. d'un roux brunâtre, pattes d'un testacé de poix: Th. à côtés presque droits. 2,2 **longula** Heer

— Noir, peu brillant; pattes d'un testacé de poix, genoux et tarses pâles; tête largement et triangulairement impressionnée en avant. 2,8 **impressa M-R**

### ALAOBIA

6ᵉ segm. abdom. ♂ 4-denté, à dents latérales spiniformes

1 Roux-testacé brillant; tête et une large ceinture abdominale, noires. 3 **ochracea Er**

— Th. rugueusement pointillé; roux peu brillant avec tête et segments interméd. de l'abdomen un peu rembrunis. 2,3 **rufescens Kr**

### ALEUONOTA

Tête saillante; hanches intermédiaires rapprochées; 1ᵉʳ art. tarses postér. moins long que les deux suivants

1 Cinquième segment abdominal plus long que les précédents; corps subdéprimé d'un roux testacé. **2**

— Cinquième segm. abdom. pas ou peu plus long que les précédents. **3**

2 Troisième art. ant. bien plus court que le 2ᵉ; 5—10 fortement transverses: El. en carré suboblong, plus longues que le Th. **macella Er**

— 3ᵉ art. ant. plus court que le 2ᵉ; 5—10 très fortement transverses: El. carrées, un peu plus longues que le Th. 1,3 **pallens M-R**

3 5—10 art. des ant. médiocrement transverses; noir, avec El. brunes; ant. rousses à base d'un roux de poix; sommet de l'abdomen & pattes testacés (**Plataræa**). 4,4 **hepatica Er**

Ici viendrait se placer l'A. **ocaloides** Bris (4ᵐ); dessus couleur de poix; tête, ant., abdomen, noirâtres: Th. suborbiculaire, canaliculé: El. déprimées; pattes d'un testacé-brunâtre.

— 7—10 art. ant. très fortement transverses, presque perfoliés. **4**

4 Dernier art. tarses postér., subégal aux deux précécents réunis. **5**

— » » » » aux trois précédents réunis. **6**

5 Tête finement ponctuée: El. un peu plus longues que le Th. **rufotestacea Kr**

— Tête assez fortement ponctuée: El. de moitié plus longues que le Th. 2,5 **elegantula Bris**

6 Th. noir de poix; ant. et pattes testacées: El. densément pointillées. 2,7 **gracilenta Er**

— Th. testacé, obscur; ant. brunâtres; pattes d'un testacé-brunâtre: El. médiocrement pointillées. 1,7 **læviceps Bris**

### CALLICERUS

3ᵉ art. palpes maxil. fortement renflé; tarses ant. de 4 art., les autres de 5; 1ᵉʳ art. tarses postér. moins long que les 2 suivants réunis; ant. cylindriques

1 Ant. testacées; 9—10 art. subcarrés; 11ᵉ 2 fois aussi long que le 10ᵉ; abdomen assez densément pointillé à la base. 4—5 **rigidicornis Er**

— Ant. noires; dessus brun-foncé peu brillant, l'abdomen excepté. **2**

2 Neuvième art. ant. très transverse; 10ᵉ très allongé, 5 f. plus long; abdomen presque lisse; front sillonné à la base. **obscurus Grav**

— 9e art. ant. transverse; 10e deux f. plus long. 3,5—4 **atricollis** A

## ILYOBATES

1er art. tarses postér. égale 2 et 3 réunis; 5e segment de l'abdomen plus long que le 4e

1 Dessus brun-foncé luisant: El. souvent plus pâles; ant. fortement épaissies, d'une manière presque égale dès le 5e art.; Th. et El. à ponctuation fine et éparse; abdomen lisse. 3 **forticornis** Lac

L'I. Bonnairei Fvl plus petit que le forticornis, est d'un roux-testacé brillant, avec ant. et tête plus foncées; ponctuation très fine et serrée; pubescence jaune, courte et très dense.

— Dessus marron-roussâtre, peu luisant; ant. graduellement épaissies; Th. et El. densément ponctués. 2

2 Une fine carène longitudinale à la base des 4 premiers segments abdom., Th. à sillon large et profond. 5 **Mech** Baud

— Segm. abdom. sans carènes ou à carènes peu distinctes: Th. avec au plus un fin sillon à la base. 3

3 Th. convexe (souvent plus foncé que le reste du corps), non sillonné, à ponctuation forte et serrée. 3—5 **nigricollis** Payk

— Th. concolore, moins convexe, à fin sillon basal, à ponctuation plus fine, plus écartée; tête et El. densément et fortement ponctuées. 4 **propinquus** A

## CALODERA — CHILOPORA

Mésosternum non caréné; tête saillante dégagée du Th., resserrée à la base

1 Tempes rebordées sur les côtés. 2

— Tempes non rebordées. 4

2 Ant. légèrement épaissies à art. 2—3 allongés, subégaux, le 4e carré oblong (**Chilopora**). 3

— Ant. épaissies à art. 2—3 suballongés, 3e un peu plus court, 4e transverse; dessus rougeâtre, mat. 3,5 **rubens** Er

3 Noir, obscur, peu brillant; cuisses souvent rembrunies; 1er art. des tarses postér. égal aux deux suivants. 3,5—4 **longitarsis** Er

— Roux, q. q. f. testacé, un peu brillant; pattes testacées; 1er art. des tarses postér. égal aux trois suivants. 4,4 **rubicunda** Er

4 Premier art. ant. creusé au sommet d'une rainure profonde pour recevoir le 2e art.; Th. non rétréci à la base, un peu moins large que les El. 2,3 **umbrosa** Er

— 1er art. ant. normal. 5

5 Th. finement ponctué, à sillon large, peu profond, bien visible de côté; dessus déprimé, mat. 6

— Th. sans sillon ou à sillon court, fin, obsolète, à la base. 7

6 Pattes roussâtres; 2e art. ant. presque 2 fois aussi long que le 3e; abdomen uni. 2,5—3 **protensa** Man

— Pattes noires, genoux, tarses et q. q. f. tibias, roux; 2e art. ant. peu plus long que le 3e; 3 prem. segments abdominaux fortement déprimés à la base. 3,5—4 **nigrita** Man

7 Art. 5—10 ant. sensiblement transverses; une petite fossette transverse, à la base du Th.; 3e art. ant. plus court que le 2e. **uliginosa** Er

— Art. 5—10 ant. fortement transverses. 8

8 3e art. ant. égale moitié du 2e; abdomen très finement et densément pointillé, presque mat. 1,5—2 **æthiops** Grav

— 3e art. ant. égal aux 2/3 du 2e; deux petites fossettes arrondies, rapprochées, à la base du Th.; dessus noir, brillant (dessus moins noir, moins brillant: El. plus longues, plus déprimées; abdomen à ponctuation plus dense, plus uniforme, *V. rufescens Kr*). **riparia** Er

## PRONOMÆA

Tête acuminée en forme de rostre; tarses antér. de 4 art., les autres de 5

Noir de poix brillant: El. moins foncées; ant. à base plus claire, à extrémité ferrugineuse, abdomen presque lisse; anus brun; pattes d'un brun-roux. 2,8 **rostrata** Er

## OCALEA

Tempes rebordées; 1er art. tarses postérieurs au moins égal à 2 et 3 réunis

1 Dernier art. ant. allongé, subcylindrique; abdomen assez densément ponctué, noir-brillant, à peine sétosellé. 3,8 **decumana** Er

— Dernier art. des ant. ovalaire-oblong; abdomen presque lisse; art. 5—10 des ant. non transverses. 2

2 Noir, avec ant. et pattes d'un roux obscur. 4,4 **concolor** Ksw

— Brun ou roux de poix: pattes et ant. testacées. 3

3 El. densément et finement ponctuées. 4,4 **picata** Step

— El. peu densément et assez fortement ponctuées; art. 5—10 ant. moins allongés. 3,6 **badia** Er

## TACHYUSA — ISCHNOPODA — THINONOMA

Tarses antér. seuls de 4 art.; 1er art. des tarses postérieurs très allongé

1 Corps d'un roux-testacé avec tête et une ceinture abdominale, noires. **exarata** Er

— Corps noir, avec base de l'abdomen, plus étroite que les El. et d'un rougeâtre clair. 2

— Corps noir ou brun; abdomen concolore (les 3 premiers segm. q. q. f. un peu moins foncés chez *coarctata.*) 3

2 Th. rougeâtre. 2,5 **ferialis** Er

— Th. concolore, fortement rétréci à la base, faiblement fossulé. 2,5 **balteata** Er

3 Th. non sillonné, arrondi en avant; les 3 premiers segm. de l'abdomen plus développés et étranglés à leur base. 4

— Th. presque quadrangulaire, obsolètement sillonné; le 1er segment de l'abdomen seul, un peu plus développé que les autres. 7

4 Abdomen très resserré à la base, à 3 premiers segm. presque lisses au milieu, les autres assez densément pointillés; base des ant. et pattes, testacées. 3 **constricta** Er

— Abdomen pointillé plus ou moins fortement sur toute sa surface. 5
5 Abdomen à peine resserré à la base; base des ant., genoux et tarses, testacés. 2,7 **scitula** Er
— Abdomen légèrement resserré à la base. 6
6 Abdomen distinctement sétosellé; base des ant. et pattes, testacées. 3 **objecta** Rey
— Abdomen non sétosellé, moins finement et moins densément ponctué; ant. et pattes testacées. 3 **coarctata** Er
7 Dessus mat; pattes brunes, avec base des cuisses, genoux et tarses, jaunes. **atra** Grav
— Dessus brillant, pattes rougeâtres. 3 **umbratica** Er
— Dessus presque mat; pattes noires : Th. à sillon bien marqué, à côtés arrondis en devant, rétrécis vers la base. 3,5 **concolor** Er

## MYRMECOPORA

Tête portée sur un cou grêle, moins large que la moitié du vertex

1 Ant. testacées, atteignant le milieu des El., à art. 7—10 suballongés ou carrés. 3 **uvida** Er
— Ant. dépassant à peine la base du Th., à art. 7—10 transverses. 2,5 **sulcata** Ksw

## GNYPETA

Tête portée sur un cou; 1er arceau du ventre, seul, plus développé que les autres

1 El. carrées, plus longues que le Th.; pattes pâles. **velata** Er
— El. transverses, un peu plus longues que le Th.; pattes ordinairement obscures. 2
2 Tête à fovéole; troisième art. antennes subégal au 2e; les 8—10 suboblongs. **ripicola** Ksw
— Tête à fovéole obsolète; 3e art. ant. un peu plus court que le 2e; les 8—10 transverses. **carbonaria** Man

## SCHISTOGLOSSA

Mandibules bifides ou bidentées au sommet

1 Th. carré ou très peu plus large que long, sans sillon ni fossettes; art. 8—10 des ant. transverses; pattes testacées. (**Dilacra**) **luteipes** Er
— Th. transverse, fossulé à la base; art. des ant. allongés; pattes d'un brun-roussâtre. 3 **viduata** Er

## ALIANTA

5e segm. abdom. au moins, impressionné à la base; hanches interméd. écartées

1 Abdomen brillant, presque lisse : Th. ♂ à grande excavation discoïdale et trois faibles sillons, ♀ avec une grande fossette à la base. (**Discerota**) 2,3 **torrentum** Ksw
— Abdomen ponctué au moins à la base. 2
2 1er art. tarses postér. plus long que le 2e : El. transverses; ant. assez

longues; abdomen complètement et uniformément ponctué.
3 **plumbea Wat**

— 1er art. tarses postér. subégal au 2e : El. presque carrées; ant. plus courtes; abdomen ponctué à la base. 3 **incana Er**

## HYGROPORA

Abdomen peu atténué, à 5e segm. subégal au 4e; corps oblong, assez large

Noir, un peu brillant, subconvexe,finement et densément pointillé; base des ant. et pattes d'un roux testacé; 2e art. ant. subégal au 3e. 2,9 **cunctans Er**

## DASYGLOSSA

Tous les tarses de 5 art.; mandibules à pointe bifide

Brun-roussâtre, mat; ant. testacées: Th. à impression basale peu visible, à disque rembruni: El. pas plus longues que lui; pattes testacées; 5e segment de l'abdomen pas plus grand que le 4e.
3 **prospera Er**

## OXYPODA

Tous les tarses de 5 art.; palpes labiaux à 1er art. plus court que les 2—3; tête enfoncée dans le Th.

1 Troisième art. ant. un peu plus ou aussi long que le 2e; abdomen plus ou moins sétosellé en arrière. **2**

— 3e art. ant. moins long que le 2e. **12**

2 El. un peu ou beaucoup plus longues que le Th.; Th. brun ou noir, à côtés seuls q. q. f. plus clairs, aussi large en arrière que les El. 3

— El. aussi ou un peu moins longues que le Th.; Th. et El. roux ou roux brunâtres. 9

3 Bord postérieur du Th. légèrement sinué de chaque côté; noir, presque mat; côtés du Th. et une bande aux El., testacés (abdomen brun-mat à la base, les 4 derniers segments noirs, brillants, *V. nitidiventris Frm*). 3—4 **lateralis Sahlb**

— Base du Th. non sinuée. 4

4 Premier art. des tarses postér. moins long que les trois suivants. 5

— 1er art. des tarses postérieurs égal aux 3 suivants ou plus long. 6

5 Art. 4—10 ant. oblongs: El. presque entièrement testacées; abdomen presque parallèle à la base. 5 **ruficornis Gyl**

— Art. 4—10 ant. presque carrés; El. rembrunies vers l'écusson et les angles postéro-externes. 3,8 **longipes Rey**

6 Th. à léger sillon, bien visible au milieu de la base. 7

— Th. sans sillon. 8

7 Art. 5—10 ant. carrés ou un peu oblongs: El. testacées, rembrunies vers l'écusson et aux angles postéro-externes. **lividipennis Step**

— Art. 5—10 ant. subtransverses: El. plus enfumées à l'écusson et aux angles externes, ce qui rend visible une bande rousse oblique allant de l'épaule au sommet de la suture. 3,5 **vittata Mærk**

8 1er art. des tarses postérieurs égal aux trois suivants. 3,3 **humidula** Kr
— » » » plus long que les 3 suivants. **opaca** Grav
9 1er art. des tarses postérieurs égal aux 2 suivants; abdomen atténué au sommet. 10
— 1er art. des tarses postérieurs égal aux 3 suivants; Th. et El. roux. 11
10 Th. et El. roux; art. 6—10 ant. à peine transverses. 3,6 **platyptera** Frm
— Th. et El. brunâtres; art. 6—10 ant. sensiblement transverses. **atricapilla** Mærk
11 Abdomen presque parallèle; art. 5—10 ant. à peine transverses; El. un peu plus longues que le Th. 3,4 **togata** Er
— Abdomen sensiblement rétréci au sommet; art. 7—10 ant. transverses: El. déprimées, à peine plus longues que le Th. **abdominalis** Sahl
12 El. plus courtes que le Th.; abdomen subparallèle. 13
— El. plus longues ou aussi longues que le Th. 16
13 Corps allongé, complètement testacé, moins *une ceinture abdominale* plus ou moins foncée sur le 4e segment. 14
— Dessus ferrugineux; abdomen en grande partie noir. **parvipennis** Fvl
— Dessus ferrugineux ou brunâtre; tête et milieu de l'abdomen, noirs. 15
14 Ant. peu épaissies au sommet à art. 4—10 transverses: El. un peu plus courtes que le Th. 2,2 **annularis** Sahl
— Ant. plus épaisses, même dès la base: El. bien plus courtes que le Th.; abdomen indistinctement sétosellé. 2,2 **soror** Thom
15 Cinquième art. ant. fortement transverse. 1,8 **brachyptera** Step
— » » » peu transverse. 1,7 **fuscula** Rey
16 Abdomen subparallèle, non sétosellé au sommet. 17
— Abdomen plus ou moins rétréci et sétosellé au sommet; corps plus ou moins fusiforme. 20
17 Corps allongé, étroit, linéaire: Th. à base non sinuée. 18
— Corps assez large, peu allongé, peu fusiforme; dessus brun de poix brillant, sommet de l'abdomen testacé. 3 ***formiceticola*** Mærk
18 Ant. complètement flaves; dessus brun, sommet de l'abdomen flave. 2,2 **amoena** Frm
— Ant. à base plus claire. 19
19 Brun; abdomen finement pointillé, testacé au sommet. **hæmorrhoa** Sahlb
— Testacé, avec tête, 4e segm. abdominal et El., enfumés; abdomen finement chagriné. 2 **nigrocincta** M-R
20 Ant. assez fortement épaissies vers le sommet. 21
— Ant. légèrement épaissies vers le sommet. 26
21 El. plus longues que le Th.; 3 premiers segm. de l'abdomen assez fortement impressionnés. 22
— El. à peine plus longues que le Th; 3 prem. segm. abdom. peu impressionnés à la base. 24
22 Base du Th. *sinuée; sillons abdominaux lisses.* **lucens** Mls
— » non sinuée; sillons des segm. abdominaux ponctués. 23
23 Th. et El. testacés, à peu près concolores; celles-ci rembrunies autour de l'écusson et aux angles externes; ant. rousses à 3e art. non ou peu épaissi au sommet. 3 **alternans** Grav

— El. brunes à peu près concolores : Th. rouge, bien plus clair ; ant. obscures. 3,2 **formosa** Kr

24 Dessus testacé obscur, peu brillant ; ant. médiocrement épaissies. 2,6 **exoleta** Er

— Ant. fortement épaissies ; corps brillant ou assez brillant. 25

25 Testacé-clair : abdomen atténué au sommet, sétosellé de poils noirs, à 5e segm. 2 f. aussi long que le 4e. 1,7 **præcox** Er

— Roux-testacé brillant ; tête et abdomen, d'un brun-noir ; abdomen peu atténué, noirâtre avec les 4 premiers segments bordés de testacé, le 5e un tiers plus long que le 4e et testacé à base noire, le 6e testacé. 2,5 **bicolor** Rey

26 Corps en grande partie obscur. 27

— Dessus en partie roux testacé ou roux-obscur. 32

27 El. peu sinuées à l'angle postéro-externe ; abdomen presque lisse, assez brillant, à sommet garni de longs poils. 1,7 **exigua** Er

L'O. **uliginosa** Bris a une couleur plus claire, les ant. plus fortes, moins obscures, l'abdomen moins rétréci, à ponctuation plus serrée.

— El. fortement sinuées à l'angle externe. 28

28 Dernier art. ant. plus large que les précédents ; le 5e pas plus grand que 4 ou 6. 29

— Dernier art. ant. peu plus large que les précédents ; le 5e plus grand que 4 ou 6. 30

29 Noir, soyeux, un peu mat ; art. 6—10 ant. fortement transverses. 1,7 **sericea** Heer

— Noir, assez brillant : El. roussâtres ; art. 6—10 ant. légèrement transverses ; 1er art. des tarses postérieurs un peu plus long que les deux suivants. 2,9 **subnitida** M-R

30 Th. sillonné, mais finement, à angles postér. un peu obtus. 3,2 **induta** Rey

— Th. non sillonné mais avec une impression à la base. 31

31 Angles postérieurs largement arrondis. 2,6 **lentula** Er

— » » obtus, peu arrondis. 2,6 **umbrata** Gyl

32 Th. aussi fortement ponctué que les El., sinué à la base. 2,5 **rufula** Rey

— Base du Th. non sinuée : El. plus fortement ponctuées que lui. 33

33 Abdomen très atténué, éparsement ponctué au sommet ; Th. et El. roux. 3,3 **attenuata** Mls

— Abdomen peu atténué, densément et uniformément pointillé. 34

34 Th. et El. d'un rouge-brun ; art. 5—10 ant. légèrement transverses. 2,9 **perplexa** Rey

— Th. et El. d'un roux obscur ; art. 5—10 ant. fortement transverses. 35

35 Abdomen éparsement ponctué et brillant au sommet, à 5e segment double du 4e. 1,6 **parvula** Bris

— Abdomen densément et uniformément ponctué : El. sinuées à l'angle apical externe. 1,8 **rugulosa** Kr

## DISOCHARA

Ant. longues ; 3 prem. segm. abdom. assez fortement impressionnés

Allongé, subfusiforme, noir, peu brillant ; 2e et 3e art. ant. égaux, les avant-derniers non ou à peine transverses: El. plus longues que le Th.; pattes d'un roux testacé, (q.q. auteurs placent cette espèce dans les *Oxypoda*). 3,3 **longiuscula** Kr

## OCYUSA

1er art. palpes labiaux aussi long que 2 et 3

1 **Th.** transverse, sillonné sur toute sa longueur; ant. brunes courtes, à 3e art. plus court que le 2e. 2 **incrassata** Rey

— Th. fossulé à la base, peu rétréci en avant; dessus noir foncé luisant. 2,3 **nigrita** Frm

— Th. sans sillon ni fossette, non atténué en avant: El. peu plus longues que le Th., rebordées à la suture. 2

2 Ant. rembrunies au sommet; 4e segm. abdom. non impressionné. 2 **maura** Er

— Ant. et pattes testacées; 4e segm. abdom. impressionné à la base. **picina** A

## PHLŒOPORA

1er art. des tarses postér. plus long que le 2e

1 Tempes rebordées: Th. fortement sétosellé sur les côtés et au sommet; dessus brillant: El. rougeâtres à base brune. 2,8 **latens** Er

— Tempes non rebordées ou en avant seulement: Th. à peine sétosellé. 2

2 Th. subtransverse, peu rétréci en arrière, à angles postér. presque droits; dessus noir, peu brillant: El. d'un jaune-testacé, à base ordinairement brune. 2,5 **reptans** Grav

— Th. presque carré, subrétréci à la base, à angles postér. subobtus; El. finement rebordées à la suture, brunâtres ou rousses au sommet seulement. 5,7 **corticalis** Grav

## HYGRONOMA

Tarses de 4 art.

Noir, mat, à pubescence fine, serrée; tête déprimée; ant. brunes à base rousse: Th. sillonné, aussi long que large: El. jaunes avec le tiers basilaire noir bien tranché. 3 **dimidiata** Grav

## THECTURA (Dinaræa-Dadobia)

Tempes non rebordées; 4e segm. abdom. non impressionné; tête presque aussi large que le Th.; corps déprimé

1 Th. et El. déprimés. 2

— El. non ou peu déprimées. 5

2 Ant. à base testacée. 3

— Ant. brunes ou noires: Th. à côtés arrondis, rétrécis à la base. 4

3 Noir brillant: Th. rétréci vers la base, à large impression dépassant le milieu; sillon peu visible. (**Dadobia**) 3 **immersa** Er

— Brun, linéaire, étroit: Th. à côtés droits, sillonné, déprimé; abdomen à sommet testacé; ♂ dernier segm. abdominal muni d'une épine aiguë. (**Thectura**) 1,5—2 **cuspidata** Er

4 Assez brillant: El. d'un brun-noir : Th. à sillon large, peu profond, plus fortement ponctué que les El.; 6e segment abdominal tuberculeux. 2,5 **arcana Er**

— Dessus presque mat: El. d'un brun-testacé: Th. aussi finement ponctué que les El., à sillon élargi vers la base où il est plus profond. (**Epipeda**) 1,7 **plana Gyl**

5 Abdomen mat à ponctuation très serrée sur les 4 premiers segments, moins sur le 5e; sommet du Th. droit; ♂ 5e et 6e segm. granulés, 6e 4-denté au sommet. 3 **angustula Gyl**

— Abdomen brillant ou assez brillant. 6

6 Abdomen finement ponctué sur les 3 premiers segm., à sommet testacé; ant. à base testacée: Th. à sommet arqué, à angles antér. saillants; El. roussâtres. 3 **linearis Grav**

La D. melanocornis Rey, est une variété à ant. complètement noires, à 3e art. subégal au 2e; sommet de l'abdomen concolore.

— Dessus d'un noir peu brillant; abdomen densément ponctué sur les 3 premiers segm.; 2 premiers art. ant. testacés; sommet du Th. droit; El. d'un brun rougeâtre, rembrunies sur les côtés, à l'écusson et à la base. 3 **æquata Er**

— Les 4 premiers segm. de l'abdomen fortement ponctués; pattes noires, genoux et tarses bruns; Th. à sillon large, peu profond. 2,3 **nigella Er**

## NOTOTHECTA

Hanches intermed. écartées; tempes non rebordées; 1er art. tarses postér. moins long que les deux suivants.

1 Th. assez finement sillonné; art. interméd. des ant. carrés; dessus brun-noirâtre, mat; angles postér. du Th. presque droits. **anceps Er**

— Th. finement fossulé à la base: art. interméd. des ant. transverses: dessus brun-luisant; El. d'un brun-châtain; 2 prem. segm. abdominaux largement bordés de roussâtre. 2,5 **confusa Mærk**

— Th. sans sillon, ni fossette. 2

2 Tête finement ponctuée, un peu moins large que le Th.; Th. finement ponctué, à angles postérieurs aigus. 3 **flavipes Grav**

— Tête lisse, moitié moins large que le Th.; Th. paraissant lisse, à angles postérieurs obtus; tarses presque aussi longs que les tibias. 3,5 **lævicollis Rey**

## THAMIARÆA

Tempes rebordées; hanches intermed. écartées; tarses antér. de 4 art., les autres de 5; premier art. tarses postér. moins long que les deux suivants

1 Brun-châtain, finement pubescent; Th. à sillon peu marqué; abdomen finement et assez densément ponctué à la base. **hospita Mærk**

— Large, épais, brun-roussâtre mat, finement ponctué, finement pubescent; suture des El. en carène élevée, à la base; abdomen presque lisse, à peine ponctué à la base; ♂ 6e segm. avec un petit tubercule. 2,5—3,5 **cinnamomea Grav**

## MYRMEDONIA (Zyras-Myrmœcia)

Tempes rebordées; tête transverse, peu saillante; tarses de 5 art., les antér. de 4

1 1er art. des tarses postér. très allongé; cuisses antér. formant à leur base externe un angle arrondi. 2

— 1er art. des tarses postér. suballongé; base externe des cuisses antér. en angle saillant, émoussé au sommet (**Myrmœcia**). 12

2 Th. moins large que les El. qui sont un peu plus courtes que lui (**Zyras**) 3

— Th. aussi ou un peu moins large que les El. qui sont au moins aussi longues que lui. 5

3 Th. et 4 premiers segments de l'abdomen rouges. 4 **collaris** Payk

— Th. noir. 4

4 El. testacées, concolores, non rugueusement ponctuées. **fulgida** Grav

— El. à ponctuation rugueuse, testacées, avec tache triangulaire noire, à l'angle postéro-externe. 6 **Haworthi** Step

5 Abdomen lisse, à base q. q. f. rougeâtre. 6

— Abomen ponctué à la base, lâchement en arrière, ou très lâchement ponctué sur tout le disque. 10

6 Th. fortement transverse, 2 f. aussi large que long. 7

— Th. moins transverse, 1 f. $^1/_2$ aussi large que long. 8

7 El. obscures; Th. fortement arqué latéralement; dernier art. ant. en ovale acuminé. 3,5—4 **laticollis** Mærk

— El. à épaules testacées ou testacées à région scutellaire et angles postéro-externes, rembrunis; dernier art. ant. conique. 3,5 **lugens** Grav

8 Dessus noir. 4—4,5 **funesta** Grav

— Dessus brun de poix à épaules plus ou moins rougeâtres. 9

9 Th. déprimé, impressionné de chaque côté; épaules et base de l'abdomen d'un roux-testacé. 4,5—5 **humeralis** Grav

— Epaules et sommet des premiers segm. abdom. rougeâtres; vertex à carène transverse; Th. à impression basale assez forte, flanquée de chaque côté d'une impression oblique. 4,5 **cognata** Mærk

10 Noir, très brillant; Th. fortement transverse; art. 5—7 ant. faiblement transverses. 4,3 **excepta** Rey

— Dessus brun plus ou moins foncé; épaules plus claires. 11

11 Abdomen pointillé sur tout le disque, à base plus claire. 4,5—5 **limbata** Payk

— Sommet des premiers segm. seul pointillé; abdomen noir, segments bordés de roussâtre. 3—5 **similis** Mærk

12 Dessus complètement noir. 13

— Dessus noir avec El., base et sommet de l'abdomen, roussâtres. 3,5 **plicata** Er

13 Th. et El. assez fortement ponctués, éparsement pubescents. 5 **physogastra** Frm

— Th. et El. assez finement ponctués, densément pubescents. 3,5 **triangulum** Arc

## DRUSILLA (Astilbus)

Tempes non rebordées; Th. oblong; corps allongé, étroit, aptère

1 Corps d'un noir profond. 4 **Erichsoni Peyr**

— Dessus testacé-roussâtre, très ponctué, avec la tête et une bande large au sommet de l'abdomen, d'un brun-noir: Th. fortement sillonné. 4—4,5 **canaliculata F**

## LOMECHUSA—ATEMELES

Prem. segments de l'abdomen garnis de pinceaux de poils serrés

1 Bords latéraux du Th. et base des El. à longs poils redressés; dessus brun-noir: El. et pattes plus claires; 1rs segm. abdom. ciliés densément sur les côtés du bord apical (**Lomechusa**). 5—5,5 **strumosa F**

— Dessus roux-testacé plus clair, sans longs poils redressés; 1rs segm. abdom. non ciliés sur les côtés du bord apical (**Atemeles**). 2

2 Th. plus étroit en avant, à angles postér. très aigus, très saillants en dehors, dépassant la base des El. 3—4 **emarginatus Grav**

— Th. peu plus étroit en avant, à angles postér. droits ou aigus, peu prolongés en arrière. 3

3 Th. pubescent, à disque rembruni; dessus ferrugineux obscur. 4 **pubicollis Bris**

— Th. glabre; corps d'un roux ferrugineux plus ou moins clair. 4

4 Th. d'un noir de poix sur le disque, à angles postérieurs droits, à peine saillants. 3,5 **bifoveolatus Bris**

— Th. concolore, à angles postér. aigus, visiblement saillants. 4,5 **paradoxus Grav**

## DINARDA

El. avec une arête latérale tranchante

1 Plus petit: El. et côtés du Th. d'un brun-rouge; dessus à ponctuation serrée. 3 **dentata Grav**

— Plus grand, plus large: El. et côtés du Th. d'un brun-rouge plus foncé; dessus à ponctuation moins serrée. 3,5—4 **Mærkeli Ksw**

## THIASOPHILA

Tarses de 5 art.; repli du Th. un peu visible de côté; 3 prem. segm. abdom. légèrement et graduellement impressionnés à la base

1 Th. à sillon médian peu distinct, à impression transverse, basale ; 3e art. ant. plus long que le 2e. 2,5 **angulata Er**

— Th. à sillon net. 2

2 Ant. d'un roux testacé, médiocrement épaisses: angles postér. du Th. ne débordant pas les épaules. 2,6 **canaliculata Rey**

— Ant. testacées à milieu obscur, assez fortement épaissies; angles postér. du Th. débordant les épaules. 2 **inquilina Mærk**

### EURYUSA

Th. non rétréci en arrière, aussi ou plus large que les El.; ant. courtes

1 Th. beaucoup plus large que les El. qui sont peu plus longues que lui. 2,2 **sinuata** Er

— Th. de la largeur des El., celles-ci un peu plus longues que lui. 2,3 **laticollis** Heer

### HOMŒUSA

Th. plus large que les El.; angles postér. saillants

Brun-marron; abdomen conique: Th. transverse: El. presque carrées plus densément ponctuées que le Th. 2—2,2 **acuminata** Mærk

### SILUSA

Tarses postér. seuls de 5 art., à prem. art. subégal au 2e

1 Tête à ponctuation fine, peu visible: Th. finement ponctué, El. un peu plus fortement; dessus noir, El. à bande rougeâtre allant de l'épaule à l'angle sutural; abdomen densément ponctué, à 5e segm. caréné ♂ (**Silusa**). 3 **rubiginosa** Er

— Tête à ponctuation assez grosse, serrée, nette: Th. fortement ponctué, El. rugueuses; dessus rougeâtre avec tête et abdomen avant le sommet, plus foncés; celui-ci presque lisse, à 5e segm. bi-caréné ♂ (**Stenusa**). 2,5—3 **rubra** Er

### DIESTOTA

Tarses de 4 art., les postér. de 5; lame mésosternale courte, tronquée au sommet

Premier art. des tarses postérieurs peu plus long que le suivant; lame mésosternale à peine prolongée jusqu'à la moitié des hanches intermédiaires. 2,2 **Mayeti** Mls

### PLATYOLA

Premier segm. abdom. seul impressionné; yeux assez distants du Th.

Roux-testacé brillant; front à fossette oblongue: Th. transverse, impressionné à la base: El. déprimées. 1,5 **fuscicornis** Rey

### STICHOGLOSSA-ISCHNOGLOSSA

Repli du Th. un peu visible de côté; 3 premiers segm. abdom. fortement impressionnés

1 Th. et El. à ponctuation grosse, assez espacée; tête et Th. bruns: El. rousses, rembrunies à l'écusson et sur les côtés. 2,5—3 **prolixa** Grav

— Th. et El. à ponctuation très fine, très serrée. 2

2 Tête brune : Th. et El. d'un brun-roussâtre; abdomen brun-rougeâtre, noir avant le sommet, qui est testacé; angles postér. du Th. presque droits. 2 **corticina** Er

— Noir brillant: Th. et El. rougeâtres; abdomen noir; angles postér. du Th. obtus (**Stichoglossa**). 2 **semirufa** Er

## LEPTUSA

Base du Th. plus étroite que les El.; tibias antér. et interméd. pubescents; tarses postér. seuls de 5 art.

1 El. aussi longues ou plus longues que le Th. 2

— El. courtes, subparallèles, de la longueur du Th. ou un peu plus petites (**Pachygluta et Sipalia**). 4

— El. plus courtes que le Th. élargies vers le sommet (**Sipalia**). 5

2 1er art. des tarses postér. égal aux 3 suivants; corps linéaire, allongé, roux-testacé peu brillant, avec la tête et une ceinture abdominale, noires (**Tachyusida**). 3,4 **gracilis Er**

— 1er art. tarses postér. subégal aux 2 suivants (**Leptusa**). 3

3 Brun-roux, peu brillant; pubescence grise; angles postér. du Th. droits; 3e art. ant. aussi épais que le 2e. 2,3 **angusta A**

— Noir brillant, à pubescence jaunâtre; angles postér. du Th. obtus; 3e art. ant. plus grêle que le 2e. 2 **hæmorrhoidalis Heer**

4 Noir: Th. et sommet de l'abdomen rougeâtres. 1,5—2 **ruficollis Er**

— Testacé; une bande noire avant le sommet de l'abdom. **rugatipennis Perr**

— Testacé; suture des El. en creux sur la première moitié. **solifuga Fvl**

5 El. presque aussi longues que le Th.; rebord des tempes peu distinct. 6

— El. égales à la moitié du Th. ou plus courtes encore. 7

6 Tête et abdomen testacés: Th. fovéolé à la base. 2,3 **Bonvouloiri Bris**

— Tête d'un noir de poix; abdomen avec une bande brune avant le sommet: Th. finement sillonné. 2,2 **nubigena Ksw**

7 Corps épais, testacé-pâle: El. fortement ponctuées, subconvexes; 4e art. ant. transverse. 2,3 **pallida Scrib**

— El. un peu déprimées, finement ponctuées; corps peu épais. 8

8 Dessus du corps foncé, noir ou brun ou brun roux. 9

— Dessus testacé ou ferrugineux; souvent q.q. anneaux de l'abdomen noirs. 12

9 Dessus brun, avec Th., El. et sommet de l'abdomen, moins foncés: Th. à peine ponctué à la base. 2 **nivicola Frm**

— Dessus brun ou noir de poix avec sommet de l'abdomen souvent moins foncé. 10

10 El. plus courtes que moitié du Th.; Th. plus large que les El.: ant. testacées; tête et abdomen (moins le sommet), noirs: Th. et El. rougeâtres. 2,2 **difformis Rey**

— El. de la longueur de la moitié du Th. ou peu plus longues. 11

11 Th. transverse, rétréci à la base; ant. obscures; dessus noir, sommet de l'abdomen moins foncé. 0,7 **lapidicola Bris**

— Th. subtransverse; ant. d'un testacé-brunâtre. 2 **glacialis Bris**

12 Abdomen subparallèle, à côtés peu arqués. 13

— Abdomen élargi sur les côtés qui sont arqués. 15

13 Troisième art. ant. plus court que le deuxième, mais de 1/3 seulement; cinquième segm. abdom. ♂ non caréné. 1,6 **curtipennis A**

— **3e art. ant. moitié moins long que le 2e; 5e segment ♂ caréné. 14**

14 Abdomen noir au milieu: Th. rétréci à la base. 1,3 **montivaga** Bris
— Abdomen presque concolore: Th. orbiculaire peu rétréci à la base. 1,3 **linearis** Bris
15 Troisième art. ant. subégal au deuxième. 2 **Pandellei** Bris
— Troisième art. ant. moins long que le deuxième. 16
16 Th. impressionné à la base. 2 **chlorotica** Frm
— Th. non impressionné à la base. 17
17 Abdomen pointillé à la base; tête oblongue. 2 **myops** Ksw
— » lisse à la base; tête arrondie. 1,5 **nitida** Fvl

(*REY: Alcocharaires*)

## ARENA

Tarses postér. seuls de 5 art. à prem. art. subégal aux deux suivants; tibias antér. et interméd. ciliés, épineux

Noir de poix; ant., Th., El., sommet de l'abdomen et pieds, roux. 2 **Octavii** Fvl

## PHYTOSUS

Tarses postér. seuls de 5 art., les 4 premiers égaux

1 Dessus brun-noir, presque mat: El. à peu près de la longueur du Th. à angle apical interne q. q. f. rougeâtre. 2,5 **spinifer** Curt
— Dessus testacé: El. plus courtes que le Th. (**Actosus**). 2
2 Abdomen testacé avec les deux avant-derniers segments noirs. 2—2,5 **nigriventris** Chev
— Abdomen rembruni, à base et sommet plus clairs. 1,5—2 **balticus** Kr

## DIGLOSSA

Tête en forme de rostre; tarses de 4 art.

Allongé, presque parallèle; brun-noir peu brillant: El. mates de la longueur du Th. environ; abdomen s'élargissant vers le sommet. 1,5 **submarina** Frm

## ALEOCHARA

Tous les tarses de 5 art.; palpes maxil. de 5 art.; tête enfoncée dans le Th.

1 Repli du Th. un peu visible, vu par côté; tête peu engagée dans le Th. 2
— » » fortement réfléchi non visible de côté; tête assez fortement engagée dans le Th. 7
2 Dessus roux-testacé; tête et base de l'abdomen, rembrunies. 5—6 **ruficornis** Grav
— Dessus noir: El. et sommet de l'abdomen roux; abdomen densément ponctué. 6 **major** Frm
— Dessus noir plus ou moins brillant; abdomen foncé. 3
3 Abdomen densément ponctué; dessus noir, mat; avant-derniers art. des ant. très fortement transverses. 3,6 **obscurella** Grav
— Abdomen éparsement ponctué. 4
4 El. fortement ponctuées 5
— El. légèrement ponctuées; 3e art. ant. plus court que le 2e. 6

5 Dessus noir assez brillant; pattes d'un roux obscur. 3,5—4 **grisea Kr**

— Dessus noir de poix brillant: El. d'un châtain foncé; ant. et pattes rousses. 4,7 **spadicea Er**

6 Mat; avant-derniers art. ant. fortement transverses. 4 **algarum Fvl**

— Brillant; avant-derniers art. ant. peu transverses. 3,8 **albopila Rey**

7 Th. à ponctuation éparse avec deux séries longitudinales de points plus gros et plus profonds. 8

— Th. à ponctuation égale. 10

8 El. noires; les séries du Th. forment presque deux sillons; abdomen assez densément et fortement ponctué. 3 **bilineata Gyl**

— El. à bande apicale rouge près de la suture. 9

9 El. fortement et densément ponctuées; dernier art. ant. un peu plus long que les deux précédents. 3,2 **nitida Grav**

— El. à points forts mais presque épars; dernier art. ant. subégal aux deux précédents. 3,3 **verna Say**

10 El. noires (q. q. f. avec un liseré apical rougeâtre, fin). 11

— El. rougeâtres concolores ou noires tachées de rouge ou rougeâtres à côtés plus foncés. 20

11 El. arrondies à l'angle apical externe. 12

— El. sinuées à l'angle apical externe. 14

12 Abdomen à ponctuation grosse, râpeuse, éparse. 13

— Abdomen presque lisse. 4,5 **succicola Thom**

13 Art. 6—9 ant. 3 f. plus larges que longs; 3e plus épais que le 2e. *Var. noire* de **lata Grav**

— Art. 6—9 ant. 1 f. 1/2 plus larges que longs; 3e art. peu plus épais que le deuxième. 4,5 **brevipennis Grav**

14 Taille très petite; abdomen finement et densément ponctué, atténué au sommet. 2 **morion Grav**

— Taille moyenne. 15

15 Ant. faiblement épaissies à art. 6—10 à peine 1 f. 1/2 aussi larges que longs. 16

— Ant. plus épaissies; art. 6—10 deux f. aussi larges que longs. 19

16 Pubescence plus ou moins redressée sur la tête, le Th. et les El.; bord apical de celles-ci un peu roussâtre. 4,5 **lanuginosa Grav**

— Pubescence du Th. et des El. plus ou moins couchée. 17

17 Abdomen presque lisse; extrême base des 4 premiers segments fortement ponctuée; art. 5—10 ant. légèrement transverses. 3 **inconspicua A**

— Abdomen finement ponctué, plus lâchement au sommet. 18

18 Th. densément et El. très densément, ponctués; celles-ci pubescentes, à fond lisse. 4,5 **rufitarsis Heer**

— Th. éparsement et El. assez densément, ponctués, celles-ci moins pubescentes, à fond très finement chagriné. 4 **villosa Man**

19 Abdomen densément ponctué à la base, moins en arrière. 3,5 **lygæa Kr**

— » presque lisse, au sommet surtout. 3,7 **mœsta Grav**

20 Ant. longues dépassant la base du Th.; art. 4—8 ant. allongés: El. d'un brun roussâtre, plus courtes que le Th. **laticornis Kr**

— Ant. à art. 4—8 au moins subtransverses, atteignant au plus la base du Th. 21

21 El. noires à tache apicale rouge plus ou moins développée. 22

— El. d'un rouge clair concolore, rarement rembrunies à l'écusson et sur les côtés; ant. courtes, fusiformes, à art. 6—10 trois f. plus larges que longs; abdomen testacé au sommet. 25

— Ant. non fusiformes, plus longues, à art. 6—10 à peine 2 f. plus larges que longs: El. d'un brun-châtain, concolores, ou d'un brun-clair avec parties plus foncées. 26

22 El. subsinuées à l'angle apical externe; tache élytrale remontant triangulairement sur la suture. 3,4 **cuniculorum** Kr

— El. arrondies à l'angle apical externe. 23

23 Abdomen à ponctuation forte et dense. 24

— » » » mais écartée. 3—4 **lævigata** Gyl

24 El. d'un noir mat à extrémité rougeâtre; pattes testacées. 5 **bipunctata** Grav

— El. plus brillantes, à tache apicale vers l'angle sutural; pattes brunes. 5 **tristis** Grav

25 El. arrondies à l'angle postéro-externe: Th. noir; dernier art. ant. moins large que le précédent. 3 **crassicornis** Lac

— El. subsinuées à l'angle apical externe; côtés du Th. roussâtres; dernier art. ant. aussi large que le précédent à la base. **spissicornis** Er

26 El. sinuées à l'angle postéro-externe. 27

— El. arrondies à l'angle apical externe. 29

27 Art. 6—10 ant. à peine 1 f. 1/2 aussi larges que longs; abdomen finement et éparsement ponctué, presque lisse au sommet: El. rougeâtres assombries sur les côtés et la suture. 4,4 **sanguinea** L

— Art. 6—10 ant. 2 f. au moins aussi larges que longs: El. brunes. 28

28 Abdomen à ponctuation assez grosse et assez serrée, un peu moins au sommet. 3,5 **mycetophaga** Kr

— Abdomen presque lisse; base seule des 4 prem. segm. ponctuée. 4,4 **mœrens** Gyl

29 Abdomen à points fins et serrés. 30

— » » forts, râpeux, écartés, au sommet surtout; dessus brun ou noir avec El. plus ou moins claires. 31

30 Dernier art. ant. testacé: El. à bande rouge allant de l'angle huméral à l'angle sutural. 3,2 **puberula** Klug

— Sommet des ant. concolore: El. testacées, brunâtres sur les côtés et autour de l'écusson. 4,4 **crassiuscula** Sahl

— Abdomen finement et densément ponctué; ant. peu épaissies au sommet: El. rougeâtres rembrunies à l'écusson et sur les côtés. 2,6 **crassa** Baud

31 Art. 6 - 9 ant. 2 fois aussi larges que longs. 32

— Art. 7—10 ant. 1 f. 1/2 aussi larges que longs; mésosternum caréné. 33

32 El. q. q. f. noires; taille plus forte, forme plus large; ponctuation des El. plus profonde; 6e segm. abdom. ♂ avec 20 à 24 denticules. 6,5 **lata** Germ

— El. toujours rouges, rembrunies sur les côtés et à l'écusson: base des ant. et pattes rarement foncées; 6e segm. ♂ avec 10 à 14 denticules. 4 **fuscipes Er**

33 3e art. des ant. un peu plus long que le 2e: El. à disque rouge foncé; taille assez grande et assez large; pattes rougeâtres. 5,5 **discipennis Rey**

— 3e art. ant. égal au 2e; noir, étroit; disque des El. d'un rouge clair. 5,5 **tenuicornis Kr**

— 3e art. ant. presque égal au 2e; noir de poix, assez large; tête et Th. à pubescence transversale. 3,7 **hæmoptera Kr**

## MICROGLOSSA

Troisième art. palpes maxil. renflé; palpes maxil. de 4 art.

1 Angles postér. du Th. marqués, presque droits; 5e segm. abdom. subégal au 4e: El. noires, à suture, bord apical et côtés, rougeâtres. 2—2,7 **suturalis Sahlb**

— Angles postér. du Th. obtus, fortement arrondis; 5e segm. abdominal plus grand que le quatrième. **2**

2 Troisième art. ant. subégal au 2e. **3**

— Troisième art. ant. plus court que le 2e. **4**

3 Noir brillant: Th. et abdomen concolores: El. à tache rouge vers l'angle sutural. 3 **gentilis Mærk**

— Côtés du Th., disque des El. et intersections abdominales rougeâtres. 3,4 **marginalis Grav**

4 Quatrième art. ant. très transverse: El. d'un brun-rougeâtre. **pulla Gyl**

— Quatrième art. ant. carré, moins épais que le cinquième: El. rougeâtres; ponctuation du Th. et des El. plus fine, plus serrée. 2,5—3 **nitidicola Frm**

## BOLITOCHARA

Languette bifide; lame mésosternale carénée

1 Dernier art. ant. aussi foncé que le précédent; 5e segm. abdom. ♂ granulé. **2**

— Dernier art. ant. visiblement plus pâle que le précédent; cinquième segm. abd. ♂ caréné. **3**

2 Tête à ponctuation fine, peu serrée. 3,6 **varia Er**

— » » assez forte, bien nette: El. brunes à bande oblique ferrugineuse allant de l'épaule où elle se dilate, à l'angle sutural. 2,5 **obliqua Er**

3 El. égales sans saillie bien accusée. **4**

— El. à pli relevé allant de l'épaule aux 2/3 postér. de la suture. **5**

4 Thorax et base de l'abdomen d'un roux-clair; tête foncée aussi large que le Th.; celui-ci à angles postér. obtus, débordés notablement par les El.; El. brunes à épaules, bords et sommet, rougeâtres ou rousses avec une tache à l'angle apical externe. 2,5 **lunulata Payk**

— Coloration à peu près semblable, mais tête un peu moins large que le Th. qui est d'un roux testacé assez foncé et dont les angles postér. sont presque droits, un peu débordés par les El. **bella Mærk**

5 El. bien plus larges à la base que le Th. 3—4 **lucida** Grav

La B. Reyi Scharp ressemble à lucida mais elle est plus élargie, ses ant. sont plus longues, la ponctuation de la tête et du Th. est plus fine; les El. sont presque entièrement dépourvues de dépressions; le Th. est rétréci, atténué au sommet.

— El. pas ou peu plus larges à la base que le Th. 4 **Mulsanti** Scharp

## FALAGRIA

Tarses antér. de 4 art., les autres de 5 art.; tête portée sur un cou grêle; mandibules simples

1 Th. et écusson profondément sillonnés. 2

— Th. d'un rouge clair, seul sillonné. 2.5 **thoracica** Curt

— Th. obsolètement sillonné, ou seulement une fossette à la base. 3

2 Ant. brunes. 2,2 **sulcata** Payk

— Ant. à base rougeâtre; forme plus étroite: El. plus courtes. 2,2 **sulcatula** Grav

3 Brun-rougeâtre; écusson bicaréné. 2,5 **obscura** Grav

— Brun-noir; écusson uni; base du Th. fossulée. 1,8 **nigra** Grav

## BORBOROPORA

Mandibule droite, fortement dentée; la gauche simple

Noir de poix: El. et pattes brunâtres; tête large, excavée en arrière; front profondément canaliculé. **Kraatzi** Fuss

## AUTALIA

Tarses postér. seuls de 5 art.; tête dégagée du Th. portée sur un cou très grêle, saillant

1 Noir luisant: Th. à sillon médian profond, entier; 4 fossettes à la base. 2 **rivularis** Grav

— Testacé-rougeâtre; tête et abdomen avant le sommet, noirs: El. brunes: Th. à fin sillon vers le sommet et base avec 2 sillons et 2 fossettes latérales. 3 **impressa** Ol

— Th. densément ponctué, obsolètement sillonné en avant, avec six fovéoles à la base. 2,1 **puncticollis** Sharp

# PSELAPHIDÆ

(E. Reitter: *Pselaphides, Trad. Leprieur.* — Fairmaire: *Faune française.* — Guillebeau: *Rev. Entom. Tom. VII)*

## FARONUS

2 crochets aux tarses; ant. écartées, corps linéaire, déprimé

1 El. plus longues que le Th.; base du Th. bi-fossulée; dessus brun-rougeâtre; (tête, Th. et abdomen noirs, taille plus grande, *V. bicolor Pic*). 1,5 **Lafertei** A

— El. de la longueur du Th. 2

2 Testacé; base du Th. avec deux fovéoles ponctiformes **Nicæensis** Saulc

— Brun; base du Th. sans fovéoles. 1,4 **pyrenæus** Saulc

## PANAPHANTUS

Un crochet aux tarses; abdomen rebordé; corps presque linéaire; ant. rapprochées; premier segm. dorsal visible, non allongé

Brun; tête prolongée en avant en museau étroit: Th. à 3 fossettes transverses avant la base: El. à striole suturale entière, les dorsales raccourcies. 0,6 **atomus Ksw**

## EUPLECTUS

Un seul crochet aux tarses; abdomen largement rebordé; corps linéaire; ant. écartées; hanches postér. contiguës

1 Fovéoles basales du Th. non réunies par un sillon (**Bibloporus**); tête plus étroite que le Th.; les 4 prem. segm. ventraux égaux. 2

— Fovéoles basales du Th. réunies par un sillon plus ou moins net. 6

2 ♀ dernier segm. dorsal avec un petit tubercule à l'extrémité. 3

— ♀ » » » sans tubercule à l'extrémité. 4

3 Tête transverse, fovéole du vertex arrondie: Th. peu large; dessus noir: El. brunes. 1 **Chamboveti Guill**

— Tête plus étroite en avant; sillon du vertex prolongé jusqu'au tiers de la tête; dessus complètement testacé: Th. plus large. **Reyi Guill**

4 Excavation métasternale ♂ à bords évasés. 5

— Métasternum profondément excavé sur toute sa longueur; les bords de la seconde moitié carénés et munis d'un tubercule pointu; dessus noir brillant. **Mayeti Guil**

5 Noir brillant; sixième segm. ventral plus long que le cinquième; le septième très petit, arrondi, un peu plus large que long. **bicolor Den**

— Testacé; sixième segm. ventral, fovéolé au milieu, plus long que les deux précédents; septième plus long que les 3 précédents. 1,1 **pyrenæus Guill**

6 Th. sans sillon médian. 7

— Th. avec un sillon (**Euplectus**). 10

7 Tête plus étroite que le Th. et celui-ci beaucoup plus que les El. (**Pseudoplectus**): El. avec une fovéole basale remplaçant la strie dorsale. 1 **perplexus Duv**

— Tête pas plus étroite et Th. peu plus étroit, que les El. (**Bibloplectus**). 8

8 Métasternum non sillonné. 9

— Métasternum sillonné dans toute sa longueur. 0,9 **Reitteri Guill**

9 Tête avec 2 profonds sillons réunis en avant; ♂ segm. anal acuminé; ♀ dernier segm. dorsal non tuberculé. **ambiguus Reich**

— Tête avec deux fossettes arrondies frontales, réunies à 2 sillons latéraux; segm. anal ♂ acuminé; dernier segm. dorsal ♀ tuberculé. 0,9 **minutissimus A**

— Ressemble aux deux précédents, mais le segm. anal ♂ est obtus au sommet et le segm. dorsal ♀ n'est pas tuberculé. **affinis Guil**

10 Les deux premiers segm. abdom. sans stries dorsales. 11

— » » » » avec strioles plus ou moins visibles. 13

11 Tête finement ponctuée; vertex à fovéole allongée, peu profonde; sillons de la tête convergeant et terminés par de profondes fossettes. 1,5 **Fischeri A**

— Tête lisse, vertex non fovéolé ou subfovéolé; sillons parallèles; bord antér. du front arrondi. 12

12 Sillon dorsal du Th. allongé, mais n'atteignant ni le sommet, ni la fossette médiane; strie dorsale des El. allant au tiers. 2 **Erichsoni A**

— Sillon du Th. très court; strie dorsale des El. très courte, allant à peine au quart; taille plus petite. 1—1,2 **nitidus Frm**

— Sillon du Th. court; premier segm. dorsal avec une impression transverse à la base. 1,5 **sulciventris Guill**

13 Strioles abdominales dépassant le milieu des deux prem. segm.; tête avec un sillon antérieur réuni par un sillon obsolète à deux fossettes frontales, latérales. 1,6 **Duponti A**

— Strioles abdom. n'atteignant pas le milieu du segment. 14

14 Vertex fossulé; sillons de la tête réunis en avant. 1,5 **nanus Reich**

— Vertex sans fossette. 15

15 Tête aussi large que le Th.; tous deux plus étroits que les El. 16

— Tête aussi large que les El. et ordinairement plus large que le Th. 17

16 Brun-fauve ou noirâtre; tête un peu plus large que le Th. **sanguineus Den**

— Jaune-rouge; tête de même largeur que le Th. 1,2 **signatus Reich**

17 El. rembrunies à l'extrémité, pas plus finement ponctuées que le Th.; fossettes frontales très rapprochées. 0,8 **Spinolæ A**

— El. concolores plus finement ponctuées que le Th.; fossettes frontales écartées, non séparées par un mince bourrelet. 18

18 Brun-rougeâtre; tête avec les yeux 2 f. aussi large que longue. 1,5 **punctatus Mls**

— Testacé-rougeâtre; tête pas 2 f. aussi large que longue. **Karsteni Reich**

## TRIMIUM

Abdomen à 3 prem. segm. largement rebordés et voûtés d'avant en arrière

1 Prem. segm. dorsal et deuxième segm. ventral, fortement allongés; ant. écartées (**Trimium**). **brevicorne Reich**

— Les 3 prem. segm. abdom. visibles, presque égaux; ant. rapprochées (**Zibus**); brun marron concolore; tête lisse: Th. allongé, cordiforme. 0,9 **liocephalus A**

## TRICHONYX

Abdomen largement rebordé; corps étroit presque linéaire; ant. écartées;
El. avec une arête latérale avant les épipleures

1 Prem. segm. dorsal visible, allongé, les trois premiers ventraux inégaux: Th. à sillon médian n'atteignant pas la base, se perdant dans la fossette (**Amauronyx**). 2

— 1er segm. dorsal visible et 1rs segm. ventraux non allongés; sillon médian du Th. atteignant la base (**Trichonyx**). **sulcicollis Reich**

2 Rouge-vif; strioles abdom. faiblement divergentes. 2 **Mærkeli A**

— Rouge-jaunâtre; strioles abdom. fortement divergentes; yeux très petits. 2 **Barnevillei Saulc**

### CHENNIUM

2 crochets aux tarses; ant. épaisses, cylindriques, rapprochées; tête avec les yeux pas plus large que le Th.

Roux-testacé, très ponctué; tête réticulée; front canaliculé: Th. à fossette basilaire médiane. 3 **bituberculatum Lat**

### CENTROTOMA

Yeux déprimés en arrière, où ils offrent une saillie plus ou moins distincte

1 Brun-noirâtre; fossette basale du Th. profonde. 2 **lucifuga Heyd**

— Jaune-rougeâtre; fossette du Th. peu profonde. 1,6 **penicillata Schauf**

### TYRUS

Dernier art. des palpes ovoïde; prem. segm. dorsal avec un petit pli raccourci au milieu de la base

Noir: El., ant. et pattes ferrugineuses; cuisses antérieures avec une petite dent au premier tiers; strie dorsale des El. enfoncée à la base. 2 **mucronatus Panz**

### TYCHUS

Dernier art. des palpes sécuriforme; ant. rapprochées; abdomen largement rebordé; tête sans sillons

1 Jaune rougeâtre; tête et abdomen un peu plus foncés; tête de la largeur du Th., plus large que longue. 1 **Fournieri Saulc**

— Dessus complètement noir; cinquième art. ant. ♂ seul fortement, renflé; art. 9—10 fortement transverses. 1,5 **niger Payk**

— Dessus noir, El. rouges; tête plus étroite que le Th. 2

2 Cinquième art. ant. ♂ seul fortement renflé; art. 9—10 faiblement transv.: El. rouges à base ordinairemt rembrunie. **V. dichrous Schm**

— Cinquième art. ant. ♂ pas seul renflé ou non renflé. 3

3 Art. 6—7 ant. faiblement, huitième plus fortement, transverses; front ♂ orné de 2 tubercules, dirigés en avant: El. rouges. **tuberculatus A**

— Art. 6—7 ant. en carré, huitième subtransverse. 4

4 El. d'un rouge clair; fossette basilaire du Th. peu plus grande que les P. latéraux; massue assez longue. 1,2 **ibericus Mots**

— El. d'un rouge de sang; fossette du Th. plus grande; massue courte. 1,3 **Jacquelini Boiël**

### BYTHINUS

Dernier art. des palpes sécuriforme; abdomen largement rebordé; ant. écartées

1 Prem. art. ant. allongé, cylindrique; art. basilaires des palpes souvent garnis de proéminences (**Machærites**). 2

— 1er art. ant. très rarement cylindrique; art. basilaires des palpes simples (**Bythinus**). 5

2 Th. sans sillon transverse à la base, muni d'une fovéole de chaque côté. 1,2 **Lucantei Saulc**

— Th. à sillon transverse basal, unissant les fovéoles latérales. 3
3 Une fine carène longitudinale au Th. 1,5 **cristatus** Saulc
— Th. sans carène. 4
4 Front avec un sillon brillant en forme d'U, à bords relevés (*sous les feuilles sèches*). 1,5 **Falesiæ** Fvl
— Jaune rougeâtre convexe : El. à ponctuation fine, éparse; art. basilaires des palpes ♀ seulement, crénelés (*habite les grottes*). **Mariæ** Duv
— Jaune brunâtre; art. basilaires des palpes ♂ et ♀ non crénelés (*sous les feuilles sèches*). 1,8 **Bonvouloiri** Saulc
5 Th. visiblement ponctué. 6
— Th. non ponctué. 7
6 ♂ Cuisses très renflées, tibias larges; ♀ 1er art. ant. un peu renflé, ovale. 1,1 **validus** A
— ♂ Fémurs non renflés; tibias postér. faiblement dilatés, denticulés au tiers postérieur; ♀ 1er art. ant. long, cylindrique, avec les angles émoussés. 1,3 **puncticollis** Den
7 Premier art. ant. ♂ offrant seul des caractères particuliers, le 2e globuleux, simple, toujours plus petit. 8
— Les deux premiers art. des ant. ♂ et ♀ conformés à peu près de même, sans saillies distinctes; ♂ tibias antérieurs échancrés et dentés plus ou moins fortement. 13
— Les deux premiers art. ant. ♂ offrant des caractères distinctifs ou le deuxième seulement. 14
8 Ant. minces à 3e art. plus long que large, 4—5 en carré, 6—8 subtransverses. 9
— Ant. épaisses; 3e art. carré, 4—5 subtransverses, 6—8 transverses. 11
9 1er art. ant. ♂ muni en dedans d'un tubercule dentiforme; ferrugineux, front ruguleux, tête plus étroite que le Th.; fémurs ♂ renflés. 1.8 **Grouvellei** Reitt
— 1er art. ant. ♂ renflé en dedans en angle aigu ou obtus mais sans tubercule; fémurs ♂ simples; tête peu plus étroite que le Th. 10
10 Renflement du 1er art. des ant. ♂ en angle assez fortement aigu; noir-brun, rarement noir ou ferrugineux; tibias antérieurs ♂ dentés. 1,8 **crassicornis** Mots
— 1er art. ant. ♂ à renflement formant un angle obtus; rouge-jaunâtre, étroit, allongé; tibias antér. ♂ simples, fémurs simples. **cocles** Saulc
— 1er art. ♂ ant. fortement épaissi, ovale, renflé en angle aigu, redressé; dessus testacé, couvert d'une longue pubescence avec une touffe de poils derrière les yeux. 1,4 **latebrosus** Reit
11 Tibias antérieurs ♂ finement dentés. 12
— Tibias ant. et fémurs postérieurs simples dans les deux sexes; 1er art. ant. ♂ sans fovéole, muni d'un denticule très émoussé; dessus ferrugineux. 1,1 **pyrenæus** Saulc
12 Fémurs et tibias postér. ♂ simples; 1er art. ant. ♂ dilaté en dedans en angle obtus avant le milieu, sans tubercule distinct; brun-rougeâtre. 1,3—1,5 **Pandellei** Saulc
— ♂ Fémurs renflés et tibias postér. très épais; 1er art. ant. ♂ renflé au milieu et finement épineux à son sommet interne; roux-testacé brillant. 1,8 **Ravouxi** Gril

13 1er art. ant. ♂ presque cylindrique, 2 f. plus long que large; 2e plus étroit, un peu plus long que large; 3e plus long que large; tête bidenticulée en dessous; tibias postér. dentés, caractère qui manque chez les espèces suivantes. 1,7 **Fauconneti Fvl**

— 1er art. ant. ♂ cylindrique, 1 f 1/2 aussi long que large; 2e carré, non plus étroit; 3e carré. 1,4 **Baudueri Reit**

— 1er art. ant. ♂ très gros, caréné à son angle apical interne; 2e moitié plus étroit que le 1er; 3e un peu plus long que large. 1,5 **serripes Fvl**

— Ressemble beaucoup au *Fauconneti*; le 1er art. ant. ♂ est plus long, les tibias antér. plus fortement échancrés, les postérieurs inermes. 1,6 **Grilati Reit**

14 Ant. minces à 3e art. un peu plus long que large ou carré; 4—5 aussi longs que larges. **15**

— Ant. épaisses à 3e art. transverse ou subtransverse, 4—5 plus larges que longs. **16**

15 Brun ferrugineux; vertex ruguleusement ponctué; 1er art. ant. ♂ avec une saillie dentiforme, le 2e aminci en dedans, à angle supérieur prolongé antérieurement; ♀ 2e art. cylindrique; tibias antér. ♂ à éperon large, court, aigu. 1,7 **Sharpi Saulc**

— Ressemble beaucoup au *Sharpi*; vertex presque lisse : El. souvent d'un brun foncé, bien plus finement ponctuées; tête un peu plus étroite que le Th. 1,4 **Mulsanti Ksw**

16 1er art. ant. ♂ simple; 2e aminci intérieurement ou à angles plus ou moins aigus. **17**

— 1er art. ant. ♂ plus ou moins denté; 2e simple. **19**

17 2e art. ant. ♂ globuleux avec un petit tubercule intérieur; ♀ 2e art. un peu plus étroit que le 1er, presque en carré; brun-rougeâtre, rarement noir. 1,5 **Curtisi Den**

— 2e art. ant. ♂ s'avançant en saillie tuberculeuse très transverse; ♀ 2e art. presque de la largeur du 1er; vertex presque lisse. 1,3 **nodicornis A**

— 2e art. ant. ♂ concave et en croissant, intérieurement; ♀ 2e art. arrondi et plus étroit que le 1er; brun marron ou brun-noir. 1 **Burelli Den**

— 2e art. ant. ♂ à angle supérieur interne pointu. **18**

18 Cet angle, prolongé en avant en pointe longue et acérée; rouge-brun, épaules arrondies. 1 **securiger Reich**

— Angle supérieur pointu mais non prolongé en avant; brun-noirâtre. 1 **distinctus Chaud**

19 2e art. ant. ♂ 2 f. plus large que le 1er; ♀ 1er art. un peu plus long que large; 2e presque carré; dessus brun-rouge, clair. **collaris Baud**

— 2e art. ant. ♂ pas plus large que le 1er. **20**

20 ♂ Fémurs renflés et tibias postér. dilatés et denticulés, 1er art. ant. ♂ avec un grand tubercule dentiforme au sommet; brun-marron. 1,7 **femoratus A**

— Fémurs et tibias postérieurs ♂ simples. **21**

21 Brun-noir; ant. et pattes d'un rouge-foncé : El. à ponctuation grossière et serrée; 1er art. ant. ♂ renflé au milieu en dedans, avec un tubercule au sommet du renflement. 1,3 **bulbifer Reich**

— **Ferrugineux**; ponctuation des El. grosse et serrée; 1er art. ant. obsolètement tuberculé au sommet. 1,5 **clavicornis** Panz

## BRYAXIS

Dernier art. palpes fusiforme; 1er segm. dorsal allongé, le 1er ventral excessivement long

1 Th. à 3 fossettes basales, libres, profondes et égales (**Bryaxis**). 2
— Th. à 3 fossettes libres, la médiane très petite (**Reichenbachia**). 11
— Th. à 3 fossettes réunies par un sillon (**Rybaxis**); noir-brun avec El. rouges, ou rougeâtre avec abdomen plus obscur, ou noir; strioles abdominales allant au 1/4 du segment. 1,5—2,4 **sanguinea** L
2 Dessus rouge-jaune ou rouge-jaunâtre; abdomen ♂ sculpté en dessus. 3
— Dessus noir ou brun : El. rouges ou d'un rouge brun. 4
— Dessus noir ou brunâtre concolore : El. à peine moins foncées. 9
3 Strioles abdominales rapprochées, écartées du 1/3 de la largeur du segment, parallèles. 1,8—2 **hæmatica** Reich
— Strioles abdominales écartées de la moitié de la largeur du segm., parallèles ♂ divergeant .. ♀. 1,8 **globulicollis** Rey
4 Palpes, pattes et ant. foncés, bruns ou noirs. 5
— » » rouges, ant. brunes ou rouges au moins à la base. 6
5 Strioles abdominales très divergentes, atteignant le 1/3 du segm. et écartées du tiers de sa largeur. 1,4 **Lefebvrei** A
— Strioles abdom. divergeant , atteignant 1/4 de la longueur du segm. et écartées d'un 1/4 au plus de la largeur; abdomen ♂ sculpté. 1,5 **Helferi** Schm
6 Abdomen ♂ sculpté (2e segm. impressionné à la base, l'impression divisée par une carénule); ant. au moins rouges à la base. **Schuppeli** A
— Abdomen ♂ sans sculpture en dessus. 7
7 Antennes brunes; strioles abdomin. rapprochées des côtés. 1,5 **Pandellei** Saulc
— Antennes rouges. 8
8 Brun-foncé, El. rouges; strioles abdom. n'atteignant pas la moitié du segment: Th. finement pointillé. 1,8 **xanthoptera** Reich
— Brun-clair, El. rouges; strioles abdom. atteignant la moitié de la longueur du segment. 1,8 **Waterhousi** Rye
9 Dessus d'un noir profond, ainsi que les pattes. 2,3 **tristis** Hamp
— » noir ou brun, pattes plus claires. 10
10 Palpes et ant. bruns; fossette latérale du Th. entamant le bord; trochanters antér. ♂ élargis en dent obtuse. 1,5—1,8 **hæmoptera** A
— Moins foncé, ant. d'un brun clair, palpes d'un jaune rougeâtre; fossette latérale du Th. sur le disque; trochanters ant. ♂ à dent aiguë. 1,7 **fossulata** Reich
11 Tête et Th. ponctués. 12
— Tête et Th. lisses. 13
12 Entièrement jaune rougeâtre; strioles abdom. à égale distance l'une de l'autre et du bord du segment. 1,5 **juncorum** Leach

— Jaune rougeâtre, abdomen noirâtre à strioles plus rapprochées du bord; fossette intra-antennaire très profonde. 1,4 **nigriventris Schan**

13 Corps rouge ou jaune rougeâtre, palpes jaunes. 1,6 **Chevrieri A**

— Corps noir, El. rousses. 14

14 Pattes foncées, ant. foncées au sommet au moins. 1,5 **impressa Panz**

— Pattes rouges, El. et ant. (moins q.q.f. le sommet) rousses. 15

15 Ant. rouges, très longues et menues, à derniers art. allongés. 1,6 **Opuntiæ Schm**

— Ant. épaisses à derniers art. transverses et foncés. 1,6 **antennata A**

### PSELAPHUS

Dern. art. palpes très long, sécuriforme; tête profondément sillonnée

1 Th. sans fovéole ni sillon à la base. 1,8 **Heisei Hbst**

— Th. fovéolé à la base. 2 **longipalpis Ksw**

— Th. à sillon arqué à la base. 2

2 Rougeâtre foncé; pubescence des El. serrée. 1,8 **dresdensis Hbst**

— Rougeâtre clair; pubescence des El. éparse; ant. plus longues. 2 **longicornis Saulc**

### BATRISUS

Abdom. peu rebordé se rétrécissant à partir de la base; 1er segm. 2 f. aussi long que le 2e; avec des sillons longitudinaux

1 Th. sans denticules épineux en arrière du milieu du disque. 3 **formicarius A**

— Th. avec denticules épineux en arrière du milieu du disque. 2

2 Tibias postér. à éperon terminal fin assez long. 2 **oculatus A**

— » » sans » » distinct. 3

3 Ant. épaisses; les 3 fossettes du 1er segm. dorsal toutes profondes. 2,3 **Delaportei A**

— Ant. minces; la fossette médiane du 1er segm. dorsal plus petite, presque obsolète. 4

4 Calus humér. saillant en angle aigu. 2 **adnexus Hamp**

— » » » » obtus. 2 **venustus Reich**

### AMAUROPS

Pas d'yeux: tête munie sur les côtés d'une petite dent

Sillon du Th. abrégé en avant; art. intermédiaires des ant. un peu plus longs que larges. 2 **gallica Del**

## CLAVIGERIDÆ

### CLAVIGER

Ant. de 6 art., le 1er difficile à voir; pas d'yeux

1 Base de l'abdom. sans fossette; ant. longues à 3e art. bien plus long que les 2 suivants. 2,3 **longicornis Müll**

— Base de l'abdomen munie d'une fossette; ant. plus courtes. 2
2 3e art. des ant. plus long que large. 3
— 3e art. des ant. carré ou transverse. 4
3 4e art. un peu plus long que large; 5e subtransverse. **Pouzaui** Saulc
— 4e » ant. carré; 5e presque 2 f. plus large que long. 2,2 **Duvali** Saulc
4 3e art. ant. transverse, 4 et 5 plus fort; fossette de l'abdom. en ovale allongé; aréole abdominale légèrement saillante. 2 **testaceus** Preyss
— 3e art. ant. à peine transverse, 4 et 5 transverses; fossette de l'abdomen subcarrée. 2,3 **pyrenæus** Raffr
— 3e art. ant. carré; fossette abdom. ovale, aréole abdominale plane. 2 **Brucki** Saulc

# PAUSSIDÆ

## PAUSSUS

Pygidium découvert; art. 2—10 des ant. en massue courte, très large

Brun-rougeâtre, velu; tête à tubercule spiniforme; Th. lisse; El. finement ponctuées. 4 **Favieri** Frm

# SCYDMÆNIDÆ

## MASTIGUS

Ant. coudées à massue nulle; corps velu

Noir; Th. finement sillonné à la base; El. séparément arrondies au sommet. 5 **ruficornis** Mots

## CHEVROLATIA

Ant. contiguës non coudées, insérées au-dessous d'un long tubercule frontal

Roux-testacé; tête avec un espace lisse, luisant, se prolongeant en carène en arrière. Th. à 4 fossettes basales séparées par une carène; El. lisses à pubescence dorée, éparse; ant. monoliformes. 3* **insignis** du V

## LEPTOMASTAX

Massue des ant. nulle; tête transverse; corps glabre

1 Th. sans fovéoles à la base. 2
— Th. avec deux petites fossettes à la base. 2 **Raymondi** Saulc
2 Tête ponctuée; El. en ovale court à 3 rangs de P. obsolètes. 1,5 **Delarouzei** Bris
— Tête lisse : El. elliptiques, presque lisses. 1,5 **sublævis** Reitt

## SCYDMÆNINI

Ant. plus ou moins coudées, rapprochées et insérées sur le front

1 Pas d'yeux: Th. et El. à vive arête latérale près de la base; dessus roux-testacé (**Eudesis**). 1 **Adela** Saulc
— Des yeux: Th. et El. non rebordés (**Scydmænus**). 2

2 El. à fossette basale grande, à repli huméral bien marqué; tarses antér. ♂ fortement dilatés; dessus brun-marron. 2 **tarsatus Müll**

— El. sans fossette basale, ni repli huméral. 3

3 Taille petite (1—1,2); tête plus étroite que le Th. simple dans les 2 sexes; cuisses non claviformes; dessus un peu plus foncé. **rufus Müll**

— Taille plus grande (1,7); couleur plus claire, cuisses claviformes; tête ♂ offrant des caractères particuliers. 4

4 Tête ♂ et ♀ plus étroite que le Th.; ponctuation des El. excessivement fine; tête ♂ à vertex impressionné, à bord postérieur échancré, un fin tubercule au milieu de l'échancrure. **Perrisi Reit**

— Tête ♀ aussi large, ♂ plus large que le Th. et fortement excavée. 5

5 Tête triangulaire, sa plus grande largeur à la base où elle est plus large que le Th.; angles postér. de la tête saillants en dehors, tête ♂ fortement excavée en arrière, avec bord antér. de l'excavation muni d'une dent. 1,7 **Hellwigi F**

— Angles postér. de la tête non saillants en dehors, mais courbés en dedans et en haut; excavation de la tête ♂ ayant en avant une petite dent médiane et de chaque côté une dent plus grande, pubescente. 1,6 **cornutus Mots**

## CYRTOSCYDMINI

Ant. non coudées, écartées, séparées par une plaque frontale

1 Th. à rebords latéraux à vive arête (**Neuraphes**). 2

— Th. à bords latéraux sans vive arête. 12

2 Front fossulé entre les yeux : Th. finement caréné à la base. 3

— Front sans fossette entre les yeux : Th. sans carénule à la base. 8

3 Vertex muni d'un denticule court, conique (*conifer Fvl*). **coronatus Sahl**

— Vertex sans denticule. 4

4 Th. ponctué, allongé, noir, à carénule médiane souvent distincte jusqu'au bord antérieur. 1,4 **elongatulus Müll**

— Th. imponctué. 5

5 Art. 8, 9, 10 ant. non transverses, aussi longs que larges: El. gibbeuses à fossettes basilaires garnies d'un tubercule couvert de poils d'un jaune d'or; dessus roussâtre-clair. 1,3 **Fauveli Crois**

— Art. 8—9 ant. et au moins le 10e transverses. 6

6 Dessus noir: El. un peu convexes. 1,8 **angulatus Müll**

— Dessus rouge ou brun-marron. 7

7 Brun-marron; avant-derniers art. ant. fortement transverses: El. légèrement déprimées avec 2 fovéoles à la base. 1 **carinatus Mls**

— Testacé-rougeâtre; tête 1/3 plus étroite que la partie la plus large du Th. : El. à fossettes profondes, non prolongées, avec une dépression transverse au 1/3 de la suture. 1,5 **sellatus Fvl**

8 Th. presque carré, à côtés parallèles; dessus noir-brun déprimé; ♂ suture sillonnée au sommet. 1,3 **longicollis Mots**

— Th. subconvexe en avant, à côtés jamais bien parallèles; dessus jamais déprimé, avec El. rarement foncées. 9

9 Th. à sillon basal non visible, au milieu surtout. 1,1 **myrmecophilus** A
— Th. à sillon basal bien net au milieu. 10
10 Th. à peine aussi long que large, avec 2 fovéoles sur le sillon basal; dessus rouge-ferrugineux avec El. ordinairement plus foncées; les 3 avant-dern. art. ant. fortement transverses. 1 **Sparshalli** Den
— Th. au moins aussi long et ordinairement plus long que large; dessus rouge-jaune brillant. 11
11 Th. rétréci en avant avec une fine ligne longitudinale au milieu; front non concave: El. avec 2 petites fovéoles basales. **sulcatulus** Frm
— Ant. fortement renflées au sommet; à avant-dern. art. fortement transverses: Th. cordiforme, parallèle en arrière, fortement arrondi en avant; sillon basal sans fovéoles. 0,7 **strictus** Frm
— Ant. médiocrement renflées vers le sommet, les 3 avant-derniers art. presque carrés: Th. peu plus long que large. **subcordatus** Frm
12 Tête allongée; yeux placés à sa partie antérieure, loin du sommet du Th. (**Euconnus**). 13
— Tête courte; yeux placés très près du Th. (**Cyrtoscydmus**). 29
13 El. en ovale allongé pas plus larges à la base que le Th., à repli huméral obsolète. 14
— El. plus larges à la base que le Th., à repli huméral bien distinct. 18
14 Espèces foncées, noires ou d'un brun-noir. 15
— Espèces testacées ou rougeâtres. 16
15 Noir-brun, tête et Th. un peu moins foncés; ant. à massue peu nette, à 8e art. peu plus gros que le 7e. 2 **Pandellei** Frm
— Noir; ant. à massue assez nette, à 8e art. une fois plus gros que le 7e. 1,6 **pubicollis** Mül
16 El. avec 2 petites fovéoles à la base très rapprochées mais distinctement séparées. 1 **hæmaticus** Frm
— El. avec une seule impression basale assez grande. 17
17 Tête de la largeur du Th. 0,8 **Linderi** Saulc
— Tête plus étroite que le Th. 1,6 **Schiodtei** Ksw
18 Th. conique très rétréci de la base au sommet, sans fovéoles basales. 19
— Th. non conique, à fovéoles basales internes. 22
19 Th. sans sillon transverse à la base; tempes garnies de longs poils dorés. 1,4 **chrysocomus** Saulc
— Th. à sillon transverse fin à la base. 20
20 Massue des ant. très large à art. serrés, très transverses; dessus rouge-ferrugineux. 1 **Mæklini** Man
— Massue des ant. moins large à art. peu serrés, ovalaires, subtransverses. 21
21 Dessus brun: Th. à pubescence longue, éparse sur le disque, plus épaisse et hérissée sur les côtés. 1,4 **claviger** Müll
— Dessus brun-rouge: Th. à pubescence discale très fine, courte et couchée, à peine hérissée sur les côtés. 1,2 **cornutus** Saulc
22 Massue des ant. de 3 art. 23
— Massue des ant. de 4 art. 25

23 Très petit; dessus jaune-rouge. 0,5 **nanus Schau**

— Taille moyenne; couleur noire ou d'un brun-marron. **24**

24 Cuisses claviformes, rarement foncées; pas de fossette près de l'écusson; tibias antér. ♂ non renflés. 1,1 **intrusus Schau**

— Cuisses renflées, mais moins brusquement, le plus souvent foncées; une petite fossette vers l'écusson à la base des El., une plus profonde à l'épaule; ♂ tibias antér. renflés au sommet. **Wetterhali Gyl**

25 Th. à fine carénule médiane à la base. **26**

— Th. sans carénule à la base ou à traces seulement de carénule. **27**

26 Noir uniforme, pattes rouges, cuisses foncées; ♂ 8e art. ant. allongé, échancré, bidenté; ♀ 8—9 sphériques. 1,5 **denticornis Müll**

— Noir, tête et Th. ordinairement plus clairs; pattes rouges; ♂ 8e art. ant. non bidenté, 2 f. aussi long que large; ♀ 8—9 en carré long. 2 **Motschulskyi Sturm**

27 Dessus noir : El. couleur rouge-sang. 1,7 **rutilipennis Müll**

— Dessus complètement noir; base des ant., tibias et tarses, plus clairs : El. lisses. 1,3 **hirticollis Ill**

— Même coloration, mais El. à ponctuation très éparse, très fine. 1,3 **confusus Bris**

— Dessus d'un roux-luisant. **28**

28 7e art. ant. plus long et plus large que le 6e : Th. avec un sillon profond, entre les 2 fossettes basales. 1,7 **Lœvi Ksw**

— 7e art. ant. pas plus long que le 6e : Th. avec 2 grandes fossettes basales et la trace d'une carénule au milieu de la base. **Ferrarii Ksw**

29 Base des El. avec une seule fossette distincte : Th. non ou obsolètement fovéolé à la base. **30**

— Base des El. bifovéolée : Th. avec 4 fossettes basales plus ou moins fortes. **31**

30 Th. plus long que large : El. non ponctuées. 1,1 **cordicollis Ksw**

— Th. peu ou pas plus long que large : El. à ponctuation distincte. 1,1 **exilis Er**

31 Dessus rouge-ferrugineux; fovéole basale du Th. assez forte; repli huméral des El. indistinct. 1,7 **Godarti Lat**

— Dessus noir ou foncé : El. noires. **32**

32 Fossette basale interne des El. non prolongée en sillon le long de la suture. **33**

— Fossette basale interne des El. prolongée en sillon. **34**

33 El. finement ponctuées, courtes, ovales, ventrues au milieu : Th. à peine aussi long que large à son bord antérieur. 1,4 **Helferi Schau**

— El. fortement ponctuées, en ovale allongé, moins élargies latéralement : Th. aussi long que large. 1,2 **pusillus Müll**

Le S. Barnevillei Saulc ressemble au pusillus, mais il est plus petit, à ponctuation plus fine et serrée; fossettes du Th. et des El. petites, obsolètes.

34 Impression juxtasuturale en sillon court : Th. moins long que large; fémurs rougeâtres. 1,3 **scutellaris Müll**

— Impression juxtasuturale prolongée jusqu'au milieu des El.; fémurs rembrunis : Th. plus long que large. 1,5 **collaris Müll**

## EUTHIA

Ant. écartées; pygidium libre; sommet des El. tronqué

1 Th. sans rebord latéral à vive arête, rétréci en avant; ant. longuement pubescentes; dessus brun-rouge clair. (**Euthiconus**) 1 **conicicollis Frm**

— Th. à rebord latéral à vive arête (**Euthia**). 2

2 Dessus noir; ponctuation du Th. aussi forte que celle des El.; massue des ant. bien séparée. 1 **scydmænoides Step**

— Dessus brun-rouge; tête et disque du Th. plus foncés. 3

3 Massue des ant. peu nette; ponctuation des El. peu plus forte que celle du Th. dont les angles postér. sont droits. 1,3 **plicata Gyl**

— Massue des ant. tri-articulée, fortement séparée. 4

4 Th. à ponctuation difficilement visible, plus fine que celle des El. 1,2 **Schaumi Ksw**

— Th. à ponctuation aussi forte que celle des El. 1,1 **linearis Mls**

## CEPHENNIUM

Ant. écartées; pygidium caché: Th. à vive arête latérale; dernier art. palpes peu visible

1 Strie subhumérale des El. partant du bord extrême de la fossette basale; taille petite, dessus jaune (**Geodytes**). 0,6 **minutissimum A**

— Strie sublatérale des El. partant de l'angle huméral juste derrière l'angle postér. du Th. 2

2 Fossette basilaire des El. placée au milieu de la base. 3

— » » » un peu plus rapprochée du bord externe. 7

3 El. à ponctuation râpeuse, serrée, égale; sommet du Th. à ponctuation assez forte; pubescence courte et assez serrée. 1 **punctipenne Fvl**

— El. à ponctuation plus fine, plus éparse. 4

4 Dessus toujours rouge concolore. 5

— El. au moins, noires ou d'un noir-brun. 6

5 El. à peine ponctuées; taille plus forte; tibias antérieurs ♂ s'élargissant, avec une petite échancrure au dernier tiers. **Nicæense Reit**

— El. finement ponctuées; tibias antérieurs ♂ s'élargissant vers le sommet, mais sans échancrure. **maritimum Reitt**

6 Dessus rouge ferrugineux, El. d'un noir brun: Th. aussi long que moitié des El. à fine carène médiane, visible sous un certain jour; angles postérieurs non prolongés en arrière. **Kiesenwetteri A**

— Noir, fortement convexe: Th. moins long que moitié des El. à angles postérieurs aigus, un peu prolongés en arrière. **intermedium Frm**

7 Forme grosse, convexe, large; noir avec tête, ant. et pattes rouges; striole humérale courte, droite, profonde; Th. à côtés peu élargis en avant, à angles postérieurs subobtus, un peu saillants en arrière. 1,4 **laticolle A**

— Taille aussi forte; forme plus convexe, plus trapue, plus large; striole humérale oblique assez longue; côtés du Th. plus élargis en avant; angles postérieurs plus obtus. 1,4 **Reitteri Bris**

— Taille plus petite; forme plus allongée, plus parallèle: El. moins ovales, à ponctuation fine, mais distincte; côtés du Th. médiocrement élargis en avant. 1 **thoracicum Müll**

# SCAPHIDIIDÆ

(Reitter: *Bestim. Tabel. III*)

## SCAPHIDIUM

Ant. de 11 art., les 5 derniers hémisphériques formant une massue prolongée; écusson visible

Noir-brillant: El. à 4 taches rouges transverses; une ligne de gros P. à la base du Th. et des El. 5–6 **4-maculatum Ol**

## SCAPHIUM

El. brunes, immaculées, finement ponctuées, à lignes régulières de points plus gros: Th. étranglé au milieu. 6 **immaculatum Ol**

## SCAPHISOMA

Mêmes caractères; taille très petite; écusson non visible

1 Th. visiblement ponctué, El. plus fortement; strie suturale profonde arquée à la base, son retour visible jusqu'au delà du milieu. 2,5 **limbatum Er**

— Th. à points obsolètes. 2

2 Dessus rouge-ferrugineux. 3

— » noir. 4

3 El. à ponctuation fine, éparse. 2 **boleti Panz**

— El. à points forts, écartés; retour de la strie suturale plus visible à la base. 2 **assimile Er**

4 Strie suturale peu visible en avant, son retour atteignant à peine 1/3 de la base. 2–3 **agaricinum L**

— Strie suturale bien visible en avant et atteignant dans sa courbure le milieu de l'El.; suture relevée en toit. 2,5 **subalpinum Reitt**

# TRICHOPTERYGIDÆ

(Rev. A. Matthews: *Synopse des Tricopter.*)

(Fairmaire: *Faune française*).

## HYDROSCAPHA

Massue des ant. presque uni articulée (les deux derniers art. indistincts)

Brun-livide; abdomen rétractile laissant voir de chaque côté un prolongement divergeant, lorsqu'il est très allongé (*Aquatique*). 0,7 **girinoides A**

## NOSSIDIUM

Massue des ant. triarticulée: El. entières; la plus grande largeur du Th. à sa base

Très convexe, brun, luisant: Th. à points écartés: El. semi-ovales ayant leur plus grande largeur aux épaules. 1,2 **pilosellum Marsh**

## EURYPTILIUM

Mêmes caractères, mais métasternum atteignant les bords latéraux du corps au lieu d'en être éloigné

Ovale, très convexe, brun: Th. à base profondément sinuée, à angles postér. droits; El. à sommet très large, arrondi. **saxonicum** Gillm

## ACTIDIUM

Th. ayant sa plus grande largeur avant la base, qui tombe sur les épaules des El.

1 Dessus densément vêtu de longs poils argentés, noir, peu brillant: Th. à grande impression transverse réniforme à la base. 0,6 **coarctatum** Hal

— Corps très luisant, à poils fauves très courts: Th. à impression transverse basale, large, mais légère. 0,6 **Boudieri** All

## PTENIDIUM

Pygidium caché: Th. ayant sa plus grande largeur avant la base qui est adaptée aux épaules des El.

1 Th. sans fovéoles à la base. 2

— Th. avec 4 grandes fovéoles à la base. 4

2 Th. dilaté à la base; dessus roux de poix, clair: El. translucides. 0,8 **Gressneri** Gill

— Th. à côtés se rétrécissant vers la base. 3

3 Dessus déprimé, couvert de points profonds: Th. avec un espace médian, glabre, très luisant; pattes d'un flave de poix. **punctatum** Gyl

— Dessus convexe: Th. à points petits, avec une impression transverse à chaque angle postérieur; pattes d'un flave clair. 0,8 **pusillum** Gyl

— Dessus convexe: Th. à points ombiliqués; pattes d'un noir de poix; couleur très noire, très luisante. 0,8 **fuscicorne** Er

4 Ant. noirâtres: Th. à angles postérieurs arrondis; pattes couleur de poix. **Brisouti** Matth

— Ant. flavescentes. 5

5 Dessus très noir; fovéoles du Th. petites: El. striées de points écartés. **nitidum** Heer

— Corps d'un brun-marron; tête bifovéolée: Th. ayant sa plus grande largeur au milieu. 0,8 **myrmecophilum** Mots

## PTILIUM

El. non tronquées; pygidium découvert

1 Th. canaliculé. 2

— Th. non canaliculé. 4

2 Lignes latérales du Th. parallèles. 0,8 **affine** Er

— » » » convergeant en avant. 0,6 **cæsum** Er

— » » » » en arrière. 3

— Th. à lignes latérales très courtes ou nulles (**Oligella**). **foveolata** All

3 Taille plus petite; tête et Th. plus étroits: El. plus larges et dernier art. ant. obtus. 0,3 **myrmecophilum All**

— Stature plus grande; forme plus étroite: El. plus longues non élargies par derrière, massue des ant. moins épaissie. 0,6 **exaratum All**

4 Th. rétréci à la base, ponctué-fovéolé: El. translucides. (**Micridium**) 0,5 **angulicolle Frm**

— Th. plus ou moins carré à côtés non rétrécis vers la base. (**Ptiliolum**) 5

5 Th. plus long que la tête, non dilaté par derrière; une courte soie dressée à chaque angle postérieur. 0,5 **Kunzei Heer**

— Th. égal à la tête ou plus court. 6

6 El. plus larges que le Th., celui-ci à côtés arrondis; pattes et ant. d'un noir de poix. 0,7 **oblongum Gillm**

— El. à peine plus longues que le Th., subparallèles; dessus à sculpture rugueuse, profonde: Th. à côtés peu arrondis; pattes testacées. 0,5 V. **rugulosum All**

## MILLIDIUM

Disque du Th. à sillon très profond; métasternum éloigné des bords latéraux du corps

Noir, très convexe: Th. trisillonné, les sillons latéraux plus ou moins divergeant ; écusson trisillonné. 0,6 **minutissimum Lj**

## ASTATOPTERYX

Ant. difformes, courtes, flaves, à art. intermed. dilatés

Flave, très luisant: Th. fort grand, fort convexe, à base arquée: El. translucides 0,25 **laticollis Perr**

## ACTINOPTERYX

Ventre à 7 segm.: Th. très dilaté; hanches postér. fort distantes

Brun : El. fortement atténuées au sommet, à extrémité tronquée obliquement; 3e art. ant. allongé: Th. alutacé. 0,85 **fucicola All**

## ADERCES (Pteryx)

Abdomen de 7 segm.: Th. peu dilaté latéralement; hanches postérieures médiocrement distantes

Convexe, assez-luisant, très variable en couleur: tête procéminente: Th. ayant sa plus grande largeur à la base: El. ovales, translucides. 0,85 **suturalis Heer**

## TRICHOPTERYX

Ventre à 6 segm.; la plus grande largeur du Th. à la base

1 Th. beaucoup plus large que les El.: ant. flaves. 2

— Th. peu plus large que les El. 6

— Th. de la même largeur que les El. 10

2 El. très courtes presque carrées; dessus brun, très court, large, convexe. 0,7 **Marseuli Matt**

— El. plus longues que larges. 3

3 Th. avec une soie noire dressée sur les côtés après le milieu; 2 pareilles soies sur les El., une à l'épaule, l'autre au milieu. 0,8–1,0 **grandicollis Mærk**

— Th. et El. sans soies dressées. 4

4 El. non atténuées en arrière, à côtés presque droits; forme large, presque carrée; tête grande et large. 1,2 **intermedia Gill**

— El. plus ou moins atténuées en arrière. 5

5 Tête médiocre : Th. pas trop convexe ni dilaté, à base légèrement sinuée : El. assez longues; dessus peu convexe, noir, brillant. 1.2 **fascicularis Hbst**

— Tête grande, proéminente : Th. très grand, très convexe, très dilaté, à base profondément sinuée; dessus assez large, très convexe. 0,8 **atomaria de G**

— Plus petit : Th. plus ample ayant sa plus grande largeur au milieu; El. plus courtes, plus étroites; pattes plus courtes. **thoracica Walt**

6 Ant. foncées, noires ou brunes. 7

— Ant. flavescentes. 8

7 Tarses antérieurs ♂ dilatés; corps court, convexe, noir; pattes d'un noir de poix. 0,7 **brevipennis Er**

— Tarses antérieurs ♂ non dilatés; El. convexes, allongées, à bord apical arrondi. **sericans Heer**

8 Corps noir ou noir de poix, avec El. roussâtres. 0,85 V. **Guerini All**

— Corps noir, El. d'un noir de poix. 9

9 Corps plus large; forme oblongue, parallèle, très convexe : El. oblongues. 0,7 **Montandoni All**

— Forme plus étroite : El. contractées au bout : Th. plus grand à sommet presque droit. 0,7 V. **rivularis All**

10 Ant. d'un noir de poix; dessus noir-luisant. 0,6 **Chevrolati All**

— Ant. flavescentes, corps d'un brun-marron; tête allongée : El. largement rebordées, dilatées par derrière. (**Bæocrara**) 0,8 **littoralis Thom**

## MICRUS

Th. rétréci à la base ayant sa plus grande largeur en avant : El. longues

Convexe : Th. presque carré; abdomen long à 5e segm. ♂ à prolongement flanqué de 2 épines. 1,1 **filicornis Frm**

## MICROPTILIUM

Th. ayant sa plus grande largeur à la base, non rétréci en arrière

Assez déprimé : Th. petit, court, subcordiforme, presque pas plus large que la tête, à impression longitudinale ovale de chaque côté au milieu; abdomen court, large, arrondi au sommet. **pulchellum All**

## NEUGLENES (Ptinella)

Th. rétréci par derrière : El. courtes; dessus flave

1 Th. ayant sa plus grande largeur au milieu. 2

— La plus grande largeur du Th. avant le milieu. 3

2 Th. à côtés assez fortement resserrés par derrière, à angles postérieurs proéminents, très aigus. 0,7 **denticollis** Frm

— Th. à côtés non rétrécis en arrière, à angles postérieurs presque droits non prolongés. 0,7 **apterus** Guer

3 Th. à côtés fortement rétrécis en arrière; abdomen allongé, en cône obtus; 5 segm. dégagés, l'apical armé d'une petite dent de chaque côté. 1 **testaceus** Heer

— Th. plus court que la tête; abdomen étroit, acuminé, à 6 segments découverts avec de longues soies dressées sur les côtés. 0,7 V. **angustulus** Gill

## NEPHANES

Th. ayant sa plus grande largeur à la base, qui est adaptée aux épaules des El.

Subparallèle, oblong, d'un marron-bronzé, luisant; tête grande, allongée: El. courtes, oblongues; 4 segm. de l'abdomen découverts, le dernier échancré, denté de chaque côté. 0,5 **Titan** New

## PHALACRIDÆ

(Tournier: *Phalacridæ* — K. Flach: *Phalacrides, trad. des Gozis*)

1 El. sans strie suturale (elle se trouve tout-à-fait sur la suture); ordinairement éclaircies au sommet; une seule strie principale; tarses inégaux, les postérieurs allongés (**Stilbus**). 2

— El. avec une strie suturale entière ou abrégée. 3

2 Noir de poix, brièvement ovalaire; sommet des El. obsolètement brun; angles postér. du Th. rectangulaires. 1,7—2 **atomarius** L

— Etroitement ovalaire; brun à tache apicale bien nette et tranchée; angles postérieurs du Th. arrondis. 1,7 **oblongus** Er

— Ovale, convexe, brun-roussâtre, à grande tache apicale claire, mal limitée; angles postér. du Th. aigus. 1,7—2,2 **testaceus** Panz

3 El. à 9 stries dorsales fortes et également profondes accompagnées chacune d'une rangée de points; strie suturale toujours entière; tarses égaux; dessus vert-bronzé ou bleu-foncé (**Tolyphus**). 2,5—3 **granulatus** Guer

— El. avec seulement 1 ou 2 stries principales bien nettes. 4

4 Une seule strie principale bien marquée; insectes d'un noir-profond; strie suturale toujours entière; tarses égaux (**Phalacrus**). 5

— Deux stries principales bien nettes; strie suturale entière ou abrégée: El. ordinairement éclaircies au sommet; tarses inégaux. (**Olibrus**) 9

5 Bebord basilaire du Th. nul. 6

— » » » visible sur le tiers médian. 7

6 El. en majeure partie polies; stries dorsales à gros points; interv. fortement et régulièrement ponctués. 2 **seriepunctatus** Bris

— El. alutacées; interv. à ponctuation irrégulière, plus fine que celle des séries. 2 **brunnipes** Bris

7 El. finement alutacées. 1,7—2,3 **fimetarius** F
— El. lisses, polies, à la base et sur le disque. 8
8 Stries des El. effacées en avant. 3—3,5 **grossus** Er
— Stries visibles sur toute leur longueur. 1,5—1,7 **substriatus** Gyl
9 Insectes d'un vert noirâtre à reflets métalliques; sommet des El. q. q. f. un peu brunâtre. 10
— El. complètement noires. 11
— El. noires à tache anteapicale testacée-rougeâtre ou flave, plus ou moins bien limitée. 15
— El. noires à sommet rouge ou brun, sans taches limitées. 17
— El. testacées: Th., suture et bord externe des El., bruns; dessus alutacé; (pour voir ce caractère dans les *Phalacrides*, se servir du microscope). 2,5—3 **corticalis** Panz
10 Ovale, court; dessus concolore; dessous noir ou brun-foncé; 2e strie ne rejoignant pas la 1re au sommet. 2,5—2,7 **æneus** F
— Ovale, allongé: El. d'un brun-roussâtre s'éclaircissant graduellement en arrière; dessous testacé-rougeâtre. 2,5—3 **ænescens** Küst
11 2e strie principale raccourcie en arrière et ne pouvant se joindre à la première. 12
— 2e strie principale réunie à la 1re avant le sommet. 13
12 Ovale, très convexe: Th. alutacé, sur les bords surtout. **millefolii** Payk
— Ovale, oblong: Th. lisse. 1,2—1,5 **Baudueri** Flach
13 Strie suturale abrégée en avant. 2,2—2,7 **flavicornis** Str
— » » entière. 14
14 Insecte elliptique à peine plus étroit en arrière qu'en avant: El. lisses. 1,7—2 **particeps** Mls
— Insecte ovoïde ayant sa plus grande largeur au premier tiers. 1 **pygmæus** Stm
15 Insecte offrant sa plus grande largeur vers le milieu; tache élytrale rouge, ronde, nette, placée assez avant le sommet. 3—3,5 V. **coccinella** Flach
— Insectes ayant leur plus grande largeur au tiers antérieur, plus ou moins rétrécis de ce point au sommet. 17
16 Stries principales largement séparées au sommet, l'externe raccourcie et obsolète au sommet. 2,5—2,7 **bimaculatus** Küst
— Stries principales très rapprochées au sommet. 2,5—3,2 **bicolor** F
17 El. polies, moins le sommet seul. 1,7—2,5 **affinis** Stm
Var. El. à disque en grande partie brun-clair. v. **discoïdeus** Küst
— El. alutacées sur les 3/4 postérieurs au moins. 1,7—2,6 **liquidus** Er

## CORYLOPHIDÆ

### CORYLOPHUS

(Th. fortement arrondi en avant; tête cachée)

1 Plus gros; couleur variable; généralement rougeâtre à disque du Th. et base des El. plus ou moins rembrunis: El. à ponctuation bien visible et à strie suturale assez distincte sous un certain jour. **cassidioides** Marsh

— Plus petit: El. lisses sans strie suturale. **sublævipennis du V.**

## ORTHOPERUS

(REITTER: *Deuts. Entom. Zeitt. 1878 Heft 1*)

1 Dessus noir ou noir brun, alutacé. 2
— Dessus jaune brunâtre; espèces larges. 5
2 Corps ovale, allongé, brillant: El. à ponctuation faible. **brunnipes Gyll**
— Corps très large, presque arrondi; ponctuation faible. 3
3 Points des El. simples. 4
— Points des El.; paraissant formés de 2 petits traits très fins; taille très petite; dessus un peu brillant. **coriaceus Mls**
4 Taille très petite; dessus noir-brun brillant. **anxius Mls**
— » un peu plus forte. **pilosiusculus Duv**
5 Dessus alutacé, à ponct. obsolète, taille grosse. **picatus Marsh**
— » non » : El. à ponct. forte à la base; taille petite. **punctum Mrsh**

## RHYPOBIUS (Moronillus)

Ovalaire, brun, convexe: Th. rougeâtre, lisse, subtronqué au sommet, un peu convexe en avant; tête cachée: El. finement ponctuées: écusson triangulaire bien visible. 1 **velox Woll**

## ARTHROLIPS

Intervalles des points des El. finement rugueux

1 El. dilatées-arrondies derrière les épaules; corps plus rétréci en avant qu'en arrière; dessus noir de poix, brillant: Th. alutacé-réticulé. 1 **piceus Com**
— El. peu dilatées derrière les épaules; corps peu ou pas plus rétréci en avant qu'en arrière. 2
2 Ovale-oblong à pubescence fine, jaune: Th. transverse, pointillé, à intervalles finement alutacés: El. très finement pointillées. 1 **regularis Reitt**
— Ovale, à pubescence pâle: Th. moins transverse : El. à ponctuation subocellée assez distincte. 1 **humilis Rosh**

## PARMULUS (Sacium)

(REITTER: *Description des G. Sacium et Arthrolips*)

Intervalles des points des El. lisses

1 Th. à sommet anguleux prolongé vers l'écusson. 2
— Th. transverse à base presque droite. 4
2 Th. moins large que les El., un peu allongé. 2 **pusillus Gyll**
— Th. subtransverse, à peine moins large ou aussi large que El. qui sont un peu dilatées derrière l'épaule. 3
3 Dessus du corps à ponctuation presque obsolète, à pubescence très courte. 1,6 **nanus Rey**

— Dessus du corps à pubescence et à ponctuation très visibles. 1,6 **brunneus** Bris
4 El. à pointillé fin, assez dense; dessus brun. 1,5 **obscurus** Sahlb
— El. à points larges, mais moins profonds. 1,5 **densatus** Reitt

### PELTINUS

Tête petite, cachée: Th. débordant la tête en devant; écusson très petit

Noir, subglobuleux, glabre, lisse: Th. transv. de la largeur des El., celles-ci arrondies au sommet, lisses, avec q. q. rides au-dessous des épaules; pygidium saillant, arrondi. 0,5 **velatus** Mls

### SERICODERUS

1 Brun-rougeâtre à pubescence très fine et serrée: Th. plus clair à angles postér. prolongés en arrière: El. rétrécies de la base au sommet. 1 **lateralis** Gyll
— Plus foncé; élytres peu rétrécies de la base au sommet, presque carrées. **Revelieri** Reitt

## CLAMBIDÆ

### COMAZUS

Dessus jaune rougeâtre avec tête, Th. et sommet des El. un peu plus clairs; ant. de 11 art.; côtés des yeux libres

1 Dessus ovale à pubescence assez fine, soyeuse, très rapprochée. 1m **dubius** Marsh
— Corps très rétréci en arrière, presque triangulaire, à pubescence éparse. 0,7 **troglodytes** Fvl

### CALYPTOMERUS

Ant. de 10 art.; côtés des yeux libres; sommet des El. seul un peu plus clair

Brun rougeâtre, avec sommet des El. plus clair, transparent; corps presque triangul. à pubescence, fine, dense, soyeuse. **alpestris** Redt

### LORICASTER

Ant. de 8 art., massue de 3; moitié supérieure des yeux cachée par le bord dilaté de la tête

Ovale, testacé, convexe; dessus à pubescence courte, assez serrée, soyeuse, à ponctuation extrêm[t] fine. 0,8 **testaceus** Mls

### CLAMBUS

Ant. de 9 art.; bord des yeux caché par un repli du bord de la tête

1 Dessus à pubescence fine sensible. 2
— Dessus glabre. 3
2 Pubescence assez fine et assez distincte; noir, côtés du Th. étroitement jaunes. 1 **armadillo** de G

— Pubescence poudreuse, serrée; côtés du Th., disque et sommet des El. plus clairs. 0,7 **pubescens Redt**

3 Ovale; dernier art. ant. plus long que large. 1m **V. minutus Strm**

— Arrondi;dern. » » aussi » » ». 0,50 **punctulum Gyll**

# SPHÆRIIDÆ

## SPHÆRIUS

Noir, globuleux, brillant; élytres éclaircies au sommet, glabres, lisses. 0m,5 **acaroides Walt**

# ANISOTOMIDÆ

(Reitter: *Bestim. Tabel: Necrophaga.* — Brisout de Barneville: *Monog. du G. Agathidium*).

## HYDNOBIUS

Th. rebordé à la base; massue des ant. de 5 art.; le 2e très petit

1 Bord latéral des El. densément cilié de poils fins. 3 **Perrisi Frm**

— El. non bordées de cils fins. 2

2 Dessus noir foncé, luisant: El. à fortes lignes de gros points. 2,5 **punctatissimus Step**

— Dessus rouge jaune. 3

3 Les points des intervalles sont aussi forts que ceux des rangées principales. 2 **punctatus Str**

— Points des interv. beaucoup plus fins que ceux des rangées principales; massue des ant. noire ou brune. 2 **intermedius Thom**

— Intervalles des El. à peine ponctués; massue des ant. jaune. 1,7 **strigosus Schm**

## LIODES

Massue de 5 art., le 2e petit; front avec 2 à 4 gros P.; base du Th. avec une rangée transversale de gros P.

1 El. ciliées sur les côtés; interv. des El. sans rides transverses. 2

— El. non ciliées sur les côtés. 3

2 Cils longs; la plus grande largeur du Th. après le milieu. **ciliaris Schm**

— Cils courts; » » » avant la base. 3—4 **furva Er**

3 Angles postér. du Th. aigus, prolongés en arrière, embrassant la base des El. 3 **Discontignyi Bris**

— Angles postér. du Th. arrondis, non prolongés en arrière. 4

4 Interv. des El. ridés de travers sur les côtés surtout. 5

— » » » non ridés transversalement. 7

5 Massue des ant. jaune; ♂ cuisses post. à denticule épineux. 1,5—1,8 **flavicornis Bris**

— Massue des ant. noirâtre. 6

6 Dern. art. pas plus étroit que le précédent. 1,5—1,8 **parvula Sahlb**

— » » plus » » » 3—3,5 **rugosa Steph**

7 **Tibias antér.** s'élargissant visiblement vers l'extrémité, garnis de petites épines au bord externe. 8

— Tibias antérieurs de même largeur sur toute leur longueur. 19

8 Dernier art. de la massue pas plus étroit que le précédent. 9

— Dernier » » plus étroit que le précédent. 13

9 Taille grande (5—6,8), corps en ovale allongé, peu convexe en dessus. 10

— Taille moindre (3—4), dessus en ovale court, plus convexe. 11

10 Massue des ant. noire; 2e art. ant. cylindrique beaucoup plus long que large. 5—6,8 **cinnamomea** Panz

— Ant. concolores; 2e art. gros, à peine plus long que large; strie suturale très enfoncée et très rapprochée de la suture en arrière; dessus moins convexe. 6m **oblonga** Er

11 Dessus noirâtre ou brun foncé; ant. concolores, rougeâtres, courtes, un peu plus longues que la tête; 2 avant-dern. art. plus de 2 f. aussi larges que longs, le dernier un peu plus étroit que le précédent. 3—4,5 **picea** Illig

— Dessus toujours brun-rouge ou rouge-jaune; 3 dern. art. des ant. d'égale largeur, le dernier serait plutôt plus large que le précédent. 12

12 Th. presque d'égale largeur du milieu à la base. 2,5—3,5 **obesa** Schm

— Th. sensiblement rétréci à la base. 2,5—3,5 **dubia** Küg

13 El. à contour ovale rétrécies à la base, puis dès avant le milieu, plus fortement vers le sommet. 14

— El. à contour oviforme long; leur plus grandeur au milieu ou après; front sans gros P. ou avec 4 points. 16

14 Ant. longues dépassant le milieu du Th.; massue large généralement foncée. 2—3 **flavescens** Schm

— Ant. assez courtes, dépassant à peine la tête; corps en ovale très court, très convexe. 15

15 Massue des ant. étroite, rarem[t] rembrunie; strie des El. fines; ponctuation des interv. et du Th. très fine et serrée. 1,8 **pallens** Strm

— Massue large, général[t] concolore; tête avec 4 gros P. en travers: El. à stries ponct. fines: Th. droit sur les côtés jusqu'au milieu, à base droite au milieu, oblique près des angles. 3 **rotundata** Er

— Massue large, rarem[t] foncée; front avec 2 gros P.; dern. art. de la massue moins large que le précédent: El. à fortes stries ponctuées; Th. à côtés arrondis, à base subéchancrée près des angles postérieurs. 3,2 **Triepkei** Schm

16 Pas de gros points devant l'écusson en dehors de la ligne basale. 17

— Th. ayant un P. plus gros devant l'écusson en dehors de la ligne basale. 18

17 Massue large, foncée: Th. un peu moins large à la base que les El. à ponctuation bien visible et serrée. 3—3,5 **curta** Fairm

— Massue étroite, faiblement foncée; Th. aussi large que les El. fortement arrondi latéralement. 3 **lunicollis** Rye

18 Angles post. du Th. nettement arrondis. 4—4,5 **silesiaca** Kr

— » » seulement émoussés. 3,5—4 **lucens** Fairm

19 Massue des ant. étroite à dern. art. pas plus étroit que le précédent. 20

— » » » assez large à dernier art. plus étroit que le précédent. 25

20 Th. (au milieu au moins) et intervalles des El. lisses; ovale, presque globuleux, très luisant: tête avec 4 gros P.; ant. rougeâtres. 1,7 **badia Steph**

— Th. plus ou moins ponctué; interv. généralement densément ponctués. 21

21 Un seul gros P. de chaque côté du front; stries des El. écartées; massue des ant. peu rembrunie. 3 **scita Er**

— Deux gros P. de chaque côté du front. 22

22 Côtés de la base du Th. dirigés obliquement en avant. 23

— Base du Th. tronquée droite. 24

23 Massue des ant. grosse et large, subfoncée. 3 **ovalis Schm**

— » » étroite, concolore; cuisses postér. ♂ dentées. 2 **gallica Reit**

24 Massue des ant. généralement concolore; dessus jaune-brun: El. à fortes rangées de points. 2,2 **clavicornis Rye**

— Massue des ant. large; angles postér. du Th. presque droits; rougeâtre avec tête, Th., suture et bords latéraux des El., foncés. 3 **punctulata Gyl**

— Massue longue et étroite; angles postér. du Th. arrondis; noir, avec base et sommet des El. plus clairs; q. q. f. noir concolore, ou rougeâtre, avec suture et bords plus foncés. 2–3 **Heydeni Rag**

25 Massue des ant. foncée. 26

— » » concolore; angles postér du Th. toujours émoussés. 27

26 Th. rétréci de la base au sommet, à angles postér. presque droits. 2,5–2,8 **nigrita Schm**

— Th. à côtés subarrondis, à angles postér. émoussés. 2,7 **calcarata Er**

27 Base du Th. tronquée droite. 28

— Base du Th. à côtés latéraux descendant plus bas que la courbe du milieu. 2,5–3 **curvipes Schm**

28 Tête grosse avec 4 P.; El. finement ponctuées. 2,5 **distinguenda Frm**

— Tête ordinaire avec 2 gros P.; El. fortement ponctuées à stries profondes. 2–3 **rubiginosa Schm**

## CYRTUSA

Stries des El. obsolètes; massue de 5 art., le 2e presque pas visible

1 Tibias postér. élargis au sommet: El. à rangées de P. assez nettes. 2

— » » non » » : » » » difficilement distinctes. 3

2 Th. finement ponctué à angles postér. droits; strie suturale des El. bien marquée jusqu'au-delà du milieu. 1,5–2 **minuta Ahr**

— Th. à ponctuation difficilement visible, à angles postér. émoussés; strie suturale visible au sommet seulement. 2 **latipes Er**

3 Rougeâtre clair concolore; massue des ant. concolore; interv. assez fortement ponctués. 1,5 **subferruginea Reitt**

— Rougeâtre clair; tête et Th. bruns; massue foncée; interv. très finement ponctués. 1,8 **subtestacea** Gyl

## COLENIS

Massue de 3 art.; El. rayées de travers

1 Corps ovale, très court, très convexe : El. à stries difficilement visibles; dessus rouge-jaune. 1,5—2 **immunda** Sturm

— Ovale, large, faiblement convexe; jaune brunâtre vif: El. très visiblement striées-ponctuées. 2 **Bonnairei** Duv

## TRIARTHRON

Tarses de 5 art., massue de 3; base du Th. rebordée

Ovale, allongé, rougeâtre: Th. finement ponctué :El. à fortes rangées de points; intervalles alternes avec de plus gros points isolés; le 1r avec des points serrés. 3 **Mærkeli** Schm

## AGARICOPHAGUS

Base du Th. non rebordée; massue antennaire de 5 art., le 2e petit

Ovale, long, rouge-jaune, Th. finement alutacé; intervalles des El. à stries transverses. 2,2 **cephalotes** Schm

## ANISOTOMA (Liodes)

Tête petite; massue des ant. de 5 art., le 2e petit

1 El. sans strie suturale visible au sommet; brun-jaune, disque du Th. et base des El. d'un brun-foncé. 2 **serricornis** Gyl

— Strie suturale des El. visible au sommet. 2

2 El. pubescentes, noires, à tache humérale rouge (El. d'un brun rougeâtre, à sommet foncé, *V. globosa Pk*). 3 **humeralis** Kug

— El. glabres. 3

3 El. noires à tache humérale rouge, transverse. 3 **axillaris** Gyl

— El. noires ou rougeâtres concolores. 4

4 El. à rangées très irrégulières de points géminés; noir-brun; strie suturale atteignant presque l'écusson. 3—3,5 **castanea** Hbst

— El. à rangées régulières de points simples; dessus plus ou moins noir; bords du Th. moins foncés; strie suturale ne dépassant pas le milieu des El. 5

5 Rangées de points des El. régulières et bien marquées sur les côtés. 3—4 **glabra** Kug

— Rangées de points des El. moins régulières, obsolètes sur les côtés. 2—2,8 **orbicularis** Hbst

## AMPHICYLLIS

Massue des ant. de 4 art. non interrompus

1 Noir: Th. rouge à angles postér. presque droits. 2,5—3 **globus** F

— Noir, Th. à bords roussâtres, à angles postér. émoussés. **globiformis** Sahl

## AGATHIDIUM

**Massue des ant. de 3 art.; angles postér. du Th. très arrondis**

1 El. à rangées striales de points, un peu irrégulières; tête petite; tempes très courtes (**Cyrtoplastus**). 2,5 **seriatopunctatus Bris**

— El. lisses ou à ponctuation uniforme; tête grosse, tempes longues. 2

2 El. à angles huméraux arrondis. 3

— » » » » plus ou moins obtus. 8

3 El. sans strie suturale ou avec un fragment de strie au sommet. 4

— Strie suturale des El. arrivant au milieu ou près du milieu. 6

4 El. non ponctuées; massue des ant. ordinairement rembrunie à la base. 2—2,3 **lævigatum Er**

— El. plus ou moins ponctuées. 5

5 Un fragment de strie suturale au sommet des El.; ant. concolores; dessus noir-brun. 2,2 **dentatum Mls**

— Strie suturale visible au sommet; ant. concolores ou les 2 avant-derniers art. rembrunis; rouge-brun, rarement noirâtre. **badium Er**

6 Tête et Th. rouges; El. noires. 2—2,7 **nigripenne Kug**

— Dessus noir ou brun, concolore. 7

7 Ant. à massue concolore, et à 3e art. aussi long que les 2 suivants. 2—2,3 **seminulum L**

— Ant. à avant-dernier art. rembruni et à 3e art. aussi long que les trois suivants. 2,5—3,2 **atrum Payk**

8 Tempes dilatées derrière les yeux; tête très grosse. 9

— » non dilatées; tête enfoncée dans le Th. jusqu'aux yeux. 10

9 Dessus noir, bords du Th. plus clairs. 3—4 **nigrinum Stm**

— El. testacées, à suture et bords, noirs. 2,5—3,5 **discoideum Er**

10 El. sans strie suturale, ponctuées; noir, souvent le sommet des El. rougeâtre. 2,2 **marginatum Stm**

— Strie suturale des El. visible jusqu'au milieu. 11

11 Bord antérieur du chaperon échancré. 12

— » » tronqué droit ou faiblement sinué. 13

12 El. ponctuées; noir-brun; tête et côtés du Th. ordinairement plus clairs. 2 **confusum Bris**

— El. lisses; noir, avec bords du Th. et une large bande longitudinale sur les El., d'un rouge-sanguin. 2—2,3 **plagiatum Gyl**

13 2e art. ant. ovale, de moitié plus court que le 3e. 14

— 2e » » court, arrondi, 2 f. plus court que le 3e. 15

14 El. densément ponctuées, noires; bords du Th. et moitié postér. des El. rougeâtres. 1,2 **hæmorrhoum Er**

— El. presque lisses; jaune-rouge; disque du Th. et base des El. foncés. 2 **pallidum Gyl**

15 El. visiblement ponctuées. 16

— El. indistinctement ponctuées; massue foncée; noir-brun; côtés du Th. un peu plus clairs. 2,3—2,5 **mandibulare Stm**

16 Ant. concolores; chaperon non sensiblement séparé du front. 1,8 **piceum Er**

— Massue des ant. foncée; une faible ligne arquée sépare le chaperon du front. 1,5—2,2 **rotundatum Gyl**

# SILPHIDÆ

## LEPTINUS

Pas d'yeux; ant. filiformes; tête courte, arrondie

Jaune-rougeâtre, aplati, à ponctuation fine, à pubescence jaune et fine; ant. longues, filiformes: El. à traces de stries. 2 **testaceus Müll**

## PLATYPSYLLA

Ant. irrégulières, El. tronquées; pas d'yeux; tête courte, arrondie

Brun, tête demi-circulaire, sans yeux, à bord postér. concave avec une série transverse de fines épines: El. tronquées, éparsement ponctuées. 3 **castoris Rits**

## ANTROCHARIS

El. strioléés transversalement: Th. sans fossettes latérales

Jaune-rougeâtre à forte pubescence jaune; ant. presque de la longueur du corps: Th. cordiforme aussi long que large. **Querilhaci Lesp**

## TROCHARANIS

El. strioléés transversalement et Th. à fossette allongée près des bords latéraux

1 El. ovales, très rétrécies au sommet, ponctuées, ridées transversalement. 3,8 **Mestrei Ab**

— El. fort allongées, moins rétrécies au sommet, à côtés subparallèles; strie suturale bien nette, les autres distinctes mais obsolètes; ponctuation très fine et très serrée (**Isereus**). **Xambeui Argod**

## DIAPRYSIUS

El. non striées; tibias postér. non épineux

1 Convexe, en ovale allongé, El. non impressionnées vers la suture. 3 **caudatus Ab**

— Ovale, très allongé: El. prolongées en arrière, creusées planement le long de la suture au milieu. 3—3,2 **caudatissimus Ab**

## CYTODROMUS

El. non strioléés transversalement; tibias postér. épineux; angles postér. du Th. prolongés

Brun-jaune velu: Th. un peu plus étroit que les El., à sommet échancré, à côtés parallèles du milieu à la base: El. à fine strie suturale. 3,5 **dapsoides Ab**

## BATHYSCIA (Adelops)

Th. large, à angles post. aigus embrassant les épaules; corps en ovale court

(*Traduit des Bestim. Tabell. de* Reitter: *Necrophaga*)

1 Espèces vivant sous les feuilles (les *A. Schiœdtei, Larcennei et Grenieri* se trouvent q. q. f. dans les grottes, mais sous des feuilles mortes, à leur entrée). **2**

— Espèces vivant dans les grottes. **13**

2 El. rayées de travers. **3**

— El. non rayées de travers. **5**

3 Strie suturale entière, profonde; brun-rougeâtre, ovale (Alp. Mar.). 1–1,5 **pumilio Baud**

— Strie suturale quand elle existe, effacée au sommet; insectes des Pyrénées ou environs. **4**

4 Brun-rougeâtre assez foncé, brillant. 1,7—2 **Larcennei Ab**

— Testacé rougeâtre à El. mates; Th. peu brillant surtout à la base. 1,7—2 **Schiœdtei Ksw**

— D'un rouge de rouille plus clair à pubescence dense et fine. 2 **Grenieri Saulc**

5 Espèces du midi de la France. **6**

— Espèces du centre ou des Pyrénées. **9**

6 El. sans strie suturale; ovale convexe, rouge-testacé: Th. bombé ne continuant pas la convexité des El.; El. rétrécies au sommet. 2 **ovoidea Frm**

— El. à fine strie suturale visible au milieu, mais assez difficilement q.q. fois. **7**

7 Masse des ant. large, beaucoup plus longue que le funicule; dessus convexe très rétréci en arrière; strie suturale profonde et entière. 2 **Grouvellei Ab**

— Dessus aplati; ant. à massue un peu plus courte que le funicule; corps étroit, subparallèle; Th. long, simplement courbé sur le disque ; El. tronquées au sommet. **8**

8 El. rétrécies assez fortement vers le sommet : Th. peu plus large que les El. 2 **subalpina Frm**

— El. très peu rétrécies en arrière :

**a** Tibias postér. ♂ arqués; tarses ant. ♂ à peine aussi larges que le sommet des tibias; dessus brun-testacé; suture déprimée. 1,2 **Aubei Ksw**

**a'** Tibias postérieurs ♂ droits.

**b** Tarses ant. ♂ aussi larges que le sommet des tibias; plus petit, couleur plus claire, forme un peu plus parallèle. 1,2 **epuroides Frm**

**b'** Tarses antér. ♂ un peu moins larges que le sommet des tibias; ressemble à *Aubei*, plus brun, Th. plus court; plus convexe que le précédent : El. tronquées au sommet. **brevicollis Ab**

9 El. à strie suturale visible au sommet. 10

— El. sans strie suturale visible au sommet; ant. ne dépassant pas la base du Th. 11

10 Ovale, convexe, brun-rouge, rétréci au sommet, à pubescence jaune dorée, fine; dessus un peu brillant; ant. n'atteignant pas le sommet des angles postérieurs du Th. 1,7 **Wollastoni** Jans

— Plus étroit, plus petit, presque mat; ant. atteignant le sommet des angles postérieurs du Th. 1,4 **opaca** Ab

11 Suture des El. enfoncée à la base : Th. de la largeur des El. à angles postérieurs proéminents. 2 **Simoni** Ab

— Suture des El. non enfoncée à la base. 12

12 Court, ovoïde, subconvexe, très rétréci en arrière, assez luisant; 8e art. ant. un peu plus petit que 7 et 9. 1 **ovata** Ksw

— Ovoïde allongé, peu convexe : El. mates. 1 **asperula** Frm

— Corps large, plus grand : Th. un peu plus large que les El. à angles postér. moins proéminents en arrière. 2,2 **meridionalis** Duv

13 Espèces méridionales; strie suturale entière, ant. dépassant le bord postérieur du Th. 14

— Espèces des Pyrénées (les *A. Schiœdtei* et *Grenieri*, se trouvent q.q. fois à l'entrée des grottes). 16

14 El. en ovale court, convexe; angles postérieurs du Th. non prolongés en arrière. 3 **galloprovincialis** Fairm

— El. allongées, rétrécies au sommet, aplaties; angles postérieurs du Th. très prolongés en arrière. 15

15 El. à vestiges de stries, à ponctuat. presque uniforme. **Tarissani** Bed

— El. sans vestiges de stries, plus finement et plus densément ponctuées à la base, plus fortement et plus éparsement au sommet. 3,5 **Villardi** Bed

16 Strie suturale des El. enfoncée et visible au sommet, fortement renfoncée au milieu. 2 **lucidula** Delar

— Strie suturale effacée au sommet. 17

17 El. non rayées transversalement; ant. atteignant au plus la moitié du corps. 18

— El. rayées transversalement, q.q. f. très finement. 19

18 Th. plus large que les El., sa plus grande largeur avant la base; ant. densément velues à art. 7, 9, 10, 11 ♂ renflés. **Linderi** Ab

— Th. pas plus large que les El. sa plus grande largeur à la base; brièvet ovale, très convexe, très atténué au sommet; strie suturale nulle : El. très légèrt striolées transversalt. 1,7 **Mialetensis** Ab

19 Chaque El. avec 2 plis longitudin. peu marqués; ant. longues. **Ehlersi** Ab

— El. sans plis longitudinaux. 20

20 Ant. peu longues atteignant au plus le milieu du corps. 21

— Ant. longues dépassant le milieu du corps. 24

21 Ant. atteignant le milieu du corps. 22

— Ant. dépassant à peine la base du Th. 23

22 Dessus brun-rougeâtre : El: très fortement rayées transversalement. 2 **Delarouzei** Frm

— El. très finement rayées transversalement; ant. bien plus grêles et longues atteignant le 1/3 des El. 2 **inferna Dieck**

23 Tibias postérieurs droits. **Schiœdtei** et **Grenieri**

— Tibias postér. ♂ arqués à la base; peu convexe, large : Th. presque lisse; El. irrégulièr$^{t}$ rayées de travers. 2 **lapidicola Saulc**

24 Espèces à taille d'au moins 3$^{m}$. 25

— Petites espèces à taille inférieure à 3$^{m}$. 33

25 Corps en ovale long, peu plus rétréci en arrière qu'en avant. 26

— Corps en ovale plus allongé, beaucoup plus rétréci en arrière qu'en avant. 31

26 Angles postérieurs du Th. aigus, longuement saillants en arrière; strie suturale bien visible mais affaiblie au milieu. 3,8 **Diecki Saulc**

— Angles postérieurs du Th. faiblement saillants en arrière. 27

27 La plus grande largeur du Th. se trouve très peu avant les angles postérieurs; ant. assez renflées au sommet. 28

— La plus grande largeur du Th. se trouve après le milieu. 29

28 Suture faiblement enfoncée, strie suturale peu distincte au milieu. 3 **Perieri Pioch**

— Suture enfoncée, strie suturale distincte au milieu; Th. plus densément ponctué sur les côtés. 3 **longicornis Saulc**

29 Ant. indistinctement renflées au sommet. 30

— Ant. assez élargies au sommet; tarses antér. ♂ plus étroits que les tibias. 3 **Barnevillei Saulc**

30 5$^{e}$ art. ant. égal au 4$^{e}$; taille plus grande; moins rétréci en arrière; ant. un peu renflées au sommet; tibias interm. ♂ arqués. 3,2 **pyrenæus Lesp**

— 5$^{e}$ art. ant. plus long que le 4$^{e}$; plus petit, plus rétréci en arrière; ant. non renflées au sommet. 3 **novemfontium Pioch**

31 La plus grande largeur du Th. au milieu; strie suturale distincte; tibias post. ♂ et ♀ droits. 3,5—4 **Bonvouloiri Duv**

— La plus grande largeur du Th. avant la base. 3 **Discontignyi Saulc**

— » » » » à la base ou très peu avant; strie suturale sensible au milieu. 32

32 Tibias post. ♂ arqués; dessus très peu convexe, faiblement creusé sur le disque; rouge-rouille. 3,5 **curvipes Pioch**

— Tibias post. ♂ droits; suture des El. renfoncée; dessus rouge-jaune. 3 **Piochardi Ab**

33 8$^{e}$ art. ant. grêle, moins large que le 9$^{e}$ mais non sensiblement plus court. 34

— 8$^{e}$ art. ant. plus court que le 9$^{e}$. 39

34 5$^{e}$ art. ant. ♂ renflé, ovalaire. 35

— 5$^{e}$ » » » non renflé. 38

35 6$^{e}$ art. ant. ♂ à peine renflé. 2,3 **Hecate Ab**

— 6$^{e}$ » » ♂ renflé. 36

36 Strie suturale distincte au milieu. 2,3 **clavata Saulc**

— » » à peine sensible. 37

37 Suture enfoncée : Th. de la largeur des El. 3,8 **Pandellei A**

— Suture faiblem[t] enfoncée, Th. un peu plus large que les El. **Saulcyi** Ab
38 Suture faiblement enfoncée en avant. 2,5 **Abeillei** Saulc
— » non enfoncée en avant. 2,4 **stygia** Dieck
39 8e art. ant. plus long que large. 40
— 8e » » à peine plus long ou même un peu moins long que large. 41
40 El. striolées transvers[t] sans strie suturale, à suture faib[t] enfoncée derrière l'écusson; art. 6 et suiv. des ant. ♂, 7, 9, 10, 11, ♀ renflés. 2,2 **Chardonis** Ab
— El. à strie suturale affaiblie et suture faiblement enfoncée; art. 5 ant. ♂ fortement renflé. 2,3 **crassicornis** Pioch
— Suture à peine enfoncée, strie suturale à peine sensible; art. 5 ant. ♂ non renflé. 2,2 **aletina** Ab
41 Th. plus large que les El.; ant. très longues atteignant presque le sommet des El. 2,5 **speluncarum** Delar
— Th. de la largeur des El. 42
42 El. fortement rayées de travers; corps ovoïde convexe; la plus grande largeur du Th. à la base. 2 **oviformis** Pioch
— El. moins fortement rayées de travers; corps ovale élargi, convexe; ant. dépassant le milieu du corps. 2,2 **Proserpinæ** Ab

## CATOPS

Abdomen de 6 segm.; massue de 5 art., le 2e plus petit que les autres; tous les tarses de 5 art.

(Reitter: *Bestim. Tabell. XII: Necrophaga*)

1 Th. et El. rayés transversalement, celles-ci rayées obliquement (**Ptomaphagus**). 2
— El. parallèles à base rayée de travers: Th. peu sensiblement rayé transversalement; petit, ovoïde allongé, brun-noirâtre; base et sommet des antennes rouges; 7e art. plus foncé que les suivants (**Nemadus**). 1,5 **colonoides** Kr
— El. non rayées transversalement (**Catops et Sciodrepa**). 4
2 1er art. des tarses postér. aussi long que les 3 suivants; base et dern. art. ant. jaunes. 3—3,5 **varicornis** Rosh
— 1er art. des tarses postérieurs aussi long que les 2 suivants; base des ant. seule rougeâtre. 3
3 3e art. ant. plus grand que le 2e. 3 **Tarbensis** Reich
— 3e » » » court » ». 2,5—2,8 **sericatus** Chaud
4 Th. à côtés redressés juste avant la base, pour former des angles droits, qui deviennent même aigus. 5
— Th. à côtés recourbés de la base au sommet, non redressés à la base. 10
5 Dernier art. des ant. testacé; ant. minces à massue peu tranchée, à 6e art. plus long ou au plus aussi long que large. 4—4,5 **affinis** Steph
— Massue des ant. concolore. 6
6 6e art. ant. un peu plus long que large ♂, au moins carré ♀; ant. longues dépassant la base du Th. à massue peu nette: Th. presque aussi long que large; ♂ tibias antér. incisés après la base. 4—4,5 **quadraticollis** A

— 6e **art.** ant. plus large que long, au plus carré ♂. **7**

7 Dernier art. ant. beaucoup moins large que le précédent et 2 fois aussi long; dessus à pubescence noirâtre. 4,5 **chrysomeloides Panz**

— Dernier art. ant. aussi large ou peu moins large que le précédent. **8**

8 Ant. à massue bien nette, à 7e art. bien plus large que 9e ou 10e; massue plus foncée. 4 **tristis** Panz

— Ant. grêles presque concolores, d'un rouge-brun à base éclaircie, à massue moins nette. **9**

9 La plus grande largeur du Th. après le milieu, celui-ci aussi large que les El. 3—3,5 **Kirbyi** Spenc

— Th. presque aussi large que les El., sa plus grande largeur avant le milieu. 3,5 **neglectus** Kr

10 Th. à côtés rétrécis-arqués, de la base au sommet. **11**

— Th. à côtés arrondis, soit plus fortement rétrécis au sommet, soit également rétrécis à la base et au sommet. **14**

11 6e art. ant. transverse. **12**

— 6e art. ant. allongé ou carré ou très peu plus large que long. **13**

12 Massue peu large, art. 4—5 ant. peu transverses. 3 **fumata** Spenc

— Massue plus nette, à dern. art. testacé; art. 4—5 des ant. fortement transverses, base testacée. 3—3,5 **Watsoni** Spenc

13 Epines des tibias postér. très longues; art. ant. 2—7 bien plus longs que larges; dessus déprimé. 4,5 **depressa** Mur

— Epines des tibias postér. courtes; art. 4—5 ant. presque carrés; angles postér. du Th. saillants en arrière. 4 **umbrinus** Er

14 Art. 4—6 ant. transverses; le dernier art. jaune au sommet: Th. presque également rétréci à la base et au sommet. 3—4 **alpina** Gyll

— Art. 4—5 ant. non transverses; 6e rarement. **15**

15 Stries des El. très approfondies en arrière et visibles à la base; 6e art. ant. plus long que large. 6—6,5 **picipes** F

— Strie des El. visibles au sommet mais peu approfondies ou non visibles à la base. **16**

16 8e art. ant. carré, 6e beaucoup plus long que large; ant. longues, grêles. 5 **marginicollis** Luc

— 8e art. ant. transversal. **17**

17 » » peu mais sensiblement transversal, 6e plus long que large, q. q. f. carré ♀. **18**

— 8e art. ant. très transverse; 6e art. plus large que long, au plus carré chez les ♂. **19**

18 Cuisses brunâtres plus foncées; massue des ant. plus foncée; la plus grande largeur du Th. à peu près au milieu. **nigricans** Spenc

— Pattes d'un brun rougeâtre concolore; ant. ordinairement concolores; la plus grande largeur du Th. bien après le milieu. **fuscus** Panz

19 Dern. art. ant. pas plus étroit que le précédent; 6e carré; dessus noir concolore. **20**

— Dernier art. ant. plus ou un peu plus étroit que le précédent; 6e transverse, ou carré. **21**

20 2 prem. et dernier art. ant. rougeâtres; corps en ovale long; angles postér. du Th. obtus. 3,5—4 **morio F**

— Massue des ant. concolore; El. en ovale plus court; angles post. du Th. presque droits. 3,5 **coracinus** Kell

21 6e art. ant. transversal: Th. moins large que les El., la plus grande largeur du Th. au milieu; angles postérieurs presque droits. 3,2 **nitidicollis** Kr

— 6e art. ant. carré: Th. aussi large que les El., sa plus grande largeur après le milieu; angles postér. émoussés. 3,6 **grandicollis** Er

## CATOPOMORPHUS

Ant. sans massue distincte, à dernier art. très rétréci, à peu près 2 f. aussi long que le précédent

1 Ant. n'atteignant pas la base du Th., à art. 4—6 transverses et à dernier pas plus large que le précédent. 2,5–3 **Marqueti** Frm

— Ant. plus ou moins longues, dépassant la base du Th. 2

2 Ant. longues à 8e art. pas plus étroit que 7 et 9: Th. régulièrement arrondi de la base au sommet, à angles postér. obtus mais marqués: El. plus fortement, moins densément ponctuées. **brevicollis** Kr

— Ant. plus courtes à 8e art. plus étroit que 7 et 9: Th. atténué-rétréci de la base au sommet, à angles postér. très arrondis, rentrants: El. finement et densément ponctuées. **Rougeti** Saulc

— Ant. à 8e art. pas plus étroit que 7 et 9: El. à pubescence longue, redressée, bien visible de profil. 3 **arenarius** Hamp

L'*Attumbra Josephinæ* Saulc a la pubescence des El. longue et redressée comme le *C. arenarius*, seulement les ant. sont à peine aplaties, le dernier art. est deux fois plus long que le précédent; dessus très brillant à ponctuation clair-semée.

## CHOLEVA

Mésosternum simple: El. non rayées de travers; ant. à dernier art. normal pas 2 f. aussi long que l'avant-dernier

1 Epine terminale des tibias postér. longue: El. striées; 8e art. ant. un peu plus long que large. 2

— Epine terminale des tibias postér. petite: El. au plus à stries obsolètes; 8e art. ant. transverse, rarement carré. **(S. G. Nargus)**. 5

2 Th. plus rétréci en avant qu'en arrière, sa plus grande largeur vers la base. 5 **agilis** Ill

— Th. pas plus rétréci en avant qu'en arrière, sa plus grande largeur au milieu. 3

3 Tête plus longue que large aux yeux: El. fortement striées. 5 **spadicea** Stm

— Tête au plus aussi longue que large aux yeux: El. faiblement striées. 4

4 El. d'un brun-rougeâtre plus foncées au sommet: Th. plus rétréci à la base qu'au sommet, sa plus grande largeur avant le milieu. 5 **angustata** F

— El. brunes: Th. régulièrement arqué sur les côtés, sa plus grande largeur au milieu. 5 **cisteloides** Frohl

5 Angles postér. du Th. droits. 6

— » » » émoussés. 7

6 Rouge-brun; El. à traces de stries; 6e art. ant. beaucoup plus court que 5 ou 7 et moins long que large. 2,7—3 **velox** Spenc

— Ovale, allongé, d'un brun de poix concolore; 6e art. ant. un peu plus long que large; le 8e faiblement transverse. 2,5—2,7 **badius** Stm

7 Ovoïde, allongé; dessus peu luisant, d'un brun-rougeâtre assez clair; angles postér. du Th. presque droits. 2,2 **Wilkini** Spen

— Brun de poix foncé, luisant, corps oviforme, court; angles postér. du Th. à peine émoussés. 1,5—2 **anisotomoides** Spenc

## COLON (Ptomaphagus)

Abdom. de 5 segm.; yeux ronds saillants; massue de 4 art.

(Reitter: *Necrophaga*. — Fairmaire: *Faune Française*)

1 Jambes et tarses antér. simples ♂ et ♀: El. à traces de points alignés. 2

— Jambes et tarses antér. dilatés, plus fortement chez les ♂. 4

2 Ovale long; massue des ant. plus claire: Th. à base peu plus large que celle des El. 2—2,5 **Viennense** Herbst

— Dessus en ovale court; massue des ant. foncée: Th. plus large à la base que les El. 3

3 Ponct. du Th. peu plus forte que celle des El.; 8e art. ant. bien plus petit que le 9e. 2 **serripes** Sahlb

— Ponct. du Th. beaucoup plus forte que celle des El.; 8e art. des ant. peu plus petit que le 9e. 2 **puncticolle** Kr

4 Th. large, court, subglobuleux, très rétréci en avant. 5

— Th. allongé, moins rétréci au sommet, presque aussi long que large. 9

5 Th. à ponctuation beaucoup plus forte que celle des El. 6

— Th. pas plus fortement ponctué que les El. 7

6 Allongé, peu convexe; pubescence d'un gris-jaunâtre: massue des ant. légèrement foncée; ♂ cuisses postér. à dent oblique, un peu arquée et saillante: Th. à peine 2 fois plus fortement ponctué que les El. 1,5—2 **dentipes** Sahlb

Points du Th. un peu ridés, confluents. V. **Barnevillei** Kr

Th. 3 fois plus fortement ponctué que les El. V. **Zebei** Kr

— Ovale, court, médiocrement convexe; pubescence d'un jaune doré; massue obscure sauf le dernier art.; El. vues de dessus paraissant ridées de travers; ♂ cuisses postér. avec une petite dent un peu saillante et un angle arrondi. 1,5—2 **brunneum** Latr

7 Corps court, large, assez convexe: Th. et El. à ponctuation égale, fine, très serrée; dessus presque mat. 2,5—2,8 **latum** Kr

— Corps elliptique, allongé, peu convexe; ponctuation du Th. plus fine que celle des El. 8

8 El. à traces de fines stries surtout à la base; ♂ cuisses postér. à dent obtuse armée d'un faisceau de poils. 2,3 **appendiculatum** Sahlb

— El. sans traces de stries; ♂ jambes postérieures épaissies à l'extrémité. 2 **calcaratum** Er

9 Th. plus finement ponctué que les El.; ant. rougeâtres; massue q. q. f. un peu plus foncée à dernier art. un peu plus étroit que le précédent; ♂ cuisses à dent spiniforme. 2,5—3 **murinum** Kr

— Th. et El. à ponctuation uniforme. 10

— Th. plus fortement ponctué que les El. 12

10 Massue des ant. grosse, ovale, noire, à dern. art. plus étroit et à peine de moitié aussi grand que l'avant-dernier. 11

— Massue des ant. moins grosse, plus parallèle, à dernier art. pas plus étroit que le précédent. 2 **griseum** Gyl

11 Ponctuation assez forte, très serrée, formant presque de petites stries sur le Th.; dernier art. des ant. jaune à l'extrémité seulement. 2,5 **clavigerum** Hbst

— Ponctuation moins serrée; dernier art. des ant. presque entièrement jaune. 1,5-2 **affine** Sturm

12 Dessus presque mat à ponctuation forte et très serrée; massue souvent foncée. 2,5 **fuscicorne** Kr

— Dessus luisant, plus aplati; dernier art. ant. arrondi. 2 **angulare** Er

## EUCINETUS

Tarses plus longs que les tibias; hanches postérieures très dilatées, cachant les cuisses à l'état de retrait

1 El. noires à strioles transverses et à tache apicale testacée bien nette. 2,5—3,5 **hæmorrhoidalis** Germ

— El. noires concolores, densément ponctuées, sans strioles transverses. 3,5—4 **meridionalis** Cast

## SILPHA

Tête presque plus large que longue; hanches interm. rapprochées

1 Dessus jaune rougeâtre: tête, milieu du Th., écusson, pattes et 4 taches sur les El., noir.s (**Xylodrepa**). 12—14 **4-punctata** Schrb

— Dessus noir ou brun. (**Silpha**—**Pseudopelta**) 2

2 Th. roux à pubescence d'un jaune d'or. 12—16 **thoracica** L

— Th. noir. 3

3 Intervalles des El. avec des rides transverses ou des granulations. 4

— Intervalles des El. à ponctuation irrégulière, q. q. f. avec de fines rides; le long des côtes, se trouvent des points plus gros. 5

— Intervalles des El. à ponctuation fine, assez régulière, sans rides transverses. 6

4 Th. inégal, soyeux. 10—12 **rugosa** L

— Th. égal à ponctuation fine. (**Aclypea**) 11—15 **undata** Müll

5 Côtes des El. et séries latérales de gros P., bien nettes; 4e art. ant. allongé. 16—20 **Olivieri** Bdl

— Côtes des El. et séries latérales de gros P. peu visibles; 4e art. ant. à peine plus long que large: El. d'un brun-clair (El. noires, V. *nigrita* *Creutz*). 13—15 **tyrolensis** Laich

6 **Th. très inégal, soyeux.** 7

— Th. égal ou peu inégal, plus ou moins finement ponctué. 8

7 Angle humér. des El. arrondi. 9—11 **dispar Herbst**

— » » » fortement pointu; avant-dernier segm. abdom. largement échancré. 9—11 **sinuata F**

8 Ponctuation des interv. fine, très serrée, subruguleuse (**Blitophaga**). 9

— Ponctuation des interv. nette, bien écartée. 11

9 Tête avec un sillon transverse derrière les yeux. 9—12 **opaca L**

— Tête sans » » » ». 10

10 Côtes des El. sensibles, l'externe plus élevée. 9—11 **Souverbiei Frm**

— Côtes » à peine distinctes. 12—14 V. **alpicola Küst**

11 Ponctuation de l'intervalle externe plus fine et plus serrée que celle des autres interv.; points des El. quadrangulaires sans élévation luisante au bord antérieur. 14—15 **obscura L**

— Ponct. de l'interv. ext. non plus fine et plus serrée que celle des autres ou alors points des El. à élévation luisante au bord antér. 12

12 8e art. ant. plus long que le 9e. 12—20 **lunata F**

— » » à peine aussi long que le 9e. 13

13 Côte ext. des El. caréniforme, plus forte que les autres. **puncticollis Luc**

— Les 3 côtes des El. toutes semblables. 13—16 **granulata Thunb**

## PELTIS (Phosphuga)

Tête plus longue que large, en forme de museau

1 El. sans côtes; 2e art. ant. plus long que le 3e (**Ablattaria**). 12—18 **lævigata F**

— El. à côtes saillantes; 2e art. ant. plus court que le 3e (dessus brun rougeâtre, V. *pedemontana* F) (**Peltis**). 12—16 **atrata L**

## ASBOLUS (Necrodes)

Hanches intermédiaires écartées; yeux saillants; art. 2—3 ant. égaux

Noir-luisant: El. à côtes saillantes; 3 derniers art. ant. rouges; ♂ cuisses postér. renflées en massue. 20—25 **littoralis L**

## AGYRTES

Stries n'atteignant pas toutes le sommet des El.

1 Angles postér. du Th. droits; noir brun, concolore. 4,5 **bicolor Cast**

— » » » arrondis; rouge-brun, tête et Th. plus foncés. 4—5 **castaneus Froh**

## NECROPHORUS

2e art. ant. très court; massue en forme de bouton, de 4 art.

1 El. noires. 2

— El. rougeâtres à bandes noires. 3

2 Epipleures rouges, massue des ant. noire. 25—30 **germanicus L**

— » noirs, » » rouge. 18—20 **humator Gœz**

3 Th. velu de jaune ainsi que les cuisses et les bords de l'abdomen; massue des ant. jaune, 1er art. noir. 4

— Th. glabre; cuisses et bords de l'abdomen non velus de jaune. 5

4 Jambes postérieures arquées. 15—20 **vespillo** L

— » droites. 16—18 **vestigator** Hersch

5 Massue des ant. noire. 12—15 **vespilloides** Hbst

— » » jaune. 6

6 Poils de l'abdomen noirs; la bande basale noire des El. couvre les épipleures moins une petite tache jaune en avant. **sepultor** Charp

— Abdomen à poils noirs, ceux des segm. postér. gris; 1re bande élytrale rouge non interrompue à la suture; épipleures complt rouges. 15—18 **investigator** Zett

— Abdomen à poils d'un jaune grisâtre; la bande noire basale des El. couvre les épipleures. 15—18 **interruptus** Step

### SPHÆRITES

Massue des ant. ovale, de 3 art., mate

Noir-métallique luisant, convexe: Th. à ponct. obsolète: El. à fines stries ponct.; interv. finement ponctués. 6—7 **glabratus** F

### NECROPHILUS

Massue de 5 art.; angle sutural des El. denté

Noir-brun luisant; bords latér. du Th. plus clairs: El. fortement ponctuées-striées, interv. lisses. **subterraneus** Dahl

## HISTERIDÆ

(Schmidt: *Histerides, Traduct. des Gozis*).
(Fairmaire: *Faune Française*)

### HOLOLEPTA

Corps déprimé; labre bilobé

Noir-brillant, aplati: Th. à strie margin. fine, interrompue en avant: El. à 2 stries dorsales très courtes, à la base. 8—9 **plana** Fuelss

### PLATYSOMA

Tibias antér. avec un sillon arqué pour recevoir le tarse

1 4 prem. stries des El. entières. 2

— 3 » » discales entières. 4

2 Pygidium à gros points ocellés. 2,5—3 **elongatum** Ol

— » à points fins. 3

3 Strie suturale plus courte que la 5e discale. 3,5—4 **lineare** Er

— » dépassant la 5e discale. 2,5—3 **angustatum** Hoff

4 Th. presque 2 f. plus large que long. 5

— Th. pas plus ou à peine plus large que long. 3,5—4 **oblongum** F

5 Un peu convexe; tibias postér. avec 2 dents en plus de l'apicale. 3—4 **frontale** Payk

— Dessus plat; tibias postér. avec une seule dent en plus de l'apicale. 3—3,5 **compressum** Herbst

## HISTER

Prosternum tronqué ou arrondi à la base; Th. offrant toujours une strie latérale ou même plusieurs

1 Th. à côtés densément ciliés en dessous de gros poils flaves; labre concave et échancré. 9—12 **major** L

— Th. non cilié sur les côtés ou alors, de poils fins et rares, fortement ponctué et pubescent en dessous; labre ni creusé, ni échancré. 2

— Th. glabre, non ponctué ou finement ponctué sur les côtés en dessous. 3

2 Noir, El. à 4 stries entières. 9—12 **inæqualis** Ol

— Taché de rouge : El. à 3 stries entières, (la *V. gagates Illig* est immaculée). 7—11 **4-maculatus** L

3 El. rouges, avec une tache basale noire triangulaire. **bimaculatus** L

— El. noires à taches rouges. 4

— El. noires. 8

4 Une strie latérale au Th. 5

— 2 stries latérales au Th. 6

5 4 stries entières aux El. 3—4,5 **purpurascens** Herbst

— 3 stries entières aux El. 5—6 **fimetarius** Herbst

6 Une strie subhumérale externe, pas de strie subhumérale interne. 4—5 **binotatus** Er

— Pas de strie subhumérale externe. 7

7 Mentonnière simple, acuminée ou arrondie. 5—7 **uncinatus** Illig

— Mentonnière fortement échancrée au sommet, bifide. **4-notatus** Scrib

8 Th. avec 2 stries latérales (strie marginale jamais comprise). 9

— Th. avec une seule strie latérale. 18

9 Une strie subhumérale interne aux El., souvent avec un fragment d'une subhumérale externe. 10

— Pas de strie subhumérale interne, une strie subhumérale externe. 12

— Pas de strie subhumérale; rarement une trace de strie subhumérale interne. 16

10 3 premières stries des El. entières. 7—9 **unicolor** L

— 4 » » » » » . 11

11 Côtés du Th. ponctués. 4,5—5 **helluo** Truq

— » » non » . 9 **teter** Truq

12 El. à 3 stries entières. 6—7 **terricola** Germ

— El. à 4 stries entières. 13

13 Stries latérales du Th. droites, parallèles. 4—5 **distinctus** Er

— Strie latérale interne du Th. courbée à la base vers l'externe. 14

14 **El. à dépression sensible à la base de la 3e strie; suture des art. de la massue des ant. droite.** 5—7 **succicola** Thom

— **El. sans dépression sensible à la base de la 3e strie.** 15

15 **Strie interne du Th.** peu coudée, interv. des stries lisse; suture des art. de la massue antenn. arquée. **cadaverinus** Hoff

— Strie interne du Th. fortement coudée, intervalle des stries ordinairement ponctué. 6 **merdarius** Hoff

16 El. à 4 stries entières. 17

— El. à 3 stries entières. 4—5 **funestus** Er

17 Dessus brun assez clair. 5—6 **lugubris** Truq

— Dessus noir. 4—5 **bisexstriatus** F

18 Une strie subhumérale externe aux El. 19

— Pas de strie subhumérale aux El. 26

19 El. à 4 stries entières. 20

— El. à 3 stries entières. 22

20 Strie marginale du Th. entière; tibias ant. à 6 dents. **marginatus** Er

— » » » raccourcie; » » à 5 dents. 21

21 Pygidium à ponct. forte, médiocrement dense. 3—5 **carbonarius** Ill

— » » très grosse, très serrée. 3—5 **stigmosus** Mars

22 Tibias ant. à 3 fortes dents. 7—11 **græcus** Brull

— » » à 4 dents. 23

— Tibias antér. à 5 dents. 24

— » » à 6 dents; strie frontale anguleuse. 5—6,5 **neglectus** Germ

23 Strie subhumérale raccourcie en arrière; épipleures lisses. 3—5 **stercorarius** Hoff

— Strie subhumérale entière; épipleures finement ponctués. 4,5—5 **uncostriatus** Mars

24 Strie marginale du Th. entière; massue des antennes rouge. 3—4,5 **ruficornis** Grim

— Strie marginale du Th. raccourcie. 25

25 Pygidium finement et éparsement ponctué. 4—5 **ventralis** Mars

— » à ponctuation très grosse et serrée. 5—6,5 **ignobilis** Mars

26 Stries toutes entières, la suturale seule q. q. fois raccourcie. 3,5—4 **12-striatus** Schrk

— Les 2 stries internes des El. raccourcies. 27

27 Pygidium à ponct. forte et dense. 4,5—5,5 **prætermissus** Peyr

— » » fine et éparse. 3—4 **corvinus** Germ

## PHELISTER

Th. avec une strie latérale interrompue

**Brun-rougeâtre**: El. à 4 stries entières, les 2 internes raccourcies au milieu (*Tabacs importés*). 1,3 **Rouzeti** Frm

## EPIERUS

Dessus avec des stries distinctes; front sans trace de strie transversale

**El. à strie subhumérale et 6 stries discales entières.** 2—3 **comptus** Illig

## TRIBALLUS

Dessus à vestiges très-courts et obsolètes de stries.

Brun métallique; base du Th. striolée devant l'écusson; stries dorsales courtes. 2 **scaphidiformis Illig**

## HETÆRIUS

Massue ant. cylindr.; tibias anguleusement dilatés extérieurement; dessus pubescent

Roux-ferrugineux: Th. à large sillon latéral; 4 stries discales entières. 1,5 **ferrugineus Ol**

## ONTHOPHILUS

Dessus à côtes élevées; une mentonnière très-courte

1 Th. à 6 côtes fines, les 2 externes raccourcies en avant. 2 **striatus Forst**
— Th. à 5 côtes. 2
2 Intervalles des côtes striolés, la côte médiane géminée à la base. 2,5—3,5 **exaratus Illig**
— Intervalles des côtes ponctués, la côte médiane non géminée mais sillonnée au milieu. 3—3,5 **globulosus Ol**

## PAROMALUS

Dessus ponctué; pas d'écusson; quelques courts vestiges de stries

1 Aplati, oblong, presque parallèle, mais plus large en devant; stries des El. nulles. 3 **complanatus Panz**
— Allongé, étroit, un peu convexe, avec q. q. vestiges de stries élytrales. 2
2 Corps rétréci en avant et en arrière; massue des ant. testacée. 2 **flavicornis Herbst**
— Corps parallèle, peu rétréci aux extrémités; massue des ant. rougeâtre. 2 **parallelopipedus Herbst**

## CARCINOPS

Ecusson distinct; dessus à stries visibles

1 Corps arrondi; dessus assez fortement et densément ponctué; 4e strie discale arquée vers l'écusson, la 5e et la suturale, nulles **(Cissister)**. 1 **minima A**
— Cops ovalaire; Th. seul avec de gros points; les El. finement pointillées; 4e strie discale non arquée; la 5e et la suturale marquées. **(Carcinops)**. 2
2 Strie suturale simple, entière ou peu raccourcie. 2,5 **12-striata Step**
— » » double, fortement raccourcie. 1,2 **Mayeti Mars**

## DENDROPHILUS

Tous les tibias fortement élargis

1 El. à stries apparentes, dessus ponctué. 2,5–3 **punctatus** Hbst

— El. mates, non ponctuées, avec vestiges de côtes au lieu de stries. 2–3 **pygmæus** L

## BACANIUS

Ecusson nul; une fine ligne près du bord latéral des El.

Une ligne transverse sur le Th. devant l'écusson : El. à fine strie subhumérale. 1 **rhombophorus** A

## ABRÆUS

Ecusson visible; tarses postér. de 5 art.; corps convexe; tibias antér. élargis

1 Dessus mat. 1,5 **globulus** Creutz

— » brillant. 2

2 Th. et El. fortement et densément ponctués; tibias ant. minces à la base, puis subitement et fortement dilatés. 1,2 **granulum** Er

— Th. et El. finement et éparsement ponctués; tibias antér. anguleusement dilatés au bord externe. 1,5 **globosus** Hoffm

— Th. et El. assez fortement et densément ponctués; dilatation des tibias antér. arrondie, non anguleuse. 1,2 **parvulus** A

## ACRITUS

Tarses post. de 4 art.; écusson visible; tibias antér. à peine élargis

1 Th. sans ligne de points à la base. 2

— Th. à ligne ponctuée devant l'écusson. 4

2 Dessus en carré long finement et éparst ponctué. 3 **punctum** A

— » plus fortement et plus densément ponctué; corps ovale, arrondi sur les côtés. 3

3 Brun-ferrugineux; une strie dorsale obsolète. 1 **minutus** Herbst

— Brun-noir; pas de strie dorsale : El. plus ponctuées. **tataricus** Reitt

4 Dessus mat. 1 **Rhenanus** Fuss

— » brillant. 5

5 Massue des ant. noire; tibias ant. graduellement élargis au sommet. 1 **nigricornis** Hoff

— Massue des ant. d'un roux testacé; tibias ant. peu élargis au sommet. 1 **seminulum** Küst

## TERETRIUS

Corps oblong-cylindrique

Dessus ponctué; tibias postér. à denticule unique au-dessus de la double dent apicale. 1,5–2 **picipes** F

## PLEGADERUS

Th. à profond sillon et bourrelet, latéraux

1 Bourrelet latéral du Th. interrompu. **2**

— Bourrelet latéral entier. **3**

2 El. rugueusement ponctuées. 2 **saucius Er**

— El. à ponct. fine, assez écartée sur le disque. 1,5 **vulneratus Panz**

3 Th. sans sillon transversal. 1 **pusillus Ross**

— Th. avec un sillon transversal. **4**

4 Sillon profond placé au milieu du Th. **5**

— Sillon moins profond, placé avant le milieu. **6**

5 El. mates, densément, fortement ponctuées avec une courte striole au milieu de la base. 1,2 **cæsus Illig**

— Noir brillant, finement et éparsement ponctué, une striole forte et oblique, assez longue, au milieu de la base. 1,2 **dissectus Er**

6 Th. à ponct. bien marquée, assez serrée. 1—1,5 **discissus Er**

— Th. à ponctuation très fine, très espacée. **7**

7 Sillons latéraux plus étroits en arrière, ne touchant pas la base. 1—1,3 **Otti Mars**

— Sillons latéraux pas plus étroits en arrière et touchant la base. 1—1,5 **sanatus Truq**

## SAPRINUS

Epipleures bistriés; El. à stries obliques

1 El. à tache rouge. 5—7 **maculatus Ross**

— El. sans tache. **2**

2 Bords du Th. ciliés. **3**

— Bords du Th. non ciliés. **5**

3 Tête sans carène entre l'épistome et le front. 6—8 **semipunctatus F**

— Tête carénée » » » . **4**

4 Front sans rides en chevrons transverses. **tridens Duv**

— » avec deux chevrons transverses. 3 **grossipes Mars**

5 Tête sans carène entre le front et l'épistome. **6**

— Tête carénée entre le front et l'épistome. **17**

6 Th. lisse sur le disque ou à pointillé très fin, très séparé. **7**

— Th. visiblement ponctué au milieu. **11**

7 Strie suturale entière réunie à la 4e dorsale. 2—3 **chalcites Illig**

— » » abrégée en avant, non réunie à la 4e dorsale. **8**

8 El. à fond mat dans la partie ponctuée; un espace luisant, arrondi, subscutellaire, un autre allongé, un peu convexe, sur le deuxième intervalle. 5—7 **detersus Illig**

— El. à fond brillant, dans la partie ponctuée. **9**

9 El. ponctuées jusqu'à la base sur tous les intervalles excepté le 4e. 4—5 **furvus Er**

— El. ponctuées jusqu'à la base, sur le 1er intervalle au plus. 10

10 Tibias antér. à 8 ou 9 dents; ponctuation des El. s'arrêtant au milieu en ligne presque droite. 4—5 **subnitidus** Mars

— Tibias ant. à 10—12 dents; ponctuation des El. plus avancée vers la suture que sur les côtés. 4—5 **nitidulus** Payk

11 El. ponctuées jusqu'à la strie apicale. 12

— El. avec une bande lisse et brillante, entre la partie ponctuée et la strie apicale. 15

12 Très petit: El. à ponctuation très fine, allant jusqu'à la base sur le 4e intervalle seulement. 2,5 **pastoralis** Duv

— Plus grand: El. assez fortement ponctuées, tantôt sur la 2e moitié seulement, tantôt aussi sur le 1er intervalle. 13

13 Strie humérale parallèle à la première strie dorsale; strie suturale raccourcie. 3,5—4 **algericus** Payk

— Strie humérale oblique, formant un angle avec la strie subhumérale interne; strie suturale ordinairement entière. 14

14 Noir: El. ponctuées sur la 2e moitié seulement. 3—4,5 **lautus** Er

— Vert ou bleu métallique: El ponctuées partout, lisses vers l'écusson seulement. 3—4 **virescens** Pk

15 Bronzé-brillant; stries indistinctes; espace lisse du 2e interv. moitié moins long que celui du 4e et séparé de celui du 1er par une bande étroite de points. 3—3,5 **pulcherrimus** Web

— Bleu-noir ou bronzé; 2e strie discale surtout, bien visible; espace lisse du 2e interv. peu plus court que celui du 4e et séparé par la 4e strie seulement, de celui du 1er intervalle. 16

16 Noir à reflets bleus; fond de la ponctuation des El. mat; strie suturale ordinairement raccourcie. 3—3,5 **immundus** Gyl

— Bronzé obscur; fond des El. brillant, dans la partie ponctuée; strie suturale ordinairement entière. 3—3,5 **æneus** F

17 Front sans sillon transversal en forme de chevron. 18

— Front avec un ou deux sillons anguleux. 26

18 El. et Th. densément ponctués avec deux plaques lisses, vagues, à la base du Th. et 2 plaques bien nettes, arrondies, derrière l'écusson. 5 **specularis** Mars

— Stries visibles; ponct. des El. n'allant pas jusqu'à la base. 19

19 Strie suturale raccourcie en avant. 20

— Strie suturale entière réunie à la 4e dorsale. 22

20 Front densément ponctué; q. q. points se réunissent et forment de petites rides. 2—2,5 **cribellaticollis** Duv

— Front très finement et éparsement ponctué. 21

21 El. ponctuées sur la moitié postérieure jusqu'à la 2e strie dorsale. 2,5—3 **æmulus** Illig

— El. ponctuées à l'extrémité seulement et très éparsement. 2—2,5 **Mocquerysi** Mars

22 Front brillant, lisse, très superficiellement pointillé. 23

— Front peu brillant, ponctué, finement ridé. 25

23 Bronzé; 1re strie dorsale dépassant le milieu, aussi longue au moins que les autres. 2—2,2 **metallescens Er**

— 1re strie dorsale atteignant le milieu au plus, moins longue que les suivantes. 24

24 Vert-bronzé obscur; angles antér. du Th. avec une fossette. **amœnus Er**

— Noir: Th sans fossettes aux angles antérieurs. 2 **spretulus Er**

25 El. à ponctuation fine sur le dernier tiers seulement. **rufipes Payk**

— El. à deux ou trois rangées seulement de gros points apicaux qui remontent au milieu du premier intervalle, pour former comme un commencement de cinquième strie dorsale. 3 **conjungens Payk**

26 Th. imponctué (à part la série de points de la base et q. q. fois des petits points, derrière les yeux). 27

— Th. ponctué sur les bords latéraux. 28

27 Tibias ant. à 3 grandes dents et 3 petites; quatrième interstrie seul ponctué. 3—5 **maritimus Steph**

— Tibias ant. à 3 grandes dents et 2 petites; quatrième, troisième et deuxième intervalles ponctués q. q. f. même un peu le premier. 3—3,5 **dimidiatus Illig**

28 Strie suturale liée à la troisième dorsale; dessus vert-métallique. 3 **radiosus Mars**

— Strie suturale reliée à la quatrième dorsale. 29

29 El. ponctuées jusqu'à la base, stries peu distinctes, sauf la 1re. 30

— Ponctuation des El. n'allant pas jusqu'à la base; stries visibles. 31

30 Dessus noir-bleu; stries dorsales indistinctes. 3—3,3 **4-striatus Hoffm**

— » bronzé-brillant obscur; stries dorsales distinctes. **Pelleti Mars**

31 Ponctuation des El. allant presque jusqu'à la base, plus avancée extért qu'intérieurement; bronzé-brillant; stries visibles. **apricarius Er**

— Ponct. des El. plus avancée à la suture que vers le bord externe et assez éloignée de la base. 32

32 Vert-métallique bronzé; tibias ant. à 6 dents. 3—4 **rugifrons Payk**

— Brun plus ou moins clair; tibias ant. à 3 grandes dents obtuses et deux plus petites. 3 **crassipes Er**

— Métallique obscur, rarement brun; tibias ant. à 4 denticules fins, rarement cinq. 3—3,5 **metallicus Herbst**

## GNATHONCUS

Front sans strie; épipleures rayés de 3 stries

1 Pattes foncées; stries des El. dépassant le milieu; dessus plus ponctué. 3—3,5 **rotundatus Kuz**

— Pattes ferrugineuses; stries des El. raccourcies au milieu; dessus plus finement, plus éparsement ponctué. 2—2,5 **punctulatus Thom**

## MYRMETES

Tibias à peine élargis; dessus imponctué, un peu mat; stries des El. très fines

Arrondi, très convexe, d'un brun-ferrugineux, mat: El. sans strie suturale avec 4 stries discales dépassant le milieu. 1,5—2,5 **piceus Payk**

# LAMELLICORNES

(MULSANT: *Monogr. des Lamellicornes*)

## SCARABÆIDÆ

### SCARABÆUS

El. non échancrées derrière les épaules; ant. de 9 art.; tarses antér. nuls

1 El. à sillons et interv. subconvexes lisses. 13—20 **laticollis** L
— El. rayées de lignes légères. 2
2 Th. à petites granulations, sur les côtés surtout. 3
— Th. à points varioliques. 4
3 Suture frontale bi-tuberculeuse. 22—30 **sacer** L
— Suture frontale sans tubercules. 22—30 **pius** Illg
4 El. à points varioliques. 16—24 **variolosus** F
— El. sans points varioliques. 15—30 **semipunctatus** F

### GYMNOPLEURUS

El. échancrées sous l'épaule; tarses ant. existant dans les deux sexes

1 Th. à gros points varioliques. 5—12 **flagellatus** F
— Th. sans » » . 2
2 Dessus noir mat. 3
— » » assez brillant. 5—12 **Sturmi** Mac-L
3 Bord latéral du premier segment ventral avec une ligne saillante, continuée sur le 2e (♂ surtout). 9—14 **pilularius** L
— Bord latéral du premier segment simplement convexe longitudinalement; deuxième arceau à ligne saillante faisant suite à cette convexité. 10—14 **cantharus** Er

### SISYPHUS

Tibias intermédiaires terminés par 2 éperons; ant. de 8 art.

Noir peu luisant: El. à stries légères, ponctuées; cuisses postérieures en massue, subdentées. 8—11 **Schæfferi** L

### ONTHOPHAGUS

El. à 8 stries; tibias postérieurs munis de plusieurs dentelures

1 El. noires. 2
— El. à fond testacé, plus ou moins taché. 9
2 El. avec taches rouges au sommet. **furcatus** F
— El. sans » » » . 3
3 Dessous du corps à poils noirs: Th. glabre non rebordé à la base. 8—11 **Amyntas** Ol

— Dessous du corps à poils bruns ou roussâtres: Th. rebordé ou non à la base. 4

4 Th. glabre, finement ponctué; métasternum très légèrement pointillé. 7—11 **taurus** Schr

— Th. pubescent. 5

5 Th. 4-tuberculé en devant. 6

— Th. non 4-tuberculé en devant. 7

6 El. glabres. 9—12 **camelus** F

— El. à poils noirs dressés. 5—6 **semicornis** Panz

7 Chaperon en ogive ou tronqué: Th. très sinué vers les angles antér.; métasternum sillonné, fortement ponctué. 7—8 **verticicornis** Laich

— Chaperon entaillé et comme bi-denté en devant: Th. non ou peu sinué vers les angles antérieurs. 8

8 Intervalles des El. à saillies costiformes au milieu. 5—6 **punctatus** Illig

— » » sans » » » . **ovatus** L

9 El. avec une rangée transversale de taches noires: Th. quadrituberculé en avant. 6—9 **lemur** F

— El. avec deux rangées transversales de taches noires: Th. non tuberculé en avant. 6—8 **maki** Illig

— El. à taches noires disséminées sans ordre. 10

10 Epipleures testacés à la base. 11

— Epipleures noirs à la base. 12

11 Th. vert-mat non sinué avant les angles antérieurs; dessous plutôt noir que vert; intervalles des El. fortement granuleux. 7—11 **vacca** L

— Th. vert-métallique brillant, sinué vers les angles antér.; dessous verdâtre brillant. 7—9 **cœnobita** Herbst

12 Côtés du Th. sinués vers les angles antérieurs, pas de tache noire bien nette à la base du troisième intervalle. 7—10 **fracticornis** Preys

— Côtés du Th. régulièrement arrondis vers les angles ant.; 1 tache carrée noire à la base du cinquième intervalle. 6—9 **nuchicornis** L

## CACCOBIUS

Th. creusé sous les angles antér. d'une fossette pour recevoir la massue des ant.

Noir-luisant avec 1 tache humérale et 1 apicale, rouges. **Schreberi** L

## COPRIS

El. à 9 stries

1 Thorax sillonné, non échancré au sommet. 15—24 **lunaris** L

— Thorax non sillonné, échancré au milieu du sommet. 20—25 **hispanus** L

## BUBAS

Pas d'écusson: Th. saillant dans le milieu du sommet

1 Sillon du Th. oblitéré en devant; pygidium pointillé au sommet surtout. 15—20 **bison** L

— Sillon du Th. entier; pygidium lisse ou à peu près. 12—18 **bubalus** Ol

### ONITIS

Ecusson un peu visible; ant. de 8 art.; El. à 9 stries

1 Th. sans reliefs lisses. 21—27 **Belial** F

— Th. avec » » ondulés. 2

2 Reliefs lisses du Th. existant sur toute la surface; dessus noir. 12—13 **Jon** Ol

— Reliefs lisses du Th. existant sur le milieu seulement; El. fauves ou noires à intervalles impairs relevés (**Chironitis**). 13—18 **hungaricus** Herbst

### ONITICELLUS

El. à 8 stries; antennes de 9 art.

1 Tête en partie flave. 8—11 **pallipes** F

— » d'un vert métallique. 8—10 **fulvus** Gœz

## APHODIINI

### COLOBOPTERUS

El. aplanies autour de l'écusson, tronquées au sommet; pygidium visible en partie

Tête et Th. noirs: El. d'un jaune sale à suture rembrunie. **erraticus** L

### COPRIMORPHUS

El. aplanies vers l'écusson, non tronquées; stries non rebordées; ventre rouge

Tête et Th. noirs ; celui-ci rouge sur les bords latéraux : El. rouges; pattes noires. 9—13 **scrutator** Hbst

### EUPLEURUS

5 premières stries finement rebordées; ventre noir

Noir en dessus et en dessous; tarses seuls d'un rouge brun. 5,5—6,5 **subterraneus** L

### OTHOPHORUS

Pygidium visible en partie: El. subconvexes

Dessus noir-luisant: El. rouges au sommet et parfois au calus huméral. 4—5,5 **hæmorrhoidalis** L

### TEUCHESTES

Pygidium caché; El. convexes

1 Entièrement noir brillant. 9—12 **fossor** L

— Plus ou moins brun ou rougeâtre, les El. surtout. V. **sylvaticus** Ahr

## APHODIUS

Se distingue de tous les genres précédents par l'écusson court, égal au plus au 1/8 de la longueur des El.

1 El. fauves avec une bande noire transverse, postmédiane, dentée. 8—10 **conjugatus Panz**

— El. sans bande noire transverse. 2

2 Th. pubescent. 3

— Th. glabre. 4

3 Th. rebordé à la base; noir; côtés du Th. rougeâtres: El. d'un brun rouge à calus huméral plus clair. ♀ **tomentosus Müll**

— Th. non rebordé à la base; tête et Th. noirs: El. brunes, moins foncées au sommet. 3 **scrofa F**

4 Th. cilié et épistome pubescent; tête et Th. d'un noir bronzé, bordés de roux: El. pubescentes, d'un jaune fauve avec une bande subhumérale et deux groupes de 3 taches noires ou brunes. 5—7 **contaminatus Hbst**

— Th. non cilié, épistome glabre. 5

5 Chaperon en demi-cercle. 6

— » plus ou moins tronqué ou échancré en avant. 9

6 Joues obliquement coupées; dessus d'un brun-roux uniforme. 5—6 **pollicatus Er**

L'A præcox Er ne diffère du pollicatus que par la forme plus parallèle, des El. surtout et par le Th. qui est subsillonné au milieu de la base.

— Joues arrondies; interv. des El. rebordés; tête et Th. noirs: El. d'un rouge-brun ou brunâtres. 3-5 **porcus F**

— Joues coupées transversalement. 7

7 Corps 2 f. plus long que large à la base des El.; dessus noir-brun plus ou moins foncé; El. toujours un peu plus claires. **rufipes L**

— Corps à peine 1 fois 1/4 plus long que large à la base des El. 8

8 El. glabres, rouges ou noires; tête et Th. d'un noir-brillant; suture frontale à peu près rectiligne. 7—8 **depressus Kug**

La V. atramentarius Er a la forme plus convexe, les El. plus finement striées-ponctuées; la massue des ant., l'extrémité des palpes et la base des tarses, d'une couleur plus obscure.

— El. glabres d'un rouge-roux ayant chacune une tache noire arrondie; tête et Th. noirs, celui-ci à côtés rougeâtres. **bimaculatus Laxm**

— El. portant q. q. poils au sommet, noires (*V. gagates Müll*) ou testacées ou rougeâtres avec rainurelles noires, avec ou sans taches; suture frontale anguleuse. 7—8 **luridus F**

9 Th. complètement noir. 10

— Th. à angles antérieurs ou côtés rougeâtres, moins foncés que le disque (les *A. tessulatus, sanguinolentus et pusillus,* ont q. q. fois le Th. complètement noir, on les trouvera alors dans le groupe 10 à 27). 27

10 Un espace lisse sur les côtés du Th. 11

— Côtés du Th. ponctués souvent plus fortement que le disque. 14

11 Ventre rouge et poitrine noire: El. rouges q. q. f. enfumées. **fœtens F**

— Ventre noir, brun ou brun-clair, ordinairement de même couleur que la poitrine. 12

12 El. flaves ou avec tache obscure ornant presque toute la surface. 8—10 **scybalarius** F

— El. noires ou avec une tache rouge aux épaules 13

13 Base du Th. non rebordée: El. avec une tache humérale rouge, (q. q. fois complètement noires, *V. ambiguus Mls*). 5—7 **varians** Duft

— Base du Th. finement rebordée; dessus noir ou rouge-brun. 3—5 **granarius** L

14 Base du Th. non rebordée. 15

— Base du Th. rebordée. 17

15 El. d'un rouge cerise avec une tache noire commune vers le milieu de la suture, manquant rarement. 5—6,5 **satellitius** Hbst

— El. noires ou d'un noir-brun. 16

16 Ecusson moins ou à peine aussi large à la base que les deux premiers intervalles: El. à tache longitudinale suturale rouge (dessus complètement noir, *V. niger Ill*). 3—5 **plagiatus** L

— Ecusson plus large à la base que les deux premiers intervalles; intervalles des El. plans. 5—6 V. **rubens** Mls

17 El. pubescentes. **tomentosus** Müll

— El. glabres. 18

18 El. fauves à suture brune et 2 rangées de taches noires unies, incourbées (q. q. fois les bords du Th. sont plus clairs, voir alors dans le groupe suivant). 3,5—5 **tessulatus** Payk

— El. noires à 4 taches rouges; parfois l'humérale manque ou est prolongée en arrière. 3 **4-maculatus** L

— El. d'un rouge sanguin à suture obscure, ou noires tachées de rouge avant le sommet ou noires avec tache humérale et sommet, rougeâtres. 3 V. **sanguinolentus** Panz

— El. d'un noir brillant, ou d'un noir-brun ou brun-rouge, concolores. 19

19 Dessus mat, peu brillant, noir ou brun, ou brun-rouge soyeux; intervalles plans très ponctués. 20

— Dessus brillant, noir ou brun (mat chez l'*ater*, mais intervalles peu ponctués. 21

20 Intervalles glabres à points peu rapprochés sur fond granuleusement et densément pointillé. 6—7,5 **obscurus** F

— Intervalles garnis au sommet de poils fins, rugueusement et grossièrement ponctués. 6—8 **thermicola** Er

21 Suture frontale trituberculeuse. 22

— » » non trituberculeuse, sans saillies ou avec un léger renflement au milieu. 25

22 El. d'un noir mat et soyeux, à rainurelles non ou à peine crénelées. 4—5 **ater** Deg

— El. d'un noir brillant. 23

23 El. subparallèles ou peu élargies de la base aux 2/3; lame mésosternale tranchante. 24

— El. sensiblement élargies de la base aux 2/3; lame mésosternale plane ou non tranchante. 4—8 **piceus** Gyl

24 Th. densément marqué de P. assez gros et presque égaux; intervalles non ruguleux; le 2e convexe vers le sommet. V. **ascendens** Reich

— Th. à points inégaux; interv. subruguleux, le 2e, point ou peu convexe au sommet. 4—5,5 **constans** Duft

25 Ecusson plus large à la base que les deux premiers intervalles; noir brillant; sommet des El. souvent brun-rouge; intervalles indistinctement pointillés. 3—4,5 **pusillus** Hbst

— Ecusson moins large à la base que les 2 premiers intervalles. 26

26 Intervalles 4—8 à points disposés sur 2 rangs ou irrégulièrement. 3,5—5 **tristis** Panz

— Intervalles 4—8 à points disposés sur une seule rangée. **parallelus** Mls

27 El. pubescentes, au moins au sommet (les ♀ ont la pubescence plus rare). 28

— El. glabres. 32

28 Joues non coupées transversalement au bord postérieur: El. d'un flave livide avec une tache nébuleuse ou brunâtre sur le disque. 4—5 **consputus** Creutz

— Joues transversalement coupées et débordant le côté interne de l'œil. 29

29 Th. rebordé à la base, à angles postér. arrondis: El. d'un fauve livide avec une bande noire sous le calus huméral et 2 groupes de 3 taches noires ou brunes (q. q. fois oblitérées) sur les 2e et 4e intervalles. 4—5,5 **obliteratus** Panz

— Th. à angles postérieurs bien marqués. 30

30 Suture frontale trituberculeuse; plaque métasternale entièrement ponctuée: Th. ordinairement non rebordé à la base: El. flaves avec une tache nébuleuse abrégée en avant, depuis le calus au 3e intervalle. 4—6 **punctatosulcatus** Stm

— Suture frontale sans tubercules. 31

31 Th. finement rebordé à la base; plaque métasternale ponctuée sur les bords seulement: El. fauves à tache nébuleuse comme chez le précédent. 5—7 **prodromus** Brah

L'A. **pectoralis** Guilleb en différerait par les El. plus longues que la tête et le Th., l'éperon terminal des tibias antér. non acuminé et la plaque métasternale ♂ fortement ponctuée.

— Th. non rebordé à la base; plaque métasternale ♂ concave, pubescente; El. ♀ presque glabres. 4,5—5,5 **pubescens** Strm

32 Côtés du Th. ayant un espace imponctué. 33

— Th. ponctué sur les côtés, q. q. fois plus finement au milieu de ceux-ci. 36

33 Th. à points presque égaux, à base non rebordée. **cylindricus** Reich

— Base du Th. rebordée. 34

34 Ventre rouge: El. rouges q. q. fois enfumées sur le disque ou vers le sommet. 5—9 **fœtens** F

— Ventre noir. 35

35 El. rouges; tête et Th. noirs, celui-ci creusé en avant d'une fossette ♂. 6—7,5 **fimetarius** L

— El. d'un roux fauve: Th. ♂ sans fossette; tête à rebord rougeâtre (espèce décrite sur un seul exemplaire de Lyon, probablement une var. de *granarius*). 3 **hypocrita** Mls

36 **Base du Th. non rebordée, ou tout au moins imperceptiblement au milieu.** 37

— Base du Th. rebordée. 42

37 Intervalles des El. relevés en toit, ponctués sur les côtés, lisses en dessus: El. d'un rouge-roux, un peu carminées postérieurement, marquées de taches noires. 5 **Zenckeri** Germ

— Intervalles non tectiformes. 38

38 Th. jamais noir sur le disque; dessus rougeâtre concolore. **Sturmi** Har

— **Th. noir sur le disque.** 39

39 Ecusson moins large en avant que les 2 1rs interstries: El. d'un flave-rougeâtre avec suture et 1 grande tache discoïdale, brunâtres. **lividus** Ol

— Ecusson plus large en avant que les deux premiers intervalles. 40

40 Tête rougeâtre en avant. 41

— Tête noire: El. d'un jaune fauve avec interv. juxtasutural et rebord huméral, noirs (le Th. est q. q. fois complètement noir, *V. quisquilius* Schrk). 3—4,5 **merdarius** F

41 Pieds d'un rouge-brun; dessus noir: El. d'un noir-châtain, parfois à disque plus obscur ou avec des taches d'un brun-rouge. **mixtus** Vill

— Cuisses et ventre d'un flave fauve: El. d'un flave rougeâtre avec suture et bords externes, bruns. 8—9 **lugens** Creutz

42 El. noires tachées de rouge. 43

— El. concolores, sans taches, ni suture, ni bords plus foncés. 44

— El. soit concolores, soit avec des lignes ou des taches noires, mais avec suture toujours plus foncée. 50

— El. sans suture foncée, de deux couleurs ou tons différents, avec ou sans taches noires. 57

43 Th. à angles antérieurs et souvent côtés rouges: El. ayant chacune avant le sommet une tache rouge arrondie. 2,5 **biguttatus** Germ

— Th. semblable, mais El. à tache rouge à l'épaule, couvrant presque toute la base et une autre plus petite, arrondie, aux 3/4. 6—7 **4-guttatus** Hbst

44 Tête noire: El. noires ou obscures jamais en partie d'un flave ou jaune diversement nuancé; cuisses intermédiaires et postérieures d'un flave livide. 45

— Tête jamais complètement noire. 46

45 Suture frontale sans tubercule: El. d'un noir brillant. **pusillus** Hbst

— Suture frontale avec un tubercule saillant au milieu: El. d'un rouge brunâtre, q. q. fois obscures au sommet ou enfumées sur le disque. 3—5 **putridus** Hbst

46 Th. jamais noir sur le disque, d'une couleur presque uniforme avec côtés plus clairs; tête et El. de la couleur du Th. 47

— Th. noir sur le disque avec côtés jaunes ou rougeâtres. 49

47 Ecusson moins large à la base que les 2 premiers intervalles; dessus roux pâle ou flave brillant concolore. 5 **ferrugineus** Mls

— Ecusson plus large que les deux premiers intervalles. **48**

48 Suture frontale sans tubercules; chaperon un peu moins large que les angles antérieurs du Th.; angles des joues moins vifs; dessus roux concolore. 6 **unicolor** Ol

— Suture frontale ♂ trituberculeuse; chaperon aussi large que les angles antér. du Th.; angles des joues plus vifs; dessus brun-châtain brillant. 4—5 **Solieri** Mls

49 Tache noire médiane du Th. touchant la base: El. rougeâtres, q. q. fois avec une tache discale obscure, ou complètement brunes. 5—6,5 **rufus** Moll

— Tache noire du Th. presque pentagonale, ne touchant pas la base; sommet du Th. rebordé: El. d'un roux testacé ou d'un fauve livide. 8—10 **hydrochæridis** F

50 Tête noire; cuisses noires; var. foncée de **sanguinolentus**

— Tête plus ou moins marquée de rougeâtre, noire dans 3 espèces (*lineolatus, inquinatus et pictus*) mais alors cuisses postérieures d'un flave livide. 51

51 El. d'un roux testacé ou flaves ou cendrées avec suture foncée (rarement le bord marginal) mais sans tache sur le reste de l'El. 52

— El. avec des lignes ou une ou plusieurs taches, noires. 54

52 Tache brune médiane du Th. non prolongée dans toute sa largeur jusqu'à la base: El. d'un roux-flave à suture brune, q. q. fois un point brun huméral. 6—8 **sordidus** F

— Tache médiane du Th. prolongée jusqu'à la base. 53

53 Corps court; suture frontale trituberculeuse : El. d'un flave fauve ou rougeâtre; interv. superficiellement pointillés sur fond lisse. 4—5,5 **nitidulus** F

— Corps allongé; suture frontale sans tubercules: El. presque mates, à interv. très finement ponctués sur fond imperceptiblement pointillé. 5—5,5 **immundus** Creutz

54 El. à stries noires, sans taches ou seulemeat 1 ou 2 sur les interv.; El. d'un fauve-roux avec suture foncée, et des lignes noires raccourcies sur les deuxième à septième ou huitième stries, q. q. unes parfois dilatées et unies au sommet ou avant. **lineolatus** Il

— El. marquées sur les intervalles de taches plus ou moins nombreuses, en partie carrées. 55

55 Tête noire à tache fauve latérale: El. à 2 rangées longitudinales incourbées au sommet, de taches noires q. q. fois en partie effacées ou unies. 4—5 **sticticus** Panz

— Tête noire. 56

56 El. avec une tache à la base du cinquième intervalle, 1 trait subhuméral noir et 2 groupes de taches sur les 2ᵉ, 3ᵉ, et 4ᵉ interv.; sommet des El. q. q. f. finement pubescent. **inquinatus** Hbst

— El. à 2 rangées longitudinales, arquées à l'extrémité, de taches noires; interv. 9—10 non ou rarement noirs. 4—5 **pictus** Sturm

57 Tête jamais noire (excepté chez *tessulatus et melanostictus,* mais alors El. en partie flaves rougeâtres et les 4 cuisses postérieures d'un flave livide ou roux-pâle. 60

— Tête noire ou d'un noir-brun unicolore 58

58 Suture frontale sans tubercule. **pusillus** Herbst

— Suture frontale tuberculeuse. 59

59 Th. rougeâtre aux angles antérieurs, à P. presque égaux. **putridus** Hbst

— Th. rougeâtre sur les côtés, à points entremêlés de points plus petits: El. noires ou brunes, avec tache rougeâtre sur le calus et une autre au sommet. 3—4 **borealis** Gyl

60 El. marquées de taches noires isolées. 61

— El. à taches noires en partie unies; intervalles 7—10 noirs sur une partie de la région antérieure; deux rangées longitudinales de taches courbées au sommet, l'interne allant aux 2/5, l'externe aux 2/3. 4—5 **tessulatus** Payk

61 Tête noire; chaperon sans tache rouge latérale; 5 taches sur chaque élytre, parfois plus, parfois elles sont unies; dessous noirâtre; segment anal fauve; pattes pâles. 4—6 **melanostictus** Schm

L'A **lituratus** Rey se distingue du **melanostictus** par une taille moindre, par le milieu du métasternum moins excavé, par les côtés du Th. plus largement testacés, par les intervalles des El. plus finement ponctués.

— Tête noire, à côtés d'un rouge-roux; chaperon plus ou moins rouge sur les côtés; 7 taches isolées sur chaque El.; poitrine noire; ventre en partie jaunâtre; pattes flaves. 4—5 **conspurcatus** Lin

## PLAGIOGONUS

5 premières stries des El. seules avancées jusqu'à la base

Noir brillant: Th. à points cycloïdes: El. striées à intervalles presque impointillés. 3—3,3 **rododactylus** Marsh

## AMMŒCIUS

Partie supérieure des yeux cachée par le bord antérieur du Th.

1 Intervalles des El. finement pointillés; tête ♂ tri-tuberculeuse: Th. ponctué sur toute sa surface. 2

— Intervalles des El. lisses. 4

2 Pattes noires. 3

— » d'un beau roux. 4—4,5 **rugiceps** Mls

3 Base du Th. rebordée finement; intervalles plans. 4—5 **pyrenæus** Duv

— Base du Th. non rebordée au milieu; intervalles 2—3 subconvexes postérieurement. 2—3 3,3 **corvinus** Er

4 Th. ponctué sur toute sa surface. 4—5 **gibbus** Germ

— Th. imponctué en avant. 5

5 Chaperon fortement tronqué, les extrémités de la truncature dentiformes. 6—6,5 **elevatus** Ol

— Chaperon échancré au milieu, les extrémités de l'échancrure, arrondies. 4—5 **brevis** Er

## OXYOMUS (Heptaulacus)

Organes buccaux voilés par le chaperon; cuisses postérieures moins renflées que les antérieures

1 Th. rougeâtre au sommet, canaliculé à la base: El. à 10 sillons (**Oxyomus**). 2,5—2,8 **sylvestris** Scop

— Th. sans sillon à la base: El. creusées de 7 sillons. (**Heptaulacus**) 2

2 Joues auriculées, débordant les yeux: El. d'un brun de poix plus ou moins foncé, sans taches: Th. fauve ou brunâtre, à côtés plus clairs. 3—4,5 **villosus Gyl**

— Joues non sensiblement arquées à leur côté externe; les 4 premiers intervalles des El. plus étroits que les rainurelles: El. avec des taches. 3

3 Th. à côtés plus clairs: El. testacées avec des taches brunes sur les 2e et 4e intervalles. 3—4,5 **sus Herbst**

— Th. noir. 4

4 Chaperon tronqué largement à angles antérieurs subarrondis: El. testacées à taches brunes sur les 5 premiers intervalles. **alpinus Drap**

— El. généralement noires à taches rouges; q. q. fois les El. sont testacées avec taches noires; épistome échancré et abaissé dans le milieu de sa partie antérieure. **testudinarius L**

## ATÆNIUS (Hexalus)

El. rayées de 10 stries; tête voûtée, échancrée en avant

Noir-brillant: Th. à points peu rapprochés: El. à stries fortes, à intervalles impointillés. 4,5 **simplicipes Mls**

## RHYSSEMUS

Th. à base et côtés garnis de soies courtes et orné sur son disque de sillons transverses

1 Intervalles des El. presque également saillants et chargés de grains verruqueux. 2

— El. à intervalles 3, 5 et 7 plus saillants. 3

2 Deux rangées de granulations sur chaque intervalle. 3—3,5 **germanus L**

— Chaque intervalle avec un seul rang de granulations. **verrucosus Mls**

3 El. à intervalles plans (à part les 3e, 5e et 7e) finement pointillés. 4 **Marqueti Reich**

— Intervalles 3, 5 et 7 plus saillants, tectiformes, à arête presque lisse. 4

4 Reliefs du Th. faibles, aplatis, les deux postérieurs faiblement interrompus. 4—4,5 **sulcigaster Mls**

— Reliefs du Th. plus saillants, les 3 derniers, au moins, interrompus au milieu. 3—4 **plicatus Germ**

## PLEUROPHORUS

Tête couverte de papilles: Th. sans soies latérales et sans sillons transverses

1 1er art. des tarses postér. parallèle, plus long que les 2 suivants: Th. à sillon sur les 2/3 postérieurs de sa base. 2,5—3 **cæsus Panz**

— 1er art. des tarses postérieurs renflé vers le sommet et moins long que les deux suivants; sillon basal du Th. ne dépassant pas le tiers du disque. 3 **sabulosus Mls**

## DIASTICTUS

Th. sans cils sur les côtés et sans sillons transverses; cuisses postér. plus renflées que les antérieures

Noir: Th. à côtés rougeâtres, sillonné à la base: El. à intervalles relevés. 2,8 **vulneratus** Strm

## PSAMMODES (Psammobius)

Th. à côtés ciliés et à sillons transverses

1 Th. non cilié à la base. 4 **basalis** Mls
— Th. cilié à la base. 2
2 Jambes postérieures à 3 ou 4 dents assez fortes. **porcicollis** Illig
— Tibias postérieurs avec cinq à huit dentelures. 3
3 Sillons transv. du Th. indistinctement ponctués; soies des côtés du Th. courtes et renflées au sommet. 3,3—3 **sulcicollis** Illig
— Sillons transverses du Th. avec 1 ou 2 rangs de gros points bien visibles; soies latér. du Th. grêles, allongées. 4—4.5 **plicicollis** Er

## DIMALIA

Ongles grêles distincts; organes buccaux incomplètement voilés par le chaperon

Noir; tête et Th. à points forts: El. à stries profondes creusées de points en fossettes ovales, transverses. 5—5,6 **sabuleti** Payk

## ÆGIALIA

Ongles rudimentaires peu distincts; organes buccaux incomplètement voilés

1 Roux: Th. rugueux rebordé à la base: El. non ventrues à stries fortes et crénelées. 4—5 **rufa** F
— Noir luisant: Th. lisse, non rebordé à la base: El. à stries fines et intervalles imponctués. 4—5 **arenaria** F

# GEOTRUPINI

## TYPHŒUS (Minotaurus)

Ecusson non échancré antérᵗ; joues antérieures arquées, sans dents

Noir brillant: Th. lisse sur le disque, ponct. sur les côtés, armé ♂ d'une corne au-dessus des angles ant. et d'une autre médiane, ou ♀ d'une dent au-dessus des angles antér. et au milieu, d'un relief transverse. 13—20 **typhœus** L

## GEOTRUPES

1 Th. à rebord basilaire entier (**Geotrupes**). 2
— Rebord basilaire du Th. interrompu sur les côtés (**Tripocopris**). 6
2 El. à 16 ou 20 stries dont les 9 premières atteignent la base. 14—25 **mutator** Marsh
— El. à 14 stries dont les 7 premières atteignent la base. 3
3 Rebord basal du Th. crénelé. 12—18 **sylvaticus** Panz
— » » » non crénelé. 4

4 Interstries plans. 15—21 **hypocrita Ill**

— » subconvexes. 5

5 Stries à ponctuation fine, régulière, bien tracée jusqu'au sommet : Th. visiblement bisinué, ponctué sur le disque; milieu des segm. abdominaux presque lisse. 18—26 **spiniger Marsh**

— Stries à points moins réguliers, peu distinctes au sommet: Th. très légèrement bisinué à la base, lisse sur le disque; milieu des segm. abdominaux très ponctué (Th. ♂ avec q. q. fois une seconde fossette plus ou moins visible, placée après les fossettes latérales, *V. foveatus Marsh*). 15—27 **stercorarius L**

6 Thorax densément ponctué; ventre rugueusement et densément ponctué. 12—18 **vernalis L**

— Disque du Th. lisse ou à peine ponctué; abdomen à points plus ou moins faibles, séparés par des espaces lisses. **pyrenæus Charp**

### SILOTRUPES

El. libres; rebord basilaire du Th. interrompu au milieu; épistome en demi-cercle

Noir: Th. finement ponctué: El. presque lisses avec q. q. traces de stries peu visibles. 13 **epistomalis Mls**

### THORECTES

El. soudées; épistome en demi-cercle au devant de ses angles latéraux

Noir peu luisant; dessous bleu foncé: Th. à points fins rapprochés: El. à rangées striales légères. 12—20 **lævigatus F**

### BOLBOCERAS

Ecusson à peine plus long que large: El. moins larges à la base que le Th.

Noir brillant: Th. lisse postérieuremt: El. à stries ponctuées; interv. lisses; front ♂ armé d'une corne conique. 12—13 **gallicum Mls**

### ODONTÆUS

Ecusson plus large que long; base des El. à peu près aussi large que le Th.

Noir-brun; front ♂ avec une corne recourbée et mobile: Th. fortement ponctué: El. à 15 stries; intervalles convexes, lisses. 6—9 **armiger Scop**

## TROGINI

### TROX

El. inégales creusées de fossettes ou chargées de tubercules

1 Th. cilié de soies noires. 8—10 **perlatus Scrib**

— Th. cilié de soies rousses. 2

2 Taille petite, dessus noir brillant: El. fortement striées; intervalles élevés, transversalement ridés. 5—6 **Haroldi Flach**

— Taille plus grande, dessus mat. 3

3 Deux rangées de fossettes entre les intervalles qui sont relevés en côtes. 8—9 **sabulosus L**

Le **Cadaverinus Illig** est plus gros (11), les intervalles pairs sont ponctués, les impairs ressemblent à ceux de **Sabulosus**.

— Pas 2 rangs de fossettes entre les intervalles qui sont costiformes. 4

4 Th. à 4 côtes subconvexes, les latérales bifurquées et raccourcies en devant. 8—9 **hispidus** Pont

— Th. à sillon rebordé d'un relief, puis une fossette de chaque côté du relief. 5,5—6 **scaber** L

# HYBOSORINI

## HYBALUS

Cuisses postér. à peine aussi grosses que les antér.; tibias antér. à 3 dents à peu près égales

Noir, tête rugueusement ponctuée: Th. convexe, lisse: El. à strie suturale et q. q. autres plus faibles, intérieurement seulement. 7 **glabratus** F

## HYBOSORUS

Cuisses postér. plus grosses que les antér.; tibias antér. à 2 dents fortes q. q. fois une troisième plus petite

Noir-brun: Th. à bords ciliés, superficiellement ponctué: El. à 18 rangées striales de P. 5—7 **Illigeri** Reich

## OCHODÆUS

Yeux entiers; dernier art. tarses sans plantule piligère

Testacé; tête et Th. granuleux: El. à stries ponct. **chrysomeloides** Schrk

# DYNASTINI

## PENTODON

Mandibules festonnées au côté externe

1 Suture frontale bituberculeuse. 19—22 **punctatus** Vill

— Suture frontale avec un seul tubercule. 19—25 **algerinus** Hbst

## PHYLLOGNATHUS

Epistome rétréci en angle et un peu relevé

Marron; Th. à points assez gros: El. avec une ligne suturale de points, puis q. q. points assez gros, séparés, sur le disque; ♂ tête armée d'une corne. 18—27 **Silenus** F

## ORYCTES

Epistome tronqué ou échancré

2 El. à strie suturale ponctuée, lisses sur le disque ou à P. très fins. 29—45 **grypus** Illig

— El. à strie suturale ponctuée, mais à P. forts et assez rapprochés sur le disque. 27—36 **nasicornis** L

# PACHYPODINI

## CALLICNEMIS

Ant. à massue de 3 art.

Tête et Th. d'un brun-rouge: El. jaunes à strie juxtasuturale lisses sur tout le disque ou obsolètement pointillées. 15 **Latreillei** Lap

# MELOLONTHINI

## MELOLONTHA

El. à nervures longitud.; massue de 6 feuillets ♀, de 7 ♂

1 Epipleures noirs, Th. rougeâtre. 20—22 **hippocastani F**

— » concolores, Th. noir ou rouge. 2

2 Angles post. du Th. obtus, la marge un peu prolongée et saillante en dehors; côtés subparallèles à la base. 20—27 **vulgaris F**

— Angles post. du Th. aigus, saillants en arrière, un sinus très accentué sur les côtés du Th. avant la base. 25—30 **pectoralis Germ**

## POLYPHYLLA

El. sans nervures; massue des ant. de 6 feuillets ♀, de 7 ♂

Rouge-brunâtre varié de taches blanches; massue des ant. ♂ très longue (El. q. q. fois presque entièrement noires, *V. luctuosa Mls*). 33—38 **fullo L**

## ANOXIA

Massue des ant. de 4 feuillets ♀, de 5 ♂

1 Ant. et pattes noires; angles postérieurs du Th. presque droits. 22—25 **scutellaris Mls**

— Ant. et pattes d'un brun-rouge; angles postérieurs du Th. obtus, arrondis. 22—27 **villosa F**

— Ant. et pattes d'un testacé rougeâtre. 2

2 El. à rebord sutural saillant. 29—30 **matutinalis Lap**

— El. sans rebord sutural saillant. 22—25 **australis Sch**

## AMPHIMALLON

Ant. de 9 art.; front noir au moins à la base

1 Th. noir ou noir-brun, sur la ligne médiane au moins. 2

— Th. testacé ou brunâtre sur les côtés du disque. 7

2 Côtés plus clairs. 3

— Th. concolore. 5

3 Th. sillonné dans toute sa longueur, côtés plus nettement testacés. 4

— Th. à sillon vague, non entier et à côtés plus clairs, mais moins nettement. **V. ochraceus Kno**

4 Une frange de poils très courts à la base du Th. devant l'écusson; dessus à teinte presque uniforme; 6e segm. ventral seul testacé. 13—15 **pini Ol**

— Poils longs à la base du Th. devant l'écusson; intervalles des El. beaucoup plus foncés que les côtés: 6e segment ventral et côtés du 5e, testacés. 13—15 **pygialis Mls**

5 El. pubescentes: Th. d'un brun moins foncé. 10—12 **ruficornis F**

— El. glabres. 6
6 Th. velu sur toute sa surface. 13—15 **fuscus Scop**
— Th. pubescent sur le disque, glabre sur les côtés. **nomadicus Reich**
7 El. hérissées de longs poils sur les côtés surtout; front noir ou brun. 16—18 **solstitialis L**
— El. sans poils longs sur le disque; front rougeâtre. 8
8 Th. garni de long poils. 10—12 **assimilis Herbst**
— Th. à pubescence à peine visible sur le disque. 14—15 **rufescens Lat**

## RHIZOTROGUS

Ant. de 11 art.; front toujours rouge ou rougeâtre

1 Tête à poils hérissés. 2
— Tête glabre. 3
2 El. à disque peu visiblement pubescent. 15—18 **æquinoctialis Herbst**
— El. » couvert de poils couchés. 15—18 **vernus Germ**
3 Th. à disque pubescent. 12—14 **marginipes Mls**
— Th. » glabre. 4
4 Th. à bande médiane brune, portant des poils hérissés, au devant de l'écusson. 12—14 **maculicollis Vill**
— Th. concolore, ou à vestiges seulement de bande brune; pas de poils redressés à la base. 5
5 Th. sans poils relevés à son bord antérieur. 6
— Th. avec des poils redressés au bord antérieur. 7
6 Th. rouge à intervalles de la ponctuation à peu près lisses. **vicinus Mls**
— Th. brun, à côtés rougeâtres; intervalles de la ponctuation finement pointillés. 14—15 **Reichei Mls**
7 Angles postér. du Th. droits, émoussés, prolongés en arrière; Th. à fond pointillé, mat. 14—16 **æstivus Ol**
— Th. brillant entre la ponctuation, à angles postér. très arrondis. 14—17 **cicatricosus Mls**

## SERICA

Tibias ant. armés de 2 dents extér$^{s}$; El. aussi larges à la base que le Th.

1 Ant. de 9 art.; dessus d'un jaune-rouge: El. à stries ponctuées, à intervalles subconvexes fortement ponctués (**Serica**). 9 **brunnea L**
— Ant. de 10 art.; dessus noir soyeux, très ponctué: El. à stries ponctuées (**Maladera**). 7 **holosericea Scop**

## HOMALOPLIA

Ant. de 9 art.; base des El. moins large que le Th.

Noir: El. rouges à suture et bords externes, noirs; q. q. fois la couleur noire envahit toute l'élytre. 6—7 **ruricola F**

## TRIODONTA

Ant. de 10 art.; tibias antérieurs armés de 3 dents

Roux-jaunâtre à poils fins et couchés: El. à stries ponctuées. **aquila Lap**

### HYMENOPLIA

Ant. de 9 art.; tibias antérieurs 3-dentés

1 Th. à rebord latéral fin, mais bien visible. 7 **strigosa Illig**
— Th. à rebord latéral non distinct. 5 **Chevrolati Mls**

## RUTELINI

### ANOMALA

Epistome transverse: El. convexes

1 Th. couvert de poils longs, couchés. 12—14 **devota Ross**
— Th. glabre. 2
2 Ongles des pieds antérieurs entiers. 12—14 **junii Duft**
— L'un des ongles des pieds antérieurs bifide. 3
3 Th. à côtés bordés de fauve-testacé. 4
— Th. concolore. 12—15 **oblonga Er**

Q. q. fois le Th. d'Oblonga a les côtés testacés, il se rapproche alors d'Ænea, par la massue noire des ant. et la base du Th. non rebordée, on l'en distinguera par ses El. plus parallèles, moins élargies sur les côtés

4 Ant. complètement testacées. 5
— » testacées à massue noire. 12—15 **ænea Deg**
5 Côte suturale des El. fortement rétrécie au sommet. 12—16 **vitis F**
— Côte suturale des El. non ou à peine rétrécie au sommet. **ausonia Er**

### PHYLLOPERTHA

Epistome transversal : El. planes sur le dos

1 Tête et Th. d'un vert brillant; angles postér. de celui-ci droits, saillants. 9—10 **horticola L**
— Tête et Th. noirs à teinte légèrement verdâtre; angles postér. du Th. obtus, émoussés. 9—10 **campestris Lat**

### ANISOPLIA

Epistome en forme de groin

1 El. couvertes plus ou moins de longs poils grisâtres. 2
— El. non couvertes de longs poils blancs. 3
2 Epipleures garnis de longs poils blancs; chaperon à côtés presque droits. 11—12 **segetum Herbst**
— Epipleures sans longs poils blancs; chaperon à côtés anguleux ou fortement arrondis au-dessous de l'œil. 9—10 **villosa Gœz**
3 Th. sillonné dans toute sa longueur. 4
— Th. non sillonné ou avec un sillon incomplet. 5
4 Th. glabre sur le disque. 11—12 **tempestiva Er**
— Th. pubescent. 11—12 **cyathigera Scop**
5 Th. couvert de longs poils. *(arvicola Ol)* 10—11 **agricola L**
— Th. glabre à poils fins couchés; angles postérieurs, très arrondis. 9—10 **lata Er**

### HOPLIA

Ongles des pattes antér. inégaux; un seul ongle entier ou bifide aux pattes postérieures

1 Couleur foncière complètement cachée par des écaillettes; ongles des pieds postérieurs entiers. 2
— Couleur foncière bien visible. 3
2 Ecaillettes d'un bleu d'azur. 9—10 **♂ cœrulea Dru**
— » blanches verdâtres. 9—11 **farinosa L**
3 Ongle des pieds postérieurs entier. 4
— Ongle des pattes postérieures bifide au sommet. 6
4 El. à écaillettes arrondies, contiguës. **♀ cœrulea**
— El. à poils blancs couchés ou à écaillettes allongées (♀ surtout), ne se touchant pas. 5
5 Tibias postérieurs courts, larges; angles post. du Th. arrondis, très obtus. 6—7 **Hungarica Burm**
— Tibias postérieurs allongés, larges; angles post. du Th. presque droits à sommet émoussé. 7—9 **philanthus Füssl**
6 Ant. de 10 art. (♂ au moins): El. ♂ à poils courts peu visibles: El. ♀ à écaillettes ovales, blanches-dorées. 9—10 **praticola Duft**
— Ant. de 9 art. 7
7 El. à écaillettes allongées très rapprochées; dessus brun de poix. 6—7 **graminicola F**
— El. rougeâtres à soies filiformes peu apparentes et espacées. 6—7 **floralis Ol**

## CETONIDÆ

### VALGUS

Hanches post. très écartées

Noir, à écaillettes concolores et blanchâtres: Th. sillonné; ♀ à pygidium allongé, droit et denticulé. 7—10 **hemipterus L**

### TRICHIUS

Tête et Th. pubescents; hanches postér. rapprochées

1 Bande apicale des El. bidentée. 11[m] **zonatus Germ**
— » » » non bidentée. 2
2 Tibias interm. à forte saillie anguleuse au-dessous du milieu: Th. non sinué près des angles ant.; bande basilaire des El. allant jusqu'à l'écusson. 12—14 **fasciatus L**
— Tibias interméd. à saillie peu visible: Th. sinué avant les angles antérieurs; bande basilaire des El. s'arrêtant ordinairement à la 4e strie. 12—14 **gallicus Heer**

### GNORIMUS

Tête et Th. glabres; hanches postér. rapprochées

1 Vert-bronzé, doré, avec 4 taches blanches sur les El. 15—18 **nobilis L**
— Noir à taches blanches petites et rares sur les El. 18—20 **variabilis L**

## OSMODERMA

Ecusson grand, en triangle aigu

Noir-brunâtre: Th. sillonné, bituberculé en devant: El. rugueusement ponctuées. 28—30 **eremita Scop**

## LEUCOCELIS (Oxythyrea)

Th. à ligne médiane en partie saillante

Noir, métallique, à poils dressés, parsemé de taches blanches. 7—12 **funesta Poda**

## EPICOMETIS

Th. ayant sa plus grande largeur au milieu

1 Ecusson ponctué sur les bords latéraux presque jusqu'au sommet. 9—11 **hirta Poda**

— Ecusson ponctué sur les bords latéraux à la base seulement. **squalida L**

## ÆTHIESSA

Noir luisant: El. à points arqués avec ou sans taches blanches. **floralis F**

## CETONIA et POTOSIA

El. sinuées au bord externe derrière les épaules

1 Dessus noir mat à petites taches blanches. 2

— Dessus vert-doré, bronzé plus ou moins foncé ou presque noir, mais brillant. 4

2 Th. à base peu sinuée ; mésosternum densément et grossièrement ponctué. 14—15 **oblonga Gory**

— Th. à base fortement sinuée; mésosternum lisse à peine ponctué sur les bords. 3

3 Saillie mésosternale tronquée ne dépassant pas les hanches. **morio F**

— » » demi-circulaire, dépassant les hanches. **cardui Gyll**

4 El. à angle sutural ébréché; couleur très variable (dessus à teinte cuivreuse dorée, *V. valesiacia Heer*). 15—22 **aurata L**

— Angle sutural des El. entier. 5

5 Epistome entier. 6

— Rebord de l'épistome échancré. 7

6 Dessus vert-doré brillant presque lisse; pattes d'un vert doré. 24—28 **speciosissima Scop**

— Dessus vert-doré brillant, mais El. bien ponctuées dans la dépression juxtasuturale; pattes d'un vert-bleu. 20—24 **affinis And**

7 Rebord de l'El. avancé jusqu'à la base. 20—26 **angustata Germ**

— Rebord de l'El. non avancé jusqu'à la base. 8

8 Segments ventraux avec des fossettes sur les côtés. **marmorata F**

— Segments ventraux sans fossettes sur les côtés. 20—24 **floricola Herbs**

# PLATYCERIDÆ

## PLATYCERUS (Lucanus)

Th. tronqué à la base et séparé des El. par un intervalle; joues prolongées jusqu'à la moitié des yeux environ

1 Massue des ant. à 6 d.; une seule dent aux mandibules V. **Pontbrianti Mls**

— » » 4 d.; plusieurs dents » » . 30—45 **cervus L**

— Massue des ant. à 4 dents; tête presque sans rebords à la partie postérieure. V. **capreolus Fuess**

— Massue ant. à cinq dents. V. **pentaphyllus Reich**

— Massue ant. à 5 dents; labre transverse, suture épistomale échancrée, sans saillie au milieu relevée en forme de dent à chacune de ses extrémités. V. **Fabiani Mls**

## DORCUS

Joues prolongées presque sur toute la zone médiaire externe des yeux

1 El. à points serrés un peu allignés, pas d'intervalle juxtasutural bien marqué; ventre très ponctué. 14—20 **parallelipipedus L**

— Un intervalle juxtasutural ponctué: El. à lignes de points forts, très rapprochés; ventre très ponctué. 14—18 V. **Truquii Mls**

## SYSTENOCERUS (Platycerus)

Yeux entiers

Violet, bleu, vert ou bronzé: El. à points très rapprochés; ♂ mandibules très saillantes (pattes rougeâtres, *V. rufipes Hbst*). 11—14 **caraboides L**

## CERUCHUS

Epistome inerme

Noir brillant, El. à 10 stries ponctuées, intervalles ponctués. 14—18 **chrysomelinus Hoch**

## SINODENDRON

Epistome armé d'une corne ou d'un tubercule

Noir, semi-cylindrique : Th. à relief médiaire en avant: El. à 10 rangées de gros points. 12—14 **cylindricum L**

## ÆSALUS

Th. bisinué à la base et exactement appliqué contre celle des El.

Ovalaire, brun-rouge: El. à points forts, à 5 côtes peu nettes chargées de poils. 4—6 **scarabæoides Panz**

# BUPRESTIDÆ

(L'Abeille: *Monograp. des Buprestides.— Faune d'*Erichson: *Buprestides par* H. von Kiesenwetter).

## JULODIS

Pores antennaires cachés par la pubescence, peu visibles

Bronzé-cuivreux à longs poils blancs, fins: El. à côtes; intervalles à taches allongées pubescentes, blanches; dessous rugueusement ponctué. 25 **onopordi F**

## ACMÆODERA

Pas d'écusson

1 Tête tachée de jaune au milieu et Th. bordé de jaune. 2
— Tête et Th. sans taches. 3
2 El. à quatre bandes transverses jaunes, régulièrement arquées. 10 **4-fasciata** Ross
— El. à 9 taches jaunes, q. q. fois réunies et formant des bandes transverses onduleuses; épaules caleuses. 8—11 **degener** Scop
3 El. noires sans taches, à pubescence longue. 8—10 **cylindrica** F
— El. noires à bandes ou à taches jaunes, ou jaunes à taches bronzées. 4
4 El. à bandes longitudinales jaunes. 5—7 **discoidea** F
— El. striées-ponctuées avec petites taches vers la base (q. q. fois nulles) et deux bandes étroites après le milieu, jaunes (q. q. fois une bande disparaît). 7—11 **flavofasciata** Pill
— El. jaunes, avec suture largement, des taches suturales isolées ou reliées à la suture et des taches marginales, bronzées. **pilosellæ** Bon
— El. toutes couvertes de petites taches, d'un jaune rouge, irrégulières, 6—7 **adspersula** Ill
— El. noires avec 3 ou 4 taches jaunes arrondies ou carrées, disposées longitudinalement. 6 **bipunctata** Ol

## PTOSIMA

Ecusson visible

Noir, bleuâtre, ponctué, avec une tache sur la tête, deux au Th. et trois aux El., flaves (tête et Th. sans taches, *V. 6-maculata Hbst*). 10—13 **11-maculata Hbst**

## SPHENOPTERA

3e art. ant. à peine plus long que le 2e; crochets des tarses simples

1 Prosternum sans strie marginale: Th. avec 2 sillons latéraux profonds. 10—15 **lapidaria Brul**
— Prosternum avec une strie marginale de chaque côté, interrompue par derrière. 2
— Prosternum avec une strie marginale, non interrompue; taille plus petite. 6
2 Th. avec trois sillons longitudinaux larges, peu profonds. **geminata Ill**
— Th. sans sillons profonds. 3
3 Dessous bleu-violet foncé. 4
— Dessous bronzé-cuivreux. 5
4 Noir-bronzé obscur en dessus: Th. à large sillon: El. rugueuses très finement ponctuées avec des P. plus gros en séries; écusson subtriangulaire à sommet aigu. 15 **antiqua Ill**
— Bronzé-doré brillant en dessus; écusson en ellipse transverse avec une pointe aiguë. 13 **ardua Lap**

5 Th. bordé au sommet, à fond alutacé, à ponctuation fine, très écartée; les côtés avec de fines rides arquées, médiocrement serrées. 8—15 **gemellata** Mank

— Th. non bordé au sommet, à ponctuation double sur fond brillant. 15 **rauca** F

6 Stries élytrales bien nettes jusqu'au sommet; interstries sérialement ponctués. 7—8 **metallica** F

— Stries indistinctes au sommet. 5—6 **parvula** Lap

## AURIGENA

1er art. des tarses postér. pas plus long que le 2e; dessus vert-cuivreux

Vert-brillant, doré ou cuivreux, concolore, à ponctuation très grosse et profonde. 16—27 **unicolor** Ol

## CAPNODIS

1er art. des tarses postérieurs pas plus long que le 2e; dessus noir q. q. fois un peu bronzé

1 Dessus noir mat; Th. à reliefs lisses nombreux et larges, à côtés fortement arrondis, finement ponctué. 15—25 **tenebrionis** L

— Dessus bronzé-cuivreux: Th. à points serrés et reliefs petits. 18—20 **tenebricosa** Hbst

## LATIPALPIS

Vert-doré, très ponctué avec dessous du corps, tête et limbe autour du Th. et des El. d'un cuivreux doré; 2 pointes aiguës au sommet des El. 16—24 **plana** Ol

## DICERCA

Ecusson ponctiforme; 1er art. tarses postér. égal au 2e ou à peine plus long

1 Prosternum plat, à peine sillonné au milieu, à côtés très peu élevés en carène (**Argante**); cuivreux ou bronzé obscur, peu brillant, rugueusement ponctué: Th. quadricaréné: El. striées-ponctuées à légers tubercules noirs, allongés. 12—15 **moesta** F

— Prosternum sillonné, à bords fortement carénés (**Dicerca**). 2

2 Sommet des El. étroit, prolongé, tronqué obliquement avec angle externe arrondi, sans dent; bronzé plus ou moins cuivreux avec des reliefs noirs. 18—22 **furcata** Thom

— Sommet des El. tronqué, bidenté. 3

3 La dent interne de la troncature des El. est aussi forte que l'externe: El. à stries latérales bien marquées et à plaques luisantes allongées. 17—22 **alni** Fisch

— La dent interne de la troncature est nulle ou moins forte que l'externe; stries latérales des El. nulles. 4

4 Vert doré avec reliefs bruns, lisses, allongés sur les El. qui sont à peine striées; Th. canaliculé. 20—24 **Berolinensis** Hbst

— Bronzé obscur fortement rugueux-ponctué sans reliefs allongés sur les El. qui sont atténuées au sommet. 19—23 **aenea** L

## PŒCINOLOTA (Lampra)

1er art. des tarses postér. égal au 2e ou peu plus long; écusson grand, transversal

1 Dessus bronzé obscur; El. striées à taches bronzées, à sommet tronqué, inerme **(Pœcinolota)**. 12—16 **variolosa** Payk

La V. **Lugdunensis** Rey, est plus grande et d'un bronzé moins obscur.

— Dessus vert-doré brillant avec ou sans bordure rouge dorée; sommet des El. arrondi, denticulé (**Lampra**). 2

2 Th. et El. sans bandes latérales dorées, ornées de taches rondes d'un noir violet. 2,5—3,5 **festiva** L

— Th. et El. ou El. seules à bandes dorées ou pourpres. 3

3 Th. peu élargi à la base avec angles postérieurs rendus saillants par une sinuosité, dépourvu de bordure latérale rouge dorée; sa plus grande largeur au-delà du milieu. 11–12 **Solieri** Lap

— Th. bordé de rouge doré, élargi à la base, à angles postérieurs peu saillants, sans sinuosité. 4

4 Sommet des El. subtronqué à dents très aiguës, assez longues; écusson très étroit, très transversal; dernier segment abdom. ♂ échancré et bidenté, ♀ circulairement échancré (forme acuminée en arrière; dessus peu brillant, bande dorée très faible; taches noires nombreuses, *V. modesta Guil*). 11—14 **decipiens** Manh

— Sommet des El. arrondi à dents courtes et peu aiguës; écusson simplement transversal à sommet angulé; dernier segment abdom. ♀ triangulairement échancré ♂ légèrement échancré (El. sans taches noires, *V. immaculata Rey*). 12–15 **rutilans** F

## BUPRESTIS (Ancylochira)

1er art. tarses postér. 2 fois plus long que le 2e; écusson petit, arrondi: Th. à côtés arrondis, plus large à la base

1 El. sans taches. 2

— El. tachées de jaune. 3

2 Oblong ovale: El. à sommet tronqué obliquement, sub-bidenté; abdomen à ponctuation peu profonde, peu allongée, assez serrée. 12—19 **rustica** L

— Ovale allongé; angles ant. du Th. et derniers segments abdom. tachés de flave: El. subtronquées au sommet; abdomen à ponctuation profonde, serrée, aciculaire; la tache du Th. est excessivement petite. 16—21 **hæmorrhoidalis** Hbst

3 Sommet des El. tronqué, bi-denté; El. avec 1 tache humérale et 4 dorsales, jaunes; dessus modérément ponctué. 10—15 **8-guttata** L

— Sommet des El. tronqué, denticulé: El. à 4 taches dorsales jaunes ou réunies en bande anguleuse ou oblitérées ou réduites de nombre; dessus fortement ponctué. 15—20 **9-maculata** L

## EURYTHYREA

Mêmes caractères que *Ancylochira*, mais écusson grand, transverse

1 Ecusson cuivreux fortement transverse; dessus vert-bronzé, côtés des El. à limbe cuivreux. 15—23 **austriaca** L

— Ecusson arrondi à peine plus large que long. 2
2 El. vertes à bordure cuivreuse dorée; interst. plans à points épars; tête sillonnée. 16—24 **micans** F
— El. vertes sans limbe cuivreux; interstries carénés avec une série de points fins; tête convexe. 16 -26 **scutellaris** Ol

## CHALCOPHORA

Premier art. des tarses postérieurs plus long que le deuxième; tête inclinée

Bronzé-obscur avec de larges impressions plus ou moins cuivreuses: El. à 4 faibles côtes lisses, séparées par un pointillé serré, ridé, interrompues par deux larges impressions. 25—32 **Mariana** Lap

## ANTHAXIA

Th. à côtés presque parallèles, aussi large au sommet qu'à la base; écusson triangulaire; base du Th. droite

1 Th. avec une fossette ronde, profonde, aux angles postérieurs. 2
— Th. sans fossettes latérales postérieures. 4
2 Sommet des El. avec 2 ou 3 rangs de gros points; ♂ vert-doré; ♀ verte avec 2 grandes taches bleues sur le Th. et une large bande cuivrée sur les côtés des El. 5 **fulgurans** Schr
— Sommet des El. sans rangées de gros points. 3
3 Côtés du Th. à réticulation très allongée; ♂ vert-bleuâtre, ♀ bronzée-foncée, avec une tache triangulaire scutellaire, un peu prolongée. 5 **grammica** Lap
— Plus grand; réticulation des côtés du Th. assez régulière: El. pourpres à base d'un bleu-foncé, enclosant une tache scutellaire verte. 6—7 **dimidiata** Thom
4 Th. avec un sillon longitudinal, plus ou moins profond et El. à couleurs métalliques brillantes souvent de 2 teintes différentes. 5
— Th. sans sillon longitudinal. 9
5 Th. bleu avec deux grandes taches noires latérales: El. à couleurs métalliques de teintes différentes. 6
— Th. vert ou doré, avec ou sans taches latérales noires. 8
6 El. dorées avec une tache noire subhumérale, et une bande suturale bleue ne touchant pas le sommet et dilatée à l'extrémité. 8—9 **candens** Panz
— El. sans tache subhumérale noire. 7
7 Th. à disque complètement réticulé: El. rouges cuivreuses à tache basale verte et à stries ponctuées distinctes. 8—9 **Midas** Ksw
— Th. réticulé sur les côtés et à strigosités fines, mais serrées, sur le disque: El. cuivrées, rugueuses, à tache basale verte ou bleue. 6—9 **salicis** F
— Semblable au précédent, mais plus petit, plus parallèle: Th. plus court avec sa plus grande largeur en avant. **semicuprea** Küst
8 Th. vert-doré ou rouge de feu sans tache ou avec deux petites taches pourpres obscures. 6—7 **nitudula** L

— Th. rouge-doré avec large tache obscure sur le bord antérieur. 5 **hypomelæna** Illig

9 Th. ou El. à couleurs métalliques; celui-là moins large que les El. ou à peine égal à elles; tête et Th. en dessus et dessous du corps à villosité blanche, longue. 10

— Corps à teintes métalliques: Th. plus large que les El. ou tout au moins aussi large qu'elles; celles-ci rétrécies derrière l'épaule. 11

— Dessus noir-brun métallique sans dessins variés visibles. 16

10 Th. concolore: El. vertes à limbe externe doré. 10—11 **aurulenta** F

— Th. avec deux bandes noires: El. bronzées, brunes. 9—10 **manca** L

11 Taille grande (12 à 13): Th. vert ♂, doré ♀, avec deux bandes longitudinales noires. **hungarica** Scop

— Taille petite de 5 à 6m au plus. 12

12 El. d'un bronzé obscur: Th. sans bandes foncées. 5—6 **umbellatorum** F

— El. d'un vert-doré, cuivreux ou bronzé: Th. vert ou bleu uniforme sans bandes. 13

— El. d'un rouge cuivreux avec tache scutellaire verte ou bleue. 14

13 Segment anal de l'abdomen profondément canaliculé sur les côtés; El. arrondies et denticulées au sommet. 4—7 **millefolii** F

— Segment anal sans gouttières latérales profondes; sommet des El. en angle obtus. 6,5 **cichorii** Ol

14 Tache élytrale scutellaire en triangle équilatéral bien limité: Th. avec deux grandes bandes bleues bien nettes. **Crœsus** Vill

— Tache scutellaire petite, mal limitée: Th. sans taches bien limitées, à côtés un peu plus brillants. 15

15 Front peu brillant: Th. convexe, égal, sans traces de bande verte médiane. 7 **parallela** Lap

— Front assez brillant: Th. avec une faible impression de chaque côté de la base et traces de bande verte médiane, entièrement couvert de mailles ombiliquées. 6—7 **olympica** Ksw

16 El. d'un bronzé obscur peu luisant, à séries de points plus gros au sommet: Th. réticulé de larges mailles. 3,5—5 **funerula** Ill

— El. granulées, d'un noir bronzé, peu luisant. 17

17 Th. avec quatre fovéoles transversales plus ou moins profondes. 18

— Th. sans fovéoles placées transversalement. 19

18 Front glabre; fossettes profondes; dessous noir: Th. à réticulation fine (forme plus petite, plus ramassée: Th. plus rétréci en avant, moins large et à côtés plus droits, à fossettes dorsales plus faibles, plus petites, plus arrondies, *V. Godeti Lap*). **4-punctata** L

— Front pubescent: Th. à réticulation assez forte, à fossettes moins nettes; dessous vert-foncé. 8 **morio** F

19 Taille plus grande; front à poils serrés noirs ou blancs. 20

— Plus petit: front glabre à mailles ombiliquées: Th. à larges mailles, qui sont ombiliquées sur les côtés. 4,5 **nigritula** Ratz

20 Pubescence du front noire. 6—8 **sepulchralis** F

— Front à pubescence blanche: Th. anguleusement impressionné vers la base: El. inégales. 6—8 **confusa** Lap

## CHRYSOBOTHRIS

Troisième art. des ant. beaucoup plus long que le deuxième

1 El. à côtes élevées fortes et intervalles ridés, rugueusement pointillés; d'un noir violet avec bordure latérale cuivreuse et 3 fovéoles dorées. 13—15 **chrysostigma** L

— El. à côtes faibles; intervalles densément et également ponctués; 3 fovéoles sur chaque El., celle de la base peu nette. 2

2 Th. transverse, à angles antér. un peu dilatés. 12—16 **affinis** F

— Th. en carré transverse, subparallèle; corps étroit, allongé (♀ à dernier segment ventral armé de 4 dents, au lieu de 3, *V. quadridens Rey*). 11 **Solieri** Lap

## MELANOPHILA

Base du Th. bisinuée; écusson arrondi: Th. à côtés subparallèles, aussi large à la base qu'au sommet

1 Prosternum avec une mentonnière (**Kisanthobia**); vert-doré brillant : El. à surface ruguleuse avec stries longitudinales faibles. **Ariasi** Rob

— Prosternum sans mentonnière (**Melanophila**). 2

2 El. d'un bronzé obscur avec q. q. lignes élevées et 6 taches jaunes sur 2 lignes longitudinales. 10—14 **decastigma** F

— El. sans taches. 3

3 Sommet des El. arrondi; dessus bleu (**Phænops**). 9—11 **cyanea** F

— » » en pointe. 4

4 Noir mat peu ponctué; épine des El. longue : Th. assez fortement élargi au premier 1/3 antérieur. 10 **acuminata** Deg

— Noir luisant plus ponctué; épine terminale des El. courte. 6,5—10 **æqualis** Manh

## CORÆBUS

Crochets des tarses dentés ou appendiculés; tarses de longueur normale; premier art. des tarses postér. à peine plus long que le deuxième

1 El. à bandes ondulées pubescentes. 2

— El. sans fascies pubescentes, glabres ou à pubescence uniforme. 4

2 Vert doré brillant avec sommet des El. bleu foncé, celui-ci orné de 2 bandes transverses bronzées, dorées. 14 **fasciatus** Vill

— Dessus bronzé foncé, ou noir bronzé, El. avec 3 ou 4 petites fascies blanches. 3

3 El. bleuâtres denticulées au sommet, avec q. q. taches pubescentes blanches à la base et 3 fascies blanches très étroites et très anguleuses. 12 **undatus** F

— El. noires faiblement denticulées avec 4 fascies assez larges, blanches. 10 **rubi** L

4 Prosternum sans mentonnière. 5

— « avec une mentonnière. 6

5 Prosternum échancré; dessus bronzé, rugueusement ponctué: Th. inégal, avec deux impressions obliques. 5—7 **graminis** Panz

— Prosternum droit, non échancré, bords du Th. crénelés. 6—8 **elatus** F

6 Mentonnière entière ou à peine sinuée. 7

— » profondément échancrée. 8

7 Th. plus rugueusement ponctué, au milieu surtout. **amethystinus** Ol

— Th. plus finement rugueux à ponctuation écartée sur le disque. 5 **violaceus** Ksw

8 Suballongé, convexe, bronzé, cuivreux, pourpre ou bleu: Th. gibbeux à impressions latérales obliques: El. à ponctuation granuleuse, dense. 7 **episcopalis** Man

— Ovale déprimé; tête convexe sans sillon: Th. gibbeux, vert-bronzé; El. d'un bleu noir. 4 **æneicollis** Vill

## AGRILUS

Crochets des tarses dentés ou appendiculés; 1er art. des tarses postérieurs de la longueur des deux suivants; ant. insérées sur le front, non logées dans une coulisse

1 El. à taches de pubescence blanche; crochets des tarses fendus. 2

— El. sans taches blanches pubescentes. 4

2 Sommet des El. arrondi et finement crénelé. 10—12 **biguttatus** F

— Sommet des El. aigu. 3

3 Bronzé-olivâtre; épine apicale des El. courte; côtés du Th., de la poitrine et des segments abdominaux à taches de poils blancs, serrés. 9—10 **6-guttatus** Hbst

— Noir-bleuâtre; épine apicale des El. longue, divergeant. ; pubescence à peine condensée à la base des côtés des segments abdominaux. 9—10 **Guerini** Lac

4 Segment anal de l'abdomen arrondi au sommet. 5

— Dernier segment abdominal échancré au sommet. 27

5 El. glabres. 6

— El. à pubescence très fine. 16

6 Ecusson sans traces de carène transversale; tête et Th. verts: El. d'un cuivreux doré. 8-9 **subauratus** Gebl

— Ecusson à carène transversale saillante. 7

7 Angles postérieurs du Th. sans carènes. 8

— » » » carénés. 9

8 Ant. atteignant la base du Th.: El. bleues ou vertes; tête et Th. d'un doré brillant. 6-7 **auricollis** Ksw

— Ant. plus courtes que la tête et le Th.; dessus d'un bronzé uniforme; vertex sillonné. 6—7 **integerrimus** Ratz

9 Th. à côtés subexplanés, à fossette latérale lisse; dessus bleu, dessous plus sombre. 6—7 **pseudocyaneus** Ksw

— Th. à côtés complètement ponctués. 10

10 Abdomen à pubescence concentrée à la base de chaque côté des segments. 6,5 **lineola** Redt

— Abdomen à pubescence uniforme. 11
11 Mentonnière fortement sinuée ou échancrée. 12
— » arrondie ou légèrement sinuée. 14
12 Crochets des tarses fendus; taille grande (9—11$^{m}$). 13
— Crochets des tarses dentés à la base; tête et Th. cuivreux, El. d'un vert-bleuâtre; taille plus petite. 6,5—7 **pratensis** Ratz
13 Tarses postérieurs grêles, allongés; dessus cuivreux, dessous verdâtre. 10—11 **mendax** Man
— Tarses postérieurs peu allongés, robustes; dessus violet-cuivreux, dessous bronzé; vers le sommet des El., on voit le long de la suture q. q. poils d'un blanc brillant formant une bande étroite. 9 **sinuatus** Lac
14 Sommet des El. sans denticules; dessus brun ou vert, bronzé; dessous noir à léger éclat métallique: Th. presque plus large que les El., à côtés sinués, arrondis. 4—5 **betuleti** Redt
— Sommet des El. denticulé. 15
15 Vertex non sillonné: El. un peu diverge ntes au sommet et dilatées aux 2/3 postérieurs. 7—8 **viridis** L
— Vertex sillonné: El. subparallèles plus larges que le Th. à la base. 6—7 **aurichalceus** Ksw
16 Th. à angles postér. non carénés: El. dentées au sommet. **hyperici** Creutz
— Angles postérieurs du Th. carénés. 17
17 Carènes du Th. courtes, peu arquées, mais bien nettes. 18
— » » assez longues, arquées, joignant presque le milieu des côtés. 19
— Carènes du Th. très longues, suivant le bord latéral presque jusqu'au sommet. 25
18 Dessus cuivreux brillant; mentonnière peu saillante, taille g$^{de}$. **Solieri** Gor
— Dessus bronzé; mentonnière large et saillante; taille plus petite. **cisti** Bris
19 El. à pubescence uniforme, sans dépression juxtasuturale ou à dépression peu sensible. 20
— El. plus ou moins fortement déprimées le long de la suture, avec la pubescence visiblement plus dense dans la dépression. 21
20 Vertex convexe obsolètement sillonné; dessus bronzé: Th. subtransverse rétréci à la base. 5—5,5 **convexifrons** Ksw
— Vertex peu convexe, nettement sillonné. **prasinus** Mls
21 El. sans sillon le long de la suture, mais avec une légère dépression dans laquelle la pubescence est plus dense. **proximus** Baud
— El. creusées le long de la suture d'un sillon garni d'une pubescence visiblement plus dense. 22
22 Sillon limité en dehors par une ligne saillante, élevée. 23
— Sillon moins profond, non limité par une ligne saillante. 24
23 Dessus bronzé-cuivreux, taille plus petite. 6,5 **Linderi** Mars
— Plus grand; dessus d'un bronzé-obscur, Th. bronzé-doré. **cinctus** Ol
24 El. fortement dilatées aux 2/3 postérieurs; corps épais; vertex sillonné. **antiquus** Mls

— El. subparallèles; corps moins épais; vertex subsillonné. **Baudii** Baud

25 Abdomen à mouchetures de poils blancs; poitrine à pubescence blanche très serrée, squamuliforme; menton fortement échancré; vertex fortement sillonné. 7—9 **albogularis** Gor

— Pubescence de l'abdomen uniforme, celle de la poitrine peu serrée. 26

26 Dessus cuivreux ou bronzé; taille petite. 6,5 **roscidus** Ksw

— Plus grand (8—9$^{m}$): Th. à sillon large, peu profond, interrompu au milieu. **artemisiæ** Bris

27 El. glabres. 28

— El. pubescentes. 38

28 Th. non rétréci à la base, à angles postér. fortement carénés; dessus bronzé, vertex sillonné. 5—6 **convexicollis** Redt

— Th. rétréci ou subrétréci à la base. 29

29 El. à sommet non ou peu visiblement denticulé; dessus bleu, dessous noir; vertex et front fortement sillonnés. **cœruleus** Ross

— Sommet des El. à denticules bien visibles. 30

30 Premier segment ventral bituberculé au sommet. 31

— Pas de tubercules sur le premier segment ventral. 32

31 Tubercules allongés; mentonnière sans sinuosité distincte; ant. faiblement dentées; taille plus grande. ♂ **elongatus** Hbst

— Tubercules courts; ant. profondément dentées: mentonnière assez fortement sinuée; taille plus petite. ♂ **angustulus**

32 Ant. très fortement dilatées à partir du 4$^{e}$ art. ♂ **laticornis**

— Ant. sans dilatation bien sensible. 33

33 Mentonnière fortement sinuée. 34

— Mentonnière très faiblement sinuée. 36

34 Lame prosternale parallèle entre les hanches antérieures. 5—6 ♀ **angustulus** Ill

— Lame prosternale dilatée entre les hanches antérieures. 35

35 Dilatation très forte; dessus vert olivâtre, dessous noir bronzé brillant. 5 ♀ **laticornis** Ill

— Dilatation en losange très allongé; dessus bronzé obscur, dessous d'un vert brillant. 6 **scaberrimus** Ratz

36 Taille grande. 8—10 ♀ **elongatus** Hbst

— Taille plus petite. 37

37 Lame prosternale parallèle; bronzé obscur : Th. un peu plus large que les El. 4—5 **obscuricollis** Ksw

— Lame prosternale en losange; couleur moins obscure; tarses postér. plus grêles. **Reyi** Baud

38 Pubescence des El. uniforme. 39

— El. à côtés et bande transversale après le milieu, dénudés 41

39 Corps étroit, allongé; taille plus petite; dessus bronzé olivâtre; vertex sillonné; 1$^{er}$ segm. ventral ♂ bituberculé. **olivicolor** Ksw

— Corps large, court, épais; taille plus grande. 40

40 Dessus uniformément vert un peu bleuâtre. **curtulus** Muls

— El. d'un noir-bronzé obscur, tête et Th. d'un bronzé vert ou doré brillant. **hemiphanes** Mars

41 El. à tache allongée, étroite, juxtascutellaire et anteapicale, formée par une pubescence blanche, soyeuse, plus longue et plus dense; front aplati, à pubescence blanche; segment anal profondément sillonné. 7—7,5 **graminis** Lap

— El. à pubescence uniforme, en dehors de la bande dénudée. 42

42 Front plan à pubescence blanche: Th. à strigosités transverses denses; segm. anal profondément échancré, subimpressionné; sommet des El. visiblement denticulé. 6—7 **hastulifer** Ratz

— Front convexiuscule, sillonné: Th. plus finement strigueux transversalement; segm. anal non sillonné: El. à denticules apicaux peu visibles. 5—6 **derasofasciatus** Lac

*P. BAUDUER: Rev. d'entomol. 1883*

## CYLINDROMORPHUS

Crochets des tarses dentés ou appendiculés; premier art. des tarses postér. de la longueur des 2 suivants réunis; ant. insérées sous la tête

1 Th. à impression transverse à la base et caréné le long du bord latéral. 3,5—5 **subuliformis** Man

— Th. sans impression ni carènes. 2

2 El. subimpressionnées à la région suturale: Th. subcarré. 4 **parallelus** Frm

— El. non impressionnées: Th. subtransverse avec un léger espace lisse. 3

3 El. alutacées peu brillantes à ponctuation assez forte à la base, affaiblie dès le milieu. 3,5 **filum** Gyl

— El. assez brillantes à ponctuation forte et rugueuse à la base, légèrement affaiblie en arrière, râpeuse au sommet; ventre armé au sommet de 2 petites dents bien visibles. 4 **strigatulus** Rey

## APHANISTICUS

Crochets des tarses dentés ou appendiculés; tarses très courts; corps linéaire allongé

1 Th. sans sillon transverse au milieu. 2 **pygmæus** Lac

— Th. creusé au milieu d'un sillon transverse. 2

2 Allongé, subcylindrique: Th. plus ou moins rétréci à la base. 3

— Plus court, plus large; noir un peu bronzé: Th. plus élargi à la base avec deux impressions transverses obsolètes et les angles postérieurs aigus; stries peu regulières, peu marquées. 3 **pusillus** Ol

3 Sillon de la tête large et profond jusqu'au Th. 5 **distinctus** Perr

— Sillon de la tête raccourci sur le vertex. 4

4 Th. plus allongé à peine rétréci à la base. 5

— Th. plus transverse, très rétréci à la base, à sillon basal obsolète ou nul; dessus bronzé clair. 4 **angustatus** Luc

5 Noir, large, court; Th. à 3 impressions transverses; El. arrondies au bout dépassant peu l'abdomen; suture élevée par derrière; stries ponctuées assez régulières. 3 **emarginatus** F

— Bronzé, étroit, très allongé; El. dépassant de beaucoup l'abdomen, tronquées obliquement avec angle externe arrondi. **elongatus** Villa

### TRACHYS

Mêmes caractères que *Aphanisticus* mais corps très court, triangulaire

1 El. avec une fine carène latérale allant de l'épaule au sommet de l'élytre. 2
— El. sans fine carène latérale. 3
2 Front séparé de l'épistome par une carène transverse. 2,8 **nana** Herbst
— Front non séparé de l'épistome par une carène transverse. 2,5 **triangularis** Lac
3 Tête et Th. d'un cuivreux-doré: El. d'un vert ou bleu brillant; front à sillon fin et à large impression antérieure. 3—4 **pygmæa** F
— Tête et Th. à peu près concolores. 4
4 Deux profondes excavations au dessus des cavités antennaires: El. bleues foncées à ponctuation grosse; tête et Th. à teinte bronzée. 3 **Goberti** Goz
— Excavations antennaires petites ou obsolètes. 5
5 El. subdéprimées, à bandes distinctes de duvet blanc, à épaules calleuses, inégales; front impressionné. 3—3,5 **minuta** L
— El. convexes; bandes duveteuses peu distinctes. 6
6 Bleu, El. striées-ponctuées : Th. très finement ponctué; front profondément excavé et canaliculé. 3 **troglodytes** Gyll
— Très convexe; front légèrement impressionné, canaliculé: El. fortement ponctuées et rugueuses, inégalement pubescentes; crochets des tarses dentés. 2—2,5 **pumila** Illig

Près de la **Pumila** viennent les **fragariæ** Bris et **Marseuli** Bris; la 1re se distingue de la **Pumila** par la tête plus profondément excavée, le bord postérieur de l'épistome arqué en arrière, bien détaché de la tête et par le prosternum bordé d'une strie sur les côtés en arrière, mais ces 2 stries au lieu d'être parallèles et réunies en avant comme chez **Pumila** se recourbent en dehors avant d'atteindre le sommet; la 2e a les crochets des tarses non dentés et son prosternum est large à côtés parallèles et non sinués au milieu

## EUCNEMIDÆ

(A. Fauvel: *Throscides et Eucnémides Gallo-rhén.: Rev. 1885 P. 330*)
(Erichson: *Faune: Tom. IV par H. von Kiesenwetter*)

### THROSCUS

Ant. à 3 dern. art. fortement dilatés en massue

1 Intervalles des El. (internes surtout) finement, très densément pointillés. 2
— Intervalles des El. avec une seule série de points (sauf près de la base. 3
2 Carènes frontales obsolètes atteignant à peine le bord postérieur des yeux. 2,5 **elateroides** Heer
— Front sans carènes. 2—2,3 **obtusus** Curt

3 Yeux entiers. 2—3 **brevicollis** Bon

— Yeux marqués dans leur milieu antérieur d'une dépression triangulaire. 4

4. La dépression va jusqu'au bord postérieur ou tout près. 5

— La dépression ne dépasse pas la moitié des yeux; front nettement bicaréné. 3—4 **dermestoides** L

5 Front avec deux carènes. 6

— Front sans carènes. 2—2,5 **Duvali** Bonv

6 Carènes bien distinctes, prolongées sur le vertex. 2—3 **carinifrons** Bon

— Carènes peu marquées atteignant à peine le bord postérieur des yeux. 2–2,5 **Rougeti** Fvl

## DRAPETES

Ant. dentées en scie

Oblong, ovale, noir-luisant à pubescence dressée: El. avec une tache rouge-fauve humér. se dirigeant sur la suture; art. ant. 4–10 dentés. 4–4,5 **biguttatus** Pill

## CEROPHYTUM

Hanches postérieures sans prolongement lamelleux, enfouies complètement dans leurs cavités cotyloïdes

Noir de poix à pubescence grise: tête carénée; angles postérieurs du Th. aigus, saillants: El. striées-ponctuées; intervalles rugueusement ponctués; bouche, antennes et pattes, ferrugineuses. 6—7 **elateroides** Lat

## MELASIS

Hanches postér. avec prolongement lamelleux; pattes et tarses robustes

Noir, mat, cylindrique, fortement ponctué; front sillonné: El. striées-ponctuées; intervalles subconvexes, granuleux; ant. et pattes rougeâtres. 5–10 **buprestoides** L

## THAROPS

Mêmes caractères, mais pattes grêles, tarses longs, filiformes

1 Th. fortement échancré au milieu de la base: El. d'un noir de poix ou rougeâtres; ant. et tarses testacés. 6–10 **melasoides** Lap

— Th. à peine sinué au milieu de la base: El. d'un ferrugineux rougeâtre ayant de chaque côté de l'épaule en dehors une tache d'un brun foncé, avec côtés et tiers apical rembrunis. **Marmottani** Bon

## EUCNEMIS

Métasternum sillonné de chaque côté à sa base, derrière le bord externe des hanches interm.

Oblong noir-brillant: El. à stries obsolètes, intervalles densément ponctués: Th. déprimé en travers au-dessous de la base; ant. et pattes couleur de poix. 5–7 **capucina** Ahr

## DROMÆOLUS

Métasternum non sillonné

Court, épais, noir mat, densément ponctué-rugueux; pubescence jaunâtre, tarses rougeâtres. 4,5—5 **barnabita Vill**

## MICRORRHAGUS

Th. avec 2 ou 3 carènes marginales sur les côtés; propectus à sillon juxtasutural

1 Ant. ♂ longuement flabellées; front caréné, dessus noir brillant (**Microrrhagus**). 2

— Ant. ♂ simplement dentées; front non ou obsolètement caréné (**Dirrhagus**). 3

2 Th. plus fortement bifovéolé: El. striées, tibias et tarses pâles. 5—6 **lepidus Rosh**

— El. à peine striées; ant. dépassant la base du Th. 4–5,5 **pygmæus F**

3 Noir, pattes ferrugineuses, tarses plus clairs. 3,5—4 **Emyi Rouget**

— Brun noirâtre avec partie antérieure de la tête, base et sommet du Th., suture et base des El., rougeâtres. 4—5 **pyrenæus Bon**

— Corps roux: Th. gibbeux en avant, mat, avec une carène préscutell. et une autre au-dessus de chaque angle postérieur. **Sahlbergi Mann**

## HYLOCHARES (Farsus)

Propectus sans sillon: Th. avec 2 ou 3 carènes marginales sur les côtés

Brun ou roux, épais, court, à pubescence dorée: El. striées, subrâpeuses; une fossette entre les ant.; Th. à carène préscutellaire longue. 4–10 **dubius Pill**

## HYPOCŒLUS

Th. avec une seule carène marginale; ant. robustes à 11ᵉ art. très long

Allongé, noir à pubescence grise; ant. plus longues que tête et Th.; sommet des ant., tibias et tarses rougeâtres: El. striées. 4—5,5 **procerulus Man**

## ANELASTES

Mêmes caractères, mais ant. grêles à 11ᵉ art. très petit, pyriforme

Ferrugineux-rougeâtre mat, à pubescence dorée; front sillonné en avant: Th. transverse, sillonné: El. à angle sutural denticulé, à stries profondes. 8—11 **barbarus Luc**

## XYLOBIUS

Lames des hanches postér. parallèles

1 Noir; tête sans carène; base et sommet du Th. finement liserés de rouge: El. rouges à tache discale brune postmédiane. **alni Lac**

— Tête carinulée: base et sommet du Th. plus largᵗ rouges; tache des El. s'avançant jusqu'au 1er tiers; ant. épaisses bien plus longues que la tête et le Th. 3—4,5 **corticalis Payk**

# ELATERIDÆ

(Dr Candèze: *Monogr. des Elaterides.—Faune d'Erichson; Elaterides par* Von Kiesenwetter)

## ADELOCERA

Fossettes antennaires profondément sillonnées, prolongées jusqu'aux hanches antérieures, placées sur les côtés du prosternum et recevant les ant. au repos

1 Dessus sans taches, ni marbrures, semé d'écailles d'une couleur différente du fond. 2

— El. avec des taches ou marbrures. 3

2 Noir, mat, parsemé de squamules blanches argentées; Th. à sillon large, peu profond; 2e art. ant. égal au quart du 3e. **punctata** Hbst

— Brun, parsemé de squamules pâles : Th. fortement canaliculé, impressionné de chaque côté du sillon; 2e art. des ant. égal au 1/3 du 3e. 10—12 **lepidoptera** Panz

3 Dessous du Th. avec un sillon pour loger les tarses; brun à squamules pâles: Th. inégal, très allongé; 2e art. des ant. égal à la moitié du 3e; avant le sommet des El., une fascie transverse de squamules effilées. 8—10 **quercea** Hbst

— Dessous du Th. sans sillon tarsal; noir-brunâtre foncé : Th. très inégal; 2e art. ant. égal au 3e; avant le sommet des El., une fascie grisâtre de squamules larges. 12—15 **fasciata** L

## ARCHONTAS (Lacon)

Mêmes caractères, mais sillons antennaires n'atteignant pas les hanches antérieures

1 Côtés du Th. crénelés; dessus noir-mat, assez ponctué; chaque point émettant une petite soie grisâtre. 8—9 **crenicollis** Men

— Côtés du Th. non crénelés; dessus à pubescence tomenteuse, grise et rousse, très serrée. 10—12 **murinus** L

## ADRASTUS

Fossettes antennaires très courtes ou nulles; crochets des tarses dentelés; dernier art. des palpes maxillaires ovale, acuminé

1 Ant. complètement testacées, un peu obscures au sommet, à 3e art. un peu plus long que le 2e; insecte noir, avec pattes et El. flaves; pubescence grise ou flavescente; angles postérieurs du Th. divergeant. 4—5 **pallens** F

— Ant. plus ou moins rembrunies à base plus claire. 2

2 El. brunes, à pubescence brunâtre, sans taches; 2 premiers art. ant. testacés; art. 2 et 3 oblongs et égaux. 2,5—3 **humilis** Er

— El. à fond brun avec taches testacées, ou testacées avec taches plus foncées. 3

3 Antennes allongées à 3e art. double du 2e: 2 premiers art. testacés; El. testacées à suture et bord extérieur, noirs. 4—5 **limbatus** F

— Ant. plus robustes et plus courtes à 2e art. seulement un peu plus petit que le 3e; angles postérieurs du Th. non divergeants. 4

4 Taille petite, dessus luisant, à pubescence peu visible à l'œil nu: El. très atténuées au sommet: Th. plus large que long, avec sa plus grande largeur avant le milieu; El. brunes à bande humérale testacée plus ou moins prononcée. 2,5 **nanus Herbst**

— Taille plus grande (4 à 5m): Th. presque aussi long que large: El. brunes à bande humérale longitudinale testacée; dessus peu luisant, à pubescence forte. **lacertosus Er**

## SILESIS

Crochets des tarses non dentés; dernier art. palpes sécuriforme; 4e art. des tarses muni en dessous d'une lamelle courte; poils des El. peu serrés, divergeant en arrière dès leur naissance

1 Rouge-testacé avec la tête, le sommet du Th. et des El. et la poitrine, noirs: Th. plus large que long. 5—6 **terminatus Er**

— Rouge-brun avec dessus de la tête et du Th., noir (celui-ci, un peu plus long que large, à bord antérieur et angles postérieurs légèrement rougeâtres); dessous brun-rougeâtre. **rutilipennis Ill**

## SYNAPTUS

Mêmes caractères; lamelle du 4e art. tarses très longue; poils des El. très longs, serrés, cachant presque la couleur des téguments

Allongé, cylindrique, brun-obscur ou rougeâtre: Th. à peine plus long que large, à côtés droits, subparallèles: El. faiblement striées-ponctuées. 10 **filiformis Germ**

## MELANOTUS

Dernier art. palpes sécuriforme; art. des tarses simples, ni divisés, ni pourvus de lamelles

1 Ecusson un peu plus long ou presque aussi long que large. 2

— Ecusson beaucoup plus long que large. 5

2 Segment anal de l'abdomen élevé de chaque côté de la ligne médiane, tronqué au sommet et très pubescent. 12—15 **brunnipes Germ**

— Dernier segment abdominal plat et à sommet arrondi. 3

3 Th. fortement sillonné, à la base surtout. 12—15 **sulcicollis Mls**

— Th. non sillonné. 4

4 Noir, peu pubescent: Th. subcaréné en devant; intervalles des El. ponctués, à ondulations transversales assez fortes. 11—14 **niger F**

— Noir à pubescence grise assez longue: Th. à points serrés, pilifères; interstries ponctués, sans rides transversales. **tenebrosus Er**

5 Th. plus large que les El. à ponctuation grosse, profonde, chaque P. émettant un long poil gris; ventre noir. 10—12 **crassicollis Er**

— Th. au plus aussi large que les El. 6

6 El. finement striées-ponctuées; stries non distinctes à partir du milieu des El. 10—14 **rufipes Hbst**

— El. à stries visibles sur toute leur longueur. 7

7 Angles postérieurs du Th. à carène saillante se prolongeant presque jusqu'au milieu des côtés. 12—16 **castanipes Payk**

— Carène des angles postérieurs du Th. peu sensible et dépassant de peu la base : Th. plus ou moins teinté de rougeâtre. **dichrous** Er

## STEATODERUS

Lame des hanches postérieures, obtusément angulée, s'amincissant graduellement de dedans en dehors; tête inclinée; sutures du prosternum sans sillons antennaires; ant. dentées

1 Large, robuste, noir avec les El. et le Th. (moins la base) rouges (Th. complètement noir, *V. occitanicus Vill*) (**Ludius**). **ferrugineus** L

— Plus petit, allongé, brun-rougeâtre pubescent; pattes rouges (**Trichophorus**). 10 **Guillebeaui** Mls

## PITTONOTUS

Mêmes caractères, mais lame des hanches postérieures plus étroite et simple; prosternum en triangle aigu et rebordé entre les hanches antérieures

Noir-brun; pattes et ant. rousses; intervalles des El. finement striolés en travers. 16—20 **Theseus** Germ

## LUDIUS (Corymbites)

Lame des hanches postérieures étroite et simple, s'amincissant graduellement; prosternum cylindrique, sans rebord; tête inclinée, front sans rebord tranchant

1 Suture prosternale rebordée. 2

— » » non rebordée. 3

2 Une légère excavation longitudinale, sur le devant du Th., entre la suture prosternale et la bordure (**Prosternon**); ant. dentées à partir du 4e art.; dessus brun à pubescence soyeuse, formant des taches. 9 **tessellatus** L

— Suture prosternale non excavée en avant (**Hypoganus**); noir brillant, plus ou moins foncé; épipleures des El. testacés. **cinctus** Payk

3 Ant. dentées en scie à partir du 4e art. 4

— Ant. filiformes ou dentées en scie à partir du 3e art. 13

4 Dernier art. ant. rétréci avant le sommet : Th. plus long que large (**Pristilophus**); noir de poix, ant. et pattes rousses : Th. plus large que les El. 12—15 **insitivus** Germ

M. du Buysson a créé un nouveau genre : Metanomus pour l'Athous acutus Muls, genre caractérisé par : ant. à troisième art. obconique plus large que le deuxième, du tiers de sa longueur, formant à eux deux une longueur dépassant à peine celle du quatrième : quatrième art. et suivants à peine sensiblement dentés. **montivagus** Rosh

— Dernier art. ant. non rétréci avant le sommet : Th. non plus long que large. (**Selatosomus**) 5

5 El. tachées de jaune. 6

— El. concolores. 7

6 Corps noir brillant à tache humérale flave, plus ou moins étendue (El. rousses en entier, *V. semiflavus Fleisch* : El. noires concolores, *V. tenebricans Buys*). 6—7 **bipustulatus** F

— Dessus noir : Th. à deux bandes rouges : El. flaves avec une tache humérale allongée, la suture, une bande transversale avant le sommet et le pourtour du sommet, noirs. 10—11 **cruciatus** L

7 El. à stries interrompues par des rugosités transverses. **rugosus** Germ

— El. à stries non interrompues, à reflets métalliques. 8

8 Dessus glabre ou à peu près, sauf l'écusson. 9

— Dessus pubescent. 11

9 Th. à couleurs métalliques comme les El.; pattes rougeâtres (pattes noires, *V. germanus L*). 10-12 **æneus** L

— Th. noir non métallique. 10

10 El. d'un noirâtre violacé, peu métallique; carènes des angles postérieurs du Th. fortes; intervalles convexes sur les côtés seulement, finement pointillés; 3e art. ant. ordinairement plus long que le quatrième. 14-16 **amplicollis** Germ

— El. vertes, dorées ou d'un vert-bleuâtre, à intervalles convexes, à fines rides dirigées en tous sens, à ponctuation peu visible; 3e art. ant. plus court que le 4e. 10-12 **melancholicus** F

11 Th. plus large que long, canaliculé; interv. aplatis, ponctués. **latus** F

— Th. non transverse, aussi long que large. 12

12 Th. sillonné; pubescence d'un gris cendré. 12-14 **impressus** F

— Th. sans sillon; dessus à pubescence fauve. 10 **nigricornis** Panz

13 Ant. filiformes allongées à art. 3-10 obconiques : Th. à ponctuation très fine et serrée. (**Liotrichus**) 14

— Ant. fortement dentées en scie ♂ et ♀ (**Actenicerus**); bronzé clair à pubescence grise, épaisse, uniforme ou formant des taches. 12-14 **Sjælandicus** Mül

— Ant. ♂ fortement pectinées ou subpectinées, celles des ♀ plus ou moins dentées. 16

14 Ant. dépassant la base du Th. : Th. et El. concolores, stries des El. non ponctuées. 8-9 **affinis** Payk

— Ant. atteignant au plus la base du Th. 15

15 Dessus noir-bleuâtre: Th. à côtés subsinués au milieu, rétrécis en ligne droite du milieu au sommet; ordinairement une fine carène aux angles postérieurs, non bissectrice de l'angle, mais presque parallèle au côté externe. 7-8 **angustulus** Ksw

— Dessus noirâtre; El. pâles, d'un bronzé olivâtre; Th. rétréci-arrondi en devant, plus long que large. 7-8 **quercus** Gyl

16 Ant. ♂ subpectinées; art. 2 et 3 petits (**Orithales**); noir bleuâtre à pubescence grise, avec angles postérieurs du Th. explanés. 6-7 **serraticornis** Payk

— Ant. ♂ flabellées, celles des ♀ dentées à partir du 3e art. 17

17 Th. non sillonné. (**Calosirus**) 18

— Th. sillonné. (**Corymbites**) 20

18 Dessus rouge; intervalles 3 et 7 des El. costiformes. 8-10 **purpureus** Pod

— El. testacées à sommet plus ou moins enfumé; tête et Th. noirs. 19

19 Th. à poils tomenteux, dorés, longs, formant des fascies soyeuses. 7-8 **castaneus** L

— Th. à poils gris, courts, plus ou moins redressés. **sulphuripennis** Germ

20 El. testacées ou tachées de testacé. 21

— El. métalliques vertes ou violettes. 23
21 El. complètement testacées, acuminées au sommet. **virens** Schrank
— El. testacées à sommet taché. 22
22 Sommet des El. très aigu, *Virens var.* **signatus** Panz
— Sommet des El. en pointe émoussée. 10–11 **cupreus** F
23 Interstries à ponctuation bien nette et visible sur fond presque lisse. 12–15 **pectinicornis** L
— Interstries plus ou moins rugueux à ponctuation peu nette. 24
24 Dernier art. ant. ♂ aigu, 2 fois 1/2 aussi long que le précédent; ponctuation des intervalles moins visible: Th. allongé à côtés parallèles, ne se redressant que peu avant la base. 11–12 **Heyeri** Sax
— Dernier art. ant. ♂ à extrémité arrondie, 1 f. 1/2 aussi long que le précédent; ponctuation des intervalles plus visible; côtés du Th. arrondis en avant, puis rentrant avant de se redresser pour former les angles postérieurs, *Cupreus var.* **æruginosus** F

## ISIDUS

Front en rebord tranchant au-dessus du labre; sommet du prosternum aigu entre les hanches intermédiaires; yeux non en saillie; angles postérieurs du Th. à peine divergents

Rouge-ferrugineux, pubescent: Th. allongé, à côtés presque parallèles à partir du quart antérieur; carènes des angles postérieurs très courtes: El. finement striées à intervalles subconvexes, ponctués. **Moreli** Rey

## DENTICOLLIS (Campylus)

Mêmes caractères, mais yeux saillants et Th. sillonné, à angles postérieurs relevés et divergents

1 Front fortement échancré: Th. noir, El. rouges, à bande longitudinale foncée, vague (**Campylomorphus**). 5 6,5 **homalisinus** Ill
— Front non échancré. 2
2 Tête noire: Th. et El. testacés; interstries alternes des El. relevés. 10–12 **rubens** Pill
— Sommet de la tête testacé: Th. taché de noir, ♂ El. testacées, ♀ El. noires à pourtour testacé. 9–10 **linearis** L

## PHELETES

Sommet du prosternum émoussé entre les hanches intermédiaires; tarses sveltes, allongés

Convexe, noir-bleuâtre à peine pubescent; pattes couleur de poix: El. striées. 5–6 **æneoniger** Deg

## ATHOUS

Front en rebord tranchant; sommet du prosternum émoussé entre les hanches intermédiaires; tarses à art. plus ou moins larges, q.q. fois divisés

1 Art. 2-3 des tarses sublamellés; le quatrième très petit. 2
— Art. 1-4 des tarses diminuant graduellement de longueur, le 4e seulement un peu plus court que le 3e ; art. 2-3 simples. 14
2 Ant. dentées en scie à partir du 3e art. 3

— Ant. non dentées en scie ou très faiblement à partir du 4e art.; angles postérieurs du Th. sans carènes. 7

3 Corps noir en dessus et en dessous. 4

— El. brunes, rougeâtres ou ferrugineuses. 6

4 Th. à P. ombiliqués; intervalles des El. granuleux. **mutilatus Rosen**

— Th. à ponctuation simple; intervalles des El. subconvexes, non granuleux, stries bien nettes. 5

5 Saillie prosternale recourbée en dessous en arrière des hanches antérieures; écusson plat ou régulièrement convexe, pubescence des El. serrée; dessus noir (intervalles plans, stries très finement marquées, *V. alpinus Redt* : El. testacées, *V. scrutator Hbst*). **niger L**

— Saillie prosternale droite non défléchie en arrière; écusson en bosse tuberculeuse; pubescence peu serrée. 12–17 **hirtus Hbs**

6 Pubescence des El. cendrée avec deux fascies obliques de poils roussâtres; dessus châtain plus ou moins ferrugineux. **rhombeus Ol**

— Pubescence des El. concolore, dessus rouge ferrugineux. **rufus Deg**

7 Th. ♂ carré, ♀ plus large que long; front fortement concave; dessus brun ferrugineux, à pubescence longue, dense, grise. 10—14 **villiger Mls**

— Th. plus long que large. 8

8 Th. élargi au sommet à angles postérieurs petits et recourbés en dehors; dessus roux-canelle; ant. très grêles. **filicornis Cand**

— Th. aussi ou plus étroit au sommet qu'à la base. 9

9 Troisième art. ant. 2 fois plus long que le deuxième. 10

— 3e art. ant. au plus de moitié plus long que le second. 11

10 Angles postérieurs du Th. peu ou point divergents, souvent ferrugineux ainsi que les bords : El. ferrugineuses à suture et bande latérale, brunes, à stries fortes; ♀ ant. atteignant à peine la base du Th., dont les côtés sont arqués. 9 - 10 **longicollis Ol**

— Angles postérieurs du Th. courts, très divergents; stries des El. faibles; ant. ♀ courtes. 10—12 **tomentosus Mls**

11 Front excavé en avant, à bord antérieur avancé au milieu; noir, El. brunes à épaules et suture, rougeâtres. 10 **difficilis Duft**

— Front plat ou peu excavé; bord antérieur tronqué presque carrément. 12

12 3e art. ant. un peu plus long que le 2e : El. ordinairement noires, à bande longitudinale jaune (El. brunes, testacées au sommet, *V. semipallens Mls*). 8—11 **vittatus F**

— 3e art. ant. 1/2 fois plus long que le 2e : El. sans bande jaune. 13

13 Ant. brunâtres; abdomen complètement, ou pourtour des segments et sommet, rouges; ♀ ant. plus courtes, angles postérieurs du Th. non divergents. 12 - 14 **hæmorrhoidalis**

— Ant. testacées : Th. à pourtour testacé; pattes testacées; taille plus petite. 7—8 **puncticollis Ksw**

14 Ant. fortement dentées à partir du 3e art.; pubescence des El. bicolore, formant des fascies ondulées; noir ou noir-brun avec El. d'un châtain ferrugineux plus ou moins clair. **undulatus Deg**

— Ant. filiformes à 3e art. non triangulaire mais oblong ou ant. dentées à 3e art. plus petit que le 4e. 15

15 Dessus noir. 16

— Dessus brun, brun-rougeâtre ferrugineux ou noir. 17

16 Ecusson caréné longitudinalement q q.f. obsolètement. **olbiensis Mls**

— Ecusson sans carène; dessus noir à reflets olivâtres. 11—12 **Zebei Bach**

17 2e art. ant. aussi long ou presque aussi long que le 3e. 18

— 2e art. ant. plus petit que le 3e. 19

18 Tête et Th. noirâtres; ant. d'un testacé rougeâtre. 7—9 **subfuscus Müll**

L'A. **flavescens Mls** (10m) se rapproche de cette espèce, mais il est plus allongé, le Th. est plus long, plus rétréci postérieurement; les stries sont canaliculées dans la moitié de leur longueur ♂ et pas du tout ♀; chez le **subfuscus** elles le sont dans toute leur longueur ♂ et dans la moitié ♀.

— Tête et Th. d'un rouge testacé clair. 10 **emaciatus Cand**

— Tête testacée à sommet noir : Th. brun avec une bande testacée longitudinale de chaque côté : El. testacées, brunes vers la suture et sur les 8e et 9e intervalles. 9 **subtruncatus Mls**

L'A. **cylindricollis Mls** (12m), rouge-testacé, nébuleux sur le disque du Th. et des El. se distingue du **subtruncatus** par la couleur presque uniforme du Th. et des El. et par le 2e art. ant. qui est égal aux 2/3 du 3e et non subégal à lui.

19 3e art. ant. plus court que le 4e. 20

— 3e art. ant. aussi long ou presque aussi long que le 4e. 28

20 Dessus rougeâtre ou rouge-ferrugineux avec pourtour du Th. plus clair, bord marginal et suture des El. d'un testacé ferrugineux. 11—12 **difformis Lac**

— Tête et Th. noirs ou noirâtres. 21

21 Ant. ferrugineuses à trois premiers art. noirs : Th. transverse; la ♀ est plus large, plus luisante, plus convexe; les ant. sont plus courtes; le Th. transverse est aussi large que les El. qui sont élargies et largement arrondies en arrière. 15 **frigidus Mls**

— Ant. concolores ou à base plus claire: Th. non transverse. 22

22 Ant. fortement dentées en scie, à 4e art. plus large que les suivants. 23

— Ant. à dents médiocres, à 4e art. au plus un peu plus large que le 5e. 24

23 El. noirâtres. 16 **canus Duf**

— El. rougeâtres. 17—19 **mandibularis Cand**

24 Bord antérieur du fond bianguleux. 25

— Bord antérieur du front arqué ou avec un seul angle sur la ligne médiane. 27

25 Pubescence fine; flancs du Th. à gros P. ombiliqués: El. d'un brun clair ordinairement plus pâles sur les bords; la ♀ est plus bombée, à pubescence plus courte; le Th. plus large que long a les côtés arqués; les El. dilatées au-delà du milieu, ont les côtés arqués. 13—14 **melanoderes Mls**

— Pubescence épaisse. 26

26 Angles antérieurs du Th. saillants en avant. 10—11 **herbigradus Mls**

— Angles antérieurs du Th. ne dépassant pas le bord antérieur. 8 **hispidus Cand**

27 Noir, El. brunes: Th. avec une petite échancrure vers le sommet; écusson plus pubescent que les El. **catanescens Mls**

D'après le Dr Jacquet les A. castanescens Mls et obtusifrons Db probablement, ne seraient que des variétés du Dejeani.

— Noirâtre avec pourtour du Th. et des El., d'un rougeâtre clair; pattes testacées. **montanus Cand**

28 Angles postérieurs du Th. carénés; noir, El. brunes étroitement bordées de ferrugineux. 9—10 **Godarti Mls**

— Angles postérieurs du Th. non carénés. 29

29 Angles postérieurs échancrés au bord externe près de la pointe, qui forme une petite dent dirigée en dehors; ant. rougeâtres, la ♀ est brillante, presque glabre; les ant. arrivent à peine à la base du Th.; celui-ci est très convexe, dilaté au milieu: El. dilatées de la base au milieu. 15—17 **Dejeani Lap**

— Angles postérieurs du Th. sans échancrure externe, mais plus ou moins recourbés en dehors et plus ou moins aigus. 30

30 Bord antérieur du front bianguleux; la ♀ est plus grande, très convexe, à front entièrement testacé; les ant. arrivent à peine à à la base du Th. 11—12 **pallens Mls**

— Bord antérieur du front arqué; la ♀ a le Th. plus élargi en avant, les El. plus larges postérieurement, et les ant. ne dépassent pas les angles du Th. 12—14 **lævistriatus Duf**

## LIMONIUS

Sutures du prosternum ayant en avant, un court sillon servant de fossettes antennaires; tête inclinée; arête du front visible

1 Pattes testacées, à cuisses souvent rembrunies. 2

— Pattes noires (au moins cuisses et tibias). 4

2 Th. densément ponctué sur les côtés qui sont presque mats; angles postérieurs du Th. concolores (angles postérieurs du Th. testacés, *V. lythrodes Germ*; angles antérieurs et postérieurs du Th. testacés, *V. Candezei*). 5 **quercus Ol**

— Th. à ponctuation presque égale plus ou moins fine et serrée. 3

3 Ongles des tarses dentés; 3e art. ant. plus long que le 2e, à peu près aussi long que le 4e. 8 **turdus Cand**

— Ongles des tarses simples; 3e art. ant. égal au 2e ou plus petit que lui. 6—6,5 **parvulus Panz**

4 Dessus noir-violet, peu brillant. 9—10 **violaceus Müll**

— Dessus bronzé, peu brillant; 3e art. ant. plus long que le 2e. 5

— Dessus noir; 3e art. ant. égal au 2e ou plus petit: Th. à ponctuation peu serrée; ant. robustes, fortement dentées; ongles des tarses dentés vers le milieu. 5 **minutus L**

5 El. finement ponctuées-striées, à intervalles convexes; ant. élancées, dépassant à peine la base du Th.; prosternum sillonné au sommet. 8—10 **æruginosus Ol**

— Prosternum non sillonné: El. plus fortement striées-ponctuées, déprimées le long de la suture; ant. plus robustes. 8—10 **pilosus Lesk**

## BETARMON

Tête fortement arrondie de profil, perpendiculaire; arête du front visible

Testacé, avec la tête, la base des El., la suture, une fascie médiane et une apicale, et souvent le disque du Th., noirâtres. 4—5 **bisbimaculatus** Sch

## DOLOPIUS

Arête frontale non visible; lame des hanches postérieures rétrécie en dehors; carène marginale du Th. se dirigeant vers le milieu de l'œil; ant. sveltes, très faiblement dentées

Testacé; tête et disque du Th., noirâtres : El. avec la suture souvent rembrunie. 8—9 **marginatus** L

## AGRIOTES et METOPIUS

Mêmes caractères, mais la carène latérale du Th. est recourbée en dessous à partir du milieu et se dirige vers la partie inférieure de l'œil

1 Th. beaucoup plus long que large, avec sa plus grande largeur derrière le milieu. 2

— Th. non ou très peu plus long que large, aussi large que les El., sa plus grande largeur au milieu environ. 6

2 Taille grande (9 à 14m); côtés du Th. dilatés, arrondis en avant, rétrécis au milieu. 3

— Taille petite ; Th. à côtés subparallèles, moins arrondis en avant. 4

3 Dessus noir presque mat, à pubescence fine et rare (**Ectinus**). 10—12 **aterrimus** L

— Dessus d'un brun clair à pubescence longue, grise, mieux fournie: Th. avec des plaques lisses; 2e art. des ant. conique, plus grand que le 3e, égal au 5e; interstries ponctués. 12-13 **pilosus** Panz

4 El. à tache humérale fauve, ant. noirâtres. 4—5 **scapulatus** Cand

— El. concolores. 5

5 Ant. et angles postérieurs du Th. testacés. 6—7 **sobrinus** Ksw

— Th. concolore à points latéraux ombiliqués; ant. rougeâtres à 1er art. obscur. ♂ **gallicus**

6 Interv. des stries inégaux, les impairs les plus larges et à teinte plus claire. 6—7 **lineatus** L

— El. concolores à intervalles égaux. 7

7 Art. 2—3 des ant. un peu plus longs réunis, que le 4e; brun avec les El. testacées, q. q. fois complètement de cette couleur : Th. canaliculé à la base. 10—12 **litigiosus** Ross

— Art. 2—3 des ant. beaucoup plus longs réunis que le 4e. 8

8 Th. sillonné surtout à la base. 9

— Th. non sillonné. 11

9 Th. très convexe, mat, très ponctué; 2e art. ant. plus long que le 3e et égal au 4e. 8—9 **obscurus** L

— Th. moins convexe, plus brillant. 10

10 Th. à côtés arqués, angles postér. rougeâtres à carène courbe : El. courtes, brunâtres, largement bordées de testacé; front sillonné. 6,5—7 **brevis Cand**

— Th. arqué sur les côtés, plus étroit vers la base qu'au milieu : El. 2 fois 1/4 plus longues que le Th. à intervalles plans, ruguleux, ponctués. 6—7 **sputator L**

— El. plus allongées, plus rétrécies au sommet; carène des angles postér. plus parallèle et plus rapprochée du bord; ponct. du Th. plus forte : El. à ponctuation formant des stries transverses; lame des hanches postérieures peu rétrécie en dehors. 8—9 **Laichartingi** Gredl

11 Th. et El. de couleurs différentes : Th. et écusson noirs : El. testacées à sommet souvent enfumé. 8—9 **ustulatus** Schall

— Th. et El. à peu près de même couleur. 12

12 Corps large : El. 2 fois environ plus longues que larges. **sordidus** Illig

— » allongé : El. plus de 2 fois » » » ». 13

13 El. convexes. 15

— El. déprimées vers la suture. 14

14 Points latéraux du Th. ombiliqués; intervalles des El. densément et rugueusement ponctués. 5 ♀ **gallicus** Lac

— Dessus brun de poix : Th. carré à côtés droits, densément ponctué; interv. des El. ponctués. 5 **piceolus** Kust

15 Angles postérieurs du Th. sans carène distincte; ant. testacées. 3,5—4 **pallidulus** Illig

— Ant. noirâtres. **picipennis** Bach

## SERICUS

Lame des hanches postérieures peu ou pas rétrécie en dehors

1 Th. à points ombiliqués : El. à stries fines, mais nettes. **brunneus** L

— Th. à points simples : El. à stries obsolètes. 9—10 **subæneus** Redt

## ANCHASTUS

Lame des hanches postérieures large en dedans et s'amincissant subitement en dehors; sutures du prosternum sillonnées en avant pour former des fossettes antennaires; tarses à avant-dernier art. divisé

Noir, ant. à dents aiguës; dessus ponctué. 6—6,5 **acuticornis** Germ

## ELATER

Mêmes caractères, seulement les tarses sont simples

1 Ant. dentées à partir du 3e art. : El. flaves-testacées avec le sommet et 2 P. avant le milieu, noirs. 10—11 **4-signatus** Gyl

— Ant. dentées à partir du 4e art. 2

2 El. d'un rouge cinabre clair ou d'un rouge obscur. 3

— El. testacées à sommet noir : Th. à peine ponctué. **elegantulus** Sch

— El. d'un jaune-safrané rougeâtre à pubescence fauve; base des ant. et tarses rufescents : Th. sillonné à la base, à poils bruns et densément ponctué. 8—9 **crocatus** Lac

— El. couleur de poix, à forte pubescence jaune : Th. assez fortement rétréci en avant. 4—5 **ruficeps** Mls
— El. noires. 9
3 El. sans taches. 4
— El. d'un rouge plus ou moins vif, avec taches foncées. 6
4 El. d'un rouge obscur teinté de ferrugineux : Th. non sillonné à la base, à pubescence noire, brunâtre; pubescence des El. d'un brun-rouge clair. 7–9 **ferrugatus** Lac
— El. d'un rouge cinabre clair. 5
5 Dessus à pubescence noire : Th. profondément et largement sillonné à la base au moins. 10—12 **sanguineus** L
Var. Pubescence des El. jaune dorée, celle du Th. q. q. fois d'un brun roux près des angles postérieurs. V. Burdigalensis du Buys
Pubescence noire-brunâtre sur le Th. et les El.; El. d'un rouge obscur. V. rubidus Cand
— Dessus à pubescence fauve : Th. à peine sillonné en arrière. 10—12 **cinnabarinus** Esch
— Dessus à pubescence noire : Th. sans sillon. 7—9 **pomonæ** Steph
6 Une tache noire allongée, commune, au milieu des El.; tête et Th. à poils gris et noirs : El. à poils gris; côtés du Th. à ponctuation plus dense. 8—10 **sanguinolentus** Schr
— Une tache au sommet des El. 7
7 Ant. et pattes rougeâtres : El. d'un rouge de sang à sommet largement noir. 6—7 **balteatus** L
— Ant. et pattes noires, Th. à poils noirs : El. à pubescence fauve. 8
8 Th. non sillonné, à côtés plus densément ponctués : El. d'un rouge jaune. 6—7 **elongatulus** F
— Th. sillonné à ponctuation égale, très dense; q. q. fois les El. sont concolores, leur couleur est d'un rouge cinabre. 8—9 **præustus** F
9 Angles postérieurs du Th. rouges. 5—6 **erythrogonus** Müll
— Angles postérieurs du Th. concolores. 10
10 Pattes noires ou brunâtres. 11
— Pattes rousses ou d'un brun de poix, dessus brillant. 12
11 Points du Th. ombiliqués; celui-ci d'aspect mat. 9 **æthiops** Lcd
— Points du Th. simples. 9—10 **nigerrimus** Lcd
12 Dessous rouge; ant. et pattes rouges : Th. transverse, bien ponctué. 7—8 **Megerli** Lcd
— Dessous noir; ant. et pattes couleur de poix; disque du Th. à peine ponctué. 5—6 **nigrinus** Payk

## CARDIOPHORUS

Suture prosternale sans traces de sillon en avant pour loger les ant.; écusson cordiforme

1 Th. rouge, concolore ou taché de noir. 2
— Th. d'un noir plus ou moins foncé. 4
2 Th. rouge concolore. 8–9 **gramineus** Scop
— Th. rouge à tache noire plus ou moins dilatée, au sommet. 3
3 Th. à ponctuation très fine et serrée; pattes noires. 5—6 **ruficollis** L

— Th. à ponctuation médiocrement dense et subinégale, sillonné à la base; pattes rouges. 6 **anticus Er**

— Th. à ponctuation assez grosse et écartée; pattes noires, genoux et tarses bruns. 7—8 **collaris Er**

4 El. avec taches. 5

— El. concolores. 6

5 Noir, deux taches rouges, rondes, au milieu des El. 7—9 **biguttatus Ol**

— Dessus brun, glabre, peu brillant: El. avec deux bandes longitudinales testacées allant de la base au sommet. 3,5—4 **Eleonoræ Gen**

6 Ongles des tarses dentés au milieu. 7

— Ongles des tarses simples ou dentés à la base seulement. 9

7 Ant., genoux, tarses et palpes roux; dessus à pubescence soyeuse d'un fauve clair et moiré, assez dense, dirigée dans tous les sens. 6—7 **versicolor Mls**

— Ant. noirâtres, plus ou moins foncées, dessus à pubescence grise. 8

8 Palpes, genoux et tarses roux; côtés des El. courbés de la base au sommet; dessus à poils gris fulvescents: Th. transverse à rebord ne dépassant pas le 1/4 de la longueur; sa pubescence dirigée dans tous les sens. 6,5—7 **cinereus Herbst**

— Palpes et pattes rouges: El. à côtés parallèles; pubescence blanchâtre dense. 6 **equiseti Herbst**

— Genoux et tarses testacés; dessus à poils gris; rebord du Th. allant jusqu'au 1/3; dernier art. des palpes noir: Th. aussi long que large; côtés des El. recourbés de la base au sommet. **agnatus Cand**

9 Pattes testacées. 10

— Pattes foncées, ou tout au moins les cuisses. 11

10 Pubescence cendrée bien visible: Th. très convexe à ponctuation inégale ou double. 7—8 **vestigialis Er**

— Pubescence noire difficilement visible; ponctuation du Th. simple, serrée, égale: Th. peu convexe. 7–8 **rufipes Goez**

11 Ponctuation du Th. égale. 16

— Th. à ponctuation inégale ou double. 12

12 Crochets des tarses simples: El. brunes. 5–6 **exaratus Er**

— » » dentés à la base. 13

13 Dessous du Th. à ponctuation égale. 14

— Dessous du Th. à ponctuation fine et serrée avec de gros points épars: El. d'un noir plombé. 5,5 **musculus Er**

14 Ant. faiblement dentées en scie: Th. rétréci à la base. 15

— » fortement » »: » non » ». **nigerrimus Er**

15 Sillons basilaires du Th. très courts. 6—7 **melampus Illig**

— Sillons basilaires du Th. longs; Th. sans rebord sur les côtés, si ce n'est aux angles postérieurs. 5—6 **ebeninus Germ**

16 Genoux et tarses roux; pubescence très dense; intervalles subconvexes: Th. plus large que long. 7—8 **asellus Er**

— Ongles des tarses seuls roux, pubescence plus rare: Th. au moins aussi long que large; intervalles plans. 5—6 **atramentarius Er**

## ISCHNODES

Ecusson ovale ou en carré arrondi; 1er art. des ant. renflé, court

Ant. profondément dentées à partir du 3e art.; noir brillant, avec le Th. rouge, à ponctuation peu grosse et assez écartée. 9—10 **sanguinicollis Panz**

## MEGAPENTHES et PORTHMIDIUS

Ant. dentées faiblement à partir du 4e art.; art. 2 et 3 courts

1 Dessus rouge-ferrugineux, à pubescence grise; sutures prosternales simples; 3e art. tarses bilobé en dessus (**Porthmidius**). 8 **austriacus Schrk**
— Dessus noir, sutures prosternales doubles, tarses simples. 2
2 Dessus mat, très ponctué, tibias et tarses roux. 9—10 **lugens Redt**
— » noir brillant. 7—8 **tibialis Lcd**

## HYPNOIDUS (Cryptohypnus)

1er art. ant. grand, assez droit; ant. allongées, faiblement dentées; tarses simples; carène marginale du Th. droite

1 El. non striées; carène des angles post. du Th. allant jusqu'au sommet: Th. transverse. 1—1,5 **minutissimus Germ**
— El. distinctement striées. 2
2 El. avec des taches flaves. 3
— El. concolores. 5
3 Th. finement ponctué, brillant, sans carène médiane; El. à 4 taches fauves: Th. fortement rétréci à la base. 4 **4-pustulatus F**
— Th. granulé ou rugueux avec ordinairement une carène longitudinale médiane. 4
4 El. profondément sillonnées, intervalles costiformes: El. avec une tache humérale, 1 postmédiane, 2 traits le long de la suture et 1 tache antéapicale, flaves. 4—4,5 **pulchellus L**
— El. simplement striées, interv. plans ou peu convexes; 4 points flaves sur le disque; carène des angles postérieurs du Th. dépassant le milieu. 2,5—3 **4-guttatus Lap**
5 Th. simplement ponctué sans carène médiane. 6
— Th. granuleux ou rugueux, ordinairement avec une carène médiane; 1er art. ant. plus grand que le 3e. 10
— Th. très finement et très densément ponctué; 1er art. ant. plus court que le 3e; noir: Th. un peu plus long que large à côtés arrondis, à angles postérieurs aigus, carénés, saillants en dehors: El. profondément striées-ponctuées. 5 **maritimus Curt**
6 Dessus très déprimé, brun: El. pas deux fois aussi longues que le Th. 7—8 **hyperboreus Gyll**
— Dessus convexe (Th. au moins): El. élargies au milieu ou avant. 7
7 Noir sans reflets bronzés; toutes les stries ponctuées. 5 **gracilis Cand**

— Dessus à reflets bronzés; stries externes seules ponctuées; 1er art. ant. plus long que large, plus grand que le 3e ou égal à lui; dernier art. des palpes sécuriforme. 8

8 Th. transverse, vaguement ponctué, base des ant. rouge. **riparius** F

— Th. carré ou plus long que large. 9

9 » » assez fortement rétréci en avant; épipleures rouges. 4—5 **rivularius** Gyll

— Th. plus long que large peu rétréci en avant; ant. rousses. **frigidus** Ksw

10 Sommet du Th. arqué et soulevé au-dessus de la tête. 11

— Sommet du Th. non soulevé, droit ou largement échancré. 12

11 Dessus à pubescence grise et à poils noirs dressés; angles postér. du Th. sans carènes. 2—2,5 **alysidotus** Ksw

— Pubescence des El. couchée; angles postér. du Th. carénés. **curtus** Germ

12 Ant. et pattes (moins le sommet des tibias) noires; carène latérale du Th. dépassant peu la base; dessus noir mat. **meridionalis** Lap

— Base des ant. et pattes jaunes; carènes latérales du Th. dépassant le milieu. 2,5—3 **dermestoides** Hbst

### DRASTERIUS

Carène latérale du Th. recourbée vers la partie inférieure de l'œil

Noir; El. tachées de rouge à la base, avec une tache antéapicale pâle. 5—6 **bimaculatus** Ross

### ÆOLUS (Heteroderes)

Tarses à art. divisés en partie

1 Dessus brun-clair concolore. 5—6 **algirinus** Luc

— Dessus testacé avec la tête, une ligne longitudinale sur le Th., 2 lignes le long de la suture, le pourtour des El. et une fascie antéapicale, noirs. 2,5 **crucifer** Ross

# MOLLIPENNES

(J. Bourgeois: *Malacodermes, Faune Gallo-rhén.*)
(Faune d'Erichson: *Dascillidæ, Malacodermata*)

## CEBRIONIDÆ

### CEBRIO

Ant. de 11 art.; angles postérieurs du Th. prolongés en arrière; tarses pentamères dilatés; ♀ El. déhiscentes, raccourcies, séparément arrondies au sommet

1 ♂ El. d'un roux-testacé; ♀ El. peu sillonnées. 17—19 **gigas** F

— ♂ El. d'un noir-brunâtre; ♀ El. profondément sillonnées. **Fabricii** Leach

## DASCILLIDÆ

### DASCILLUS

1er art. ant. assez épais; le 2e moitié plus court que le 3e; 4 premiers art. tarses bilobés

♂ Brun-foncé; ♀ El. testacées, anus subtestacé: El. à pubescence couchée, dense, densément et finement ponctuées, avec séries irrégulières de points plus gros. 9—11 **cervinus** L

## HELODES

**4e art. tarses bilobé; premier art. tarses postérieurs allongé, le 2e denté à l'angle apical interne**

1 3e art. ant. très court, plus petit que moitié du 2e. 2

— 3e art. ant. plus long, atteignant au moins la moitié du 2e; testacé, avec la tête, le disque du Th., suture et marge des El., noirs (El. d'un noir-brun: Th. noir à bordure latérale et liseré apical, jaunes, *V. nimbata Panz*). 4,5 **marginata** F

2 Tête rougeâtre, rarement rembrunie: El. testacées, assez densément et finement ponctuées, à pubescence pas très dense, assez courte et couchée (El. noires avec une tache humérale testacée, *V. læta Panz*: El. complètement noires, *V. nigripennis Tourn*). **minuta** L

— Tête rembrunie. 3

3 Ressemble au *minuta*; taille moindre: El. à ponctuation moins serrée, à pubescence plus longue, moins couchée, (pattes d'un testacé obscur avec les cuisses plus ou moins rembrunies, *V. subterranea Rey*), 4—4,5 **elongata** Tourn

— El. finement et peu densément ponctuées, à pubescence longue, serrée, soyeuse; dessous du corps rembruni sauf le sommet du segment anal. 4,5—5,5 **chrysocoma** Ab

## MICROCARA

**Premier art. tarses postérieurs peu allongé, le 2e simple au sommet; dernier art. des palpes labiaux inséré sur le côté du précédent**

Testacé livide, ovale, peu convexe: Th. deux fois plus large que long à angles antérieurs arrondis. 5—5,5 **testacea** L

## CYPHON

**Dernier art. palpes labiaux inséré à l'extrémité du précédent; dernier art. des tarses petit**

1 El. à arêtes longitudinales peu saillantes mais visibles. 2

— El. sans traces de saillies longitudinales. 3

2 Jaune-testacé: Th. rétréci au sommet: El. peu brillantes, finement et densément ponctuées; forme plus allongée. 2,5—3 **coarctatus** Payk

— Brun-noir: Th. plus rétréci au sommet: El. plus brillantes, à points plus forts et plus serrés; forme ovalaire. 2,5—3 **Paykülli** Guer

3 Th. sillonné; dessus testacé-rougeâtre, avec vertex rembruni. 3—4 **sulcicollis** Mls

— Th. non sillonné. 4

4 Forme brièvement ovalaire, fortement convexe; 3e art. ant. un peu plus court que le 2e: El. à ponctuation assez forte et peu serrée. 2 **padi** L

— Forme ovale-oblongue. 5

— Forme allongée, subparallèle. 7

5 El. d'un testacé obscur avec suture et bord marginal, rembrunis (♀ deux impressions juxtasuturales obliques, plus finement et plus densément ponctuées). 2—2,5 **Pandellei** Bourg

— El. d'un testacé rougeâtre clair. 6

6 Angles postérieurs du Th. presque droits; abdomen rembruni, *Variabilis V.* **nigriceps Ksw**

— Angles postérieurs du Th. très arrondis, abdomen concolore. 2 **pallidulus Bohm**

7 3e art. ant. aussi long que le 2e; El. d'un testacé-rougeâtre clair souvent rembrunies à la base et sur la moitié postérieure de la suture. 3—4 **variabilis Thom**

— 3e art. ant. plus court que le 2e: El. moins brillantes, d'un testacé plus ou moins obscur; ♀ avec 2 impressions juxtasuturales plus finement et plus densément ponctuées. 2,5—3 **Putoni Bris**

### HYDROCYPHON

Dernier art. des tarses, aussi long que les 3 précédents réunis

1 Brun, base des ant. et pattes flaves; tête et Th. très courts, défléchis: El. rétrécies avant le milieu, leur plus grande largeur vers la base. 2 **deflexicollis Mül**

— Testacé-brunâtre; la plus grande largeur des El. presque au milieu. 2,5 **australis Lind**

### PRINOCYPHON

1er art. ant. très grand, dilaté en dedans

Ovale, arrondi; rouge-testacé, à pubescence flave: El. à ponctuation serrée. 3,5—4 **serricornis Mül**

### SCIRTES

Cuisses postérieures renflées; éperons des tibias postérieurs très grands

1 Dessus noir. 3—3,5 **hemisphæricus L**

— Dessus testacé-brunâtre; ponctuation des El. plus fine, très dense. 3,5 **orbicularis Panz**

### EUBRIA

4e art. des tarses non bilobé: El. profondément sillonnées

Ovale, très court, convexe, brillant, très finement ponctué; noir, El. plus claires, à peine striées; base des ant. et pattes testacées, cuisses rembrunies. 2,5 **palustris Germ**

## DRILIDÆ

### DRILUS ♂

Ant. insérées latéralement au devant du bord interne des yeux; ♀ larviforme, épaisse, grande, à ailes et El. nulles

1 El. testacées. 4,5 **flavescens Ross**

— El. noires. 2

2 Entièrement noir concolore. 4,5 **concolor Ahr**

— Corps noir, avec Th., ant. et pattes testacés. 5 **fulvicollis Aud**

# CANTHARIDÆ

## PELANIA ♂

Testacé roussâtre: El. d'un testacé-brunâtre à large marge latérale et fine bordure suturale, plus pâles, à 3 nervures un peu obliques, rugueusement et densément ponctuées. **mauritanica L**

## LAMPYRIS ♂

Ant. n'atteignant pas la base du Th.; pygidium entier ou plus ou moins prolongé dans le milieu de son bord postérieur

1 El. d'un brun-foncé non bordées de testacé. 12—16 **noctiluca L**

La var. **Bellieri Reich** est plus grande, plus large, d'un brun plus foncé avec l'abdomen plus obscur

— El. d'un brun-clair, bordées de testacé. 2

2 Nervure médiane des El. très saillante, caréniforme. **Lareyniei Duv**

— Nervure médiane des El. aplatie, arrondie, peu saillante. 3

3 Th. plus long au milieu que large à la base, à côtés postérieurs subparallèles. 12—16 **Reichei Duv**

— Th. un peu moins long que large à la base, à côtés rétrécis en avant dès la base. 13–16 **Raymondi Mls**

## LAMPROHIZA ♂

Pygidium plus ou moins échancré dans le milieu de son bord postérieur

1 Th. finement caréné dans toute sa longueur. 2

— Th. finement caréné sur les 2/3 antérieurs seulement. 3

2 El. finement marginées de testacé, extérieurement. 9—11 **Mulsanti Ksw**

— El. sans marge externe testacée. 6—10 **splendidula L**

3 Th. subtrapéziforme, aussi large que les El. à leur plus grande largeur; nervures interne et externe des El. presque indistinctes. 10—12 **Boieldieui Duv**

— Th. semi-circulaire plus étroit à la base que les El. à leur plus grande largeur; nervures élytrales bien marquées. **Delarouzeei Duv**

## PHOSPHÆNUS ♂

Ant. dépassant la base du Thorax

Brun-noirâtre, ant. robustes: El. déhiscentes plus courtes que le Th.; abdomen testacé au sommet; pygidium échancré. 7—8 **hemipterus Fourc**

## LUCIOLA

1 Angles antérieurs du Th. très arrondis: Th. jaune orangé: El. d'un brun-noirâtre plus ou moins foncé; ♀ corps plus large, plus court, subovalaire. 9–12 **lusitanica Charp**

— Angles antérieurs du Th. obtus mais bien marqués; une tache noirâtre au milieu du Th: El. d'un brun plus clair; taille plus petite, forme parallèle. 5–6 **italica L**

## LYGISTOPTERUS

Th. non aréolé : El. sans aréoles, pluricostées

Noir avec côtés du Th. et El. rouges; celles-ci tomenteuses, obsolètement striées, à intervalles costiformes. 8—9 **sanguineus L**

## DICTYOPTERUS

Th. et El. aréolés

1 3e art. ant. peu plus long que le 2e : Th. noir à 5 aréoles: El. à 4 côtes longitudinales (**Pyropterus**). 7—9 **affinis Payk**

— 3e art. ant. plus long que le 2e ; El. à 4, 7 ou 9 côtes (les plus faibles comprises, mais abstraction faite des suturale et marginale). 2

2 Front très saillant, divisé par un sillon profond : Th. à 5 aréoles, la dorsale ouverte à ses extrémités : El. à 4 ou 9 côtes (**Platycis**). 3

— Front peu saillant, sans sillon profond : Th. à 4 ou 5 aréoles, la dorsale quand elle existe, complètement fermée : El. à 7 ou 9 côtes (**Dictyopterus**). 4

3 Th. noir : El. d'un rouge écarlate à 9 côtes. 5—8 **minuta F**

— Th. à disque noir ou brun : El. ochracées à 4 côtes. **Cosnardi Chev**

4 El. à 7 côtes (3 principales 4 secondaires). 10 **alternata Frm**

— El. à 9 côtes (4 principales 5 secondaires). 5

5 Th. 5-aréolé avec une fovéole dorsale en lozange. 7—12 **Aurora Hbst**

— Th. 4-aréolé sans fovéole dorsale. 7—11 **rubens Gyl**

## HOMALISUS

Ant. insérées sur le front entre les yeux

1 Dessus noir-brun concolore. 4 **unicolor Cost**

— El. rouges ochracées largement rembrunies sur la suture. 5—7 **Fontisbellaquei Four**

— El. concolores d'un rouge sanguin ou écarlate. 2

2 Th. rouge écarlate. 7 **Victoris Mls**

— Th. brun plus ou moins foncé. 8 **taurinensis Baud**

## PODABRUS

Tête complètement dégagée : Th. tronqué au sommet

1 Petit (9—10); Th. rugueusement ponctué, presque mat, testacé, à tache noire ne touchant ni la base ni le sommet. **procerulus Ksw**

— Taille de 12—14m : Th. à disque luisant et éparsement ponctué, testacé ou noir bordé de testacé : El. rousses ou noires. **alpinus Payk**

Var. El. noires à épipleures et bordure latérale testacés : Th. testacé. **V. lateralis Er**

El. complètement noires: Th. noir à bords testacés. **V. annulatus Fisch**

## ANCISTRONYCHA

♀ Les 2 crochets des 4 tarses antérieurs dentés à la base, ♂ inermes ou avec une dent rudimentaire

1 Pattes en grande partie noires : El. d'un bleu foncé. **abdominalis F**

— Pattes testacées ou en grande partie testacées. 2

2 El. d'un bleu verdâtre assez clair. 12—13 **violacea** Payk

— El. testacées à extrémité noire. 10—12 **Erichsoni** Bach

## CANTHARIS (Telephorus)

Crochet externe des 4 tarses antér. plus ou moins denté ♂ et ♀ et interne simple, ou crochet ext. denté ♀ et bifide au sommet ♂, l'interne toujours simple; dernier art. palpes sécuriforme

1 El. testacées à sommet franchement noir: Th. rouge, taché de noir; pattes postér. noires moins la base des cuisses; rarement 4 tibias et cuisses ant. taché s de noir. 7—9 **sudetica** Letzn

— El. noires à bordure testacée. 6—7 **lateralis** L

— El. testacées avec bandes longitudinales noires. 2

— » » concolores (l'extrême sommet est q. q. fois enfumé). 3

— El. noires ou d'un brun foncé, concolores. 10

2 3 bandes sur chaque El. 8 **lineata** Ksw

— 2 » » » ». V. **bivittata** Mars

3 Th. testacé concolore. 4

— Th. taché de noir. 7

4 Les quatre pattes postér. en grande partie noires. 7—11 **assimilis** Payk

— Toutes les pattes en grande partie rousses. 5

5 Pattes complètement rousses. 9—10 **rufa** L

— Pattes postérieures au moins, tachées de noir. 6

6 Tibias postérieurs tachés de noir au moins au milieu. **livida** L

— » » complètement testacés; genoux postérieurs noirs. 7—8 **pallida** Gœz

7 Les 4 pattes postér. en grande partie noires. 8—9,5 **brevicornis** Ksw

— Pattes en majeure partie testacées. 8

8 Tibias postérieurs noirâtres au milieu. 7—9 **discoidea** Ahr

— » » testacés. 9

9 Tête noire jusqu'à l'insertion des antennes. **hæmorrhoidalis** F

— Tête q. q. fois tachée de noir derrière les yeux. 7—8 **figurata** Mann

10 Thorax noir concolore ou légèrement et vaguement testacé latéralement. 11

— Th. testacé sans taches. 12

— Th. à tache noire. 14

— Th. noir assez largement et nettement bordé de blanchâtre ou de testacé. 17

11 Pattes noires: Th. noir. 8—11 **tristis** F

— Genoux et tibias bruns-testacés: Th. à rebord latéral un peu rougeâtre. 6—7 **paludosa** Fall

— Th. vaguement bordé de roux obscur; cuisses à sommet testacé, tibias testacés. 6—7,5 V. **flavilabris** Fall

12 Pattes entièrement rousses. 6—7 **fulvicollis** F

— Pattes postérieures tachées de noir. 13

13 Tête noire jusqu'à l'insertion des antennes. 10—13 **pellucida** F

— Tête sans tache ou avec une petite tache frontale n'atteignant jamais les yeux, *livida var.* **rufipes** Hbst

— Tête noire à la base mais non jusqu'à l'insertion des ant.; écusson testacé. 6—7,5 **bicolor** Hbst

14 Cuisses rousses, les postér. seules un peu rembrunies. **nigricans** Müll

— Toutes les cuisses plus ou moins noires. 15

15 Genoux roux; jambes postérieures en partie noires; 3e art. ant. beaucoup plus long que le 2e. 13—15 **annularis** Men

— Genoux noirs. 16

16 Tache du Th. atteignant le bord antérieur; cuisses noires. **fusca** L

— Tache du Th. n'atteignant pas le bord antérieur; cuisses rousses à la base. 10—14 **rustica** Fall

17 Th. à côtés seulement bordés de testacé. 8—13 **obscura** L

— Th. à bordure périphérique ou tout au moins base et côtés bordés. 18

18 Pattes complètement noires. 7—9 **pulicaria** F

— Pattes variées de testacé et de noir. 19

19 Tête noire jusque sur l'épistome. 6,5 **cornix** Ab

— Tête noire jusqu'à l'insertion des ant. seulement. 20

20 Bordure du Th. étroite, périphérique, blanchâtre. 21

— Bordure du Th. d'un roux-jaunâtre testacé, large sur les côtés. 22

21 Th. rétréci à la base plus étroit que les El.; pattes testacées avec extrémité des cuisses postérieures et tibias postérieurs en partie, noirs. 8—10 **albomarginata** Mækl

— Th. aussi large que les El. et pas plus étroit à la base qu'au sommet; les 4 pattes postérieures au moins en partie noires. **fibulata** Mækl

22 Pattes ou testacées complètement ou avec le sommet des cuisses postérieures et q. q. fois une partie des tibias postérieurs noirâtres. V. de **nigricans** Müll

— Pattes en partie noires, au moins les 4 postér. 9—10 **xanthoporpa** Ksw

## RHAGONYCHA

Crochets des tarses non divisés, l'externe denté à la base ♂ et ♀; dernier art. palpes subovalaire; ou crochets des tarses bifides, l'externe non denté à la base, dernier art. palpes sécuriforme

Dernier art. palpes subovalaire, crochets des tarses non divisés (**Absidia**). 2

— Dernier art. palpes sécuriforme, crochets des tarses bifides. 4

2 Tarses concolores ou graduellement rembrunis vers le sommet. 3

— Tarses franchement noirs à partir du 1er art. 8—11 **discreta** Bourg

3 Th. plus long que large, à côtés droits; 2e art. ant. égal à la moitié du 3e. 7,5 **pilosa** Payk

— Th. pas plus long que large q. q. fois subtransverse, à côtés sinués; 2e art. ant. atteignant à peine le 1/3 du 3e. 9 **prolixa** Mærk

4 2e art. ant. égal au 3e ou à peine plus court que lui (**Armidia**). 5

— 2e art. ant. d'un tiers au moins plus court que le 3e; taille moins forte (**Rhagonycha**). 6

5 2e art. ant. égal au 3e: Th. concolore, avec fossettes bien marquées aux angles postérieurs. 12—14 **signata** Germ

— 2e art. ant. plus court que le 3e; Th. avec une tache obscure médiane, sans fossettes aux angles postérieurs. 5 **ericeti** Ksw

6 El. noires ou brunes, bordées de pâle. 7

— El. noires ou brunes concolores. 8

— El. rousses, à sommet quelquefois enfumé. 12

7 Th. roux, à bande médiane noire; El. d'un brun plus ou moins foncé, avec une fine bordure marginale blanchâtre. **quadricollis** Ksw

— Th. noir; ant. noires: El. noires bordées de pâle avec une bande médiane de même couleur. 6—7 **opaca** Mls

8 Th. roux. 8—8,5 ♂ **Fairmairei** Mars

— Th. noir. 9

9 Ant. noires. 10

— Ant. à base testacée. 11

10 Epipleures testacés, Th. subcarré. V. **d'opaca**

— Epipleures concolores: Th. transverse. 6 **morio** Ksw

11 Pattes noires, le sommet des quatre tibias postérieurs un peu plus clair. 6 **elongata** Fall

— Pattes pâles, cuisses en grande partie obscures. 5 **atra** L

12 Th. testacé concolore. 13

— Th. testacé à tache noire. 18

— Th. noir. 19

13 El. complètement testacées. 14

— El. plus ou moins enfumées au sommet. 17

14 Poitrine complètement rousse. 15

— » noire ou brune sur le métasternum au moins. 16

15 Th. rétréci vers le sommet, arrondi sous une même courbe sur les côtés et au sommet. 9—10 **translucida** Kryn

— Th. non rétréci en avant, à côtés subparallèles. 10 **gracilis** Panz

16 Tête rousse. ♀ **Fairmairei**

— » noire au sommet. 9 **nigriceps** Walt

17 Tête testacée. 11 **fulva** Scop

— Tête noire. **fuscicornis** Ol

18 Pattes complètement testacées; sommet de l'abdomen roux. **testacea** L

— Cuisses en grande partie noires; sommet de l'abdomen concolore. **limbata** Thom

19 Pattes entièrement testacées. 10 **pallipes** F

— Cuisses en partie noires, base des ant. et tibias testacés (base des ant. et tibias obscurs, *V. nigriceps Redt*). 6 **femoralis** Brul

— Dessus plus brillant, pattes complètement noires. **nigricollis** Mots

## PYGIDIA

El. ponctuées au moins à la base

1 El. testacées à base et sommet, noirs. 6 **læta** F

— El. brunes ou noires concolores. 2

2 El. à ponctuation forte et serrée à la base, fine au sommet. 3

— El. également ponctuées sur toute la longueur. **distinguenda Baud**

3 Ant. noires à partir du 3e art.; tarses rembrunis. 7 **denticollis Schum**

— » pâles, enfumées à partir du 4 ou 5e art.; tarses non ou à peine rembrunis à l'extrémité. 5 **punctipennis Ksw**

## SILIS

Repli des El. non visible à la base; ♂ côtés du Th. laciniés près des angles postérieurs

1 Th. rouge ♂ ♀, bidenté ♂, à élévations lisses, séparées par des espaces rugueusement ponctués. 7 **ruficollis F**

— Th. non ponctué, ♂ rouge unidenté, ♀ noir; pattes rougeâtres. 6 **nitidula F**

## MALCHINUS

El. longues, couvrant les ailes et l'abdomen

Noir-brun, Th. transverse, brun-noir avec le rebord ferrugineux ♂, jaune rougeâtre ♀; El. mates velues, pointillées, granuleuses; cuisses brunes, tarses plus clairs. 4—5 **tunicatus Ksw**

## MALTHINUS

Ant. insérées assez loin du bord interne des yeux

1 El. sans tache apicale jaune. 4—4,5 **frontalis Marsh**

— El. à tache apicale jaune. 2

2 2e art. ant. plus court que le 3e. 3

— 2e art. ant. aussi long ou plus long que le 3e. 7

3 Th. d'un rouge orange: El. à gros points en séries. **rubricollis Baud**

— Th. noir, entièrement ou partiellement liseré de flave. 4

4 Ecusson, base des ant. et pattes, jaunes. 5—6,5 **punctatus Fourc**

— Ecusson brun ou noir. 5

5 Th. à côtés dilatés arrondis, fortement rétrécis vers la base. 4—4,5 **striatulus Mls**

— Th. en carré plus ou moins transverse à côtés presque droits ou à peine arqués. 6

6 Pattes testacées. 4,5 **biguttulus Payk**

— Tête sans ligne rousse: Th. à base seule liserée de flave, pattes brunes (Th. moins transverse presque carré, bordé de jaune, sauf à la partie antérieure des bords latéraux; tête d'un noir mat, finement rayée de roux au milieu, *V. scriptus Ksw*). **filicornis Ksw**

7 Th. très long, aussi large au sommet qu'à la base: El. sans rangées striales de gros P. 8

— Th. plus court, rétréci en avant: El. avec ou sans rangées striales de gros P. 9

8 Pattes d'un jaune testacé: Th. marqué de 2 lignes longitudinales noires bien limitées. 3,5—4 **bilineatus Ksw**

— Cuisses et q. q. fois tibias postérieurs plus obscurs: Th. à 4 taches obscures disposées en carré. 3 **Kiesenwetteri** Bris

9 El. irrégulièrement et indistinctement striées-ponctuées; tête et Th. très luisants. 3,5 **glabellus** Ksw

— El. à rangées striales de gros points. 10

10 Tête et Th. luisants, peu ponctués sur le dos; Th. oblong marqué à la base d'une large impression. 3 **balteatus** Suff

— Tête et Th. rugueusement ponctués: Th. plus ou moins transverse. 11

11 Th. plus large, à tache noire étranglée au milieu: El. pâles dans leur première moitié. 3,5—4,5 **seriepunctatus** Ksw

— Th. moins large, à tache entière, non étranglée au milieu; El. à grande tache brune scutellaire. 3,5—4 **fasciatus** Ol

## MALTHODES

Ant. insérées plus près des yeux que de la ligne médiane du front

1 El. avec une tache jaune au sommet. 2

— El. concolores ou à sommet éclairci sans tache nette. 11

2 Taille petite (3m); ailes très développées, dépassant les El. d'une longueur presque égale à la leur. 3

— Taille plus grande. (4 - 5,5) 4

3 Th. très transverse, moitié plus large que long, à angles antér. dilatés, relevés assez fortement; base des ant. testacée. **spathifer** Ksw

— Th. moins transverse à angles antérieurs un peu relevés non dilatés; ant. brunes concolores. 3 **debilis** Ksw

4 Th. très transverse testacé concolore ou à tache médiane noire longitudinale; côtés non rebordés, base des ant. testacée. 3,5—3,9 **ruficollis** Lat

— Th. inégal avec une fossette aux 4 angles; noir avec la base, le sommet et les 4 angles plus ou moins testacés, rebordé tout autour; ant. concolores: El. à traces de nervures. **trifurcatus** Ksw

— Th. moins inégal, noir ou avec de légères bordures testacées. 5

5 El. peu brillantes, ruguleuses, à fins sillons transverses, à points assez gros formant des stries obsolètes: El. 2 f. 1/2 plus longues que larges. 4,5—5,6 **marginatus** Latr

— El. brillantes à ponctuation plus fine non ruguleuse. 6

6 El. 2 f. plus longues que larges, à ponctuation subruguleuse et à traces de stries; noir; ant. concolores. 4,5 **guttifer** Ksw

Le **M. lautus** Ksw signalé du Midi de la France a comme le **guttifer** les El. 2 fois plus longues que larges à ponctuation subruguleuse bien visible, mais le Th. est moins convexe, les El. sont à peine plus larges que le Th., les ant. sont noires concolores non éclaircies à la base, courtes, ne dépassant pas le milieu des El.; la tête est sillonnée entre les yeux et est, avec ceux-ci, aussi large que le Th.

— El. même chez la ♀ 2 f. 1/4 au moins plus longues que larges, sans ponctuation ruguleuse ni traces de stries. 7

7 Th. non rebordé en avant; angles ant. proéminents; une fine carène à la base, sommet arqué. 4—4,5 **pellucidus** Ksw

— Th. rebordé en avant, souvent plus finement qu'à la base. 8

8 Front non sillonné: Th. tronqué au sommet à angles antérieurs écointés, situés au 1/3 des côtés, subcaréné au milieu à la base; ant. concolores. 4,5—5,6 **alpinus** Mls

— Front et souvent vertex sillonnés. 9

9 Tête sans les yeux plus large que le Th.; noir, peu brillant: Th. largement transverse à angles postérieurs un peu saillants en dehors. 4—4,8 **mysticus** Ksw

— Tête sans les yeux plus étroite que le Th. 10

10 Côtés du sillon frontal relevés en carènes derrière la base des ant.; ant. concolores: Th. plus transverse: El. ayant souvent une faible nervure partant de la fossette humérale et raccourcie en arrière. 3,3—4,5 **flavoguttatus** Ksw

— Sillon frontal sans reliefs latéraux derrière les ant.; 2 premiers art. des ant. plus clairs: Th. subcarré souvent avec une fossette à la base. 4,5—5 **dispar** Germ

11 Th. flave rougeâtre ou testacé; 1er art. des ant. testacé, 2e art. égale le 3e; front lisse; Th. à 2 dépressions transverses. **nigriceps** Muls

— Th. testacé à disque rembruni longitudinalement; ant. concolores; 1er art. ant. égale 2 et 3 réunis; 2e égale 2/3 du 3e. 4,5 **discicollis** Baud

— Th. à limbe testacé; 2 premiers art. des ant. et pattes en partie, testacés: Th. subrétréci à la base, angles ant. obliquement tronqués. 3 **fibulatus** Ksw

— Th. noir ou brun concolore, ou à côtés, base ou sommet légèrement flaves. 12

12 Th. très transverse, plus de 2 fois plus large que long, sillonné; tête avec les yeux plus large que le Th.: El. à sommet flave. 1,3—2 **brevicollis** Ksw

— Th. transverse ou subtransverse. 13

13 Th. subcarré peu transverse; base des ant. un peu plus claire: Th. bituberculé au milieu du bord antér., arqué en avant, angles ant. légèrement proéminents: El. à fine ponctuation ruguleuse; ailes dépassant les El. du 1/3 de leur longueur. 3,3—3,9 **misellus** Ksw

— Th. nettement transverse. 14

14 El. avec une nervure partant de la fossette humérale et le sommet relevé en bosse; un sillon entre les ant. qui sont concolores. 3,9—4,5 **affinis** Mls

— El. sans nervure bien nette. 15

15 Ailes dépassant les El. presque de la longueur de celles-ci; tête voûtée, non striée: Th. écourté aux angles antér.; dessus noir, base des ant. fauve. 2,8 **chelifer** Ksw

— Ailes dépassant peu les El., du 1/3 de leur longueur au plus. 16

— Ailes dépassant les El. de la moitié de leur longueur au plus. 17

16 Tête aussi large que le Th.; base des ant. testacée: Th. rétréci à la base à dépression antérieure anguleuse: El. presque 3 fois plus longues que larges. 2,2–2,6 **crassicornis** Mäkl

— 1er art. ant. rarement plus clair: El. moins longues à ponctuation ruguleuse; tous les angles du Th. proéminents. **brevicornis** Payk

17 Front plat; tête sillonnée entre les ant.; dessus noir de poix; marges antérieure et postérieure du Th., genoux et tarses, testacés: Th. subrétréci vers la base; angles antér. obtus proéminents. **maurus** Lap

— Front convexe. 18

18 Noir; base des ant. et genoux plus clairs; marge antér. du Th. tronquée de chaque côté; ailes dépassant les El. des 2/3 ou 3/4 de leur longueur. 2,8—3,3 **hexacanthus** Ksw

— Noir, pattes en parties brunâtres; angles antérieurs du Th. émoussés, un peu saillants; ailes dépassant les El. de 1/2 de leur longueur. 2,2—2,8 **procerulus** Ksw

— Ailes de même longueur: Th. arrondi à ses angles de devant. 3,3 **forcipifer** Ksw

### APODISTRUS

♀ aptère, El. très courtes et déhiscentes; 1er art. tarses ant. court, à peine plus long que le 2e

1 Ant. entièrement noires (**Podistrella**). 4–4,5 **meloiformis** Lind

— 2 prem. art. ant. testacés (**Podristina**). 1.5 **apterus** Muls

## MALACHIINI

(MULSANT: *Vesiculifères*.— FAUNE D'ERICHSON, *Tom. IV par V. Kiesenwetter*.—ABEILLE DE PERRIN: *Malachides d'Europe*; *Annales Société Entom. 1890*)

### MALACHIUS

Th. transverse; ant. souvent dilatées en dessous ♂; 2e art. des tarses antérieurs simple ♂ et ♀

1 El. d'un rouge écarlate, concolores. 6—7 **rufus** Ol

— El. d'un rouge écarlate avec bande suturale plus ou moins longue, d'un vert bronzé; tête flave en avant, angles ant. du Th. rouges. 2

— El. vertes ou bleues ou bronzées avec ou sans tache apicale jaune ou rouge. 4

2 Bande suturale triangulaire n'embrassant pas la base des El. et ne dépassant pas le 1/4 ou le 1/3. 5—6 **scutellaris** Er

— Bande suturale n'embrassant pas la base des El., étroite, et prolongée jusqu'à la moitié. 5,5 **rubidus** Er

— Bande suturale large, prolongée jusqu'aux 2/3 et embrassant la base des El. 3

3 Art. ant. 2, 3, 4 ♂ appendiculés en dessous; ♀ 2e art. ant. égal à peu près au 3e, plus petit que le 4e. 7—9 **æneus** L

— Art. ant. 2, 3 ♂ appendiculés en dessous; ♀ 3e art. ant. égal au 4e; 2e plus petit que le 3e. 6—7 **carnifex** Lap

4 Th. à bordure rouge ou rouge-testacée. 5

— Th. concolore. 8

5 Bordure large et rouge; El. à soies noires et taches apicales ♂ et ♀. 4—6 **marginellus** F

— Bordure latérale étroite, ou angles antérieurs ou postérieurs seulement tachés. 6

6 Angles antérieurs seuls tachés de rouge ou de cuivreux; 1$^{rs}$ art. des ant. testacés en dessous, 3$^{e}$ art. court. 6 **bipustulatus** L

— Angles postérieurs flaves très étroitement; 5$^{e}$ art. ant. ♂ très long, très dilaté, ♀ plus épais que les suivants. 4,5—5,5 **dilaticornis** Germ

— Côtés du corselet à bordure étroite rouge ou flave-testacée. 7

7 Bordure rouge testacée; El. à soies cendrées, à tache apicale chez les ♂ seulement. 4—5 V. **limbifer** Ksw

— Bordure flave testacée; tache apicale dans les deux sexes. **dentifrons** Er

8 El. concolores ♂ et ♀, taille au plus de 3$^{m}$7. 9

— El. concolores ou à tache apicale; taille de 4$^{m}$ au moins. 10

9 Ailes rouges; 1$^{rs}$ art. ant. en partie testacés, écusson très petit. 3,5 **heteromorphus** Ab

— Ailes noires, ant. concolores, à 2$^{e}$ art. presque aussi long que le 1$^{er}$ ♂. 3,7 **inornatus** Küst

— Ailes sombres, premiers art. ant. d'un bleu-noir; ant. ♂ plus épaisses à art. noueux, plus courts. 3—3,5 **dimorphus** Ab

10 El. concolores ♂ et ♀. 11

— El. ♂ seulement à tache apicale; vert, bouche flave, 1$^{er}$ art. ant. renflé. **affinis** Men

— El. ♂ et ♀ à tache apicale. 12

11 5-9 art. ant. testacés en dessous. 4,4 **Barnevillei** Put

— 2 et 3 art. ant. plus ou moins testacés en dessous. Var. de **viridis** F

12 Tache apicale jaune ou orangée assez grande. 13

— Tache apicale rouge. 16

13 Genoux antér. flaves; tache orangée; 1$^{er}$ art. ant. gros; El. ♂ épineuses au som$^{t}$ et 4-5 art. ant. fortem$^{t}$ échancrés en dessous. **geniculatus** Germ

— Genoux antérieurs non flaves. 14

14 Th. aussi long que large sensiblement plus étroit que les El.; 1$^{er}$ art. ant. ♂ fortement épaissi. 5—6,5 **elegans** Geof

— Th. sensiblement moins long que large. 15

15 El. ♂ épineuses au sommet: Th. à côtés légèrement arrondis: El. 2 fois 1/2 aussi longues que le Th.; sommet des tibias antér. souvent testacé. 5—5,6 **parilis** Er

— El. simples ♂ et ♀; Th. presque droit sur les côtés: El. près de 3 fois aussi longues que le Th.; sommet des tibas antér. non testacé; tache orangée. 5—6,5 V. **australis** Mls

16 Tache apicale petite; 2-3 art. ant. testacés en dessous. **viridis** F

— » » grande; ant. non testacées en dessous ou plus de 2 art. 17

17 Ant. non flaves en dessous; El. ♂ avec deux épines. 5,2 **spinosus** Er

— Quelques art. des antennes flaves en dessous. 18

18 Genoux antér. flaves; sommet des tibias antér. testacé; 4 ou 5 prem. art. ant. testacés. **geniculatus** Germ

— Genoux antérieurs non flaves. 19

19 Palpes maxill. concolores; fossette assez profonde entre les yeux; 5 ♂ ou 7 ♀, 1$^{rs}$ art. ant. flaves en dessous: El. ♂ épineuses au sommet. 4,5 **spinipennis** Germ

— Palpes maxillaires non concolores; fossette faible; 6 à 7 ♂ 3 à 4 ♀ 1rs art. ant. flaves; El. ♂ simples. V. **australis** Mls

## APALOCHRUS

Ant. de 10 art. apparents, le 2e étant caché dans le sommet du premier

1 Noir verdâtre; bouche, base des ant., milieu du bord externe des El. et pattes, moins les genoux, testacés: Th. à sillon transverse après le milieu. 2—2,5 **flavolimbatus** Mls

— Noir-verdâtre, bouche, ant., tibias et tarses testacés. 3—3,5 **femoralis** Er

## CYRTOSUS

Th. oblong rétréci en arrière

Th. verdâtre à côtés largement rouges; tibias antérieurs concolores; tête noire jusqu'à l'épistome. 3,5 **cyanipennis** Er

## AXINOTARSUS

2e art. tarses antérieurs prolongé au-dessus du 3e; ant. simples ♂ ♀

1 Th. rouge ainsi que le sommet des El. 2,5 **ruficollis** Ol

— Th. noir à bordure rouge. 2

2 Tibias antér. et intermédiaires testacés. 2,5 **marginalis** Lap

— » » » concolores; tarses testacés. **pulicarius** F

## ANTHOCOMUS

Ant. épaisses, plus ou moins dentées en dessous à art 5-10 peu plus longs que larges: Th. subtransverse

1 El. et côtés du Th. rouges; dessus noir-verdâtre, peu brillant. **rufus** Hbst

— Th. sans bordure rouge. 2

2 El. rouges à tache scutellaire et bande transverse, noires. **equestris** F

— El. noires à 2 bandes transverses rouges; l'une avant le milieu raccourcie, l'autre au sommet. 3—3,5 **fasciatus** L

Var. fascie antérieure des El. blanche en dedans. V. **regalis** Charp

— Vert-bronzé noirâtre; El. d'un noir-mat à tache blanche médiane subquadrangulaire à égale distance de la suture et du bord extér.; tache apicale rouge écarlate. 3 **fenestratus** Lind

## CERAPHELES

Ant. grêles, peu dentées en dessous, art. 5-10 allongés: Th. carré, subrétréci à la base

1 Ant. à base testacée et à 1er art. taché de noir; tibias et tarses testacés; cuisses entièrement d'un noir métallique. **ruficollis** F

— Base des ant. testacée sans tache; pattes testacées; base des cuisses rembrunie. 3—3,5 **lateplagiatus** Frm

## ATTALUS

1 Th. peu ou pas transverse; 2e art. tarses ant. ♂ en forme de lame droite. 2

— Th. transverse; 2e art. tarses antér. ♂ recourbé. 9

2 Th. oblong, prolongé sur la base des El. en forme de lobe. (**Sphinginus**) 3

— Th. à peu près aussi long que large, ou subtransverse, non prolongé sur la base des El. 4

3 Th. rouge: El. à sommet concolore. 2,5 **constrictus** Er

— Th. noir à base plus ou moins testacée: El. tachées au sommet. 2,5 **lobatus** Ol

4 Tête prolongée en avant en forme de museau (**Pelochrus**); brun de poix, tête noire, Th. et El. testacés. 1,2—1,5 **pallidulus** Er

— Tête non prolongée en forme de museau; abdomen à peu près complètement recouvert. 5

5 Ant. légèrement ciliées: El. à tache apicale rouge ou testacée. (**Antholinus**) 6

— Ant. assez fortement ciliées. (**Abrinus**) 7

6 El. à côtés flaves. 3—3,5 **lateralis** Er

— El. sans taches sur les côtés; Th. subtransverse à angles postér. relevés; pattes noires, tarses testacés. 3—3,5 **varitarsis** Kr

— El. sans tache latérale: Th. aussi long que large à angles postér. non relevés; pattes presque entièrement noires. **jocosus** Er

7 El. pâles avec base, une tache scutellaire et une autre latérale, noires. 2,3—2,5 **pictus** Ksw

— El. mates à suture entièrement métallique, à bordure latérale et apicale, testacée. 8

8 El. plus brillantes à bordure testacée, moins tranchée, fondue intérieurement. 2,5 **analis** Panz

— El. peu brillantes, à bordure testacée bien tranchée. 2,5 **amictus** Er

9 Ant. ♂ flabellées; 2e art. tarses antér. ♂ uni en dessous: El. à sommet plissé et appendiculé ♂. (**Nepachys**) 10

— ♂ Ant. non flabellées, sommet des El. simple, 2e art. tarses antér. pectiné en dessous. (**Attalus**) 11

10 Th. noir. 2,8—3 **cardiacæ** L

— Th. à bords latéraux rouges. 2,8 **peucedani** Ab

11 El. jaunes avec tache scutellaire métallique plus ou moins prolongée en arrière. 2,3 **semitogatus** Frm

— El. métalliques bleues ou d'un bleu verdâtre. 12

12 Th. noirâtre; corps d'un bleu plus ou moins verdâtre; forme allongée. 4 **alpinus** Gir

— Th. rouge. 13

13 Tibias ant. noirs; ant. noires à la base. 3 **gracilentus** Rey

— Noir brillant; abdomen rouge: El. vertes. 3 **erythroderus** Er

## EBÆIMORPHUS

El. mates, concolores, à pubescence couchée, sans pilosité dressée. **maculicollis** Luc

## EBÆUS

El. ♂ appendiculées au sommet: Th. fortement transverse, arrondi latéralement; tête enfoncée dans le Th. jusqu'aux yeux; dernier art. palpes, fortement tronqué

1 Th. rouge. 2
— Th. noir. 5
2 El. bleues, largement rouges au sommet. 3,5—4 **collaris** Er
— El. concolores; appendices ♂ seuls, testacés ou bruns. 3
3 Tibias postérieurs testacés ou rougeâtres; noir brillant, El. bleuâtres. 2,5 **humilis** Er
— Tibias postérieurs noirs. 4
4 Vert-bleuâtre; appendices ♂ testacés. 2,5—3 **thoracicus** Geof
— Bleuâtre; appendices ♂ bruns. **glabricollis** Mls
5 El. bleues ou verdâtres, concolores dans les deux sexes; tibias postérieurs testacés. 3 **appendiculatus** Er
— El. noires. 6
6 Tibias postérieurs complètement testacés: El. ♂ et ♀ tachées de rouge ou de jaune au sommet. 3—3,5 **pedicularius** Schrk
— Tibias postérieurs en partie noirs. 7
7 Ant. noires à 4 premiers art. entièrement ou partiellement testacés; El. ♂ et ♀ tachées au sommet. 2,7 **abietinus** Ab
— Ant. testacées un peu rembrunies au sommet: El. ♂ et ♀ concolores, q. q. fois rouges au sommet, par transparence. **flavicornis** Er

## HYPEBÆUS

2e art. tarses antérieurs simple ♂ et ♀; ant. insérées assez loin en avant des yeux

1 Th. rouge-testacé. 2
— Th. noir: El. ♂ à large tache blanche apicale; pattes antérieures flaves. 2—2,5 **flavipes** F
— Th. bicolore; tête ♂ blanche à large impression frontale. 3
2 El. ♂ et ♀ testacées au sommet, ternes. 2,3 **Brisouti** Mls
— El. brillantes, celles des ♀ seules testacées au sommet. **flavicollis** Er
3 Th. rouge ou flave avec une bande noire basale bifurquée en avant, plus ou moins épaisse; appendices ♂ noirs; pattes antérieures testacées. 2 **Alicianus** Duv
— Th. flave ou testacé antérieurement; appendices ♂ testacés; pattes testacées; ♀ cuisses brunes à la base. 2 **albifrons** Ol

## CHAROPUS

♀ aptères à El. élargies en arrière, montrant 2 ou 3 segments abdominaux; 1er art. ant. plus court ou pas plus long que les deux suivants

1 Tibias testacés, les postérieurs noirs chez les ♂. 2
— Pattes concolores. 3
2 Th. prolongé sur la base des El., plus long que large: El. ♀ non plissées au sommet, à lanière longue et mince. **plumbeomicans** Gœz

— Th. pas plus long que large, non prolongé sur la base des El.; El. ♀ plissées au bout, à lanière courte, large et tronquée. **pallipes** Ol

3 ♂ 4 ou 5 premiers art. ant. en partie testacés; ♀ 3e art. ant. 2 fois aussi long que large, le 2e assez large: El. concolores dans les 2 sexes. 2,5 **concolor** F

— El. concolores dans les deux sexes; 2 ou 3 premiers art. ant. ♂ au plus un peu rougeâtres; ♀ 3e art. presque aussi large que long, le 2e très court. 1,2 **docilis** Ksw

— ♂ El. colorées au sommet; ♀ 3e art. ant. presque aussi large que long, le 2e très court; art. 2-5 en partie rougeâtres. **nitidus** Küst

## ATELESTUS

Tarses antér. ♂ de 5 art.; 4e art. palpes subovalaire, tronqué au sommet

1 Th. noir: El. noires à bande basilaire blanchâtre. **brevipennis** Lap

— Th. rouge: El. à tache arrondie blanchâtre près de la base. 2,5 ♂ 3,5 ♀ **Peragalloi** Perr

## TROGLOPS

Tarses antér. ♂ de 4 art.; tête ♂ fortement excavée; pénultième art. palpes maxillaires plus petit que le dernier

1 Th. rouge plus ou moins taché de noir au milieu, finement pointillé ♀. 3 **albicans** L

Le T. **diminutus** Ab en diffère par un tubercule au bord antérieur de la rigole frontale ♂ et le Th. lisse ♀.

— Th. rouge ou rouge taché crucialement de noir. 2

2 ♂ Une corne aiguë au bord supérieur interne de chaque œil; ♀ Th. obliquement rétréci sans sinuosité à la base. 3 **cephalotes** Ol

— ♂ Un tubercule au bord interne supérieur de chaque œil; ♀ Th. très large, fortement et sinueusement étranglé à la base. 2,5—3 **silo** Er

## CAULAUTES

Ant. de 11 art.; palpes maxillaires semblables dans les deux sexes ou dissemblables (♂ deux derniers art. très gros et difformes): Th. transverse à côtés arrondis; tarses de 5 art. et de 4 art. aux pattes antér. ♂

1 El. à tache suturale, bordure et tache apicale, flaves: Th. noir à base et côtés rouges; palpes dissemblables à dernier art. ♀ sécuriforme. (**Caulautes**) 1,7 **maculatus** Lap

— El. métalliques concolores. 2

2 El. à ponctuation forte bien visible; palpes dissemblables, à dernier art. ♀ non sécuriforme. (**Antidipnis**) 2—2,5 **punctatus** Er

— El. à ponctuation très faible, espacée; palpes semblables dans les 2 sexes à pénultième art. beaucoup plus petit que le dernier. (**Homæodipnis**) 1,5 **Javeti** Duv

# DASYTINI

(Mulsant: *Floricolles.— Faune d'*Erichson: *Tom. IV par V. Kiesenwetter*)

## HENICOPUS

Tibias ant. terminés par un fort crochet recourbé en dedans, avec un autre crochet plus petit, en dessous; les ♂ sont couverts de longs poils dressés, en grande partie noirs, sans poils couchés d'un blanc grisâtre; les ♀ ont des poils dressés, en majeure partie blanchâtres avec des poils couchés d'un blanc gris

1 Forme étroite et allongée; 1er art. tarses antérieurs simple; ♂ trochanters postérieurs inermes: Th. peu ou pas plus large que long. 7,8—8,5 **vittatus Ksw**
— 1er art. tarses ant. ♂ prolongé extérieurement en un fort crochet recourbé en dedans; trochanters postérieurs avec une dent en arrière à leur base; tibias postérieurs fortement recourbés. 2
2 1er art. tarses intermédiaires ♂ prolongé intérieurement à son sommet en une pointe aiguë; tête avec deux impressions fortes, ovalaires, non réunies. 6,5—7,5 **pilosus Scop**
— 1er art. tarses intermédiaires ♂ non prolongé en pointe aiguë. 3
3 Appendice du 1er art. des tarses postérieurs ♂ terminé par une pointe très aiguë et redressée en dessous; tête avec deux impressions oblongues, souvent réunies. 7,5—8,5 **falculifer Fairm**
— Appendice tarsal postérieur ♂ arrondi à l'extrémité. **pyrenæus Frm**

## DASYTES

Dernier art. palpes oblong; yeux entiers, rarement sinués

1 El. concolores, Th. rouge. 4,5 **thoracicus Mls**
— El. tachées de rouge au sommet; côtés du Th. rouges. **X Walt**
— El. tachées de rouge, Th. concolore. 2
— Th. et El. concolores. 5
2 Une seule tache sur chaque El. avant le milieu. 4,5—6,8 **bipustulatus F**
— Deux taches sur chaque El. 3
3 Tibias et tarses testacés. 2,3 –2,7 **Reyanus Goz**
— » » concolores. 4
4 Th. sillonné sur les côtés. 3,5—5 **4-pustulatus F**
— Th. sans sillon longitudinal sur les côtés. *bipustulatus Var.* **4-maculatus Baud**
5 Dessus bleu brillant métallique, parfois verdâtre ou violet. **cœruleus Deg**
— Dessus noir, plus ou moins brillant, q. q. fois avec un léger reflet bleuâtre ou métallique. 6
6 Tibias et tarses testacés. 7
— Tibias et tarses concolores. 9
7 Hanches antérieures testacées. 3,4—4,6 **plumbeus Mül**
— Hanches » noires. 8
8 Antennes noires; 4e art. tarses beaucoup plus étroit que le précédent. 4,5—5,5 **fusculus Ill**

La ♀ de **pilicornis** a q. q. fois les tibias testacés, mais les El. ont un rebord sutural distinct au sommet dans **fusculus** et pas dans **pilicornis**

— 2e art. ant. testacé; 4e art. tarses un peu plus étroit que le précédent. 3,3—4,5 **flavipes** Ol

9 Pubescence relevée très rare, très clair semée; dessus noir plombé ou bleuâtre, corps très allongé, pas de rebord sutural visible; bords des El. tombant droit, ni explanés, ni relevés en gouttière. 4,7—5 **ærosus** Ksw

— Pubescence relevée des El. très fournie. 10

10 El. à points dénudés lisses, brillants, râpeux, relevés en arrière. 11

— El. sans points dénudés sur leur surface. 12

11 Th. presque de la largeur des El.; bord des El. explané avant le sommet; rebord sutural bien visible avant l'extrémité. **griseus** Küst

— Th. moins large que les El., rebord sutural non visible; bord des El. tombant droit avant le sommet, ni explané ni en gouttière. 3,5—5 **subæneus** Schœn

12 El. sans rebord sutural au sommet et à bords tombant droit. 13

— El. à rebord sutural visible au sommet et à bordure explanée ou relevée en gouttière vers le sommet surtout. 14

13 Dessus noir-bleu: Th. subtransverse, allongé; yeux subsinués; pubescence composée de soies noires droites et soies grises couchées ou 1/2 couchées. 3,7 **nigrocyaneus** M-R

— Dessus noir bronzé; tibias d'un brun de poix, ♀ testacés: Th. transverse, yeux sinués intérieurement: El. à soies noires et blondes dressées, celles-ci plus visibles latéralement; ant. très hérissées de poils cendrés. 3,4 **pilicornis** Ksw

14 Th. à sillon latéral presque entier et bien marqué, subtransverse, à soies noires sans mélange de soies grises: El. à soies noires droites et à soies grises couchées, sans fascies. 3,4—5 **niger** L

— Th. à sillon latéral nul ou obsolète : Th. très transverse à soies noires droites toujours mélangées de soies grises couchées, plus ou moins épaisses. 15

15 2e et 3e art. tarses dilatés, le 3e cordiforme et le 4e beaucoup plus étroit et plus court que le 3e; sillon latéral du Th. confus. 4,5—5,5 **montanus** Mls

— Art. 1—4 des tarses diminuant graduellement de largeur et de longueur. 16

16 Th. à sillon court, q. q. f. obsolète, de chaque côté de la base. 17

— Th. sans sillon latéral. 19

17 Dessus noir brillant métallique à longues soies noires dressées et à pubescence très fine couchée; 2e art. ant. souvent roux en dessous; ongles à dents fortes. 3,8—5 **alpigradus** Ksw

— Dessus noir brillant, à soies courtes et à triple pubescence. 18

18 2e art. des ant. roux; pubescence formée de poils noirs dressés, de poils obscurs demi-couchés et de poils gris ou blonds couchés. 3,5 **gonoceros** M-R

— 2e art. ant. noir; pubescence formée de poils noirs dressés, noirs demi-couchés et cendrés couchés. 4,5—5,6 **obscurus** Gyll

19 **Noir-bronzé brillant**: Th. à peine moins large que les El. finement ponctué; pubescence formée de poils noirs dressés et de poils d'un gris-obscur couchés; ♂ avec une bande transverse grise et côtés à longs poils redressés. 3,8—5 **calabrus** Cost

— **Noir brillant**; 2e art. ant. souvent roux: Th. moins large que les El. lâchement ponctué sur le disque; pubescence formée de poils noirs dressés, obscurs demi-couchés et gris couchés; la ♀ a q. q. fois une bande grise transverse sur les El. 4,4 **tristiculus** M-R

## PSILOTHRIX

Ongles des tarses membraneux; la membrane externe plus courte que l'ongle, l'interne le dépassant un peu

**Vert-bronzé** brillant, à pubescence noire redressée; tête et Th. densément ponctués : El. à lignes élevées obsolètes. 6—7 **cyaneus** Ol

## LOBONYX

Ongles des tarses membraneux; les deux membranes semblables prolongées aux 2/3 de l'ongle

Vert doré; palpes, ant. tibias et tarses foncés : El. à rangées de fines granulations espacées; corps oblong, subdéprimé, peu brillant. **æneus** F

## DOLICHOSOMA

Ongles égaux; corps subfiliforme: El. acuminées et denticulées au sommet

Dessus vert-bronzé mat, très ponctué, tête un peu plus large que le Th.; El. cinq fois plus grandes que larges à la base. **lineare** Rossi

## HAPLOCNEMUS

Dern. art. palpes sécuriforme; ongles des tarses garnis en dessous d'une membrane moins longue qu'eux

1 Bord extérieur des El. denticulé. 4,5—5,5 **impressus** Marsh

La var. **serratus** Redt est fondée sur la forme des dents qui sont plus aiguës, moins larges à la base et perpendiculaires à l'El., au lieu d'être inclinées en arrière.

— **Bord extér.** des El. non denticulé sur les côtés surtout. 2

2 Ant. ♂ et ♀ simples très obtusément dentées en dessous. 3

— Ant. ♂ fortement pectinées, ♀ un peu moins. 6

3 Ant. et pattes noires; villosité des El. à reflets cendrés; El. transversalement ruguleuses. 5,5—6,7 **cylindricus** Ksw

— Base des ant. et tibias, testacés. 4

4 Tranche externe des El. rougeâtre; dessus bronzé: Th. à ponctuation forte et serrée. 3—4 **calidus** M-R

— Tranche externe des El. concolore. 5

5 Th. à ponctuation légère, peu serrée; dessus bronzé; ant. rembrunies à l'extrémité. 3,5—4,5 **quercicola** M-R

— Th. à ponctuation légère peu serrée; dessus noir bleuâtre ou verdâtre; ant. brunes à partir du 5e art.; El. subcrénelées au sommet à épipleures rougeâtres. 3,5—4,5 **nigricornis** F

6 **Tibias et tarses testacés.** 7

— Tibias concolores ou bruns foncés q. q. fois avec tarses rougeâtres. 8

7 Plus large, d'un bronzé brillant clair; villosité cendrée, longue, à peine inclinée sur les El.; bords des El. à forte gouttière de la base au sommet. 5,6 **eumerus** M-R

— Allongé, bronzé brillant obscur; villosité des El. courte et demi-couchée, grisâtre; gouttière des El. peu visible à la base et nulle à partir du milieu. 3,8 **basalis** Kust

L'**Aubei** Ksw (3,3—3,8) est d'un noir bronzé assez brillant; El. peu densément hérissées de poils gris; ant. noires beaucoup plus longues que le Th.

8 Pubescence des El. blanchâtre, molle, redressée, longue: Th. biimpressionné de chaque côté, peu rétréci en avant, à côtés presque droits; 2e art. ant. et tarses testacés. 5–6 **jejunus** Ksw

— Pubescence des El. sombre, brune ou noire et de taille moyenne. 9

9 Th. à ponct. serrée sur les côtés, subombiliquée et ridée; base des ant. et tarses testacés: El. subruguleuses en travers. 5,2 **ahenus** Ksw

— Th. à ponctuation subégale; q. q. fois plus forte sur les côtés, mais sans rides. 10

10 Th. à ponct. plus serrée sur les côtés et subombiliquée. 5,2 **virens** Suff

— Th. à ponctuation égale à fond plat. 11

11 Ponctuation du Th. aussi grosse que celle des El. mais moins profonde. 6 **alpestris** Ksw

— Ponctuation du Th. plus fine que celles des El. 12

12 Pubescence noire un peu inclinée sur les El.; 2e et souvent 3e art. ant. et tarses, roux: Th. densément mais finement ponctué à villosité noire. 5,6 **tarsalis** Sahl

— Pubescence obscure, jaunâtre, redressée, entremêlée de poils demi-couchés: Th. finement mais peu densément ponctué à villosité obscure; épistome parfois roux, forme générale un peu plus cylindrique; angles postérieurs du Th. plus largement arrondis; ponctuation des El. moins forte, moins ruguleuse. 5,6 **pinicola** Ksw

## TRICHOCEBLE (Julistus)

Ongles des tarses dentés en dessous, non membraneux

1 Brun à pubescence fauve: Th. plus arrondi; ant. à dents moins aiguës: El. moins fortement ponctuées, à peine plus larges que le Th. au milieu; dent des ongles située vers le milieu de la tranche interne. 5 **fulvohirta** Bris

— Oblong, noir, à pubescence obscure; ant. aigûment dentées: El. ruguleuses à ponctuation forte et dense, plus larges que le Th.; dent des ongles située près du sommet de leur tranche interne. 4,5 **floralis** Ol

## DANACÆA

Ongles des tarses inégaux, l'un simple légèrement denté à la base, l'aut e difforme: El. unies; dessus du corps à pubescence subsquameuse épaisse

1 Poils du Th. tous couchés dans le même sens. 2

— Poils du Th. dressés les uns contre les autres et formant avant le milieu une ligne transverse élevée. 4
2 Th. à sillon médian fin. 5,6—7 **montivaga** M-R
— Th. sans sillon médian fin. 3
3 Pubescence de l'écusson ne tranchant pas sur celle des El.; 9-10 art. ant. non transverses: Th. à côtés resserrés avant le milieu. 3—4,5 **pallipes** Panz
— Ecusson à pubescence plus claire que celle des El.; 9-10 art. ant. subtransverses. 2,8—4,4 **ambigua** Mls
4 Tête transverse aussi large, les yeux compris, que la base du Th.; yeux saillants: Th. subtransverse; pubescence de dessous du corps laissant voir la couleur foncière. 2,8—3,7 **nigritarsis** Küst
— Tête triangulaire plus étroite que la base du Th. rétrécie en museau allongé; yeux peu saillants; couleur du dessous du corps voilée par la pubescence: Th. un peu plus long que large. 3,4—4,5 **longiceps** M-R

### PHLŒOPHILUS

Ant. à massue de 3 art.; corps à pubescence semi-couchée, distincte

Noir de poix, bouche, ant. et pattes testacées: El. flaves à bordure enfumée; sur le disque quelques taches noires ondulées. 3—3,5 **Edwardsi** Steph

### MELYRIS (Zygia)

Corps presque glabre: El. à 3 côtes dorsales distinctes, à large repli latéral prolongé jusqu'au sommet

Bleu, base des ant. et Th. rouges: El. à 5 côtes saillantes (suturale et marginale comprises); intervalles très ponctués. **oblonga** F

## LIMEXYLONIDÆ

### ELATEROIDES (Hylecœtus)

Ant. courtes, robustes, dentées; El. recouvrant l'abdomen qui est de 6 segments ♀ et 7 segments ♂

1 Cylindrique ponctué; ant. peu dentées dans les 2 sexes; front aplani; ♂ 2e art. des palpes à 2 appendices, l'un subfiliforme, l'autre formé de plusieurs lanières tortillées; ♀ testacée, yeux, ailes et poitrine, noirs; ant. et palpes simples. 6—11 **dermestoides** Lat
— Cylindrique, front convexe; ♂ noir, El. testacées; ant. flabellées; 3e art. palpes muni d'un appendice cylindrique; ♀ rouge pâle, yeux, poitrine, base de l'abdomen et sommet des El. rembrunis. 7—10 **flabellicornis** Udd

### LYMEXYLON

Ant. grêles, filiformes: El. molles, un peu plus courtes que l'abdomen, celui-ci à 5 segments

Allongé, cylindrique, pubescent: Th. oblong; ♂ noir, base intérieure des El., abdomen et pattes, jaunâtres; ♀ jaunâtre avec la tête, les ailes, la marge et le sommet des El., rembrunis. **navale** L

# CLERIDÆ

*Faune d'*Erichson : *IV Vol. par V. Kiesenwetter*

## TARSOSTENUS

Massue des ant. faible: El. ponct. en lignes jusqu'au delà du milieu; Th. sans ligne enfoncée à la base

Dessus noir; ant. à base testacée : El. striées-ponctuées à bande médiane transverse blanche ne touchant pas la suture. 5—6 **univittatus Ross**

## DENOPS

Noir, Th. allongé rouge, El. glabres, lisses, à bande transverse blanche; sommet de la tête rouge. 7—8 **albofasciata Charp**

## TILLUS

El. fortement ponctuées en lignes jusqu'au milieu, la partie postérieure presque lisse

1 Noir, allongé, El. striées-ponctuées d'un noir bleuâtre; ant. dentées à partir du 3e art.; ♂ Th. noir, ♀ rouge. 7—8 **elongatus L**

— Large, noir, El. finement ponctuées en lignes, à base rouge avec une fascie transv. blanche au delà du milieu ne touchant ni le bord, ni la suture. 10—11 **transversalis Charp**

— Allongé, El. fortement ponctuées-striées en avant, noires, avec la base rouge et au delà du milieu une bande transv. blanche touchant les côtés mais non la suture. 5—6 **unifasciatus F**

## OPILO

Ant. assez allongées à massue de 3 art. peu large; dernier art. palpes fortement sécuriforme; tarses à 4 art.; ongles simples

1 El. à stries ponctuées, obsolètes au sommet, brunes avec une ligne transvers. oblique, interrompue, à la base, une fascie médiane et le sommet, testacés. 8—9 **mollis Latr**

— El. striées-ponctuées presque jusqu'au sommet, brunes avec une tache humérale, une fascie médiane transverse et le sommet, testacés; taille plus petite. 6—8 **domesticus Strm**

— El. obsolètement striées-ponctuées; dessus pâle testacé avec une tache obsolète rembrunie allongée, après le milieu des El. **pallidus Ol**

## CLERUS

1 Yeux gros, avancés sur le front, profondément échancrés; dernier art. palpes sécuriforme, subtriangulaire; ongles des tarses à dent basale large (**Pseudoclerops**); noir, à longue pubescence : El. noires, rouges à la base, bifasciées de blanc; abdomen rouge. 9—11 **mutillarius F**

— Yeux petits assez éloignés l'un de l'autre sur le front; dernier art. palpes cultriforme à arête externe presqu'en ligne courbe. 2.

2 **Ongles des tarses à dent basale large. (Thanasimus)** 3

— Ongles des tarses à peine élargis à la base (**Allonyx**); noir, Th. rouge: El. avec chacune 2 petites taches blanches, transv. **4-maculatus** Schal

3 Pattes noires: El. noires à base rouge, avec 2 fascies blanches; dessous rouge. 7—8 **formicarius** L

— Pattes rouges, genoux foncés, poitrine noire: El. noires, à base rouge, bifasciées de blanc. 6—7 **rufipes** Brahm

## TRICHODES

Ant. à massue de 3 art. transv. larges, le dernier un peu angulé à l'angle interne

1 Extrémité des El. rouge. 2

— Sommet des El. d'un noir bleuâtre ou verdâtre. 3

2 El. rouges avec chacune 4 points bleus 1, 2, 1. 10—12 **8-punctatus** F

— El. rouges à suture, tache scutellaire et 3 fascies transversales, d'un noir bleu; la 1re oblique, la 3e en ovale transverse. **alvearius** F

3 Epaules non tachées. 4

— Epaules des El. tachées. 5

4 Suture concolore: El. rouges à 3 fascies transversales d'un noir bleu. 10—12 **apiarius** L

— Suture noire bleuâtre: El. rouges à tache scutellaire et 3 bandes transversales d'un bleu foncé. 8—9 **favarius** Illig

5 Tache humérale petite, isolée: El. à rangées de gros points, rougeâtres, à suture, tache scutellaire et 3 bandes d'un noir bleu. 7—9 **leucopsideus** Ol

— Tache humérale s'étendant sur toute la base de l'El.: El. jaunes à suture, base et 3 bandes vertes; tache basale réunie sur le côté à la 1re bande transversale; stries ponctuées fines; intervalles ponctués. 9—10 **amnios** F

## ENOPLIUM

Dernier art. palpes sécuriforme; deuxième et troisième art. tarses subégaux

Noir pubescent: El. testacées, obsolètement ponctuées rugueuses; 3 derniers art. ant. très gros, dentés. 4—5 **serraticorne** F

## DERMESTOIDES (Orthopleura)

Palpes filiformes; ongles des tarses largement dentés à la base; 3 derniers art. ant. plus larges, triangulaires, comprimés

Noir-bleuâtre, hérissé de poils: Th. et abdomen rouges. **sanguinicollis** F

## CORYNETES

Dernier art. palpes triangulaire; ant. à massue petite, non déprimée

1 Tête et Th. à ponctuation éparse: El. à points aciculaires en séries, bleues à poils noirs; ant. et pattes noires. 3,5—4 **cœruleus** Deg

— Tête et Th. ponctués: El. bleues-violettes striées-ponctuées; milieu des ant. et tarses roux. 3,5—4 **ruficornis** Str

### NECROBIA

Dernier art. palpes allongé et tronqué au sommet; massue des ant. déprimée

1 Th. rouge; dessus rouge, sommet des ant., tête et abdomen, noirs; El. ponctuées-striées, bleues moins la base qui est rouge. **ruficollis** F
— Th. concolore; dessus bleu ou bleu-verdâtre. 2
2 Ant. et pattes noires. 3,5—4 **violacea** L
— » et pattes rouges. 4,5 **rufipes** Deg

### OPETIOPALPUS

Rouge: El. bleues-noires ponctuées; abdomen obscur: Th. orbiculaire ponctué. 3 **scutellaris** Panz

### LARICOBIUS

Palpes maxillaires filiformes; tarses à 4 art.; ant. courtes

Oblong, convexe, brun noir peu pubescent: El. profondément striées, une ligne longitudinale large sur les El.; ant., tibias et tarses, testacés. 2 **Erichsoni** Rosen

## BRUCHIDÆ

(*Faune d'*ERICHSON: *Tom. V. par H. V. Kiesenwetter.*—MULSANT: *Gibbicolles.*—REITTER: *Bestim. Tabel. Bruchidæ*)

### GIBBIUM

Yeux assez rapprochés; tête et Th. glabres et lisses

Brun-roussâtre brillant; pattes et ant. à duvet tomenteux jaunâtre; Th. conique, très court. 2—3 **psylloides** Czen

### MEZIUM

Yeux très écartés: Th. et extrême base des El. tomenteux

1 El. avec suture en carène fine; 1er art. ant. 3 fois plus long que le 2e: Th. vu de face à 4 saillies distinctes. 2—3 **sulcatum** F
— El. à suture non carénée; 1er art. ant. pas moitié plus long que le 2e: Th. vu de face, arrondi. 2—3 **affine** Boïeld

### SPHÆRICUS

Th. non rétréci à la base: El. irrégulièrement ponctuées

1 Brun de poix, à squamules jaunes, denses, très serrées, cachant la couleur du fond; une carène au milieu du Th.; 2e art. ant. plus long que le 3e. 1,5 **gibboides** Boïeld
— El. globuleuses profondément et grossièrement ponctuées, à fines écailles piliformes jaunâtres; q. q. petites taches grisâtres peu visibles, vers le sommet des El.; 2e art. ant. plus petit que le 3e. **exiguus** Boïel

## NIPTUS

Corps semblable dans les deux sexes : El. arrondies, ponctuées en lignes, épaules nulles : Th. sans touffes de poils

1 Intervalle des fossettes antennaires, plat, assez large, non caréniforme. 2

— Intervalle des fossettes antennaires, réduit à une carène comprimée et tranchante. (**Eurostus**) 3

2 Ecusson petit, mais visible; corps écailleux, complètement couvert d'un duvet soyeux, jaune doré : El. obsolètement ponctuées. (**Niptus**) 3—4 **hololeucus Fald**

— Ecusson ponctiforme : El. fortement ponctuées-striées, à pubescence grisâtre; intervalles relevés; corps non écailleux. (**Epaulœcus**) **crenatus F**

3 El. métalliques à côte humérale; intervalles alternes seuls, sétosellés. 3 **submetallicus Frm**

— El. noires, sans côte humérale; tous les intervalles sétosellés. 2.8 **frigidus Boïel**

## BRUCHUS (Ptinus)

Ecusson visible : El. striées-ponctuées : Th. ordinairement garni de 4 touffes de poils; ant. séparées par un intervalle étroit

1 Th. à saillie longitudinale de chaque côté de la partie déprimée de la base. (**Eutaphrus**) 2

— Th. sans saillie dans la partie déprimée de la base. 4

2 Gibbosité du Th. divisée par un sillon profond : El. foncées à deux bandes transversales blanches; allongées, subparallèles dans les deux sexes. 2,5—3 **irroratus Ksw**

— Gibbosité du Th. non ou à peine sillonnée : El. ♀ plus courtes et à côtés arrondis. 3

3 El. à taches blanches; gibbosité du Th. à sillon fin, superficiel. 2—3 **Reichei Boïel**

— Gibbosité du Th. à sillon obsolète; El. sans taches. 3—3,5 **nitidus Duft**

4 Th. à forte gibbosité couverte de duvet jaune et divisée par un sillon profond : El. ♂ et ♀ dissemblables. (**Cyphoderes**) 5

— Th. à gibbosité plus ou moins forte, divisée par un sillon court, peu profond. 6

5 De longues oreillettes poilues de chaque côté de la gibbosité; ant. fortement ciliées à 2^e^ art. ♀ subégal au 3^e^. 2—3 **bidens Ol**

— Oreillettes moins saillantes; ant. légèrement ciliées à 2^e^ art. plus petit que le 3^e^ dans les deux sexes. 3—4 **raptor Strm**

6 El. semblables dans les deux sexes, subparallèles à épaules plus ou moins saillantes (les ♂ ont les ant. très longues à art. allongés). (**Gynopterus**) 7

— El. ♀ à côtés arrondis, ♂ à côtés parallèles. 11

7 Roux testacé, taille petite, pubescence des El. couchée. **dubius Strm**

— Pubescence des El. relevée. 8

8 El. à pubescence courte, feutrée, semée de poils plus longs, mouchetées de taches cendrées, avec une tache oblongue dénudée sur le milieu des côtés. 4—5 **palliatus** Perr

— El. plus ou moins foncées avec fascies transverses, blanches. 9

9 Vertex à tache et El. à deux bandes, squameuses blanches. 3—4 **6-punctatus** Panz

— Vertex sans tache squameuse blanche. 10

10 Th. avec quatre saillies assez fortes: El. noires à deux fascies blanches (El. avec deux bandes transverses et nombreuses taches isolées, blanches, *V. Duvali Lar*). 3—4 **variegatus** Ross

— Th. sans gibbosités: El. brunes avec deux bandes blanches; tête, Th., base des El. et pattes, rouges. 1,5—2 **Aubei** Boïel

11 Pénultième art. tarses ♂ finement bilobé, ♀ simple: Th. sans touffes de poils nettes, généralement à taches blanches. (**Pseudoptinus**) 12

— 4e art. tarses ♂ et ♀ bilobé, cordiforme ; 2e art. ant. plus court que le 3e. (**Bruchoptinus**) 13

— 4e art. tarses ♂ et ♀ simple; 1er arceau ventral plus court que le suivant au milieu, le 4e court pas plus long que moitié du 3e. (**Ptinus**) 14

12 Dessus du corps à poils allongés, fortement redressés. **Auberti** Ab

— Dessus du corps et El. surtout, à poils blancs, plus courts, mais encore redressés; deux fascies ondulées sur les El. **lichenum** Marsh

— El. à duvet fin, rare, couché: Th. gibbeux au milieu. **coarcticollis** Strm

13 El. cendrées avec une large bande brune médiane, marginée de gris. 3—4 **italicus** Arr

— ♂ El. cendrées concolores, ♀ avec 2 fascies sinuées et une tache apicale, blanches. 3—5 **rufipes** F

14 ♀ Pubescence des El. redressée, très longue, ♂ pubescence également relevée mais un peu moins longue. 19

— ♀ Pubescence des El. demi-couchée, peu longue, ♂ pubescence couchée; ♀ à épaules arrondies. 15

15 Th. à 2 fascicules de poils blancs convergeant en arrière sans sillon visible entre eux. 2—4 **fur** L

— Th. sans fascicules de poils convergeant en arrière. 16

16 El. à taches écailleuses blanches. 17

— El. sans taches écailleuses blanchâtres, q. q. fois avec une fascie subhumérale de poils plus denses. 18

17 ♂ Tibias post. à longue épine terminale, ♀ 2e art. des ant. à peine moins long que le 3e. 2—2,5 **bicinctus** Strm

— ♂ Tibias post. à éperon court mais visible, ♀ 3e art. ant. double du second. 2—2,5 **pusillus** Strm

18 Th. obsolètement ponctué, subfasciculé, d'un brun sombre. **latro** F

— Testacé rougeâtre: Th. quadrifasciculé, rudement ponctué; une fascie subhumérale grise squamuleuse. 3 **brunneus** Duft

19 ♀ à épaules anguleuses; pubescence des stries non visible: El. à taches écailleuses blanchâtres. 2,5—3 **Spitzyi** Vill

— ♀ à épaules arrondies; pubescence des stries fine **mais visible.** . 20
20 Dessus noir ou brunâtre. 21
— Dessus brun-roussâtre ou testacé. 22
21 El. à 2 larges fascies blanches souvent décomposées en 4 taches; dessus fortement ponctué. 3—3,5 **perplexus** Mls
— El. à fascie subhumérale et q. q. fois une petite tache au delà du milieu, blanches; dessus finement ponctué. 2—2,8 **pilosus** Mül
— El. sans traces de fascie blanche au quart antér., à sommet large, en demi-cercle, largement explané sur le 1/3 postér. **explanatus** Fvl
22 Th. aussi long que large: El. à taches blanchâtres fines. **subpilosus** Strm
— Th. plus long que large; El. à 2 taches blanchâtres obliques séparées presque en 3 taches. 3 **Perrini** Reitt

# BYRRHIDÆ

(Mulsant: *Terediles*.—*Faune d'*Erichson: *T.V. par V. Kiesenwetter*)

## DRIOPHILUS

Ant. de 11 art.: front étranglé antérieurement par les insertions des ant.

1 El. à bandes transverses de poils serrés, blanchâtres; brunes à épaules et sommet ferrugineux, ainsi que les ant. et les pattes; pubescence très longue, hérissée. 2,5 **paradoxus** Rosen
— El. à pubescence fine et uniforme. 2
2 Ecusson à pubescence tomenteuse. 3
— Ecusson non tomenteux. 4
3 Trois derniers art. ant. 2 fois plus larges que les précédents et beaucoup plus longs que tous réunis; les premiers très transverses. 2–4 **anobioides** Chev
— Trois derniers art. ant. à peine plus longs que les précédents réunis, à peine plus épais; dessus roux; premiers art. des ant. allongés. 2—2,5 **longicollis** Mls
4 Noir opaque, très finement ponctué, à pubescence très fine; premiers art. ant. plus longs que larges; base des ant. et pattes en parties, rouges. 1,5—2 **pusillus** Gyl
— Brun foncé, plus fortement ponctué, à pubescence longue et jaunâtre, plus alignée; Th. à fines rugosités, plus allongé, rétréci au sommet qui s'avance un peu au dessus de la tête; ant. ♀ de la longueur du corps. **densipilis** Ab
— Noir: Th. vivement caréné, brun au sommet: El. brunes, gibbeuses, brillantes, plus longuement pubescentes; ant. et pattes ferrugineuses. 1,5—2 **rugicollis** Mls

## PRIOBIUM

Front large, non étranglé par l'insertion des ant.; El. subdéprimées, tronquées au sommet

1 3e art. ant. à peine plus long que le 4e; intervalles égaux, étroits, convexes. 4—4,5 **castaneum** F
— 3e art. ant. plus du double plus long que le 4e. 2

2 Ecusson un peu oblong: El. brunes; intervalles inégaux, subconvexes. 4—5 **tricolor Ol**

— Ecusson transversal: El. plus foncées, à pubescence plus fine, à ponctuation moins forte, surtout dans les stries. **planum F**

## EPISERNUS (Amphibolus)

Th. à disque non gibbeux, plus étroit que les El. qui sont striées sur les côtés seulement

1 Noir, mat: El. testacées à ponctuation fine, serrée, avec des P. plus gros, subsériés; Th. transverse. 3—4 **gentilis Rosen**

— Allongé, brun-clair, cylindrique brillant: Th. plus étroit que les El. qui sont obsolètement striées-ponctuées. 2—2,5 **striatellus Bris**

## GASTRALLUS

Ant. de 10 art., les 3 derniers grands, comprimés, dilatés intérieurement

1 Front convexe: Th. avec une carène élevée, au somt. **immarginatus Mül**

— Front plan: Th. subtronqué, arrondi, égal au sommet. 2 **lævigatus Ol**

## BYRRHUS (Anobium)

El. toujours striées: Th. plus ou moins excavé en dessous pour recevoir la tête à l'état d'inflexion

1 Segments ventraux soudés au milieu; deux taches de poils jaunâtres à la base du Th. près des angles postérieurs. 2

— Segments ventraux tous libres. 3

2 Angles postérieurs du Th. obtus, arrondis; dessus mat. **pertinax L**

— » » » droits, carénulés, dessus brun. **denticollis Panz**

3 Côtés du Th. plus ou moins tronqués, sinueux ou irréguliers. 4

— » » » régulièrement arrondis. 8

4 Dessous du Th. excavé pour recevoir les antennes; tarses courts, épaissis. 5

— Dessous du Th. non ou peu excavé pour recevoir les antennes. 7

5 El. à sommet tronqué; dessus brun; Th. comprimé, pincé à la base; stries des El. fines; 3e art. ant. au moins aussi long que le 2e. 3 **fagi Mls**

— El. arrondies ou subarrondies au sommet. 6

6 Noirâtre, peu pubescent; sommet des El. subtronqué: Th. trituberculé à la base, à angles postér. obliquement tronqués; 3e art. ant. plus court que le 2e. 3—4 **emarginatus Duft**

— Dessus brun: El. arrondies au sommet: Th. à gibbosité basale un peu comprimée. 3—4 **striatus Ol**

— Même forme et même couleur, mais le tubercule basal du Th. est enclos par une impression en fer à cheval. 3—4 **cælatus Mls**

7 Brun mat; pattes rouges: Th. subcanaliculé à côtés à peine sinués. 4—5 **rufipes F**

— Noir, mat; ant. et pattes ferrugineuses, cuisses brunes: El. striées-crénelées; intervalles finement ruguleux. 2—3 **fulvicornis Strm**

— Brun à pubescence pruineuse; ant. et pattes rouges: Th. canaliculé, finement granulé: El. striées-ponctuées, tronquées au sommet. 2,5—3,5 **nitidus** Hbst

8 **Ant.** reçues entre les hanches antérieures; dernier art. palpes obliquement tronqué: Th. à côtés de la base obliques; 3e art. ant. un peu plus court que le 2e. 3—3,5 **hirtus** Ill

— Ant. non reçues entre les hanches antérieures; dernier art. palpes, subdilaté, tronqué; base du Th. bisinuée et prolongée au milieu; 2e art. ant. plus de 2 fois plus long que le 3e. 2—3 **paniceus** L

## OLIGOMERUS

Ant. de 10 art., les 3 derniers grands, allongés: El. striées: Th. gibbeux, aussi large que les El.

Oblong, cylindrique; dessus brun, pubescent: El. irrégulièrement striées-ponctuées. 5—6 **brunneus** Ol

L'O. Reyi Bris a 11 art. aux ant. comme un Byrrhus vrai, mais il se distingue du brunneus par un Th. moins gibbeux et les points des stries des El. beaucoup plus faibles

## XESTOBIUM

El. ponctuées, non striées; 3 derniers art. des ant. grands, suballongés

1 Dessus à pubescence redressée; 4e art. tarses profondément bilobé; noir-bleuâtre ou brun, brillant. 4 **plumbeum** Ill

— Pubescence couchée; 4e art. tarses médiocrement bilobé. 2

2 Convexe, mat, brun, à taches irrégulières de poils flaves; côtés du Th. largement explanés. 5—6 **rufovillosum** Deg

— Convexe, oblong, peu brillant; brun, rugueusement ponctué, à taches irrégulières de pubescence grise; côtés du Th. étroitement explanés. 4—5 **declive** Duf

## ERNOBIUS

El. ponctuées, non striées : Th. non excavé en dessous; tarses allongés; 3 derniers art. ant. très grands, sublinéaires

1 Th. inégal ayant au milieu de la base une ligne courte, élevée et de chaque côté deux tubercules obsolètes. 2

— Th. égal non tuberculé ou avec un seul tubercule discal. 6

2 5—8 art. ant. allongés, passablement égaux. 3

— 5—8 » » inégaux, oblongs. 5

3 Côtés du Th. étroitement explanés, à peine arrondis; écusson tomenteux. 3—4 **pruinosus** Mls

— Th. à côtés largement explanés. 4

4 8e art. ant. beaucoup moins long que le suivant; côtés du Th. arrondis. 6—6,5 **reflexus** Mls

— 8e art. ant. un peu moins long que le 9e: Th. à côtés subparallèles; écusson tomenteux. 3—4 **abietinus** Gyl

5 Angles antérieurs du Th. obtus; 8e art. ant. plus long que large. 2,5—3 **Mulsanti** Ksw

— **Angles** antérieurs du Th. presque droits; 8e art. ant. subtransverse, ou aussi long que large. 3—4 **abietis** F

6 5—8 art. antennes subégaux, allongés; écusson non tomenteux. 7
— 5—8 art. ant. inégaux, assez allongés. 9
— 5—8 art. ant. courts, subtransverses; écusson non tomenteux: Th. à côtés faiblement explanés. 11
7 Angles antérieurs du Th. très obtus, fortement arrondis. **lucidus Mls**
— » » » un peu obtus, légèrement arrondis. 8
8 Th. sillonné en arrière. **sulcatulus Mls**
— Th. non sillonné vers la base. **gigas Mls**
9 6e et 8e art. ant. oblongs, obconiques; écusson non tomenteux. **mollis L**
— 6e, 7e, 8e art. ant. oblongs, obconiques. 10
10 Th. contigu aux El.; écusson non tomenteux. 3 **parens Mls**
— Th. séparé des El. sur les côtés; écusson non tomenteux. **angusticollis Ratz**
11 Th. à côtés largement explanés, à angles antérieurs obtus. 3 **pini Mls**
— Th. à côtés faiblement explanés. 12
12 Angles antérieurs du Th. presque droits. 13
— » » » arrondis. 14
13 3 derniers art. ant. pas plus épais que les autres. 2,5 **longicornis Strm**
— 3 » » » plus épais que les autres. **densicornis Mls**
14 Ferrugineux: Th. non canaliculé. 3—5 **fuscus Mls**
— Noir-obscur: Th. obsolètement canaliculé. 3—4 **nigrinus Strm**

## HEDOBIA

Ant. séparées à leur insertion par un intervalle très large et plat, sans fossette antennaire bien marquée

1 Tibias sans éperon au sommet: El. fortement ponctuées-striées; noir, El. d'un roux-canelle, pubescentes, denticulées au sommet. (**Hedobia**) **pubescens F**
— Tibias avec deux éperons terminaux: El. ruguleuses non denticulées au sommet. (**Ptinomorphus**) 2
2 Un peu brillant, taille petite: Th. taché de blanc sur les côtés: El. à petites taches transverses, peu nombreuses. 2,5—3 **angustata Bris**
— Plus grand, mat: El. à tache pubescente en forme d'X. 3
3 Carène du Th. tranchante. 5,6 **imperialis L**
— » » obtuse. 5—6 **regalis Duft**

## TRYPOPITYS

Th. excavé en dessous; 3 derniers art. ant. plus grands que les intermédiaires

Brun-mat, à pubescence grise: Th. à côtés sinués, dilatés derrière le milieu: El. striées-ponctuées. 4—6 **carpini Hbst**

## PTILINUS

Th. non excavé en dessous pour recevoir la tête; ant. ♂ pectinées, ♀ flabellées; Th. à tranche latérale fine

1 Brun; angles antérieurs du Th. arrondis; dessus à pubescence plus serrée: El. moins fortement ponctuées, sans intervalles élevés; ♀ un petit tubercule brillant de chaque côté du Th. **pectinicornis L**

— Noir, mat: El. ruguleuses, plus fortement striées-ponctuées, avec q. q. intervalles costiformes, mais faiblement; angles postérieurs du Th. presque droits. 3—5 **costatus** Gyl

## OCHINA

Ant. simplement dentées en scie: Th. à tranche latérale saillante, explanée

1 **Noir**, finement pubescent; tête, Th., sommet des El., ant. et pattes, rouges. 3—3,5 **Latreillei** Bon

— **Brun**; ant. et pattes rouges; dessus à pubescence grise: El. finement ponctuées à taches apicale et basale, et à fascie médiane dilatée vers la suture, dénudées. (**Cittobium**) 3 **hederæ** Mül

## METHOLCUS

3 derniers art. ant. non sensiblement plus grands que les intermédiaires; El. striées

Cylindrique, ferrugineux, à pubescence grise: Th. transverse, finement ruguleux: El. irrégulièrement ponctuées-striées. 4—6 **cylindricus** Germ

## XYLETINUS

3 derniers art. ant. non plus grands que les intermédiaires; Th. rétréci au sommet; dernier art. palpes élargi, plus ou moins tronqué au sommet; corps ovale, court

1 Th. rouge. 4—5,5 **ruficollis** Geb

— Th. noir. 2

2 El. à bordure rouge. (**Trachelobrachys**) 3,5 **sanguineocinctus** Frm

— El. noires. 3

3 Métasternum caréné antérieurement: Th. à côtés peu arrondis; noir, mat; tibias et tarses rouges; angles postér. du Th. dirigés en dehors. (**Sternoplus**) 2,5—4 **ater** Panz

— Métasternum non caréné; côtés du Th. arrondis. 4

4 Intervalles fortement chagrinés avec des P. gros, épars. **laticollis** Duft

— Intervalles finement pointillés ou chagrinés. 5

5 Th. vu de dessus, à côtés peu arrondis; ant. et pattes rousses; angles postérieurs du Th. dirigés en dehors. 4—5 **pectinatus** Strm

— Th. vu de dessus, à côtés fortement arrondis; angles postérieurs paraissant prolongés en arrière. 6

6 Corps allongé; ant. d'un jaune clair. **oblongulus** Mls

— Corps en ovale court; ant. brunes, rougeâtres. **flavipes** Lap

## CALYPTERUS

Mêmes caractères, mais dernier art. palpes, oblong, subfusiforme; corps oblong, subcylindrique

Roux-ferrugineux, noir en dessous; oblong, subcylindrique, très finement ruguleux-ponctué: Th. transverse, convexe, impressionné de chaque côté de la base à angles antér. subaigus et postérieurs arrondis. 3—4 **bucephalus** Ill

## MESOTHES

El. parallèles, ruguleusement pointillées, avec une strie latérale; dessus brun. 2 **ferrugineus Mls**

## LASIODERMA (Pseudochina)

El. finement pointillées; métasternum caréné en arrière de son bord antérieur

1 1er art. des tarses 3 fois plus long que le 2e; ovale, très convexe, ferrugineux, à pubescence grise (dans les tabacs importés). 2 **testaceum Duft**

— 1er art. des tarses à peine plus long que le 2e. **2**

2 Corps ovalaire, épistome concave; 2e art. ant. oblong, le 3e obconique, non angulé en dedans. **læve Ill**

— Corps ovale oblong; 2e art. ant. court, subglobuleux. **3**

3 Epistome un peu concave: Th. transverse, voûté, déclive en avant presque à partir de la base; angles postérieurs nuls. 4—4,5 **Redtenbacheri Bach**

— Epistome plan : Th. moins transverse, déclive en avant à partir du tiers postérieur seulement; angles postérieurs un peu marqués. **4**

4 Ant. rousses, ♂ pectinées ♀ dentées à 3e art. angulé en dedans. **apicatum Mls**

— Ant. sombres, légèrement dentées en scie, à 3e art. subangulé en dedans. **hæmorrhoidale Ill**

## MESOCŒLOPUS

Corps ovoïde : El. légèrement pointillées, sans strie latérale

1 Noir brillant, finement pubescent; pattes subtestacées, cuisses postérieures rembrunies. 1,5—2 **niger Mül**

— Brun-ferrugineux, un peu brillant, subtomenteux; 2e et 3e segments ventraux, non sinués au sommet. 1,5—2 **collaris Mls**

## THECA (Stagetus)

El. striées sur toute leur surface

1 Stries des El. fines, intervalles plans. **pellita A**

— » » » canaliculées, interstries plans. **pilula A**

— » » » subcrénelées, intervalles subconvexes. **elongata Mls**

## DORCATOMA

El. striées sur les côtés seulement; yeux sinués ou échancrés inférieurement; corps ovalaire

1 Dessus uniformément ponctué: El. avec deux sillons latéraux. **2**

— El. avec trois sillons latéraux, à P. fins entremêlés de P. grossiers. **6**

2 Pubescence des El. relevée. **3**

— Pubescence des El. couchée. **4**

3 Tête et Th. rougeâtres, pubescence confuse. **Dommeri Rosh**

— Tête et Th. noirs, pubescence des El. a lignée. 2 **setosella Mls**

4 Pubescence couchée en long et en travers, sans ordre. 2 **serra Pz**

— Pubescence courte, couchée en long seulement. 5

5 Pubescence peu nette; un rudiment de 3e strie. 3—4 **Dresdensis** Hbst

— Pubescence plus fine, nette; pas de rudiment de 3e strie. **punctulata** Mls

6 Noir, corps oblong, peu convexe: El. légèrement ponctuées à pubescence un peu relevée et disposée en long et en travers. 2 **chrysomelina** Stm

— Noir-brun; corps courtement ovale, convexe: El. densément ponctuées, à pubescence courte, couchée, disposée en long. **flavicornis** F

### CŒNOCARA (Enneatoma)

Corps court, subhémisphérique; ant. de 9 art.; yeux profondément entaillés inférieurement

1 El. à pubescence couchée, à trois stries latérales, la 3e atteignant le milieu. 2 **bovistæ** Hof

— El. à pubescence redressée. 2

2 Pubescence en séries irrégulières; 3 stries latérales. 1,5 **affinis** Strm

— » » régulières; stries latérales courbées. **subglobosa** Mls

### ANITYS (Amblytoma)

Corps court, subhémisphérique; yeux peu sinués inférieurement; ant. de 9 art.

1 Ferrugineux-brillant: El. densément ponctuées, à fines stries sur le disque, à trois stries profondes sur les côtés, à strie suturale visible au sommet. 2–3 **rubens** Hoft

— Strie suturale non visible au sommet; forme plus ovale, **cognata** Mls

## SPHINDIDÆ

### SPHINDUS

Premier segment ventral plus long que le deuxième; ant. de 10 art.

Oblong, noir, ant. et pattes ferrugineuses: Th. et El. finement ponctués, celles-ci à pubescence courte, sériée. 2 **dubius** Gyl

### ASPIDIPHORUS

Ant. de 10 art. à massue triarticulée à dernier art. allongé; mandibules crénelées intérieurement; abdomen à 5 segments libres

1 Subhémisphérique, convexe, à pubescence fine et rare. **orbiculatus** Gyl

— Taille plus forte, pubescence longue et très serrée. 2 **Lareyniei** Duv

## LYCTIDÆ

### LYCTUS

Ant. de 11 art., à massue de 2 art.; 1er segment ventral plus long que le 2e

1 El. non ponctuées en lignes (ponctuation peu distincte); dessus ferrugineux, mat, glabre. 4 **impressus** Com

— El. ponctuées en lignes. 2

2 El. obsolètement striées-ponctuées: Th. à sillon superficiel, mais large, à côtés dilatés antérieurt; dessus ferrugineux. **brunneus** Step

— El. à stries ponctuées plus nettes: Th. non dilaté en avant. 3
3 Noir, El. rougeâtres: Th. sillonné; interv. des El. élevés. **pubescens Panz**
— Brun, peu brillant: Th. à sillon plus profond; intervalles des El. non relevés. 3—4 **unipunctatus Hbst**

# BOSTRICHIDÆ

## PSOA

Ant. de 10 art., massue triarticulée; tarses de 4 art.

Bleu, El. rouges, ant. et tarses, testacés. 8—9 **dubia Ross**

## SINOXYLON

Ant. à massue triarticulée, plus longue que le funicule; 1er art. tarses plus long que le 2e, plus court que le dernier

1 Brun-noir, plus grand, plus pubescent. 6—7 **bispinosum Ol**
— Noir, El. rougeâtres à sommet crénelé; dessus peu pubescent. 4—5 **6-dentatum Ol**

## BOSTRYCHUS

Massue des ant. subégale au funicule; 1er art. tarses plus long que le dernier

1 Noir, El. et abdomen, rouges. 8—9 **capucinus L**
— El. brunes ou noires. 2
2 El. grossièrement granuleuses, à plaques lisses, à sommet biépineux. **bimaculatus Ol**
— El. brunes parsemées de taches de duvet jaune: Th. triangulairement échancré au sommet. 8—9 **varius Ill**
— El. noires à sommet mutique et sans taches. 3
3 El. criblées de gros P. carrés et interv. en réseau; sommet subarrondi. Var. **luctuosus Ol**
— El. à points petits, à sommet obliquement tronqué, avec suture saillante dans la troncature. **xyloperthoides Duv**

## XYLOPERTHA

Ant. de 9 art. à massue triarticulée plus longue que le funicule; 1er art. tarses à peine plus court que le 4e

1 Noir; troncature des El. sans dents, avec suture élevée. 4—5 **retusa Ol**
— Noir: El. rouges à sommet noir; une épine de chaque côté de la troncature. 7—8 **præusta Germ**
— Th. rouge: El. brunes à base plus claire; une forte épine recourbée de chaque côté de la troncature et deux épines divergeant vers la suture. 3—4 **trispinosa Ol**
— Brun, base du Th., des El. et pattes, rougeâtres; front garni de longs poils dressés. 3—4 **pustulata F**

## RHIZOPERTHA

1er art. tarses, égal au 2e, le dernier à peine plus long que les précédents réunis

Brun, cylindrique, presque glabre: Th. tuberculeux: El. striées-ponctuées, à sommet subtronqué, arrondi. 2 **pusilla F**

### STEPHANOPACHYS

Ant. de 10 art., tarses à 4 art. le dernier plus long que les trois premiers réunis

Noir, opaque, allongé, subcylindrique; ant. et pattes rousses: Th. tuberculé: El. striées, à interv. très étroits, tuberculés. **substriatus** Pk

### HENDECATOMUS

Ant. de 11 art.; premier segment ventral pas plus long que le deuxième

Oblong, convexe, tête invisible de dessus; dessus brun; écusson ovalaire: El. réticulées. 4—5 **reticulatus** Hbst

## CIIDÆ

### XYLOGRAPHUS

Ant. de 10 art.; tibias lamelliformes, élargis avant le sommet

Brun-noir, pubescent: Th. et El. à gros points, qui forment une rangée régulière de chaque côté de la suture. 2,2 **bostrychoides** Duft

### CIS

(Abeille de Perrin: *Cisides Européens.—Faune* d'Erichson: *Cioidæ par H. V. Kiesenwetter*)

Ant. de 10 art. à 3e art. plus long que le 4e; dernier art. des palpes maxillaires plus épais que les précédents; tibias simples

1 Dessus glabre. (**Eridaulus**) 2
— Dessus pubescent. 5
2 El. à lignes régulières peu serrées, de gros points. **lineocribratus** Mel
— El. à ponctuation irrégulière. 3
3 Angles antér. du Th. aigus, prolongés en avant vers les yeux. **nitidus** Hbst
— Angles antérieurs du Th. ni aigus, ni prolongés en avant. 4
4 Angles antérieurs du Th. tronqués, arrondis. 2 **glabratus** Mel
— Th. à angles antérieurs presque droits, appliqués contre la base de la tête. 2 **Jacquemarti** Mel
5 Dessus à pubescence très fine; massue des ant. tri-articulée, à art. épaississant graduellement; hanches antérieures séparées: El. striées-ponctuées (**Hadraule**); brun, allongé, peu convexe, brillant; ant. et pattes testacées. 2 **elongatulus** Gyl
— Corps à pubescence courte, sétiforme, plus ou moins épaisse, à profil brillant. (**Cis**) 6
6 Th. inégal à impressions irrégulières. 7
— Th. uni sans impressions irrégulières. 10
7 Base du Th. immarginée. 8
— Base du Th. rebordée plus ou moins finement. 9
8 Th. (♂ au moins) obsolètement caréné: El. à ponctuation fine, semée de gros points. 3—4,5 **boleti** F
— Les rides des El. sont plus fortes et les gros P. manquent. **caucasicus** Men
9 Base du Th. finement rebordée; soies des El. assez grosses, squamiformes, subsérialement disposées; taille plus petite. 3 **setiger** Mel

— Base du Th. bien rebordée; pubescence égale, médiocre; corps court, très convexe. ♂ **micans Hbst**
10 Th. à sillon profond, entier: El. à ponct. fine et serrée. **fissicollis Mel**
— Th. à sillon obsolète ou sans sillon. 11
11 El. rugueuses, non striées; pubescence uniforme. 2—3 ♀ **micans Hbst**
— El. rugueuses, striées. 12
— El. finement ponctuées, à fond uni. 16
12 Pubescence des El. sériée. 13
— » » uniforme. 15
13 Angles postérieurs du Th. arrondis. 14
— Angles postérieurs du Th. presque droits; brun-cylindrique, allongé; pubescence des El. grise, en séries bien nettes; côtés du Th. peu arrondis. 1,5 **striatulus Mel**
14 Roux, court; séries des El. un peu confuses: Th. ♂ à 2 dents saillantes. 1,5 **4-dens Mel**
— Rougeâtre: Th. à ligne lisse, légère à la base; forme plus courte, plus large. 2 **comptus Gyl**
15 Th. mat, à ponctuation serrée, confluente; pubescence des El. d'un roux-doré. 2 **hispidulus Gyl**
— Th. brillant, à ponctuation écartée. 1,8 **nitidicollis Ab**
16 Angles antérieurs du Th. aigus s'avançant vers les yeux. 17
— » » » non aigus, non avancés vers les yeux. 19
17 Th. encapuchonnant la tête, inerme chez les ♂: El. très brillantes, à pubescence courte. 1,5—2,5 **Perrisi Ab**
— Th. ordinaire, à 2 cornes ♂; tête dégagée. 18
18 Noirâtre brillant, pubescence presque invisible: sommet du Th. presque aussi large que la base. 2—2,5 **bidentatus Ol**
— Brun peu luisant; pubescence peu visible: Th. fortement rétréci en avant. 2,5 **dentatus Mel**
19 Corps large; tête ♂ avec une large lame droite, 4-dentée; court, brun-clair, à pubescence subsquameuse: Th. à angles antérieurs finement arrondis: El. plus fortement ponctuées. 2 **laminatus Mel**
— Corps oblong. 20
20 Pubescence des El. écartée, très peu visible; brun-brillant: Th. à large bordure creusée en rigole. 2—2,5 **alni Gyl**
— Pubescence des El. bien visible. 21
21 Th. avec une carène ou une impression transverse avant la base. 22
— Th. sans impression à la base. 24
22 El. 4 fois plus longues que larges, à longue pubescence grise; brun-brillant; Th. finement, El. plus fortement, ponctués. **punctulatus Gyl**
— El. 3 fois plus longues que larges: impression du Th. plus visible. 23
23 Noir à ponctuation forte, plus serrée; pubescence très claviforme. 1,8 **punctifer Mel**
— Brun à ponctuation moins forte, plus serrée; pubescence très longue, fortement claviforme. 1,5 **sericeus Mel**
**24 Th. à bords explanés, encapuchonnant la tête. 25**

— Tête dégagée; bords du Th. non explanés. 26
25 Déprimé, noirâtre; ponctuation médiocre, assez espacée. **reflexicollis** Ab
— Roux, cylindrique, à ponctuation forte et serrée. 2,5 **festivus** Pz
26 Noir mat; Th. obsolètement pointillé; ♂ tête et souvent Th. avec deux cornes. 1 **bicornis** Mel
— Dessus brun ou rouge; q. q. fois noir, mais alors très brillant. 27
27 Pubescence des El. redressée sur la pente du sommet. 28
— » » » couchée sur la pente postérieure. 30
28 Th. plus large que long, ferrugineux, court, rétréci aux deux extrémités; angles antér. du Th. droits; pubescence médiocre, argentée. 1—1,5 **vestitus** Mel
— Th. aussi ou plus long que large. 29
29 Brun, El. pâles; pubescence jaune, fine; angles antér. du Th. fortement arrondis. 1,5—1,9 **bidentulus** Ros
— Rouge ou brun-noir concolore; allongé, atténué en avant; angles antér. du Th. obtus, postér. presque droits: El. à pubescence écailleuse, imbriquée. 1,5—2,5 **oblongus** Mel
30 Th. à côtés droits, presque carré; brun convexe, brillant; pubescence courte. 2—2,5 **coluber** Ab
— Th. à côtés arqués. 31
31 Châtain, peu brillant: Th. plus large que long, légèrement sillonné; pubescence courte, jaune, à écailles larges. 1,2 **castaneus** Mel
— Tête ♂ généralement à 4 cornes; pubescence blanche, soyeuse, plus fine; rouge-testacé, oblong, subparallèle, moins large, moins déprimé. 1,3 **4-dentulus** Perr

## RHOPALODONTUS

Ant. de 10 art., 3ᵉ subégal au 4ᵉ; tibias antér. élargis et denticulés au sommet externe

1 El. à ponctuation grosse et à pubescence très longue, hérissée. 2
— El. à ponctuation fine, à soies plus courtes, moins hérissées. 3
2 Taille plus grande; points des El. en séries presque régulières sur le dos. 2 **perforatus** Gyll
— Taille plus petite; P. des El. irrégulièrement placés. 1 **Baudueri** Ab
3 Brun concolore plus ou moins foncé; massue des ant. foncée. 1 **fronticornis** Panz
— Th. brun: El. plus claires à bords un peu enfumés. 1 **populi** Bris

## ENNEARTHRON

Ant. de 9 art.; massue de 3 art. égaux; angles du Th. arrondis

1 Corps glabre sans ponctuation visible. 1—1,2 **cucullatum** Mel
— Corps pubescent. 2
2 Dessus peu brillant. 3
— » assez brillant. 4
3 Corps roux très allongé, peu ponctué, à pubescence très courte, couchée. 1,5 **laricinum** Mel

— Brun, à Th. souvent plus clair, visiblement ponctué. **pruinosulum Perr**

4 Ferrugineux: El. à ponctuation assez forte subsériée, ainsi que la pubescence qui est demi-couchée, assez courte, serrée; ant. de 9 art. 1,5 **cornutum Gyll**

— Noir: El. à ponctuation assez grosse, sans ordre; pubescence subsériée longue, très hispide. 1,5 **affine Gyll**

— Très petit, très allongé, rougeâtre; ponct. des El. peu visible; pubescence hispide très écartée, en séries. 1 **filum Ab**

### OCTOTEMNUS

Ant. de 8 art.; dernier art. palpes maxil. non plus épais que les autres, plus long qu'eux tous réunis

1 Brun, glabre; ant. et pattes testacées: Th. très finement pointillé: El. vaguement, ruguleusement ponctuées. 1—1,5 **glabriculus Gyl**

— Brun, subcylindrique, peu ponctué; mandibules très proéminentes. 2 **mandibularis Gyl**

# TENEBRIONIDÆ

## PIMELIDÆ

### TENTYRIA

Th. transverse à côtés fortement arrondis; dernier art. palpes tronqué

1 Bordure de la base du Th. formant à partir des angles postérieurs une courbe qui se termine par 2 dents placées de chaque côté de la ligne médiane. 13—14 **mucronata Stev**

— Base du Th. sans denticules; une fine strie sur le disque du Th. 12—14 **interrupta Lat**

### STENOSIS

Tête très allongée, rétrécie en arrière; ant. courtes de 11 art.; El. plus larges que le Th.

1 Th. assez déprimé, rétréci en ligne droite de la base au sommet. 6—7 **angustata Herbst**

— Th. plus convexe, subcordiforme, à côtés rétrécis, redressés avant la base. **V. intermedia Sol**

### SCAURUS

Ant. de 11 art., le dernier très long acuminé au sommet: El. très déclives en arrière

1 El. sans traces de côtes, ponctuées. 12—14 **atratus F**

— El. à 4 côtes peu saillantes (y compris la suturale et la marginale); intervalles à 4 rangées de points. 13—14 **sticticus Gemm**

— El. à 4 côtes saillantes; intervalles à ponctuation peu nette. 2

2 La 1re côte interne après la suture, entière. 15—18 **striatus F**

— » » » » raccourcie à la base. **tristis Ol**

### ASIDA

Dernier art. palpes sécuriforme; ant. de 11 art., les derniers élargis, surtout le 10e

(Allard: *Monogr. du G. Asida*)

1 Angles postérieurs du Th. aigus, prolongés en arrière. 2

— Angles postérieurs du Th. peu aigus et peu ou point prolongés en arrière. 4

2 Th. ponctué à base bisinuée en accolade, échancrée au milieu. 3

— Th. avec fines granulations à base bisinuée et tronquée au milieu; suture légèrement relevée; carène latérale saillante près des épaules seulement. 8—11 **Marmottani** Bris

3 Côtés du Th. moins dilatés et moins relevés; dessus glabre ou à poils rares, difficilement visibles; carène latérale bien marquée tout le long. 9—13 **Jurinei** Sol

— Dessus complètement couvert de poils roux dorés, assez longs sur les côtes des El. ; côtés du Th. explanés ; El. à 5 côtes peu saillantes, sinueuses, interrompues, plus une oblitérée sur le 2e intervalle; 2 et 4 réunies postért, 3e apparente à la base seulement. **sericea** Ol

4 Th. à points enfoncés gros et serrés, à base largement arrondie au milieu et plus avancée que les angles postérieurs. **consanguinea** All

— Th. à tubercules très petits et serrés; les côtes forment postért de grosses aspérités; 1re oblitérée antérieurement, 2e réunie à la 3e postérieurement, 3e plus saillante et 4e réduite à une rangée d'aspérités irrégulières. 13 **Dejeani** Sol

— Th. à tubercules bien nets, assez gros. 5

5 Granulations du Th. bien séparées; chaque El. à 4 côtes étroites assez saillantes; 1re parallèle à la suture; 2 et 3 se réunissant avant le sommet, 4 ne commençant qu'au tiers de l'El. **sabulosa** Goez

— Granulations du Th. plus serrées et par séries; côtes des El. plus larges et moins saillantes; la 1re souvent oblitérée dans la première moitié, les 2 et 3 plus interrompues et changés en petites lignes élevées obliques; angles huméraux un peu plus relevés. 12,5—13 V. **catenulata** Mls

## DICHILLUS

Fascies de **Stenosis**; allongé, tête et Th. finement et densément ponctués, celui-ci presque cylindrique : El. à stries fines, ponctuées; écusson triangulaire. 3,3 **minutus** So

1

## AKIS

3 derniers art. ant. très petits : Th. fortement échancré au sommet, à angles postérieurs aigus, saillants

Noir brillant : Th. granuleux, plissé : El. carénées au bord externe, plissées sur les côtés, un tubercule saillant au fond de chaque dépression. 15—20 **bacarozzo** Schr

## BLAPS

(Allard : *Blapsides de l'ancien monde*: *Annal. Société entom.*)

Ant. de 11 art. le 3e très grand, les derniers, globuleux; cuisses canaliculées; El. atténuées et souvent mucronées au sommet

1 Plantule tronquée : Th. à ponctuation ordinairement dense.

— » triangulaire; Th. convexe à P. peu apparents, écartés : El. ordinairement lisses. 4

2 Cuisses antérieures en massue, plus grosses que les postérieures. 3

— » » pas plus grosses que les postér. : Th. et El. obsolètement pointillés. 20—25 **mucronata Latr**

3 El. étroites, allongées, rétrécies triangulairement au sommet : Th. à bords latéraux aplatis. 20—25 **mortisaga L**

— El. larges, à côtés subparallèles, brusquement arrondies au sommet : Th. bien rebordé et relevé latéralement, finement sillonné. 20—27 **similis Lat**

4 Rebord des El. complètement visible de dessus; prolongement caudal profondément divisé. 32—35 **armeniaca Fald**

— El. à rebords non visibles dans toute leur longueur. 5

5 Arrière-corps en ovale allongé, au moins 2 fois aussi long que large; prolongement caudal bifide : El. sans côtes, stries ou ponctuation, appréciables. 24—38 **gigas L**

— Arrière-corps en ovale convexe; prolongement caudal peu long et triangulaire. 6

6 Dos des El. subdéprimé; dessus plus brillant : Th. à côtés sinués avant la base, à ponctuation peu visible. 31—34 **lusitanica Hbst**

— Dos des El. plus arrondi; dessus un peu mat : Th. à ponctuation plus visible et à côtés arrondis, non sinueux. 27 **hispanica Sol**

## PIMELIA

Dernier art. palpes fortement tronqué; labre rectangulaire; ant. de 11 art., le 3e très long, le 11e petit

1 El. à 5 côtes, lisses, brillantes, crénelées postérieurement; interv. finement granulés. 14—18 **bipunctata F**

— Côtes des El. peu saillantes, pas plus brillantes que le fond; interv. à ondulations transverses. 14—18 **V. rugatula Sol**

## HELENOPHORUS

Ant. longues, robustes, filiformes, à 3e art. très grand ; Th. arrondi, très convexe

Noir, peu brillant, à ponctuation très fine et rare; vertex caréné : Th. sillonné : El. à disque ovale, presque plan, limité par une ligne saillante, à points fins mêlés de fines ondulations. **collaris L**

## CRYPTICUS

Chaperon non échancré; dernier art. palpes sécuriforme

1 Allongé, noir, peu luisant, ponctué; pattes et ant. d'un brun foncé : El. avec vestiges de stries : Th. plus large qu'elles. **quisquilius L**

— Brun-noir, ovale, ponctué : El. à pubescence soyeuse très fine, à stries ponctuées, à intervalles ponctués : Th. de la largeur des El. 8 **gibbus Quens**

## OOCHROTUS

Forme ovale, très rétrécie en arrière; brun-rougeâtre, pubescent : Th. lisse : El. à peine ponctuées; tête avec une ligne transverse. 3 **unicolor Luc**

## DENDARUS

Ant. monoliformes non ou peu épaissies au sommet; tibias antérieurs à peine élargis, recourbés

1 Noir-brillant, très ponctué: Th. avec des rides sur les côtés qui sont fortement redressés avant la base: El. striées-ponctuées à intervalles très ponctués, le 7e costiforme à la base. (**Dendarus**) 12—13 **tristis** Ross

— Noir brillant, très ponctué: Th. à ponctuation assez égale, à côtés à peine redressés à la base. (**Bioplanes**) 9—10 **meridionalis** Mls

## PEDINUS

Tête semi-enfoncée, à yeux rentrés: Th. transverse, échancré en arc à la base

1 Th. à ponctuation réticulée sur les côtés. 2

— Ponctuation du Th. ordinaire: El. à séries striales de points fins; intervalles peu brillants, finement granulés: Th. peu rétréci vers la base. 7—8 **femoralis** L

2 Prosternum concave: Th. fortement rétréci à la base; rangées striales des El. à P. gros, séparés. 8—9 **punctatostriatus** Mls

— Prosternum bisillonné, Th. non rétréci à la base; rangées striales des El. à P. plus fins, plus rapprochés. 7—8 **meridianus** Mls

## HELIOPATES — OLOCRATES

Tarses ant. des ♂ dilatés avec brosses de poils en dessous et jambes interméd. et postérieures ciliées de longs poils fauves; tibias antérieurs très élargis au sommet

1 Th. à côtés arrondis postérieurement. (**Heliopates**) 2

— Côtés du Th. redressés avant la base. (**Olocrates**) 3

2 Taille plus petite, Th. visiblement rebordé sur les côtés de la base. 8—9 **luctuosus** Serv

— Taille plus forte: Th. non rebordé à la base. 10—12 **lusitanicus** Hbst

3 Intervalles alternes des El. relevés. 8—9 **gibbus** F

— Tous les intervalles plans ou très peu convexes. 10—10 **abbreviatus** Ol

## PHYLAX

Corps parallèle, peu convexe: tibias un peu élargis; dernier art. ant. globuleux

Noir, tête et Th. très ponctués, peu brillants: El. brillantes, fortement striées-ponctuées, à intervalles bien ponctués, les alternes relevés. 8 **littoralis** Mls

## OPATRUM — GONOCEPHALUM

Tête transverse, fortement échancrée en triangle; ant. de 11 art.; El. parallèles arrondies en arrière

1 El. à 4 lignes élevées paraissant crénelées par de petits tubercules qui les bordent; noir ou gris-terreux. (**Opatrum**) **sabulosum** L

— El. ponctuées-striées à intervalles plans ou peu convexes. (**Gonocephalum**) 2

2 Oblong, presque parallèle, peu convexe, d'un brun-noirâtre, à soies courtes, roussâtres, hérissées : Th. légèrement arrondi, sur les côtés qui sont un peu relevés; El. à stries finement ponct., à interv. finement rugueux non tuberculés. 9—10 **rusticum Ol**

— Taille petite. (6—7m). 3

3 Insterstries des El. tuberculés. **pusillum F**

— » » non tuberculés. **pygmæum Stev**

### MICROZOUM

Tibias antérieurs très larges ayant une forte dent extérieure

Noir mat, pointillé sur toute sa surface avec q. q. dépressions irrégulières sur les El. 3 **tibiale F**

### LICHENUM

Ant. à 3 derniers art. larges et épais, formant massue; tibias antérieurs très dentés

Dessus squamulé, gris, varié de taches noires et blanches : Th. cordiforme; ant. courtes, noires : El. striées-ponct. **pulchellum Küst**

## TRACHYSCELINI

### AMMOBIUS (Ammophthorus)

Téte très courte, un peu voûtée, massue des ant. de 3 art. élargis

Couleur variant du roux fauve au noir-mat; dessus râpeux : El. sans stries, à longs poils, alignés. 4 **rufus Luc**

### TRACHYSCELIS

Tête très courte; 5 derniers art. ant. en massue ovalaire, déprimée, perfoliée

Noir-luisant, suture frontale à sillon profond : Th. lisse : El. à 9 stries ponctuées. 4—4,5 **aphodioides Lat**

### PHALERIA

Ant. de 11 art.; corps globoso-ovalaire

1 Th. sans sillons basilaires; dessus testacé concolore. 4 **pallens Lat**

— Th. avec deux courts sillons à la base. 2

2 Corps oblong, convexe, testacé brillant : Th. finement ponctué, canaliculé (chaque El. avec une tache irrégulière, *V. bimaculata Hbst*). 6—7 **cadaverina F**

— Corps ovale peu convexe, d'un roux livide peu brillant : Th. faiblement et brièvement canaliculé, à ponctuation peu visible. 3

3 Dessous noir en entier ou en grande partie. **dorsigera F**

— Dessous en majeure partie roux : El. sans taches. **acuminata Küst**

## BOLITOPHAGINI

### ELEDONA

Noir : Th. chagriné, non sillonné : El. à 9 sillons de P. transverses séparés par des côtes étroites. 3,3 **agaricola Hbst**

### BOLITOPHAGUS

Tête courte; dessus couvert de callosités, de tubercules et de côtes interrompues

1 Côtés du Th. dentés. 2

— Côtés du Th. inermes : El. à rangées de P. séparées par des côtes interrompues. 5 **interruptus Ill**

2 Th. sillonné à ponctuation grosse, serrée : El. à sillons ponctués (les P. sont plus profonds et plus allongés à mesure qu'ils s'éloignent de la suture) séparés par de fines carènes. 7—8 **reticulatus L**

— Th. chargé de tubercules : El. à sillons ponctués et à intervalles dentés sur leur arête. 3,3 **armatus Panz**

## DIAPERINI

### DIAPERIS

Corps globoso-ovalaire: tête atténuée en avant; 8 derniers art. ant. élargis, transverses

Ovale, noir, luisant : El. striées-ponctuées à 3 bandes transverses jaunes. **boleti L**

### HOPLOCEPHALA

Oblong, luisant, rouge : El. bleuâtres moins le sommet, striées-ponctuées; tête des ♂ armée de 2 cornes droites. 5—6 **hæmorrhoidalis F**

### SCAPHIDEMA

Brun, bronzé; base des ant. et pattes d'un rouge-brun : Th. trapézoïdal finement ponctué : El. à stries légères bien ponctuées; interv. finement pointillés. 4—5 **metallicum F**

### PLATYDEMA

Corps ovalaire, légèrement aplati; premiers art. ant. allongés, les suivants graduellement élargis, le dernier ovoïde

1 Noir-mat; dessous du corps et pattes, rougeâtres. **europæa Lap**

— Violet-foncé, brillant; front fossulé : Th. ponctué : El. striées-ponctuées. 7—9 **violacea F**

### ALPHITOPHAGUS

Ovalaire, luisant, peu convexe : Th. roux, plus foncé en avant : El. d'un brun-noir finem[t] striées-ponctuées avec 1 tache humérale, une bande transverse et souvent une tache apicale. **bifasciatus Say**

### PENTAPHYLLUS

1 Oblong, convexe, testacé, pointillé, à fine pubescence : El. assez finement et densément ponctuées. 3 **chrysomeloides Ross**

— Peu convexe, fauve, pointillé, peu pubescent; El. sans stries, à ponctuation très fine, très serrée. 2,8 **testaceus Helw**

# ULOMINI

## ALPHITOBIUS

1 Taille petite; ovale, oblong, roux : El. à ponctuation fine, serrée, à stries à peine indiquées et à bande transverse peu nette. **(Diaclina)** 4 **chrysomelinus Hbst**

— Taille grande, forme allongée, subparallèle. 2

2 Dessus brun-rougeâtre clair, interstries convexes. 6—7 **viator Mls**

— Dessus noir ou brun foncé. 3

3 Rebord basal du Th. bien saillant, prosternum bisillonné; dessus noir : Th. peu brillant à ponctuation serrée. 7—7,5 **diaperinus Panz**

— Rebord basal du Th. moins saillant au milieu que sur les côtés; prosternum à peu près lisse; dessus brun-rougeâtre; intervalles plus finement ponctués : Th. brillant à ponct. peu serrée. **piceus Ol**

## CLAMORIS (Phthora)

Ant. un peu plus longues que la tête, à derniers art. s'élargissant un peu; yeux plus longs que larges

Brun-rouge, subparallèle : Th. ponctué à stries sulciformes sur les côtés : El. à stries profondes, crénelées; intervalles presque impointillés. 3—5 **crenata Mls**

## PHTHORA (Cataphronetis)

Brun-noirâtre, ponctué : Th. très élargi en avant : El. à stries légères, ponctuées; intervalles plans, pointillés. 5 **crenata Germ**

## ULOMA

Corps large, plat, glabre; ant. dilatées à partir du 6e art.

1 Labre simple; bordure de la base et du sommet du Th. entière. 10—11 **culinaris L**

— Taille plus petite; labre bidenté; angles antér. du Th. plus aigus, bordure du sommet et de la base, interrompue au milieu. 8—9 **Perroudi Mls**

## TRIBOLIUM

Ant. peu plus longues que la tête; massue de 3 art.; yeux fortement entamés par les joues

1 Ant. graduellement épaissies; corps étroit comme *ferrugineum* : El. rougeâtres. 3 **confusum Duv**

— Ant. à massue abrupte de 3 art. 2

2 Corps large, de 1m 3/4 aux El. qui sont carinulées jusqu'à la suture et d'un brun-foncé. 2 **madens Charp**

— Corps étroit, de 1m 1/4 aux El. qui sont dépourvues de carinules vers la suture et rougeâtres. 2 **ferrugineum F**

## PALORUS

Dessus convexe, brillant, ponctué : Th. carré; à angles antérieurs saillants : El. striées-ponctuées, à 5e strie plus approfondie en avant; intervalles ponctués. 3,3 **depressus F**

### CORTICEUS (Hypophlœus)

Ant. fusiformes de 11 art.; corps étroit, parallèle; dernier art. des tarses presque aussi long que les 4 premiers réunis

1 El. striées-ponctuées. 6—6,5 **castaneus F**
— El. non striées, ponctuées uniformément ou à peu près. 2
2 Th. noir. 3
— Th. rougeâtre. 4
3 El. complètement rougeâtres. 3,3 **linearis F**
— El. noires à base rouge. 2,6 **fasciatus F**
4 El. noires à base rouge. 3,5—4 **bicolor Ol**
— El. rougeâtres. 5
5 Points des El. en lignes régulières près de la suture: Th. allongé; taille petite. 2,5 **insidiosus Mls**
— Points des El. non en séries régulières près de la suture. 6
6 Th. presque carré assez finement ponctué. 3,5 **fraxini Kug**
— Th. plus long que large, finement et plus densément ponctué. **pini Panz**

### ECHOCERUS (Gnathocerus)

Rougeâtre: Th. finement ponctué: El. striées-ponctuées; ♂ devant de la tête avec deux cornes et vertex avec deux saillies aiguës. 3—4 **cornutus F**

### LYPHIA

Allongé, brun rougeâtre peu brillant; ant. à massue de 4 art. plus clairs: Th. à points allongés, très serrés: El. à ponctuation serrée, à traces de stries. **ficicola Mls**

### SITOPHAGUS

Mandibules bifides: Th. subcarré; ant. de 11 art., les 5 derniers déprimés et élargis progressivement

Roux, presque plan: Th. légèrement sillonné de chaque côté de la base; écusson pentagonal: El. à stries légères, ponctuées (importé). 5,5 **hololeptoides Lap**

## TENEBRIONINI

### BIUS

Tête et Th. bruns: El. d'un noir de poix, pointillées, à strie juxtasuturale plus ou moins marquée; 3e art. ant. plus grand que le 2e. 7—8 **thoracicus F**

### CENTORUS

Allongé, noir-luisant; pattes rouges: Th. ponctué, à angles postérieurs armés d'une petite dent et fossulés: El. à stries ponctuées; intervalles pointillés. 5 **procerus Mls**

## CALCAR

Dernier art. palpes, fortement sécuriforme; ant. de 11 art., les derniers submonoliformes

Noir: angles postérieurs du Th. arrondis: El. striées-ponctuées; intervalles peu ponctués. 9—10 **elongatum Hbst**

## MENEPHILUS

Noir-luisant; front avec deux lignes longitudinales: El. striées-ponctuées; intervalles presque plans, pointillés, crénelés, ridés; angles postérieurs du Th. en pointe. 12—15 **cylindricus Hbst**

## TENEBRIO

Tête subrhomboïdale; ant. de 11 art., les derniers monoliformes et grossissant peu à peu; corps allongé, parallèle, un peu convexe

1 Ecusson presque en demi-cercle; intervalles subconvexes, finement pointillés; dessus brun-rougeâtre assez brillant. 12—14 **picipes Hbst**

— Ecusson pentagonal. 2

2 Intervalles des El. sans points tuberculeux, plans, rugueux, avec q. q. fines rides transverses. 15 **molitor L**

— Intervalles des El. à petits grains tuberculeux ou râpeux. 3

3 Côtés du Th. rétrécis-sinués avant le sommet; 7e et 8e intervalles des El. confus. 15—18 **obcurus F**

— 7e et 8e intervalles des El. séparés par une strie ponctuée bien distincte; côtés du Th. régulièrement courbés. 16—18 **opacus Dft**

# HELOPINI

## HELOPS

(Allard : *Monogr. des Helopides*)

Tête trapézoïdale; ant. de 11 art. grêles: corps oblong, un peu convexe

1 Cuisses antér. dentées (**Acanthopus**); noir, ovale, convexe : Th. à rides longitudinales : El. striées-ponctuées, interv. plans, ponctués. **caraboides Peta**

— Cuisses antérieures mutiques. 2

2 Base des El. arrondie aux épaules (**Catomus**) : Th. transverse, à ponctuation dense et rugueuse. **agonus Mls**

— Base des El. tronquée avec les épaules anguleuses. (**Helops**) 3

3 Th. marqué en dessous de gros points sur les côtés, non ridé. 4

— Th. avec des rides longitudinales en dessous, sur les côtés. 8

4 Corps oblong, étroit, violet ou d'un gros bleu. 5

— Corps noir, oblong. 6

5 Th. échancré au sommet; dessous et pieds, noirs. 13—18 **cœruleus L**

— Th. bisinueusement tronqué en avant; dessous et pieds, violets. 11—13 **Rossii Germ**

6 Intervalles convexes, rugueusement ponctués. **coriaceus Küst**

— **Intervalles plans.** 7

7 Ponctuation des intervalles forte et dense. **laticollis** Küst
— Intervalles à ponctuation fine, obsolète. **ebeninus** Vill
8 Corps oblong; ant. longues, grêles, filiformes. 9
— Corps ovale : Th. plus large à la base qu'au sommet; art. ant. 4-10 grossissant de la base au sommet. (**Nalassus**) 15
9 Th. cordiforme, peu transverse : El. convexes. (**Stenomax**) 10
— Th. trapézoïdal, transverse : El. déprimées. (**Omaleis**) **Genei** Gen
10 El. terminées par un prolongement. 11
— El. non terminées par un prolongement. 12
11 Prolongements finissant en ogive et déhiscents. **lanipes** L
— Prolongements en pointe obtuse et non déhiscents. **piceus** Strm
12 8e intervalle prolongé jusqu'au rebord apical avec lequel il se confond. 13
— 8e interv. se liant à l'extrémité au 2e, sans s'unir au rebord apical. 14
13 Angles postérieurs du Th. droits; noir de poix. **Foudrasi** Mls
— Angles postérieurs du Th. obtus; intervalles convexes. **meridianus** Mls
14 Angles postérieurs du Th. droits; intervalles convexes. **pyrenæus** Mls
— Intervalles plans; angles postérieurs du Th. obtus. **assimilis** Küst
15 Intervalles des El. convexes. 16
— » des El. plans. 17
16 Dessus jaune testacé; angles postérieurs du Th. obtus. **pellucidus** Mls
— Dessus noir ou brun. **quisquilius** F
17 Angles postérieurs du Th. obtus : Th. court, rétréci à la base. **caraboides** Panz
— Angles postérieurs du Th. droits. 18
18 Dessus jaune ferrugineux. **pallidus** Curt
— Dessus noir ou brun de poix. 19
19 8e intervalle s'unissant au rebord apical. **Ecoffeti** Küst
— 8e intervalle se liant au 2e sans s'unir au rebord apical. **harpaloides** Küst

# ALLECULIDÆ

## OMOPHLUS

Hanches postérieures divisées transversalement en deux parties égales

1 Epipleures des El. atténués en arrière mais bien marqués presque jusqu'au sommet; le bord interne devient là extérieur en arrière (**Heliotaurus**): El. noires verdâtres, Th. rouge, sommet de l'abdomen rouge. **distinctus** Cast
— Epipleures des El. fortement atténués dans leur moitié postérieure. (**Omophlus**) 2
2 El. pubescentes. 3
— El. glabres ou tout au plus avec des poils très clairsemés. 6
3 Epipleures très atténués en arrière mais visibles presque jusqu'au sommet : Th. subcarré : El. jaunes à 10 stries ponctuées; 4 tibias antér. ♂ fortement recourbés. 9—12 **curvipes** Brull
— Epipleures non visibles à partir des hanches postérieures. 4

4 Th. presque carré à poils gris, couchés, sur le disque et à longs poils noirs redressés, aux bords antérieur et latéraux. **picipes F**

— Th. 1/3 ou 1/2 plus large que long, garni partout de poils noirs. 5

5 El. à pubescence noire. 8—11 V. **frigidus Mls**

— El. à pubescence plus claire; base des ant. et tibias rougeâtres, (taille plus petite *V. picipes Redt*). 9—10 **Amerinæ Curt**

6 Th. finement ponctué sur le disque: El. transversalement ruguleuses; crochet interne des tarses antérieurs ♂ denté. **betulæ Hbst**

— Disque du Th. ponctué, sur les côtés la ponctuation est ruguleuse : El. élargies postérieurement. 9—12 **rugosicollis Brull**

## PODONTA

Hanches postérieures divisées transversalement en 2 parties, la postérieure plus large

Complètement noir, à fine pubescence: El. à vestiges de stries: Th. à angles postérieurs subaigus, prolongés en arrière. **nigrita F**

## CTENIOPUS

Ant. égalant au moins la moitié du corps; angles postérieurs du Th. droits

Corps complètement jaune; sommet des ant., des tarses et des palpes, brun (la Var. *bicolor F* noire, avec Th. et pattes jaunes, est une modification particulière au ♂). **flavus Scop**

## GONODERA

1 Avant-dernier art. tarses prolongé en lamelle en dessous (**Hymenalia**); brun-noirâtre luisant, à duvet court, soyeux, assez serré : Th. court, demi-circulaire: El. à stries obsolètes, à ponctuation aciculaire formant de petites lignes transverses. 10 **rufipes F**

— Avant-dernier art. des tarses sans lamelle en dessous. 2

2 1er art. des tarses antér. égal au dernier; ligne latérale du Th. effacée en avant. 3

— 1er art. des tarses plus court que le dernier; ligne latérale du Th. visible jusqu'au sommet. 4

3 Ovale, allongé, noir: El. jaunes à 9 stries ponctuées, à pubescence rousse, soyeuse; ant. fortement en scie extérieurement, du 4e art. au 10e. 11 **ceramboides L**

— Corps testacé, pattes pâles: El. légèrement striées, avec q. q. fois une ligne plus foncée dans le milieu de leur longueur. **varians F**

4 Angles postér. du Th. ne s'appuyant pas contre les épaules des El. (**Gonodera**) 5

— Angles postér. du Th. s'appuyant contre les épaules des El. (**Isomira**) 6

5 Noir-brillant, verdâtre; ant. et pattes roussâtres: Th. rétréci, arrondi en avant, à ponctuation assez forte et serrée: El. à stries ponctuées; interv. avec deux ou trois rangs de P. assez forts. 8—9 **Luperus Hbst**

— Corps complètement testacé. V. **ferruginea F**

6 Tête et Th. jamais bruns ou noirs; repli des El. prolongé jusqu'à l'angle sutural; 4e art. ant. ♂ renflé. 5 **antennata** Panz

— Coloration très variable; palpes et base des ant., testacés; repli des El. réduit à une tranche vers l'angle sutural. 5—5,6 **murina** L

### ERYX

3e art. ant. au moins aussi long que le 4e : Th. bisinué à la base

1 Angles postérieurs du corselet arrondis; El. visiblement striées-ponctuées à insterstries convexes; dessus noir, à pubescence courte, noire; ♂ brillant, ♀ mate. **ater** F

— Angles postérieurs du corselet presque droits; El. obsolètement striées, à insterstries à peine convexes; dessus noir, à pubescence courte, brune; ♂ ♀ brillants. **lævis** Küst

### ALLECULA

Dernier art. des palpes maxil. triangulaire

Brun, très allongé; ant. et pattes claires; art. des ant. très allongés: El. à stries fortement enfoncées et à intervalles ponctués. **morio** F

### HYMENORUS

Ecusson en pentagone; avant-dernier art. des tarses avec une lamelle en dessous; dernier art. palpes sécuriforme

Brun-noir, pattes plus claires; dessus pubescent, très ponctué: El. striées; yeux saillants, échancrés en avant. 7—8 **Doublieri** Mls

### MYCETOCHARA

Avant dernier art. tarses sans lamelle; écusson triangulaire ou semi-circulaire

1 El. ayant chacune deux taches; noir-brun, luisant, hérissé de poils fauves; pattes et base des ant. d'un roux clair: El. ponctuées ruguleusement avec 3 légères stries vers la suture. **4-maculata** Lat

— El. avec une seule tache flave, humérale. 2

— El. sans taches; dessus noir-luisant, à poils obscurs, mi-couchés: El. striées-ponctuées, à P. très gros, très rapprochés. **linearis** Ill

2 Ant. et pattes flaves; tache humérale allongée; tête de la largeur du Th. à son milieu; art. des ant. allongés. 7—7,5 **flavipes** F

— Sommet des ant. et cuisses foncés; tache humérale carrée, moins allongée; ant. plus épaisses, à art. plus courts; tête bien moins large que le Th. à son milieu. 6—7 **bipustulata** Ill

— Ant. et pattes testacées; tache des El. suballongée, étroite, moins nette, n'allant qu'au 7e de l'El. et ne partant que de la 5e strie. 6,5—7 **axillaris** Payk

## MELANDRYIDÆ

### TETRATOMA

Ant. brusquement terminées par une longue massue perfoliée de 4 art.

1 El. sans taches. 2

— El. avec des taches. 3
2 El. bleues ou vertes, tête noire, Th. et pattes rougeâtres. **fungorum F**
— Dessus noir concolore, à reflets bleuâtres ou verdâtres. **Desmaresti Lat**
3 Tête et Th. testacés: El. noires à tache testacée en forme d'X. **ancora F**
— Dessus brun-clair: El. avec 8 taches testacées, disposées en trois séries transverses, irrégulières. 3 **Baudueri Perr**

## MYCETOMA

Hanches antérieures non saillantes, séparées par une saillie prosternale

Brun-châtain très ponctué: Th. avec 3 fossettes en triangle: El. striées à suture largement jaune, surtout à la base; pattes testacées; tête et Th. moins foncés. 6 **suturalis Panz**

## EUSTROPHUS

Palpes maxil. non en scie, éperons des tibias simples et médiocres

Facies de *Dermeste*: noir, dessous, pattes et ant. d'un brun-rouge; El. à fines stries ponctuées. à fine pubescence couchée. **dermestoides F**

## ORCHESIA

Palpes maxil. en scie, éperons des tibias postérieurs très longs, finement pectinés en dessous

Reitter: *G. Orchesia, traduc.* Reiber: *Revue entomologique 1887*

1 Yeux très rapprochés sur le front. 2
— Yeux éloignés; ant. à massue quadriarticulée. 5
2 Massue des ant. quadriarticulée. 5 **luteipalpis Mls**
— Massue des ant. triarticulée. 3
3 ♂ Une impression ponctiforme entre les yeux; 3 premiers art. des tarses antér. dilatés, dernier segment ventral à large impression transverse; ♀ tarses antér. simples, les art. 1-2 subégaux, 3e bien plus court que le 2e. **Reyi Guill**
— ♂ 1er et surtout 2e et 3e art. tarses antérieurs dilatés; ordinairt une impression entre les yeux; ♀ tarses antérieurs simples à 1er art. presque aussi long que 2 et 3, et 3e plus court que le 2e. 4
4 Corps allongé, peu convexe, châtain, à pubescence pâle, à ponctuation très fine et serrée; base du Th. bisinuée. 4—5 **micans Panz**

L'O. **Abeillei Guill** en diffère par la forme plus allongée, la ponctuation plus fine, la massue des ant. plus étroite, le Th. plus fortement bisinué à la base, et par les tarses antérieurs ♂ et ♀ peu différents et plus longs que ceux de **micans**

— Poils des yeux plus fins, moins fournis; Th. un peu mat à points plus fins, plus serrés, plus égaux; ponct. des El. plus égale, plus serrée, plus rugueuse; éperon des tibias antér. plus petit. **australis Guil**
5 Dessus unicolore; long, étroit, déprimé. **sepicola Rosh**
— El. d'un brun-jaunâtre avec 3 bandes transverses noires. 6
6 La bande transverse supérieure est fortement dentelée et n'entoure pas une tache claire. **fasciata Pk**
— La bande supérieure, dilatée en avant et en arrière entoure une tache claire en se groupant de chaque côté en 4 taches circulaires accolées. **undulata Kr**

## HALLOMENUS

Hanches postérieures obliques; éperons des tibias petits et courts

1 Dernier art. des palpes maxill. cylindrique, tronqué; base du corselet à fossette obsolète de chaque côté, à angles postér. un peu saillants en arrière: El. légèr[t] striées; brun, à épaules ordinairement plus claires; corselet avec 2 bandes noirâtres. **binotatus Quens**

— Dernier art. des palpes maxillaires brièvement oviforme; fossettes basilaires du Th. profondes, angles postér. non saillants: El. non striées; brun à épaules plus claires ou jaunâtre en entier. **fuscus Gyl**

## ABDERA

Hanches antér. saillantes, contiguës; éperons des tibias petits et courts

1 2e art. ant. moitié au moins plus court que le 3e. (**Carida**) 2

— » » » subégal au 3e. (**Abdera**) 3

2 Jaune ferrugineux; une bande transverse noire sur le disque du Th. ne touchant pas les bords et deux autres en zig-zag sur les El. 4 **flexuosa Payk**

— Brun-rougeâtre, à pubescence soyeuse très fine: Th. noir-brun, à base et sommet plus clairs. 2,5 **affinis Payk**

3 Dernier art. des palpes maxillaires triangulaire et Th. bisinué à la base: El. avec 2 bandes transversales plus claires. (**Adobia**) **bifasciata Marsh**

— Dernier art. des palpes ovoïde: Th. non bisinué à la base. 4

4 Dessus noir; pattes et deux bandes sinueuses sur les El., jaunes. 3 **griseoguttata Frm**

— Dessus rougeâtre avec la tête, une bande au milieu du Th., une bande élytrale basale, une médiane et une apicale, noires. 3,5 **4-fasciata Curt**

— Dessus jaune-testacé avec une tache scutellaire et une au milieu de chaque El., brunes, peu nettes. 3 V. **scutellaris Mls**

## ANISOXYA

Eperons terminaux des tibias intermédiaires, l'un assez grand, l'autre long; dernier art. palpes maxil. ovoïde

Brun plus ou moins foncé, jaune ferrugineux sur la tête, la base du Th. et le bord des El.; pattes testacées; corps allongé, convexe, rétréci en arrière. 3—4 **fuscula Ill**

## DIRCÆA

Hanches antér. saillantes et contiguës

1 Dessus noir: El. avec 4 taches jaunes subtransverses. (**Dircæa**) 2

— Dessus brun rougeâtre concolore, couvert de fines rides transverses: Th. obconique, fovéolé ou sillonné obliquement de chaque côté du disque. (**Phlœotrya**) **Vaudoueri Mls**

2 Carinule marginale du Th. entière. **4-guttata Pk**

— » » » » interrompue en avant. **australis Frm**

## SERROPALPUS

Palpes maxillaires fortement dentés en scie aiguë en dedans

Brun à pubescence soyeuse abondante : El. striées-ponctuées q. q. fois plus foncées vers la suture. 12—13 **barbatus Schall**

## XYLITA

Th. largement arrondi et sensiblement avancé à son bord antérieur

1 Corps allongé, peu convexe, brun noir, un peu ferrugineux sur les bords des El. et du Th.; dessus à ponctuation serrée, un peu râpeuse sur les El. 8 **lævigata Hell**

— Corps un peu déprimé sur le dos; tête très inclinée peu visible de haut : El. ferrugineuses un peu rembrunies le long de la suture; Th. noir; base des ant., palpes et pattes pâles. 6—7 **livida Sahl**

## HYPULUS

El. allongées, subparallèles : Th. plus long que large; ant. légèrement épaissies

1 Dessus brun à ponctuation râpeuse; 2 fortes fossettes à la base du Th. : El. avec une tache isolée au 1/3, une bande postmédiane et une tache apicale, noires. 7 **bifasciatus F**

— Tête et Th. bruns, celui-ci avec 2 fossettes basales : El. testacées avec une bande médiane remontant vers l'écusson, une postmédiane plus large et une apicale, noires. 5,5 **quercinus Quens**

## ZILORA

Tête subperpendiculaire; tarses antérieurs à peine plus épais que les autres

Brun, devenant ferrugineux sur le bord des El., la tête et le Th.; celui-ci avec un court sillon transversal formé de 3 grandes fossettes, au devant de l'écusson : El. fortement ponctuées, légèrement striées; dessus à pubescence courte, dressée. 5—6 **ferruginea Payk**

## MAROLIA

El. atténuées au sommet et à la base; ant. grêles : Th. presque carré

Tête et Th. bruns, celui-ci à angles postérieurs proéminents en arrière : El. d'un roux-jaunâtre à bandes transverses noirâtres, très anguleuses; dessus très ponctué, finement pubescent. 6 **variegata Bosc**

## MELANDRYA

Ant. filiformes : El. un peu élargies au tiers postérieur : Th. subtrapézoïdal, très rétréci en avant

1 Ant., pièces buccales et pattes, d'un jaune ferrugineux ou orangé. 11 **rufibarbis Schall**

— Ant. et pattes en majeure partie foncées. 2

2 Noir bleuâtre : Th. avec deux légères fossettes basilaires. **caraboides L**

— Noir : El. très élargies en arrière : Th. avec un fort sillon médian et deux fossettes profondes, un peu allongées, vers les angles postérieurs. 11 **dubia Scha**

### PHRYGANOPHILUS

El. allongées, parallèles: Th. transverse plus ou moins arrondi sur les côtés; ant. graduellement épaissies au sommet

Dessus noir, avec Th. rouge; tête sillonnée: Th. finement ponctué presque aussi large que les El.; celles-ci finement chagrinées; les deux derniers segments de l'abdomen flaves. 14 **ruficollis F**

### CONOPALPUS

Antennes filiformes de 10 art.

1 Dessus complètement testacé, pubescent, ponctué; ant. noires au sommet; les El. se rembrunissent q. q. fois. 7 **testaceus Ol**

— Noir-bleu à pubescence plus fine, avec Th., base des ant. et pattes, jaunes: Th. très transverse; El. à dépression transverse après la base. **brevicollis Kr**

### OSPHYA

Ant. de 11 art.; ongles des tarses dentés ou bifides au sommet

1 Th. rougeâtre avec deux taches noires; El. et tête d'un noir-ardoisé, écusson jaune ♂; tête jaune moins le sommet, El. d'un rouge jaune avec calus huméral et sommet, noirs ♀. 12—13 **bipunctatus F**

— El. vertes à ponctuation dense, à pubescence soyeuse: Th. rougeâtre avec deux macules noires. 11 **æneipennis Kriec**

## RHIPIPHORIDÆ

### EVANIOCERA

Corps allongé, noir, couvert de pubescence blanchâtre; El. brunes; ant. ♂ long[t] flabellées à partir du 3e art., ♀ dentées en scie: El. entières un peu atténuées en arrière ♂. **Dufouri Lat**

### RHIPIDIUS

Bouche atrophiée

1 ♀ larviforme, sans ailes ni El., ♂ El. déhiscentes, très abrégées, découvrant en grande partie les ailes inférieures; ant. ♂ pectinées, ♀ filiformes. La ♀ vit sur le corps des Blattes. ♂ 2—3 **pectinicornis Thumb**

— Noir de poix; El. plus claires; ant. flabellées de 11 art.; Th. trapéziforme à côtés échancrés; El. étroites, distantes; ailes plus longues que le corps; ♀ inconnue [sur un érable (*Isère*) ]. **4-ceps Ab**

### MYIODES (Myodites)

Tête très large, transverse; écusson bien dégagé

Noir; tibias, tarses et abdomen, rougeâtres; celui-ci à taches noires; ♂ ant. courtes biflabellées à partir du 2e art.; ♀ uniflabellées: El. très courtes, déhiscentes, testacées, transparentes. **subdipterus Bosc**

### RHIPIPHORUS (Metœcus)

Hanches intermédiaires presque contiguës; ant. pectinées à partir du 2e art.

Testacé avec dessous du corps moins l'abdomen, pattes, ant., tête, une tache longitudinale au Th. et sommet des El., noirs; El. déhiscentes à partir du milieu, à sommet très aigu. **paradoxus L**

### EMENADIA

Tête saillante; ant. courtes de 10 art. biflabellées ♂ unipectinées ♀ : El. acuminées au sommet et déhiscentes

1 El. testacées sans taches ou l'extrême sommet seulement rembruni; tête, moins le sommet, Th., base des tibias et des tarses, testacés; ventre rouge à la base et au milieu. **flabellata F**

— Complètement noir : El. testacées-rougeâtres à sommet largement rembruni. **præusta Gebl**

— Noir avec sommet des tibias, 3 premiers art. tarses, Th. et El., d'un rouge-testacé; celles-ci avec 1 tache demi-circulaire commune à l'écusson et 1 point au-delà du milieu, noirs. **larvata Schrank**

## MORDELLIDÆ

(Emery: *Monogr. des Mordellides*)

### TOMOXIA

Pygidium en pointe: tibias postér. marqués d'une hachure avant l'extrémité de l'arête dorsale; écusson large, subrectangulaire; dern. art. ant. échancré dans la 2e moitié de son côté interne

(On appelle hachures chez les Mordellides des lignes de franges, formées de petites soies, placées avant la frange terminale des tibias postérieurs).

Brun-noir : El. avec des taches de duvet blanchâtre; une scutellaire, une humérale, une après le milieu. 5—6 **biguttata Gyll**

### MORDELLA

Mêmes caractères, mais écusson petit, ogival; dernier art. ant. non échancré; tibias postérieurs avec une seule hachure subapicale

1 Tempes visibles derrière les yeux : El. avec chacune 6 taches de duvet blanc. 7—8 **V. 12-punctata Ross**

— Tempes non visibles, les yeux touchent le bord postérieur de la tête. **2**

2 El. courtes, moins de 2 fois aussi longues que larges à la base. **3**

— El. allongées, au moins 2 fois aussi longues que larges. **4**

3 El. à petites taches de pubescence blanche, nombreuses, irrégulièrement placées. 3—3,5 **maculosa Naez**

— El. avec 2 taches (souvent confluentes) pubescentes blanches au-delà du milieu et quelques petites taches à la base. **bisignata Redt**

4 El. avec 2 taches blanches au-delà du milieu, souvent réunies. 6—8 **Gacognei Mls**

— El. avec une seule tache au-delà du milieu ou avec une bande transversale de duvet blanc ou jaune. **5**

— El. sans taches. 6

5 El. avec une bande de duvet blanc ou jaune aux 2/3 et une tache lunulée à la base; pygidium court, conique. **bipunctata** Germ

— El. à taches pubescentes à peu près semblables, seulement la bande antéapicale est plus rapprochée du milieu des El. et le pygidium est plus allongé. 3,3—6 **fasciata** F

6 Dernier art. palpes subovalaire ayant près de la base sa plus grande largeur. 4,5—6 **villosa** Schr

— Dernier art. palpes subtriangulaire sa plus grande largeur au milieu. 4,5—6 **aculeata** L

La var. **brevicauda** Cost est plus petite, le pygidium est plus pointu au sommet et la pubescence offre un reflet fauve ou cendré sur la base du Th. et la suture des El.

## MORDELLISTENA

Tibias postér. ainsi que les 2 ou 3 premiers art. des tarses, ordinairement avec plusieurs hachures; tempes réduites à une tranche fort mince

1 Eperons des tibias intermédiaires presque nuls; dessus et dessous noirs, ventre rouge: Th. ♀ rouge vif. 3,5—4,5 **abdominalis** F

— Eperons des tibias intermédiaires bien visibles. 2

2 Hachures rapprochées, peu apparentes, courtes (elles atteignent au plus le 1/4 de la face externe du tibia): El. noires. **artemisiæ** Mls

— Hachures moins rapprochées, plus longues, atteignant au moins le tiers de la face externe du tibia. 3

3 Corps en partie testacé. 4

— Corps noir concolore. 6

4 Tête et Th. testacés: El. sans tache humérale. **Neuwaldeggiana** Panz

— Vertex noir: El. à tache humérale plus claire. 5

5 Tache humérale peu allongée, occupant q. q. fois toute la base. 3,5—4,5 **humeralis** L

— Tache humérale allongée, laissant toujours les bords latéral et sutural, noirs. 3—3,7 V. **lateralis** Ol

6 L'une des hachures plus longue que les autres, traversant presque tout le tibia. 7

— Hachures peu obliques, égales en longueur. 9

7 Pygidium conique, pas 2 fois aussi long que l'hypopygidium. 8

— Pygidium linéaire, filiforme, plus de 2 fois aussi long que l'hypopygidium. 3—5 **episternalis** Mls

La **M. longicornis** Mls est plus petite; les art. 5-10 ant. sont une fois plus longs que larges; le dernier art. palpes est une fois plus long que large; l'éperon externe des tibias à peine plus grand que moitié de l'interne

8 Eperon externe des tibias postérieurs presque nul. 1,3—1,8 **nana** Mots

La var. **Baudueri** Em est plus grande et le duvet des El. est obscur le long de la suture et du bord latéral

— Eperon externe des tibias postérieurs, plus petit que l'interne mais bien visible. 2—3,5 **parvula** Gyll

9 Eperons postérieurs testacés. 1,5—3 **confinis** Cost

— » « noirs. 10

10 Dernier art. palpes au moins 3 fois aussi long que large. **Perrisi** Mls

— Dernier art. palpes pas plus de 2 fois aussi long que large. 11

11 3e art. tarses postérieurs avec une hachure. 3,3—4,3 **tarsata** Mls

— 3e » » » sans hachures. 12

12 Forme allongée. 13

— Forme étroite, dessus à duvet noir. 3—4 **pumila** Gyl

— Forme très étroite. 14

13 Pygidium conique ordinairement étroitement tronqué, court chez la ♀; angles postérieurs du Th. émoussés. 3,3—4,5 **brevicauda** Bohm

— Pygidium allongé, pointu; angles postérieurs du Th. pointus; tibias antérieurs ♂ dilatés au 1/4. 2,5—5,5 **micans** Germ

La M. trilineata Mls diffère de micans Germ par le dessus du corps à duvet noir et 4 hachures au lieu de 3 sur les tarses postérieurs

L'infima Mls se place près de la trilineata: taille exiguë (2,3); deux hachures seulement sur les 2/5 postérieurs de l'arête dorsale des tibias postérieurs, 2 ou 3 sur le prem. art. des tarses, 1 ou 2 sur le second

14 Tibias antérieurs ♂ simples. 3,8 **Perroudi** Mls

— Plus petit; tibias antérieurs ♂ dilatés au 1/4. 3 **stenidea** Mls

## STENALIA

Tibias postérieurs avec une seule hachure

Forme étroite; noir avec les El. d'un jaune pâle. 3,5—4 **testacea** F

## PENTARIA

Pygidium non prolongé en pointe; tibias postérieurs plus longs que les deux premiers art. des tarses

Brun-fauve à duvet soyeux; art. 6—11 des ant. d'un brun-foncé; pattes roussâtres. 3 **badia** Ros

## ANASPIS

Tibias postérieurs moins longs que les deux premiers art. des tarses

1 Repli des El. diminuant insensiblement de largeur de la base au sommet. 2

— Repli des El. diminuant rapidement de largeur, nul ou presque nul au niveau du 1er segment ventral. 13

2 Ant. filiformes à art. 6-10 grossissant insensiblement sans massue distincte. 3

— Ant. monoliformes à art. 6-10 subégaux. 10

— Art. 9-10 ant. plus grands que les précédents, formant une massue avec le 11e; dessus noir, devant du front testacé. 1,6 **labiata** Cost

3 El. à taches ou à bandes de couleur différente de celle du fond. 4

— El. testacées concolores ou rembrunies au sommet; Th. testacé. 5

— El. noires. 6

4 Tête noire: El. noires avec une tache humérale et q. q. fois une tache discale, flaves. 3 **Geoffroyi** Mül

— Tête jaune: El. testacées à taches brunes vagues (une basale triangulaire, une suturale au 1/4 postérieur, une discale arrondie ou transverse). 3 **maculata** Fourc

— Tête jaune; dessus flave clair, avec suture des El. étroitement noire, et 2 taches élytrales transverses noires, l'une après le milieu, l'autre apicale. 2 **Defarguesi** Ab
5 El. concolores; poitrine et ventre, testacés. 2,5—3,5 **subtestacea** Step
— El. enfumées au sommet; poitrine et ventre, noirs. 3—3,5 **arctica** Zett
6 Th. noir. 7
— Th. rouge ou testacé, au moins en partie. 9
7 Th. 2 fois aussi long que large; angles postérieurs arrondis. **pyrenæa** Frm
— Th. moins de 2 fois aussi long que large. 8
8 Front en partie au moins testacé. 3—4 **frontalis** L
— Tête noire, bouche seule testacée. 2,5—3 **pulicaria** Cost
9 Th. brunâtre ainsi que la tête. V. **alpicola** Em
— Th. à côtés rouges, noir au milieu et à la base. V. **lateralis** F
— Th. testacé-rougeâtre, très transverse. 2,5—3 **ruficollis** F
10 El. testacées souvent rembrunies au sommet. 3,5 **flava** L
— El. noires ou brunes : Th. testacé. 11
— El. et Th. noirs. 12
11 Th. 1/3 plus large que long; ventre ♂ sans appendices. **thoracica** L
— Th. à peine 1/3 plus large que long; ventre ♂ appendiculé. **Costæ** Em
12 Dernier art. ant. ♂ moitié, ♀ presque double, plus long que le précédent. 3,5 **melanostoma** Cost
— Dernier art. ant. peu plus long que le précédent. 3 **rufilabris** Gyl
13 Premier art. tarses postér. à peine plus court que le tibia; dessus testacé. 2 **Mulsanti** Bris
— 1er art. tarses postér. bien plus court que le tibia. 14
14 El. noires ou brunes. 15
— El. au moins en partie, testacées. 17
15 Art. 8-10 ant. plus longs que larges. 3 **latiuscula** Mls
— Art. 8-10 ant. au moins aussi larges que longs. 16
16 Th. noir; 3e art. ant. 1/2 plus long que le 4e. 2—4 **brunnipes** Mls
— Th. noir ou rouge; 3e art. ant. peu plus long que le quatrième. 2—3 **varians** Mls
17 Th. rouge. 2,5 **trifasciata** Chev
— Th. noir ou bordé de noir à la base. 2,5 **4-maculata** Gly

## SCRAPTIA

Palpes longs à dernier art. sécuriforme; ant. filiformes à dernier art. conique un peu pointu : El. allongées, subparallèles, subdéprimées

1 Brun-noirâtre, allongé, pubescent; tibias et tarses plus clairs : El. à fine ponctuation serrée, formant des strioles transv. **dubia** Ol
— Taille plus petite; pattes complètement testacées. 2
2 Dessus brun-noirâtre; ant. brunes à base plus claire. **fuscula** Müll
— Dessus et dessous d'un testacé assez clair; ant. testacées. 3
3 Yeux proéminents ne touchant pas la base de la tête; tempes bien visibles. **ophthalmica** Mls

— Tempes nulles, yeux moins saillants. **ferruginea Ksw**

### TROTOMMA

El. ovales

Corps court, rougeâtre concolore, pubescent, à ponctuation assez forte et serrée, sur les El. surtout. **pubescens Ksw**

## ANTHICIDÆ

(MULSANT: *Colligères*— DE MARSEUL: *Ab. XVII*)

### PHYTOBÆNUS

Yeux échancrés; ant. à art. 2-6 serrés presque égaux, 7-10 un peu plus épais et plus courts, 11 ovoïdo-conique

Brun de poix, pubescent, ponctué; une tache blanche entre les yeux : Th. à sillon transverse basal, divisé par une carène : El. parées chacune de 2 taches blanchâtres. 2,5—2,8 **amabilis Sahlb**

### EUGLENES

1 Ant. dentées; yeux touchant le bord supérieur de la tête; tête obscure: El. testacées à tache dénudée, derrière l'écusson et bande transversale après le milieu des El. **(Aderus)** populneus Panz

— Ant. non dentées, yeux ne touchant pas le bord postér. de la tête. ( **Olotelus et Euglenes**)

2 Th. rouge ou rougeâtre: El. noires ou brunes. **(Anidorus)** 3

— Th. noir ou brun foncé. 5

— Th. testacé. 7

3 Tête rouge ferrug.; cuisses postérieures rembrunies, ant. ferrugineuses à extrémité obscure. **ruficollis Ross**

— Tête noire. 4

4 Cuisses intermédiaires et postérieures noires; ant. noires à 2e art. testacé; bouche d'un rouge foncé; cuisses postérieures sans renflement dentiforme au sommet. **sanguinolentus Ksw**

— Tête complètement noire; ant. testacées; cuisses postérieures seules rembrunies à renflement dentiforme près de l'extrémité. 2 **patricius Ab**

5 Dessus complètement noir; ant. noires à base testacée, à 3e art. aussi long que 4 et 5. **(Amidorus)** **nigrinus Germ**

— Dessus brun clair; ant. testacées un peu rembrunies. 6

6 El. testacées, avec suture et bord externe souvent plus foncés; cuisses postér. noires, peu renflées. **pruinosus Ksw**

— Cuisses postérieures renflées, concolores : Th. à sillon transverse avant la base : El. à bordure externe un peu assombrie; ant. très longues, fortement ciliées. **oculatus Gyll**

7 Dessus roux testacé concolore, glabre, Th. sans dépressions. **punctiger Mls**

— Dessus pubescent ou à pruinosité pileuse. 8

8 El. à dépression demi-circulaire allant du milieu de la base au 1/3 de la suture. 9

— El. sans dépression bien sensible, d'un noir ardoisé avec épaules et partie postérieure, testacées. **neglectus Duv**

9 Dessus flave testacé concolore. **testaceus Kol**

— » brun clair, avec une fascie transversale foncée avant le sommet des El. **pygmæus Gyll**

## TOMODERUS

Tête sans cou apparent : Th. à sillon transverse

Jaune-testacé, à Th. profondément étranglé vers les 2/3 de sa longueur. 2,5 **compressicollis Mots**

## FORMICOMUS

El. en ovale allongé pas plus larges que la base du Th.

1 El. d'un vert-bleuâtre; base des ant. et pattes (moins les cuisses) testacées. 5 **cœruleipennis Laf**

— El. noires, ant. noires, pattes brunes, base des cuisses rouge. 4—5 **pedestris Ross**

## LEPTALEUS

Th. à sillon transversal profond

Noir: El. à 2 bandes flaves; dessus hérissé de longs poils. 2,5 **Rodriguesi Latr**

## ANTHICUS

Corps plus ou moins allongé, plus ou moins convexe; tête trigone, ovale ou subquadrangulaire; ant. subfiliformes, graduellement épaissies vers le sommet

1 Dessus du corps hérissé de longs poils et grossièrement ponctué. 2

— Corps glabre ou à poils fins couchés, q. q. fois avec de longs poils dressés mais très clair-semés. 3

2 El. avec une seule tache humérale rouge-fauve. 3 **hispidus Ross**

— El. avec 2 taches derrière la base et 1 fascie transversale. 3 **4-guttatus Ross**

3 El. brunes ou noires sans taches. 4

— El. noires-rougeâtres ou testacées avec taches, q. q. fois peu visibles. 14

4 Base du Th. ornée de 2 petits tubercules. 5

— Base du Th. sans tubercules. 6

5 Th. sillonné et presque rugueusement ponctué. 3,5 **femoratus Mars**

— Th. sans sillon et non rugueusement ponctué: El. à pubescence assez longue inclinée et à longs poils dressés, écartés. **longipilis Bris**

— Th. sans sillon: El. à pubescence courte, couchée:

**a** Tête allongée en pointe conique au sommet. **coniceps Mars**

**a'** Tête arrondie en arc au sommet; ant. testacées; var. noire de **humilis Germ**

6 Tête et Th. rouges. 1,5 **Genei Laf**

— » » noirs. 7

7 Th. creusé de chaque côté de la base d'une fossette visible de dessus. 8

— Th. sans fossettes à la base. 12

8 Tibias testacés. 9

— Tibias noirs, ant. noires. 10

9 Ant. noires, cuisses brunes. 3,5 **plumbeus** Laf

— » à base testacée, pattes testacées. 1,5 **velutinus** Laf

10 El. à fine épine à l'angle sutural. 3 **calliger** Mars

— El. sans » » » . 11

11 El. à pubescence plus longue, moins unie, formant 2 fascies sur les El. de poils argentés. 3 **Fairmairei** Bris

— Pubescence des El. plus courte, plus noire. 2 **unicolor** Smidt

12 Th. arrondi, convexe, très large; 2 fascies de poils argentés sur les El. **Paykulli** Gyll

— Th. presque aussi long que large, peu dilaté en avant, peu rétréci à la base. 13

13 Ant. noires ou brunes: El. à ponctuation grosse et écartée. **ater** Panz

— Ant. d'un brun ferrugineux: El. moins fortement, plus densément ponctuées. 2,5 **fuscicornis** Laf

— Ant. testacées; dessus noir concolore:

**a** Th. aussi large à sa dilatation latérale que long. **flavipes** Panz

**a'** Th. plus long que large; pattes testacées moins les cuisses. **luteicornis** Schm

14 Th. bituberculé à la base. 15

— Th. sans tubercules à la base, mais avec 2 fossettes visibles de dessus. 18

— Th. sans tubercules ni fossettes à la base. 19

15 Tête et Th. jaunes ou d'un rouge testacé. 16

— Tête et Th. noirs: El. noires avec 2 fascies rouges. 17

16 El. d'un jaune-testacé avec une fascie transverse médiane interrompue à la suture et 1 tache apicale, noires. 3 **Bremei** Laf

— El. rousses, plus claires à la base et sur la suture, plus ou moins rembrunies sur le disque. 3 **minutus** Laf

17 Tête en pointe conique au sommet. V. **Lameyi** Mars

— » arrondie au sommet. 3 **humilis** Germ

18 Th. roux, moins foncé à la base; cuisses testacées: El. brunes à fascie transv. aux 2/3 et souvent à tache humérale peu visible et peu étendue, rouges-testacées; esp. variable. 2 **fasciatus** Chev

— Th. ou rouge ou noir ou noir avec base d'un rouge-brun: El. noires à fascie rouge transverse commune aux 3/4, élargie à la suture; cuisses brunes. 3 **venustus** Vill

— Th. et pattes d'un roux-testacé; El. avec une fascie transverse après la base et une tache antéapicale, touchant le bord mais non la suture, rougeâtres. 3,5 **nectarinus** Panz

19 Th. très transverse; dessus à pubescence épaisse couchée. 20

— Th. dilaté en avant fortement rétréci par derrière, non élargi à la base, côtés non sinués. 21

— Th. dilaté en avant, fortement atténué par derrière, élargi à la base, côtés sinués. 23

— Th. pas plus ou à peine plus long que large, peu élargi en devant, peu rétréci en arrière. 24

20 Complètement pâle avec une petite tache au milieu de chaque El. près de la suture (elle disparait q. q. fois). 4 **bimaculatus** Illig

— Noir; pattes, ant., El., fauves; celles-ci avec une fascie médiane foncée. 4 **sellatus** Panz

21 Sommet du Th. avec un court sillon séparant 2 tubercules: Th. et base des El. rouges. 3—4 **floralis** L

— Sommet du Th. sans tubercules. 22

22 Noir; Th. et base des El. rouges. 3 **formicarius** Goez

— El. ternes, fauves, avec une tache sagittée aux 2/3 sur la suture. 3 **Schmidti** Rosen

— El. fauves avec une tache scutellaire triangulaire réunie à une fascie obscure au-delà du milieu et le bord postérieur, noirs. 3,3 **instabilis** Schm

— El. d'un testacé pâle avec bord latéral, suture et une tache vers les 2/3, bruns:

**a** Tête et Th. noirs, mats; celui-ci à ponctuation strigueuse longitudinalement. 3,3 **gracilis** Panz

**a'** Tête et Th. rougeâtres, brillants, ponctuation du Th. non strigueuse. 2,5 **gracilior** Ab

23 Th. rougeâtre, tête noire: El. noires parées chacune de 2 taches flaves. 4 **oculatus** Laf

— Tête et Th. noirs:

**a** Noir, avec deux taches rouges sur chaque El. 4 **transversalis** Vill

**a'** Noir, finement alutacé, presque mat: El. avec une fascie avant la base, une autre aux 3/4 oblique, dirigée vers la suture, testacées, couvertes de duvet blanc. **tenellus** Laf

— Tête, Th. et ant. testacés: El. d'un brun de poix avec 2 fascies et l'extrémité d'un jaune-rouge pâle. 3 **optabilis** Laf

24 El. à fascies noires sur fond rouge ou à fascies rouges sur fond noir. 25

— El. sans fascies, mais avec des taches. 26

25 El. noires avec deux fascies rouges; l'une humérale ne touchant pas la suture, l'autre transvers. commune, aux 2/3 s'avançant sur la suture en avant et en arrière; tête et Th. densément, presque rugueusement ponctués; jambes obscures. 4 **antherinus** L

— Tête et Th. à points mieux séparés, plus clairs; jambes testacées. **læviceps** Baud

26 Pubescence des El. rare avec de longs poils mi-dressés, plus ou moins sériés; base du Th. liserée de rouge, El. avec chacune 2 taches jaunes bien nettes. 3 **bifasciatus** Ross

— Pubescence des El. couchée, assez fournie. 27

27 El. courtes, ovales, peu luisantes, à pubescence plus longue et plus fournie.

**a** El. ornées d'une tache humérale jaune pâle et rarement d'une autre plus obscure au 1/3 postérieur de la suture; sommet des ant. et cuisses, bruns. 2,5 **fenestratus Schm**

**a'** El. d'un rouge fauve avec tache scutellaire et tache suturale postér. brunes ou noires, avec une tache humérale rougeâtre. **flavipes Panz**

**a''** Ant. et pattes d'un roux testacé: El. à tache humérale testacée. **axillaris Schm**

— El. allongées, subparallèles, à pubescence fine, peu serrée et ornées chacune de 2 taches pâles ou testacées. 28

28 Tache postérieure des El. arrondie, externe, placée un peu au-delà du milieu; pattes rousses. 2,5 **brunneus Laf**

— Tache postérieure des El. transverse, médiane; cuisses noires. **tristis Schm**

### OCHTHENOMUS

Corps garni de poils squamiformes ou d'écaillettes

1 Tête élargie depuis les angles postér. jusqu'aux yeux; fascie des El. plus grande et moins rapprochée du sommet. 3 **punctatus Laf**

— Tache des El. plus étroite, plus rapprochée du sommet; tête presque parallèle sur les côtés. 3 **unifasciatus Bon**

— El. sans fascie noirâtre. 2,5 **tenuicollis Ross**

### MECYNOTARSUS

Th. muni en avant d'une corne aiguë, dentelée sur les côtés

El. noires q. q. fois plus claires à la base et au sommet; corne étroite à dentelures peu nettes; ant. et pattes testacées. **serricornis Panz**

### NOTOXUS

Th. muni d'une corne en avant; tarses postér. moins longs que le tibia

1 Sommet des El. testacé. 2

— Sommet des El. noir. 3

2 Fascie antéapicale des El. s'avançant de chaque côté de la suture jusqu'à la tache scutellaire; dessous testacé. 4,5 **monoceros L**

— Fascie antéapicale peu avancée vers l'écusson; dessous noir en partie. 4—6 **brachycerus Fald**

3 El. à 2 bandes transv. noires, et q. q. taches. 3,5 **trifasciatus Ross**

— » avec 1 bande transv. noire et q. q. taches. 4—4,5 **platycerus Laf**

## MELOIDÆ

### MELOE

Insectes aptères; suture des El. non rectiligne

1 Th. plus ou aussi long que large. 2

— Th. transverse, lisse ou à points épars. 3

— Th. transverse rugueusement ponctué. 5

2 Tête et Th. finement et peu densément ponctués sur fond mat: Th. **transversalement impressionné avant la base qui est profondément échancrée. violaceus Marsh**

— Tête et Th. densémemt ponctués sur fond brillant: Th. à bord postérieur presque droit. **proscarabæus** L
3 Th. lisse: El. mates très finement réticulées, entourées, d'une fine bordure jaune. **hungarus** Schrk
— Th. ponctué. 4
4 Th. peu ponctué: El. à fines rides longitudinales parsemées de petits points espacés. **majalis** L
— Th. assez fortement ponctué: El. à gros P. superficiels. **autumnalis** Ol
5 Tête de la largeur ou peu plus large que le Th. 6
— Tête beaucoup plus large que le Th. 8
6 Tête et Th. bordés de rouge pourpre; segments de l'abdomen cuivreux. **variegatus** Don
— Tête et Th. concolores: El. à élevations verruqueuses lisses et brillantes, irradiées de fines rides. 7
7 Th. plat, à angles antér. saillants en pointe, finement sillonné. **cicatricosus** Leach
— Th. inégal profondément sillonné, avec dépressions sur le disque et angles antér. obtus. **coriarius** Brandt
8 El. à plaques luisantes, irradiées de fines rides, cuivreuses sur fond vert; abdomen à couleurs métalliques. **purpurascens** Germ
— El. à ponctuation très grosse, écartée. **tuccius** Ross
— El. finement coriacées, sans plaques luisantes ni grosse ponctuation. 9
9 Bord postérieur du Th. droit. **brevicollis** Panz
— » » » » échancré. 10
10 El. bleuâtres coriacées brillantes. 11
— Dessus noir mat: El. à plaques mates irradiées de fines rides, mais peu saillantes. 12
11 Tête et Th. à reflets violets: Th. sillonné, à bords latéraux droits, épais, comme séparés du disque par un sillon. **decorus** Brandt
— Tête et Th. le plus souvent d'un noir-bleuâtre: Th. sillonné, rétréci vers la base, de chaque côté de laquelle la bordure forme comme 2 petites dents, visibles de haut. **scabriusculus** Brandt
12 Th. très échancré à la base, à ponctuation fine: El. glabres. **rugosus** Marsh
— El. pubescentes : Th. sillonné, à ponctuation plus grosse. **murinus** Brandt

Le **M. Baudueri** Gren ressemble au **murinus** mais il a les ant. très grêles et les El. à pubescence uniforme sans mouchetures d'un gris jaunâtre.

## ZONABRIS et CORYNA

Ant. renflées en massue vers le sommet

1 Ant. de 9 art. (**Coryna**); pattes noires, ant. noires; El. jaunes à 5 points noirs 2,2,1 (quelques-uns peuvent faire défaut). 2—3,8 **Bilbergi** Gyll
— Ant. de 11 art. (**Zonabris**) 2
2 Extrémité des El. noire sur une étendue plus ou moins grande. 3

— El. jaunes à fascies ou taches noires, à extrémité concolore. 6

3 Noir apical assez étendu et plein (sans pustule jaune) rarement étroit. 4

— Noir apical réduit à un simple liseré mince ou enclosant une ou 2 pustules jaunes. 5

4 El. jaunes avec 2 fascies: une médiane entière, l'autre basale, enclosant une tache humérale jaune ronde. 2,2—4,5 **variabilis Pall**

— El. jaunes avec 4 points noirs: 2,2. 3,5—5 **4-punctata L**

5 El. noires avec une pustule subapicale et 2 fascies transversales aux 1/2 et 2/3, jaunes, plus une tache humérale jaune. **floralis Pall**

— El. jaunes avec trois fascies transversales noires, la médiane ni interrompue, ni réunie latéralement à l'antérieure; la postérieure déterminant toujours une pustule jaune subapicale; l'antérieure enclosant une tache humérale jaune. 8—11 **flexuosa Ol**

6 El. jaunes avec une seule fascie médiane, 2 taches subapicales et 2 petites taches rondes derrière l'épaule. 8 **geminata F**

— El. jaunes à taches noires ou bleuâtres. 7

7 El. à 6 taches: 2,2,2. 8—12 **12-punctata Ol**

— El. à 5 taches: 2,2,1. 10—17 **10-punctata F**

## CEROCOMA

Ant. de 9 art. en massue avec un art. terminal très gros ♀, de forme irrégulière ♂

1 Pattes noires, premiers anneaux de l'abdomen jaunes. **Schreberi F**

— » testacées en grande partie; abdomen concolore. 2

2 Moitié au moins des cuisses post. rembrunie; plus large. **Mühlfeldi Gyl**

— La base à peine des cuisses » » ; tarses rembrunis; forme plus étroite. **Schæfferi L**

## HALOSIMUS

Th. rouge; tête, pattes et ant. noires: El. vertes ou bleues. **syriacus L**

## LYTTA (Cantharis)

Ant. non épaissies; tête triangulaire; labre échancré; crochets des tarses bifides

Vert-bronzé; ant. noires moins le 1er et q. q. fois le 2e art.: El. à 2 lignes élevées légères, finement coriacées. 15—25 **vesicatoria L**

## EPICAUTA

Ant. de 11 art. s'amincissant fortement vers le sommet; corps allongé, parallèle, convexe

Noir sombre; 1er art. ant., tête (moins épistome et une tache sur le vertex), rouges: Th. sillonné: El. mates, très densément et finement ponctuées. 15—20 **verticalis Ill**

## SITARIS

Insectes ailés: El. se rétrécissant fortement au sommet, déhiscentes

1 **Tête et Th. noirs.** 2

— Tête noire: Th. testacé, taché de noir à la base: El. testacées à sommet noir; abdomen rouge au sommet. **apicalis** Latr

2 El. noires à tache basale testacée; abdomen noir. **muralis** Forst

La Var. **nitidicollis** Ab (8-9) en diffère par les ant. plus larges, plus courtes, à dernier art. ♀ plus large que le précédent: Th. plus brillant; deuxième art. tarses plus court, tache humérale plus nette, plus large.

— El. testacées à tache apicale noire. 3

3 Pattes toujours noires. 7—11 V. **Colletæ** Mayet

— Les 4 tibias ant. rougeâtres ainsi que les tarses; abdomen rouge moins la base. **Solieri** Pech

### HAPALUS

Ant. très longues à art. aplatis: El. un peu atténuées au sommet, un peu déhiscentes

1 El. rouges avec chacune une tache apicale noire; tibias rougeâtres ainsi que les art. 1-2 des tarses interméd. et postér. **bipunctatus** Germ

— Noir: El. d'un fauve-jaunâtre avec chacune une tache noire antéapicale et juxtasuturale. **bimaculatus** L

### NEMOGNATHA

Ant. filiformes de 11 art.; mâchoires ♀ à lobe externe converti en un long filet sétacé

Noir, tête fauve ainsi que le Th. qui est taché de noir: El. d'un fauve-jaunâtre avec écusson, 2 taches médianes et extrémité, noirs. V. **nigripes** Suff

### ZONITIS

La plus grande branche des ongles des tarses, seule pectinée

1 Th. noir. 2

— Th. roux. 4

2 El. jaunes testacées sans taches. **fulvipennis** E

— El. testacées à 4 taches noires. 3

3 Dessous et pattes noirs: Th. sillonné. **4-punctata** F

— » » bruns: Th. non sillonné. **bifasciata** Swartz

4 Tête noire. **immaculata** Ol

— » fauve rougeâtre. 5

5 Abdomen et dessous du corps en grande partie, testacés; extrémité des El. noire (q. q. fois concolore). **fenestrata** Pall

— Dessous du corps noir moins l'extrémité de l'abdomen: El. à 2 taches noires apicales, ou concolores. **6-maculata** Ol

## PYROCHROIDÆ

### PYROCHROA

Tête trigone; ant. de 11 art. en scie, pectinées ou flabellées intérieurement; avant-dernier art. des tarses excavé-échancré en dessous

1 Tête, Th. et El. rouges. **serraticornis** Scop

— Tête noire, Th. et El. rouges. 2

2 Dessus jaune-rougeâtre ainsi que la bouche et le dessous du Th. sur les côtés; taille plus petite. **pectinicornis L**

— Dessus d'un rouge-vermillon; dessous du Th. noir. **coccinea L**

# LAGRIIDÆ

## LAGRIA

El. plus larges que le Th.; dernier art. palpes sécuriforme; 1er art. tarses le plus long, le dernier excavé et échancré en dessous

1 Corselet brillant; antennes noires; pubescence laineuse. **2**

— Corselet mat, rugueux; ant. rousses; pubescence très courte. **glabrata Ol**

2 El. uniformément pointillées. **3**

— El. fortement rugueuses en travers. **Grenieri Bris**

3 Corselet nettement ponctué; intervalle des yeux plus large. **hirta L**

— Th. non visiblement ponctué; » » plus étroit. **atripes Mls**

## AGNATUS

Dernier art. palpes sécuriforme; corps allongé, velu; Th. très élargi en avant

Brun-noirâtre: El. ponctuées avec une tache humérale, une fascie mince et l'extrémité (moins une tache anguleuse sur chacune), d'un gris rosé. 3,5—4 **decoratus Germ**

# ŒDEMERIDÆ

(Ganglbauer : *Œdemeridæ*)

## DITYLUS

2e et 3e art. des tarses postérieurs tomenteux en dessous; yeux peu échancrés

Bleu-noir: Th. à ligne médiane lisse: El. mates avec 3 lignes faiblement élevées. 16—19 **lævis F**

## SPAREDRUS

Ant. insérées dans une échancrure des yeux; 1er art. ant. plus long que le 3e

Noir, allongé: El. d'un jaune brun; dessus à pubescence couchée. 10—14 **testaceus And**

## CALOPUS

Ant. insérées de même; 1er art. ant. plus court que le 3e

Brun, densément ponctué, à pubescence grise: El. avec 3 faibles lignes longitudinales; ♂ tête plus large que le Th., yeux gros, se touchant presque sur le front. 18—20 **serraticornis L**

## NACERDES et ANONCODES

Front large entre les yeux; tibias antérieurs avec un seul éperon; ant. ♂ de 12 art., ♀ de 11 art.

1 Th. cordiforme, fortement rétréci à la base; yeux assez éloignés du Th.; dessus jaune-rougeâtre; sommet des El. et abdomen, d'un brun noirâtre. 10—12 **melanura L**

— Th. assez carré; yeux assez rapprochés du Th. **2**

2 El. jaunes, concolores ou tachées de noir; corps noir, ou noir-bleuâtre. 3

— Corps vert-foncé ou vert-bleu: Th. ♀ jaune-rouge (*excepté azurea*). 6

3 El. ♂ et ♀ d'égale largeur; rebord sutural droit. 4

— El. ♂ fortement rétrécies en arrière; rebord sutural sinué: El. ♀ à largeur égale, pygidium largement tronqué et 5e segment abdominal échancré; ♂ noir-bleuâtre; El. jaunes concolores ou avec le bord externe et le sommet, noirs; ♀ Th. et abdomen rougeâtres. 7—12 **adusta Panz**

4 Tibias intermédiaires ♂ lobés à la base; abdomen ♀ échancré au sommet; dessus noir à reflets bleus; ♀ Th. et dernier segment abdom., rouges. 9—10 **fulvicollis Scop**

— Tibias intermédiaires ♂ simples; ♀ dernier segment abdominal non échancré. 5

5 Palpes et base des ant. testacés; ♂ noir; El. jaunes largement bordées de noir; ♀ Th. rouge à tache noire, abdomen rouge. 8—12 **rufiventris Scop**

— Palpes et ant. noirs; Th. ♂ noir, ♀ jaune. 9—12 **ustulata F**

6 Tête finement et éparsement ponctuée. 7

— Tête grossièrement ridée-ponctuée. 8

7 Tête aussi large que le Th.; Th. luisant et éparsemt ponctué. **ruficollis F**

— Tête moins large que le Th., celui-ci fortement ponctué, inégal, avec 2 impressions longitudinales. 10—12 **viridipes Schm**

8 Nervures des El. saillantes; ♂ dernier segment abdominal sans bosses à la base de l'incision; ♀ Th. et abdomen rouges. **dispar Duf**

— Nervures des El. faibles; ♀ Th. et abdomen couleur du corps; ♂ dernier segment abdominal avec 2 petites bosses à la base. 10—12 **azurea Schm**

## XANTHOCHROA

1 Tibias antérieurs avec deux éperons; ant. ♂ et ♀ de 11 art.: taille petite: El. sans vestiges de côtes; tête foncée; El. brunes, plus claires le long de la suture. (**Xanthochroina**) 5—6 **Auberti Ab**

— Tibias antérieurs avec 1 seul éperon; ant. ♂ de 12 art., ♀ de 11; taille grande; El. à vestiges apparents de côtes. (**Xanthochroa**) 2

2 Jaune-rouge avec le vertex et sommet des El. enfumés. **Raymondi Mls**

— El. d'un gris-bleuâtre ainsi que le sommet de la tête et des ant.; ♀ abdomen rouge, ♂ abdomen gris moins dernier segment. 10—12 **gracilis Schm**

— Sommet des ant., côtés du Th. et El. d'un brun de poix; ♂ abdomen noir moins 1er et 5e segments; ♀ 2 premiers segments et partie des 3e et 4e, bruns. 12—15 **Carniolica Gis**

## ONCOMERA (Dryops)

Deuxième art. ant. très court; front peu large; cuisses postérieures ♂ grossies

Allongé, testacé; base des cuisses postérieures, côtés du Th., vertex, bruns: El. à fines nervures en réseau large: Th. avec 3 fossettes. 15—18 **femorata F**

## ASCLERA (Ischnomera)

Deuxième art. ant. presque aussi long que moitié du troisième; front large

1 Th. rouge. 2

— Th. concolore. 3

2 Th. à 3 fossettes profondes: El. avec 3 nervures saillantes; base des ant. jaune en dessous. 8—12 **sanguinicollis L**

— Th. à fossettes obsolètes: El. avec 3 nervures très faibles; ant. noires. 7—12 **xanthoderes Mls**

3 Gris-bleuâtre ou vert, brillant ou mat; nervures des El. saillantes; interv. à ponct. assez grosse, serrée. 7—10 **cœrulea L**

— Bleu-gris mat; 2 premiers art. ant. rouges; nervures des El. plates, fines; interv. très finement chagrinés. 7—10 **cinerascens Pand**

## PROBOSCA

Tête enfoncée jusqu'aux yeux dans le Th.: Th. rétréci en arrière

Vert-bronzé; pattes rousses: Th. convexe, impressionné de chaque côté: El. à duvet blanc, à 2 nervures faiblem[t] saillantes. **virens F**

## CHRYSANTHIA

Tête non enfoncée dans le Th. jusqu'aux yeux, ceux-ci non échancrés

1 Trois premiers art. ant. en dessous et tibias antér. jaunes: Th. à sillon médian. 5—10 **viridissima L**

— Th. non sillonné; base des ant. et pattes (moins le sommet des cuisses et des tibias), jaunes. 5—8 **viridis Schm**

## ŒDEMERA

Front large; yeux non échancrés; deuxième art. ant. très court

1 El. à fond testacé, souvent rembrunies à la base et sur les côtés. 2

— El. foncées. 5

2 3e nervure des El. libre jusqu'au sommet. 3

— » » » » confondue en arrière avec le bord marginal. 4

3 Dernier art. ant. échancré: Th. ♀ jaune. 8—11 **podagrariæ L**

— » » » non échancré. 8—10 **simplex L**

4 El. jaunes concolores; abdomen ♀ noir. 8—11 **flavescens L**

— » » à base et bords, noirs. 8—10 **subulata Ol**

5 Dernier art. ant. échancré. 6

— » » » non échancré. 12

6 Cuisses postérieures ♂ renflées: El. généralement rétrécies au sommet. 7

— Cuisses postérieures ♂ et ♀ simples: El. d'égale largeur, à 3e nervure confondue en arrière avec la marge; dessus noirâtre. 8—12 **annulata Germ**

7 Epistome à sillon médian; tibias antérieurs testacés. 7—9. **flavipes F**

— Epistome sans sillon. 8

8 Pygidium fortement échancré; gris bleuâtre ou verdâtre; 3 premiers art. ant. jaunes en dessous. 10—12 **lateralis** Schm
— Pygidium non ou peu échancré. 9
9 Th. à peine ponctué, avec 4 fossettes. 9—12 **tristis** Schm
— Th. ponctué ou granulé, sans fossette médiane antérieure. 10
10 3e nervure des El. libre; tibias antérieurs testacés. V. **sericans** Mls
— » » » » confondue avec la marge. 11
11 Dessus noir. 6—7 **atrata** Schm
— Dessus à couleurs métalliques. 8—11 **nobilis** Scop
12 3e nervure libre. 13
— 3e nervure des El. confondue avec la marge. 14
13 El. à sommet taché de jaune; dessus vert-bronzé. 7—8 **barbara** F
— El. concolores bleuâtres; Th. rouge. 7—9 **croceicollis** Gyl
14 Th. fortement resserré vers la base, très élargi en avant. **virescens** L
— Taille plus petite: Th. peu élargi en avant. 5—7 **lurida** Marsh

### STENOSTOMA

Th. conique, tête en forme de rostre; yeux ronds

Vert-bleuâtre finement velu: pattes et base des ant. rouges: El. à 3 nervures, grossièrement ridées-ponctuées. 6—10 **cœruleum** Pet

## PYTHIDÆ

### MYCTERUS

Tête prolongée en museau; ant. filiformes; corps épais, convexe

1 Bec allongé, front étroit: El. granuleuses, ruguleuses, à duvet flave. 6—10 **curculionoïdes** Illig
— Bec moins allongé, front plus large: El. finement ponctuées à duvet cendré. 8—9 **umbellatorum** F

### PYTHO

Ant. filiformes de 11 art., les derniers transverses et déprimés; corps aplati

Noir bleuâtre ou violacé; ant., tibias et tarses, roussâtres: Th. à ponctuation écartée avec 1 sillon et 2 larges fossettes latérales: El. striées à intervalles subconvexes pointillés. 8—10 **depressus** L

### LISSODEMA

Ant. grossissant à l'extrémité: Th. denticulé latéralement

1 Dessus brun concolore: Th. à 5 dentelures. 3,3 **cursor** Gyll
— Dessus à taches flaves. 2
2 Testacé; Th. à bande transverse et El. avec le bord extérieur, la base et l'extrém. de la suture et 2 taches discales, noirs: Th. à 3 dentelures latérales. 2 **lituratum** Cost
— Tête et Th. rouges: El. brunes à 4 taches rouges: Th. à 4 dents latérales. 2—2,5 **4-pustulatum** Marsh

### SALPINGUS

Tête formant un museau large, déprimé et court; ant. insérées près des yeux

1 Massue des ant. de 6 art. (**Rabocerus**) **foveolatus** Ljun
— Massue des ant. de 3 à 5 art. 2
2 Rostre sinué sur les côtés: El. verdâtres. **mutilatus** Beck
— Côtés du rostre non sinués : El. non verdâtres. 3
3 El. d'un noir-brun à tache pâle vers la base. **bimaculatus Gyl**
— El. concolores. 4
4 Th. surtout et El. fauves. 5
— El. et Th. noirâtres à reflet métallique. 6
5 Stries des El. régulières dès la base; massue des ant. de 4 art. **exsanguis** Ab
— Stries des El. embrouillées à la base; massue des ant. de5 art. **castaneus** Panz
6 Massue des ant. de 3 art. **ater** Payk
— » » » de 4 art.; stries profondes, assez régulières. **Reyi** Ab
— » » » de 5 art.; stries superficielles, assez confuses. **æneus** Steph

(*ABEILLE de PERRIN: Salpingiens européens*)

### RHINOSIMUS

Ant. de 11 art. insérées assez loin des yeux; tête en museau allongé

1 Th. rouge. 2
— Th. concolore. 3
2 Tête d'un noir verdâtre sur le vertex. 4—4,5 **ruficollis** L
— Tête complètement rousse. 3—4 **viridipennis** Latr
3 Ant. à massue nettement séparée de 4 art. **planirostris** F
— Ant. offrant les 6 derniers art. plus gros. 4
4 Rostre noir, ant. et pattes de couleur sombre. **æneus** Ol
— » roux, ant. et pattes de couleur claire. 5
5 Rostre mince, long: El. régulièrement striées. **tapirus** Ab
— Rostre large et plus court : El. moins régulièrement striées. **ornithorrynchus** Ab

# CURCULIONIDÆ

## OTIORRHYNCHINI

### OTIORRHYNCHUS

Scrobes bien visibles et fortement développés; cuisses claviformes

(DE MARSEUL: *Abeille Tom. XI*.— Dr STIERLIN: *Curculionidæ*)

1 El. à 12 ou 13 stries. (**Dodecastichus**) 2
— El. à 10 stries. 3
2 Intervalles finement ponctués, pubescence assez uniforme. **mastix** Ol

— Interv. granulés; pubescence formant des taches; écusson peu visible; art. interméd. des ant. très allongés: Th. presque cylindrique (on ne trouve en France que la *Var. periscelis Sch* plus petite, à granulation du Th. et des intervalles plus grossière). **pulverulentus Germ**

3 Yeux incomplets ou manquant complètement. (**Troglorrhynchus**) 4

— Yeux bien développés. 5

4 Rostre et tête non ponctués: Th. à ponctuation éparse. **terricola Frm**

— » » » finement ponctués: Th. à ponct. épaisse. **Martini Frm**

5 Rostre au plus de la longueur de la tête, au plus aussi long que large à la base. 6

— Rostre plus long que large à la base. 12

6 Th. ne joignant pas les El., laissant un vide entre elles et lui. (**Tourniera**) 7

— Th. joignant bien la base des El.; cuisses inermes; abdomen lisse à gros P. épars; tibias antér. toujours droits, élargis en dedans et en dehors. (**Arammichnus**) 8

7 Fémurs dentés: Th. à sillons longitudinaux profonds. 5–6 **ovatus L**

— Fémurs dentés; Th. à carène lisse abrégée en avant et en arrière, à tubercules déprimés ombiliqués. 4—5 V. **muscorum Bris**

8 Dessus à pubescence grise, assez serrée, avec poils mi-dressés. 2,5—3 **juvencus Gyl**

— Dessus à pubescence assez fine, couchée, sans poils mi-relevés. 9

9 Scrobes lisses au fond, atteignant les yeux. 10

— » raccourcis, n'atteignant pas les yeux. 11

10 Th. à gros points profonds, écartés et ocellés. 9—10 **cribricollis Gyl**

— Th. granulé. 6—9 **comparabilis Boh**

11 2e art. du funicule double du 1er; rostre densément ponctué-ridé: Th. fortement ponctué, granulé sur les côtés. 5—8 **ovatulus Boh**

— 2e art. du funicule peu plus long que le 1er: Th. densément et grossièrement ponctué. **lubricus Boh**

12 Tibias antér. dilatés au sommet en dedans et en dehors; cuisses dentées: El. densément garnies de petites squamules grises. (**Cryphiphorus**) 11–13 **ligustici L**

— Tibias antér. non dilatés au sommet ou seulement en dedans. (**Otiorrhynchus**) 13

13 Cuisses dentées. 14

— » mutiques. 36

14 Front entre les yeux au plus aussi large que le rostre à l'insertion des antennes. 15

— Front entre les yeux plus large que le rostre à l'insertion des ant. 23

15 Ant. très courtes à derniers art. très transverses (plus petit, El. plus courtes, cuisses plus foncées, assez fortement dentées, *V. maritimus Stier*). 6 **varius Boh**

— Ant. plus allongées à derniers art. non ou peu transverses. 16

16 Derniers art. ant. sphériques ou légèrement plus larges que longs; squamules des El. rondes. 17

— Derniers art. ant. plus longs que larges; squamules des El. allongées, devenant piliformes au sommet. 19

17 Corps seulement 2 fois 1/2 aussi long que large. 18

— Corps environ 3 fois aussi long que large: Th. un peu plus large que long à côtés fortement arrondis; 2e art. ant. un peu plus long que le 1er, les autres un peu plus larges que longs. 8 **procerus** Stierl

18 Th. subtransverse, très arrondi sur les côtés. 8—10 **singularis** L

— Th. aussi long que large, peu arrondi latéralement. **impressiventris** Frm

19 Th. non canaliculé. 20

— Th. canaliculé. 22

20 2e art. du funicule double du 1er; squamules des El. éparses: Th. un peu plus long que large. 6—7 V. **subdensatus** Bach

— 2e art. du funicule 1/3 plus long que le 1er: Th. à peine aussi long que large. 21

— Th. plus large que long: El. ovales profondément striées-ponctuées. 5 **delicatulus** Stierl

21 Rostre finement caréné: Th. à granulations larges, ombiliquées, souvent cachées par les squamules. 8—9 **pupillatus** Gyl

— Rostre finement ridé, sans carène: Th. finement granulé, vaguement parsemé de squamules allongées. 6—7 **teretirostris** Stierl

22 Brun-noir à pubescence grise: El. à rangées de soies assez régulières: Th. aussi long que large, à granulations fines et épaisses. 7—8 **cancellatus** Roh

— Brun-rouge: El. à séries de soies et taches éparses de squamules dorées: Th. aussi long que large, bien plus étroit au sommet qu'à la base. 4 **pusillus** Stl

23 Scrobe allongé, élargi en arrière, atteignant à peu près les yeux. 24

— Sillon antennaire peu ou pas allongé, n'atteignant pas les yeux. 31

24 Ant. assez grêles, à 2e art. 1 fois 1/2 aussi long que le 1er. 25

— Ant. courtes à 2e art. non ou à peine plus long que le 1er. 26

25 Rostre sillonné; intervalles des El. tuberculeux; dessus pubescent. 11 **sulcatus** F

— Rostre non sillonné; dessus glabre; intervalles ridés transversalement, granulés postérieurement. 10—12 **anthracinus** Scop

26 Th. ponctué sur le disque. 27

— Th. plus ou moins fortement et densément granulé. 30

27 Th. canaliculé, rostre caréné au milieu. 9 V. **Godarti** Stl

— Th. non canaliculé. 28

28 Th. ponctué au milieu, ridé latéralement; toutes les cuisses fortement dentées. 7,5—9 **mœstus** Gyl

— Th. ponctué au milieu, densément granulé latéralement. 29

29 Cuisses antérieures sans dent bien nette; intervalles légèrement convexes, densément pointillés et ridés. 8,5 **Javeti** Stl

— Cuisses antérieures bien dentées, les postérieures à dent plus forte; intervalles plans finement ridés-ponctués. 10—11 **alpicola** Boh

30 Rostre sillonné; interv. des El. tuberculeux; corps glabre. **Schlæflini** Stl

— Rostre 1/3 plus long que la tête; corps densément pubescent; Th. plus large que long, assez fortement arrondi sur les côtés. 5–6 **Bonvouloiri** Stl

— Rostre moitié plus long que la tête: Th. pas plus large que long, à côtés peu arrondis; dessus pubescent. 6–8 **nubilus** Boh

31 Th. ponctué, canaliculé. 5 **pedemontanus** Stl

— Th. granulé plus ou moins fortement. 32

32 Rostre à rides longitudinales sans carène; dessus noir mat. **rugifrons** Gyl

— Rostre sans rides ni sillons. 33

33 Ant. médiocres, grêles, corps densément pubescent. 34

— Ant. courtes et épaisses; 2e art. du funicule subégal au 1er ou un peu plus grand que lui; rostre ordinairement subtricaréné. 35

34 Granulations du Th. ombiliquées; corps rougeâtre à pattes plus claires. 4,5 **provincialis** Dj

— Granulations du Th. non ombiliquées; corps tout rougeâtre. **gracilis** Dj

35 Th. fortement granulé: El. assez luisantes, à poils moins distincts; stries plus grossièrement ponctuées. V. **impoticus** Boh

— Th. finement granulé: El. plus ternes, à pubescence plus apparente; rostre avec deux faibles sillons; stries plus fines. V. **Dillwyni** Steph

36 Yeux placés sur les côtés de la tête, front large et convexe. 37

— Yeux plus rapprochés, front étroit. 39

37 Th. densément granulé, interstries plans avec une série de petites soies. 7,5—9 **nodosus** F

— Th. densément ponctué sur les côtés surtout. 38

38 Noir de poix, intervalles subconvexes densément ponctués; stries à points forts. 6–6,5 **fulvipes** Gyll

— Noir, interstries vaguement ponctués, très plats; lignes de points rapprochés, marquant les stries; Th. à ponctuation fine superficielle, écartée. 6–8,5 **alpinus** Richt

39 Intervalles alternes des El. relevés. 40

— Tous les intervalles convexes, subconvexes ou plans. 42

40 Stries à points non ocellés; interstries alternes en crêtes garnies de tubercules noirs portant chacun un poil couché. **porcatus** Herbst

— Stries à points ocellés. 41

41 Interstries alternes plus relevés et portant seuls des soies droites. 6 **scaber** L

— Interstries alternes moins relevés et tous les interstries avec soies droites. 3,8 **subcostatus** Stierl

42 Interstries portant des soies. 43

— Interstries plans, convexes ou subconvexes, glabres, ou El. à pubescence uniforme. 48

43 Intervalles à soies droites renflées au sommet. 3,5—4 **uncinatus** Germ

— Intervalles à soies droites ou couchées, non renflées au sommet. 44

44 Th. à points gros, mais légers, émettant chacun une soie. 6,5 **rubiginosus** Stierl

— Th. caréné, à gros points serrés, séparés par des rides; interstries très étroits. **lutosus Stierl**

— Th. à granules ombiliqués. 45

45 Rostre sillonné, ombilic des granules du Th. placé en arrière. 9 **rugosostriatus Gœz**

— Rostre plan, avec ou sans une légère carène. 46

46 Pubescence assez dense : El. marquées sur les côtés au sommet de carènes tranchantes. 11—12 **perdix Germ**

— Pubescence dense: Th. à ligne médiane enfoncée et à pubescence plus fournie que sur le disque. 10 **densatus Bohm**

— Pubescence rare en dehors des intervalles. 47

47 Cuisses postérieures subdentées, dessous ridé, alutacé et ponctué. 4,6 **ligneus Ol**

L'**O. vitellus** Gyl n'est qu'une variété méridionale à fémurs mutiques; noir, couvert de soies: El. striées-ponctuées, ridées sur le dos, finement granulées latéralement: Th. à carène lisse

— Cuisses postér. inermes, dessous indistinctement ponctué. **misellus Stierl**

48 Tibias intermédiaires ♂ profondément échancrés vers le sommet: Th. ponctué: El. alutacées striées-ponctuées; art. 1-2 du funicule subégaux. 11 **Simoni Bdl**

— Tibias intermédiaires ♂ non échancrés. 49

49 Th. ponctué, au moins sur le disque (côtés souvent granulés). 50

— Th. granulé plus ou moins finement ou granulé-ridé. 57

50 Dernier segment abdominal ♂ non pluristrié. 51

— Dernier segment abdominal ♂ pluristrié; 2e art. du funicule plus grand que le 1er. 56

51 El. striées-ponctuées, pattes noires. 52

— El. à lignes de points, sans stries. 53

52 Th. assez densément ponctué; interstries larges. 12—15 **morio F**

— Th. obsolètement ponctué; interstries étroits. 12—13 **Navarricus Gyll**

53 Dedans des cuisses pubescent. 54

— Dedans des cuisses glabre. 55

54 Th. à côtés fortement arrondis, vaguement ponctué. **cupreosparsus Frm**

— Th. à côtés légèrement arrondis, à ponctuation assez serrée. 8—10 **atroapterus de Geer**

55 Rostre tri-caréné; deuxième art. du funicule plus grand que le premier; corps allongé: El. même chez la ♀ à peu près 2 fois aussi longues que larges: tous les art. du funicule plus longs que larges. **malefidus Gyll**

— Corps court et large: El. même chez le ♂ au plus moitié plus longues que larges; les 2 premiers art. du funicule assez longs, les suivants plus larges que longs.

**x** Th. avant le milieu fortement dilaté arrondi et avant la base large et fortement sinué, à angles postérieurs un peu pointus: El. arrondies au sommet en angle obtus. 8—9 **Noui Fairm**

**x'** Th. avant le milieu beaucoup moins arrondi, faiblement sinué avant la base; angles postérieurs rectangulaires: El. fortement rétrécies vers le sommet, puis de là arrondies en pointe. 9—11 **prælongus Fairm**

56 Pattes d'un rouge-sang, intervalles larges et plans finement ridés. 9—10 **sanguinipes** Bohm

— Pattes d'un brun-rouge, jambes antér. dentées en dedans. **cæsipes** Mls

57 El. à taches squameuses d'un vert-argenté métallique. **gemmatus** Scop

— El. sans taches de squamules vertes-métalliques. 58

58 Th. caréné: El. à squamules piliformes très serrées. 7,5 **raucus** F

— Th. non caréné : El. à squamules disposées par taches ou uniformément et peu serrées, ou plus ou moins pubescentes, ou glabres. 59

59 Segment anal ♂ ponctué; Th. fortement transversal, interstries à peine granulés. 10—12 **orbicularis** Herbst

— Segment anal ♂ pluristrié; 2e art. du funicule égal au 1er ou plus grand. 60

60 El. en ovale allongé, plus ou moins déprimées et larges, densément granulées ou striées-ponctuées avec interstries granulés ridés:

**y** Rostre 3-caréné; dessus à pubescence courte; ant. un peu menues, tous les art. plus longs que larges. 10 **corticalis** Luc

**y'** Rostre sillonné sans carène; ant. courtes à 2e art. égal au 1r. **oleæ** Strl

— El. en ovale oblong ou allongé, plus ou moins distinctement striées, avec intervalles ridés. 61

— El. ventrues poudrées de jaunâtre à l'état frais; interv. ridés; ant. grêles, très longues. 68

61 Tout le corps densément couvert de forts granules, ceux des El. en lignes transverses: El. squamulées de blanc sur la base et les côtés. 15—20 **vehemens** Bohm

— Th. à granules fins: El. à rugosités légères. 62

62 Pattes noires. 12 **substriatus** Gyll

— » d'un rouge plus ou moins foncé. 63

63 Ant. courtes à art. 4-7 pas plus longs que larges. 11 **stomachosus** Gyl

— » longues » 4-7 plus longs que larges. 64

64 Dessus à squamules piliformes assez denses. 65

— » glabre ou peu pubescent ou peu squamulé. 66

65 El. obsolètement striées. 16 **Lugdunensis** Bohm

— El. fortement striées; intervalles convexes, granulés-ridés à squamules souvent cuivrées. 12—17 **griseopunctatus** Bohm

66 Segment anal ♂ profondément strié. 12—13 **tenebricosus** Herbst

— » » ♂ finement strié. 67

67 El. à pubescence régulière sans taches pubescentes, granulées-rugueuses. 10 V. **gallicus** Stierl

— Dessus à taches pubescentes blanches; rostre bisillonné: El. graduellement rétrécies en arrière; 2e art. ant. un peu plus long que le 1er. 11—5 **Hungaricus** Germ

— El. glabres, rugueuses:

**z** Th. toujours plus long que large au milieu: El. nettement 1 fois plus larges que le Th.; pattes brunes ou rougeâtres, avec genoux plus foncés. 11—15 **fuscipes** Ol

Var. tête sans fovéole, rostre un peu plus court; interstries à points entre les rides. 12—15 **erythropus** Bohm

z' Th. même ♂ pas plus long que large à la base: El. ♂ à peine 1 fois plus larges que le Th.; pattes rougeâtres. 5 **francolinus Germ**

68 Pattes noires. 69

— Pattes rouges en totalité ou en partie. 70

69 El. profondément striées-ponctuées; interstries fortement et densément granulés-ridés, poudrés de taches. 9—15 **armadillo** Ros

— El. à peine striées, granulées-ridées, couvertes de plaques allongées légèrement enfoncées, poudrées de pubescence grisâtre. 8—13 **scabripennis** Gyll

— El. profondément striés-ponctuées; intervalles subconvexes, ridés transversalement, à soies blanches un peu redressées; rostre tricaréné. 8—10 **meridionalis Gyl**

70 Corps des ♂ plus aplati et plus large que celui des ♀. 71

— » » ♂ plus étroit et plus bombé que celui des ♀. 74

71 Th. plus long que large, granulé. 12 **pyrenæus Gyl**

— Th. transverse. 72

72 El. à taches feutrées ou écailleuses; intervalles grossièrement ponctués. 12—14 **amplipennis Frm**

— El. à petites taches pubescentes métalliques; stries à points carrés: Th. fortement arrondi. 73

73 2e art. ant. un peu plus long que le 1er: Th. plus large que long: El. non striées. V. **tumefactus Stierl**

— 2e art. ant. 1/2 fois plus long que le 1er: El. striées: Th. non plus long que large. 11—12 **auropunctatus Gyl**

— 2e art. ant. plus court que le 1er. V. **coryli Chev**

74 El. striées à gros points fovéolés, allongés, couverts de pubescence; interstries finement ridés au milieu, granulés sur les côtés; genoux noirs. 9—13 **niger F**

— El. ponctuées-striées avec granules dans les stries; interstries rugueux: Th. densément granulé, plus long que large: rostre très sillonné; carène médiane, bifide au bout; noir-brun, médiocrement pubescent. 10 **stricticollis Fairm**

## STOMODES

Fémurs antér. dentés; corps pubescent

Th. plissé longitudinalement; ant. et pattes ferrugineuses; scrobes creusés jusqu'aux yeux. 3,5 **gyrosicollis Boh**

## CÆNOPSIS

Côtés du rostre sillonnés en dessous

1 Yeux proéminents hémisphériques: Th. plus large que long, subcarinulé au milieu; base des El. oblique de l'épaule à l'écusson. 5—6 **fissirostris Walt**

— Yeux peu proéminents. 2

2 Th. presque doublement plus large que long; base des El. arrondie. 2,5—3 **Waltoni Boh**

— Th. moitié plus large que long, canaliculé; art. du funicule plus courts. 3,4—4 **Larraldei Perr**

## PERITELUS

Fémurs mutiques non claviformes; ongles libres ou soudés

(Dr Stierlin: *Bestim. Tabel. Curculionidæ*)

1 Corps noir, glabre; ongle interne des tarses, moitié moins long que l'externe. 4,5–5 **nigrans Frm**

— Corps squamulé, à pubescence plus ou moins visible. 2

2 Crochets des tarses égaux et libres; corps peu convexe: El. allongées. 3

— Crochets des tarses soudés. 7

3 El. arrondies au sommet; corps court, très déprimé en dessus; 1er art. du funicule plus grand que le 2e; tibias antérieurs arrondis à l'angle externe. 4—5,5 **platysomus Seidl**

— El. en pointe au sommet. 4

4 1er art. du funicule plus court que le 2e et presque doublement plus large; ant. hérissées de longs poils. 6—8 **hirticornis Hbst**

— 1er art. du funicule peu ou pas plus épais que le 2e. 5

5 Th. et El. à base droite; 2e art. du funicule un peu plus court que le 1er; intervalles des El. garnis de poils blancs. **Schonherri Boh**

— Th. cintré à la base, ou base des El. en angle très ouvert. 6

6 Th. légèrement mais visiblement caréné, à peine plus large que long, à peine visiblement arrondi à la base; côtés des El. généralement avec squamules moins foncées. 5—6,5 **Cremieri Boh**

— Th. un peu plus large que long, visiblement arrondi à la base, non caréné; 1er art. du funicule égal au 2e, tous deux allongés, aussi longs que les 5 derniers. 5—7 **planidorsis Seidl**

7 Base du rostre, moitié plus étroite que la tête entre les yeux. 8

— Base du rostre, à peine plus étroite que la tête entre les yeux. 9

8 Corps peu convexe; El. allongées; dessus à squamules grises, uniformes; yeux aplatis. 4 **ruficornis Bris**

— Corps court, épais, convexe; ordinairement trois bandes blanches sur le Th. et q. q. bandes longitudinales de même couleur sur les El.; yeux un peu convexes. 3—5 **senex Boh**

9 Ant. noires à partir du 4e art.; derniers art. élargis et presque aussi larges que la massue: El. allongées: Th. à points éloignés, peu rétréci en avant. 5—7 **prolixus Ksw**

— Ant. concolores, à derniers art. presque aussi larges que la massue mais peu élargis. 10

10 Th. large, fortement arrondi latéralement, aussi large au sommet qu'à la base; ant. robustes à derniers art. sphériques; El. étranglées à la base, arrondies au sommet. 6—6,5 **rusticus Boh**

— Th. à côtés subparallèles. 11

11 Dessus densément couvert de squamules blanches, argentées, épaisses et serrées: Th. à ponctuation assez profonde, peu serrée. 4—5 **Leveillei Bris**

— Dessus à squamules grises ou rousses. 12

12 Tibias postér. à bord apical arqué; rostre à saillies latérales parallèles, sillonné, sans carène; corps court, épais. **sphæroides Germ**

— Bord apical des tibias postérieurs obliquement coupé; rostre le plus souvent caréné, q. q. fois au sommet seulement et finement. 13

13 Th. fortement rétréci en avant, à ponct. cachée par les squamules; rostre caréné, 1er art. du funicule égal au 2e. 4,5 **necessarius Gyll**

— Ponctuation du Th. assez visible. 14

14 Ponctuation du Th. profonde, serrée; 2e art. ant. plus grand que le 1er; El. orbiculaires, rostre finement caréné au sommet; corps court, épais. 4—6 **noxius Bohm**

— Ponctuation du Th. fine, peu serrée: El. allongées, peu convexes. 15

15 Th. très court, tronqué au sommet: El. courtes, en pointe au sommet, à bord latéral droit, ne joignant pas le Th. au milieu de la base. 5 **Grenieri Seidl**

— Th. moins court, en arc au sommet : El. arrondies au sommet. 5—6 **flavipennis Duv**

## MEIRA

(*Annal. Société entom. 1882, 4e trim.*)

Scrobes atteignant les yeux; rostre non échancré au sommet

1 Funicule des ant. presque aussi large que le scape et la massue; intervalles plus larges que les stries. 2

— Funicule moins large que le scape et la massue; intervalles pas plus larges que les stries. 3

2 Dessus brun-rougeâtre; El. à soies épineuses mi-couchées assez fortes. 2,5 **crassicornis du Val**

— Dessus noir de poix; interv. des El. avec une série de soies dressées, assez longues et fines. 2,5 **Sedilloti Bris**

3 Th. non visiblement ponctué, plus large que long: El. subparallèles. 2—2,5 **suturellus Frm**

— Th. aussi long que large, profondément ponctué: El. ovales. 2 V. **Grouvellei Stier**

## PSEUDOMEIRA

Scrobes courts n'atteignant pas les yeux; rostre échancré au sommet

1 Rostre plus large que long, aussi long et aussi large que la tête: Th. à ponctuation éparse. 3—3,5 **nicæensis Str**

— Rostre aussi long que large, presque moitié plus long que la tête: Th. fortement ponctué; 2e art. ant. aussi long que large, plus long que le 3e. 3,5 **Clairei Strl**

## PHYLLOBIUS

Scrobes rectilignes non défléchis

(Bedel: *Rhynchophora*, *Pag. 54*)

1 Massue des ant. très atténuée aux deux extrémités. (**Pseudomyllocerus**) 2

— Massue des ant. peu sensiblement rétrécie à la base. (**Phyllobius**) 3

2 El. à squamules d'un gris-ardoisé uniforme; tête allongée, sillonnée. 3,5—4 **cinerascens** F

— El. brunes à bandes transverses de squamules grisâtres; tête courte. 3—3,5 **sinuatus** F

3 El. pubescentes sans squamules. 4

— El. squamuleuses. 5

4 El. noires, à poils très fins sur les intervalles: Th. à squamules vertes; fémurs mutiques. 3—4,5 **viridicollis** F

— El. d'un testacé rougeâtre, un peu plus pubescentes; tête et Th. noirs ou rougeâtres ou dessus complètement noir; fémurs dentés. 4—5 **oblongus** L

5 Cuisses inermes. 6

— » dentées. 7

6 Abdomen squamulé: Th. à base droite, à peine rétréci en avant. 4—5,5 **pomonæ** Ol

— Abdomen presque nu, avec q. q. poils blanchâtres: Th. plus étranglé et impressionné en avant, avec un fin sillon devant l'écusson qui semble échancrer le milieu de la base. 3,5 **viridiæreis** Laich

7 El. à pubescence redressée ou mi-couchée, plus ou moins forte. 8

— Pubescence des El. non relevée, non visible de profil. 11

8 Scrobes convergents en arrière sur le rostre; tête, Th. et El. à pubescence fine, demi-couchée; cuisses rougeâtres presque complètement recouvertes de squamules. 4,5—6,5 **argentatus** L

— Scobes non convergents en arrière sur le rostre. 9

9 Poitrine et ventre squamuleux. 10

— Côtés de la poitrine seuls squamuleux; tête, Th. et El. à pubescence longue, hérissée; cuisses foncées à tache squamuleuse. 4—6 **betulæ** F

10 El. à poils soulevés fins; tête et Th. presque glabres; ant. rousses moins le sommet du scape et la massue. 5—6,5 **maculicornis** Germ

— Tout le dessus du corps à pubescence longue; celle des El. relevée à la base, couchée vers le sommet: Th. subcaréné. **psittacinus** Germ

11 El. à squamules piliformes, allongées. 12

— » » courtes, arrondies. 14

12 Dent des fémurs antérieurs très courte, ne modifiant guère la courbure intérieure. 6—8 **piri** L

Le **P. artemisiæ** Db en diffère par les art. 4-7 des ant. transverses, le Th. non caréné, le rostre aussi large que la tête.

— Dent des fémurs en pointe aiguë, très large, rendant l'extrémité du fémur largement entaillée en demi-cercle. 13

13 Pattes foncées, pubescence du ventre courte, serrée. 6—9 **urticæ** Deg

— » testacées; pubescence ventrale longue, clair-semée. **glaucus** Scop

14 Tête et front sillonnés; dessus d'un vert-mat; ant., tibias et tarses, roux; art. intermédiaires des ant. aussi longs que larges. 5—6 **alpinus** Stier

— Rostre obsolètement sillonné; dessus gris ou vert-métallique; art. intermed. des ant. sphériques. 4,5—5 **xanthocnemus Ksw**

### MYLACUS

Noir, convexe, brillant, à pubescence longue mais peu fournie d'un gris vert-doré: Th. à ponctuation fine, assez serrée: El. ovalaires, fortement striées-ponctuées. 2—5 **rotundatus F**

## BRACHYDERINI

### POLYDRUSUS

Scrobes en sillons plus ou moins prolongés inférieurement; rostre sans traces de dilatations antéro-latérales

(DES GOZIS: *Rev. d'Entom. T. 1— Pag. 97*)

1 Dessus gris à soies hérissées assez grosses; 1er art. du funicule plus long que le 2e. (**Chærodrys**) 2,5—3,5 **setifrons Duv**

— Dessus non hérissé de soies subépineuses; deux premiers articles du funicule égaux. 2

2 Tibias comprimés, aplatis, tranchants sur leur arête externe. (**Piezocnemus**) 3

— Tibias subcylindriques, rarement pourvus d'une arête externe tranchante. (**Polydrusus**) 4

3 Pattes rougeâtres, dessus vert. 5 –5,5 **paradoxus Stierl**

— Cuisses foncées, tibias rougeâtres, tarses ferrugineux; dessus vert-jaunâtre : Th. carré; ant. n'atteignant pas la base du Th. 5 **amoenus Germ**

4 Squamulation des El. uniforme. 5

— » » » non uniforme formant des taches longitudinales ou transverses ou des espaces privés d'écaillettes, ou El. glabres, nues. 12

5 Dessus du corps à pubescence redressée; pattes testacées; fémurs mutiques. 6

— Dessus du corps sans pubescence redressée. 8

6 Tête avec une gibbosité allongée au dessus de chaque œil. 4—4,5 **pterygomaticus Boh**

— Tête non gibbeuse au-dessus des yeux. 7

7 Front plan, déprimé ou même creusé ainsi que le rostre. 4—5 **impressifrons Gyl**

La V. curtirostris Goz a le front un peu plus convexe, le rostre un peu plus court; la var. Reyi Goz a l'impression du front et du rostre très obsolète, et ces parties sont très planes et déprimées, nullement bombées.

— Front régulièrement convexe sans traces de dépression. **flavipes Deg**

8 Squamules piliformes, très allongées, d'un cuivreux doré. **mollis Strœm**

— Squamules arrondies pas plus longues que larges. 9

9 El. à squamules d'un cuivreux doré en dessus, d'un vert vif sur les côtés. 4–5 **lateralis Gyl**

— El. à revêtement squamuleux uniforme. 10

10 Cuisses noires et squamuleuses, dentées; scape des ant. dépassant les yeux. 5—6 **prasinus Ol**

— Pattes ferrugineuses. 11

11 Scape atteignant le bord postér. de l'œil; rostre finement caréné : Th. non impressionné. 6—8 **sericeus** Schall

— Scape dépassant les yeux : Th. impressionné à la base et au sommet; rostre et front canaliculés. 4—5 **coruscus** Germ

12 Dessus noir, glabre et nu, sauf les côtés du Th. et q. q. taches sur les El. 4 **picus** F

— Dessus pubescent ou squamuleux. 13

13 Squamulation formant une ou deux bandes transverses vagues; pattes ferrugineuses. 14

— Squamulation des El. ne formant pas de bandes; fémurs foncés, dentés. 16

14 Fémurs dentés; art. 3-8 ant. subconiques. 3,5—4 **sparsus** Gyl

— Fémurs mutiques; art. 3-8 ant. très renflés au sommet. 15

15 Dessus roux ferrugineux : El. à bandes transverses, onduleuses, dénudées. 3,5—4 **ruficornis** Bonsd

— Dessus brun obscur : El. à bandes transverses de squamules grises sur fond squamuleux brun. 4,5—5 **tereticollis** de G

La var. **niveopictus** Reich a les El. brunes, d'un blanc argenté sur les côtés avec 2 fascies transverses blanches : Th. plus rétréci en avant.

16 Fémurs et tibias foncés : El. à taches en damier. 17

— Fémurs foncés au sommet au moins; tibias clairs. 18

17 El. subparallèles; taille plus petite; 3e intervalle seul, relevé q. q. fois à la base (plus grand : El. élargies après le milieu, relevées en bosse à la base à partir du 3e intervalle, *pilosus Gredl*). **cervinus** L

— El. grandes, élargies après le milieu, relevées en bosse à partir du 2e intervalle; squamules allongées; dernier art. du funicule aussi large que long. 5—5,5 V. **nodulosus** Chev

18 2e art. du funicule plus grand que le 1er : El. fortement élargies en arrière avec taches en damier. 6—7 V. **griseomaculatus** Db

— 2e art. du funicule égal au 1er; dessus sans taches en damier. 19

19 El. à saillie humérale accusée, dessus presque plan : Th. à côtés régulièrement arqués; 3e et 5e intervalles à squamules plus claires. 5—5,5 **confluens** Step

— El. convexes, ventrues, ovales, à angle huméral arrondi; 3e intervalle moins foncé : Th. fortement rétréci au sommet qui est beaucoup moins large que la base. 4—5,5 **chrysomela** Ol

## METALLITES

**Dessus pubescent ou à écaillettes allongées, piliformes; art. 3-7 du funicule transverses**

1 Epaules arrondies; El. ovales. 2

— Epaules saillantes. 3

2 Th. à ponctuation très fine, ronde, un peu espacée : El. à squamules piliformes allongées. 3—4 **murinus** Gyll

— Taille plus petite: El. à squamules courtes, suballongées. **globosus Gyl**

3 Ecusson très transverse à épais duvet blanc-bleuâtre tranchant sur la couleur des El.; ant. rousses. 3—4 **marginatus Step**

— Ecusson transverse ou allongé sans tache de duvet tranchant sur la couleur des El. 4

4 Ant. foncées, massue au moins, noire. 4—5 **atomarius Ol**

Insterstries alternes un peu plus étroits; stries géminées au lieu d'être à égale distance: dessus couvert d'un duvet vert doré plus épais. V. **geminatus Chev**

— Ant. testacées; dessus vert uniforme; stries fines. 6—8 **impar Goz**

## HOMAPTERUS

Scrobes courts, droits; dessus à écaillettes rondes ou ovales

Noir-brun ou rougeâtre: Th. densément ridé-ponctué, **subnudus Fairm**

## SCYTHROPUS

Rostre très court, à tache brillante, demi-circulaire, au sommet, à scrobes arqués; ongles des tarses soudés; épaules accusées

1 Dessus à squamules allongées, piliformes. 7—8 **mustela Hbst**

— » pubescent à squamules rondes, vertes. 3,5—5 **Lethierryi Db**

— Dessus à pubescence très courte, un peu redressée, et à squamules rondes, grises, claires ou foncées. 4—5 **squamosus Ksw**

## SCIAPHILUS

Scrobes arqués entièrement en dessous; écusson visible

1 El. ovales à épaules arrondies (**Pleurodirus**); Th. à ponctuation confluente, suballongée, ridée. 4 **Fairmairei Ksw**

— El. à épaules un peu saillantes. (**Sciaphilus**) 2

2 Scape dépassant les yeux: El. avec d'assez longues soies. 4—5 **asperatus Bonsd**

— Scape dépassant les yeux; intervalles alternes des El. plus saillants; points des stries très gros; El. moins élargies, plus allongées. **costulatus Ksw**

— Scape ne dépassant pas le bord postérieur de l'œil; intervalles des El. avec deux ou trois rangs de poils fins, couchés, courts. 3—3,5 **parvulus F**

## BRACHYSOMUS (Platytarsus)

Mêmes caractères, mais écusson non visible

1 Tête large; scape égal au funicule. (**Foucartia**) 2

— Tête étroite; scape aussi long que le funicule et la massue. (**Platytarsus**) 3

2 Pattes testacées. 2,5—3 **squamulata Hbst**

— Pattes noires. 2 **Cremierei du V.**

3 Front plat; intervalles avec une rangée de longues soies droites, assez rapprochées. 2,5—3,5 **echinatus Bonsd**

— Front sillonné; intervalles à rangées de soies très écartées. **hirtus Boh**

## OMIAS

Scrobes arrondis, non arqués en dessous

1 El. très luisantes, glabres. 3—3,5 **micans Seid**

— El. mates densément recouvertes de poils longs, demi-dressés, à intervalles subconvexes granulés. 2—4 **concinnus Boh**

## BARYPITHES

Bord inférieur des scrobes nettement arqué en dessous, le bord supérieur se dirige vers l'œil

1 Rostre plus court que large, à fort sillon prolongé jusque sur le front. 3,5—4 **sulcifrons Chev**

— Rostre au moins aussi long que large. 2

2 Tibias antérieurs ♂ droits ou peu courbés. 3

— Tibias » » fortement recourbés. 5

3 Rostre cylindrique; dessus luisant, pubescent: Th. moins large que long à ponctuation éparse: El. finement ponctuées-striées. 2—2,8 **Companyoi Boh**

— Rostre aplati en dessus, anguleux sur les côtés. 4

4 Rostre élargi au sommet: El. à poils très fins, épars: Th. à ponctuation écartée, assez grosse. 3,5 **araneiformis Schrk**

Rostre plus parallèle ; Th. plus densément ponctué : El. plus parallèles, plus grossièrement ponctuées; leur plus grande largeur après le milieu. **V. pyrenæus Seid**

— Rostre non dilaté au sommet : Th. transverse non densément ponctué: El. à pubescence fine, assez longue. 3—4 **mollicomus Ahr**

5 Cuisses antérieures dentées; dessus à poils fins, redressés. 3—4 **Chevrolati Boh**

— Cuisses antérieures mutiques. 6

6 Th. densément et fortement ponctué; dessus à pubescence longue, assez dense, redressée. 3—4 **pellucidus Schh**

— El. brillantes, glabres ou à peu près : Th. à points forts, un peu moins denses. 4—5 **montanus Chev**

— Th. faiblement arrondi latéralement avec de gros P. rares: El. finement striées-ponctuées, très finem[t] pubescentes. **curvimanus Duv**

## STROPHOSOMUS

Scape ne dépassant pas les yeux qui sont très saillants

1 El. resserrées avant la base qui est relevée. (**Neliocarus**) 2

— El. non resserrées à la base. (**Strophosomus**) 4

2 Dessus hérissé de poils dressés. 5—6,5 **faber Herbst**

— » sans poils dressés. 3

3 Dessus gris cendré uniforme; ponctuation du Th. et des stries cachée par les squamules; abdomen à squamules rondes. **retusus Marsh**

— Ponctuation du Th. et des stries très forte; noir brillant à squamules argentées rares en dessus, condensées en bande sur les côtés; abdomen couvert de poils ou de squamules piliformes. 4—5 **lateralis Payk**

4 Suture dénudée à la base. 5

— Suture non dénudée à la base. 6

5 El. à soies demi-couchées courtes; (interv. alternes à écaillettes verdâtres ou blanchâtres, var. *fagi Chevr*). 5—6 **coryli F**

— El. à soies longues, redressées; ponctuation du Th. plus visible; tache dénudée de la suture moins longue. 5—6 **erinaceus Chv**

6 Th. à sillon basal fortement creusé, mais court, flanqué chez le ♂ de chaque côté à la base d'un tubercule lisse. **tubericollis Fairm**

— Th. sans sillon. 7

7 El. sans soies dans les points des stries. 4 **curvipes Th**

— El. avec » » » » » » . 8

8 Interst. avec une série de petites soies dressées. 3,5—5 **capitatus Deg**

— » sans soies dressées, alignées. 3,5—5 **rufipes Step**

## STROPHOMORPHUS

Scape dépassant les yeux; dessus écailleux; 2e art. du funicule plus long que le premier

Gris-roussâtre à longues soies et à bandes plus claires sur le Th. et les El. 6—7 **porcellus Schönh**

## BRACHYDERES

Fémurs mutiques; deuxième art. du funicule plus long que le premier; scape dépassant les yeux; sommet du deuxième segment ventral arqué

1 El. à bord externe et tache humérale garnis de squamules argentées; dessus parsemé de squamules. 12—14 **lusitanicus F**

L'opacus Bohm espèce différente pour certains auteurs, a le dessus couvert de squamules cuivreuses plus nombreuses et les interv. sont obscurément granulés.

— El. sans bordure externe densément squamuleuse. 2

2 El. à pubescence couchée peu visible de profil. 9—11 **incanus L**

— Pubescence des El. visible de profil. 6,5—7,5 **pubescens Bohm**

## EUSOMUS

Ecusson nul; dessus écailleux; scrobes courts; scape dépassant les yeux

Rostre non caréné, pas plus long que large; dessus noir à squamules verdâtres; scape et base des 1rs art. du funicule ferrugineux; fémurs dentés. 6—7 **ovulum Germ**

## CAULOSTROPHUS

Bord antér. du deuxième segm. ventral droit; scrobes profonds allant jusqu'aux yeux

Rostre conique: El. avec d'assez longues soies, plus larges que le Th., à stries formées de P. faiblement ocellés. **Delarouzei Frm**

## SITONA

Ongles libres; rostre et front sillonnés; scrobes plus ou moins arqués

Dr Stierlin: *Brachyderidæ*.— Bedel: *Faune des coléoptères de la Seine*

1 Ecusson à soies blanches argentées formant 2 touffes divergentes en avant. 2

— Ecusson sans 2 touffes de soies blanches, divergentes en avant. 6

2 Stries des El. à ponctuation forte, large, carrée; partie latérale blanche du Th. à gros points espacés. 3

— El. et Th. à ponctuation fine ou cachée par le revêtement; côtés blancs du Th. sans ponctuation distincte. 4

3 Ponctuation plus forte; yeux très saillants; sillon interoculaire moins profond. 10 **gressorius** F

— Ponctuation des El. moins forte; yeux moins saillants; sillon interoculaire très profond. 6—9 **griseus** F

4 Yeux saillants; insterstries alternes des El. relevés. 8 **cachecta** Gyll

— » aplatis; » » » non relevés. 5

5 Intervalles avec 3 ou 4 rangs de soies couchées. 6,5 **conspectus** Fahr

— Intervalles à soies couchées moins serrées; 4e intervalle jaunâtre, ainsi que la base des 5e et 6e. 6 V. **variegatus** Fahr

6 Th. très convexe, déclive en arrière, et non placé dans le même plan que les El. 7

— Th. peu convexe placé dans le même plan que les El. 8

7 El. à soies droites très visibles de profil: Th. subsphérique à ponctuation très serrée, El. pas plus larges que lui; yeux saillants. 3—6 **regensteinensis** Hbst

— El. fortement élargies en arrière, squamulées, sans poils; ponctuation du Th. indistincte. 7,5 **limosus** Ross

— Th. à ponct. grosse, écartée: El. à pubescence fine. **cambricus** Steph

8 El. à pubescence relevée, bien visible de profil. 9

— El. sans pubescence relevée. 13

9 Sillon rostral large et profond; front profondément ponctué; scrobes visibles de dessus: El. à soies rares très écartées. 5—6 **Waterhousei** Walt

— Sillon rostral fin ou superficiel; scrobes non visibles de dessus. 10

10 Yeux aplatis: Th. à ponctuation grosse, écartée: El. fortement ponctuées avec des crins relevés sur tous les intervalles (V. *tibiellus Gyll*) ou q. q. uns seulement. 3,5—4,5 **hispidulus** F

— Yeux saillants: Th. à ponctuation rapprochée. 11

11 Th. à côtés arrondis, à points ovales, denses. 3—4,5 **tibialis** Herbst

Dans la var. **ambiguus** Gyll (3mm) le Th. est plus long que large et le front plus profondément canaliculé.

— Th. à côtés presque parallèles, à ponctuation ronde. 12

12 Soies des El. courtes et rares; ponctuation du Th. et des stries assez fine: El. à taches grises et brunes en damier; squamules subarrondies. 3—4 **crinitus** Hbst

— Soies plus longues, plus nombreuses: Th. un peu plus long que large, très densément ponctué, à 3 lignes jaunâtres; squamules rondes. 3—3,5 **seriesetosus** Fahrs

13 Partie supérieure des yeux garnie de cils courts. 14

— Yeux sans cils. 21

14 Tout le côté du corps avec une bordure verte; pattes rouges. 3,5—5 **verecundus** Ross

— Corps sans bordure latérale verte. 15

15 Yeux non saillants; front avec les yeux au plus aussi large que le dessus de la tête. 16

— Yeux saillants; front plus large que l'occiput. 18

16 Yeux plats: Th. à ponctuation fine et serrée: El. sans soies. **inops Schön**

— Yeux un peu saillants: El. avec soies couchées. 17

17 El. à soies peu visibles: Th. à ponctuation un peu écartée, plus étroit au sommet qu'à la base. 4—5 **humeralis Steph**

— El. à soies nombreuses: Th. presque cylindrique, ponctué-ridé, de même largeur à la base et au sommet. 4,5 **cylindricollis Fahr**

18 Front avec 1 P. profond non continué sur le rostre; vertex et bandes brunes du Th. ornés de taches claires ponctiformes. **puncticollis Steph**

— Front et rostre canaliculés. 19

19 Th. et El. finement ponctués; rostre 3-caréné au sommet. 5—6 **flavescens Marsh**

— Th. et El. grossièrement ponctués. 20

20 Th. plus long que large: El. à callosité blanche au sommet du 5e intervalle. 5,5 **callosus Gyll**

— Th. aussi long que large: El. sans callosité. 3,5 **languidus Gyll**

21 Corps noir, presque glabre: Th. à ponctuation double, serrée; une élévation saillante en avant, entre les hanches intermédiaires. 5 **gemellatus Gyll**

— Dessus squamulé; pas de saillie entre les hanches intermédiaires. 22

22 Poitrine à poils espacés; pièces méso-et métathoraciques à squamules serrées; rostre 3-caréné au sommet. 3—3,5 **sulcifrons Thumb**

— Poitrine et pièces méso-et métathoraciques à revêtement homogène. 23

23 Front non plus large que l'occiput. 24

— » avec les yeux plus large que l'occiput. 25

24 Th. transverse, tibias jaunes: El. à suture claire. 3,5 **suturalis Steph**

— Th. presque aussi long que large; tibias foncés; côtés des El. blanchâtres. 5 **ononidis Sharp**

25 Th. plus long que large orné de 3 lignes claires dorsales et de 2 P. blanchâtres à côté de la ligne médiane; 3e intervalle à taches alternativement grises et noires. 5,5 **cinnamomeus Motsch**

— Th. plus large que long, à 3 lignes claires; dessus à couleur uniforme ou à interstries alternativement un peu plus clairs. **lineatus L**

## CATHORMIOCERUS

Segments ventraux luisants, sans squamules

(Bedel: *Rhynchophora, Page 40*)

1 Ecailles des El. soudées; dessus luisant: El. avec de grosses soies blanchâtres. 3,5 **V. Capiomonti Seid**

— Ecaillettes des El. non soudées. 2

2 Scape brusquement angulé près de la base et comme noueux. 3

— Scape épaissi graduellement de la base au sommet. 4

3 Th. sillonné; 2e art. du funicule presque 2 fois aussi long que le 3e; base du 2e segment ventral droite. 2,5 **validiscapus Roug**

— Th. non sillonné; 2e art. du funicule presque aussi large que long; base du 2e segment ventral curviligne. **socius Bohm**

4 Art 3-7 du funicule subglobuleux, médiocrement épais; interstries impairs des El. subconvexes. 2,5 **curvipes Woll**

— Art. 3-7 du funicule épais, fortement transverses; intervalles plans. **attaphilus Bris**

### TRACHYPHLŒUS

Abdomen squamuleux, mat; rostre à bords en bourrelets

(Bedel : *Rhynchophora, Page 40*)

1 Tibias antérieurs munis vers l'angle apical externe d'une saillie et d'un aiguillon. 2

— Tibias antérieurs sans apophyse latérale, avec ou sans épine apicale. 5

2 Rostre large, parallèle, sillonné, à bords courbés; tous les interst. à soies squameuses. 2,5—3,5 **scabriculus L**

— Dessus du rostre à côtés rectilignes, convergents en avant. 3

3 Tibias antérieurs tridentés, la dent médiane très longue, bifide: El. éparsement revêtues de petites soies. 2,7—3 **spinimanus Germ**

— Tibias antérieurs avec de petites dents au sommet. 4

4 Intervalles alternes seuls revêtus de soies. 2,5—3 **alternans Gyl**

— Tous les intervalles garnis de soies. 2,5—3 **laticollis Boh**

5 Tibias antér. avec 1 courte épine au sommet, q. q. f. 2. **bifoveolatus Beck**

— Tibias antérieurs sans épines ni soies au sommet. 6

6 Ongles soudés, rostre un peu resserré-étranglé à la base: El. à soies éparses; 2 premiers art. du funicule égaux. 3 **granulatus Seid**

— Ongles libres; rostre non resserré à la base. 7

7 El. à stries en rainures bien accusées, non ponctuées; scrobes (vus de haut) découverts jusque près des yeux; 2e segment ventral curviligne à la base. 2,8—3 **myrmecophilus Seid**

— El. à stries ponctuées; scrobes non découverts en arrière. 8

8 2e segment ventral moins long que 3 et 4 réunis; côtés du Th. obtusément anguleux; soies des El. grossières. 3—3,5 **aristatus Gyl**

— 2e segment ventral égal aux 3e et 4e réunis; côtés du Th. subarrondis; soies des El. plus fines. 2,5—3 **spinosus Goez**

## CNEORRHININI

### LIOPHLŒUS

Scrobes en sillon courbe, défléchi; corbeille des tibias postérieurs formant une sorte de plate-forme en fer à cheval autour du point d'insertion des tarses

(des Gozis : *Revue d'Entomologie 1886*)

1 Trois premiers art. du funicule égaux; cuisses postérieures pubescentes sur l'arête supérieure (dessus noir et nu, *V. denudatus Goz*). 6—10 **pulverulentus Gyl**

— Trois premiers art. ant. inégaux, le 3e plus court que le 2e; cuisses postérieures squamuleuses au moins sur l'arête supérieure. 2

2 El. ovales, larges, leur plus grande largeur au milieu; longueur à peine de 1/5 supérieure à la largeur. 6—10 **Herbsti Gyl**

— El. subpyriformes, leur plus grande largeur après le milieu; leur longueur égale 1 fois 1/2 leur largeur. 6—10 **tessellatus Mül**

Var: 1 Dessus noir et nu. **aquisgranensis Forst**

2 Stries des El. plus ou moins rapprochées par paires:

**a** Squamules d'un jaune doré uniforme. **rotundicollis Tourn**

**a'** » mêlées de macules blanches. **minutus Tourn**

3 Arrière-corps ogival; squamules cendrées à reflets bleuâtres sur les côtés; taches des interv. alternes blanchâtres sur fond obscur et non brunes sur fond clair. **cyanescens Fairm**

## GEONEMUS

Ongles libres; épimère mésothoracique s'avançant jusqu'à la base de l'El.

Noir à squamules blanches assez serrées et à soies blanches plus rares; rostre et Th. sillonnés; ce dernier à rugosités fortes, peu serrées; interv. des El. étroits avec un rang ou deux de soies blanches. **flabellipes Ol**

## BARYNOTUS

Scape dépassant le bord antér. de l'œil; corbeille des tibias postér. fermée par une lame brillante, frangée de spinules

1 El. à intervalles plans et à stries finement ponctuées. 2

— El. à intervalles convexes. 3

2 Th. sillonné à P. très écartés: El. ovales, courtes. **margaritaceus Germ**

— Th. non sillonné, à ponctuation assez serrée sur le disque, subrugueuse sur les côtés: El. allongées. **squamosus Germ**

3 Intervalles alternes plus relevés, seuls garnis de soies à la déclivité postérieure. 4

— Tous les interv. relevés, tous garnis de soies à la déclivité postérieure. 5

4 Dessus à squamules blanchâtres: Th. à granulations fortes, nettes; surface du rostre avec 5 sillons, ceux des côtés superficiels. **mœrens F**

— Dessus à squamules rougeâtres, brunes: Th. à granulations moins nettes, moins régulières. **alternans Boh**

Ici se placerait le B. **sabulosus Ol** (7-9) à rostre court, plus fortement sillonné; squamosité moins dense sur la tête et le Th.: El. avec épaules plus aiguës, soies plus longues.

5 Rostre sillonné. 6

— Rostre non sillonné: Th. coriacé; tête et Th. à squamules vertes. **unipunctatus Duf**

6 Th. à granulations ocellées. **umbilicatus Duf**

— Th. à ponctuation assez fine, éparse, plus luisant et moins squameux que les El. **obscurus F**

## CNEORRHINUS

(Bedel: *Rhynchophora P. 56*)

Bord apical externe des tibias postérieurs rabattu contre la surface articulaire du tarse et squameux

1 **Angle apical externe des tibias antérieurs projeté en dehors.** 2

— Angle apical externe des tibias antérieurs sans saillie en dehors. 3

2 Suture de l'épisterne métathoracique et du métasternum tracée d'un bout à l'autre (**Philopedon**); dessus squamuleux à soies rares demi-dressées; tête séparée du front par un sillon peu marqué; rostre non carinulé. 5—7 **plagiatus** Schal

— Suture de l'épisterne métathor. et du métasternum incomplète. (**Leptolepyrus**) **meridionalis** Duv

3 Suture de l'épisterne métathoracique et du métasternum tracée d'un bout à l'autre; dessus squamuleux à soies rares, demi-dressées. (**Atactogenus**) 4

— Suture de l'épisterne métathoracique et du métasternum incomplète. (**Tretinus—Lacordaireus**) 5

4 Tête séparée du front par un sillon bien net; rostre à trace de carinule médiane; 2e art. du funicule aussi long que 3 et 4 réunis. **exaratus** Marsh

— Tête séparée du front par un sillon obsolète; rostre carinulé: Th. orné de 2 lignes de squamules blanches. **carinirostris** Boh

5 Th. conique très transverse; base du rostre resserrée; dessus à squamules argentées ou dorées; 3e art. ant. égal au 2e. **prodiguus** F

— Th. à côtés subparallèles, puis rétrécis-arrondis vers le sommet au premier tiers: El. à points très gros et à ondulations transverses; 3e art. des ant. 2 fois plus court que le 2e. **Bellieri** Bris

# TANYMECINI

## THYLACITES

Pas d'ailes; écusson nul ou indistinct; épaules effacées; scape ne dépassant pas le bord postérieur de l'œil

1 El. à enduit squameux d'un gris sale; insterstries avec une série de petites soies peu apparentes; tête hérissée de soies rudes, surtout près des yeux. 4—4,5 **Guinardi** Duv

— El. à squamules déprimées, rougeâtres, variées de noir ou de brun, ou de brun et de blanc. 2

2 Tête, Th. et El. à poils redressés. **fritillum** Panz

— Th. sans poils redressés: El. à couleurs plus variées; rostre sillonné au sommet. **lapidarius** Gyl

## CHLOROPHANUS

Scape atteignant à peine le bord antérieur de l'œil; tibias antérieurs armés au sommet d'une pointe dirigée en dedans

1 Th. bisinué à la base. 2

— Base du Th. à peine sinuée; rostre faiblement caréné; dessus et dessous densément couverts de squamules jaunes qui s'étendent sur les cuisses; El. longuement mucronées au sommet. **gibbosus** Payk

2 Tête à carène bien saillante allant du vertex à l'extrémité du bec; Th. caréné; dessus à squamules cuivreuses. 10—11 **graminicola** Gyll

— Tête plus faiblement carénée; squamules des El. d'un gris rougeâtre: Th. finement caréné. 10—11 **salicicola** Germ

— Dessus cendré-verdâtre à squamules vertes; rostre caréné nettement. 9—11 **viridis** L

### TANYMECUS

Scape dépassant le bord postérieur de l'œil; tibias antérieurs sans pointe terminale; écusson visible

Noir à poils ras, gris; côtés du Th., des El. et dessous, squamulés; El. à sommet un peu aigu, bien striées-ponctuées. 9—10 **palliatus F**

## TROPIPHORINI

### TROPIPHORUS

Yeux aplatis: Th. finement caréné, échancré en dessous au sommet

(FAUVEL: *Revue d'Entom. Tom. VII*)

1 Th. à ligne cariniforme, large, obtuse, mate, alutacée, ou réduite à 1 espace longitud. presque plan pareillement sculpté. **cucullatus Fvl**

— Th. à carène étroite, tranchante, entière et brillante. 2

2 El. déprimées, à interv. 3, 5, 7 nettement costulés. **carinatus Müll**

— El. cylindriques à intervalles non costulés. 3

3 El. débordant le Th., leur angle basilaire saillant en avant. 6 **tomentosus Marsh**

— El. ne débordant pas le Th., leur angle basilaire tronqué. **obtusus Bonsd**

## BRACHYCERINI

### BRACHYCERUS

Hanches intermédiaires contiguës

1 Rebord des yeux, vu de profil, dépassant à son sommet la courbe du vertex. 2

— Rebord des yeux ne dépassant pas ou à peine la courbe du vertex. 3

2 Côtés des El. à 4 rangs de tubercules; front avec un relief interoculaire cariniforme. 6—12 **Pradieri Frm**

— Côtés des El. à grosses fossettes, irrégulières et sans ordre; front uni. 8—20 **undatus F**

3 Sommet du Th. fortement avancé antérieurement en saillie bilobée; sillon du Th. sans ligne saillante. 6—11 **algirus F**

— Sommet du Th. moins avancé sur la tête, saillie non bilobée. 4

4 Sillon du Th. à ligne saillante; côtés des El. à 4 lignes relevées, à interv. ponctués ou réticulés plus ou moins régulièremt. **cinereus Ol**

— Sillon du Th. nul ou peu net; côtés des El. à tubercules arrondis ou subarrondis, confus ou a lignés. 9—20 **barbarus L**

## CLEONINI

BEDEL: *Faune du bassin de la Seine.*— SCHŒNHERR: *Curculionidæ T. VI*

### LEUCOSOMUS

1er art. du funicule au moins aussi long que le 2e; mésosternum fortement tronqué entre les hanches intermédiaires

**Th. caréné au sommet: El. grises à ponctuation fine, avec un point blanc au milieu entouré d'une tache noire, nue. pedestris Pod**

## CLEONUS

Deux premiers art. des ant. subégaux ou $1^{er}$ plus grand que le $2^{e}$

1 $2^{e}$ art. des tarses postérieurs allongé, 2 fois au moins plus long que large. (**Plagiographus**) 2

— $2^{e}$ art. des tarses postérieurs presque carré. 7

2 $1^{re}$ strie des El. renforcée à la base. 3

— $1^{re}$ » » non renforcée à la base. 5

3 Stries très finement ponctuées. **nigrosuturatus Goez**

— Stries fortement ponctuées. 4

4 Insterstries pas plus larges que les stries; cuisses postérieures garnies tout autour de crins blancs relevés. **crinipes Fahrs**

— Interstries plus larges que les stries, le $5^{e}$ moins relevé en avant; cuisses postérieures presque dépourvues en dessus de crins relevés; dessins du Th. plus apparents. **excoriatus Gyll**

5 Th. égal, densément ponctué, caréné au sommet. **tabidus Ol**

— Th. inégal. 6

6 Un petit tubercule devant les hanches antérieures; forme allongée, bandes blanches du Th. presque droites. **nebulosus L**

— Pas de tubercule devant les hanches antérieures, forme trapue. **V. turbatus Fahr**

7 $2^{e}$ art. du funicule plus grand que le $1^{er}$. (**Bothynoderes**) 8

— $2^{e}$ » » égal au $1^{er}$ ou plus petit que lui. 13

8 Rostre caréné, non atténué au sommet, assez long. 9

— Rostre atténué au sommet, court. 10

9 Ventre à points noirs dénudés; rostre court un peu élargi au sommet. **punctiventris Germ**

— Ventre sans P. dénudés; rostre long, subcylindrique. **conicirostris Ol**

10 Sommet du rostre tronqué et rebordé, bordure saillante. (**Chromoderus**) 11

— Sommet du rostre subarrondi ou légèrement rebordé, bordure non relevée. 12

11 El. grises à 3 taches noires (humérale, médiane, antéapicale). **fasciatus Müll**

— El. grises à 2 petites bandes obliques, la $2^{e}$ prolongée longitudinalement au sommet. **declivis Ol**

12 Rostre court, obsolètement sillonné. **brevirostris Gyl**

— Rostre plus long, conique, caréné: Th. déprimé au milieu de la base. **mendicus Gyl**

13 Epaules en angle rectangle ou aigu; écusson nul. (**Pseudocleonus**) 14

— Epaules arrondies. 15

14 Th. avec deux bandes blanches médianes. **cinereus Schrk**

— Th. sans bandes médianes blanches. **grammicus Pz**

15 Th. sans granulations lisses; un écusson. (**Mecaspis**) 16

— Th. à granulations lisses. 18

16 **Sommet des 3 premiers interv. à poils feutrés testacés. emarginatus F**

— Sommet des trois premiers intervalles sans poils feutrés testacés. 17
17 Th. sillonné, rostre tri-caréné. **alternans** Germ
— Th. à dépression basale; rostre subcylindrique caréné. **cœnobita** Ol
18 Un écusson; rostre sillonné. **(Cleonus)** **piger** Scop
— Pas d'écusson. (**Cyphocleonus**) 19
19 Carène médiane du rostre sillonnée en avant. **trisulcatus** Hbst
— » » » « non sillonnée en avant. 20
20 Allongé: El. à nombreux tubercules lisses, luisants. **morbillosus** F
— Plus court; tête à ligne transverse enfoncée au-dessus des yeux: El. marbrées de blanc et de brun. **tigrinus** Panz

## PACHYCERUS

Premier art. du funicule dilaté dès la base; scape n'atteignant pas le niveau de l'œil

1 Th. canaliculé, à granulations serrées. **varius** Hbst
— Rostre tri-caréné: Th. finement caréné; dessus blanc, dessous blanc varié de noir. **madidus** Ol

## LIXUS

Th. oblong; arrière-corps cylindrique ou pisciforme; scrobes naissant à distance de l'angle buccal

Bedel: *Rhynchophora P. 85.*— Capiomont: *Annal. société entom. 1874-75*

1 El. à bande blanche latérale occupant 3 ou 4 intervalles 2
— El. sans bande latérale blanche bien nette. 5
2 Th. à 4 lignes, El. à 3 lignes, blanches. 3
— Th. et El. sans lignes discales blanches; front fovéolé. 4
3 Th. à grains brillants : El. arrondies au sommet. 9—16 **spartii** Ol
— Th. à points varioliques sur fond finement ponctué : El. à sommet fortement acuminé. 13—20 **anguinus** L
4 Rostre presque droit plus court que le Th.; El. finement striées-ponctuées à sommet brièvement acuminé. 8—15 **Ascanii** L
— Rostre de la longueur du Th., courbé: El. plus fortement striées-ponctuées, acuminées au sommet. 9—15 **junci** Bohm
5 El. à sommet distinctement mucroné. 6
— El. à sommet peu ou pas mucroné. 10
6 El. à fascie blanche antéapicale et à stries approfondies à la base et au sommet. 7—15 **cylindricus** F
— El. sans fascie antéapicale blanche. 7
7 Prolongement apical des El. beaucoup plus long que le dernier segment ventral et déhiscent. 13—24 **paraplecticus** L
— Mucro apical des El. moins ou peu plus long que le dernier segment ventral. 8
8 Th. à points varioliques sur fond rugueusement pointillé; pattes noires. 12—22 **iridis** Ol

— Th. finement granulé; tibias et tarses rougeâtres. 9

9 Rostre arqué, ferrugineux au sommet; mucro des El. déhiscent. 7—12 **mucronatus** Ol

— Dessus à pubescence cendrée rare : El. à suture et bords ferrugineux. **acicularis** Germ

— Rostre peu arqué; mucro des El. non déhiscent. V. **superciliosus** Bohm

10 Th. à gros P. varioliques sur fond plus ou moins chagriné. 11

— Th. ponctué ou granulé. 15

11 Th. sans vibrisses à 4 bandes dorsales blanches. 7—14 **myagri** Ol

— Th. avec vibrisses derrière les yeux. 12

12 Th. nettement bordé de blanc ou de jaune. 13

— Th. à bords seulement plus clairs. 14

13 Une moucheture blanche à la base du 2e interv.; dessous à points noirs dénudés; rostre non caréné. **punctiventris** Boh

— 2e intervalle sans moucheture à la base; ventre sans P. dénudés: El. grises plus ou moins rouges latéralement et à la suture. **trivittatus** Cap

14 Fémurs antér. subdentés en dessous; points varioliques du Th. plus profonds, plus serrés. 11—15 **cribricollis** Boh

— Fémurs antérieurs simples. 8-14 **cylindricus** Hbst

15 Th. à sillon transversal peu après le sommet; intervalles des El. transversalement striolés. 16

— Th. au plus avec une légère dépression au sommet. 18

16 Front profondément déprimé, rostre à sillon basal obsolète. **cardui** Ol

— » plan. 17

17 Corps sublinéaire, rostre rugueusement ponctué à la base; scape peu plus long que les art. 1 et 2 du funicule (El. à pubescence uniforme V. *rufitarsis Boh*): El. à pubescence condensée inégalement en mouchetures. 7—11 **elongatus** Goez

— Corps plus large, rostre strié-rugueux à la base; scape plus long que les art. 1 et 2 du funicule. 10—18 **scolopax** Boh

18 Th. conique 2 fois plus long que large au milieu, à impressions latérales; sommet des El. en pointes divergentes. **augurius** Boh

— Th. moins de 2 fois plus long que large au milieu. 19

19 Front fovéolé. 20

— Front sans fovéole. 21

20 Dessus à sécrétion rouge, celle du dessous jaune: Th. à bandes latérales jaunes-vertes; stries approfondies à la base et au sommet. 4—7 **scabricollis** Schöh

— Dessus à pollinosité jaune-rouge, celle de dessous blanche: Th. à bandes latérales blanches; El. impressionnées à la base. **brevirostris** Boh

21 Th. fortement rugueux, canaliculé à la base, à bande latérale peu nette; scape très long, égal au funicule. 12—17 **algirus** L

— Th. finement varioleux-ponctué. 22

22 Th. nettement bordé de blanc; dessus à pollinosité rouge et jaune; rostre droit, caréné; 2e intervalle moucheté de blanc à la base. 8—16 **vilis** Ross

— Th. à côtés seulement plus clairs; 2e intervalle non moucheté à la base. 23

23 Dessus à pollinosité jaune; côtés du Th. et des El. poudrés de jaune plus clair; rostre cylindrique, finement ponctué. **flavescens Boh**

— Dessus à pollinosité rougeâtre; côtés du Th. peu plus clairs; rostre épais, striolé-rugueux. 7—12 **sanguineus Ross**

## LARINUS

Th. court, élargi en arrière, arrière-corps ovalaire ou oblong, non cylindrique; tibias sans longs poils dressés extérieurement

(CAPIOMONT: *Monogr. des Larinus, Annal. Société entom. de France—1874*)

1 Rostre filiforme dans les deux sexes. 2

— Rostre cylindrique chez la ♀, au moins aussi long que le Th. 3

— » épais, ni filiforme, ni cylindrique même chez la ♀. 7

2 El. avec une bande dorsale et une bande marginale plus claires (jambes et tarses ferrugineux V. *consimilis Cap*). **longirostris Gyll**

— El. sans bande marginale distincte; rostre ruguleusement ponctué. **immitis Gyl**

3 Th. (à l'état frais) avec deux bandes dorsales, pubescentes; rostre non caréné à la base. 4

— Th. sans bandes dorsales, rostre ordinairement caréné à la base. 5

4 Plus grand, en ovale plus régulier un peu plus allongé, moins atténué surtout en avant; écusson bien visible; ponctuation du Th. subvariolique. **stellaris Stev**

— Plus petit, en ovale moins régulier, plus écourté, plus attenué en avant; massue des cuisses antérieures subdentée en dessous en avant. 7—8 **jaceæ F**

5 Th. à ponctuation grossière, serrée, rugueuse; une tache pubescente blanche, à la base du 2e intervalle. 8—12 **sturnus Schal**

— Th. à ponctuation double ou finement rugueuse; 2e intervalle sans tache à la base. 6

6 Th. à ponctuation double; base du rostre tri-carénée. **rusticanus Gyl**

— Ponct. du Th. simple, ruguleuse, plus grossière latéralement. **planus F**

7 El. à 3e intervalle recouvert d'une bande blanche, plus ou moins bien limitée, plus ou moins interrompue. 8

— El. sans bande blanche sur le 3e intervalle. 12

8 Bande blanche latérale du Th. bidentée à son bord supérieur. 9

— » » » » entière ou unidentée à son bord supérieur. 10

9 Couleur foncière jamais d'un jaune verdâtre. 14—19 **onopordi F**

— » » jaune verdâtre: Th. avec 2 taches obliques antéscutellaires enclosant une tache noire. 8—12 **vulpes Ol**

10 Bande du 3e interv. non interrompue et le recouvrant entièrement. 11

— Bande du 3e intervalle formée de petites taches séparées. **brevis Hbst**

11 Th. avec des plaques lisses ou reliefs bien visibles. 8—12 **vittatus F**

— Th. sans plaques lisses ou reliefs apparents. 17—21 **buccinator** Ol

12 El. couleur canelle, à mouchetures rares, généralem[t] placées le long de la suture et du bord ext. et à la base des 2e et 4e interv. **maurus** Ol

— El. à couleur uniforme ou à mouchetures uniformément placées. 13

13 Tibias antér. dilatés à leur extrémité externe. 14

— » » arrondis ou tout au plus coupés droit au bout de leur côté externe, sans dilatation. 15

14 Th. chagriné, ruguleux; écusson allongé, saillant. **Reichei** Cap

— Th. plus ou moins ponctué. **ferrugatus** Gyll

15 1er art. du funicule plus court que le 2e. 16

— 1er » » » grand » ». 17

16 4e intervalle non costiforme dans son premier tiers. 15—16 **cynaræ** F

— 4e » plus ou moins relevé à la base. **latus** Hbst

17 Carène médiane du rostre nulle ou raccourcie en avant. **turbinatus** Gyl

— » » » continuée jusqu'au sommet. 18

18 Rostre à 2 carènes divergentes partant de la base de la carène médiane. 9–14 **scolymi** Ol

— De chaque côté du rostre une seule petite ligne élevée oblique; dessous du rostre garni de longs poils. 6—10 **flavescens** Germ

— Rebord latéral du rostre élevé ou saillant. 19

19 Dessus à enduit jaune. **obtusus** Gyll

— » » couleur de rouille. **australis** Cap

## STOLATUS

Ovale, oblong, noir à villosité blanchâtre; ant. et tarses ferrugineux; rostre à rugosités serrées avec impression transversale; Th. à P. profonds, écartés: El. striées-ponctuées. **crinitus** Bohm

## MICROLARINUS

Noir, allongé, à pubescence redressée; côtés du Th. à bande blanche: El. à taches blanches; tibias hérissés extérieurement de longs poils espacés. **rhynocylloides** Hoch

## BANGASTERNUS (Cœlosthetus)

Prosternum profondément excavé au milieu

Tibias hérissés extérieurement de longs poils espacés; prosternum profondément excavé au milieu, entre 2 lames antécoxales tranchantes qui font suite au lobe oculaire. **provincialis** Fair

## RHINOCYLLUS

Tibias hérissés au côté externe de long poils espacés

Subcylindrique à pubescence grise ou jaunâtre; poils redressés sur la tête et le Th.; rostre inégal, très court: Th. à 5 bandes de pubescence laineuse: El. striées. **conicus** Frol

# RHYTIRRHININI

## MYNIOPS

3e art. des tarses taillé en cœur en dessus, sans échancrure en dessous

Noir, terne, souvent terreux: Th. caréné, à rugosités varioliques : El. soudées, raboteuses, à intervalles impairs, relevés et noueux. 8–9 **carinatus L**

## RHYTIRRHINUS

Th. à surface inégale excavée, hanches postérieures très écartées; deuxième art. du funicule allongé

1 Rostre canaliculé: El. à intervalles impairs costiformes; interv. pairs et ponctuation des El. peu visibles. **impressicollis Bohm**

— Rostre à sillon large: Th. canaliculé, sillonné de chaque côté à la base, profondt impressionné en avant : El. convexes, grossièremt striées-ponctuées; interv. alternes plus élevés. **V. alpicola Fairm**

— Rostre non sillonné : El. à intervalles impairs plus saillants; interv. pairs bien nets et stries des El. à gros points. **Stableaui Fairm**

## GRONOPS

Mêmes caractères, mais 2e art. du funicule court, transverse

Dessus à larges squamules, claires et rembrunies, formant sur les El. 2 fascies communes inversement arquées: Th. carré à 8 impressions sur 2 rangs : El. striées-ponctuées à interv. alternes costiformes. 3–4 **lunatus F**

## DICHOTRACHELUS

(Dr Stierlin: *Révision du G. Dichotrachelus*)

1 Th. très transverse à sillon médian flanqué de chaque côté d'une impression longitudinale : El. à 3 côtes, 1re et 3e réunies au sommet, 2e raccourcie. 6 **Linderi Fairm**

— Th. plus ou moins cylindrique, garni de soies claviformes, au sommet et sur les côtés; un sillon médian; 3e art. des tarses plus large que les 2 premiers. 2

— Th. elliptique rétréci en avant et en arrière, sa plus grande largeur au milieu; sillon plus ou moins visible. 3

2 Th. plus long que large, aussi large à la base qu'au sommet; sillon étroit, profond. 4,5 **Rudeni Stier**

— Th. carré, plus étroit au sommet qu'à la base, à sillon plus large, moins profond. 4,5 **Stierlini Gred**

3 3e art. des tarses bilobé plus large que les 2 prem. 3 **verrucosus Ksw**

— » » incomplètement bilobé et pas plus large que les 2 premiers. 4

4 Allongé: Th. impressionné devant l'écusson. 3–5 **alpestris Stier**

— Court: Th. non » » » . 2–3 **clavuliger Duf**

### ALOPHUS

**2e art. du funicule égal au 1er; épaules effacées: Th. sans plis saillants**

1 Dessus fauve; rostre sillonné: El. avec deux taches isolées en avant et une tache trifoliée commune en arrière. 7—8 **triguttatus F**

— Rostre formant saillie en dessous près du sommet des scrobes: Th. à ponctuation foncière doublée de gros points fovéiformes. **nictitans Boh**

### RHYTIDODERES

2e art. du funicule moins long que le 1er; *Th. ridé longitudinalement*

Noir, à squamules grises, testacées ou variées de brun: El. grossièrement striées-ponctuées à intervalles étroits, semés de petits crins arqués. 7—14 **plicatus Ol**

## HYPERINI

(Capiomont: *Révision des Hypérides* — Bedel: *Rhynchophora, P.75*)

### CONIATUS

Yeux arrondis

1 Rostre 2 fois aussi long que la tête; espace interoculaire égal à 2 fois la largeur du rostre; épaules anguleuses (**Bagoides**). **suavis Gyll**

— Rostre à peine plus long que la tête; épaules peu marquées; espace interoculaire égal à la largeur du rostre. **(Coniatus)** 2

2 Pattes noires moins les genoux et le sommet des tibias; rostre presque complètement noir: Th. brun à 3 bandes blanches; dessus à taches blanches et fascies grises et noires. 4—4,5 V. **Wenkeri Cap**

— Pattes rougeâtres; cuisses à base plus ou moins largement noire; rostre à sommet largement rouge. 3

3 Dessus à squamules vertes, rares: Th. brun à 3 bandes blanches; base des cuisses foncée. 3—4 **repandus F**

— Dessus à squamules vertes ou cuivreuses assez nombreuses; cuisses foncées. 4

4 Th. à côtés plus arrondis, d'un rouge cuivreux sur le disque. 5 **Deyrollei Cap**

— Th. moins transversal presque aussi long que large, à côtés moins arrondis, d'un vert clair q. q. fois bleuâtre sur le disque. **tamarisci F**

### LIMOBIUS

Yeux ovales ou oblongs; funicule de 6 art.; branches des épimères mésothor. *formant au point de réunion un angle presque droit*

1 El. ayant un peu après le milieu une tache suturale commune transversale, noire, un peu veloutée. 2,5—3 **mixtus Dej**

— El. sans tache noire, après le milieu. 2—2,2 **borealis Payk**

## PHYTONOMUS

Caractères des **Limobius**, mais funicule de 7 art. et branches des épimères mésothoraciques formant un angle droit

1 Hanches postérieures séparées entre elles par un espace au moins égal à la largeur de chacune. 2

— Hanches postérieures séparées par un espace moindre que la largeur de chacune. 4

2 Rostre court, épais, un peu gibbeux en dessus, un peu moins de 2 fois plus long que large; deux dents cornées au dessus des mandibules, celle de droite plus longue que celle de gauche. **punctatus** F

— Rostre moins épais, non gibbeux, 3 fois aussi long que large. 3

3 Noir profond avec q. q. mouchetures claires à l'épaule et sur les côtés; fémurs postérieurs très noirs avec un anneau clair en dehors. 7 **viduus** Hbst

— El. à revêtement gris et brun, moucheté de noir velouté, lavé de teinte claire derrière les épaules et souvent aussi au milieu des côtés. 5—7 **fasciculatus** Hbst

4 El. à squamules arrondies ou tronquées en arrière. 5

— El. à squamules bifurquées en arrière ou à poils connés 8

5 Intervalles alternativement à couleur pâle et foncée sur toute leur étendue; pas de taches noires sur les intervalles impairs. 4—6 **alternans** Steph

— Intervalles rarement de couleur pâle et foncée alternativement, jamais dans toute leur étendue. 6

6 Vertex squamulé; une tache triangulaire blanche commune vers les 2/3 postérieurs des El. 4—5 **rumicis** L

— Vertex pubescent. 7

7 Epaules peu plus larges que le Th.; dessus gris jaune ou roussâtre, sans taches d'apparence pollineuse. 6—8 **arundinis** Payk

— Epaules plus larges que le Th.; El. à séries de taches noires sur les 1er et 3e intervalles. 4—6 **adspersus** F

8 Tibias antérieurs dentés au milieu. 9

— Tibias antérieurs non dentés. 10

9 El. à lignes alternes d'un blanc cendré et d'un brun plus ou moins clair. 5—7 **arator** L

— El. à squamules piliformes brunâtres; intervalles alternes avec q. q. taches cendrées peu apparentes. 6—7 **Pandellei** Cap

10 Rostre pluristrié en dessus, noir, brillant, fortement arqué; Th. court, évasé en avant: El. à tache brune veloutée près de l'écusson et avec une fascie latérale triangulaire brune, tranchant sur fond blanc. 4—5 **maculipennis** Fairm

— Rostre sans stries dorsales. 11

11 El. hérissées de longs crins: Th. court, subcordiforme, évasé en avant; dessus généralement clair à taches noires, à vestiture d'un rouge ochracé pâle; intervalles alternes plus pâles, à petites taches écartées, brunes; 6e intervalle plus rembruni que les autres; pattes rousses. 5—6 **pastinacæ** Ross

Var: Vestiture cendrée ou d'un gris plus ou moins obscur varié de taches noirâtres:

a Th. à reflets métalliques: tous les intervalles impairs également marqués de taches carrées, bien limitées. 3,5 **tigrinus Boh**

a' Th. sans reflets métalliques; base au moins du 3e intervalle sans taches, celles des autres intervalles petites, mal limitées:

b Soies des intervalles impairs plus longues que les autres. 4,5—5,5 **sejugatus Boh**

b' Soies des interv. pairs et impairs de longueur égale. 4—5 **albicans Cap**

— El. à soies très courtes ou q. q. f. un peu longues, mais alors Th. non cordiforme. 12

12 Rostre long, mince, cylindrique, arqué, avec une strie latérale profonde, rugueuse au fond, parallèle aux scrobes: Th. en ovale transverse; ant. rousses: El. à lignes alternes de couleur claire et obscure.. 4—5 **meles F**

— Rostre sans strie le long du scrobe. 13

13 1er art. du funicule 2 fois aussi long que le 2e; insertion des ant. submédiaire. 14

— 1er art. du funicule jamais 2 fois aussi long que le 2e; insertion des ant. subterminale. 17

14 Revêtement des El. squameux doublé de petites soies blanches, couchées, presque invisibles sur la déclivité postér.; ant. presque noires; pieds rembrunis en partie; dessus cendré-argenté avec q. q. macules brunes, rondes, sur les intervalles alternes. **viciæ Gyll**

— Dessus des El. d'aspect feutré, doublé de crins mi-relevés bien visibles de profil. 15

15 3e interstrie sans tache brune à la base; dessus vert ou fauve; suture et bord externe des El. rougeâtres. 2—3 **nigrirostris F**

— 3e interv. à tache brune à la base, plus longue que large. 16

16 Dessus roux ou roux blanchâtre; bande dorsale du Th. mal limitée; soies des El. plus longues et plus fines. 3—4 **ononidis Chev**

— Dessus cendré, plus ou moins obscur; bande dorsale brune du Th. bien limitée; soies des El. plus courtes, plus grossières. 3—3,3 **trilineatus Marsh**

17 2e art. du funicule à peu près égal au 1er: Th. convexe aussi long que large: ant. rousses à massue brune; espace interoculaire égal à la moitié de la largeur du rostre. 4—7 **pedestris Payk**

— 2e art. du funicule environ moitié plus court que le 1er. 18

18 Yeux subconvexes en ovale court; 4e art. du funicule plus grand que les contigus; front aussi large que le rostre; El. sillonnées-ponctuées; dessus presque toujours brun-roux; une tache noire subdénudée à la base des El. sous la saillie humérale. **elongatus Payk**

— Yeux déprimés, irrégulièrement oblongs: El. striées-ponctuées; forme plus écourtée, moins oblongue; 4e art. funicule égal au 3e. 19

19 El. sans tache ou bande suturale commune, avec chacune une tache brune latérale, triangulaire: Th. transversal évasé en avant; 2e art. du funicule environ moitié moins long que le 1er. **plantaginis de G**

— El. à tache suturale commune s'étendant aux 2/3 de leur longueur, (tache pas toujours bien nette); 2e art. funicule 1/3 moins long que le 1er. 20

20 Th. transversal à côtés plus arrondis; taille un peu plus grande; interstr. plus relevés; rostre plus long. 5—7 **murinus F**

— Th. moins large, moins arrondi sur les côtés; taille moindre, interst. plats; une tache noire subdénudée à la base de l'El. sous l'épaule. 4—5 **variabilis Hrbst**

## HYPERA

Yeux ovales ou oblongs; branches des épimères mésothor. formant un angle très ouvert

1 Tibias antér. dilatés extérieurement à l'extrémité: Th. fortement déclive en avant: Th. plus rétréci à la base qu'au sommet. **arvernica Cp**

— Tibias antér. non dilatés extérieurement à l'extrémité: Th. peu ou pas déclive en avant. 2

2 1er art. du funicule plus court que le 2e ou subégal à lui. 3

— 2 premiers art. du funicule égaux ou subégaux. 4

— 1er art. du funicule plus long que le 2e. 11

3 Ant. plus grêles; 3 dern. art. au moins aussi longs que larges; 4e au moins égal au 3e : Th. canaliculé à la base seulement. **oxalidis Hbt**

— Ant. plus épaisses; 3 derniers art. plus larges que longs; 4e art. toujours plus petit que le 3e; dessus à squam. effilées, grises-bleuâtres et dorées: Th. ordinairement canaliculé sur toute sa longueur. 8–12 V. **ovalis Schön**

4 El. régulièrement ovales, diminuant progressivement de largeur à partir du milieu; 5e interv. jamais calleux au sommet. 5

— El. subogivales diminuant un peu brusquement de largeur à partir des 2/3; 5e intervalle q. q. fois calleux au sommet. 8

5 Taille plus petite; taches brunes des intervalles alternes bien apparentes et bien limitées. 4—6 **tessellata Hbst**

— Plus grand; taches foncées des intervalles alternes peu apparentes, mal limitées. 6

6 Th. globuleux; revêtement des El. formé de poils simples et de poils connés 2 à 2. 7—8 **globosa Frm**

— Th. non globuleux, évasé en avant; vestiture piliforme, poils simples. 7

7 Moins foncé; 1er et 2e art. du funicule subégaux; Th. canaliculé à la base. 7—10 **intermedia Bohm**

— 1er art. du funicule un peu plus court que le 2e; Th. plus fortement, plus rugueusement ponctué; un sillon à la base précédé d'une fine ligne lisse élevée. 7—10 Var. **Aubei Cap**

8 El. un peu calleuses au sommet du 5e intervalle, leur plus grande largeur au milieu; strie suturale sinuée en dedans au sommet. 6—8 **tristis Cap**

— El. ni calleuses ni déhiscentes au sommet. 9

9 Cuisses dentées. 6—8 **salviæ Schr**

— Cuisses mutiques. 10

10 Th. droit ou à peu près sur les côtés; vestiture squameuse. **philanthus Ol**

— Th. plus large vers le 1er tiers qu'à la base; vestiture fauve à reflets chatoyants, également clairsemée sur le Th. et les El. 8 **Bonvouloiri Cap**

— Th. ayant sa plus grande largeur au milieu; forme courte et obèse; intervalles convexes à soies courtes, blanchâtres; les alternes plus pâles à taches cendrées ou brunâtres plus visibles vers le sommet; extrémité de la suture plus claire. 5—6 **obscura Cap**

11 El. variées de noir et de cendré sur fond roussâtre, fauve-clair ou doré. 12

— El. variées de noirâtre et de cendré ou de blanc argenté sur fond gris plus ou moins obscur. 13

12 Corps courtement ovale: El. à écaillettes et à soies courtes couchées, uniformément d'un gris jaunâtre ou d'un jaune doré pâle. 5—6 V. **Fairmairei Cap**

— Corps en ovale assez allongé: El. à écailles fauves ou grisâtres à reflet métallique, bords latéraux plus clairs: intervalles alternes à taches brunes ou grises peu nettes. 6—9 **circumvaga Boh**

13 Dessus à soies dressées visibles de profil (♂ surtout). 14

— El. à soies courtes peu visibles de profil. 15

14 Th. régulièrement dilaté et arrondi sur les côtés; saillie mésosternale assez large au milieu, puis terminée en pointe. **crinita Dej**

— Th. à peine arrondi sur les côtés; saillie mésosternale étroite, diminuant graduelt de largeur de la base au sommet. **perplexa Ramb**

15 Th. 1/3 plus large que long même chez ♂; forme ovale très écourtée: El. à poils écailleux d'un gris noirâtre à reflets métalliques: suture d'un cendré argenté postérieurement. 4—5 **obtusa Rosen**

— Th. seulement un peu moins long que large ♂. 16

16 6e strie des El. sinueuse derrière l'épaule ♂; interv. plus finement chagrinés ♀; rostre sensiblement anguleux: Th. arrondi sur les côtés au milieu, rétréci au sommet et à la base. **Piochardi Cap**

— 6e strie non sinueuse derrière l'épaule ♂; interstries plus fortement chagrinés ♀, presque granuleux: Th. droit sur les côtés à la base, rétréci à partir du 1/3 antérieur. 4—5 **Delarouzei Cap**

## MYORRHININI

### MYORRHINUS

Noir, ovale, pubescent; dessus grisâtre: Th. avec 3 bandes plus foncées qui se continuent sur les El.; intervalles très pubescents, avec séries de soies mi-couchées. **albolineatus F**

## HYLOBIINI

### ANISORRHYNCHUS

Angle apical externe des tibias antér. saillant en dehors; onglet terminal des tibias denté en dessous

Noir, terne: Th. ponctué, sillonné, avec la ligne médiane et 2 plaques latérales isolées, lisses: El. chagrinées à traces de nervures longitud. 11—15 **bajulus Ol**

## LIPARUS (Molytes)

Angle apical externe des tibias antér. émoussé; mandibules courtes; onglet terminal des tibias simple

1 Th. et El. glabres; ponctuation du Th. assez uniforme; fémurs mutiques. 18—20 **dirus Hbst**

— Th. à taches de poils jaunes sur les côtés ou à la base. 2

2 Th. à ponctuation uniforme, garni de poils jaunes à la base: El. à mouchetures rares et fines; fémurs postérieurs dentés. 12—15 **coronatus Gœze**

— Ponctuation du Th. double; mouchetures des El. plus nombreuses et plus larges. 3

3 Fémurs postérieurs dentés. 15—16 **germanus L**

— » » mutiques; des lignes de P. assez régulières sur les El. 15—16 **glabrirostris Küst**

## LIOSOMA

Lame des corbeilles postérieures rudimentaire; Th. criblé de gros points

*Revue d'entom. 1884*: L. Bedel: *Synops. du G. Liosoma*

1 Epistern. métathoraciques avec une couche de squamules blanches. 2

— Episternes métath. sans squamules. 6

2 Fémurs mutiques. 3

— Fémurs (antérieurs surtout), dentés. 2,5—3 **deflexum Panz**

3 Pattes d'un roux vif; une ligne médiane lisse au Th. **rufipes Bris**

— Fémurs rembrunis au moins au sommet. 4

4 El. noires; tibias le plus souvent roux. 2—2,5 **muscorum Bris**

V. pattes rousses avec genoux rembrunis. **V. geniculatum Bris**

— El. noires mais presque toujours à reflet bleuâtre ou violacé. 5

5 Tibias roux; 2e art. du funicule ♂ à peine moins long que le 1er. 2,8—3 **Lethierryi Bris**

— 2e art. du funicule ♂ moins long que moitié du 2e; tibias le plus souvent bruns. 2,8—3 **oblongulum Bohm**

6 Interv. 4-6 sans petits points en séries au moins à la base; pas d'écusson. 2,5 **Pandellei Bris**

— Interv. tous ponctués finement. 7

7 » plans; dessus à teinte verdâtre. 2 **pyrenæum Bris**

— » convexes, au sommet surtout: Th. alutacé. 2 **cribrum Gyll**

## MELEUS

Episternes métathoraciques bien dessinés; hanches postér. transverses; forme courte

Noir, ovale, à squam. fauves; ant. et pattes d'un brun ferrugineux; rostre et Th. carénés: El. avec 4 côtes chacune et une bande postér. d'un gris bleuâtre; cuisses dentées. **V. Findeli Boh**

## PLINTHUS

Episternes métathor. indistincts; hanches postér. subarrondies; forme allongée

1 Noir de suie: Th. à ponctuation variolique, à ligne médiane carénée, avec dépression latérale bien sensible: El. à stries ponctuées fortement et grossièrement, subgéminées; interv. 3, 5, 7 souvent saillants. 6—9 **caliginosus F**

— Th. sans dépressions; stries internes moins rapprochées 2 à 2; côtes des interv. impairs bien prononcées. **imbricatus Duf**

## APAROPION

Fémurs mutiques; épisternes métathoraciques indistincts; 1er art. de la massue aussi long que tous les suivants réunis; 2e art. du funicule aussi long que le 1er; 3-7 aussi longs que larges: El. quadrigibbeuses en arrière. 3,5 **costatum Fåhr**

## ADEXIUS

Arrière-corps globuleux, hérissé de soies rudes; fémurs mutiques

Brun: Th. à points varioliques; stries des El. à points très gros, intervalles moins larges que les stries. **scrobipennis Gyl**

## TRACHODES

Fémurs dentés; corps squamuleux hérissé de soies claviformes; ant. insérées vers le tiers postérieur du rostre

Brun-noirâtre; rostre, pattes et ant. plus clairs: Th. avec deux séries de squamules hérissées: El. à taches pâles avec squamules dressées sur les intervalles impairs. 3—4 **hispidus L**

## ANCHONIDIUM

2e art. du funicule moitié moins long que le 1er, 3-7 transverses; yeux très petits

Ouverture des scrobes visible de dessus au sommet du rostre: El. à séries de très gros points, à intervalles alternes relevés et garnis de poils jaunes fins, couchés. 3,5 **unguicularis A**

## ECHINOMORPHUS

Rostre court; sillons antennaires visibles de dessus

Dessus brun, hérissé de soies dressées; rostre non cylindrique; sillons antennaires non séparés par des carinules. 2,5 **Ravouxi Jacq**

## STYPHLODERES

Surface du Th. inégale; segment anal avec deux petites soies

Th. aplati orné d'une carène médiane et de 2 larges sillons limités par un pli; dessus testacé: El. striées-ponctuées. **exsculptus Boh**

### COTASTER

Surface du Thorax unie

Brun-foncé: Th. à grosse ponctuation et à carène fine: El. à séries de très gros points, à soies dressées sur les intervalles. **uncipes Boh**

## HYLOBIINI

### LEPYRUS

Surface des mandibules avec q. q. mèches de poils clairs; épimères métathoraciques distincts; 1er art. de la massue moins long que les suivants réunis

1 El. avec ou sans tache blanche vers les 2/5 du 4e intervalle, sans tache distincte au sommet du 5e; bords latéraux des segments abdominaux à taches pubescentes. 8—10 **palustris Scop**

— Ordinairement une tache blanche au sommet du 5e intervalle, pas de tache sur le 4e interstrie; pubescence ventrale uniforme; rostre caréné. 8—10 **capucinus Schal**

### HYLOBIUS

Métasternum au moins aussi long entre les hanches que les 3e et 4e segments réunis

1 Cuisses mutiques, écusson lisse; points des stries latérales des El. très allongés, très écartés. 12—14 **piceus Deg**

— Cuisses dentées, écusson plus ou moins velu. 2

2 Rostre sans sillon latéral allant de l'œil au-delà du milieu; dessus rouge-brun. 9—10 **fatuus Ross**

— Rostre sillonné latéralement 3

3 Noir-brun; pattes foncées: El. avec bandes ou taches de pubescence jaune, à intervalles très rugueux. 12—14 **abietis L**

— Roux-brun; pattes rougeâtres: El. avec bandes ou taches de pubescence blanchâtre, à stries plus profondément ponctuées. **pinastri Gull**

## ERIRRHININI

### PISSODES

Dessous du corps uniformément squameux; dessus varié de taches ou fascies; 3e art. tarses bilobé; angles postérieurs du Th. saillants

1 Points des stries profonds, très inégaux sur la même ligne: El. brunes avec une fascie de squamules rousses après le milieu et q. q. taches vagues en avant. **piceæ Gyll**

— Points des stries plus ou moins profonds, mais assez égaux. 2

2 El. avec une seule fascie postérieure roussâtre. **piniphilus Hbst**

— 2 fascies transverses aux El. ou une fascie et 1 rang de taches en avant. 3

3 Rostre noir, terne, très ponctué, assez court: El. noires à macules blanchâtres. **harcyniæ Gyll**

— Rostre rougeâtre, assez long. 4

4 Th. à base peu sinuée, non sillonné; El. avec 2 bandes de macules blanchâtres. **pini L**

— Th. à base très sinuée, à angles postérieurs subaigus. **notatus F**

## PROCAS

Scape inséré contre l'angle buccal

Noir mat à pubescence grise et noire et crins soulevés: El. à stries ponctuées; tarses testacés. 4—7 **armillatus F**

## ACENTRUS

Ongles libres: El. à 10 stries entières; saillie mésosternale relevée en avant

Allongé, à squamules aplaties: Th. blanc avec 2 taches noires de chaque côté de l'écusson à la base: El. variées de rougeâtre et de noir à bande transverse blanche, médiane; dessous blanc ochracé. **histrio Fald**

## GRYPIDIUS

Epaules saillantes; tibias antérieurs droits au bord externe: El. à 10 stries entières

1 El. à intervalles 3,5,7 bosselés, à déclivité postérieure et côtés, revêtus de squamules blanchâtres. 6—6,5 **equiseti F**

— Intervalles un peu saillants, non bosselés: El. à crins rabattus en arrière, visibles de profil. 4—4,5 **brunneirostris F**

## DORYTOMUS

Fémurs antérieurs ordinairement dentés, sommet des tibias postérieurs ouvert sur la face interne du tibia

FAUST: *Monogr. du G. Doryt. traduction* REIBER—BEDEL: *Rhynchophora Pag. 117*

1 El. sans calus au sommet du 5e intervalle ou calus obsolète et non recouvert d'une pubescence plus serrée; bord antérieur du prosternum plus ou moins entaillé, entaille limitée de chaque côté par une fine carinule. 2

— El. à calus antéapical recouvert d'une pubescence plus épaisse, moins foncée; bord antérieur du prosternum non ou à peine échancré. 9

2 El. glabres; corps rougeâtre mais plus souvent noir, avec les El. rougeâtres ornées ou non d'une bande suturale noire, courte. 3—4 **dorsalis L**

— El. à pubescence plus ou moins serrée. 3

3 Courbe de la tête vue de profil plus ou moins distincte de celle du rostre; vertex bombé, rostre luisant. 4

— Courbe de la tête non distincte de celle du rostre; vertex non bombé. 5

4 Rostre presque droit jusqu'à l'insertion des ant. puis recourbé légèrement; dessus roux; pubescence des El. effilée; 2e art. du funicule au plus aussi long que large. 3—4 **rufulus Bed**

— Rostre régulièrement arqué; pubescence des El. subsquamuleuse, en arrière au moins; rostre roux ou rembruni; 2e art. du funicule 2 fois plus long que large: El. souvent enfumées le long de la suture en avant. 3—4 **melanophthalmus Payk**

5 El. allongées, étroites, peu plus larges que le Th.; rostre strié; El. à bande juxta-suturale brune et à suture plus claire: Th. non transverse. 3-3,2 **salicinus Gyll**

— El. assez courtes, sensiblement plus larges que le Th. 6

6 Rostre strié, à la base au moins: Th. roussâtre, transverse: El. concolores ou enfumées en avant, mais côtés et suture non compris. 2-3 **salicis Walt**

— Rostre ponctué également, au plus avec une fine ligne médiane lisse ou finement et indistinctement ruguleux. 7

7 Corps élancé: dessus à pubescence uniforme assez longue et assez serrée: corps complètement testacé; rostre pubescent en arrière seulement; stries des El. presque d'égale profondeur. 3—4 **villosulus Gyll**

— Corps plus trapu; stries des El. moins accusées en arrière et sur les côtés; dessus à pubescence plus courte, uniforme ou par touffes. 8

8 Rostre court, épais, moins long que la tête et le Th.: El. concolores ou à bande juxta-suturale brune, suture claire; sommet des poils émoussé. 3,5 **puberulus Boh**

— Rostre au moins aussi long que la tête et le Th.: El. concolores ou à tache foncée, dorsale, envahissant la suture; poils effilés en arrière. 2—3 **majalis Payk**

9 El. à soies dressées, visibles sur la pente postérieure au moins. 3—3,8 **hirtipennis Bed**

— El. sans crins dressés visibles de profil. 10

10 Bord antér. du prosternum ni cilié ni frangé. 11

— Bord antér. du prosternum bordé d'une frange de cils courts, serrés, dirigés en avant. 14

11 Rostre ponctué sans stries: El. unicolores ou tachées; suture toujours claire. 2,5—3 **occalescens Gyll**

— Rostre strié longitudinalement à la base; interv. des yeux plus petit que le diamètre du rostre. 12

12 Rostre court, épais, à peu près de la longueur du Th., assez pubescent à la base: El. à bande juxta-suturale foncée; suture claire. 4—4,5 **affinis Payk**

— Rostre moins épais, au moins aussi long que la tête et le Th., faiblement pubescent à la base; pattes plus grêles, tibias moins larges. 13

13 2e art. du funicule 2 fois aussi long que large; ponctuation du Th. plus fine. 4-5 **Dejeani Faust**

— 2e art. du funicule à peine plus long que large; ponct. du Th. plus forte. 3-4 **tæniatus F**

14 Les cils ne sont pas égaux, ils sont plus longs sur les côtés qu'au milieu du prosternum. 15

— Les cils du bord du prosternum sont d'égale longueur. 16

15 Fémurs ant. plus longs que les postér., plus grêles: 1er art. tarses antérieurs ♂ très long; vertex bombé. 5—7 **longimanus** Forst

— Vertex non bombé; fémurs antér. plus courts que les postér., de même grosseur; coloration plus vive, taille plus petite. **Schônherri** Faust

16 Rostre plus large que l'intervalle des yeux chez ♂ surtout. 17

— Intervalle des yeux égal au diamètre du rostre ou peu plus petit. 20

17 Vertex renflé: rostre plus épais à la base; fémurs antér. fortement claviformes et dentés. 5—6 **tremulæ** Payk

— Vertex non renflé, rostre court, non dilaté à la base: fémurs antér. faiblement dentés. 18

18 Rostre court peu plus long que le Th., épais, droit, ponctué, non strié. 19

— Rostre plus long que la tête et le Th. fin, arqué, strié à la base. 5—7 **Nordenskiôldi** Faust

19 Taille petite (2,5); El. plus larges que le Th. qui est graduellement rétréci en avant. **minutus** Gyll

— Plus grand (4—5); El. peu plus larges que le Th. qui est brusquement rétréci en avant. **validirostris** Gyll

20 Rostre ponctué, pubescent, au plus aussi long que la tête et le Th.; corps épais, trapu. 3—4 **nebulosus** Gyll

— Rostre brillant sans cannelures, aussi long que moitié du corps. ♀ **filirostris** Gyll

— Rostre cannelé. 21

21 Pubescence des El. courte, clair-semée, voilant peu la couleur du corps: El. concolores. 5—5,6 **tortrix** L

— Pubescence des El. plus serrée, voilant la couleur des téguments. 22

22 3e art. du funicule égal au 4e: El. à bande foncée suturale; segment anal plus clair que les autres. 3—4,5 **flavipes** Panz

— 3e art. du funicule plus grand que le 4e: El. concolores ou à peine tachées; segment anal concolore. 4,5—5 ♂ **filirostris**

## ERIRRHINUS

Sommet des tibias postér. complètement fermé; fémurs antér. mutiques

(Bedel: *Rhynchophora Pag. 107*)

1 Yeux presque contigus en dessous; onychium aussi long que 1-3 art. des tarses réunis. (**Sharpia**) **rubidus** Rosh

— Yeux largement séparés en dessous. 2

2 El. à soies blanches soulevées sur les interst. impairs; roux-brun terne, couvert de squamules arrondies blanchâtres; rostre roux, substrié; une impression transverse à la base. (**Pseudostyphlus**) 3 **pilumnus** Gyl

— El. sans soies soulevées et en séries sur les intervalles impairs. 3

3 El. glabres ou pubescentes sans squamules. (**Notaris**) 4

— El. squamuleuses au moins le long de la suture. (**Erirrhinus**) 6

4 Côtés des segments abdominaux couverts de squamules blanchâtres. 5

— Côtés des segments abdom. sans squamules blanchâtres. **bimaculatus** F

5 Côtés de la poitrine à ponct. grossière sans squamules. **acridulus L**

— Côtés de la poitrine à ponctuation fine avec une couche de squamules blanchâtres. 6—7,5 **scirpi F**

6 El. complètement squamuleuses sans poils. 7

— El. à revêtement pileux, suture seule garnie d'une bordure squameuse. **scirrhosus Gyll**

7 Taille grande; pattes plus foncées: Th. très arrondi en devant puis assez rétréci vers la base. **festucæ Herbst**

— Petit, allongé, pattes rousses : Th. à côtés assez régulièrement arqués de la base au sommet. **Nereis Payk**

## HYDRONOMUS

3e art. tarses assez long; funicule des ant. dénudé; segment anal avec 2 mèches de poils dressés; prosternum uni

Dessus à squamules d'un cendré blanchâtre: Th. impressionné latéralement; tibias arqués, rougeâtres. 3—3,5 **alismatis Marsh**

## BRACHONYX

Onychium dépassant à peine les lobes du 3e art. des tarses; ongles simples; fémurs mutiques

Allongé, testacé-roussâtre, à pubescence blanche assez longue; rostre arqué, glabre, souvent brun: El. striées-ponctuées. **pineti Payk**

## ANOPLUS

Tarses sans onychium et terminés au 3e art. dilaté en palette

1 Intervalles des El. à pubescence couchée peu distincte. **plantaris Naez**

— Intervalles des El. avec une série de petites soies blanches mi-dressées. 2—2,3 **roboris Suff**

## TANYSPHYRUS

Onychium enserré jusqu'aux ongles entre les lobes du 3e art.; crochet terminal des tibias en forme de griffe

Noir à taches blanchâtres; écusson distinct: El. à stries fortes: Th. aussi long que large. 1,5 **lemnæ Payk**

## PACHYTYCHIUS (Styphlòtychius – Barytychius)

El. à 10e strie effacée ou rudimentaire pas plus longue que l'épisterne métathoracique

(BEDEL : *Rhynchophora, Pag. 110*)

1 Th. aussi long que large, à poils espacés, couchés transversalement; dessus d'un brun-roux: El. à pubescence rare. 3 **asperatus Duf**

— Th. transverse, ponctué, squamuleux sur les côtés. 2

2 2e art. du funicule très court, égal au 1/4 du 1er: Th. brillant à points espacés; écusson non distinct: El. en grande partie dénudées; ant. et pattes rousses. 2—3 **squamosus Gyl**

— 2e du art. du funicule égal à moitié du 1er: Th. à points très serrés; écus son distinct; El. squamuleuses. 3

3 Fémurs postérieurs dentés : El. à squamules subpiliformes et à vestiture assez uniforme. 3—4 **hæmatocephalus Gyl**

— Fémurs postérieurs inermes : El. noires à taches cendrées mal limitées, à squamules ovalaires. 2—4 **sparsutus Ol**

## SMICRONYX

Onychium moins long que les art. des tarses 1-3 réunis; 2e art. du funicule court

(Bedel : *Rhynchophora. Pag. 109*)

1 Noir-bleu luisant, stries très fines; une ligne écailleuse à la base du 3e intervalle. 2,5—3 **cyaneus Gyll**

— Dessus noir à squamules épaisses; El. nettement striées. 2

2 Ongles des tarses inégaux, l'intérieur très court, peu visible : El. luisantes à squamules espacées se détachant facilement. 1,5—2 **cœcus Seich**

— Ongles égaux. 3

3 Th. à pubescence fine : El. toutes couvertes de squamules; arrière-corps étroit. 2,5 **jungermaniæ Reich**

— Th. terne, à ponctuation râpeuse; squamules des El. condensées par places et surtout à la base du 3e intervalle. 2 **Reichei Gyll**

## BAGOUS

Mêmes caractères, mais prosternum encaissé au milieu et relevé de chaque côté derrière les lobes oculaires

(H. Brisout : *Monog. G. Bagous.*—Bedel : *Rhynchophora, Pag. 103*)

1 Avant-dernier art. des tarses large, bilobé. 2

— » » » des tarses non » . 3

2 Th. finement granulé; 1er interv. à 4 granulations de front, 3e à tache postérieure jaunâtre, vague. 4—4,5 **lutosus Gyll**

— Th. fortement granulé; 1er intervalle à 3 granulations de front, 3e à tache postérieure blanche, nette. 2—4 **glabrirostris Hbst**

3 El. avec une pointe spiniforme au sommet. (**Dicranthus**) **elegans F**

— El. sans « » » » . 4

4 Th. réticulé; tarses allongés à pénultième art. rétréci; 5e interv. sans calus; dessus comme vernissé (terrains salés) **argillaceus Gyll**

Une espèce bien voisine est le B. Lepricuri Guill (4-5) qui diffère de l'argillaceus par sa taille plus grande, son rostre moins épais, sa forme ovalaire, ses El. plus larges arrondies sur les côtés et plus finement striées-ponctuées (bords d'étang alimenté par des eaux douces).

— Th. granulé. 5

5 El. ornées avant le sommet de 1 ou 2 tubercules aigus. 6

— El. à sommet mutique ou à tubercules très obtus. 7

6 El. avec 2 tubercules (1 au sommet du 3e, l'autre au sommet du 5e interv.) 4—5,5 **binodulus Hbst**

— 1 seul tubercule au sommet du 5e intervalle. 5 **nodulosus Schönh**

7 Th. très dilaté extérieurement aux angles antérieurs; côtés fortement rétrécis d'avant en arrière. 3—3,5 **limosus Gyll**

— Th. sans dilatation brusque à l'angle antérieur. 8

8 Massue des ant. glabre, lisse, luisante, dans sa première moitié : Th. assez fortement élargi avant le milieu. 9

— Massue des ant. feutrée dès la base. 11

9 El. finement ponctuées-striées. 2—2,5 **Mulsanti Fvl**

— El. fortement ou grossièrement ponctuées-striées. 10

10 Une linéole devant l'écusson; rostre cylindrique un peu mince, arqué; art. des tarses bien plus longs que larges. **biimpressus Fahrs**

— Rostre court, épais, un peu arqué; art. des tarses un peu plus longs que larges: Th. gris, noir au sommet. 3 **petro Hbst**

11 Rostre en grande partie ferrugineux, mince, plus long que la tête et le Th: taille petite, forme oblongue; base du Th. canaliculée. 1,7 **exilis Duv**

— Rostre court, épais. 12

12 Forme étroite; ant. insérées au milieu du rostre; suture et interv. alternes relevés; dessin en damier sur les El. avec une bande blanche transverse après le milieu. 3—3,7 **tempestivus Hbst**

— Forme oblongue; ant. insérées avant le milieu du rostre. 13

13 El. profondément ponctuées-striées, dessus du corps aplati; intervalles alternes et suture, relevés. 2,5—3 **lutulosus Gyll**

— El. peu ou obsolètement ponctuées-striées. 14

14 Tarses très courts; El. convexes, à stries finement ponctuées; tibias antér. comprimés. 3—3,5 **diglyptus Boh**

— Tibias antér. ronds; art. des tarses longs. 15

15 Stries obsolètement ponctuées; 2e art. des tarses, égal à la moitié du 3e. **claudicans Bohm**

— Stries finement ponctuées; tous les art. des tarses égaux, beaucoup plus longs que larges. **frit Hbst**

## LYPRUS

Rostre vu de dessus 4 fois aussi long que large; 5e interv. des El. sans calus vers le sommet

Etroit, linéaire, cylindrique, à squamules cendrées; rostre peu arqué ; El. finement ponctuées-striées, comprimées au sommet; tarses grêles à art. étroits, plus longs que larges, égaux. 3—4,7 **cylindrus Payk**

## ORTHOCHÆTES (Styphlus)

Epaules nulles; fémurs antérieurs mutiques; intervalles impairs des El. avec des soies blanches soulevées, ; lignées

BEDEL: *Rhynchophora, Pag. 112*

1 Funicule de 7 art. (**Styphlus**); ouverture des scrobes non visible de dessus; intervalles alternes des El. garnis de soies blanches, claviformes, redressées. 3,5 **penicillus Gyll**

— Funicule de 6 art. 2
2 Soies des intervalles alternes, presque couchées, rabattues en arrière. 2,5 **insignis A**
— Soies des intervalles alternes, hérissées, droites. 3
3 Arrière-corps large, ovalaire en avant, longuement atténué en arrière; tache dorsale en forme de C (sur l'El. gauche). **rubricatus Frm**
— Arrière-corps étroitement ovale; taches dorsales nulles ou fondues. 2,5—2,7 **setiger Beck**

### ALAOCYBA (Raymondia)

Tibias subtriangulaires; yeux nuls; funicule de 6 art.

1 Allongé, testacé: Th. peu convexe à gros points séparés; El. striées-ponctuées; tibias antérieurs avec une forte épine au milieu du bord externe; 7e intervalle costiforme sur la deuxième moitié. 1,5 **Marqueti A**
— Th. bien plus densément ponctué, rostre très épais, caréné, très courbé, bossu à la base; 7e intervalle en carène plus tranchante. 3 **curvinasus Ab**

## COSSONINI

### COSSONUS

Rostre terminé par une dilation quadrangulaire et aplatie

1 Intervalles des El. subconvexes, assez larges. **linearis F**
— Intervalles des El. étroits, très convexes; sillons profonds. 2
2 Déprimé: Th. à ponctuation fine latéralement, grosse et condensée à la base. **planatus Bd**
— Convexe: Th. à ponctuation forte, assez égale. **cylindricus Sahl**

### MESITES

Episternes métathoraciques assez larges; rostres différents suivant le sexe

1 Tête et base du rostre sillonnées; intervalles des El. de la largeur des stries, avec une série de points; brun concolore **curvipes Bohm**
— Rostre fortement ponctué, sillonné de la base au milieu; El. rouges à sommet noirâtre; intervalles avec une série de points fins. **pallidipennis Bohm**
— Rostre comme le précédent: El. rougeâtres, intervalles avec une ou deux séries de gros points. **Aquitanus Frm**

### RHYNCHOLUS—EREMOTES

Episternes métathoraciques linéaires; rostre semblable dans les deux sexes

(Bedel: *Rhynchophora, page 196*)

1 Septième intervalle très élevé au sommet, costiforme, formant un pli assez relevé. **reflexus Bohm**
— Septième intervalle non fortement relevé au sommet en tranche mince élevée. 2

2 7e et 9e intervalles relevés au sommet et s'y rejoignant. 3
— 7e et 9e intervalles non costiformes au sommet. 4
3 Th. à ponctuation grosse, profonde, à impression transverse après le sommet. **planirostris Pz**
— Th. non impressionné après le sommet, à ponctuation assez fine, à ligne médiane lisse. **cylindricus Bohm**
4 Rostre cylindrique moins large et beaucoup plus long que la tête. 5
— Rostre non cylindrique le plus souvent aussi large et peu plus long que la tête. 6
5 Intervalles à ponctuation difficilement visible. **gracilis Rosh**
— Intervalles à ponctuation unisériée bien nette. **lignarius Marsh**
6 Funicule de 6 art.; El. finement râpeuses sur la partie déclive. 7
— Funicule de 7 art.; El. sans aspérités en arrière. 8
7 Une impression transv. près du sommet du Th. **submuricatus Bohm**
— Th. sans impression transverse après le sommet (**Hexarthrum**) **culinaris Reich**
8 Massue des ant. tronquée, pubescente au sommet seulement. 9
— Massue des ant. ovale, pubescente dès la base. 10
9 Plus petit, roux ferrugineux, cuisses antérieures comprimées, dilatées anguleusement en dessous. (**Stereocorynes**) **truncorum Germ**
— Plus grand, noir, cuisses antérieures non dilatées. (**Brachytemnus**) **porcatus Germ**
10 Yeux complètement plats; insecte long et étroit. **filum Mls**
— Yeux saillants. 11
11 Intervalles des El. à ponctuation peu visible; stries des El. bien nettes même latéralement. 4 **ater L**
— Intervalles bien ponctués. 12
12 Stries dorsales bordées d'une très fine arête coupante. **strangulatus Perr**
— Stries dorsales sans traces d'arête sur les bords; intervalles des El. rugueux ponctués; stries latérales peu nettes. **punctatulus Bohm**

## PENTARTHRUM

El. régulièrement striées-ponctuées; écusson distinct; épist. métathor. bien déterminés; funicule de 5 art.

Brun-roux, luisant, glabre : El. cylindriques à séries de points aussi larges que les interstries; 3e art. tarses bilobé. 2,7—3 **Huttoni Woll**

## CAULOTRUPIS

Episternes métathoraciques bien dessinés tout le long du métasternum; corps glabre; écusson nul

Brun-luisant à léger reflet bronzé: Th. assez fortement ponctué; El. oblongues, striées-ponctuées. 3 **æneopicus Boh**

### CODIOSOMA

Episternes métathoraciques indistincts; corps pubescent; écusson nul

Brun luisant: Th. fortement ponctué à poils couchés: El. ovoïdes à petits poils soulevés; intervalles à traces de rides transverses avec une série de petits points. 3 **spadix Hbst**

### AMAURORRHINUS

Yeux représentés seulement par q. q. traces de granulations derrière les scrobes: El. ponctuées sans stries régulières; ferrugineux, glabre, luisant: Th. subovale plus long que large à ponctuation assez forte, médiocrement serrée; un espace lisse, fin, au milieu. 2,5 **Bewickianus Woll**

### CHŒRORRHINUS

Yeux normaux; El. à séries longitudinales de chaînons saillants, séparées par de fines arêtes; funicule de 5 art.; téguments d'un noir de suie, mats: Th. réticulé à côtés finement denticulés. 4 **squalidus Frm**

### DRYOPHTHORUS

Art. basilaire de l'onychium presque aussi long que le 2e art. des tarses qui semblent pentamères; funicule de 4 art.

Allongé, d'un noir de suie, mat, à enduit grisâtre; rostre allongé, assez épais: Th. à grands points arrondis: El. à stries larges, sulciformes, occupées par une série de gros points serrés; intervalles en arête étroite. 3—3,5 **corticalis Payk**

## CRYPTORRHYNCHINI

### CAMPTORRHINUS

Mésosternum uni; canal rostral fermé entre les hanches antérieures

1 Interv. alternes en bourrelet; dent des fémurs forte. 5—6 **statua Ross**

— Interv. alternes à peine convexes; dent des fémurs faible. 5—6 **simplex Seidl**

### GASTEROCERCUS

Canal rostral fermé entre les hanches antérieures; rostre en bec de canard

Allongé, à taches nuageuses; 2e et 3e interst. soudés à la base, relevés en bosse saillante; écusson noir velouté. 6—11 **depressirostris F**

### CRYPTORRHYNCHUS

Rostre subcylindrique; mésosternum évidé intérieurement terminant le canal rostral entre les hanches intermédiaires

Noir à sommet des El. largement recouvert de squamules blanches; intervalles alternes des El. à brosses noires veloutées. **lapathi L**

## ACALLES

**Ongles libres; yeux bien visibles; tibias à crochet recourbé à l'angle apical externe; écusson nul ou très petit; épisternes métathor. indistincts**

( Bedel : *Faune Coléop. Seine P. 140*)

1 Angles postér. du Th. en pointes prolongées sur les El. **denticollis Ger**

— Th. à base tronquée, à angles postér. non prolongés en pointe. **2**

2 Rebord inférieur des El. dénudé à la base. **3**

— Rebord inférieur des El. squamulé dès la base. **9**

3 Dessus presque sans squam.: Th. à gros P. en réseau; intervalles pluriponctués. 4—5 **punctaticollis Luc**

— Interst. à ponctuation peu ou pas distincte, généralement noueux ou couverts de fascicules pileux. **4**

4 Th. non sillonné. **5**

— Th. sillonné. **8**

5 El. à fascie transversale pâle après le milieu, précédée d'une petite tache blanche sur le 4e interst.; rebord inférieur des El. sans squamules même au sommet. 4—6 **hypocrita Bohm**

— El. sans fascie transvers. blanche, bien nette. **6**

6 El. avec traces d'une 10e strie à la base. **7**

— El. sans traces de 10e strie à la base. **Aubei Bohm**

7 El. à taches humérale et postérieure, flaves. **humerosus Frm**

— El. à squamules pâles, serrées, sans tache humérale distincte. **pulchellus Bris**

8 Interst. égaux, ni bosselés, ni fasciculés. 3—4 **roboris Curt**

— El. à 2e intervalle élargi et fasciculé au milieu, 3e élargi et fasciculé à la base, 4e à fascicule petit au milieu, 5e à petit fascicule à la base. **pyrenæus Bohm**

9 Th. avec 2 fascicules épineux au sommet, ce qui le fait paraître échancré. 4 **albopictus Jacq**

— Th. sans fascicules aigus au sommet. **10**

10 Tibias antérieurs arqués; 2e et 4e interv. à bosse fasciculée. **camelus F**

— Tibias antérieurs droits ou presque droits. **11**

11 El. avec un pli ou une petite dent contre les angles postérieurs du Th.: Th. avec côtes ou autres reliefs. **12**

— Th. sans reliefs et El. sans repli ou dent à la base vers les angles postér. du Th. **15**

12 Ecusson nul. **13**

— Ecusson visible. **14**

13 Th. à ligne médiane carénée flanquée de chaque côté de la base de 2 reliefs divergents: El. variées de blanc et de roux. **dromedarius Bohm**

— Th. à longue carène flanquée à la base de 2 reliefs subparallèles : El. à fascies pâles sur fond brun; stries à gros P. espacés. **Diocletianus Germ**

14 Intervalles sans reliefs squamuleux. **Querilhaci** Bris

— » impairs avec reliefs squamuleux noirs. **tuberculatus** Rosh

15 El. sans soies claviformes visibles de profil. **ptinoides** Marsh

— El. avec » » » » ». 16

16 Squamules formant 2 brosses noires veloutées sur les 2e et 4e intervalles. **echinatus** Germ

— Squamules également réparties sur les intervalles et ne formant pas de brosses. 17

17 Th. à squamules claviformes courtes, droites, serrées, à côtés subparallèles à la base. **variegatus** Bohm

— Th. à squam. fines, peu visibles, à côtés rétrécis à la base. **lemur** Germ

### TORNEUMA

Ongles soudés à la base; yeux oblitérés; crochet des tibias situé à l'angle apical interne

Brun, opaque, pubescent, squameux; rostre pubescent: Th. inégalement ponctué, presque plus long que large: El. à intervalles non relevés au sommet, sérialement uniponctués avec un rang de soies. 3 **Grouvellei** Dsb

## CEUTHORRHYNCHINI

(Bedel: *Rhynchophora Pag. 159*)

### AMALUS

Rostre allongé, peu ponctué, luisant en avant; côtés du Th. sans saillies

El. d'un brun-rougeâtre, peu pubescentes, à squamules blanches le long de la suture; rostre très long; pattes rouges. **hæmorrhous** Hbst

### RHINONCUS

Funicule de 7 art.; prosternum large entre les hanches antérieures

1 Th. sans reliefs aigus sur les côtés ou à reliefs peu sensibles. 2

— Th. à relief aigu sur les côtés. 4

2 El. à tache scutellaire vague, ornées d'une tache médiane latérale, d'une fascie transv. et d'une tache apicale, blanches. **albicinctus** Gyll

— El. à tache scutellaire nette, mais à dessins vagues. 3

3 Epaules saillantes; scape et tibias roux; intervalles sans soies squamuleuses. 2 **perpendicularis** Reich

— Epaules arrondies; pattes rougeâtres; intervalles à 3 ou 4 séries de soies squamuleuses. 3—4 **pericarpius** L

4 Suture garnie sur toute la longueur de squamules mates. 3—3,5 **inconspectus** Hbst

— Suture à tache basilaire blanche, nette ou nulle. 5

5 Noir; intervalles tous garnis d'aspérités grenues. 2—2,5 **Castor** F

— Sommet du Th. et des El. rougeâtre; intervalles en majeure partie dépourvus d'aspérités grenues. 2—2,5 **bruchoides** Herbst

## MONONYCHUS

Onychium terminé par un seul ongle; scape moitié moins long que le funicule

Tout le dessus du corps couvert d'une pubescence grisâtre uniforme ou dessus noir avec Th. garni latéralement de pubescence rousse et El. à tache scutellaire blanche. **salviæ Germ**

## CŒLIODES

Canal rostral terminé au-delà des hanchesierméd. par une profonde excavation

1 Dessus rougeâtre avec ou sans fascies transverses blanches. 2

— Dessus noir ou brun. 7

2 Th. à relief latéral. **erythroleucus Gmel**

— Th. sans relief latéral. 3

3 Interstries convexes avec une seule série de soies; suture foncée; pas de fascie transverse blanche. **rubicundus Payk**

— Interstries plans. 4

4 Dessus brun; interstries à soies serrées, sans ordre; tibias antérieurs et postérieurs avec un peigne de soies noires au sommet. **ruber Marsh**

— Dessus plus clair; intervalles à soies alignées sur 2 rangs. 5

5 Fémurs faiblement denticulés; rostre roux à sommet enfumé; suture des El. non rembrunie. **3-fasciatus Bach**

— Fémurs mutiques. 6

6 Rostre noir; suture brune sur toute la longueur; pubescence du Th. répartie en 3 bandes. **dryados Gmel**

— Rostre roux à sommet enfumé; suture concolore ou brune à la base. **ilicis Bed**

7 Intervalles avec des verrues râpeuses et des crins noirs alignés; dessus noir brillant sans taches. (**Allodactylus**) 8

— Intervalles sans verrues râpeuses. 9

8 Crins des intervalles hérissés, bien visibles de profil. **exiguus Ol**

— » » » peu visibles de profil; sommet du Th. appliqué contre la tête, non retroussé en devant. **affinis Payk**

9 Th. sans reliefs latéraux: El. à lignes blanches sur fond noir. (**Cœliastes**) 1,5—2 **lamii F**

— Th. à reliefs latéraux. 10

10 El. à tache brune veloutée postscutellaire. (**Stenocarus**) 11

— El. sans tache veloutée brune postscutellaire. 12

11 Front à fossette lancéolée enfoncée: Th. à sillon profond interrompu, à relief latéral bien développé: El. blanches au sommet. **cardui Herbst**

— Front plan: Th. sillonné à tubercule latéral conique. **fuliginosus Marsh**

12 El. à tache scutellaire blanche cruciforme; pattes noires: Th. non sillonné. (**Craponius**) 2,3 **epilobii Payk**

— Tibias roussâtres, tarses roux: Th. sillonné; El. avec fascies blanches latérales et taches vagues, blanches, au sommet. (**Cidnorrhinus**) 2,5 4-maculatus L

## SCLEROPTERUS (Rhytidosoma)

Funicule paraissant de 6 art.; marge latérale de l'El. non entaillée le long de l'épisterne

Noir; tibias et tarses roussâtres; intervalles étroits, subcostif. à fines aspérités grenues; une tache postscutellaire. 2 globulus Herbst

## EUBRYCHIUS

Tibias longuement ciliés; pattes et ant. testacées; dessus noir varié de jaune, à squamules aplaties : Th. épineux à la base de chaque côté de la ligne médiane. velatus Beck

## LITODACTYLUS

Tibias et tarses non ciliés; 3e art. tarses élargi et profondément bilobé

Dessus noir à taches blanches; pattes rougeâtres: Th. sillonné, épineux à la base avec deux denticules au sommet; vertex caréné; intervalles des El. costiformes. leucogaster Marsh

## PHYTOBIUS

Prosternum tronqué ou largement échancré en arc à son bord antérieur

1 Bord antérieur du Th. sans denticules distincts; épines latérales peu sensibles; coloration des El. marbrée. comari Hbst

— Bord antérieur du Th. avec deux denticules aigus. 2

2 Funicule de 6 art.; prosternum très étroit entre les hanches antérieures. 3

— Funicule de 7 art.; prosternum large entre les hanches antérieures; El. à pubescence fine, peu serrée, à tache scutellaire; les denticules du sommet du Th. rapprochés; intervalles 5-7 seuls muriqués. denticollis Gyl

3 Denticules du sommet du Th. non saillants, très rapprochés et faisant paraître le bord sinué. 4

— Denticules du sommet du Th. aigus, saillants et écartés. 6

4 Stries des El. aussi larges que les intervalles. 1,5 –1,8 muricatus Bris

— Stries des El. moins larges que les intervalles. 5

5 El. à squamules cendrées; intervalles couverts d'aspérités grenues; ponctuation du Th. fine. granatus Gyl

— Ponctuation du Th. grosse; intervalles latéraux seuls muriqués. 4-nodosus Gyl

6 Ongles des tarses appendiculés intérieurement. 4-cornis Gyl

— Ongles » » simples. 7

7 Une tache noire veloutée postscutellaire; tibias testacés: El. noires à taches blanches vagues. canaliculatus Fâhr

— Pas de tache ou une tache blanchâtre derrière l'écusson. 8

8 Fémurs noirs, tibias à milieu enfumé. 4-tuberculatus F

— Pattes testacées; fémurs testacés ou rembrunis au milieu. 9

9 El. peu couvertes de squamules, dénudées par places; côtés du Th. à squamules blanches et rousses. **Waltoni Boh**

— El. à squamules plus fournies, verdâtres par places; côtés du Th. à squamules blanches et bleuâtres. **velaris Gyl**

## CEUTHORRHYNCHUS

Funicule de 7 art.; prosternum à large échancrure, en coin, à son bord antérieur

(Bedel: *Curculionidæ Pag. 161*)

1 Fémurs postérieurs plus ou moins épaissis, saltatoires. (**Hypurus**) 2

— Fémurs postérieurs pas plus épaissis que les antérieurs. 3

2 Brun-rougeâtre à squamules blanches et à taches noires: El. terminées en pointe au sommet. **Bertandri Perr**

— Brun à squamules blanchâtres; pattes et sommet des El. testacés. **acalloides Frm**

3 El. bleues, vertes ou d'un noir-bleuâtre assez vif. 4

— El. noires ou brunes ou testacées sans reflets métall. bien nets. 17

4 Rostre, tibias et tarses, roux; dessus vert-doré à squamules blanches. 2,5 **nasturtii Germ**

— Rostre noir au moins à la base, tibias foncés. 5

5 Intervalles des El. à soies dressées plus ou moins longues. 6

— » » » à squamules fines ou à fine pubescence couchée. 8

6 Scape des ant. graduellement épaissi de la base au sommet; stries des El. assez étroites: interv. avec une série de P. bien marqués. 2,5–3 **sulcicollis Payk**

— Scape antennaire formant une massue assez brusque contre le 1er art. du funicule. 7

7 Fémurs antérieurs denticulés: El. d'un beau bleu à stries larges, fortement ponctuées, à soies petites et éparses. **chalybæus Germ**

— Fémurs antérieurs inermes: El. faiblement bleuâtres, à soies longues, dressées, épaisses; rostre tricarinulé à la base. 1,8 **hirtulus Germ**

8 Front et Th. à pubescence mi-dressée; intervalles garnis de deux rangs de squamules piliformes. **Grenieri Bris**

— Front, Th. et El. finement squamuleux, non pubescents. 9

— » » » à pubescence fine et couchée. 11

9 Th. sans traces de tubercules latéraux. 2–2,5 **intersetosus Bris**

— Th. à tubercules latéraux distincts. 10

10 Corps densément squamuleux; tarses rougeâtres, en dessous au moins. 3 **æneicollis Germ**

— Corps à squamules très éparses; tarses noirs. 2,5 **scapularis Gyl**

11 Interstries avec une seule rangée de soies. 12

— » à plusieurs rangées de soies. 13

12 Th. bronzé à ponctuation médiocrement serrée: El. bleues ou vertes. 1,8–2,3 **erysimi F**

— Th. à ponctuation très dense : El. noires à reflets bleus. **contractus** Marsh

13 Corps à ponctuation serrée, médiocrement forte. **Pandellei** Bris

— Corps à ponctuation grossière. 14

14 Interstries externes à peine tuberculés. 15

— » » fortement tuberculés. 16

15 Stries des El. médiocrement profondes; fémurs noirs, les antérieurs inermes. **suturellus** Gyl

— Stries des El. très profondes et nettes; fémurs bleuâtres, les antérieurs denticulés. **barbareæ** Gyl

16 Fémurs faiblement denticulés. **lætus** Rosh

— Fémurs métalliques, les antérieurs inermes; interv. mats; squamules blanches des flancs espacées. **chlorophanus** Rouget

17 Rostre d'un roux-clair; ant. et pattes rousses : El. avec une rangée de soies blanches redressées. (**Micrelus**) 18

— Rostre noir au moins à la base. 19

18 2$^{e}$ art. du funicule plus long que le 3$^{e}$ : El. trapues à stries grossières, à surface râpeuse; tête, Th. et El. noirs chez l'adulte; angle thoraco-élytral vu de dessus très obtus. **ericæ** Gyl

— 2$^{e}$ art. du funicule égal au 3$^{e}$; corps roux en dessus, oblong, à stries fines et à surface non râpeuse; angle thoraco-élytral vu de dessus, droit. **ferrugatus** Perr

19 8$^{e}$ art. de l'antenne faisant partie de la massue; funicule paraissant de 6 art. 20

— 8$^{e}$ art. de l'antenne séparé de la massue et semblable au 7$^{e}$, funicule de 7 art. 22

20 Massue des ant. piriforme; arrière corps convexe, subarrondi; épaules non saillantes; une tache scutellaire blanche. **distinctus** Bris

— Massue des ant. fusiforme; arrière corps subdéprimé, quadrangulaire; épaules accusées. 21

21 Th. tuberculé latéralement : El. à tache scutellaire allongée. **quercicola** Pk

— Th. sans saillie latérale : El. sans tache scutellaire. **mixtus** M-R

22 Rostre aussi long que les 3/4 du corps; tarses ferrugineux : Th. rétréci en avant en forme de goulot. 4 **longirostris** Bris

— Rostre égalant au plus la moitié du corps. 23

23 Th. et El. sans taches ni dessins bien tranchés. 24

— Dessus du corps avec taches ou dessins bien nets. 43

24 El. à soies relevées, visibles de profil. 25

— Revêtement des El. variable mais toujours appliqué contre les téguments. 26

25 El. ardoisées; un seul rang de soies blanches bien relevées sur les intervalles. 1,5 **atomus** Boh

— El. à crins noirs légèrement soulevés et à couche inférieure de fine pubescence grise; tarses roux. **picitarsis** Gyl

— El. avec de petits crins noirs mi-relevés, couvrant des squamules sous-jacentes : Th. sans reliefs latéraux. **symphiti** Heyd

26 7e interv. verruqueux dans toute sa longueur; rostre pluristrié à la base; pygidium excavé. 4,5 **rusticus** Gyl

— 7e intervalle des El. non verruqueux ou seulement au sommet. 27

27 Th. sans reliefs sur les côtés ou à reliefs obsolètes. 28

— Th. avec reliefs latéraux bien marqués. 32

28 El. à stries garnies de soies et à intervalles ayant au moins 3 rangs de soies. 29

— El. sans soies dans les stries. 30

29 Suture excavée à la base; dessus mat, d'un brun nuageux: Th. à fossette antéscutellaire profonde. 2 **fæculentus** Gyl

— Suture non excavée à la base, dessus à soies blanches bien alignées sur les intervalles. napi Germ

30 Th. sillonné; pattes noires, ant. (moins q. q. fois la base) foncées; intervalles des El. très étroits. 31

— Th. subcaréné; ant. et tarses testacés; interv. des El. très larges, avec 5 ou 6 rangs de squamules. **abbreviatulus** F

31 Pubescence du Th. rare, courte, ponctuation bien visible. 2 **constrictus** Marsh

— Pubescence du Th. assez longue, voilant la ponctuation: Th. sillonné non retroussé au sommet. 2,5 **arator** Gyl

Le C. coarctatus Gyl en diffère par le Th. transversalement convexe en arrière, retroussé en avant, non sillonné, bisinué à la base.

32 El. à sommet fortement verruqueux. **Duvali** Bris

— » » » non ou faiblement verruqueux. 33

33 Tarses roux. 34

— Tarses noirs. 35

34 Th. sillonné à bord antérieur relevé. 3 **alliariæ** Bris

— Th. à fossette antéscutellaire, à sommet non relevé. **fulvitarsis** Bris

35 Fémurs antérieurs denticulés; fémurs postérieurs à forte dent. 36

— » » sans saillie dentiforme; fémurs postér. dentés; revêtement à soies écrues, effilées. **rapæ** Gyl

Ici se placerait le C. Roberti Boh; noir, un peu luisant, à Th. transverse, profondément ponctué, canaliculé, à bord antér. un peu relevé.

— Tous les fémurs mutiques. 38

36 El. à léger reflet bleuâtre. 2 **carinatus** Gyl

— El. d'un noir-plombé. 37

37 Th. à sillon interrompu au milieu; pubescence dorsale grise, bien visible. **griseus** Bris

— Th. complètement sillonné; une tache de squamules roussâtres à l'angle thoraco-élytral. 2—2,5 **pleurostigma** Marsh

38 Stries des El. sans soies. 39

— » » garnies d'un rang de soies fines. 41

39 Intervalles avec une seule série de soies sur la majeure partie de leur étendue. 1,7 **Schönherri** Bris

— Intervalles avec deux séries de soies sur toute ou presque toute leur étendue. 40

40 El. garnies d'aspérités râpeuses au sommet. 2,7—3 **syrites** Germ
— El. sans aspérités spéciales en arrière. 1,5 **parvulus** Bris
41 Intervalles avec une seule série de poils blancs. 1,5 **thlaspis** Bris
— » avec deux séries de poils blancs. 42
42 Ongles des tarses simples: Th. canaliculé, à base biarquée, à reliefs latéraux ponctiformes (poils plus épais, squamuliformes, surtout à la base de la suture et de la ligne médiane du Th. *V. squamosus Jacq*). 2—3 **assimilis** Pk
— Ongles des tarses dentés: Th. à sillon peu net, à partie médiane de la base peu avancée vers l'écusson; saillie latérale du Th. transverse. 1,5 **nanus** Gyl
— Th. bien sillonné, à saillie latérale ponctiforme. 2 V. **fallax** Boh
43 Th. avec 3 lignes ou tout au moins la ligne médiane d'une couleur différente de celle du fond. 44
— Th. ou concolore ou taché mais sans lignes longitudinales de couleur différente. 49
44 Th. avec trois lignes blanches. 45
— Th. avec la ligne médiane seule blanche ou blanchâtre. 47
45 El. sans taches, dessus noir. **albofasciatus** Goez
— El. avec taches blanches au moins à la suture. 46
46 6-9 intervalles à aspérités rugueuses; dessus à poils roux avec squamules blanches de distance en distance. **radula** Gyl
— Intervalles externes des El. à aspérités légères: El. à raies blanches dans les stries et q.q. raies obliques. 4—5 **geographicus** Goez
47 Suture des El. à squamules blanches. 2,5—3 **suturalis** F
— Base de la suture, seule squamuleuse. 48
48 Pattes noires: El. noires à 2 rangs de soies blanches sur chaque intervalle. **cochleariæ** Gyl
— Tibias et tarses roux: El. à pubescence rousse disposée sur 4 ou 5 rangs sur chaque intervalle. **macula-alba** Hbst
49 Ecusson sans tache postérieure: El. avec taches distinctes. 50
— Ecusson suivi d'une tache squameuse blanche ou rougeâtre. 52
— » à tache postscutellaire, avec une seconde au sommet des El.; celles-ci sans fascies transverses nettes. 60
— Suture avec taches postscutellaire et apicale et El. avec dessins sur les côtés reliés ou non à la tache scutellaire; fémurs tous dentés. 61
50 9e interstrie verruqueux jusqu'à l'épaule: El. à tache transversale blanchâtre apicale, précédée de grains râpeux. **pollinarius** Forst
— 9e intervalle semblable aux autres: El. à fascie latérale blanchâtre plus ou moins nette. 51
51 Bord externe des 4 tibias postér. denté avant le sommet. **viduatus** Gyl
— Bord externe des 4 tibias postérieurs sans dent saillante; Th. à côtés anguleux, à sommet non retroussé. **angulosus** Boh
52 El. avec les intervalles pairs ornés de taches noires veloutées, échelonnées assez régulièrement; rostre très épais, assez court; ant. insérées près du sommet. (**Phrydiuchus**) 4—5 **topiarius** Germ

— El. avec des raies longitudinales plus claires. 53
— El. sans taches. 55
53 Intervalles pairs seuls blancs. **albovittatus** Germ
— Tous les intervalles à linéoles blanches interrompues, formant des fascies transverses. 54
54 Fascies des interstries 6-8 à squamules linéaires de même teinte que les autres. **pubicollis** Gyl
— Fascies des interst. 6-8 à squamules écrasées, très blanches. **signatus** Gyl
55 Th. sans reliefs latéraux. 56
— Th. à reliefs sur les côtés. 57
56 Forme courte, fortement convexe, stries larges, pubescence blanchâtre et grossière; pygidium sans incision; fémurs postérieurs angulés en dessous. **rotundatus** Bris
— Th. assez convexe, à points circulaires, très serrés; El. convexes non râpeuses sur les côtés; pygidium incisé ♂ et ♀. **punctiger** Gyl
— Th. subdéprimé, chagriné: El. aplanies en avant, finement râpeuses sur les côtés; pygidium ♂ fovéolé ♀ simple. **marginatus** Pk
57 Dessus très pubescent avec crins plus ou moins soulevés, couleur des téguments non visible; ant. et tarses roux. 58
— El. peu pubescentes à pubescence couchée, pattes rousses. 59
58 El. à crins noirs relevés; base du Th. biarquée, côtés subparallèles à la base. **4-dens** Panz
— Soies relevées roussâtres, plus rares, moins visibles: Th. large, court, brusquement rétréci vers la base; dessus à pubescence assez longue, bien fournie, nuageuse. 3,5 **borraginis** F
— Base du Th. presque rectiligne: El. à soies brunes, rudes, inclinées: El. avec q. q. squamules blanches éparses. **pilosellus** Gyl
59 Côtés du corps en dessous à squamules blanchâtres, envahissant les deux derniers intervalles des El. **consputus** Germ
— Parties latérales de la poitrine à squamules rares, peu serrées: Th. à ponctuation assez forte, serrée. **resedæ** Marsh
60 El. garnies au sommet de verrues grossières obliquement disposées: Th. subcaréné au milieu. **denticulatus** Panz
— El. à verrucosités postérieures légères: Th. sillonné. **verrucatus** Gyl
61 Tibias noirs. 62
— Tibias roux par transparence. 71
62 Stries des El. aussi larges ou presque aussi larges que les interv. 63
— Stries des El. bien moins larges que les intervalles. 64
63 Ant. et pattes complètement noires: Th. à tubercule aigu sur les côtés; dessin des El. peu indiqué, sur fond noir. **euphorbiæ** Bris
— Tarses testacés, pattes noires; squamules des interv. sérialement disposées; Th. obtusément tuberculé. **urticæ** Bohm
V. Pattes rougeâtres: squam. des interstries sans ordre. V. **stachydis** Baudi
64 Tache postscutellaire rougeâtre, l'apicale blanche; ongles des tarses simples. **trimaculatus** F
— Taches postscutellaire et apicale blanches; la première q. q. f. jaunâtre alors ongles des tarses dentés. 65

65 Dent des fémurs antérieurs tronquée; El. à pubescence noire en dehors des taches blanches. 66

— Dent des fémurs antérieurs triangulaire ou spiniforme; interv. à poils blancs ou roux ordinairement. 67

66 Tache scutellaire s'étendant sur les quatre premiers interv. **crucifer Ol**

— Tache scutellaire s'étendant sur les trois premiers interv. **Aubei Bohm**

67 Tarses noirs ou noirâtres. 68

— Tarses roux. 69

68 Intervalles à 2 rangs de poils blancs; ongles des tarses dentés; dessus à dessin peu indiqué. **albosignatus G**

— Interv. à rangées de poils roux; ongles des tarses simples; dessin des El. bien marqué. **litura F**

69 Corps oblong : Th. peu plus large à la base qu'au sommet: côtés de la poitrine à squamules blanches rapprochées mais non imbriquées. **melanostictus Marsh**

— Dessus large, court : Th. bien plus large à la base qu'au sommet. 70

70 Côtés de la poitrine à squam. blanches imbriquées, dessin blanc des El. bien accusé; tache postscutellaire jaunâtre; interstries à poils roux. 3,5—4 **ornatus Gyl**

— Côtés de la poitrine à squamules rapprochées, non imbriquées, dessin blanc des El. peu accusé; interv. à 3 rangées de poils cendrés; tarses enfumés (tarses testacés V. *urticæ Bris*). **pallidicornis Bris**

71 Tache scutellaire séparée de la fascie latérale sur 4 interstries. 72

— Tache scutellaire réunie à la fascie latérale par des taches ou interrompue sur le 4e interv. seulement. 73

72 Th. à côtés non anguleux. **asperifoliarum Gyll**

— Th. » » anguleusement relevés au milieu. **arquatus Herbst**

73 Fascie latérale interrompue sur le 8e intervalle, dessin des El. peu accusé. **rugulosus Herbst**

— Fascie latérale non interrompue sur le 8e intervalle; dessin des El. mieux accusé. 74

74 4e interv. des El. sans raie blanche spéciale au sommet. **variegatus Ol**

— 4e interst. des El. marqué sur sa moitié postérieure d'une ligne blanche assez tranchée. 75

75 Th. non relevé au sommet; segment anal ♂ terminé par 2 touffes de soies blanches. **triangulum Boh**

— Th. relevé au sommet. 76

76 Côtés du Th. anguleux. **molitor Gyll**

— » » » arrondis; dessus blanc, noir et fauve. **chrysanthemi Grm**

## CEUTHORRHYNCHIDIUS

Funicule de 6 art.

1 El. avec soies dressées. 2

— El. à soies couchées. 6

2 Bord antérieur du Th. non relevé, appliqué contre la tête; rostre roux. 1,5 **Dawsoni Bris**

— Sommet du Th. relevé. 3

3 Th. à saillie latérale tuberculeuse. 4

— Th. sans saillie latérale. 5

4 Th. à ponctuat. fovéiforme; soies des El. très rapprochées. **urens** Gyll

— Th. à ponctuation assez grosse mais peu profonde; soies des El. très espacées sur les intervalles. **horridus** Panz

5 Une tache squamuleuse blanche sur le front. 1,7 **rufulus** Duf

— Pas de » » » » » » . 2—2,5 **troglodytes** F

6 El. à séries de gros P. rapprochés, non striées : El. noires ou rousses; tibias et tarses roux : Th. biarqué à la base. **posthumus** Germ

— El. striées-ponctuées. 7

7 Th. à ponctuation grosse; une tache postscutellaire : El. rousses ou noires et rouges au sommet. 8

— Th. à ponctuation fine et serrée, peu visible sous la pubescence. 9

8 Noir à pubescence grise bien visible : Th. bituberculé, à ligne dorsale blanche. **apicalis** Gyll

— Dessus à pubescence peu visible; une ligne dorsale blanche au Th. et une tache postscutellaire. **terminatus** Herbst

9 Base du Th. presque droite, fovéolée au milieu. 10

— Base du Th. biarquée. 11

10 Th. à relief latéral peu visible; tache postscutellaire nulle; pubescence des interv. mêlée de q. q. squamules éparses. **nigrinus** Marsh

— Th. à relief bien visible; une tache postscutellaire blanche allongée. **biscutellatus** Chev

11 Stries garnies de poils blancs. 12

— Stries sans poils blancs. 13

12 El. à poils fins égalem[t] répartis : Th. relevé au sommet. **hepaticus** Gyll

— Th. non relevé au sommet; poils des El. squamiformes concentrés à la suture et vers les côtés. **melanarius** Steph

13 Th. sans relief aigu sur les côtés. 14

— Th. à relief aigu sur les côtés. 15

14 Pattes en grande partie, rostre, sommet du Th. et des El., roussâtres. **pyrrorhynchus** Marsh

— Rostre, pattes en grande partie et sommet du Th., noirs. **pulvinatus** Gyl

15 Dessus à squamules uniformément réparties; pattes noires; épaules obtuses. **achilleæ** Gyll

— Squamules concentrées à la suture surtout à la base; sommet du rostre et pattes, bruns. **floralis** Payk

## OROBITIS

Corps subglobuleux, contractile; hanches postérieures atteignant la base du 2e segment ventral et divisant le 1er en 3 parties isolées

Noir violacé; dessous du corps et pattes à squamules blanches serrées; El. striées, rougeâtres à l'extrême sommet. 2,5 **cyaneus** L

## POOPHAGUS

Noir, allongé, à squamules blanches; Th. impressionné derrière le sommet, sillonné; cal huméral et rostre glabres : El. à taches dénudées, peu nettes. 2,5—3,5 **sisymbrii** F

## TAPINOTUS

Lobe antérieur de l'épisterne métathoracique s'avançant vers la 10e strie sans l'atteindre

Noir à squamules blanchâtres; ant., jambes et tarses, testacés; 2 bandes noires sur le Th., 1 bande transverse médiane aux El. suivie d'une bande antéapicale moins nette et moins large. **sellatus F**

## BARIS

Pygidium découvert; base du rostre avec une raie transverse; 2e art. funicule subégal au 3e

(Bedel: *Rhynchophora, Pag. 184*)

1 El. noires. 2
— El. à couleurs métalliques. 11
2 El. à taches blanches ou grises. 3
— El. sans taches. 5
3 Th. lisse, orné ainsi que les El. de taches blanches ou fauves. 2,5—3 **picturata Men**
— Th. ponctué. 4
4 Ponctuation très serrée; côtés du Th. et des El. à squamules grisâtres. 2—3 **scolopacea Germ**
— Th. densément ponctué: El. mates avec une moucheture à la base des 3e et 8e intervalles. morio Bhom
— Th. à ponctuation écartée: El. avec un dessin blanc à la base en forme de deux C, dos à dos. 3,5—5 **spoliata Bohm**
5 Sommet des El. roux ferrugineux. **analis Ol**
— » » concolore. 6
6 Dessous du corps à squamules blanches serrées. (**Limnobaris**) T-album L
— Ventre et poitrine sans squamules blanches serrées. 7
7 Ponctuation du Th. grosse, ocellée. **artemisiæ Herbst**
— Ponctuation » fine. 8
8 Ponctuation du Th. fine, très serrée. *Var. sans taches de* **morio**
— Ponctuation du Th. fine et clair-semée. 9
9 Un peu terne; stries des El. à points espacés. 4—5 **timida Ross**
— Stries des El. à points rapprochés. 10
10 Th. marginé à la base. **quadraticollis Bohm**
— Th. non marginé à la base. **laticollis Marsh**
11 Dessous du Th. à ponctuation confluente, allongée, en réseau. 12
— Dessous du Th. à ponctuation moins confluente, non allongée. 13
12 Une bande lisse longitudinale sur le Th. **cœrulescens Scop**
— Pas de bande lisse longitudinale sur le Th. **fallax Bris**
13 Dessus d'un vert clair. 14
— Dessus bleu foncé, ou vert bleuâtre. 15
14 Ant. et tarses roux; rostre et pattes cuivreux. **cuprirostris F**

— Ant. et tarses foncés. **prasina** Bohm
15 Ponctuation du Th. espacée, oblongue; dessus bleu. **lepidii** Germ
— « » ronde. 16
16 Une bande lisse au milieu du Th. 17
— Th. sans bande lisse. 18
17 Interst. 3 fois aussi larges que les stries; bleu verdâtre. **chlorizans** Germ
— « 2 fois » » » stries . **nivalis** Bris
18 Points des interstries nets, forts. **picicornis** Marsh
— « » obsolètes, à peine indiqués. **Villæ** Com.

### CORYSSOMERUS

Hanches antérieures contiguës; tibias comprimés, terminés par un fort crochet; ongles libres, simples

Noir, marbré de squamules argentées; ant. tibias et tarses roux; front linéaire; Th. lobé devant l'écusson : El. striées-ponctuées; fémurs dentés. 2,5—3 **capucinus** Beck

## CALANDRINI

### CALANDRA

Massue des ant. oblongue, triarticulée, à pointe conique; tibias antér. avec une pointe courte à l'angle apical interne et une longue pointe au sommet externe

1 Dessus brun-marron concolore. **granaria** L
— El. à taches humérale et antéapicale, rouges. **oryzæ** L

### SPHENOPHORUS

Massue des ant. évasée, inarticulée; sommet des tibias antér. avec une longue pointe à l'angle interne et une pointe peu indiquée à l'angle externe

1 Th. à espace lisse, subconvexe, bien séparé de la ponctuation sur le milieu. 8—12 **meridionalis** Sch
— Th. avec q. q. fois une ligne lisse, mais peu large, non saillante ou sans ligne lisse. 2
2 Th. conique plus long que large. 3
— Th. aussi large que long. 4
3 Points des intervalles peu nombreux, sans soies. 15 **piceus** Pall
— Points des intervalles nombreux, avec une soie courte. **abbreviatus** F
4 Stries des El. plus fortes en avant qu'en arrière, à interv. finement ponctués : El. courtes. 14 **opacus** Gyll
— El. plus allongées, à stries très fines, à interv. très densément et finement ponctués. 10—11 **striatopunctatus** Goez

## TYCHIINI

(Bedel : *Rhynchophora, page 187*)

### BALANINUS

Mandibules insérées côte à côte vers le sommet du rostre et se mouvant verticalement; rostre long et grêle

1 Taille petite (2-3), dessus noir avec ou sans taches; 1er art. de la masse aussi grand que les 2 suivants. (**Balanobius**) 2

— Taille grande ou moyenne (4-9), dessus généralement rougeâtre. (**Balaninus**) 5
2 Une tache suturale postscutellaire. 3
— Pas de tache suturale. 4
3 Tache suturale blanche; q. q. taches blanches sur les El. **crux F**
— » » jaune, côtés du corps et du Th. tachés de jaune. **ochreatus Fahrs**
4 Tout le dessous du corps à squamules blanches serrées. **salicivorus Pk**
— Episternes proto et métathorac. et abdomen à squamules, le reste de la poitrine pubescent. **pyrrhoceras Marsh**
5 Dessus noir à pubescence blanche et à fascie transvers. après le milieu des El.; rostre noir. **villosus F**
— Dessus roux ou rougeâtre plus ou moins foncé; rostre rougeâtre. 6
6 Fémurs antérieurs mutiques; dessus roux à pubescence squamuleuse courte laissant voir la couleur rougeâtre des téguments et le fond des stries élytrales. 7
— Fémurs antér. dentés; dessus à pubescence squameuse dense et épaisse. 8
7 Fémurs postérieurs denticulés. **betulæ Sph**
— » » inermes. **rubidus Gyll**
8 Suture relevée dans sa 2e moitié et garnie de soies rudes hérissées. **nucum L**
— Suture non saillante au sommet ou saillante mais sans poils redressés, vus de profil. 9
9 Art. des ant. grêles, allongés, à peine renflés au sommet; suture non saillante. 10
— Art. des ant. (derniers surtout) courts, coniques, hérissés de poils au sommet seulement. 11
10 Dessus squamuleux : El. arrondies de la base au sommet; pattes grêles, longues. **elephas Gyll**
— Dessus recouvert de poils : El. triangulaires brusquement rétrécies de la base au sommet; pattes plus robustes et plus courtes. **pellitus Bohm**
11 Suture fortement saillante au sommet; 1er segment ventral à squam. très serrées. **venosus Grav**
— Suture peu relevée au sommet; squam. du 1er segment ventral espacées ne voilant pas la couleur foncière. **turbatus Gyll**

## ACALYPTUS

El. largement et séparément arrondies au sommet; tibias sans onglet à l'extrémité

Noirâtre ou testacé à pubescence soyeuse; rostre mince arqué; pygidium visible : El. finement striées-ponctuées. 2 **carpini F**

## NOTHOPS

Funicule de 6 art. : El. et Th. de même largeur à la base

Dessus roux mat : El. élargies en arrière, mates avec une fascie étroite, après le milieu. **elongatulus Bohm**

## BRADYBATUS

El. plus larges que le Th. dès leur base; funicule de 6 art.

1 El. d'un brun rougeâtre avec 2 fascies pubescentes; intervalles avec une seule série de poils. V. **subfasciatus Gerst**

— El. brunes plus ou moins foncées, sans fascies. 2

2 El. fortement allongées à interv. très pubescents. **Creutzeri Germ**

— El. subparallèles, assez larges, courtes; intervalles avec une seule série de poils. **Kellneri Bach**

## ANTHONOMUS

Onychium plus long que les lobes du 3e art. des tarses; fémurs antérieurs ordinairement dentés

(Bedel : *Faune des Coléoptères de la Seine*)

1 Tibias antérieurs bidentés. (**Furcipes**) **rectirostris L**

— Tibias antérieurs unidentés. 2

2 El. sans fascie transversale de pubescence grise ou rousse. 3

— El. avec une ou deux fascies transversales. 6

3 Dessus glabre ou à pubescence très rare. 4

— Dessus à pubescence bien visible; rostre noir. 5

4 Rostre roux, dessus à pubescence très rare; ongles simples; coloration très variable; en France la couleur rousse prédomine; la tête est tantôt noire, var. *obesior Db*, tantôt rousse, var. *pyrenæus Db.* **varians Payk**

— Dessus noir de poix, glabre : Th. à gros points profonds, écartés, sur fond lisse, à carène lisse. 1,5 **Grouvellei Db**

5 Dessus noir, dent des cuisses antér. aiguë, dirigée en avant. **rubi Herbst**

— Dessus rouge testacé; dent des fémurs antér. très fine. **pubescens Payk**

6 Fascie postérieure en zigzag; dessus roux mat. **undulatus Gyll**

— Fascie postérieure droite. 7

7 » » perpendiculaire à la suture. 8

— Fascie postér. non perpendiculaire à la suture. 10

8 Fascie recouvrant une bande rousse. **spilotus Redt**

— » placée sur fond concolore, perpendiculaire à la suture en avant, bien arrêtée en arrière. 9

9 El. et Th. décrivant une courbe séparée; base du 3e insterstrie non bosselée. **Chevrolati Db**

— El. ensellées derrière l'écusson; 3e intervalle finement bosselé à la base : El. assez ternes, souvent enfumées avant la fascie postérieure. **inversus Bed**

— Mêmes caractères mais téguments brillants. **Rosinæ Goz**

10 Tranche interne des tibias antérieurs fortement courbée en dedans à la base puis relevée et coudée vers le milieu. 11

— Tibias antérieurs sans fortes sinuosités intérieurement. 13

11 Intervalle sutural et épaules d'un rouge plus clair; 3e interst. à bosselure veloutée à la base; fascie postmédiane oblique en avant, envahissant presque tout le sommet de l'El. **cinctus Koll**

— Intervalle sutural des El. concolore; pas de bosselure veloutée à la base du 3e interstrie. 12

12 Dos des El. aplati; fascie postérieure très oblique, ordinairement entourée de noir; cuisses antérieures à dent aiguë; sommet des El. (vu de haut) en ogive. **pomorum** L

— El. non aplaties sur le dos, à sommet arrondi, noires-brunes, à épaules et bords ferrugineux; la fascie postérieure peu sensible, est formée de poils jaunâtres. **humeralis** Panz

13 Fémurs postér. dentés finement; 2e art. du funicule bien plus long que le 3e; coloration très variable. **pedicularius** L

La V. **conspersus** Db diffère du **pedicularius** par Th. et El. à fond noir, pubescence des El. plus diffuse, sans fascies régulières; déclivité des El. plus brusque en arrière; tibias plus grêles à la base.

— Fémurs postér. inernes; 2e art. du funicule seulement un peu plus long que le 3e; rostre ♂ pluristrié; écusson presque linéaire. **rufus** Gyll

Var: ponctuation du Th. serrée, rugueuse, peu distincte; rostre lisse ♂ et ♀; écusson subcarré ou subtriangulaire. V. **pruni** Db

## TYCHIUS

(Ch. Brisout: *Synops. des Tychius de France*)
(Bedel: *Rhynchophora*).

El. subrectangulaires au sommet de la suture; bord postérieur du 2e segment ventral atteignant le 4e par dessus le 3e

1 Funicule de 6 art.; revêtement dorsal pileux. (**Miccotrogus**) 2

— » de 7 art. (**Tychius**) 4

2 Taille petite (1,7-2): arrière-corps ogival; tibias antérieurs ♂ non denticulés. **picirostris** F

— Taille plus forte (3m); arrière-corps allongé, cylindrique. 3

3 Rostre assez fort: El. rougeâtres à suture et bords noirs, à squamules grises, à reflets cuivreux; tibias antérieurs ♂ dentés au premier tiers en dedans. **cuprifer** Pz

— Rostre mince presque linéaire, plus long; dessus noir, à squamules cendrées, à reflets soyeux; forme un peu plus large. **pyrenæus** Bris

4 Fémurs postérieurs dentés plus ou moins fortement. 5

— » » inermes. 8

5 Dent fémorale longue et aiguë: El. à fond mordoré, à bandes suturale et longitudinale médiane, blanches, interrompues. **punctatus** L

— Dent fémorale petite: El. sans bandes ou à bandes longitudinales non interrompues. 6

6 Revêtement dorsal pileux. 7

— » » squamuleux: Th. avec deux bandes dorsales fauves, à bords latéraux parallèles en arrière: El. à bandes longitudinales blanches (El. sans bandes blanches, taille plus petite V. *genistæ Boh*). 3—4 **venustus** F

7 Th. avec trois lignes blanches: El. de même largeur que lui à la base, avec suture et interv. impairs, blancs. **Schneideri** Hbst

— Th. avec une seule ligne blanche médiane: El. plus larges que lui à la base, à suture blanche. **polylineatus** Germ

8 Revêtement dorsal squamuleux. 9

— » » pileux. 17

9 El. à stries larges, à intervalles couverts de soies raides inclinées; dessous du rostre barbu. 2,5—3 **striatulus Gyl**

— El. à stries médiocres ou fines; intervalles sans soies raides. 10

10 Forme allongée; Th. presque de même largeur que les El. 11

— Forme ovale ou ovale-oblongue : Th. visiblement plus étroit que les El. 12

11 El. longues à côtés parallèles. **Grenieri Bris**

— El. ovalaires à côtés courbés; dessus densément couvert de squamules soyeuses à reflets argentés; une bande latérale blanche sur chaque El. 2,5 **argentatus Chev**

12 El. avec une bande latérale blanchâtre partant de l'épaule; ant. rousses (ant. à massue obscure, rostre plus long, plus linéaire, Th. un peu moins large, V. *medicaginis Bris*). 2—2,5 **aureolus Ksw**

— El. sans bande latérale blanchâtre. 13

13 Rostre long très peu rétréci vers le sommet. 14

— Rostre médiocrement long, nettement atténué vers le sommet. 15

14 Rostre plus long que le Th.; intervalles des El. un peu convexes; coloration très variable; chez les individus foncés, la suture est blanchâtre. 2—3 **cinnamomeus Ksw**

— Rostre de la longueur du Th.; interv. des El. plans; stries peu distinctes. 2—2,3 **flavicollis Steph**

15 El. très courtes, en forme de cœur, fortement rétrécies en arrière dès avant le milieu; dessus jaune-verdâtre ou cendré; stries peu distinctes. 2—2,3 **junceus Redt**

— Forme ovale, plus allongée : El. à côtés subparallèles, moins fortement rétrécies vers le sommet. 16

16 Dessus à squamules jaunâtres ou cendrées, denses, dissimulant presque complètement les stries; pattes testacées. 2,5 **femoralis Bris**

— Forme ovale-oblongue; cuisses toujours ferrugineuses; Th. à côtés distinctement arrondis; stries des El. peu visibles. 2—2,5 **hæmatopus Gyl**

— Forme assez étroite, presque elliptique; cuisses très souvent noires : Th. à côtés légèrement arrondis; stries des El. visibles. 2—2,3 **bicolor Bris**

17 Th. avec une ligne longitudinale blanche. 18

— Th. sans ligne longitudinale blanche. 19

18 Rostre subulé et d'un roux vif à partir des ant.; celles-ci rousses ainsi que les pattes. 2—2,3 **elegantulus Bris**

— Rostre faiblement et graduellement aminci vers le sommet; cuisses noires; massue des ant. noirâtre. 2,5 **lineatulus Germ**

19 Rostre subulé. 20

— » faiblement et graduellement aminci vers le sommet. 21

20 El. à ligne suturale blanche; ant. ferrugineuses : Th. à côtés légèrement arrondis. 2—2,3 **meliloti Step**

— El. sans ligne suturale blanche; funicule des ant. plus ou moins foncé: Th. à côtés assez fortement arrondis. **funicularis Bris**

21 Th. à côtés fortement arrondis, assez fortement rétrécis à la base: El. ferrugineuses à pubescence soyeuse fine, peu serrée. 2 **rufipennis Bris**

— Th. à côtés subarrondis et légèrement rétrécis à la base. 22

22 Ant. complètement rousses; rostre non subulé, graduellement et faiblement rétréci vers le sommet. 2—2,5 **tomentosus Hbst**

— Ant. avec au moins la massue noirâtre. 23

23 Cuisses noires ou rembrunies. 24

— Pattes complètement testacées. 26

24 Tibias rembrunis à la base et dentés au milieu dans les pattes antérieures ♂. 2 **tibialis Bohm**

— Tibias complètement roux. 25

25 Tibias antér. ♂ dentés intérieurement; taille très petite. **pusillus Germ**

— Tibias antér. ♂ inermes: El. un peu plus larges que le Th.; rostre plus long et plus mince, pubescence plus fine. 1,8 **curvirostris Bris**

26 Th. presque plus long que large, rétréci en avant et en arrière, mais plus en avant. 2 **longicollis Bris**

— Th. transverse. 1,5–1,7 **pumilus Bris**

## SYBINIA

Bord postérieur du 2$^e$ segment ventral atteignant de chaque côté la base du 4$^e$; El. arrondies séparément au sommet; pygidium découvert

(Bedel: *Rhynchophora*, P. *149*)

1 El. avec une tache commune postscutellaire sans taches postérieures. 2

— El. sans tache postscutellaire. 4

— El. à squamules grisâtres avec une large tache suturale sur la moitié antér. et une autre arquée aux 3/4; les taches sont peu nettes et n'offrent que q. q. squamules brunâtres qui les font ressortir. 3 **femoralis Germ**

2 Tache noire veloutée: Th. à 2 larges bandes noires. V. **phalerata Stev**

— Tache à peu près de la couleur du fond des El., d'un roux doré. 3

3 Tache à bords parallèles, étroite, ne dépassant pas le 2$^e$ intervalle. V. **variata Gyll**

— Tache resserrée au milieu et dilatée en arrière. 1,5—2 **primita Hbst**

4 Revêtement des El. squamuleux :

**a** Dessus et dessous à squamules grises, denses, généralement plus claires en dessous; tibias et sommet du rostre testacés. **sodalis Germ**

**a'** Plus court, plus convexe, à squamules d'un cendré brunâtre ou jaunâtre non varié de petites taches blanches; pattes complètement ferrugineuses. 1,5—2 **meridionalis Bris**

— Revêtement des El. pileux ou à squamules piliformes. 5

5 El. et Th. à poils squamuliformes roux et blancs, mélangés sans ordre: Th. avançant à la base vers l'écusson. **potentillæ Germ**

— El. à poils squamulif. roux-dorés et jaunes formant des bandes sur les El.; Th. à trois bandes pâles. **attalica Gyll**

— Th. et El. à 3 bandes blanchâtres; rostre strié. 3,5 **vittata Germ**

— Revêtement des El. uniforme ou à dessins très vagues, peu nets. 6

6 Th. presque aussi long que large à côtés peu arqués, peu rétrécis en avant. 2,5 **fugax Germ**

— Th. transverse à côtés fortement arrondis et très rétrécis en avant. 7

7 Tibias, tarses et rostre, foncés. 8

— Tibias, tarses et plus ou moins le sommet du rostre, testacés; poils des El. plus larges, squamulif.; taille plus petite; Th. et El. à bandes plus claires mais peu nettement visibles. **silenes Perr**

8 El. à poils fins, concolores, également disposés. 2,5—3 **viscariæ L**

— El. » » moins réguliers, plus touffus, formant q. q. fois des bandes rembrunies peu distinctes. 3—4 **pellucens Scop**

## ELLESCHUS

Ongles dentés en grappin à la base

1 El. noires à pubescence grise avec une tache brune vague après le milieu de l'El.; tibias, tarses et ant., roux. **bipunctatus L**

— El. rousses avec des dessins; pattes rousses. 2

2 Rostre roux: El. à suture et quelques traits longitudinaux, couverts de pubescence blanche plus condensée ou à pubescence uniforme. **scanicus Payk**

— Rostre noir: El. à taches brunes autour de l'écusson, sur les côtés et après le milieu. 2 **infirmus Herbst**

## LIGNYODES

Ongles appendiculés; bord postérieur du 2e segment ventral fortement prolongé de chaque côté

Brun rougeâtre: Th. à pubescence fauve peu serrée; El. à large tache triangulaire d'un roux doré prolongée sur la suture. 3,5—4,5 **enucleator Panz**

## RHYNCHÆNUS (Orchestes)

Ant. coudées, insérées sur les côtés du rostre au-delà des yeux; corps plus ou moins pubescent

(Dr Guedel: *Feuille des Jeunes natur. no 200.* — Bedel: *Rhynchophora, Pag. 123*).

1 El. rougeâtres ou testacées. 2

— El. à fond noir, plus ou moins caché par la pubescence. 7

2 Côtés des El., vers l'épaule surtout et côtés du Th., à soies droites, hérissées. 3

— Côtés des El. sans soies droites. 6

3 El. à taches noires; tête, écusson, fémurs et tibias, noirs; sur chaque El. deux taches q. q. f. confluentes. 2,5—3 **alni L**

— El. sans taches. 4

4 Tête noire. *alni* V. **saltator Fourc**

— Tête testacée. 5

5 Th. sillonné: El. à pubescence épaisse, formant souvent une tache triangulaire à la base. 3—4 **quercus L**

— Th. non sillonné; dessus à pubescence longue, écartée. 2 **rufus** Ol
6 Th. à côtés hérissés de soies droites : El. traversées par une bande brune plus ou moins large. 2 **loniceræ** Herbst
— Th. sans soies dressées sur les côtés; écusson tomenteux; tête, Th. et pattes fauves. 3 **testaceus** Müll
Tête, Th. et pattes, foncés. V. **semirufus** Gyll
7 Poitrine et pièces latérales enduites de squamules blanches; El. noires, concolores; tibias, tarses et ant. roux. 8
— Poitrine et pièces latérales pubescentes. 9
8 Massue des ant. et fémurs, noirs. 1,5 **foliorum** Müll
— Fémurs postérieurs en partie noirâtres. 2—2,5 **populi** F
9 Pubescence peu apparente, pas de taches aux El. 10
— Pubescence plus visible voilant plus ou moins la couleur des téguments, formant des taches ou non. 11
10 Th. sillonné à côtés hérissés de soies droites; tache blanche derrière l'écusson. 2 **jota** F
— Ecusson tomenteux : Th. sans soies droites sur les côtés. **stigma** Germ
11 Pubescence uniforme ne formant ni taches, ni lignes. 12
— Pubescence disposée en mouchetures avec des taches noires, dénudées, en damier. 15
— Pubescence formant sur les El. des taches ou bandes ondulées. 16
12 Pubescence grise, couchée, fine; Th. sillonné. 2—2,5 **fagi** L
— Pubescence squamiforme; Th. non sillonné. 13
13 Fémurs postérieurs à saillie anguleuse. 2 **pratensis** Germ
— Fémurs postérieurs sans saillie anguleuse en dedans. 14
14 Taille petite; pubescence cendrée blanchâtre. 1,5 **tomentosus** Ol
— Taille plus grande, pubescence cendrée jaunâtre. 2 **cinereus** Fåhrs
15 Ecusson suivi d'une tache pubescente blanchâtre. 2,5—3 **pilosus** F
— Ecusson sans tache pubescente blanchâtre. 3 V. **irroratus** Ksw
16 Côtés des El. et du Th. hérissés de soies droites. 17
— Côtés des El. et du Th. sans soies droites. 20
17 El. à crins noirs, rabattus en arrière mais visibles de profil; une tache blanchâtre derrière l'écusson et q. q. lignes ondulées blanches, peu nettes. 2—2,5 **sparsus** Fåhrs
— Pubescence des El. complètement couchée. 18
18 Fémurs noirs, les postérieurs mutiques. **avellanæ** Don
— Fémurs roux, les postérieurs angulés en dedans. 19
19 El. dénudées sur le dos. **erythropus** Germ
— El. pubescentes, moins 1 ligne au milieu de la suture. V. **tricolor** Ksw
20 Une tache blanchâtre postscutellaire : El. à fascies blanches. **rusci** Hbst
— Ecusson tomenteux; El. avec deux fascies ondulées. 21
21 Fascies des El. formées de petits traits blancs sur les intervalles, la première unicolore 2,5 **decoratus** Germ
— Fascies des El. bien nettes, la 1re tachée de jaune au milieu. 22
22 Tarses testacés. **rufitarsis** Germ

— Tarses foncés. **salicis L**

## RHAMPHUS

Ant. droites insérées à la base même du rostre entre les yeux; corps glabre

1 El. noires, brillantes. **pulicarius Hbst**

— El. alutacées, à léger reflet bronzé. **subæneus Ill**

## MECINUS

Hanches antérieures contiguës; ongles connés

(Bedel: *Rhynchophora Pag. 144*)

1 El. bleues. 2

— El. noires. 3

2 Tête à ponctuation très serrée. **janthinus Germ**

— Tête » obsolète. **Heydeni Wenk**

3 Pièces latérales de la poitrine squameuses. **collaris Germ**

— Pièces » » sans squamules. 4

4 Fémurs, tibias et tarses, roux: El. à bande latérale blanchâtre. **circulatus Marsh**

— Fémurs, tibias et tarses, noirs. 5

5 Th. entièrement pubescent. 6

— Th. à 2 bandes dorsales dénudées; interstries étroits, unisérialement pubescents. 2,5 **dorsalis A**

6 Cylindrique, très allongé, concolore. **longiusculus Bohm**

— El. assez larges à sommet rougeâtre. 3—4,5 **pyraster Herbst**

## MIARUS

Hanches antérieures séparées; ongles libres

(Bedel: *Rhynchophora, Pag. 143*)

1 Rostre presque droit, plus long que moitié du corps; pubescence d'un gris brun; cuisses postér. aigûment dentées. **longirostris Gyll**

Le M. scutellaris Bris (Var. probablement) en diffère par les poils d'un cendré obscur un peu dressés; ponctuation du Th. plus forte: El. plus distinctement ponctuées-sillonnées.

— Rostre plus court que moitié du corps. 2

2 Interv. des El. garnis pour la plupart d'une seule série de soies courtes, blanches, couchées; cuisses postér. subdentées. **plantarum Germ**

— Interv. des El. avec au moins deux rangs de soies couchées ou mi-dressées. 3

3 Cuisses postérieures à dent un peu obtuse; interv. à poils écrus, assez longs, mi-dressés. **graminis Gyll**

— Cuisses postérieures mutiques. 4

4 Dessus à soies blanches, courtes: Th. moins large à la base que les El.; anus ♂ fovéolé au sommet, bidenté en dessous; ponctuation du Th. bien visible. **campanulæ L**

— Pubescence des El. cendrée, plus longue: Th. presque aussi large que les El. à la base; taille plus petite, anus ♂ simple; ponctuation du Th. cachée par la pubescence. **micros Germ**

## RHINUSA

Hanches antérieures contiguës; ongles connés; 3e strie soudée à la sixième en arrière; 7e et 8e souvent à part

(Bedel : *Rhynchophora, Page 144*)

1 Tibias testacés; rostre droit en dessous. **herbarum Bris**

— Tibias noirs. 2

2 El. à tache discale rouge plus ou moins dilatée. **spilotum Germ**

— El. sans taches rouges. 3

3 Tout le corps hérissé de longs poils noirs. **pilosum Gyll**

— Dessus du corps et pattes surtout, non hérissés de poils noirs. 4

4 Rostre cylindrique, aussi long que la moitié du corps. **asellus Grav**

— Rostre non cylindrique égalant au plus la longueur de la tête et du Th. 5

5 Rostre subulé en avant. 6

— Rostre non subulé au sommet. 7

6 Cuisses fortement et brusquement épaissies. **tetrum F**

V. Forme plus petite. **V. antirrhini Germ**

— Cuisses épaissies mais progressivement; sillons des El. plus distincts; rostre légèrement incourbé. **vestitum Germ**

— Cuisses peu renflées et non brusquement; pubescence presque complètement relevée, séparée nettement par les stries. **noctis Herbst**

7 Pubescence des El. noire ou brune, peu visible. **fuliginosum Germ**

— » » claire, bien visible. 8

8 Arrière-corps allongé 2 f. $^1/_2$ plus long que large; facies de *Mecinus pyraster,* mais pubescence de l'écusson ne tranchant pas sur celle des El. **melas Bohm**

— Arrière-corps peu allongé; El. 1 fois $^1/_2$ aussi longues que larges. 9

9 Fémurs non dentés. **linariæ Panz**

— Fémurs (intermédiaires et postérieurs au moins) dentés. 10

10 Th. ayant sa plus grande largeur à la base; pubescence des El. couchée. **netum Germ**

— Th. à côtés arrondis. **collinum Gyll**

## GYMNETRON

(Bedel : *Rhynchophora, Pag. 144*)

3e strie soudée à la 8e en arrière

1 Côtés du Th. et de la poitrine squamulés. 2

— Côtés du Th. et de la poitrine sans squamules. 3

2 El. rougeâtres complètement recouvertes de pubescence soyeuse. **villosulum Gyll**

— El. noires, à tache rouge plus ou moins dilatée; tibias roux; interv. à poils couchés, courts, rares. **beccabungæ L**

Var. Taille plus petite, rostre très court. **veronicæ Germ**

— El. noirâtres, pattes brunes; sur chaque interv. une série de soies blanches mi-relevées. **erinaceum Bdl**

3 Tarses roux, ongles noirs. 4

— » noirs. 7

4 El. rouges à base noire ainsi que la suture et 2 bandes raccourcies.
**labile** Herbst

— El. concolores ou à tache rouge simple. 5

5 Pubescence de la tête et du Th. relevée: El. rougeâtres à forte pubescence mi-relevée; stries peu visibles. **ictericum** Gyll

— Pubescence de la tête et du Th. couchée: El. rougeâtres à suture foncée. 6

6 Th. sinué à la base; cuisses ordinairement foncées; ♂ fémurs antérieurs dentés; intervalles à poils mi-dressés assez nombreux.
**pascuorum** Gyll

— El. carrées, noires, q. q. fois à bande rouge; intervalles à poils blancs dressés, rares; taille petite; pubescence rare sur le Th.; fémurs ♂ mutiques. 1,3 **plantaginis** Epp

— Th. non sinué à la base; cuisses ordinair[t] rougeâtres; taille plus grande; Th. voilé par la pubescence; interv. à 3 séries de poils gris mi-dressés. **latiusculum** Duv

7 El. avec une série de soies blanchâtres sur chaque intervalle. 8

— El. à poils fins couchés, clair-semés. 9

8 Tibias noirs; 1er intervalle rouge en arrière. **stimulosum** Germ

— » roussâtres; 1er interv. concolore en arrière. **rostellum** Herbst

9 El. courtes d'un noir plombé. **melanarium** Germ

— El. allongées, rougeâtres vers le sommet; 5e intervalle à bosse veloutée au sommet. **elongatum** Bris

## CIONUS

3e et 4e segments ventraux brusquement recourbés en arrière près des bords latéraux

(DES GOZIS: *Feuille des Jeunes naturalistes*).
(BEDEL: *Rhynchophora*).

1 Elytres avec deux taches rondes, noires, veloutées, communes, l'une postscutellaire, l'autre antéapicale (celle-ci nulle ou oblitérée chez le C. **Olens**). 2

— El. avec deux taches suturales, mais la première est large, carrée, mal limitée. 2,5—3 **alauda** F

— El. sans taches suturales. 9

2 El. avec des soies dressées ou mi-dressées; tache antéapicale oblitérée ou nulle. 3,5—4 **olens** F

— El. à pubescence couchée. 3

3 Taches suturales noires, précédées ou suivies de squamules pâles. 4

— » » non précédées ou suivies de squamules pâles. 5

4 Th. complètement recouvert de pubescence fauve ou blanchâtre. 4—5 **scrophulariæ** L

— Th. dépourvu de pubescence au milieu. 3,5—4 **tuberculosus** Scop

5 Pubescence des El. faible, condensée en limbe vague et de couleur plus claire, autour des taches. 6

— Pubescence des El. assez fournie, et taches non entourées d'un limbe plus clair et plus épais que la pubescence foncière. 7

6 Côtés des El. avec une large tache d'un roux fauve sous l'épaule. 3,5—4 **Schönherri** Bris

— Côtés des El. sans taches d'un roux fauve. 4—5 **longicollis** Bris

7 Interstries impairs, tachés de noir sur les 2/3 postérieurs seulement. 4—5 **Olivieri** Rosen

Var. Les taches des interstries impairs sont vagues et mal arrêtées; la tache postscutellaire est réduite à 2 points noirs subcontigus. 3—4 V. Clairvillei Boh

— Interstries impairs, à taches noires sur tout leur parcours. 8

8 Rostre aminci, lisse et glabre, à partir de l'insertion des antennes. 3—4 **hortulanus** Fourc

— Rostre subcylindrique, ponctué et pubescent presque jusqu'au sommet. 3—4,5 **thapsi** F

9 El. à pubescence hérissée ou couchée. (**Cleopus**) 10

— El. recouvertes de squamules oblongues. (**Stereonychus**) 11

10 Pubescence des El. hérissée. 2—2,5 **solani** F

— » » » couchée. 2—2,5 **pulchellus** Herbst

11 Th. avec trois fines lignes longitudinales de squamules blanches. 3—3,25 **Telonensis** Gren

— Th. sans lignes longitudinales de squamules blanches. 12

12 Taille petite, intervalles à ponctuation aussi forte que celle des stries, celles-ci par conséquent peu distinctes; tête proéminente à la base du rostre; yeux se touchant presque. 2 **gibbifrons** Ksw

— Yeux séparés par une distance égalant à peu près la moitié de la largeur du rostre; tête non proéminente, taille plus forte, stries bien distinctes. 3—3,5 **fraxini** Deg

Le type est couvert de squamules rousses. grisâtres, avec quelques écaillettes blanches laissant sur le milieu du corselet et des El. une tache vague dénudée. Sur les bords de la Méditerranée, on trouve une variété à tache élytrale vague mais recouverte de squamules ainsi que le milieu du corselet. V. phillyreæ Chev

## NANOPHYES

Ecusson nul; ant. fortement coudées; funicule de 4 ou 5 art.; intervalle des yeux très étroit

(Henri Brisout de Barneville: *l'Abeille VI.*— Bedel: *Faune des coléoptères du bassin de la Seine*)

1 Th. jaune ou rougeâtre avec deux points noirs. 2

— Th. noir. 3

— Th. testacé ou rougeâtre. 7

2 El. d'un jaune paille avec 2 petits traits noirs (q. q. fois réunis) au delà du milieu. 0,7—1 **tetrastigma** A

— Couleur rouge-sang; ponctuation du Th. un peu plus visible; tête et rostre souvent noirs; les taches des El. disparaissent q. q. fois. 0,7—1 **rubens** A

— El. d'un jaune-paille avec un trait longitudinal au milieu du 4e intervalle. Var. de **pallidulus** Grav

3 El. noires sans taches, pattes noires. 1,3—2,3 **niger Walt**

— » » » , pattes testacées avec une tache noire au milieu du tibia (cette tache manque q. q. fois). **annulatus Arag**

— El. noires à taches blanches ou rousses, ou bien El. d'un brun-rougeâtre à taches noires. **4**

4 El. noires à bande oblique rougeâtre-testacée allant du milieu de la suture vers l'épaule et q. q. taches avant le sommet; côtés de la poitrine à pubescence blanche très serrée. **marmoratus Goez**

— El. rougeâtres avec une tache noire à la base. **5**

5 El. d'un testacé pâle à grande tache triangulaire noire à la base atteignant le 1/3 de la suture; pattes testacées; rostre et dessous noirs. **hemisphæricus Ol**

— El. à suture, bord externe et base, noirs; q. q. fois des taches sur le reste des El. **6**

6 Tache basale triangulaire ou en demi-lune; sur le reste de l'élytre, des taches blanches alternant avec des points noirs; tibias et El. d'un rouge-testacé; cuisses mutiques noires au sommet. **globulus Ferm**

— El. assez souvent marquées de taches blanchâtres; genoux noirs; cuisses biépineuses. 0,7—1,7 **gracilis Redt**

7 Massue des ant. à 3 art. presque soudés, se touchant étroitement: El. à taches foncées sur le disque; insectes de couleur jaune-testacée très claire. **8**

— Massue des ant. de 3 art. nettement séparés. **10**

8 Une bande arquée plus ou moins foncée sur le milieu du disque; cuisses bi ou triépineuses. 1,5—2 **tamaricis Gyll**

— Taches des El. ponctiformes ou en bandes courtes longitudinales. **9**

9 Un seul point noir, très petit généralement, au milieu du 3e intervalle; funicule de 5 art.; cuisses épineuses. 1,5 **pallidus Ol**

— El. avec suture et une tache antéapicale au sommet des 4e et 5e intervalles, rousses; funicule de 5 art.; cuisses épineuses **posticus Gyll**

— Suture plus ou moins roussâtre; un trait foncé au milieu du 4e interv.; cuisses mutiques; 4 art. au funicule. 0,5—1 **pallidulus Grav**

10 Taille grande, facies d'Anthonomus (2,5—3); oblong, ovale, rouge testacé à duvet blanchâtre; sur les El. 2 bandes obliques dénudées, séparées par une bande formée de poils blancs ne touchant pas les bords; cuisses à 3 épines, 1 seul crochet aux tarses. **transversus A**

— Taille petite, forme subglobuleuse. **11**

11 El. jaunes à suture, côtés et traits à la base des 3, 5, 7e interv., noirs; 2 taches sur le vertex; rostre, massue des ant., poitrine et abdomen, noirs, le reste rouge-ferrugineux. 1,4—2,2 **V. circumscriptus A**

— El. jaunes ou rousses, sans traits noirs détachés mais à collerette triangulaire noire ou foncée, avec suture et côtés foncés ou non. **12**

— El. sans tache foncée à la base et sans traits noirs isolés. **13**

12 El. noires à la base, suture et côtés non foncés; cette tache est limitée ou non par une ceinture de petits traits noirs. **V. ulmi Germ**

— El. rousses, à base, suture et côtés, noirs; une moucheture grise **à la base du 2e interv.; tête et rostre noirs. 2** **gallicus Bed**

13 Pubescence élytrale très courte, uniforme, presque alignée; dessus rouge-ferrugineux avec une tache noire tantôt disparaissant, tantôt envahissant presque toute l'élytre. **Sahlbergi** Gyll

— Pubescence des élytres longue, formant des taches ou des mouchetures ou fascies. 14

14 Insectes complètement roux. 15

— Insectes à tête noire et souvent le rostre, la massue des ant. et le sommet des cuisses. 16

15 Roux-sanguin ou rouge-pâle; El. à fascie blanchâtre pubescente allant de la suture à l'angle huméral; fémurs mutiques; q. q. f. une bande peu oblique et souvent peu nette, vers le sommet. 1—1,7 **rubricus** Rosen

— Roux testacé; taches des El. comme *rubricus*; cuisses à 2 épines aiguës. 1,7 **flavidus** A

16 Fascie pubescente de l'El. très oblique aboutissant à l'angle huméral même; tête noire; outre la fascie médiane on voit sur les El. de petits traits blancs formant une 2e fascie avant le sommet q. q. fois peu distincte et à la base de petites taches noires linéaires. 1—1,7 **nitidulus** Gyll

— Fascie élytrale peu oblique, allant de la suture au-dessous de l'épaule. 17

17 Forme globuleuse: interstries plus convexes; El. avec deux fascies, la 2e souvent formée de taches obsolètes; dessous noir. **brevis** Bohm

— Forme subovoïde; interstries moins convexes; insecte à coloration très variable. Var de **lythri**

# MAGDALINI

## MAGDALIS

Scape très arqué; hanches antérieures contiguës; angles postérieurs du Th. saillants, souvent aigus

(Desbrochers : *l'Abeille, 1870*)

1 Cuisses antérieures armées d'une grande dent triangulaire. 2

— Cuisses antérieures avec une dent petite ou très petite. 8

— Cuisses mutiques. 11

2 Th. avec une dent saillante en devant sur les côtés. 3

— Th. inerme non crénelé sur les côtés; espèces noires. 4

— Th. sans dents, parfois crénelé sur les côtés; espèces bleues, violettes ou verdâtres au moins sur les El. 6

3 Th. dilaté, arrondi sur les côtés; tibias antérieurs dilatés anguleusement en dedans. 4—5 **carbonaria** L

— Th. presque carré à côtés subparallèles; tibias antérieurs à peine visiblement dilatés en dedans. 2,5—4,5 **aterrima** L

4 Th. allongé, subconique, aussi long que large. 5

— Th. transverse, arrondi sur les côtés; El. à interstries rugueusement pointillés. 3,5 V. **punctulata** Mls

5 El. grossièrement treillagées; interstries à peine plus larges que les stries, vaguement ponctués. 3,5—8,5 **Memnonia** Gyll

— El. simplement et assez profondément striées-ponctuées; interstries assez plans à peine 2 fois plus larges que les stries, fortement ponctués en séries; abdomen densément ponctué. **linearis Gyll**

— El. légèrement striées-ponctuées; interstries très plans, 3 fois plus larges que les stries, vaguement pointillés; abdomen lisse peu pointillé. 3,5—5 **nitida Gyll**

6 Yeux subglobuleux, très saillants. 4—5,5 **phlegmatica Herbst**

— » non distinctement saillants. 7

7 Interstries sérialement granulés ou ponctués-granulés; tête ponctuée; rostre très arqué. **violacea L**

— Interstries simplement ponctués; rostre un peu plus épais à la base. 1,5—1,8 **duplicata Germ**

8 Espèce rousse. 3—4,5 **rufa Germ**

— Espèces noires. 9

9 El. à sillons ponctués de points carrés; rostre presque plus court que la tête. **exarata Bris**

— Stries des El. non en sillons, simplement ponctuées; rostre plus long. 10

10 Ecusson enfoncé en devant. 2,5—3,5 **cerasi L**

Le **M. quercicola** Weis confondu longtemps avec le **flavicornis** s'en distingue par les ant. noirâtres à base rousse, la troisième strie reliée en arrière à la huitième et non à la sixième; les stries 4-7 sont libres et abrégées postérieurement.

— Ecusson non déclive occupant la fosse scutellaire. ♂ **flavicornis Gyll**

11 El. noires; ant. insérées près du milieu du rostre, celui-ci médiocrement arqué ♂, fortement ♀, pas plus court que la tête. 12

— El. noires; ant. submédiaires ♂, insérées au 1/3 du rostre ♀; rostre droit, plus court que la tête. 2—3,5 **ruficornis L**

— El. d'un bleu obscur; ant. insérées tout près de la base du rostre; rostre droit plus court que la tête. 3,3—4 **nitidipennis Boh**

12 Massue des ant. ovale, allongée, pas plus longue que 1/3 de l'ant.; rostre visiblement cylindrique. 13

— Massue des ant. subcylindrique, distinctement plus longue que moitié de l'antenne. ♂ **barbicornis Latr.**

13 Rostre mince presque glabre: Th. à angles postérieurs étroits très réfléchis; écusson petit; El. cylindriques. ♀ **flavicornis Gyll**

— Rostre robuste plus distinctement pubescent: Th. à angles postérieurs presque droits à peine réfléchis; écusson grand; El. dilatées par derrière. 3—4 ♀ **barbicornis Latr**

## APIONINI

### APION

Ecusson distinct; funicule de 7 art.; intervalle des yeux assez large; hanches et fémurs séparés par le trochanter

BEDEL: *Rhynchophora P. 199.*— WENCKER: *Monog. des Apionides*

1 Rostre subulé en avant ou cunéiforme. 2

— **Rostre cylindrique, non subulé en avant.** 7

2 El. d'un bleu bien net. 3 **Pomonæ F**

— El. d'un noir pur ou ardoisé; strie suturale atteignant la base des El. 3
3 1er art. du funicule allongé; 1-3 art. tarses roux ♂; base du rostre mate, front non pluristrié. 3 **ochropus** Germ
— 1er art. du funicule ovoïde, globuleux, court; tarses noirs ♂ ♀. 4
4 Antennes rousses, noires vers le sommet ♀; rostre très gibbeux et anguleux en dessous; yeux garnis de cils blancs; front strié. 2,3 **craccæ** L
— Antennes au plus à base rousse; rostre non anguleux en dessous. 5
5 Front bien visiblement pluristrié. 6
— Front à stries peu nettes; rostre assez brusquement subulé, vu de dessus, à base terne, aplatie. **opeticum** Bach
6 Rostre très graduellement rétréci vers le sommet en forme d'alêne, à base longitudinalement aplatie, terne, à points rugueux très serrés. 3 **subulatum** Kir
— Base du rostre convexe en dessus, luisante et presque lisse au milieu, à points plus allongés moins serrés. 3,3 **cerdo** Gers
7 El. à couleurs métalliques et à soies blanches dressées sur les intervalles. 8
— El. à couleurs variables, sans soies dressées. 11
8 Th. transverse. 9
— Th. non transverse. 10
9 Th. gibbeux au milieu, à ponctuation forte, allongée, en losanges, très serrée, confluente. 3,2 **Perrisi** Wenck
— Th. moins gibbeux au milieu, transversalement déprimé à la base, à ponctuation plus fine, confluente longitudinalement; forme plus étroite. 2,5 **rugicolle** Germ
10 Vert bleuâtre; soies des intervalles courtes, dressées. **Wenckeri** Bris
— Dessus couleur de laiton un peu verdâtre; soies des interv. longues, flexibles. 2,5—3,4 **tubiferum** Gyll
11 4e art. des tarses allongé, plus long que les 2 précédents; très petit, à reflets bronzés : El. ovoïdes à intervalles convexes; rostre court, assez fin, courbé. 1 **tamaricis** Gyll
— 4e art. des tarses court, moins long que les 2 précédents. 12
12 Dessus brun; pattes, ant., base et intervalles alt. des El., ferrugineux: El. ovoïdes, renflées en arrière, à stries sulciformes; une lunule de poils fauves à la région scutellaire. **variegatum** Wenck
— Dessus rouge, ou rouge orangé. 13
— Dessus noir ou à teintes métalliques bleues ou violettes. 17
13 Tempes et gorge couvertes de P. forts et serrés comme le vertex. 14
— Tempes et gorge imponctuées, en arrière au moins. 15
14 Rouge un peu brillant; yeux noirs, convexes, très saillants, très éloignés du Th. 3,3—4,5 **miniatum** Germ
— Rouge plus foncé, terne; yeux moins saillants et plus rapprochés du Th.; rostre moins épais, cylindrique. 3—3,3 **cruentatum** Walt
15 Rostre droit, long; forme allongée. 3—3,5 **sanguineum** Deg
— **Rostre plus ou moins fin, courbé.** 16

16 Tête plus large que longue : Th. subtransverse, dessus mat; rostre très fin courbé. 2—2,5 **rubens Steph**

— Tête aussi longue que large; Th. plus allongé, dessus moins mat; rostre plus épais, court, arqué. 2—2,5 **frumentarium L**

17 Pattes en partie testacées. **18**

— Pattes noires (au plus légèrement rougeâtres chez q. q. ♂). **47**

18 El. couvertes de poils subsquameux ou épais. **19**

— El. glabres ou à poils très fins. **23**

19 Pubescence des El. concolore, blanchâtre; ant. plus ou moins testacées. **20**

— Pubescence des El. brune avec des raies ou bandes longitudinales blanches. **22**

20 Ecusson allongé, gibbeux au milieu; ♀ rostre brunâtre, ♂ testacé, au sommet surtout; pattes testacées, q. q. f. sommet des tibias et tarses, noir. 2 **squamigerum du V**

— Ecusson petit, ponctiforme. **21**

21 Rostre très long, droit, fémurs postérieurs presque complètement noirs. 2—2,7 **ulicis Forst**

— Rostre moitié moins long, plus courbé, muni d'une dent à l'insertion des ant. ♂ et ♀; dessus à pubescence squameuse moins serrée; fémurs à peine noirs à la base. 2—2,5 **difficile Herbst**

— Ant. et pattes testacées; extrême base des cuisses et tarses rembrunis; ♂ rostre aussi long que la tête et le Th. denté à l'insertion des ant.; ♀ rostre dépassant le milieu du corps, non denté. 2—2,6 **uliciperda Pand**

22 Ant. rousses : El. brunes avec une bande dorsale oblique et une bordure latérale, blanches. 2,5—3 **fuscirostre F**

— Funicule des ant. noir; El. blanches avec les 4 1^rs^ interst. et 1 bande latérale occupant 3 interst., fauves ou mordorés. **bivittatum Gerst**

23 Insectes à pubescence blanche, bien visible sur les côtés de la poitrine au moins. **24**

— El. glabres ou à pubescence très rare et peu visible. **35**

24 Tibias antér. seuls rougeâtres ; El. à poils squamuliformes ou à pubescence ordinaire; ♂ **flavimanum, elongatum ou leucophæatum.** (V. plus loin chez les espèces à pattes noires).

— Pattes presque complètement testacées. **25**

25 El. rousses ou rougeâtres à pubescence blanchâtre traversée par 2 fascies obliques dénudées. **26**

— El. rousses ou foncées à pubescence uniforme. **29**

26 Rostre, tête et Th. rouges : El. d'un rouge clair. **27**

— Rostre, tête, Th. et base des El. plus ou moins rembrunis. **28**

27 Dessous du corps noir moins le dessous de la tête et du rostre; pubescence de la base des El. fauve. 2 **semirufum Rey**

— Dessous du corps complètement rougeâtre; pubescence des El. blanche. 1,5—2 **rufescens Gyll**

28 Brun plus ou moins foncé; dessus à pubescence blanche; rostre brun foncé. 2,5 **urticarium Hbst**

— Rostre rougeâtre plus clair; pubescence des El. d'un roux fauve; une touffe à la base du 3e interstrie. 2—3 **rufulum** Wenck

29 El. testacées, bordées de noir à la base et sur les côtés; tête et Th. noirs. 2—2,5 **malvæ** F

— El. noires ou métalliques. 30

30 Tibias postérieurs noirs. 31

— Tibias postérieurs testacés. 32

31 Noir, mat; tibias antérieurs testacés. 2—2,4 **viciæ** Payk

— Verdâtre ou bleuâtre métallique; tibias ant. noirs. **flavofemoratum** Herb

32 Rostre noir ♂ et ♀; taille petite, interstries peu plus larges que les stries. 33

— Rostre ♂ rouge au sommet; ant. testacées; intervalles 2 ou 3 fois aussi larges que les stries. 34

33 Ant. et pattes testacées: El. à tache discoïdale dénudée. 1,7—2,2 **semivittatum** Gyll

— Tarses et massue des ant. noirs. 2,5—2,7 **pallipes** Kirb

34 El. métalliques brillantes: Th. noirâtre, terne. 2—3 **rufirostre** F

— El. et Th. d'un noir peu brillant. 3—3,5 **fulvirostre** Gyl

35 Tous les tibias roux. 36

— Tibias postérieurs noirs ou rembrunis au sommet. 38

36 Ant. rousses. 2—2,3 **gracilipes** Dietr

— Ant. à massue au moins noire. 37

37 Scape à base testacée; rostre noir, hanches ant. rousses ♂ noires ♀ 2—2,3 **dichroum** Bed

— Scape testacé; hanches ant. rousses; rostre ♂ à sommet roux. 1,8—2,2 **nigritarse** Kirb

38 Tarses interm. et postér. ♂ dilatés; noir brillant, verdâtre sur les El.; tibias antér. annelés de testacé à la base. 3 **pedale** Mls

— Tarses simples dans les deux sexes. 39

39 Tête convexe, lisse, très brillante; dessus noir à reflets verdâtres; rostre très brillant non ponctué; suivant M. Desbrochers, ce serait une monstruosité de **trifolii**, il n'existe qu'un type unique. 1,8 **Linderi** Wenck

— Tête non convexe, ponctuée ou striée. 40

40 Hanches antér. noires; ant. ♂ anormales; tibias souvent noirs en entier. 2,3—2,6 **difforme** Germ

— Hanches antér. rousses. 41

41 Tibias postérieurs noirs. 42

— Tibias postérieurs à base rousse. 45

42 Ponctuation du Th. rare et comme effacée. 2—2,2 **Schönherri** Bohm

— Ponctuation du Th. allongée, assez fine, longitudinalement confluente. 2 **angusticolle** Gyll

— Ponctuation du Th. assez serrée et bien nette. 43

43 Ant. longues à premiers art. roux. 44

— Ant. plus courtes, à base noire. 1,5 **trifolii** L

44 Ponctuation du Th. rugueuse, serrée; ant. hérissées de longs poils; hanches antér. ♂ épineuses. 2—2,5 **ononicola Bach**

— Ponctuation du Th. non rugueuse, ant. sans longs poils; hanches antér. ♂ mutiques. 2,5—3 **apricans Herb**

45 Th. à ponctuation fine, clair-semée; dessus très luisant; rostre épais. 2,5—2,8 **lævicolle Kirb**

— Th. à ponctuation très serrée. 46

46 Ant. ♂ anormales à scape roux; ♀ ant. noires ; El. ovales, courtes, très convexes. 2—2,5 **dissimile Germ**

— Ant. normales à base rousse ♂ ♀ : El. ovales allongées. **varipes Germ**

47 Rostre plus ou moins arqué, souvent très long. 48

— Rostre droit, court, à peine aussi long que la tête et le Th. ou plus court. 101

48 Ant. insérées à la base ou près de la base du rostre. 49

— » » vers le tiers du rostre, sans le dépasser. 63

— » » près du milieu du rostre, q. q. fois subterminales ♂. 75

49 Corps couvert de squamules blanches denses voilant la couleur des téguments. 2—2,5 **candidum Wenk**

— Corps glabre ou à pubescence plus ou moins forte, ne cachant pas la couleur des téguments. 50

50 1er art. du funicule, globuleux, toujours plus épais que les suivants. 51

— » » » » court, épaissi subitement dès sa base, pas plus large que les suivants. 55

51 Th. bombé, subglobuleux, très arrondi sur les côtés; rostre presque droit. 1,6—2,4 **Hookeri Kirb**

— Th. peu convexe à côtés rarement et peu arrondis. 52

52 Corps en ovale court; strie suturale prolongée jusqu'à la base des El. 53

— Forme oblongue, suballongée. 54

53 Epaules saillantes débordant de beaucoup les côtés du Th. **vicinum Kirb**

— Epaules arrondies peu plus larges que le Th. 1—1,2 **atomarium Kirb**

54 Th. court, densément ponctué, arrondi sur les côtés; ♂ ant. testacées moins la massue, tous les tibias roussâtres à la base et au sommet. 2—2,3 **flavimanum Gyll**

La var. torquatum Wenck est 2 fois plus forte, le bord antér. du Th. est très relevé, la tête est plus large.

— Th. moins transverse, finement chagriné, à ponctuat. grosse, assez serrée; ♂ ant. à base plus claire; pattes noires. **cineraceum Wenck**

— Dessus à pubescence moins longue, moins fournie; rostre court, légèrement courbé, finement chagriné; pattes noires. 1—1,5 **serpyllicola Gem**

55 Rostre à oreillettes dentiformes à l'endroit où s'insèrent les ant. 56

— Rostre sans oreillettes, épaissi ou non à l'insertion du scape. 57

56 Petit, étroit: El. noires à stries grossièrement ponctuées, aussi larges que les intervalles. 2,5 **armatum Gerst**

— Taille plus grande: El. verdâtres ou bleuâtres; intervalles 2 fois plus larges que les stries; Th. à ponctuation plus serrée, plus forte. 2,5—3,3 **carduorum Kirb**

La var. galactitis Wenck est plus pubescente, elle paraît grise, les El. sont rarement bleues souvent verdâtres; la var. meridianum Wenck ne diffère du type que par une taille plus grande, un corps plus convexe, les stries plus fines.

57 Stries des El. très fines à peine tracées : El. glabres, bleuâtres ou noires : Th. presque lisse; front avec une dépression semi-circulaire striée au fond. 2—2,3 **brunnipes** Bohm

— Stries des El. nettes plus ou moins profondes. 58

58 Front avec 2 sillons profonds convergeant à la base. 59

— Front sans sillons profonds, convergents. 61

59 Rostre fortement recourbé, plus long, plus fin, impression frontale plus arrondie en arrière en forme d'U. 2—2,5 **stolidum** Germ

— Rostre presque droit; impression frontale plus aiguë, en forme de V. 60

60 Peu brillant, pubescent; ant. fines : El. noires, rarement à reflets verdâtres. 2—2,3 **confluens** Kirb

— Très brillant; ant. plus massives : El. verdâtres à reflets métalliques. 2,5 **detritum** Mls

61 Front un peu luisant : El. presque glabres, d'un bleu métallique assez luisant. 2,5—3 **onopordi** Kirb

— Front et base du rostre très mats : El. pubescentes. 62

62 El. allongées, peu arrondies latéralement; épaules peu saillantes; tibias antérieurs ♂ armés au sommet d'une lame triangulaire. 3—3,4 **penetrans** Germ

— El. à épaules bien marquées, légèrement arrondies latéralement, à base plus large que celle du Th.; yeux très saillants; tibias ♂ dentés avant le sommet. 3 **scalptum** M-R

63 Th. bombé, à côtés fortement arrondis; ressemble à *Hookeri*; en diffère par les fémurs échancrés au bord inférieur contre le genou, les El. à pubescence plus rare, le rostre en arc. **Brisouti** Bd

— Th. peu convexe à côtés peu ou pas arrondis. 64

64 Front avec un sillon médian gros et profond : El. bronzées ou d'un bleu métallique. 3—3,5 **æneum** F

— Front sans gros sillon isolé. 65

65 Ecusson long et aigu ayant à la base 2 carènes divergentes. 2,5 - 3 **radiolus** Marsh

— Ecusson sans carènes spéciales, uni ou sillonné. 66

66 Dessus glabre, forme ovale. 67

— Dessus pubescent, forme variable. 68

67 Gorge avec une crête transverse en arrière visible de profil sous forme d'épine au-dessous des yeux : El. bleues; corps noir. 2—2,7 **elegantulum** Ger

— Gorge unie; corps entièrement d'une teinte métallique bleue, verte ou dorée. 2,5—2,7 **astragali** Payk

68 Arrière-corps pyriforme, ventru, gibbeux; épaules effacées, stries élytrales profondes. 69

— Dessus ovale, convexe, un peu ovoïde; Th. conique, peu plus large que long, à ponctuation assez forte, peu serrée; yeux non saillants. 2 **rapulum** Wenck

— Corps ovale, peu convexe ou suballongé, ou allongé et étroit. 70

69 Vertex lisse; Th. transversal avec un sillon profond et allongé. 2,5—3,5 **striatum Marsh**

— Vertex à gros P. : Th. carré avec 1 petite fossette antéscut. **immune Kirb**

— Ressemble au précédent; front non strié : El. pas plus larges à la base que le Th.; Th. à fossette ronde antéscutellaire. **Kraatzi Wenk**

— Vertex lisse, front obsolètement striolé : Th. subtransverse, rétréci à la base et au sommet, subanguleux au milieu des côtés, sillonné à la base; dessus noir peu brillant. 2,5—3 **parvithorax Db**

70 Yeux bordés en dessous d'une mèche de soies blanches longues; parties latérales de la poitrine à pubescence blanche très serrée. 1,5 **simile Kirb**

— Yeux q. q. fois entourés de cils blancs, mais dépourvus de longue mèche en dessous. 71

71 Front largement impressionné; rostre ♂ et ♀ de même longueur. **pubescens Kirb**

— Front sans impression profonde; arrière-corps en ogive; dessus noir plombé. 72

72 Th. transversal. 73

— Th. au moins aussi long que large. 74

73 El. à pubescence fine, courte et sans ordre. 1,8—2 **curtulum Db**

— Intervalles avec une série de poils blancs, courts, recourbés, bien visibles de profil, et une série de poils couchés dans les stries. 2 **seriatosetulosum Wenck**

74 Pubescence des El. fine, assez épaisse, sans ordre; ♂ pattes complètement noires. 1,5—2,3 **seniculum Kirb**

— Pubescence des El. subsquameuse, sérialement disposée sur les interv.; ♂ tibias antér. marqués de testacé. **leucophæatum Wenck**

L'elongatum Germ en diffère par la tête moins large, le corps un peu plus convexe, le rostre plus long et l'insertion des ant. qui est plus rapprochée du milieu.

75 Th. globuleux à côtés fortement arrondis, à sillon basal large et profond : El. glabres noires ♂ bleues ♀. 2—2,7 **lævigatum Payk**

— Th. non convexe en dessus à côtés pas ou peu arrondis. 76

76 Th. à ponctuation très fine, écartée. 77

— Th. à ponctuation plus ou moins forte et serrée. 82

77 El. noires. 78

— El. bleues-verdâtres. 79

78 El. et Th. glabres; base du Th. profondément sillonnée. **ebeninum Kir**

— Th. et El. pubescents : El. très déprimées, d'un noir plombé. **tenue Kirb**

79 Front avec 3 fossettes profondes : El. d'un bleu violet. **sulcifrons Herb**

— » ponctué ou avec 3 faibles stries séparées. 80

80 El. glabres à calus huméral bien saillant; rostre mat à la base. 2,7—3 **punctigerum Payk**

— El. pubescentes, mais fort peu. 81

81 El. déprimées vers la base, à interv. étroits, convexes; rostre filiforme, courbé, brillant; scape plus long que 1-2 art. du funicule. 2—2,6 **virens Herb**

— Rostre terne; scape moins long que 1-2 art. du funicule: El. d'un beau bleu; interv. larges, plans. 2 **arrogans** Wenck

82 Dessus entièrement noir. 83

— Dessus noir: El. bleues ou d'un noir-bleuâtre. 89

— Corps noir à reflets bronzés: El. bleues-verdâtres rarement noirâtres. 100

— Corps en entier d'un bronzé obscur à pubescence un peu cotonneuse; intervalles subconvexes: El. élargies postérieurement. 2,3 **æneomicans** Wenck

83 Corps plus ou moins pubescent. 84

— Corps glabre. 88

84 Dessous du rostre à poils fins visibles de profil; sillon du Th. entier; dessus noir. 1,5–2 **ononis** Kirb

— Dessous du rostre sans pubescence (sauf en avant chez certains ♂. 85

85 Front plus étroit que la base du rostre. 86

— Front au moins aussi large que la base du rostre. 87

86 Tête plus longue que large; yeux ovales. 2,7—3 **Gyllenhali** Kirb

— Tête plus large que longue; yeux arrondis. 2—2,5 **unicolor** Kirb

87 Ant. testacées ♂, rembrunies au sommet ♀; noir mat. 2 **ervi** Kirb

— Ant. noires à base extrême q. q. fois testacée. 2,3 **hydropicum** Wenk

88 Interstries en carènes étroites; stries très larges: Th. à ponctuation forte, très serrée. 1,5—2,3 **minimum** Herbst

— Intervalles subconvexes: Th. à ponctuation fine, peu profonde, médiocrement serrée. 1,5–2,2 **filirostre** Kirb

89 Corps glabre. 90

— Corps plus ou moins pubescent. 92

90 Th. transverse fortement ponctué: El. gibbeuses, à stries caténées et intervalles costiformes. 2—2,5 **pisi** F

— Th. au moins aussi long que large. 91

91 Th. à ponctuation bien nette et serrée. 2 **æthiops** Hbst

— Th. cylindrique, étroit, à ponctuation obsolète. 2,5 **gracilicolle** Gyll

92 Front plus étroit entre les yeux que la base du rostre. 93

— Front aussi large que le rostre. 94

93 Front bisillonné, tempes bombées, étranglées près des yeux; vertex, Th. et fémurs à teinte métallique. 2,8—3 **columbinum** Germ

— Front 3-strié; tempes normales: El. bleues; vertex, Th. et fémurs, noirs. 2—2,5 **Spencei** Kirb

94 Yeux bordés en dessous d'une mèche de soies blanches assez longues. 95

— Yeux sans mèche de soies blanches détachée en dessous. 97

95 1er art. tarses plus long que le 2e; ant. ♂ testacées, rembrunies au sommet, ♀ à 2 ou 3 premiers art. roux. 2 - 3 **vorax** Herb

Prés du **vorax** se placerait l'A. **provinciale** Db (3,6) dont la ♀ a les ant. couleur de poix, à art. obconiques; rostre long, presque droit, brillant: Th. subtransverse plus fortement ponctué, sillonné; intervalles des El. plans.

L'A. **simplicipes** Db (2,5) diffère du **vorax**, par le rostre brillant à peine ponctué, les tibias antérieurs ♂ simples, droits, le 1er art. des tarses à peine égal au suivant.

— 1er art. des tarses peu plus long que le deuxième. **96**

96 Ant. noires: El. d'un noir un peu bleuâtre. 2—2,3 **compactum Db**

— Ant. à scape et 1er art. du funicule testacés; El. bleues. **pavidum Germ**

97 Ecusson en carré allongé; dessus terne, pubescent, d'un noir bleuâtre. 2,5—3 **scutellare Kirb**

— Ecusson ponctiforme ou triangulaire. **98**

98 Th. transversalement convexe, étranglé au bord antérieur; El. noires à reflets ardoisés. 3—3,3 **cyanescens Gyll**

— Th. non convexe à côtés presque droits. **99**

99 Rostre cylindrique très brillant, non ponctué: El. plombées; intervalles convexes. 2—2,5 **loti Kirb**

— Rostre assez brillant, ponctué: El. assez brillantes d'un bleu d'acier; intervalles plans. 2—3,3 **meliloti Kirb**

— Rostre épais peu brillant, à ponctuation plus forte, plus serrée à la base: El. bleues ou à reflets verdâtres; intervalles plans; Th. à ponctuation assez forte. 2,9—3,2 **alcyoneum Germ**

— Rostre assez brillant, ponctué: El. convexes, ovoïdes, noires à reflets bronzés; intervalles larges et plans: Th. à ponctuation fine, serrée. 2,5 **filicorne Wenck**

100 Dessus entièrement d'un bronzé verdâtre; vertex séparé du front par une dépression transv.: Th. à ponctuation assez fine et serrée; interstries plans. 2—2,3 **juniperi Bohm**

La var. decorum Wenck est plus allongée, la couleur est plus claire et plus métallique, la ponctuation plus grosse, le rostre plus long, courbé, plus visiblement ponctué.

— Noir terne à légers reflets bronzés: El. verdâtres ou bleues, occiput lisse; intervalles subconvexes: Th. à ponctuation assez forte. 2,2—3 **reflexum Gyll**

— Tête à reflets bronzés sombres ainsi que le Th. dont la ponctuation est très serrée: El. bleues, ternes, à interv. plans; front et vertex à ponctuation très serrée. 2 **Waltoni Steph**

101 Ecusson en carré long. **102**

— » court, ponctiforme. **103**

102 Pubescence formant une bande jaune sur le côté des El. et le long de la poitrine; intervalles étroits, subconvexes. **Lemoroi Bris**

— Pubescence des El. uniforme; interv. larges, plans. **curtirostre Germ**

103 Corps bronzé ou d'un cuivreux rougeâtre ou verdâtre. **104**

— Corps noir rarement à légers reflets bronzés. **108**

104 El. d'un rouge ou vert cuivreux. **105**

— El. d'un bronzé plus ou moins obscur, noires chez une espèce. **(sedi)** **106**

105 Un bourrelet à la base des El. entre l'écusson et la 4e strie; dessus à teinte métallique pourprée. 3,5 **limonii Kirb**

— Base des El. sans rebord; dessus cuivreux ou pourpré. **Chevrolati Gyl**

106 Base des El. pas plus large que celle du Th.; épaules nulles; arrière-corps fusiforme; couleur peu métallique. **aciculare Germ**

— Base des El. plus large que celle du Th. 107

107 Dessus noir luisant, glabre; rostre épais, subcylindrique; Th. à côtés arrondis en avant, à ponctuation forte, espacée sur le disque. 1,7—2,5 **sedi** Germ

— Noir à reflets bronzés, pubescent; rostre court: Th. subtransverse, à ponctuation très serrée; pattes légèrement bronzées. 1,5—2,5 **brevirostre** Herb

— Dessus bronzé à reflets verdâtres, à pubescence peu serrée: Th. allongé à disque convexe, brillant, à points profonds, distincts; rostre rétréci en avant, assez long. 2 **helianthemi** Bed

108 El. bleues ou verdâtres, ou violettes, rarement noires. 109

— El. noires pubescentes, rétrécies derrière les épaules; tempes plus longues que les yeux: Th. allongé. 2,3 **simum** Germ

109 El. courtes, convexes. 110

— El. ovales-oblongues, déprimées en avant. 111

110 Tempes et gorge aussi fortement ponctuées que le vertex: Th. à points allongés, très serrés. 2—2,5 **affine** Kirb

— Tempes et gorge presque sans points; Th. à points ronds, médiocrement serrés, à côtés rectilignes. 2—2,5 **aterrimum** L

— Th. à côtés arrondis après le milieu, étranglé en avant, chagriné, à points forts, peu profonds. 2—2,3 **semicyaneum** Mls

111 Front ponctué presque luisant; rostre plus long que la tête: Th. à ponctuation assez forte, assez serrée. 2,3—3,5 **violaceum** Kirb

— Front mat; rostre ♂ plus court que la tête: Th. à ponctuation plus fine, plus serrée, à sillon médian q. q. fois prolongé jusqu'au sommet. 2,5—3,5 **hydrolapathi** Kirb

# RHYNCHITINA

## RHYNCHITES

Ongles libres; épimères mésothoraciques atteignant presque les hanches intermédiaires

(Bedel : *Faune des Coléop. de la Seine*)

1 Premier segment ventral lobé à sa base entre le milieu et le bord externe. **(Rhinomacer)** 2

— Premier segment ventral régulièrement courbé du milieu au bord externe. 3

2 Dessus et dessous à coloration variée, mais de même teinte; El. finement pubescentes au sommet. 5—7 **betulæ** L

— El. glabres au sommet; dessus vert ou doré, dessous bleu sombre; (dessus bronzé-cuivreux à rostre bronzé presque jusqu'au sommet. *V. fulgidus Fourc*). 4—5 **populi** L

3 Bord externe des El. en gouttière étroite; tête séparée du vertex par un sillon transverse. **(Deporaus)** 4

— Bord externe des El. coupant; tête sans sillon transverse, bien marqué. 5

4 Dessus complètement noir. 3—4,5 **betulæ** L

— El. bleuâtres ou verdâtres. 3—4 **Mannerheimi** Hum

5 El. rouges, rouges testacées ou rouges fauves. 6
— El. noires. **æthiops Bach**
— El. pourprées, cuivreuses ou verdâtres. 9
— El. bleues. 13
6 Dessus roux concolore. 7
— Tête et Th. d'une autre couleur que celle des El. 8
7 Allongé, pubescence très longue; ant., tarses et souvent le sommet des El. en partie rembrunis: Th. à ponctuation fine, très écartée. **præustus Boh**
— Th. à ponctuation forte et serrée; pubescence fine et presque entièrement couchée; dessus roux mat. **ruber Fairm**
8 Tête d'un bleu d'acier: Th. et El. d'un rouge-fauve. **cœruleocephalus Hbst**
— El. d'un rouge laque à suture souvent rembrunie; tête et Th. bronzés. **purpureus L**
9 Interstries lisses ou tout au plus avec une seule série de points peu visibles. 10
— Intervalles à 2 rangées de points au moins. 11
10 Une striole scutellaire; interstries à points peu visibles, plus étroits que les stries formées de gros points carrés; bronzé; (dessus à couleur bronzée-bleuâtre *V. fragariæ Gyll*). **æneovirens Marsh**
— Pas de striole scutellaire; intervalles à une seule rangée de points bien visibles. **cupreus L**
11 Carène de la base du rostre noire; Th. ♂ épineux. **Bacchus L**
— » » » cuivreuse. 12
12 Stries bien distinctes; pubescence plus épaisse, moins relevée: Th. ♂ inerme. **giganteus Kryn**
— Stries confondues avec la pontuation des intervalles; pubescence moins épaisse, plus relevée: Th. ♂ épineux. **auratus Scop**
13 Tête et Th. noirs. 14
— Tête et Th. bleus. 15
14 Th. convexe, subsillonné; 9e strie reliée à la 10e bien avant le sommet. **Abeillei Db**
— Th. sillonné, à ponctuation vermiculaire; 9e et 10e stries parallèles, entre elles une strie supplémentaire à la base. **tristis F**
15 El. densément ponctuées sur les interv. qui sont larges; rostre unicaréné. 4—5 **parellinus Gyll**
— Interv. lisses ou unisérialement ponctués, bisérialement au plus. 16
16 El. courtes 1 fois 1/2 aussi longues que larges. 17
— El. au moins 2 fois aussi longues que larges. 20
17 Pas de striole scutellaire. **cœruleus Deg**
— Une striole scutellaire. 18
18 9e strie aussi longuement prolongée que la 10e. **germanicus Hbst**
— « » reliée à la 10e bien avant le sommet. 19
19 Intervalles unisérialement ponctués, presque de la même largeur que les stries, au milieu des El.; tête non rétrécie en arrière. **interpunctatus Steph**

— Intervalles à ponctuat. obsolète, plus étroits que les stries; tempes bombées, front à légère impression transverse. **pauxillus Germ**

20 Front glabre; pubescence des El. peu visible. 21

— Front et El. pubescents. 22

21 Brillant; ant. insérées dans une fossette qui n'atteint pas la base du rostre. **nanus Payk**

— Mat; fossette antennaire atteignant la base du rostre. **tomentosus Gyl**

22 Rostre bicaréné à la base; intervalles pluriponctués. **sericeus Herbst**

— » unicaréné à la base; intervalles uni ou biponctués. 23

23 Th. à ponctuation grosse, écartée; stries bien marquées; la 9e rejoignant la 10e au 1/3 de l'El.; rostre caréné à la base seulement; tête plus allongée, moins large. **olivaceus Gyll**

— Th. à ponctuation plus fine; stries obsolètes postérieurement; la 9e parallèle à la 10e; rostre caréné dans toute sa longueur; tête large, transverse. **pubescens F**

### ATTELABUS

Tête rattachée au Th. par un pédoncule; épimères métathoraciques découverts, longs et pubescents

1 El. ternes à séries ponctuées confuses; 4e intervalle renfermant 2 séries accessoires: El. rouges; fémurs et Th. en grande partie noirs: (El. rouges, fémurs et Th. en grande partie rouges *V. collaris Scop*; fémurs et Th. noirs *V. morio Bon*). 6—7 **coryli L**

— El. vernissées, brillantes, à séries ponctuées régulièrement; pattes noires. **erythropterus Gmel**

### CYPHUS

Tête sans pédoncule; épimères métathoraciques recouverts par l'El., rudimentaires et glabres

Corps noir: Th. et El. d'un rouge fauve; fémurs antérieurs q. q. fois tachés de rouge; (base du Th. bordée de noir *V. atricornis Mls*). 4—6 **nitens Scop**

## NEMONYCHIDÆ

### NEMONYX

Ongles appendiculés; rostre inégal caréné en avant; épipleures nuls

Noir-luisant à pubescence grise: Th. oblong: El. atténuées derrière les épaules. 5—5,5 **lepturoides F**

### CIMBERIS (Rhinomacer)

Epipleures nuls; ongles simples; rostre médiocre, aplati, élargi du bout

Noir à pubescence d'un gris-jaune; ant. et pattes rousses: El. densément ponctuées; rostre élargi au sommet. 4—5 **attelaboides F**

### DIODYRRHYNCHUS

Epipleures en gouttière étroite; rostre long et grêle

Brun plus ou moins foncé, subcylindrique, finement pubescent; rostre long, grêle: Th. court: El. densément ponctuées. **austriacus Ol**

# ANTHRIBIDÆ

## URODON

3ᵉ art. du tarse dégagé du 2ᵉ: El. sans stries dorsales; Th. sans carène transversale à la base

1 Pubescence du dessus du corps plus fournie vers les angles postérieurs du Th. et le long de la suture. 3 **suturalis F**

— Pubescence à peu près égale et uniforme. 2

2 Pubescence courte, ne cachant pas la couleur des téguments; stries marginale et suturale visibles. 3

— Pubescence cachant la couleur des téguments. 5

3 Milieu de la base du Th. étroit, avancé en pointe sur les El. **parallelus Küst**

— Milieu de la base du Th. tronqué ou largement arrondi. 4

4 Pubescence des El. courte, non piliforme. 2,5 **conformis Duff**

— Pubescence des El. piliforme. **canus Küst**

5 Fémurs antérieurs testacés. **rufipes Ol**

— Fémurs » noirs. 6

6 Dessus jaunâtre, suture moins foncée. **flavescens Küst**

— Dessus gris cendré ou blanchâtre uniforme. 1,5 **pygmæus Gyll**

## AULETES

El. ponctuées sans ordre avec une strie suturale seulement; ongles sans appendices

Noir brillant à pubescence fine; pattes rougeâtres: El. ponctuées sans ordre avec une strie suturale; ant. insérées à la base du rostre. **tubicen Bohm**

## AULETOBIUS

El. ponctuées sans ordre; ongles appendiculés.

1 Dessus à pubescence fine: Th. arrondi, saillant avant la base, à ponctuation assez grosse; ant. et pattes noires. 3 **politus Ser**

— Pubescence longue: Th. à ponctuation fine à côtés régulièrement arrondis. **pubescens Ksw**

## ENEDREUTES

Pénult. art. ant. plus long que large

1 Carène basale du Th. droite plus rapprochée de la base; dessus roussâtre. 2,5—3,5 **hilaris Fhrs**

— Carène basale du Th. anguleuse au milieu et sur les côtés; dessus noirâtre. **oxyacanthæ Bris**

## TROPIDERES

Pénult. art. ant. transversal

(DES GOZIS: *Feuille des jeunes naturalistes.* —BEDEL: *Rhynchophora*)

1 Th. avec 2 fascicules de poils dressés au milieu du disque. **sepicola F**

— » sans fascicules de poils sur le disque. 2

2 Yeux très rapprochés; dessus noir varié de blanc: Th. bifovéolé. 3
— Th. sans impressions sur le disque. 4
3 Dessus noir à suture blanche au sommet émettant de chaque côté 3 taches, la médiane la plus petite; ant. n'atteignant pas la base du Th. 4—6 **albirostris Herbst**
— El. noires à grande tache blanche commune derrière l'écusson; ant. atteignant la base du Th. 5—7 **dorsalis Thunb**
4 El. à tache pubescente blanche au sommet. 4—5 **niveirostris F**
— El. sans tache pubescente blanche au sommet. 5
5 Carène basale du Th. rectiligne. 6
— » » » » biarquée. 8
6 Ant. et pattes noires; dessus noir à taches de pubescence grise; carène du Th. un peu plus éloignée de la base; rostre rétréci au milieu, plus étroit que la tête. 2—3 **undulatus Panz**
— Antennes et pattes noirâtres ou flaves; carène du Th. touchant presque la base. 7
7 Ant. et pattes noirâtres; interv. à surface râpeuse; rostre rétréci au milieu, à peine plus étroit que la tête. 2—3 **pudens Gyll**
— Ant. brunes, pattes rougeâtres; pourtour du Th. et bande discale longitudinale aux El. d'un fauve-rosé; rostre non rétréci au milieu. 2,5—3,5 **curtirostris Mls**
8 Brun de poix; pubescence des El. uniforme, ant. courtes. **inornatus Bach**
— Brun: El. à pubescence d'un brun rougeâtre variée de taches formées de pubescence blanchâtre. 2,5 **marchicus Hbst**

## CHORAGUS

Ant. insérées sur la face supérieure du rostre; point d'insertion visible en dessus

1 Dessus d'un noir brillant: El. glabres. 1 piceus Schaum
— » noir mat. 2
2 Espace interoculaire moins large que le rostre au niveau des ant.; angles postérieurs du Th. plus saillants: El. à points plus forts et plus serrés. 2,5 **Grenieri Bris**
— Espace interoculaire plus large que le rostre au niveau des ant.; pubescence des El. fine, couchée, visible. 1,5 **Scheppardi Kirb**

## ANTHRIBUS (Brachytarsus)

Carène transverse du Th. située sur la base même; rostre subtrapézoïdal; hanches anter. contiguës

1 El. à fond rougeâtre; interv. alternes plus élevés, à pubescence alternativement noire veloutée et rosée. 2
— El. à fond noir; intervalles plans ou à peine relevés. 3
2 Ant. et pattes noires. **fasciatus Forst**
— » » » rougeâtres. **tessellatus Bohm**
3 Yeux saillants, libres en devant et extérieurement, espace interoculaire plus large que le bord antér. du rostre. **variegatus Fourc**
— Yeux aplatis, recouverts en devant par la partie latérale du rostre; diamètre interocul. moins large que le bord antérieur du rostre. **fallax Perr**

### PLATYSTOMUS

Rostre subélargi et fortement bilobé en avant; yeux subréniformes; hanches antérieures séparées

Brun fauve; front, bord antér. du Th., un petit espace au milieu des El. et tiers postérieur de celles-ci, à pubescence blanchâtre. 7—9 **albinus L**

### PLATYRRHINUS

Th. avec une double saillie vers le milieu du bord latéral; carène transversale interrompue

Noirâtre avec la plus grande partie du rostre et la tête, q. q. taches aux épaules, le sommet des El. et le pygidium, à pubescence flave blanchâtre; 3e et 5e interstries costiformes. 9—12 **resinosus Scop**

## MYLABRIDÆ

### MYLABRIS (Bruchus)

Yeux saillants, tête plus ou moins rétrécie derrière les yeux; tibias postérieurs terminés par une courte épine simple ou bifide, mais immobile

Dr Jacquet: *Rhynchophores—Revue d'entomol. Tom. VII; tableau des Bruchides*—Mulsant et Rey: *Etudes sur les Bruchus*)

1 Th. transverse à bords latéraux dentés, q. q. fois mutiques mais alors cuisses postérieures dentées ou ant. plus courtes que moitié du corps. 2

— Th. plus ou moins conique, ni denté, ni échancré, q. q. fois subtransverse, mais alors cuisses postérieures mutiques ou ant. plus longues que la moitié du corps. 17

2 Th. non épineux latéralement. 3

— Th. denté plus ou moins fortement sur les côtés. 4

3 Th. très transverse; fémurs postér. faiblement dentés. **laticollis Bohm**

— Th. moins transverse à côtés arrondis-rétrécis de la base au sommet; dent fémorale postérieure grosse. **loti Payk**

4 Th. médiocrement transverse, 1 fois 1/2 plus large que long, antérieurement atténué-arrondi, à côtés rétrécis de la base au milieu. 5

— Th. 2 fois plus large que long, à côtés subparallèles de la base au milieu et très arrondis antérieurement. 9

5 Toutes les pattes noires; épine du Th. placée avant le milieu. **viciæ Ol**

— Pattes antérieures au moins, tachées de testacé. 6

6 Epine du Th. placée avant le milieu. **affinis Frôhl**

— Epine du Th. placée au milieu. 7

7 Pattes intermédiaires noires; dent du Th. petite. **atomaria L**

— » » plus ou moins testacées. 8

8 Base du Th. presque égale à sa longueur. **tessellata Muls**

— Base du Th. 2 fois plus grande que sa longueur; dent médiane forte. **rufimana Bohm**

9 Dent du Th. très saillante, aiguë; taille grande. **pisorum L**

— Dent du Th. peu saillante: taille moins grande. 10

10 Pattes intermédiaires noires, les antér. seules testacées. **brachialis** Fåhr

— Pattes antérieures et intermédiaires plus ou moins testacées. 11

11 Pattes antér. et intermédiaires complètement testacées ♂. **Brisouti** Kr

— Pattes intermédiaires plus ou moins tachées de testacé. 12

12 Tarses des pattes intermédiaires seuls testacés. **ulicis** Mls

— Extrémité des tibias et base seule de leurs tarses, testacées. **tristicula** Fåhr

— Moitié postérieure des tibias et tarses complètement testacés. **pallidicornis** Bohm

— Fémurs intermédiaires noirs, à genoux seuls testacés. **lentis** Bohm

— Fémurs intermédiaires en grande partie noirs. **Perezi** Kr

— Pattes antérieures ou tout au moins pattes intermédiaires plus ou moins noires à la base. 13

13 Pubescence des El. uniforme; cuisses intermédiaires largement noires à la base. **tristis** Bohm

— Pubescence des El. formant des taches et des dessins; les 4 cuisses antérieures brièvement noires à la base. 14

14 Dent du Th. bien nette. 15

— Dent » peu nette; pygidium sans taches. 16

15 Ant. à cinq premiers art. testacés; pygidium largement bimaculé. **rufipes** Hbst

— Ant. ♂ testacées (tibias intermédiaires biépineux); ♀ 6 derniers art. ant. noirs; pygidium immaculé. **luteicornis** Ill

16 Derniers art. des ant. noirs; taille de 3—3,5. **sertata** Ill

— » » » testacés ou rougeâtres; taille de 2m. **griseomaculata** Gyl

17 Fémurs postérieurs dentés. 18

— Fémurs » inermes. 29

18 Fémurs postérieurs canaliculés en dessous; Th. avec 2 callosités blanches au milieu de la base. **Chinensis** L

— Fémurs postérieurs non canaliculés, ou ils le sont seulement vers l'extrémité. 19

19 4e interstrie avec une saillie à la base. 20

— » » sans saillie à la base. 21

20 Base des ant. ferrugineuse en dessous; oblong, déprimé, à pubescence grise. **canina** Germ

— Ant. noires; ovale, convexe, à pubescence olivâtre. **olivacea** Germ

21 Ant. ♂ plus grandes que le corps, ♀ dépassant la moitié du corps; fémurs postérieurs comprimés et arqués, atteignant ou dépassant le pygidium. 22

— Ant. rarement plus longues que moitié du corps; fémurs postér. non arqués n'atteignant pas le pygidium. 23

22 1er art. tarses postérieurs plus grand que moitié du tibia; dessus brun-rougeâtre: El. à deux fascies transverses; pattes testacées; fémurs postérieurs un peu obscurcis. **V. jocosa** Gyl

— 1er art. tarses postérieurs plus petit que moitié du tibia : El. à taches ponctiformes. **5-guttata Ol**

Taille plus petite : El. ornées de 2 fascies réunies ; pygidium noir avec 3 taches blanches réunies à la base. V. **meleagrina Gen**

23 Pattes noires. 24

— Pattes plus ou moins testacées. 25

24 Antennes noires à base testacée. 3—3,7 **obscuripes Gyl**

— Antennes noires (q. q. fois le 2e art. est ferrugineux par transparence). 2 **misella Bohm**

25 Pygidium et derniers arceaux du ventre, roux. **irresecta Fâhr**

— Pygidium de la couleur du corps. 26

26 Ovale, court : Th. triangulaire conique, presque plus court que moitié de la base. **velaris Fahr**

— Ovale, allongé : Th. un peu moins long que large à la base. 27

27 Ant. courtes, testacées, ainsi que les 4 pattes antér. ; les postérieures noires. **gilva Gyll**

— Ant. à base testacée et pattes antérieures largement noires à la base ; ou ant. testacées et toutes les pattes plus ou moins testacées. 28

28 Ant. dépassant à peine la base du Th. ; El. à pubescence d'un gris uniforme ou d'un gris-fauve à taches plus claires. **seminaria L**

— Ant. dépassant sensiblement la base du Th. : El. d'un gris-obscur noirâtre avec q. q. linéoles blanches. **pusilla Germ**

29 4e interstrie avec une saillie à la base. 30

— » » sans saillie à la base. 36

30 Pubescence des El. égale. 31

— » » » inégale ; dessus noir avec côtés, milieu de la base du Th. et une grande tache commune aux El. bifide à l'extrémité, couverts de duvet gris. **marginalis F**

31 Ant. à base testacée ; corps étroit. **cinerascens Gyl**

— » et pattes noires. 32

32 Th. canaliculé dans toute sa longueur. **Steveni Gyll**

— Th. » à la base seulement ou au milieu. 33

33 Th. plus large que long : El. d'un noir brillant. **nuda All**

— Th. à peu près aussi long que large : El. d'un noir mat ou tachées de rougeâtre. 34

34 Th. moins long que large à la base ; sommet des 7, 8, 9e interv. taché de rouge. **biguttata Ol**

— Th. à peine aussi long que large : El. noires. 35

35 Pubescence assez dense ; insecte gris. **cisti F**

— Pubescence peu dense ; insecte noir. **debilis Gyll**

36 Th. fortement conique, à côtés à peine arrondis, et presque plus court que moitié de sa largeur à la base ; corps court, ovale ; ant. dépassant à peine la base du Th. 37

— Corps ovale ou ovale oblong ; ant. atteignant au moins la moitié de la longueur du corps ; Th. à sommet plus large ou aussi large que moitié de la base. 38

**37 Pattes antér. noires, obscurémt testacées ; pubescence uniforme. villosa F**

— Pattes antérieures largement testacées; pubescence **obscure** variée de taches plus claires. **Mulsanti** Bris
38 Toutes les pattes noires. 39
— Pattes testacées, les antérieures au moins. 43
39 Front caréné. 2,5—3 **nana** Germ
— Front non caréné. 40
40 Ant. noires. **pauper** Bohm
— Base des ant. testacée ou tout au moins art. 2,3 ferrugineux. 41
41 Th. subtransverse à côtés à peine obliques à leur base, arrondis antérieurement, dilatés; corps noir. **foveolata** Gyll
— Th. plus ou moins régulièrement conique, côtés à peine arrondis; espèces petites, noires, à pubescence fine et grise. 42
42 Th. fovéolé au milieu de la base. **anxia** Fahr
— Th. non fovéolé au milieu de la base, à rugosités très serrées. **pygmæa** Boh
43 El. à places noires dénudées sur le bord externe. 44
— El. à pubescence uniforme sans places dénudées. 45
44 Base des ant. testacée, pattes postér. noires. **bimaculata** Ol
— Ant. testacées à la base et au sommet; pattes toutes plus ou moins testacées. **dispar** Germ
45 Th. subtransverse à côtés fortement arrondis, brusquement atténués vers le sommet, **murina** Bohm
— Th. carré ou conique à bords faiblement sinués ou arrondis, plus ou moins atténués de la base au sommet. 46
46 Toutes les cuisses plus ou moins testacées. 47
— Cuisses postérieures au moins noires. 48
47 Fond gris ou brun à petites taches linéaires blanches; pattes postérieures à base largement noire; épaules marquées. **varia** Ol
— Fond blanc jaunâtre presque uniforme; cuisses postér. à peine rembrunies à la base; épaules effacées. **imbricornis** Panz
48 Ant. testacées. **tibialis** Bohm
— Base des ant. testacée. 49
49 El. non dilatées après le milieu; tibias interméd. testacés. **tibiella** Gyll
— El. dilatées après le milieu; pattes intermédiaires noires ou à tarses seuls testacés. **antennalis** Gyll

### SPERMOPHAGUS

Un cou distinct; tibias postérieurs armés de 2 épines mobiles

1 Epine des tibias postérieurs noire. **cardui** Stev
— » » » » testacée. **variolosopunctatus** Gyll

## BRENTIDÆ

### AMORPHOCEPHALUS

Brun brillant, allongé, glabre; rostre cylindrique, ant. robustes, tête très irrégulière, fortement creusée au milieu: Th. pointillé à base plus fortement ponctuée: El. fortement striées-ponctuées. **coronatus** Germ

# SCOLYTIDÆ

(Eichhoff: *Xyloph. d'Europe, traduction Dubois*)
(Bedel : *Faune des Coléoptères de la Seine*)

## HYLASTES

Funicule de 7 art.; base des El. à rebord non ou à peine élevé

1 El. arrondies séparément à la base vers l'écusson. 2

— El. à base tronquée, droite. 3

2 Th. à ponctuation bien nette sur le disque : El. tuberculeuses au sommet seulement et obsolètement; rostre à impression anguleuse à base. 4,5—5 **glabratus Zett**

— Th. à ponctuation serrée; intervalles des El. tuberculeux; rostre sans trait distinct. 3 **palliatus Gyll**

— Th. coriacé-ridé; tibias postérieurs à 2 dents externes avant le sommet; épisternes métathoraciques à squamules blanches. 2,5 **trifolii Müll**

3 Th. à ponctuation allongée et hérissé de soies courtes. **linearis Er**

— » » » ronde. 4

4 Une courte carène avant le sommet du rostre : El. glabres ou garnies postérieurement de poils très courts. 5

— Rostre sans carène; intervalles des El. à poils couchés ou redressés. 6

5 Th. plus long que large à côtés non arrondis; museau de la largeur de l'intervalle des yeux. 4 **ater Payk**

— Museau visiblement plus large que l'intervalle des yeux : Th. à peine plus long que large à côtés arrondis. 4 –4,5 **cunicularius Er**

6 Intervalles des El. avec une seule série de soies. 2,5 **attenuatus Er**

— El. (au moins sur q. q. intervalles) avec une double série de soies. 7

7 Assez brillant : Th. à côtés presque parallèles en arrière; rostre q. q. fois sillonné à la base. 3 **angustatus Herbst**

— Mat; rostre sans sillon; côtés du Th. arrondis. 2,5 **opacus Er**

## HYLESINUS

Yeux ovales; funicule de 7 art.; troisième art. tarses, large, cordiforme

1 Base du Th. angulée vers l'écusson. 2

— Base du Th. tronquée. 3

2 Noir, presque glabre; intervalles à aspérités nombreuses. **crenatus F**

— Densément couvert de poils jaunes concentrés à la suture : Th. ruguleux, sans ponctuation distincte en arrière. 2,5 **oleiperda F**

3 Dessus densément couvert de poils fins soyeux, couchés et de soies dressées assez longues. 2–3 **vestitus Mls**

— Dessus couvert de squamules. 4

4 Taille plus grande; stries des El. fines à points peu visibles de dessus : El. sombres à squamules grises bigarrées de brun. 3—3,3 **flaxini Panz**

— Taille plus petite; stries des El. profondes, points bien visibles de dessus : El. à coloration plus variée. 5

5 2e intervalle rétréci vers le sommet et ne l'atteignant pas, El. variées de jaune, de noir et de blanc. 2 **Kraatzi** Eich

— 2e intervalle allant jusqu'au sommet sans rétrécissement; à peu près même variété de couleur, avec une bande oblique blanche allant de l'épaule au milieu de la suture. 2,5 **vittatus** F

### HYLURGUS

3e art. tarses cordiforme; massue des ant. sphérique; corps très densément ponctué et longuement velu

Cylindrique; brun peu brillant, couvert de poils, surtout longs sur les côtés: Th. à ligne médiane lisse; El. striées; tibias antér. à cinq dents. 4—5 **ligniperda** F

### MYELOPHILUS (Blastophagus)

3e art. tarses bilobé; massue oviforme, oblongue; dessus du corps éparsement ponctué, médiocrement velu

1 2e interstrie enfoncé à la déclivité postérieure et sans tubercules. 4—4,5 **piniperda** L

— 2e interstrie non enfoncé et tuberculeux à la déclivité postérieure. 4 **minor** Hart

### KISSOPHAGUS

3e art. tarses cordiforme; funicule de 6 art.

Cylindrique, brun, à pubescence jaunâtre, relevée: El. striées-ponctuées, arrondies séparément à l'écusson. 2—2,5 **hederæ** Schm

### DENDROCTONUS

1er art. tarses le plus long, le 3e large, bilobé; bord antérieur du Th. échancré au milieu; corps longuement velu

Brun, hérissé de longs poils: El. striées-ponctuées, arrondies séparément à la base: Th. échancré au milieu du sommet. **micans** Kug

### PHLŒOSINUS

Yeux échancrés en avant; funicule de 5 art.; tarses filiformes à 3e art. simple

1 Intervalles à granulations râpeuses; 3e intervalle caréné, denté en scie, n'atteignant pas le sommet des El. 2,5—3 **bicolor** Brull

— Intervalles finement granulés; 3e intervalle caréné, denté, atteignant le sommet des El. 2—2,5 **thuyæ** Perr.

### CARPHOBORUS

Yeux réniformes; 1er art. tarses le plus court; insectes très petits, à peine velus

1 1er et 3e intervalles carénés sur la déclivé postérieure. 1,5 **minimus** F

— Intervalles 1, 3, 5, 7 » » » et tuberculés. 1,8 **pini** Eich

### PHLŒOPHTHORUS

Massue des ant. de 3 art. faiblement dilatés intérieurement; abdomen non élevé, horizontal

1 El. ponctuées-striées, intervalles peu élevés. 1,8 **spartii** Nord

— El. profondément striées crénelées, intervalles très étroits, carénés. 2 **rhododactylus Marsh**

## PHLŒOTRIBUS

Massue des ant. de 3 art. prolongés en lamelles; abdomen convexe, élevé vers l'anus

Ovalaire, convexe, brun : Th. biarqué à la base, villeux, à aspérités râpeuses : El. finement striées, pubescentes à la base, squamulées au sommet, dénudées transversalement au milieu. 2—2,3 **scarabæoides Bern**

## POLYGRAPHUS

Yeux divisés en deux parties; massue plus longue que le funicule; 3e art. tarses simple

Allongé, subparallèle, yeux divisés : El. obsolètement striées, à squamules grises, mélangées de poils courts redressés. **polygraphus L**

## SCOLYTUS

Abdomen obliquement tronqué depuis le 2e segment; tibias entiers au bord externe, munis d'un crochet terminal : El. à peine tectiformes au sommet

1 El. à stries et intervalles bien nets. 2

— El. à stries et séries ponctuées des intervalles semblables ou confondues. 3

2 Front densément velu; 3e et 4e segments ventraux tuberculeux au milieu ♂ et ♀. 4—6 **scolytus F**

— Front légèrement velu, glabre au milieu; interstries finement ponctués; 4e segment ventral tuberculé; El. sans impression transversale externe. 4 **lævis Chap**

— Front glabre, caréné; 3e segment ventral ♂ tuberculé, tous inermes ♀; une dépression externe avant le milieu des El. **Ratzeburgi Jans**

3 2e segment abdominal à tubercule horizontal assez long. 4

— 2e segment abdominal sans tubercule allongé. 5

4 Appendice court, tuberculeux : El. plus longues que le Th.; 3e et 4e segments abdominaux mutiques. 3—3,5 **multistriatus Marsh**

— Appendice très long recourbé en crochet : El. plus courtes que le Th.; 4e segment abdominal ♂ tuberculeux. 3 **ensifer Eich**

5 Côtés du Th. en dessous à peine pointillés; 4e segment abdominal ♂ tuberculé. 2,5 **pygmæus F**

— Côtés du Th. en dessous à ponctuation forte et serrée; segments abdominaux mutiques. 6

6 Ponctuation dorsale des El. en séries parallèles, régulières. 7

— Ponctuation dorsale des El. confluente, ruguleuse, avec de fines rides obliques : El. à poils dressés. 8

7 Suture creusée derrière l'écusson en un sillon qui va au milieu de l'El.; Th. à ponctuation fine et espacée sur le disque, un peu plus forte, mais aussi espacée sur les côtés. 4—4,5 **pruni Ratz**

V. Interstries aussi fortement ponctués que les stries. **V. piri Ratz**

— Suture non creusée à la base : Th. à ponctuation fine sur le disque, plus forte et plus serrée sur les côtés. 3,5 **carpini Ratz**

8 El. brunes concolores à denticulation obsolète, au sommet seulement; Th. transv. à rides rugueuses serrées sur les côtés. **intricatus** Ratz

— El. dentées de l'angle sutural au milieu latéral externe. 9

9 El. noires à sommet rougeâtre: Th. plus long que large à points allongés; dessus à aspect mat et ruguleux. 2,5 **rugulosus** Ratz

— El. rougeâtres à bande brune postmédiane: Th. aussi long que large, à ponctuation fine, ronde; dessus assez brillant, Th. surtout. **amygdali** Guer

## XYLOTERUS (Trypodendron)

Yeux divisés en deux parties; massue anten. non articulée

1 Th. noir à longs poils dressés et aspérités au sommet: El. testacées à suture et bord externe rembrunis, ponctuées avec poils dressés, sillonnées de chaque côté au sommet. 3 **domesticus** L

— El. non sillonnées au sommet: Th. de couleur claire au moins postérieurement: El. avec une tache discale ou une ligne longitudinale, sombres. 2

2 El. à stries très superficielles, brunes avec 2 lignes longitudinales jaunes se rejoignant au sommet; intervalles non ridés. 3 **lineatus** Ol

— El. à stries ponctuées assez profondes; intervalles à fines rides transverses. 3,5 **signatus** F

## CRYPTURGUS

Tête à museau court; Th. également ponctué, sans rides transverses; massue plus longue que le funicule

1 Th. brillant à ponctuation assez grosse, mais éparse. 1 **pusillus** Er

— Th. à ponctuation très fine, très serrée. 2

2 Th. mat, à côtés arrondis. 1 –3 **cinereus** Herbst

— Th. un peu brillant, plus long que large; corps étroit, allongé: El. fortement striées-ponctuées; intervalles étroits, élevés, subcarénés. 1,3 **numidicus** Ferr

— Noir assez luisant: Th. à côtés droits au delà du milieu: El. largement striées-ponctuées; intervalles plans. 1,5 **dubius** Eich

## CRYPHALUS

Funicule de 4 art.; massue obtusément ovale

1 El. couvertes de longues soies dressées. 1,5—2 **piceæ** Ratz

— El. sans soies dressées ou à soies droites très courtes. 2

2 Yeux échancrés en avant; sommet du Th. sans granulations: El. à soies dressées, courtes et rares. 1,5—2 **abietis** Ratz

— Yeux non échancrés antérieurement. 3

3 Th. avec 4 petites dents saillantes antérieurement (examiner de dessus, d'arrière en avant); El. squamuleuses portant des rangées régulières de petites squamules droites, blanches: Th. très proéminent au milieu. 1,5—2 **tiliæ** Panz

— Th. avec 2 petites granulations au bord antérieur; sutures de la massue curvilignes: El. sans stries; forme très allongée. **fagi** F

## TRYPOPHLŒUS

Massue en pointe allongée; écusson distinct: Th. tuberculé au sommet

1 El. striées-ponctuées; la plus grande largeur du Th. après le milieu. 1,7—2 **granulatus** Ratz

— El. non striées-ponctuées; la plus grande largeur du Th. à la base. 1,5—2 **asperatus** Gyll

## HYPOBORUS et LIPARTHRUM

Base des El. pectinée s'élevant en arc vers le haut; 1er art. des tarses très court caché; funicule de 4 art. (**Liparthrum**)

1 El. à pubescence blanche couchée, doublée de petits crins droits, difficilement visibles: El. à base tronquée; funicule de 4 art. 0,7 **genistæ** A

— El. à pubescence blanche couchée et à crins blancs, longs, dressés. 2

2 Funicule de 4 art. 1 **mori** A

— » » 5 » : El. fortement redressées à la base vers l'écusson. (**Hypoborus**) 1—1,4 **ficus** Er

## IPS (Tomicus)

Th. granuleux au sommet, ponctué à la base : El. à stries ponctuées assez régulières

1 Ecusson rudimentaire: El. sérialement ponctuées; cylindrique, d'un brun marron hérissé de poils gris; massue des ant. à sutures orbiculaires. (**Xylocleptes**) 3—3,5 **bispinus** Duft

— Ecusson bien visible; suture des art. de la massue des ant. droite. (**Ips**) 2

2 Tibias élargis vers le sommet; déclivité postérieure des El. ponctuée. 3

— Tibias antérieurs linéaires non élargis au sommet; échancrure apicale des El. lisse. (**Pityogenes**) 10

3 El. obliquement tronquées. 4

— El. presque verticalement tronquées. 6

4 Intervalles internes des El. lisses, convexes; pattes claires; un tubercule sur le front; bords de la pente postérieure des El. à 4 dents la 3e la plus forte. 5—5,5 **typographus** L

— Intervalles internes des El. plans et ponctués plus ou moins. 5

5 Trois dents au sommet des El. la 3e la plus forte ; Th. sans ligne lisse à la base. 3—3,7 **acuminatus** Gyll

— Quatre dents au sommet des El. la 3e la plus forte; front densément tuberculé. 4,5—5,5 **cembræ** Heer

— Six dents au sommet des El. la 4e la plus forte. **6-dentatus** Boer.

6 La dernière dent de l'échancrure apicale se trouve au milieu du bord et un seul tubercule la sépare des 2 dents supérieures. 7

— Dernière dent de l'échancrure située près du sommet et 2 tubercules la séparent des 2 dents supérieures. 8

7 Ponctuation de l'échancrure des El. fine et serrée: Th. allongé, finement ponctué à la base sans ligne médiane lisse. 3—4 **erosus** Woll

— Ponctuation de l'échancrure forte et médiocrement serrée: Th. peu plus long que large, profondément ponctué à la base, avec une ligne médiane lisse. 3—4 **proximus** Eich

8 Stries élytrales effacées en avant et s'élargissant en crénelures de plus en plus fortes en arrière: Th. impressionné latéralement; dents ♂ longues et courbées. 3—3,2 **curvidens** Germ

— Stries des El. presque aussi fortes en avant qu'en arrière. 9

9 Th. à ponctuation fine, éparse en arrière, à ligne médiane lisse, large, presque 2 fois aussi long que large. 4—5 **longicollis** Gyll

— Th. à ponctuation forte et serrée à la base; échancrure des El. plus avancée sur la suture. 3 **suturalis** Gyll

— Th. à ponctuation moins serrée à la base; dents apicales semblables ♂ ♀; échancrure des El. moins avancée sur la suture. **laricis** F

10 El. à fines lignes de P. à la base, effacées après le milieu; ♂ 3 dents équidistantes au bord interne de chaque El. **chalcographus** L

— Lignes de P. des El. continuées jusqu'au sommet, sur les côtés surtout; ♂ El. armées en arrière d'un denticule suivi d'une grande épine recourbée. 11

11 ♂ côtés de l'échancrure des El. sétigères, crénelés; ♀ un léger tubercule au dessus des bourrelets latéraux. 2,3 **bidentatus** Herbst

— ♂ échancrure sans crénelures sétigères ayant sous la dent en crochet supérieure une petite dent conique, remplacée chez la ♀ par une petite verrue. 2—2,3 **4-dens** Hart.

## PITYOPHTHORUS

Th. bordé à la base; tibias filiformes: El. creusées en sillon postérieurement et présentant de petits tubercules pilifères, dans cette partie surtout

1 Angle apical des El. obtusément arrondi. 2

— Angle apical des El. saillant. 4

2 Sommet des El. avec de petites soies dressées. 3

— El. glabres finement ponctuées en lignes. 1,7—2 **glabratus** Eich

3 Sillons latéraux du sommet des El. larges, lisses. **Lichtensteini** Ratz

— Sillons latéraux du » » étroits, chagrinés; interstries ridés transversalement; dessus noir. 1,5 **ramulorum** Perr

4 Côtés de la pente postérieure des El. de même hauteur et de même inclinaison que la suture. 1,3 **micrographus** L

— Côtés de la pente des El. plus élevés et plus en pente que la suture. 2 **macrographus** Eich

## DRYOCŒTES

El. à strie suturale ordinairement enfoncée: Th. plus long que large à rides transverses en avant surtout; funicule de 5 art.

1 Th. gibbeux, verruqueux en avant, ponctué à la base. (**Taphrorychus**) 2

— Th. non gibbeux, chagriné ou à tubercules écrasés. (**Dryocœtes**) 3

2 Pente postér. des El. sans tubercules; ♂ sommet de la suture relevé, front peu pubescent. 3 **bicolor** Herbst

— Pente postérieure des El. avec 2 rangées de chaque côté de fins tubercules; front ♂ peu pubescent et suture non relevée au sommet ♂ et ♀. 2—2,5 **villifrons Duf**

3 El. à stries crénelées, la 1re fortement enfoncée, en arrière surtout. 2,5—3 **villosus F**

— El. finement ponctuées en lignes; strie suturale pas plus enfoncée en arrière. 4

4 Points des stries beaucoup plus forts que ceux des intervalles. 3—4 **autographus Ratz**

— Points des stries et des intervalles de même grosseur, se confondant. 2 **coryli Perr**

## XYLEBORUS ♀

Tibias comprimés en avant à bord externe crénelé en dents de scie; Th. ridé en avant, lisse ou ponctué à la base

1 Th. tuberculé régulièrement. (**Coccotrypes**) **dactyliperda Perr**

— Th. » en avant, lisse à la base. 2

2 Th. subsphérique à côtés arrondis, pas plus long que large. 3

— Th. cylindrique à côtés presque parallèles. 4

3 El. allongées à séries de points égales entre elles; base du Th. à ponctuation assez profonde, serrée. 2,5 **cryptographus Ratz**

— Base du Th. presque lisse, à peine pointillée: El. courtes à stries ponctuées, espacées, bien nettes. 3,5 **dispar F**

4 Base du Th. terne, non ponctuée; sommet des El. peu brillant à tubercules placés en lignes. 2,7 **Saxeseni Ratz**

— Base du Th. brillante, lisse ou plus ou moins finement ponctuée. 5

5 Base du Th. lisse; au milieu du disque un tubercule obtus. 2,7—3 **Pfeili Ratz**

— Base du Th. à ponctuation assez forte, peu serrée; dessus noir: Th. coupé droit à la base. 3,5—4 **eurygraphus Er**

— Base du Th. à pointillé fin; corps rougeâtre. 6

6 Déclivité des El. sans tubercules. 2,5 **dryographus Ratz**

— » » » avec des tubercules dont les 4 principaux forment un carré. 2,5 **monographus F**

Les ♂ sont très courts, larges et fort rares.

## THAMNURGUS

Th. à ponctuation régulière, presque en fossettes; El. à séries de P. obsolètes

1 La plus grande largeur du Th. à la base où il est aussi large que les El.; dessus à ponctuation forte et serrée. 2 **Kaltenbachi Bach**

— Th. rétréci à la base et au sommet. 2

2 El. à lignes ponctuées ; Th. à ligne médiane lisse. 3 **euphorbiæ Küst**

— El. ridées à rangées irrégulières de gros P.; ligne lisse du Th. peu sensible. 2,5 **varipes Eich**

### PLATYPUS

Tête libre aussi large que le Th.; tarses très grêles et longs à premier art. au moins aussi long que tous les suivants

1 Th. à ponctuation fine, espacée: El. à fines stries ponctuées. 5 **oxyurus** Duf

— Th. à ponctuation forte et dense; El. à sillons ponctués, profonds, intervalles convexes peu larges. 5 **cylindrus** F

# CERAMBYCIDÆ

MULSANT: *Longicornes.*—GANGLBAUER: *Longicornes, traduction A. Dubois, Revue entom. 1884*

## LEPTURINI

### NECYDALIS

El. raccourcies; fémurs en massue; ant. courtes et robustes

1 Sommet du Th. garni de poils jaunes: El. à rebord noirâtre au sommet. 27—32 **ulmi** Chevr

— Th. sans poils jaunes au sommet: El. sans rebord noirâtre au sommet. 23—26 **major** L

### LEPTURA

Joues très développées; yeux distants de la base des mandibules; ant. insérées entre les yeux

1 Angles postérieurs du Th. obtus. 2

— Angles postérieurs du Th. en pointe saillante. (**Strangalia—Judolia**). 19

2 El. rétrécies vers le sommet qui est obliquement tronqué ou échancré, avec les angles apicaux acuminés. (**Leptura**) 3

— El. rétrécies vers le sommet qui est arrondi ou obtusément tronqué. (**Vadonia**) 17

— El. à côtés parallèles. (**Anoplodera**) 18

3 El. complètement noires. 4

— El. testacées avec ou sans taches ou noires avec des taches. 6

4 El. garnies comme le reste du corps d'un épais duvet vert-jaune. 15—20 **virens** L

— El. sans duvet épais vert-jaune. 5

5 Ecusson et base du Th. à duvet argenté ou jaune d'or. **scutellata** F

— Ecusson à duvet de couleur peu tranchante et base du Th. nue:

a—dessus mat: var. ♀ de **dubia**

a'—dessus un peu brillant: var. de **stragulata**

6 Ant. à art. intermédiaires marqués de testacé ou complètement testacés. 7

— Ant. noires. 9

7 Angle postéro-externe des El. acuminé: El. testacées, à dessin noir plus ou moins dilaté. 10—15 **stragulata Germ**

— Angle postéro-externe des El. arrondi. 8

8 El. à sommet et rebord latéral assez fortement rembrunis. 8 **maculicornis Deg**

— El. complètement testacées. 9—10 **hybrida Rey**

— El. d'un testacé rougeâtre, à sommet concolore, ayant q. q. f. une ou deux taches noires sur les côtés. **Simplonica Frm**

9 Th. à poils couchés sur le disque. 10

— Disque du Th. à poils dressés. 12

10 Tibias d'un jaune rouge: El. rouges ou d'un jaune d'ocre. **rubra L**

— Tibias noirs. 11

11 El. rouges sans taches. 15—19 **Fontenayi Mls**

— El. à sommet noir, lié par la suture à une petite bande transverse noire. 15—19 **cordigera Fues**

12 Pattes noires. 13

— Pattes en partie jaunes ou rouges. 15

13 El. ♂ et ♀ d'un jaune roussâtre, brillantes, à sommet noir. **fulva Deg**

— El. jaunes testacées ♂ ou d'un rouge rosat ♀, moins brillantes, moins larges, plus allongées. 14

14 El. ♀ rouges ou ♂ jaunes testacées, à sommet et le plus souvent bordure latérale, noirs. 9—11 **sanguinolenta L**

— El. ♀ testacées à bordure externe noire ou noires avec l'extrémité et une tache humérale, rouges, ou noires concolores; ♂ El. testacées, à bordure externe et sommet, noirs. 9—13 **dubia Scop**

15 Pattes rouges avec au plus tarses rembrunis; ♂ noir, avec El. et art. 1-2 ant. d'un rouge roux (*semirufula Kr*); coloration analogue chez la ♀ mais ant. rouges (*rufa* ♀ *Mls*) ou bordure suturale noire et une tache oblongue noire, un peu en arrière sur chaque El. 11—16 **trisignata Frm**

— Pattes tachées de noir. 16

16 El. d'un rouge sanguin. 12—15 **erythroptera Hag**

— El. jaunes, à dessin noir plus ou moins dilaté. 10—15 **stragulata Germ**

17 El. d'un roux testacé; tibias antérieurs et intermédiaires testacés. 7—9 **livida F**

— El. rougeâtres avec bordure suturale et une tache ronde avant le milieu, noires; tibias postérieurs ♂ munis de 2 épines au sommet. 9—13 **unipunctata F**

— Tibias postérieurs ♂ avec une seule épine au sommet: El. rougeâtres avec bordure suturale étroite au milieu, élargie vers les extrémités, et chacune un point, noirs; q. q. fois les El. sont noires, concolores ou avec une tache humérale testacée. **adusta Kr**

18 Pattes rouges: El. noires. 9—11 **rufipes Schal**

— Pattes noires: El. à trois taches testacées, parfois réunies. 9—10 **6-guttata Schal**

19 El. obliquement tronquées et échancrées au sommet et ayant au moins l'angle apical externe acuminé. (**Strangalia**) 20

— El. arrondies au sommet. (**Allosterna - Judolia**) 31

20 Th. rouge; dessus complètement roux; q. q. fois écusson et El. noirs. 9—15 **revestita** L

— Th. noir. 21

21 El. noires. 22

— El. jaunes à bandes noires. 24

— El. testacées ou rouges, avec ou sans taches. 28

22 Ventre noir. 23

— Ventre avec les trois derniers segments au moins, rouges. 7—9 **nigra** L

23 El. très obliquement échancrées, à angles vifs, aigus. V. de **pubescens**

— El. peu obliquement échancrées, à angles peu vifs. 12—15 **æthiops** Pod

24 Ant. annelées de noir et de jaune. 15—17 **maculata** Pod

— Ant. noires, avec sommet q. q. fois plus clair. 25

25 Th. sillonné légèrement à la base. 26

— Th. sans sillon à la base. 27

26 Th. bordé de duvet doré, à la base et au sommet. 13—18 **aurulenta** F

— Th. sans bordures de duvet doré. 13—18 **4-fasciata** L

27 Ventre noir. 12—16 **arcuata** Panz

— Ventre en partie rouge. 11—13 **attenuata** L

28 Ventre plus ou moins rouge. 29

— Ventre noir. 30

29 Cuisses et tibias rouges en partie : El. d'un rouge carmin, à sommet et tache médiane, noirs, plus ou moins dilatés, libres ou unis. 10—13 **distigma** Charp

— Pattes noires : El. ♂ d'un rouge-jaune, ♀ d'un rouge foncé, avec sommet et une bande transverse, noirs. 9—10 **bifasciata** Mull

30 El. très obliquement échancrées au sommet, d'un jaune pâle ♂ q. q. fois noires, ou ♀ d'un rouge-fauve. 13—17 **pubescens** F

— El. à sommet obtusément tronqué, ♂ d'un rouge livide, ♀ d'un rouge un peu foncé avec rebord sutural et sommet, noirs. 8—9 **melanura** L

31 El. d'un roux livide, avec suture, bord externe et sommet, rembrunis. (**Allosterna**) 6—7 **tabacicolor** Deg

— El. d'un roux jaune ou testacé à taches ou bandes transversales noires. 32

32 Bande médiane noire interrompue à la suture : El. mates, courtes, larges. 7—11 **cerambyciformis** Schr

— Bande médiane des El. non interrompue à la suture. 33

33 Th. à poils courts, dressés. 8—11 **6-maculata** L

— Th. à poils couchés. 9—22 **erratica** Dlam

## GRAMMOPTERA

Yeux très rapprochés de la base des mandibules; joues très courtes

1 Pattes testacées; ant. à base testacée: dessus à duvet doré. **ustulata** Schal

— Pattes noires. 2

2 Ant. annelées de roux et de noir 5—6 **ruficornis F**

— Ant. noires. 7—9 **variegata Germ**

## CORTODERA

Yeux à peine échancrés; apophyse prosternale non dilatée au sommet

1 Th. sillonné, sans ligne lisse médiane: El. noires à 2 taches rousses, ou jaunes-brunâtres avec suture noirâtre ou non. **humeralis Schal**

— Th. sillonné, avec une ligne médiane lisse: El. noires ou d'un jaune-brun. 9—10 **femorata F**

## PIDONIA

Yeux échancrés, éloignés de la base des mandibules; joues très développées; Th. très étranglé à la base et au sommet

Noir; partie antérieure de la tête, testacée: El. (q. q. fois rebord sutural noirâtre), et pattes (moins massue des cuisses et tibias des 2 ou 4 pattes postérieures), testacées. 10—11 **lurida F**

## OXYMIRUS

Tête graduellement rétrécie derrière les yeux: Th. avec une forte épine latérale

♂ entièrement noir en dessus; ♀ El. d'un rouge-testacé avec une bande suturale et une autre humérale, noires. 16—22 **cursor L**

## PACHYTA

Yeux très échancrés: Th. tuberculé latéralement

1 El. d'un brun roussâtre avec une tache humérale et une tache postérieure, noires, q. q. f. dilatées et couvrant la majeure partie des El.; 3e art. ant. égale, presque le double du 4e. 15—16 **lamed L**

— El. d'un jaune pâle à deux taches discales noires, chacune; l'une q. q. fois oblitérée ou très petite; 3e art. ant. peu plus long que le 4e. 12—16 **4-maculata L**

## GAUROTES

Th. sillonné; 3e art. ant. bien plus court que le 1er et un peu plus long que le 4e

Dessus glabre, noir: Th. rouge foncé ou noir: El. bleues ou violettes, ponctuées-ridées. 10—12 **virginea L**

## BRACHYTA

Th. sans sillon; 3e art. ant. bien plus long que le premier et que le 4e

1 Pattes noires; 1er art. tarses postér. égal à 2 et 3 réunis; dessus à dessin très variable. 12—14 **interrogationis L**

— Pattes en grande partie d'un brun roussâtre, q. q. fois noires; 1er art. des tarses postér. bien plus long que 2 et 3 réunis. **clathrata F**

## ACMÆOPS

Th. non tuberculé latéralement; yeux à peine échancrés

1 Dessus complètemt noir, à pubescence verdâtre, longue. **smaragdula F**

— Noir, El. noires bleuâtres: Th. rouge, rarement brun; abdomen testacé. 7—9 **collaris L**

— Noir: El. testacées à bande humérale oblique, sommet et suture souvent, noirs. 8—11 **pratensis Laich**

— Noir, sans longue pubescence verdâtre: El. ou noires, ou noires à bords latéraux jaunes, ou jaunes. 8—9 **septentrionis Thom**

### ACIMERUS

Fémurs postérieurs finement denticulés à leur bord interne, armés d'une forte dent avant le sommet

Tête et Th. noirs: El. glabres, d'un roux-fauve ♂; d'un roux-fauve ou noires avec une bande transversale jaune pâle ♀; tout le reste du corps à duvet doré. 15—22 **Schaefferi Laich**

### TOXOTUS

Fémurs postérieurs simples: cavités cotyloïdes antérieures ouvertes en arrière

1 3e art. ant. plus long que le 5e; dessus à coloration très variable. 15—22 **meridianus Panz**

— 3e art. ant. plus court que le 5e: El. ♂ noires, avec une tache humérale rouge: ♀ El. d'un jaune brunâtre ou noires. **quercus Gœz**

### RHAGIUM

Abdomen orné d'une carène médiane

1 El. à 4 nervures saillantes, avec chacune 2 taches flaves. **bifasciatum F**

— El. à 3 nervures, les 2 externes réunies au sommet. **sycophanta Schr**

— El. à deux nervures peu saillantes. 2

2 Tempes allongées, brusquement et fortement étranglées **mordax Deg**

— Tempes courtes et peu saillantes s'effaçant graduellement. **inquisitor L**

### RHAMNUSIUM

Prosternum étroit bien moins élevé que les hanches antérieures

Jaune-roux: El. ou bleues, ou d'un rouge testacé, ou d'un brun obscur à la base et d'un brun fauve au sommet. 16—22 **bicolor Schr**

### VESPERUS

Hanches intermédiaires presque contiguës; tempes fortement saillantes

1 ♂ tempes parallèles; ♀ El. recouvrant presque tout l'abdomen. 20—25 **strepens F**

— ♂ tempes rétrécies en arrière; ♀ El. très raccourcies. 2

2 Brun noirâtre: El. ruguleusement ponctuées. 20—24 **Xatarti Mls**

— Roux testacé, clair: El. à ponctuation fine. 20—28 **luridus Ross**

## CERAMBYCINI

### CÆNOPTERA (Molorchus)

El. écourtées; yeux profondément échancrés; ant. non épaissies vers le sommet

1 1er art. ant. d'un quart plus court que le 3e: El. à trait oblique, saillant, éburné. 7—12 **minor L**

— 1er art. ant. plus long que le 3e ou au moins égal à lui. 2
2 El. plus courtes que le Th. 5—7 **Marmottani Bris**
— El. plus longues que le Th. 3
3 Th. avec trois reliefs longitudinaux lisses. 5—6 **umbellatorum Schreb**
— Th. sans reliefs lisses. 5—6 **Kiesenwetteri Mls**

## BRACHYPTERОMA

El. écourtées; yeux à peine échancrés; ant. un peu épaissies au sommet

Tête et Th. noirs: El. d'un jaune-orangé pâle, à sommet brun; 1er art. ant. aussi long que le 3e. 5 **ottomanum Heyd**

## LEPTIDEA

El. écourtées; yeux non échancrés: Th. sans tubercule latéral

Brun; tête et Th. finement et densément ponctués, El. moins fortement; elles sont arrondies au sommet et ont q. q. fois une nervure élevée. 4—5 **brevipennis Mls**

## CALLIMUS

Fémurs claviformes; El. sans arête vive le long du bord latéral

1 Entièrement d'un bleu-vert, hérissé de poils obscurs. **angulatus Schr**
— El. violettes ou d'un vert-bleuâtre: Th. ♂ noir ♀ rougeâtre (♀ Th. noir, *V. nigricollis Pic*). 7—8 **abdominalis Ol**

## STENOPTERUS

El. à nervure tranchante le long du bord externe, déhiscentes, rétrécies vers le sommet

1 Ant. et pattes testacées: El. testacées, noires à la base ou concolores. 11—14 **flavicornis Küst**
— 2 premiers art. ant. (q. q. fois l'extrémité des suivants), massue des quatre cuisses antérieures, noirs: El. testacées, noires à la base et enfumées au sommet. 9—14 **rufus L**
— Ant. noires (art. intermédiaires q. q. fois bruns à la base) à 1er art. sillonné; ♂ massue des fémurs noire, ♀ pattes complètement noires; couleur des El. variable. 9—12 **præustus F**

## CARTALLUM

Th. faiblement tuberculé latéralement; yeux finement granulés

El. d'un bleu ou vert métallique; Th. rouge; tête, 1er art. ant., base et sommet du Th. (rarement le Th. entier), noirs. 7—12 **ebulinum L**

## OBRIUM

Yeux grossièrement granulés; cavités cotyloïdes antérieures fermées en dehors

1 Th. à ponctuation fine, rare; pattes brunes. 6—9 **cantharinum F**
— Th. à ponctuation grosse, assez serrée; pattes rouges. **brunneum F**

## DILUS

Yeux finement granulés; ant. courtes: Th. non tuberculé latéralement

Brun-verdâtre ou bronzé, très allongé; base des art. des ant., base des fémurs et partie des tibias, rouges: El. avec une nervure longitudinale. 8—10 **fugax Ol**

## CLYTUS — CYRTOCLYTUS — PLAGIONOTUS

Th. non tuberculé latéralement; 1er art. tarses postérieurs bien plus long que les 2 suivants

1 Th. en ovale transversal. (**Plagionotus**) 2
— Th. subglobuleux ou ovoïde. 3
2 Th. sans bande jaune à la base; écusson rougeâtre, glabre: El. à cinq bandes de duvet jaune, l'apicale large. 13—17 **detritus L**
— Th. avec une bande jaune à la base; écusson jaune; El. avec une tache humérale, une postscutellaire et 5 bandes de duvet jaune, la bande apicale très petite. 9—18 **arcuatus L**
3 Ecusson triangulaire (**Cyrtoclytus**): El. noires, à 4 bandes jaunes, à gibbosités scutellaires. 11—14 **capra Germ**
— Ecusson transversal. (**Clytus**) 4
4 Ant. à art. intermédiaires terminés en pointe, à l'un des côtés au moins; noir: El. à 5 bandes de duvet flave. 8—15 **floralis Pal**
— Art. intermédiaires des ant. non ou peu épineux au sommet. 5
5 Front avec deux lignes longitudinales caréniformes. (**Xylotrechus**) 6
— Front sans lignes longitudinales élevées. 8
6 El. brunes ou rougeâtres à taches ou bandes peu sensibles de duvet blanc ou jaunâtre. 12—17 **rusticus L**
— El. à bandes jaunes. 7
7 Th. à côtés régulièrement arrondis (le maximum de largeur au milieu); bandes des El. étroites, linéaires, la basilaire réduite à une tache oblique sur la fossette humérale; lignes du front garnies de duvet flavescent de chaque côté. 8—13 **antilope Zett**
— Th. offrant après le milieu son maximum de largeur, puis brusquement rétréci vers la base; lignes du front garnies latéralement de duvet jaune: 4 bandes larges, aux El. 9—16 **arvicola Ol**
8 Episternes du postpectus parallèles, 2 fois 1/2 ou 3 fois aussi longs que larges. 9
— Episternes du postpectus dilatés en arrière, 4 fois aussi longs que larges. (**Clytanthus**) 13
9 El. à bandes de duvet cendré: Th. ayant bien après le milieu son maximum de largeur. 10 **cinereus Lap**
— El. à bandes de duvet jaune: Th. à côtés régulièrement arrondis. 10
10 Pas de tache apicale aux El. 10—16 **tropicus Panz**
— El. avec une tache apicale. 11
11 Assez brillant; épisternes à duvet jaune jusqu'à la base. **rhamni Germ**
— Dessus mat; épisternes à duvet jaune sur la moitié seulement. 12
12 Ant. noires à partir du 6e art.; tache basilaire des El. transversale, droite (2e bande et bordure apicale, dilatées et réunies sur les côtés. *V. Bourdilloni Mls*). 8—14 **arietis L**
— Ant. rougeâtres; tache postbasilaire des El. oblique. 8—14 **lama Muls**
13 Dessus densément couvert de duvet jaune, à taches noires dénudées. 14
— **El. noires à bandes de duvet blanchâtre.** 16

14 El. à bandes transversales noires atteignant la suture. 10—14 **varius F**

— El. à taches noires ou à bandes interrompues à la suture. 15

15 Th. sans taches: El. avec chacune 3 taches noires ponctiformes et une tache subhumérale plus petite. 12—16 V. **glabromaculatus Goez**

— Th. avec trois taches noires, la médiane la plus forte : El. avec une tache humérale, 2 taches arquées vers l'écusson et 2 fascies qui n'atteignent ni la suture, ni le bord externe, noires. **Herbsti Brahm**

16 Th. rouge-rosat, ou rouge-brun. 17

— Th. noir. 19

17 El. arrondies chacune au sommet. 8—12 **ægyptiacus F**

— El. tronquées au sommet, dentées à l'angle externe. 18

18 Noir: Th. d'un rouge plus ou moins foncé: El. à deux bandes étroites. V. **fulvicollis Mls**

— Noir; tête, Th., ant. et pattes d'un rouge plus ou moins foncé; écusson, deux bandes et une bordure apicale aux El., couverts de duvet blanc. 8—12 **ruficornis Ol**

19 El. à tache humérale. 8—12 **figuratus Scop**

— El. sans tache humérale. 20

20 Ecusson blanc; bande médiane des El. interrompue à la suture. **Lepelletieri Lap**

— Ecusson blanc postérieurement; bande médiane des El. remontant sur les bords de la suture jusqu'au quart de l'élytre. **sartor F**

## ANAGLYPTUS

Premier art. tarses postérieurs un peu plus long que les deux suivants réunis; écusson triangulaire

1 Angle apical externe des El. à épine longue; noir, à trois bandes duveteuses blanches et sommet largement blanc. 9—12 **gibbosus F**

— Angle externe des El. arrondi: El. noires, à base rougeâtre (El. noires concolores V. *hieroglyphicus Hbst*), avec même dessin que celles du précédent. 9—12 **mysticus L**

## PURPURICENUS

Premier art. ant. arrondi au sommet, les suivants sans carènes; dessus au moins en partie rouge

1 Th. sans tubercule latéral bien net, plus globuleux, et tache noire des El. allant de l'écusson au sommet. V. **globulicollis Mls**

— Th. à tubercule ou épine bien distincts, sur les côtés. 2

2 El. à sommet noir; la tache remonte le long de la suture jusqu'à moitié des El. 15—20 **budensis Goez**

— El. rouges, concolores ou à tache ovalaire noire n'atteignant pas le sommet. 15—20 **Kœhleri L**

## AROMIA

Premier art. ant. à rebord tranchant au sommet; quatrième et suivants avec 3 arêtes vives

Vert, vert-bleuâtre, ou violâtre métallique; Th. concolore (côtés du Th. plus ou moins rouges V. *thoracica Fisch*). 15—34 **moschata L**

## CERAMBYX.—PACHYDISSUS

Prosternum dilaté au sommet; ant. en arête tranchante au côté externe depuis le 5ᵉ ou 6ᵉ art.

1 Une épine à l'angle sutural des El. 2
— Angle sutural des El. mutique. 5
2 Sommet des El. non tronqué. 35–55 **velutinus Brull**
— Sommet des El. tronqué. 3
3 Dessus à peu près glabre. 30–45 **cerdo L**
— Dessus à duvet cendré. 4
4 Th. épineux latéralement; yeux assez écartés sur le front. 45–50 V. **Mirbecki Luc**
— Th. mutique; yeux très rapprochés sur le front. **mauritanicus Buq**
5 El. noires. 18–25 **Scopolii Leach**
— El. d'un brun clair éclaircies au sommet. 6
6 Th. à rides transverses superficielles; ant. à art. 3-4 élargis de la base au sommet. 35–45 **miles Bon**
— Th. profondément sculpté, irrégulièrement ridé; art. 3-4 ant. rétrécis après la base, puis s'élargissant au sommet. **nodulosus Germ**

## GRACILIA

Yeux presque divisés en deux parties; 3ᵉ art. ant. plus court que le cinquième

Brun de poix, peu pubescent: El. planes, sans traces de nervures: Th. allongé, à sillon peu distinct. 6–7 **minuta F**

## EXILIA

Troisième art. ant. un peu plus long que le cinquième; base du Th. relevée en crête échancrée au milieu

Tête et Th. bruns; celui-ci avec deux reliefs; El. d'un brun-rouge avec une tache postérieure et une bande transverse, flavescentes. 9–12 **timida Men**

## ROSALIA

Art. 3-7 ant. à sommet noir, garnis d'une houppe de poils

Cendré-bleuâtre avec une tache au sommet du Th., une bande médiane aux El. et deux taches l'une vers la base, l'autre apicale, noires, veloutées. 25–35 **alpina L**

## RHOPALOPUS

El. rétrécies derrière les épaules; 3ᵉ art. ant. plus long que le 5ᵉ

1 El. d'un vert métallique: Th. à plaque lisse très large sur le disque (Th. à disque complètement ponctué ou ridé ou à plaque lisse très étroite, *insubricus Germ*). 18–25 **hungaricus Hbst**
— El. noires. 2
2 Pattes noires; dessus noir mat; écusson glabre. 16–22 **clavipes F**
— Fémurs rougeâtres, moins la base. 3
3 Th. rugueux; écusson pubescent; dessus noir mat. 10–12 **femoratus L**

— Dessus brillant: Th. rugueux, avec quelques élévations lisses; écusson glabre. 12—14 **spinicornis Ab**

## SEMANOTUS

3ᵉ art. ant. plus court que le 5ᵉ; Th. à élévations lisses

1 El. brunes, concolores, souvent à reflets cuivreux, métalliques. 10—14 **coriaceus Pz**

— El. noires à bandes transversales jaunes ou fauves à dessin noir. 2

2 El. noires avec deux bandes jaunes ondulées, interrompues à la suture. 14—17 **undatus L**

— El. fauves avec une bande transversale et le sommet, noirs, (**Simpiezocera**) 14—17 **Laurasi Luc**

## HYLOTRUPES

3ᵉ art. ant. presque 2 fois aussi long que le 4ᵉ

Brun-noir ou testacé livide à fin duvet gris: Th. avec deux callosités lisses; El. à mouchetures de duvet plus épais formant des bandes peu nettes. 8—20 **bajulus L**

## PHYMATODES (Callidium)

Prosternum ne séparant pas les hanches antérieures: Th. à côtés arrondis ou anguleux

1 Th. à côtés anguleux (**Pyrrhidium**); noir, couvert en dessus d'un duvet rouge soyeux. 9—11 **sanguineum L**

— Th. à côtés arrondis. 2

2 Th. à ponct. régulière, dense ou ridée. (**Callidium—Pœcilium**) 3

— Th. finement granulé; bleu brillant; base des ant., tibias et tarses, rouges. 6—8 **rufipes F**

— Th. à ponctuation irrégulière, avec des espaces lisses. 7

3 El. à bandes transversales blanches. 4

— El. sans bandes transversales blanches. 5

4 Yeux profondément échancrés; brun rouge: El. à base plus claire, avec une bande médiane transversale blanche, rétrécie vers la suture. 6—8 **fasciatus Vill**

— Yeux séparés en deux parties (**Pœcilium**); noir ou brun: El. avec deux bandes transversales blanches, arquées. 4—6 **alni L**

5 Dessus brun clair ou foncé: El. q. q. fois irisées de vert métallique. 7—9 **glabratum Charp**

— Dessus vert métallique, bleu ou violet. 6

6 Dessus bleu ou violet: Th. à ponctuation dense et rugueuse. 10-15 **violaceum L**

— Dessus vert-métallique: Th. superficiellement ponctué, à fond finement chagriné. 11—13 **æneum Deg**

7 Mésosternum à côtés parallèles, largement tronqué et profondément échancré au sommet (**Liodere**s); roux testacé, finement hérissé de poils clairs. 11—15 **Kollari Redt**

— Mésosternum acuminé entre les hanches intermédiaires. (**Phymatodes**) 8

8 El. à ponctuation fine, écartée; coloration très variable; El. testacées, concolores ou violettes au sommet, ou bleues concolores; Th. testacé ou brun ou bicolore. 8—15 **variabilis** L

— El. à ponctuation grosse et profonde. 9

9 El. ponctuées-ridées, brunes, concolores, à reflet bleuâtre; mésosternum ne dépassant pas le milieu des hanches intermédiaires; ventre brun. 7—10 **lividus** Ross

— El. rugueusement ponctuées à épaules ordinairement moins foncées; ventre souvent testacé; mésosternum atteignant l'extrémité des hanches. 6—9 **pusillus** F

## TETROPIUM

Yeux presque divisés en deux parties; 2ᵉ art. ant. un peu plus long que moitié du 3ᵉ

1 Th. luisant, à ponctuation fine sur le disque, finement granulé sur les côtés. 10—16 **castaneum** L

— Th. mat, ponctué-ridé sur le disque. 10—14 **fuscum** L

## NOTHORRHINA

Corps déprimé: Th. en carré oblong, arrondi aux angles

Brun: Th. à ponctuation râpeuse sur les côtés: El. ruguleuses à 3 nervures longitudinales. 7—10 **muricata** Schœh

## ASEMUM

Corps convexe; Th. transverse, à côtés arrondis

Noir de poix, mat (El. d'un brun clair *V. agreste F*); tête et Th. à ponctuation ridée, dense; El. à points fins et serrés. **striatum** L

## SAPHANUS

Troisième et quatrième art. ant. subégaux; épistome séparé du front par une impression

1 Dernier art. palpes triangulaire, obliquement tronqué (**Saphanus**); noir-brun brillant; Th. épineux à ligne médiane lisse; El. finement ponctuées. 15—18 **piceus** Laich

— Dernier art. palpes cultriforme (**Drymochares**); noir mat, à ponctuation serrée; Th. à ligne médiane lisse; El. à points fins et serrés, à lignes éparses longitudinales. 15—17 **Truquii** Mls

## OXYPLEURUS

Troisième art. ant. plus court que le 4ᵉ; épistome séparé du front par une impression anguleuse

Brun, à pubescence grise; El. parsemées de petits espaces circulaires lisses perforés d'un point à leur centre. 12—15 **Nodieri** Mls

### STROMATIUM

Th. convexe, sans impressions planes; yeux fortement échancrés; saillie antennaire armée d'une dent obtuse

Roux-fauve, pubescent: El. à deux nervures plus saillantes, à points élevés, plus saillants près de la suture, sur leur moitié interne. 16—24 **fulvum Vill**

### HESPEROPHANES

Saillie antennaire sans dent obtuse: El. à sommet arrondi

1 Th. tomenteux, grisâtre, avec q. q. P. dénudés: El. à points dénudés épars. 20—26 **sericeus F**

— Th. non couvert de duvet très serré. 2

2 Dessus brun plus ou moins foncé, à duvet disposé en mouchetures sur les El. 3

— Dessus jaune-rougeâtre: El. à duvet blond sans mouchetures. 15—20 **pallidus Ol**

3 Brun: El. sans longs poils à duvet disposé par places. **cinereus Vill**

— Brun-rougeâtre: El. à longs poils mi-dressés, clair-semés, ordinairement avec une bande sombre après le milieu. 13—18 **griseus F**

### CRIOCEPHALUS

Th. déprimé, à impressions planes; troisième art. ant. double du deuxième

1 3e art. des tarses fendu jusqu'à la base; yeux à poils rares. **rusticus L**

— 3e art. des tarses divisé jusqu'au milieu; yeux sans poils. **ferus Kr**

### SPONDYLIS

Corps cylindrique; ant. monoliformes à art. courts et larges

Noir, brillant, très ponctué: Th. globuleux: El. à 2 lignes longitudinales élevées. 13—20 **buprestoides L**

## PRIONINI

### PRIONUS

Th. à rebords tranchants sur les côtés, qui sont armés de 3 fortes épines

Brun ou noir: El. grandes, larges, à ponctuation rugueuse, à angle sutural épineux. 25—28 **coriarius L**

### ERGATES

Th. à côtés crénelés armés d'une forte dent après le milieu

Brun: Th. ♀ très rugueux, ♂ très ponctué, à plaques luisantes; 1er art. ant. très gros; angle sutural des El. épineux. 27—45 **faber L**

### MACROTOMA

Côtés du Th. avec plusieurs petites épines, dont une plus forte, plus relevée, avant la base

Noir ou brun: El. rugueuses à 3 ou 4 nervures; ♀ oviducte saillant. 35—40 **scutellaris Germ**

### TRAGOSOMA

Th. avec une épine au milieu des côtés, et des poils en forme de houppe, sur son disque

Brun plus ou moins foncé: Th. à pubescence d'un roux fauve; ant. d'un brun fauve. 27—32 **depsarium L**

### ÆGOSOMA

Th. à angles postérieurs avancés en forme de dent

Brun clair: Th. très resserré au sommet; ant. rougeâtres ainsi que les pattes; ♀ oviducte saillant. 27—40 **scabricorne Scop**

## LAMIINI

### ACANTHOCINUS

Th. à 4 taches de duvet jaunâtre, placées transversalement avant le milieu

1 Premier art. des tarses postérieurs plus long que les suivants réunis. 9—11 **griseus F**

— Premier art. des tarses postérieurs plus court ou au plus pas plus long que les suivants. 2

2 Premier art. ant. à tranche externe et à sommet, noirs. 14—19 **ædilis L**

— Premier art. ant. à sommet seul noir. 11—13 **reticulatus Razu**

### LIOPUS

Premier art. ant. non dilaté au sommet; fémurs claviformes

1 Art. 3-11 ant. rougeâtres, à sommet noir; base des fémurs et milieu des tibias, rougeâtres. 6—9 **nebulosus L**

— Ant. et pattes noires. 6—8 **punctulatus Payk**

### EXOCENTRUS

Ant. ciliées; épine latérale du Th. placée après le milieu et dirigée en arrière

1 Bande transverse des El. plus courte au côté externe qu'à l'interne: El. à duvet blanc cendré, à points dénudés sérialement disposés. 5 **punctipennis Mls**

— Bande élytrale dénudée précédée d'une tache latérale allongée et prolongée extérieurement presque jusqu'au sommet: El. à poils alignés, naissant pour la plupart d'un point dénudé. **lusitanicus L**

— El. à rangées de taches de duvet blanc, à bande transverse fortement sinuée. 6—8 **adspersus Mls**

### ACANTHODERES

Ant. grossièrement ciliées au côté interne, à 1er art. mince dans le 1/3 de sa longueur puis brusquement renflé en massue

Art. des ant. annelés de blanc à la base; dessus bariolé de duvet blanc et rougeâtre: El. à 3 bandes transverses noires, à points profonds et écartés. 14—16 **clavipes Schrk**

## POGONOCHÆRUS

El. rétrécies vers le sommet, parées de soies en faisceaux; dessus du corps cilié de poils

1 El. épineuses à l'angle postéro-externe. **2**

— El. non épineuses à l'angle postéro-externe. **5**

2 El. à base recouverte d'un duvet blanc, serré; ant. annelées de duvet blanc à la base, à partir du 3e art. 6 -7 **hispidulus Pill**

— El. sans duvet blanc, serré, à la base; ant. non annelées de blanc, q. q. fois pâles et légèrement blanchâtres à la base des art. **3**

3 Ecusson noir velouté: El. à bande oblique cendrée allant de l'épaule aux 2/5 de la suture. 5—6 **hispidus L**

— Ecusson noir velouté à ligne médiane flave ou cendrée. **4**

4 Th. à plaque ovale, noire, dénudée; base des El. sans fascicules de poils noirs. **Perroudi Mls**

— Th. à linéole dénudée, peu apparente; un fascicule de poils noirs de chaque côté de l'écusson; (tubercules du Th. moins élevés, épines des El. moins marquées, teinte générale plus claire, ant. annelées plus brièvement de noir *V. griseus Pic*). **Caroli Mls**

5 Ecusson à duvet blanc ou gris: El. à bande oblique noire précédée d'une bande de duvet blanc épais, marquées de P. enfoncés, même près du sommet. 4—5 **ovatus Gœz**

— Ecusson noir velouté, à ligne médiane blanche. **6**

6 El. à bande oblique noire, bordée en avant d'une raie d'épais duvet blanc; pas de points enfoncés près du sommet; dessus cilié de longs poils. 4—6 **decoratus Frm**

— El. ornées en avant d'une bande transverse de duvet blanc, plus ou moins bordée de noir postérieurement. 5—6 **fasciculatus Deg**

## DEROPLIA (Belodera)

Th. plus long que large: El. étroites non rétrécies vers l'extrémité

1 El. subarrondies-tronquées au sommet. 6 **Genei Arag**

— El. subarrondies en pointe au sommet, plus grossièrement ponctuées. 9—11 **Troberti Mls**

## PARMENA

Ant. concolores; yeux grossièrement granulés

1 Corps hérissé de longs poils: El. ayant q. q. f. une bande transversale. 7—10 **Solieri Mls**

— Corps non hérissé de longs poils: El. à large bande brune, transversale, peu duveteuse, bien visible. 5 -9 **balteus L**

## DORCADION

Ant. plus courtes que le corps, à premier art. sans rebord tranchant avant le sommet

1 Th. à deux bandes longitudinales de duvet blanc ou jaunâtre, séparées par une ligne lisse, brillante (plus grand, ligne médiane de la tête prolongée jusqu'au vertex; prosternum sillonné *V. Donzeli Mls*). 9—17 **molitor F**

— Th. sans lignes blanches; tête et Th. glabres; El. tomenteuses à duvet cendré concolore ou varié de bandes jaunes ou brunes. 12—18 **fuliginator L**

Var: El. à duvet brun foncé avec bandes blanches: la dorsale longue reliée par la base à la suturale. **vittigerum F**

Même coloration, mais bande dorsale des El. plus courte ne dépassant pas le tiers. **navaricum Mls**

El. brunes à 4 bandes blanches, l'humérale dilatée et réunie au sommet, à la latérale. **meridionale Mls**

Bande humérale abrégée au sommet; entre elle et la bande suturale. est une petite bande très courte. **pyrenæum Germ**

Ligne médiane de la tête effacée sur le vertex et bordure suturale non reliée par la base à la bande dorsale. **monticola Mls**

## DORCATYPUS (Herophila)

Ant. plus courtes que le corps à premier art. plus long que le troisième

Noir à duvet gris; El. à deux taches noires veloutées et à points lisses nombreux. 15—20 **tristis F**

## MORIMUS

Ant. plus longues que le corps, à troisième art. beaucoup plus long que le premier

1 Ecusson demi-circulaire: El. à granulations un peu luisantes, affaiblies au sommet; ant. ♂ presque 2 fois aussi longues que le corps. 20—34 **asper Sulz**

— Ecusson bilobé au sommet; granulations des El. non brillantes; ant. ♂ à peine 1/4 plus longues que le corps. 20—35 **funereus Mls**

## LAMIA

El. non soudées; ant. plus courtes que le corps, à premier art. égal au troisième

Noir, à duvet gris brun: El. à granulations, plus fortes à la base et à mouchetures de duvet fauve. 15—20 **textor T**

## MONOHAMMUS

Ant. à rebord tranchant avant l'extrémité du 1er art.

1 Ecusson à ligne médiane lisse; pattes noires. 18—24 **sutor L**

— Ecusson sans ligne lisse. 2

2 Pattes noires: El. transversalement déprimées au premier tiers. 26—30 **sartor F**

— Pattes rougeâtres: El. sans dépression. 15—25 **galloprovincialis Ol**

## HOPLOSIA

Ant. ciliées; Th. à épine latérale située un peu après le milieu

Ant. noires, à duvet blanc à la base des art. 3-11; dessus brun à duvet cendré: El. à points assez gros, à bandes médiane et apicale de duvet cendré. 12 **fennica Payk**

## HAPLOCNEMIA (Mesosa)

El. larges, courtes; troisième art. ant. plus long que le quatrième; le premier muni en dessus d'un rebord tranchant antéapical et externe

1 Th. à quatre taches d'un noir velouté, ocellées, entourées de jaune

orangé: El. avec chacune deux taches semblables, l'antérieure plus petite. 12—17 **curculionoides L**

— Th. à bandes noires longitudinales: El. à duvet gris, fauve et brun, à tache médiane latérale blanchâtre. 9—14 **nebulosa F**

### NIPHONA

Th. avec deux petits tubercules de chaque côté: El. à sommet échancré, à angles sutural et externe, fortement étirés

Fauve cendré; ant. à taches ponctiformes blanches: Th. rugueux: El. à tache huméro-latérale blanche. 12–18 **picticornis Mls**

### ALBANA

Th. transverse plus rétréci en arrière qu'en avant; premier art. des ant. égal au quatrième

Dessus à duvet cendré et fauve: El. à tache commune, aux 2/3, d'un blanc cendré en forme d'M, chaque branche externe bordée de noir. 5—6 **M-griseum Mls**

### ANÆSTHETIS

Ant. noires à premier art. plus court que le quatrième: Th. aussi long que large

Noir, avec El. et Th. d'un roux fauve; ce dernier q. q. fois brun. 6-9 **testacea F**

### SAPERDA

1 Front à sillon longitudinal médian. **2**

— Front sans sillon. **3**

2 El. granuleusement ponctuées à la base, étirées en pointe au sommet. (**Anaerea**) 22—28 **carcharias L**

— El. sans ponctuation granuleuse à la base, arrondies ensemble au sommet. (**Amilia**) 15—20 **similis Laich**

3 Dessus noir, à duvet cendré; deux bandes de duvet roux sur le vertex et le Th.: El. rugueuses à 4 ou 5 taches ponctiformes cendrées sur chacune. (**Compsidia**) 9—14 **populnea L**

— El. noires à bordure suturale ayant quatre dilatations latérales et à 7 taches sur chacune, de duvet jaune. (**Saperda**) **scalaris L**

— El. à duvet jaune ou vert et à taches noires. **4**

4 Th. à ligne latérale interrompue et à 4 taches, noires: El. avec 5 taches ponctiformes, une ligne humérale interrompue et une tache sur le bord, noires. 18 -20 **perforata Pall**

— Vert tendre: Th. à 4 taches en demi-cercle, El. à 4 taches en ligne longitudinale, noires. 14—15 **octopunctata Scop**

— Vert tendre: Th. à 6 P. noirs, en triangle, de chaque côté de la ligne médiane: El. à 6 P. noirs irrégulièrement placés. **punctata L**

### MENESIA

Yeux très saillants: El. fortement échancrées au sommet

Noir, pattes testacées; front, une ligne médiane au Th., écusson et une tache ponctiforme, subapicale, sur chaque El., garnis de duvet blanc. 6—7 **bipunctata Zoub**

Var: 2 taches blanches sur chaque El. la première aux deux tiers V. 4-pustulata Mls
2 taches ponctiformes blanches sur le vertex, taille plus petite. V. Perrisi Mls

### CALAMOBIUS

Corps très étroit; ant. très longues, fémurs postérieurs atteignant à peine l'extrémité du premier segment abdominal

Linéaire, étroit; noir, à duvet cendré plus concentré sur le milieu du vertex, du Th. et le long de la suture; ant. très grêles et longues. 5–11 **filum Ross**

### AGAPANTHIA

Ant. ciliées, fémurs postérieurs atteignant au moins le sommet du deuxième segment ventral

1 El. d'un noir bleuâtre, à 4 rangées de mouchetures de duvet blanc. 15–17 **irrorata F**

— El. sans rangées de mouchetures, mais à bordure suturale de duvet blanc. 9–12 **cardui L**

— El. sans mouchetures ou taches ponctiformes de duvet disposées sur 4 rangées et avec suture concolore. 2

2 Dessus bleu métallique concolore: Th. sans bandes longitudinales duveteuses. 9–12 **violacea F**

— Dessus noir, à duvet plus ou moins serré: Th. à bandes de duvet plus clair. 3

3 Duvet des El. disposé par mouchetures. 4

— Duvet des El. uniforme. 5

4 1er art. ant. à rare pubescence blanchâtre en avant; 3e art. ant. rougeâtre jusqu'aux 3/4 de sa longueur. 15–20 **Dahli Richt**

— 1er art. ant. sans pubescence externe; 3e art. non ou à peine d'un rougeâtre translucide à la base. 13–16 **villosoviridescens Deg**

5 1er art. ant. sans duvet jaune ou blanchâtre en avant; le 3e d'un blanc rosat jusqu'aux 2/3, noir au tiers postérieur. **Kirbyi Gyl**

— 1er art. ant. à tache duveteuse jaune ou blanchâtre en avant. 6

6 1er art. ant. garni en dehors de duvet jaune très épais, le 3e blanc à l'extrême base, puis rougeâtre, puis noir à l'extrême sommet. 14–20 **asphodeli Lat**

— 1er art. ant. à léger duvet blanchâtre extérieurement; le 3e art. brièvement annelé de blanc à la base, noir, q. q. fois brun ou brun rouge, vers la base. 15–28 **cynaræ Germ**

### TETROPS

Yeux divisés en 2 parties; Th. étranglé à la base: El. non rétrécies vers le sommet

1 Noir: El. d'un jaune d'ocre à sommet enfumé; pattes testacées, moins les 4 cuisses postérieures. 4–4,5 **præusta L**

— Noir à poils cendrés longs; pattes testacées. **gilvipes Fald**

### STENOSTOLA

Ant. grêles: El. parallèles, seulement un peu dilatées avant l'extrémité, arrondies au sommet

1 El. d'un noir bleuâtre à duvet gris cendré; 2 lignes sur le Th. et

écusson, garnis de duvet blanc. 10—13 **ferrea Schr**

— El. noires, beaucoup moins fortement ponctuées, à pubescence plus dense. 10—13 **nigripes F**

## OBEREA

El. tronquées au sommet, allongées, subparallèles; fémurs postérieurs atteignant au plus le sommet du deuxième segment ventral

1 Th. rouge jaune. 2

— Th. noir ou roux foncé. 3

2 Th. avec 2 points noirs sur le disque; écusson orangé. **oculata L**

— Th. avec 2 P. noirs, mais placés sur les côtés; écusson et une tache juxta-scutellaire, jaunes. 13—15 **pupillata Gyl**

3 Dessus complètement noir, pattes d'un testacé pâle. **linearis L**

— Tête d'un roux ferrugineux (q. q. f. le disque du Th.); pattes ferrugineuses. 9—12 **erythrocephala Séhr**

## PHYTŒCIA

El. rétrécies vers le sommet; fémurs postérieurs atteignant le sommet du 3e ou quatrième segment ventral

1 El. à duvet disposé par taches; mandibules bidentées au sommet (**Pilemia**); ant. annelées de blanc; dessus à duvet cendré, moucheté. 9—13 **tigrina Mls**

— El. ♂ ornées d'une bordure suturale ou de bandes de duvet blanc; mandibules simples à l'extrémité (**Coniozonia**); noir à duvet gris brun; écusson, trois bandes sur le Th. et une large bande longitudinale sur les El., garnis de duvet blanc. 15—20 **vittigera F**

— El. à duvet ne formant ni taches, ni bandes. 2

2 Yeux non divisés en deux parties. (**Phytœcia**) 3

— Yeux divisés en deux parties. (**Opsilia**) 19

3 Th. testacé, taché de noir; épipleures des El. testacés à la base. 4

— Th. noir, taché de testacé. 5

— Th. bleu ou vert métallique, ainsi que les El. 7—10 **rufimana Schr**

— Th. noir, concolore. 7

4 Tête noire: El. à duvet cendré ardoisé; dessous à duvet cendré. 12—14 **affinis Panz**

Var. El. noires, glabres; dessous à duvet doré. **Var. subaurata Pic**

— Tête tachée de rougeâtre. 9—12 **rubropunctata Goez**

5 Th. caréné. 5—6 **pustulata Schrk**

— Th. noir non caréné. 6

6 Pattes noires, moins tibias antérieurs et sommet des 4 cuisses postérieures, rougeâtres. 7—9 **virgula Charp**

— Pattes noires, moins un anneau avant le sommet des 4 cuisses postérieures, les tibias antérieurs et moitié basilaire des autres, rouges. 9–12 **V. vulnerata Mls**

7 Pattes noires (ou tibias antérieurs seuls d'un jaune pâle à la base *V. solidaginis Bach*). 9–12 **nigricornis F**

— Pattes plus ou moins testacées. 8

8 Les quatre pattes postérieures noires. 9—10 **cylindrica L**

— Les 4 pattes postérieures, en partie testacées. 9

9 Th. à ligne médiane couverte de duvet flave ou blanc. **ephippium** F

— Th. sans ligne médiane de duvet blanchâtre. 8—10 **erythrocnema** Luc

10 Taille grande (10-13), dessus à duvet verdâtre; 2 bandes latérales claires sur le Th. (tête et Th. à duvet roux-cendré; El. à duvet verdâtre *V. flavicans Mls*). **cœrulescens** Scop

— Taille plus petite (6-8), dessus sans duvet verdâtre. 11

11 Noir à pubescence grise: El. fortement et densément ponctuées. **uncinata** Redt

— Noir bleuâtre ou verdâtre à duvet cendré fin: El. à ponctuation plus grosse, moins serrée. **molybdæna** Dalm

# CHRYSOMELIDÆ

## DONACIINI

### DONACIA

Premier segment abdominal aussi long que tous les autres; troisième art. tarses *profondément bilobé*

1 El. arrondies à l'extrémité; 1er segment ventral égal aux autres réunis. (**Plateumaris**) 2

— El. tronquées; 1er segment ventral plus long que les autres pris ensemble. 6

2 Corselet glabre. 3

— Corselet légèrement velu (regarder l'insecte d'un peu haut, la tête en avant). 4

3 Antennes et pattes bronzées unicolores; insecte très variable pour la couleur. 7—9,5 **sericea** L

— Antennes et pattes variées de testacé. 7-9 **discolor** Panz

4 Corps allongé d'un noir bleuâtre, avec le Th. violet foncé ou cuivreux pourpré; pattes d'un rouge ferrugineux vif. **braccata** Scop

— Insectes d'un noir foncé brillant ♂, ou d'un bronzé clair et doré ♀. 5

5 Côtés du Th. presque droits, se rétrécissant graduellement du sommet à la base; angles antérieurs tronqués à callosité saillante. 5—8 **abdominalis** Ol

— Côtés du Th. arrondis jusqu'au tiers postérieur, puis assez fortement rétrécis, angles antérieurs à tubercule aigu plus ou moins saillant. **consimilis** Schrank

6 El. tomenteuses; cuisses postérieures non dentées, n'atteignant pas l'extrémité des élytres. 7

— El. glabres. 8

7 2e art. des ant. presque égal ♂, égal ♀, au 3e; El. à pubescence cendrée argentée, à intervalles plans. 7—10 **cinerea** Herbst

— 3e art. des ant. double du second; El. à pubescence flavescente; intervalles convexes, le 3e proéminent et curviligne près du sommet des El. **tomentosa** Ahr.

8 Pattes au moins en partie rouges, cuisses postérieures non dentées et n'atteignant pas l'extrémité des élytres. 9

— Pattes concolores, de la couleur du dessous du corps. **13**

9 Dessus du corps rouge fauve, plus ou moins foncé. **fennica Payk**

— Dessus du corps à couleur métallique brillante. **10**

10 El. à bande suturale d'une couleur différente. **11**

— El. concolores. **12**

11 Insecte déprimé, assez grand, assez brillant; 3e art. des antennes plus grand que le 2e et plus petit que le 4e. 6—9 **vulgaris Zschach**

— Insecte convexe, court (la plus petite des Donacies d'Europe); 3e article des antennes égal au 2e et plus petit que le 4e. 5—8 **semicuprea Panz**

12 Pattes et ant. d'un jaune ferrugineux sans taches; 3e art. des ant. plus grand que le 2e et égal au 4e. 9—12 **clavipes F**

— Subdéprimé; ant. bronzées à base des art. ferrugineuse; 3e art. des ant. plus grand que le 2e et plus petit que le 4e; pattes ferrugineuses avec les 2/3 ou 3/4 postérieurs des cuisses bronzés. **simplex F**

13 Cuisses postérieures dentées, atteignant ou même dépassant l'extrémité des El. **14**

— Cuisses postérieures dentées, n'atteignant pas l'extrémité des El. **17**

14 Une bande pourpre plus ou moins large, allant de la base à l'extrémité des El.; au tiers antérieur des El. une impression triangulaire ou carrée profonde, vers la suture; 3e art. des ant. double du 2e; cuisses postérieures unidentées ♂ ♀. 6—9,5 **aquatica L**

— El. presque convexes, sans bande cuivreuse sur leur disque et sans impression bien marquée. **15**

15 Cuisses postérieures fortement claviformes, bidentées ♂, unidentées ♀; Th. finement rugueux, presque lisse, transverse; pattes ferrugineuses à dilatation des fémurs post. bronzée. 9—11 **crassipes F**

— Cuisses postérieures un peu renflées mais non claviformes. **16**

16 Pattes d'un violet métallique, avec la base des cuisses postérieures surtout et les tibias, rougeâtres; disque du Th. à ponctuation écartée. 6—9 **versicolorea Brah**

— Pattes rougeâtres avec tranche externe des cuisses et des jambes et dessus des tarses, d'un bronzé violet obscur; 3e article des antennes plus grand que chez la *bidens*; Th. rugueusement ponctué. 7—9,5 **dentata Hoppe**

17 El. à bande submarginale cuivrée, pourpre ou bleue; 3e art. des ant. à peine plus long que le 2e. 8—11 **limbata Panz**

— El. concolores. **18**

18 El. convexes sans impressions, à rides transverses très prononcées, à stries vagues; angles antérieurs du corselet très saillants et dirigés en avant; de chaque côté du sillon dorsal existe un tubercule transversal. 7,5—10 **appendiculata Ahr**

— El. subdéprimées à dépressions très visibles; angles antérieurs du corselet peu ou point saillants. **19**

19 Cuisses postérieures bidentées ♂ et ♀; dessus du corps d'un vert foncé à reflets violâtres ou d'un bronzé obscur presque noirâtre. 7—9 **sparganii Ahr**

— **Cuisses postérieures à une seule dent chez les deux sexes.** **20**

20 Base des El. presque entièrement couverte de points serrés qui rendent les stries confuses; dessus bronzé, mat. 8,5—10 **obscura Gyll**

— Stries des El. bien nettes à la base. 21

21 3e art. ant. 2 fois plus long que le 2e; dessous jaune verdâtre, doré, satiné; dent des fémurs forte; 1er segment abdominal ordinairement avec une ligne élevée. 8,5—10 **bicolora Zsch**

— 3e art. des ant. égal au 2e ou peu plus long. 22

22 Pubescence satinée du dessous, mélangée de longs poils blancs condensés sous les yeux et aux tempes et visibles de haut: Th. rétréci à la base. 7—9 **thalassina Germ**

— Dessous du corps à poils moins longs émergents de la pubescence feutrée; yeux à peine garnis en dessous de poils plus longs. 23

23 Th. peu brillant à ponctuation serrée; ant. plus courtes à 2e art. égal au 3e; dent des fémurs très obsolète. 8—9,5 **brevicornis Ahr**

— Dessus assez brillant: Th. carré; 2e art. ant. égal au 3e; dent des fémurs obsolète. 6,5—9 **impressa Payk**

— Brillant; front non tuberculé: Th. allongé, transversalement rugueux, peu ponctué; pattes épaisses, dent fémorale aiguë. **antiqua Kunz**

## HÆMONIA

(*Faune d'*Erichson: *J. Weise.*—Lacordaire: *Phythophages*)

Premier segment abdominal aussi long que tous les autres; troisième art. tarses non bilobé: El. épineuses au sommet

1 2e art. tarses plus long que le 1er; sommet des fémurs et des tarses noir: Th. en carré allongé à 2 lignes noires: El. profondément ponctuées-striées, longuement dentées au sommet; fémurs postérieurs claviformes; points des El. noirs. **appendiculata Panz**
Var. Th. immaculé. V. flavicollis Bell
Stries des El. à points non noirs. V. Chevrolati Lcd
El. à lignes noires. V. lineata Chev

— 2e art. tarses subégal au 1er; sommet des tarses rembruni: Th. subtransverse à 2 lignes noires: El. finement striées-ponctuées; fémurs post. à peine claviformes. 4,5—6 **mutica F**
Var. El. à lignes noires. V. Curtisi Lcd
El. noires à bordure externe et intervalles alternes, plus ou moins testacés. V. ruppiæ Germ

# SAGRINI

## ORSODACHNE

(*Faune d'*Erichson: *J. Weise.*—Lacordaire: *Phytophages*)

1er segment ventral de la longueur des 2 suivants

1 Dessus glabre, complètement testacé ainsi que les pattes; poitrine et abdomen rembrunis ou testacés. 4,4—8 **cerasi L**
Var. Noir en dessus: Th. rouge. V. glabrata Panz
Dessus noir, ant. et pattes rouges. V. Duftschmidi Ws

— Dessus pubescent, testacé concolore ou avec une ligne dorsale et souvent la suture, tête et poitrine, noires. 4—7 **lineola Panz**

Var: Noir, El. ou testacées avec la marge latérale souvent noire, ou couleur de poix. **V. nigricollis Ol**
Noir ou noir bleuâtre; 2 taches au Th. et épaules rougeâtres. **V. humeralis Latr**
Complètement noir. **V. cœrulescens Duft**

# CRIOCERINI

1er segment abdominal un peu plus grand que chacun des suivants

1 Th. crénelé ou épineux sur les côtés; crochets des tarses bifides. 2
— Th. ni crénelé ni épineux latéralement. 5
2 Yeux entiers, hanches intermédiaires contiguës (**Syneta**); noir brun, partie antérieure de la tête, pattes, une étroite bordure marginale aux El., testacées. **betulæ Payk**
— Yeux légèrement échancrés; hanches intermédiaires séparées. (**Zeugophora**) 3
3 Dilatation latérale du Th. spiniforme; tête noire au sommet, cuisses postérieures rembrunies. 2,5—3,5 **flavicollis Marsh**
— Dilatation latérale du Th. obtuse. 4
4 Tempes presque aussi longues que l'œil; tête et écusson, jaunes (front, vertex et écusson, noirs *V. frontalis Suff*). **scutellaris Suff**
— Tempes peu plus longues que moitié de l'œil; tête rougeâtre. 3 **subspinosa F**
5 Crochets des tarses soudés à la base. (**Lema**) 6
— » » » non soudés à la base. (**Crioceris**) 9
6 Th. fauve ou rouge; pattes rouges, sommet des tibias et tarses, noirs. 4—4,5 **melanopa L**

L'**Hoffmannseggi Lcd** a les pattes d'un bleu foncé.

— Th. bleu comme les El. 7
7 Pattes testacées. 3—5 **flavipes Suff**
— » d'un bleu foncé. 8
8 Dépression transv. basale du Th. densément ponctuée; disque à 3 rangs de points plus gros. 4—4,5 **Erichsoni Suff**
— Dépression du Th. non ponctuée; disque à 2 rangs de P. plus gros. 3–4 **cyanella L**
9 El. concolores, d'un rouge cinabre à l'état frais, tournant au rouge brique avec le temps. 10
— El. à taches ou à dessins variés. 12
10 Pattes noires; insecte noir, moins le Th. et les El. 6–8 **lilii Scop**
— Pattes en partie rouges. 11
11 Derniers segments de l'abdomen rouges. 6—7,5 **merdigera L**
— Abdomen noir: El. plus fortement striées-ponctuées. **tibialis Vill**
12 Couleur foncière des El. d'un rouge ferrugineux. 13
— Couleur foncière des El. bronzée. 16
13 Th. à taches noires. 14
— Th. roux sans taches. 15
14 Th. à 4 P. noirs, placés transversalement après le sommet; El. à 7 points noirs (1, 2, 2, 2 réunis, 1). 5—6,5 **14-punctata Scop**

— Th. à 2 traits noirs de chaque côté du milieu: El. à 4 taches noires (1 humérale, 1 ponctiforme sous l'épaule, 1 médiane, 1 apicale), plus une bande suturale noire. 4—4,5 **paracenthesis L**

15 El. à suture concolore et à 12 P. noirs. 5—6,5 **12-punctata L**

— El. à tache noire suturale oblongue de la base au milieu, puis la suture à la suite de cette tache est noire sur une faible largeur; de plus 2 P. noirs sur chaque El. 5—6 **5-punctata Scop**

16 Th. rouge à 2 taches variables sur le disque. 6—6,5 **asparagi L**

— Th. bronzé entouré d'un limbe ferrugineux. 4,5—5 **V. campestris L**

## CLYTRINI

Tête enfoncée dans le Th: ant. écartées à la base, dentées à partir du 4e ou 5e art.; crochets des tarses simples; saillie prosternale nulle ou mince

1 Th. et tête à longs poils blancs, épais, redressés. (**Lachnaea**) 2

— Tête seule à poils blancs, redressés, longs. 8

— Dessus du corps complètement glabre (la tête et le Th. sont q. q. fois pubescents, mais très finement). 14

2 Ant. dentées à partir du 5e art. 3

— Ant. dentées à partir du 4e art. 4

3 El. concolores. 8,5—10 **paradoxa Ol**

— El. à 3 P. noirs. 6—13 **V. vicina Lcd**

4 Tête et Th. d'un bleu ou bleu verdâtre métallique vif; tête mate à rides allongées; épistome échancré en 1/2 cercle. **tristigma Lcd**

— Tête et Th. noirs ou à faible reflet métallique. 5

5 Tache antérieure des El. placée en arrière du cal huméral; tête et Th. bleuâtres. 8—11 **cylindrica Lcd**

— Tache antérieure des El. placée sur le calus huméral. 6

6 4e art. ant. à peu près aussi long que large; corps à pubescence très longue. 8—11 **hirta F**

— 4e art. ant. beaucoup plus long que large; pubescence du corps médiocrement longue. 7

7 3e art. des tarses antérieurs ♂ allongé, à côtés subparallèles, le 2e presque 3 fois aussi long que large: gouttière latérale du Th. égale de la base au sommet. 9—13 **pubescens Duft**

— 3e art. des tarses antér. ♂ cordiforme, allongé, le 2e 2 fois à peine aussi long que large; gouttière latérale du Th. élargie vers les angles postérieurs. 10—13 **6-punctata Scop**

8 Hanches antérieures séparées par une lame étroite. (**Clytra**) 9

— Hanches antérieures non séparées par une lame étroite. (**Tituboea**) 12

9 Th. noir: El. à 2 taches noires. 10

— Th. rouge ou rouge à taches noires (3 ou 5): El. avec chacune 3 taches noires, q. q. f. immaculées. 11

10 Th. peu convexe, ponctué, plus fortement dans le pourtour, à bords latéraux larges, peu relevés ;vertex fortement sillonné, une tache rouge derrière les yeux. 7—11 **4-punctata L**

— Th. assez convexe à marge latérale moins large un peu relevée, à disque très finement ponctué. 7—11 **appendicina Lac**

— Th. presque lisse à ponctuation fine sur le pourtour, à côtés relevés en gouttière; tache postérieure des El. forte, transversalement ovale. 7-11 **læviuscula Ratz**

11 El. avec 1 tache humérale et 2 taches parallèles après le milieu, l'interne la plus grosse; forme allongée. 6—9 **9-punctata Ol**

— El. avec une tache humérale, une petite au quart vers la suture, et plus loin une bande rétrécie au milieu; forme courtement ovale. 7—10 **atraphaxidis Pal**

12 Cuisses et tibias ♂, tibias ♀, testacés. 6—10 **macropus Ill**

— Pattes noires. **13**

13 El. à 3 taches noires (1,2). 9—13 **6-maculata F**

— El. à 3 taches noires (1,1,1) souvent une 4e (sur le bord latéral en avant de la 3e) très petite, parfois divisée en deux: ♂ Th. noir avec taches jaunes, ♀ Th. rouge avec une à 3 taches noires. 6—9 **biguttata Ol**

Var. El. d'un rouge cerise: Th. ♂ noir, ou ♀ rouge avec 1 à 5 P. noirs. **V. dispar Luc**

14 Tête prolongée de chaque côté sous les yeux en une grosse oreillette. **15**

— Tête de grosseur ordinaire sans oreillettes. **23**

15 Tête perpendiculaire; Th. à côtés rougeâtres (**Chilotoma**). 3—5 **musciformis Goez**

— Tête penchée, non perpendiculaire; Th. concolore, vert ou bleu; El. jaunes à point huméral noir, manquant souvent. (**Labidostomis**) **16**

16 Ant. dentées à partir du 4e art. **17**

— Ant. dentées à partir du 5e art. **19**

17 Côtés du Th. crénelés. 7—12 **taxicornis F**

— Côtés du Th. non crénelés. **18**

18 Tête et Th. finement pubescents; tibias interméd. et postér. à peine épaissis au sommet. 5—7,5 **V. meridionalis Lac**

— Tête et Th. glabres; tibias interméd. et postér. subitement élargis en dedans au sommet. 6—10 **lusitanica Germ**

19 Tête et Th. finement pubescents (ne pas confondre cette pubescence avec la pubescence longue, villeuse, des *Lachnæa*); labre jaune: El. sans tache humérale. **20**

— Tête et Th. glabres; labre brun de poix. **21**

20 Pubescence de la tête et du Th. dense: Th. à ponctuation égale, fine, peu marquée. 7—10 **pallidipennis Gebl**

— Pubescence très fine et rare, visible sur la tête surtout: Th. à ponctuation grosse, assez serrée. 5—8 **cyanicornis Germ**

21 Th. à points gros, serrés, allongés, confluents, ce qui le fait paraître rugueux. 7,5—10 **humeralis Panz**

— Th. assez brillant à P. ronds, enfoncés, plus ou moins rapprochés. **22**

22 Tête triangulaire plane (vertex presque plat) à rugosités serrées, front ponctué: Th. à base fortement bisinuée, à angles postérieurs

fortement relevés. 6—8,5 **tridentata** L

— Tête grosse, carrée; vertex convexe: Th. non bisinué à la base: El. d'un testacé pâle à point huméral noir. 5—9 **lucida** Germ

— Tête petite, carrée; ♂ front excavé, cuivreux au fond, ♀ une fossette frontale; vertex subconvexe, subsillonné: El. testacées à P. huméral brun. 3,5—7 **longimana** L

23 Labre à peine échancré; 3e art. tarses à lobes subaigus au sommet; dessus jaune (à l'exception du *chalybœa* complètement bleu) à taches vertes ou bleuâtres jamais disposées ainsi: 2,2 (**Coptocephala**). 24

— Labre visiblement échancré; 3e art. des tarses à lobes arrondis au sommet. 28

24 Dessus bleu foncé; El. alutacées, obsolètement ponctuées. **chalybæa** Ger

— Dessus fauve; El. rarement immaculées. 25

25 Pattes testacées en tout ou en partie. 26

— Pattes d'un noir bleuâtre, de la couleur du dessous du corps. 27

26 Tibias fauves à la base au moins, cuisses à tache noire bleuâtre à la base; labre fauve rougeâtre. 4—7 **unifasciata** Scop

— Pattes d'un brun de poix plus ou moins foncé, tibias seuls testacés: labre brun. 5—6 **floralis** Ol

27 El. avec une tache oblongue humérale et une autre plus grande transverse, au delà du milieu. 5—6 **rubicunda** Laich

— Ecusson caréné dans sa partie supérieure; El. avec 2 bandes transversales. 5—7 **scopolina** F

28 2e et 3e art. ant. aussi larges que le 1er ♂; dessus fauve à 4 taches noires (2,2); cuisses antérieures ♂ bidentées, (**Macrolenes**). (El. avec chacune 2 taches noires *V. bimaculata Ross*; El. avec 3 taches chacune *V. salicariæ Men*). 4—7 **ruficollis** F

— 2e et 3e art. ant. beaucoup plus minces que le 1er ♂, dessus bleu; Th. concolore, ou rougeâtre, ou bleu bordé de rougeâtre. (**Gynandrophthalma**) 29

29 Dessus concolore, vert bleuâtre plus ou moins foncé. 3,5—5 **concolor** F

— Dessus bleu: Th. complètement fauve ou bordé de fauve. 30

30 Pattes entièrement fauves (q. q. fois les cuisses sont d'un vert bronzé jusqu'au 1/3 environ, mais jamais à toutes les pattes). 31

— Pattes en partie testacées, tarses q. q. fois et toujours base des cuisses, plus ou moins noirs. 33

31 Th. concolore, fauve, lisse. 32

— Th. noir, largement bordé de fauve; la partie noire seule pointillée. 2,5—4 **affinis** Hell

32 Ovale, convexe; tête transversalement impressionnée entre les yeux. 4,5—6,5 **salicina** Scop

— Oblong, allongé; tête à impression ponctiforme légère entre les yeux. 3,5—4,5 **flavicollis** Charp

33 Th. jaune; tarses noirs. 3—5 **nigritarsis** Lacd

— Th. noir bleuâtre à bords largement jaunes. 4,5—6 **aurita** L

# CRYPTOCEPHALINI

## CRYPTOCEPHALUS

Th. fortement bisinué et finement denticulé à la base; écusson visible; pygidium découvert; 3e art. des tarses bilobé; front perpendiculaire

(*Faune d'*Erichson: *T. VI. J. Weise*)

1 Th. à ponctuation strigueuse. 2
— Th. lisse ou à ponctuation ronde ou aciculaire. 5
2 El. à ponctuation alignée. 3
— El. à ponctuation confuse. 4
3 El. noires; ♂ tête jaune avec une ligne médiane noire. **exiguus Schm**
— El. jaunes à suture et bande médiane, noires, ou (*V. mœstus Weis*) noires avec une bande transversale à la base et bordures latérale et apicale, flaves: Th. noir à marge antérieure flave; ♀ 2 taches frontales, testacées. 2—3 **bilineatus L**

Var. Bande médiane des El. se joignant à la suturale avant le sommet.— Th. avec deux petites taches flaves devant l'écusson (**armeniacus** Fald).

4 El. pubescentes, rouges, avec 3 taches noires (2, 1) la dernière allongée, jamais transversale. 4 **rugicollis Ol**

Var. El. sans taches.—El. avec une seule tache humérale (**humeralis** Ol).— Une tache près de l'écusson.— Une tache au delà du milieu.— La tache humérale s'unit à la postérieure et forme une bande.—El. noires avec épipleures, sommet et une tache à la base, jaunes (**verrucosus** Suff).— El. complètement noires.

— El. glabres à 5 taches noires: (2, 2, 1). 6—8 **pexicollis Suff**
5 Th. et El. pubescents; dessus bleu à tache apicale rouge ♀. 6
— Th. pubescent: El. glabres (les C. *Rossii* et *vittatus* ♂ ont le Th. pubescent mais aux angles antérieurs seulement). 7
— Th. et El. glabres. 9
6 Base des ant. jaune testacée; front subconvexe vaguement canaliculé; ♀ pattes jaunes en grande partie au moins. **Schäfferi Schrk**
— 2-3 art. ant. d'un brun-ferrugineux; front subconvexe, non canaliculé; ♀ pattes bleues. 6—7 **cyanipes Suff**
7 Ponctuation des El. irrégulière, celle du Th. dense et forte; vert bleu métallique: El. d'un jaune paille avec 1 P. huméral noir et un autre au delà du milieu. **ilicis Ol**

Var. El. à 4 points (2,2 obliques) (**etruscus** Weis) ou à 3 P. (1,2) ou avec un P. huméral seulement ou sans P.

— Ponctuation des El. assez régulière, celle du Th. fine. 8
8 El. d'un rouge jaune à 3 P. noirs (1,2), à ponctuation sériale peu profonde, à intervalles presque unis. 6,5—9 **tristigma Charp**
- Ponctuation sériale des El. plus profonde mais moins régulière; intervalles plissés transversalement; noir à reflets bleuâtres: El. rouges à 3 taches noires manquant q. q. f. toutes ou l'une d'elles seulement. 5,5—7 **6-maculata Ol**
9 Ponctuation des El. alignée sur les côtés surtout. 10
— Ponctuation des El. irrégulière, confuse. 48

10 Ecusson blanc : El. d'un jaune rougeâtre ♀ ou d'un bleu foncé ♂. 2,5—3 **alboscutellatus** Suff

— Ecusson noir ou jaune rougeâtre en partie, jamais blanc. 11

11 Dessus à couleur bleue bien nette (le Th. est q. q. fois noir bleuâtre). 12

— Dessus d'un bleu noir brillant; ♀ El. flaves avec épipleures, une tache humérale, une bande marginale dilatée en deux endroits, une bande suturale large dilatée au sommet, d'un noir bleu. 3,5—5 **marginatus** F

— El. rouges ou d'un rouge flave avec points noirs (les var. en manquent q. q. fois). 17

— El. noires avec ou sans taches. 21

— El. d'un flave testacé avec ou sans taches; taille petite (excepté *sulfureus* et *Mayeti*). 38

12 Th. à impression anguleuse allant de l'écusson vers le milieu des côtés, à ponctuation forte, plus serrée sur les côtés. **parvulus** Müll

— Th. sans impression à la base. 13

13 Th. à marge antérieure flave. 14

— Th. concolore. 15

14 Pattes antérieures et intermédiaires flaves, base des cuisses rembrunie : Th. à ponctuation serrée mais non rugueuse sur les côtés; ♂ tache frontale grande. 2,5—3,5 **punctiger** Pk

— Pattes d'un noir bleuâtre foncé : Th. à ponctuation latérale rugueuse. 2—3,5 ♂ **janthinus** Germ

Var. Une ligne flave au milieu du Th.—Th. concolore, front avec 2 taches oculaires testacées.

15 Pattes d'un flave testacé, cuisses postérieures noires au milieu; Th. imperceptiblement ponctué; ♂ front presque complètement flave; angles antérieurs du Th. testacés. 2,5—3,5 **pallifrons** Gyl

— Pattes d'un noir brun ou d'un noir bleu foncé. 16

16 Ponctuation du Th. très fine; dessus bleu verdâtre. **cœrulescens** Sahl

Var. Th. assez fortement ponctué, mais non ruguleusement sur les côtés, ce qui le distingue de janthinus.—♀ un point huméral testacé.—♀ sommet des El. à tache testacée transversale.—1 P. huméral.—1 P. huméral et un P. apical, clairs.—Trochanters bruns ou testacés (flavilabris Thom).

— Ponctuation du Th. forte, dense et rugueuse sur les côtés :

Var. 2 du ♂ et ♀ **janthinus**

La ♀ janthinus est plus robuste que le ♂; le Th. est concolore, les El. sont moins fortement ponctuées et le front a deux lignes oculaires testacées.

17 Epipleures des El. noirs. 18

— Epipleures de la couleur des El. excepté aux parties qui correspondent aux taches élytrales. 19

18 Pattes noires; noir : El. rouges à pourtour extérieur, suture et deux P., noirs (1,1); ♂ 5e segment à fovéole profonde. **bipunctatus** L

Var. El. immaculées.—1 P. huméral noir.—Un 2e P. très dilaté.—El. à large bande noire médiane longitudinale (lineola F).—El. noires.—El. noires avec deux taches rouges, 1 basale, 1 apicale.—El. noires à tache apicale très étroite (Thomsoni W).

— Pattes à taches testacées; noir: Th. testacé à 4 taches noires ordinairement réunies et formant deux bandes flexueuses: El. fauves à 5 P. noirs (2,2,1). 3,5—4,5 **10-maculatus** L

Var. Th. à 2 ou 4 taches, q. q. unes des El. manquent (**solutus** W).— Taches des El. plus ou moins confluentes (**scenicus** W).—El. noires concolores, ou avec 2 strioles flaves près de l'écusson.— El. et Th. noirs, celui-ci avec la bordure antérieure et une bande médiane dilatée postérieurement, testacées (**bothnicus** L).— Comme le précédent, mais Th. noir à ligne médiane écourtée et 2 P. oblongs vers l'écusson, testacés (**ornatus** Hbst).— Th. à ligne médiane testacée, abrégée.—Th. noir (**barbareæ** L)

19 Pattes en partie testacées: El. jaunes avec un P. huméral, la suture, une bande au premier tiers coupant la suture et ne touchant pas le P. huméral, une bande transverse à l'extrémité et pourtour du sommet, noirs; ♀ tête noire avec milieu du front rouge. 3,5—5 **Koyi** Suff

Var. La tache humérale s'unit à la 1re bande et celle-ci se joint par le milieu à la seconde bande.

— Pattes noires. 20

20 El. d'un jaune-rouge à rebord à peine rembruni au sommet; stries très faiblement ponctuées; noir; El. rouges à suture et 3 P. noirs: (1,2). 6—8 **trimaculatus** Ross

Var. Marge latérale postérieure noire.—Points postérieurs des El. confluents ou réunis en fascie.

— El. d'un jaune pâle à 3 P. noirs (1,2); stries ponctuées, plus marquées; rebords sutural et marginal étroitement noirs au moins dans la moitié postérieure; ♂ cinquième segment abdominal fovéolé. 4,5—8 **imperialis** Laich

21 Pattes noires ou foncées, sans taches testacées. 22

— » à taches testacées. 23

22 El. noires avec une large tache apicale jaune; interstries subconvexes; ♀ 5e segment abdominal à fovéole longitudinale profonde. 4,5—6 **biguttatus** Scop

— El. complètement noires ou noires avec taches basale et apicale jaunes ou noires avec tache apicale très étroite; stries ponctuées moins fortement marquées, intervalles plans. Var. 5, 6, 7 du **bipunctatus** L

23 Th. rouge, taille petite; noir: El. avec tache marginale allongée mais raccourcie en arrière et une tache apicale, flaves (var. 2 petites taches noires devant l'écusson). 2,5—3 **rufipes** Gœz

— Th. noir plus ou moins maculé de fauve. 30

— Th. noir concolore. 24

— Th. testacé; taille assez grande: El. flaves à tache humérale noire. V. 1 **frenatus**

24 El. complètement noires. 25

— El. noires à taches jaunes. 29

25 Pattes testacées; noir; stries des El. s'effaçant à partir du milieu; ♂ macules frontales grandes, pourtour des yeux flave. 3—4 **ocellatus** Drap

Var. ♀ front noir.—♀ front noir et cuisses rembrunies.

— Pattes non complètement testacées. 26

26 Pattes antérieures seules testacées, avec une tranche noire sur les cuisses; cuisses intermédiaires et postérieures noires ou rembrunies; noir, brillant; ♂ 1er art. des tarses antér. dilaté plus long que le 3e. 2—2,8 **labiatus** L

Var. Pattes intermédiaires rembrunies (exilis Step).—♂ pourtour frontal des yeux plus ou moins testacé (digrammus Suf).

— Pattes testacées avec cuisses postérieures noires ou rembrunies. 27

27 Taille assez grande; Th. à points serrés assez forts, allongés. V. noire de **10-punctatus**

— Taille petite: Th. à P. presque imperceptibles. 28

28 Front canaliculé. var. 2 ♀ **ocellatus**

— Front plan, sans taches jaunes; allongé, noir, très brillant: El. à teinte légèrement bleuâtre, à stries obsolètes à partir du milieu. 3 **querceti** Suff

29 El. à tache apicale jaune; cylindrique, noir, brillant; épipleures testacés; stries des El. presque effacées au sommet; ♂ tête, marges antér. et latérales (en avant) du Th., flaves. **chrysopus** Gmel

Var. ♀ tête flave.—♀ angles antérieurs du Th. rouges.

— El. noires à 4 taches fauves: (1, 2, 1). ♀ **crassus**

— Taille plus grande et El. ayant toujours au moins une tache en plus de l'apicale. ♀ **6-pustulatus**

30 Taille petite ne dépassant pas 3^m^. 31

— Taille plus grande (3 à 6^m^). 33

31 El. toujours noires concolores; pattes testacées, fémurs postér. noirs, les antérieurs rembrunis en dessus; sommet et angles antér. du Th., sommet de l'écusson et épipleures, flaves; ♂ front fauve, 1^er^ art. des tarses antér. dilaté. 2—3 **frontalis** Marsh

Var. ♀ Ecusson noir.

— El. noires, toujours avec des taches. 32

32 Th. imperceptiblement ponctué: El. noires à tache apicale flave; ♂ sommet et angles antérieurs du Th., flaves. **chrysopus** Gmel

— Th. à P. assez forts, allongés, mais peu rapprochés; cuisses testacées à sommet blanc: El. ayant outre la tache apicale, la bordure latérale, une tache transverse à la base et une seconde médiane, allongée, flaves; ♀ tête noire. 1,5—2,5 **elegantulus** Grav

Var. El. sans marge latérale jaune.— La tache médiane manque.— El. noires avec 2 taches transversales, l'une basale, l'autre apicale.

33 Corps en ovale court, noir avec des taches d'un jaune pâle sur les El. (1, 2, 1); ant. grêles. 34

— Corps bleu métallique, rarement noir, mais alors sans taches sur les El. qui sont q. q. f. jaunes ou rouges avec ou sans taches ou bandes noires. 35

34 Subglobuleux, gibbeux sur le dos, stries ponctuées fines; interv. plans: Th. à côtés arqués; prosternum avec une mentonnière; noir avec 4 taches flaves sur les El.; ♂ Th. avec une large bande antér. flave. 3-4,5 **crassus** Ol

— Parallèle, cylindrique, moins convexe; stries plus fortes, plus enfoncées, surtout en dehors où les intervalles sont élevés; côtés du Th. presque droits; prosternum sans mentonnière; noir ; El. à taches flaves; ♂ sommet et angles postérieurs du Th., flaves. 3,5—5 **6-pustulatus** Ross

Var. ♀ marge antérieure ou angles postér. du Th. flaves. — Taches des El. plus ou moins dilatées ou confluentes (oneratus W); q. q. taches des El. manquent (omissus W).

35 Th. lisse ou très finement ponctué sans impressions transverses sur les côtés, à angles postérieurs flaves, proéminents; noir, brillant, avec une tache marginale subhumérale et une tache apicale, flaves; les deux pattes antérieures plus ou moins flaves; ♂ tache flave sur la tête en forme d'X. 3—5 **Moræi L**

Var. Tibias et tarses testacés, cuisses postér. à macule blanche.— ♂ Tête avec 2 linéoles oculaires flaves comme chez la ♀.— ♂ Tête flave à striole noire sur le vertex: Th. à bande latérale flave rétrécie au milieu.— ♀ linéoles oculaires se joignant par devant.— ♀ Tête et Th. comme chez le ♂.— Tête flave à striole noire, marge antér. du Th. (émettant du milieu une courte linéole), marge latérale et une fascie sur le disque, oblique, atteignant presque le milieu (souvent divisée), d'un rouge flave (**vittiger Mars**).— El. avec 2 strioles flaves près de l'écusson.— Macule humérale dilatée en fascie dentée, de chaque côté (**bivittatus Gyl**).—El. flavescentes à suture et 2 fascies étroites, noires (**arquatus Ws**).

— Th. ponctué à forte dépression latérale; angles postér. du Th. ni flaves, ni relevés. 36

36 Pattes testacées, sommet des cuisses taché de blanc; El. d'un brun jaune à 2 bandes transverses, noires, souvent divisées en 4 taches dont une ou 2 manquent et il n'en reste qu'une allongée sous l'épaule (*pyrenæus Ws*). **Mariæ Mls**

— Pattes testacées, cuisses sans taches blanches (cuisses postérieures généralement noires ou rembrunies en tout ou partie). 37

37 Corps court; stries des El. plus fortement ponctuées, plus régulières, intervalles subconvexes. Type et var. 4. 5. 6 **10-maculatus L**

— Corps allongé, stries plus faibles, moins fortement ponctuées; interstries plans; noir: Th. (orné de 2 bandes noires) et pattes, testacés, (cuisses noires en dessus): El. noires avec 2 P. testacés vers l'écusson. 3,5—5 **frenatus Laich**

Var. Th. testacé concolore ou avec 2 ou 4 macules noires: El. flaves à tache humérale noire (**callifer Suff**).— Coloration semblable, mais El. avec 2 à 5 taches noires (**flavescens Schn**).— Même coloration, mais taches élytrales plus ou moins confluentes (**seminiger W**).— Th. avec 2 taches postér., El. presque complètement noires (**frenatus F**).

38 Th. complètement noir, fortement ponctué: El. jaunes sans bande dorsale noire; vertex avec 2 macules jaunes. 2 **capucinus Suff**

— Th. noir à sommet et côtés jaunes; El. flaves à suture et tache humérale, noires; ♂ 1er art. des tarses antér. fortement dilaté, tête en grande partie flave: ♀ tête flave au-dessous des ant. et front avec deux macules flaves. 2—3 **pygmæus F**

Var. La tache humérale manque.— El. à 2 taches noires vers le milieu.— El. à suture et bande médiane allongée, noires (**vittula Suff**).— Bande des El. se joignant à la suture postérieurement, q. q. fois aussi en avant (**orientalis W**).

— Th. jaune rouge à base étroitement noire avec 2 taches sombres sur le disque (q. q. f. peu visibles): El. flaves à suture noire et bande allongée foncée q. q. f. réduite à un point huméral. 2 **signaticollis Suff**

— Th. jaune flave ou rougeâtre q. q. fois avec taches, toujours peu apparentes. 39

39 Dessous du corps testacé. 40

— Dessous du corps noirâtre plus ou moins foncé. 44

40 Taille grande; corps cylindrique, voûté, d'un jaune paille ou rougeâtre; Th. ponctué, plus fortement au sommet et sur les côtés. 4–5 **sulfureus Ol**

— Taille de 3m au plus. **41**

41 Ecusson, épaules, suture et une large bande, bruns, peu nets. 3 **Mayeti Mars**

— Dessus concolore. **42**

42 Th. roux un peu plus fortement ponctué, avec 2 taches basales peu foncées se joignant sur le disque à une bande transverse; stries des El. fortes, bien marquées jusqu'au sommet. **luridicollis Suff**

— Th. d'un jaune testacé clair faiblement ponctué avec ou sans ligne médiane plus claire. **43**

43 Stries des El. fortes, affaiblies en arrière, seulement; dessus flave pâle, dessous rouge testacé. 2—3 **ochroleucus Frm**

— Stries des El. fines, obsolètes à partir du tiers; dessus et dessous d'un jaune pâle. 3 **politus Suff**

44 Th. brun-rougeâtre avec un fin liseré pâle au sommet et sur les côtés: El. d'un jaune pâle avec une large bande dorsale noire, rarement libre, le plus souvent réunie à une large bande suturale noire. 1,5—2 **blandulus Har**

— Th. d'un jaune-roux pâle. **45**

45 Tibias antérieurs fortement arqués, renflés et finement dentés à l'extrémité interne; front canaliculé; dessus testacé rougeâtre concolore ou dans une var. avec suture et calus huméral, noirs; ♂ 1er art. des tarses antérieurs dilaté. 2,5—3 **populi Suff**

— Tibias antérieurs droits. **46**

46 Yeux entourés au dessus d'une fine strie, assez profonde, bien visible; front canaliculé: El. flaves à suture et cal huméral, noirs. 2—3 **fulvus Goez**

Var. El. flaves (**fulvicollis Suff**).—Pygidium flave.—El. testacées à calus huméral ou ligne médiane, bruns; cuisses postérieures q. q. fois foncées.

— Pourtour des yeux sans strie fine. **47**

47 Dessus testacé concolore; abdomen et métasternum noirs; stries des El. presque obsolètes à partir du milieu. 2—3 **macellus Suff**

— Dessus taché de noir; rouge-testacé, écusson brun; stries obsolètes au sommet; cal huméral et tache médiane transverse, noirs; ♂ 1er art. des tarses antérieurs dilaté. 2,5—3 **pusillus F**

Var. Ecusson brun, cal huméral et suture, noirs (**immaculatus Wstlı**).— El. avec 2 taches noires transversales, communes.— El. noires avec épipleures, ligne marginale et tache apicale, testacés (**Marshami Ws**).

48 El. rouges ou testacées à taches ou bandes noires. **49**

— El. concolores ou noires à taches flaves. **65**

49 Th. noir concolore ou avec léger reflet bleuâtre ou bronzé. **50**

— Th. rouge ou jaune pâle concolore. **53**

— Th. noir à taches rouges ou jaunes, ou Th. rouge à taches noires ou blanchâtres. **56**

— **Th. vert très ponctué, à côtés jaunes; noir verdâtre, très finement** pubescent; El. testacées à intervalles alutacés et à 3 taches noires (2,1): ♂ 5e segment abdominal longitudinalement excavé. **lætus F**

Var. Les 2 taches antérieures des El. réunies.—La 2e tache des El. manque.—El. à tache humérale seule.

50 Ecusson taché de rouge-fauve au sommet; noir avec El. d'un rouge testacé ornées de deux fascies noires abrégées; ou (*Var.*) El. noires à fascie oblique avant le milieu et tache apicale, rouges. 3,5—5 **sinuatus Har**

— Ecusson noir. **51**

51 Une tache jaune au bord supérieur des yeux; noir; Th. ♂ noir, ♀ rouge: El. rouges concolores. 6—7 **♂ coryli L**

Var. El. à point huméral noir.—♀ El. à 3 taches noires (2,1) et Th. plus ou moins varié de noir.—Même coloration, mais les deux macules antérieures sont réunies.

— Tête sans tache jaune au bord supérieur des yeux. **52**

52 Th. noir, front bimaculé; El. rouges à 2 P. noirs. **♂ informis Suff**

— Th. noir à marge latérale large; q. q. intervalles élevés; ponctuation des El. forte, front sans taches intraoculaires; ♂ El. rouges à 3 taches; ♀ El. rouges à suture, deux fascies et tache apicale transverse, noires. 8—9 **Loreyi Sol**

Var. ♂ El. à 4 taches.—♂ El. à 2 taches.—♀ El. à tache externe libre, séparée de la 1re fascie (major Com).

— Th. noir: El. flaves avec suture et bande médiane longitudinale, noires; angles antér. du Th. très ponctués, pubescents ♂. **vittatus F**

Var. Bande médiane jointe à la suturale au sommet et vers l'écusson (negligens Ws).

— Th. noir mais à reflets bleuâtres ou bronzés; intervalles plans; ponctuation des El. faible; El. rouges à 5 P. noirs (2,2 obliques, 1). 5—7 **primarius Har**

Var. Q. q. points manquent aux El.— Plusieurs points des El. sont réunis.— El. noires avec toute la marge rouge (rufolimbatus Suff).— El. noires à reflets violets avec une tache rouge vague à l'extrémité sur la suture (Manueli Tap).

53 Deux linéoles flaves entourant le sommet des yeux. Var. **♀ coryli**

— Pas de linéoles flaves autour du sommet des yeux. **54**

54 Dessus mat: Th. très ponctué: El. à 2 P. noirs. Var. **5-punctatus**

— Dessus brillant, rouge testacé: El. avec 1 ou 2 P. noirs. **55**

55 El. à ponctuation fine presque en séries; noir brillant; El. rouges testacées à 2 P. noirs (1,1). 5—6,5 **bimaculatus F**

Var. Le P. inférieur des El. manque.—P. des El. fortement dilatés (bisbipustulatus Suff).

— El. à ponctuation forte et serrée, d'un rouge testacé brillant avec deux petits P. noirs (1,1). 4,8 **infirmior Kr**

56 Pattes noires (q. q. fois les tibias antérieurs sont ferrugineux en dessous (*Var. distinguendus*) mais jamais le sommet des cuisses n'est blanc); yeux bordés de testacé. **57**

— Pattes ou complètement testacées ou plus ou moins testacées et marquées de taches blanches ou testacées à l'extrémité des cuisses (postérieures au moins). **60**

57 Ecusson à sommet testacé et marge latérale postérieure seule du Th. jaunâtre: Th. à ponctuation aciculaire dense: El. **fauves à 4 taches obliques (2,2). 5** **4-punctatus Ol**

Var. L'une ou l'autre des taches des El. manque.—Taches postérieures réunies.—Taches réunies et formant deux fascies.

— Ecusson noir concolore. 58

58 Th. rouge plus ou moins maculé de noir. Var. 2 et 3 de ♀ **coryli**

— Th. noir à marge latérale dilatée jaune flave, et taches au milieu de la base (disparaissant dans la var. 1 *distinguendus*). 59

59 Th. à marges antérieure et latérales et deux taches basales, flaves: El. rouges testacées à suture et 2 taches, noires, (1 humérale, 1 après le milieu). 5—6 **distinguendus** Schn

Var. Th. sans taches a la base.—La bordure antérieure du Th. émet une linéole au milieu.—El. à 3 taches (1,2).—El. à 4 taches (2,2).—El. à P. huméral seul (humeralis Str).

— Marge antérieure du Th. noire; noir; El. rouges avec 2 P. transverses vers la base et une tache transverse après le milieu, noirs; ♂ tibias courbés, tarses antérieurs dilatés. **informis** Suff

60 Pattes testacées; dessus testacé mat: Th. très ponctué à 2 taches noires: El. à 5 points noirs (2, 2, 1) et à intervalles subélevés. 5—6 **5-punctatus** Har

Var. P. postérieur nul (octomaculatus Ross).—Points 2 et 5 ou 4 et 5 manquent (octonotatus Schn).— 2 P. noirs seulement.—El. testacées (testaceus Vil).

— Pattes plus ou moins testacées et sommet des cuisses (de la dernière paire au moins) à tache flave. 61

61 Tibias (antérieurs au moins) testacés; pygidium finement bordé de fauve; noir: Th. à tache cordiforme antéscutellaire, à ligne médiane partant du sommet et côtés largement, jaunâtres; ceux-ci enclosant un P. noir, qui chez le ♂ se joint à la tache dorsale noire; El. à deux taches noires (q. q. fois 3 dans une var.). 6 **cordiger** L

— Tibias noirs; les antérieurs surtout sont q. q. fois ferrugineux en dedans. 62

62 Dessus mat; ponctuation du Th. presque strigueuse; noir, Th. avec 3 bandes longitudinales testacées, El. à P. huméral noir (ou biponctuées Var.) 6 **variegatus** F

— Dessus brillant; points du Th. ronds, non aciculaires. 63

63 El. bordées de noir jusqu'au lobe huméral seulement; épipleures rouges; Th. à 3 bandes longitudinales fauves, la médiane abrégée; El. à 3 taches noires. 6—7 **signatus** Laich

Var. Th. rougeâtre à 4 taches plus ou moins confluentes et ligne antéscutellaire, noires (rubellus W).—Th. à 3 bandes testacées, l'intermédiaire dilatée postérieurement et enclosant un P. noir.—La 2e tache des El. manque.—La 2e tache se réunit à son opposée et forme une tache suturale.—Même coloration, mais la première tache et la 3e sont également réunies.

— El. bordées de noir jusqu'au sommet. 64

64 Epipleures noirs; noir: Th. à 3 bandes longitudinales fauves, la médiane dilatée postérieurement et enclosant une ligne noire: El. à 4 points noirs (2,2): ♀ pygidium à sillon flanqué de chaque côté d'une fossette profonde. 5—6 **8-punctatus** Scop

Var. Ligne médiane du Th. étroite, abrégée postérieurement.— P. postérieurs des El. réunis.— El. à 3 P. noirs.—El. à 2 P. noirs.—El. avec 1 P. huméral seul ou un P. postérieur seul.—El. immaculées.—Epipleures plus ou moins rouges mais toujours tachés de noir.—Ecusson à tache blanche.

— Epipleures rouges; noir: Th. à taches fauves: El. avec 3 grandes taches noires (2,1): ♂ ligne médiane du Th. en forme d'ancre; pygidium bituberculé. 5—6 **6-punctatus L**

Var. Th. rouge à 5 taches noires, 3 à la base, 2 avant le milieu (**thoracicus Ws**).— Même coloration mais taches basales réunies.—Th. noir à marges antérieure et latérales testacées, celles-ci enclosant ordinairement un P. noir.— Tache postérieure des El. divisée en deux.— Taches postérieures réunies en une fascie commune.— 2e tache réunie à son opposée et formant une tache suturale (**pictus Suff**).— El. noires à tache basale trigone, à fascie médiane angulée et à tache apicale, rouges, (**separandus Suff**).— El. noires à lunule basale, tache obsolète au milieu de la marge et une tache apicale, rouges.

65 El. brillantes d'un jaune pâle (**Disopus**); 6 derniers art. des ant. un peu plus épais et rembrunis; tibias carénés à la marge externe; ♂ tibias et tarses fortement dilatés (poitrine et abdomen plus ou moins foncés *V. abietis Suff*). 3,5—5 **pini L**

— El. testacées, mates. var. 4 de **5-punctatus**

— El. noires. 66

— El. rouges concolores. 71

— El. à couleurs métalliques, bleues, vertes ou violettes. 74

— El. noires à taches jaunes ou flaves. 79

66 Th. noir; dessus d'un noir bleuâtre ou verdâtre. 67

— Th. plus ou moins taché de fauve. 68

67 Prosternum avec 2 longues épines rabattues; pas de tache frontale testacée; noir bleuâtre ou verdâtre obscur; ♀ pattes complètement testacées. 4—5 **nitidus L**

— Prosternum sans longues épines; une tache frontale, cordiforme, flave. **V. nitidulus F**

68 Dessus à reflets dorés ou bleus: Th. ordinairement avec sommet, et angles antérieurs, flaves; pattes testacées avec cuisses plus ou moins noires en dessus (pattes postérieures complètement noires.) 3,5—5 **nitidulus F**

— Dessus noir sans reflets bleuâtres, verdâtres ou dorés. 69

69 Pattes noires. Var. 4 **albolineatus**

— Pattes plus ou moins variées de testacé. 70

70 Front noir. Var. 2,3,4 **4-pustulatus**

— Front jaune. Var. 7 **flavipes F**

71 Cuisses à taches blanches au sommet. Var. 6 **8-punctatus**

— Cuisses sans taches » » . 72

72 Pattes testacées; dessus mat. Var. 4 **5-punctatus**

— Pattes noires. 73

73 Ecusson taché de rouge au sommet, angles postérieurs du Th. étroitement jaunes. **Var. sinuatus**

— Ecusson noir; sommet des yeux taché de fauve. *Type* **coryli L**

74 Prosternum bidenté à la base; base des El. munie de deux fossettes profondes, celle qui entoure l'écusson est plissée, ridée au fond:

dessus vert soyeux; angles postérieurs du Th. aigus; ♂ dernier segment abdominal impressionné, muni à la base d'une crête transversale bidentée. 6—7 **sericeus L**

Var. ♂ crête de l'abdomen à 5 dents.— Dessus doré (pratorum Suf).— Dessus bleu ou bleu-verdâtre (cæruleus Zig).— Dessus bleu ou violet q. q. fois un peu mat, ou noir verdâtre à reflets cuivreux ou pourpres.

— Prosternum tronqué ou subtronqué; base des El. sans fossettes ou à fossettes obsolètes. 75

75 Allongé, subcylindrique, bleu luisant; 1-3 art. des ant. rougeâtres en dessous; ♂ tibias postérieurs dentés. 4—5 **tibialis Bris**

— Art. 1-3 des ant. non rougeâtres en dessous. 76

76 Ecusson allongé, non tronqué; impression anale ♂ peu profonde sans tubercules à la base; dessus vert soyeux, angles postérieurs du Th. presque droits. 6—7,5 **aureolus Sut**

Var. Dessus doré, ou bleu verdâtre, ou noir verdâtre à reflets pourpres ou cuivreux.

— Ecusson subtransversal ou tronqué au sommet. 77

77 Corps subcylindrique, allongé, d'un noir-bleu luisant; segment anal ♂ largement impressionné en long avec un seul tubercule à la base ou une crête transverse; angle apical des El. arrondi; écusson en triangle curviligne large et court. **violaceus F**

Var. El. peu brillantes, obsolètement striées-ponctuées, intervalles finement ruguleux.— Dessus violet ou noirâtre bleuâtre.— Dessus verdâtre, bleu obscur ou vert doré (smaragdinus Suf).

— Corps allongé, plus ou moins épais, à couleurs métalliques; segment anal ♂ largement impressionné. 78

78 Plus convexe: Th. plus finement ponctué, plus luisant; tête et pygidium, densément ponctués, strigueux; écusson en triangle allongé, tronqué; bord latéral du Th. cintré au devant de l'angle postérieur; ♂ impression anale peu profonde. 7—8 **globicollis Suff**

— Moins convexe, moins grand; Th. moins bombé à bord latéral tombant droit sur la base; pygidium faiblement ponctué, échancré au sommet, le plus souvent caréné; dessus vert soyeux. **hypochæridis L**

Var. Pygidium tronqué au sommet.—Segment anal ♂ impressionné, base de l'impression transversalement élevée (cristula Duft).—Dessus violet ou bleu cuivré ou noir-verdâtre à reflets cuivreux.

79 Th. noir concolore. 80

— Th. plus ou moins taché. 84

80 Ecusson taché de rouge au sommet. V. **sinuatus**

— Ecusson noir. 81

81 Noir à reflets bleuâtres, légers: El. à marge rouge: Th. ponctué. Var. 3 de **primarius**

— Dessus bleu ou noir à reflets bleus, vifs: Th. fortement et densément ponctué: El. avec une bande humérale et tache apicale, rouges. 4—5 **tetraspilus Suff**

— Dessus sans reflets bleuâtres: Th. brillant, très finement ponctué. 82

82 El. noires, faiblement ponctuées, à large bande blanche sinuée longeant le bord externe, de la base à la suture. 5—6 **stragula Ross**

— El. à taches ou bandes sur le disque ou à bordure subhumérale raccourcie, jaunes ou rougeâtres. 83

83 Th. plus fortement ponctué aux angles antér. qui sont pubescents ♂; El. noires à 4 taches jaunes (1. 2. 1). 3—5 **Rossii Suff**

Var. Taches des El. en partie obsolètes (**hirtifrons** Graell.— Taches 2 et 3 réunies en fascie transverse (**Graellsi** Ws).— 1re tache manque (**centrimaculatus** Suff).

— Th. à angles antér. ni ponctués plus fortement, ni pubescents. V. 1 ♀ **flavipes**

84 Ecusson blanc. 85

— Ecusson noir. 86

85 Angles antér. du Th. et marge latérale postérieure, blanchâtres; noir brillant; El. avec une fascie oblique avant le milieu et une tache transversale, apicale, rouges; ♂ hanches antér. à denticule obtus. 5—6 **carinthiacus Suff**

Var. Fascie des El. divisée en 2 taches.

— Angles postér. du Th. blancs; marge antérieure dilatée au milieu, marge latérale (marquée d'un P. noir) et tache cordiforme antéscutellaire, rouges: El. noires avec une fascie transverse (raccourcie en dedans, dilatée en dehors) et le sommet, rouges. 5 **floribundus Suff**

86 Cuisses à taches blanches au sommet. V. 7,8 **6-punctatus**

— » sans taches blanches au sommet. 87

87 El. à tache ou bande subhumérale. 88

— El. à tache dorsale ou apicale. 89

88 Th. à bordure latérale jaune, complète, élargie en avant; front à tache cordiforme rousse: noir brillant, épipleures et pattes (moins les cuisses postérieures) flaves: El. ponctuées presque en séries; ♂ marge antér. du Th. flave. 3—4 **turcicus Suff**

— Marge et angles antér. du Th. seuls bordés de jaune: El. subsérialt ponctuées; épipleures subconvexes à la base, jaunes extérieurement; ♀ angles du Th. testacés. 3—5 **flavipes F**

Var. ♀ Th. noir concolore.— ♀ Th. coloré comme chez le ♂. — ♂ La ligne flave manque au milieu de la marge antér. du Th. (**nigrescens** Gred).— ♂ la ligne transverse du Th. se joint a la bordure latérale.— Front à tache cordiforme testacée.— Tête noire avec 2 lignes testacées sur le front (**dispar** Ws).— Tête noire à tache cordiforme jaune: El. complètement noires (**signatifrons** Suff).

89 Dessus à reflets bleuâtres; Th. à ponctuation aciculaire, à marge latérale blanche ainsi que les El. qui ont de plus une tache transversale rougeâtre au sommet. 3—4 **marginellus Ol**

Var. El. d'un rouge testacé à calus huméral noir (**inexpectus** Frm).

— Dessus noir. 90

90 El. mates, interstries alutacés; ponctuation du Th. aciculaire plus ou moins forte: Th. à ligne médiane abrégée postérieurement et à bande latérale, flaves: El. à marge latérale plus ou moins dilatée au sommet et à bande médiane longitudinale étroite, flaves; q. q. interstries subélevés. 6 **albolineatus Suff**

Var. Ligne médiane du Th. dilatée postérieurement.—Bande dorsale des El. nulle (**Suffriani** Suff).— Même coloration mais épipleures plus ou moins rougeâtres.— Ligne médiane

— Dessus brillant, ponctuation du Th. peu visible; noir: Th. avec marges latérales et angles antérieurs, flaves: El. à tache marginale subhumérale et sommet, d'un rouge testacé. 4 **4-pustulatus Gyl**

Var. Tache apicale petite, tache subhumérale q. q. fois très étroite (**similis Suff**).— Tache apicale des El. nulle, angles antérieurs du Th. testacés (**rhæticus Stier**).— El. noires, épipleures plus ou moins rougeâtres.— El. complètement noires (**æthiops Ws**).

## PACHYBRACHYS

Th. faiblement bisinué à la base qui est finement relevée, rebordée, avec un bourrelet saillant de chaque côté

(Cl. Rey: *Revue d'Entom. Tom. 2*)

1 Dessus bleu ou vert métallique brillant (**Chloropachys**) **azureus Suff**

— Dessus noir et jaune. 2

2 Th. à ponctuation irrégulière peu serrée: El. non ou peu régulièrement striées-ponctuées. 3

— Th. densément ponctué: El. assez régulièrement striées-ponctuées. 10

3 El. noires à taches jaunes. 4

— El. presque complètement noires avec seulement 2 petites taches testacées, l'une arrondie, derrière le milieu, l'autre subapicale transverse, q. q. fois géminée. 3,3 **apicalis Rey**

— El. jaunes à taches noires. 6

4 Un petit point jaune au milieu de la tache noire latérale du Th. 3,5—4 **tessellatus Ol**

— Pas de point jaune au milieu de la tache noire latérale du Th. 5

5 Pygidium avec 2 petites taches latérales flaves. V. ♀ **exclusus Rey**

— Pygidium immaculé. 3,5 **picus Weis**

6 Médiépimères blancs et souvent pygidium et bords latéraux du dernier arceau ventral, tachés. 7

— Médiépimères noirs; pygidium toujours immaculé. 9

7 Epipleures des El. en grande partie noirs sous l'épaule; bordure latérale du Th. foncée en dessus et en dessous. **hieroglyphicus Laich**

— Epipleures des El. sous l'épaule, à peine tachés de noir; bordure latérale du Th. testacée. 8

8 Dessus à couleur jaune ochracée; taches intermédiaires du Th. plus larges. 4 **suturalis Weis**

— Dessus à couleur jaune pâle; taches intermédiaires du Th. plus réduites. 3,5 **pallidulus Ksw**

9 Pattes en grande partie rousses, couleur foncière pâle presque plus étendue que la partie noire; bords latéraux du Th. pâles. 4 **hippophaes Suff**

— Pattes en grande partie noires; couleur foncière ochracée beaucoup moins étendue que la partie noire; bords latéraux du Th. rembrunis. 4 **sinuatus M-R**

10 **Pygidium noir. 3** **fimbriolatus Suff**

— Pygidium maculé de pâle. 11

11 El. à interstries subconvexes, à stries ponctuées de noir, sans taches nettes; médiépimères tachés de pâle. 3—3,5 **scriptus Schäff**

— El. à taches noires; médiépimères sans taches. 2—3 **pradensis Mars**

## STYLOSOMUS

Ecusson indistinct; yeux médiocres à peine sinués au côté interne

1 Dessus en majeure partie testacé. 2

— Dessus noir. 3

2 Intervalles des El. subconvexes, assez larges (le *S. Corsicus Rey* a les stries plus finement ponctuées; la bande suturale noire non élargie à la base est également étroite ou subdilatée au milieu et tend à se réunir à la tache latérale). 2 **tamaricis Schäff**

— Intervalles des El. étroits, relevés et sérialement ciliés. 2 **xantholus Rey**

3 Cuisses et tibias testacés: un sillon à la base du Th. **minutissimus Germ**

— Cuisses et q. q. fois tibias rembrunis. 4

4 Front brillant entre les points: Th. à ponctuation moins rugueuse, à fond assez brillant. 1,7 **ilicicola Suff**

— Front alutacé, peu brillant entre la ponctuation: Th. rugueusement ponctué, peu brillant: El. à fine côte posthumérale. V. **rugithorax Ab**

# EUMOLPINI

Corps ovalaire sans épines ni expansions latérales; tête enfoncée dans le Th. plus ou moins perpendiculaire; ant. écartées à la base, rapprochées des yeux; saillie prosternale large; 3e art. des tarses bilobé; pygidium caché; crochets des tarses bifides ou dentés

1 Ant. reçues au repos dans les rainures du Th., mésosternum caché; épipleures des El. fovéolés (**Lamprosoma**): noir bronzé, convexe; Th. à points serrés, peu profonds: El. à gros P. alignés; intervalles plus finement ponctués. **concolor Str**

— Mésosternum visible; épipleures plans ou nuls; sillons antennaires nuls ou tracés en avant seulement. 2

2 Corps glabre (**Chrysochus**); bleu luisant plus ou moins violacé, très finement et densément pointillé. 7—10 **pretiosus F**

— Corps pubescent ou squamuleux. 3

3 Bords latéraux du Th. nuls (**Adoxus**); corps sombre: El. noires ou rouges (V. *vitis F*); 2e et 3e art. des ant. égaux. 5 **obscurus L**

— Bords latéraux du Th. distincts. 4

4 Crochets des tarses bifides; tibias non échancrés avant le sommet. (**Colaspidea**) 5

— Crochets des tarses appendiculés; les quatre tibias postérieurs échancrés extérieurement avant le sommet. (**Pachnephorus**) 8

5 El. à épaules anguleuses, à cal huméral saillant, lisse, brillant. 2—3 **Saportæ Gren**

— El. à épaules arrondies sans calus huméral saillant. 6

6 El. à impression basale transverse de chaque côté de l'écusson: Th.

presque aussi long que large rétréci à la base et au sommet. 2 **oblonga Blan**

— El. sans impression basale. 7

7 Th. obconique assez fortement rétréci en avant: El. largement ovalaires à ponctuation forte, assez serrée. 2,5—3 **globosa Küst**

— Th. court, transverse, à côtés arrondis; pubescence des El. assez dense. 2 **metallica Ros**

8 Dessus complètement revêtu de pubescence squameuse très dense; corps allongé, d'un cuivreux brillant ainsi que les pattes. 2—3 **tessellatus Duft**

V. Corps court, bronzé verdâtre; pattes d'un rougeâtre obscur; El. moitié plus longues que larges. V. **villosus Redt**

— Dessus à pubescence squameuse disposée çà et là par petites taches blanches. 9

— Dessus à poils squamiformes courts plus ou moins serrés. 11

9 Th. à ponctuation plus ou moins forte et uniforme. 10

— Th. couvert, milieu antérieur excepté, de gros points transversaux surtout sur les côtés. 2,5—4 **villosus Duft**

10 Corps ovale oblong, sans impression derrière les épaules. 1,5—3 **pilosus Ross**

— Corps oblong, subcylindrique: Th. rugueusement ponctué; une forte impression transversale derrière les épaules. **impressus Rosen**

11 Intervalles des points des El. à poils squamiformes serrés et disposés en lignes longitudinales régulières; tête sillonnée. 2,6—3,5 **Brucki Fairm**

— Intervalles des points des El. à poils squamiformes très courts visibles sous un certain jour et çà et là; ant. et pattes bronzées. 2—4 **cylindricus Luc**

# CHRYSOMELINI

## TIMARCHA

3e art. tarses sinué ou échancré; front plus ou moins oblique; processus postérieur du prosternum nul

1 Th. sans bordure latérale. 6—10 **metallica Laich**

La T. immarginata Schäff est un insecte noir, sans patrie, qui ressemble plutôt à la Chrys. grossa qu'à une Timarcha.

— Th. rebordé latéralement. 2

2 Côtés du Th. rétrécis vers la base, fortement dilatés-arrondis en avant, la plus grande largeur du Th. avant le milieu: base à côtés presque droits et angles postérieurs droits; dessus alutacé mat: El. à points fins très rapprochés et à intervalles finement ponctués. 11—18 **tenebricosa F**

— Th. à côtés moins fortement dilatés-arrondis en avant, plus ou moins arqués et peu ou pas rétrécis à la base. 3

3 El. à ponctuation fine: Th. à côtés arrondis, avec sa plus grande largeur au milieu; dessus mat, non alutacé, à points peu serrés, anastomosés. 10—16 **Nicæensis Vill**

— El. à ponctuation forte, q. q. fois ruguleuse. 4

4 Strie marginale du Th. effacée devant les angles postérieurs; dessus noir alutacé. 7–10 **strangulata Fairm**

— Strie marginale continuée jusqu'aux angles postérieurs. 5

5 Côtés du Th. courbés, rétrécis vers la base. 6

— Th. rétréci en avant puis à partir du milieu à côtés subparallèles. 8

6 Côtés du Th. non sinués à l'angle postérieur; dessus noir-bleuâtre luisant (ou violet ou vert cuivreux, *Var. ærea Frm*); El. à P. serrés; interv. pointillés, plans, q. q. fois rugueux. **violaceonigra Deg**

— Côtés du Th. sinués avant l'angle postérieur. 7

7 Labre échancré; dessus noir luisant ♂, terne ♀ : Th. densément ponctué : El. densément ponctuées à intervalles finement pointillés. 6–9 **Bruleriei Bel**

— Labre sinué, dessus noir luisant; tête entièrement canaliculée : Th. assez densément ponctué à points peu inégaux : El. à points assez serrés, réunis entre eux par places. 6–8 **interstitialis Fairm**

8 Noir assez luisant; labre sinué : Th. densément pointillé à rebords épaissis ce qui rend la strie margin ale peu visible de dessus ; El. à points aciculés, réunis entre eux par places; intervalles très finement pointillés; épipleures finement et peu densément ponctués. 9–11 **monticola Dufr**

Dessus bleuâtre plus ou moins foncé, à ponct. du Th. dense et semée de q.q. gros points épars. **V. cyanescens Fair**

Th. à côtés presque droits; écusson ruguleux : El. pas plus larges à la base que le Th. **V. recticollis Fairm**

— Noir ou violacé, labre échancré; Th. densément ponctué à bordure de la base peu visible: El. ponctuées rugueuses; épipleures rugueux. 7–12 **maritima Per**

— Noir luisant; labre échancré ; Th. densément et fortement ponctué; écusson lisse, sillonné au sommet : El. densément ponctuées, faiblement vermiculées, intervalles pointillés; épipleures plissés, avec une rangée de points. 9–10 **sinuatocollis Fair**

## CYRTONUS

Marge basale du Th. de chaque côté fortement sinuée, déprimée et munie de fortes dents obtuses

1 El. à 9 lignes de P. fins, vagues, à peine visibles, interv. presque lisses: dessus ovale convexe, brillant, vert-bronzé. **rotundatus Mls**

— Allongé, convexe, comprimé; dessus à couleur métallique avec teinte cuivreuse; points des lignes élytrales serrés, bien visibles; interstries finement pointillés. 5 **Dufouri Dufr**

— Ovale, très convexe, vert bronzé en dessus, vert bleu en dessous; lignes de points des El. bien marquées; intervalles fortement ponctués. 6 **punctipennis Fair**

## CHRYSOMELA

3e art. tarses sinué ou échancré; bord interne postérieur des El. finement cilié; corps ovalaire, épaules peu sensibles; 1er segment de l'abdomen plus long que le métasternum

(*Monogr.* DE MARSEUL.—*Faune d'*ERICHSON, *J. Weise*)

1 Insectes aptères : El. ordinairement soudées; corps large, trapu, subglobuleux. 2

— Insectes avec des ailes entières ou raccourcies. 3

2 Th. à bourrelet latéral peu saillant, couvert de points fins et épars, à côtés arrondis, rétrécis à la base; disque densément et fortement ponctué; dessus noir luisant. 9 **timarchoides** Bris

— Bourrelet du Th. limité par une gouttière plus ou moins marquée; noir mat: El. à très petits points étoilés, vagues. 10 **obscurella** Suff

3 El. à bordure jaune ou rouge. 4

— El. sans bordure jaune ou rouge. 12

4 Th. trapéziforme, fortement rétréci en avant, à côtés droits: El. d'un bleu foncé à rebord jaune ou rouge. 9—10 **rossia** Illig

— Th. à côtés arrondis. 5

5 Th. sans pores pilifères aux angles. 6

— Th. avec un pore pilifère à chaque angle. 8

6 Bordure des El. se continuant sur la base; dessus noir. **limbata** F

— Bordure des El. s'arrêtant à la base vers la 5e ou 6e rangée de points; une dépression transversale légère au sommet du Th. 7

7 Th. à base non rebordée, avec deux gouttières latérales entières, profondes. 8—11 **gypsophilæ** Küst

— Th. finement rebordé à la base; gouttières latérales marquées seulement d'un sillon à la base, mais assez distinctes. 7—9 **sanguinolenta** L

8 Bords latéraux du Th. larges, épaissis; gouttières larges, peu profondes, entières, à points grossiers répandus sur le bourrelet. 6—8 **marginalis** Duft

— Bords latéraux du Th. plus étroits, moins renflés; gouttières nulles ou faibles, marquées seulement à la base. 9

9 Gouttières nulles; noir métallique à reflets violets ou verts. 5 **analis** L

— Gouttières bien marquées à la base. 10

10 Prosternum à fine carène plus élevée que les bords latéraux; bleu ou bleu sombre, bordure atteignant la 7e rangée de P. (*Italie*). 7,5 **interstincta** Suff

Var. Bordure atteignant la 9e rangée de P.; lignes de points géminées et irrégulières; corps allongé, subparallèle. V. **depressa** Fairm

— Prosternum canaliculé au moins au milieu. 11

11 Noir; plus large, moins long; Th. plus fortement ponctué; El. densément ruguleuses, lignes de points indistinctes. 7 **carnifex** F

Var. Côtés des El. d'un noir profond concolore, très rarement avec une bordure rouge très étroite. **provincialis** Har

— Vert ou bronzé, allongé, étroit: Th. et intervalles des El. finement pointillés, celles-ci presque lisses avec les lignes géminées bien isolées. 5—7 **marginata** L

12 El. d'un rouge testacé clair ou brun: Th. noir ou à couleurs métalliques foncées. 13

— Th. et El. concolores. 17

13 Forme grande, oblongue: Th. noir, vert ou bleu métallique. 14

— Forme petite, courte, convexe: Th. noir ou noir bleu. 16

14 Th., tête souvent et dessous, d'un vert doré q. q. f. cuivreux: Th. alutacé; bourrelet élevé, peu large, limité par une impression assez profonde, fortement ponctuée. 6—8,5 **polita L**

— Dessous noir bleuâtre ou violet; tête et Th. noirs ou noirs à teinte bleue, verdâtre ou violette; taille plus forte. 15

15 El. à ponctuation forte, alignée vers la suture, intervalles subconvexes: Th. vert ou bleu foncé, bourrelet large, épais, bordé de points gros et profonds. 8—11 **grossa F**

— El. à ponctuation bien visible mais plus fine; intervalles plans: Th. noir; bourrelet étroit, gouttière large, éraillée de gros P. 7,5—11 **chloromaura Ol**

— El. à ponctuation très fine, visible à la loupe seulement; intervalles plans; bords du Th. non séparés par une gouttière. **lucida Ol**

16 Carré, peu convexe; Th. presque lisse: El. striées; gouttière latérale assez profonde, très distincte à la base; suture rembrunie. **lurida L**

— Forme convexe: Th. ponctué; El. à points vaguement alignés; gouttière courte, peu marquée. 5—6 **diluta Germ**

17 Th. trapéziforme à côtés droits fortement rétrécis en avant. 18

— Th. à côtés arrondis. 25

18 Roux testacé ou roux bronzé; pattes et ant. testacées. 7—9 **erythromera Luc**

— Noir, bleu, bronzé ou violet; pattes et ant. non testacées. 19

19 Gouttière entière ou presque entière, lisse au fond, approfondie à la base; points des El. gros, en séries géminées plus ou moins régulières, souvent à fond violet. 20

— Gouttière du Th. nulle. 21

— » » » courte, basale, peu nette mais visible. 22

20 Vert bronzé ou noir métallique; points des El. en séries géminées peu régulières, intervalles larges. 9—11 **vernalis Brull**

— Noir bleu, ponctuation des El. plus irrégulière, intervalles moins larges. 9—11 **subænea Suff**

21 Noir bleu luisant: El. à séries irrégulières de points. **hæmoptera L**

— Noir luisant, petit: El. à points peu serrés, en séries vagues: Th. luisant à ponctuation profonde et fine mais irrégulière. 5—8 **Bigorrensis Fairm**

— Noir luisant: Th. soyeux, luisant, très densément et finement ponctué. **vernalis Var. gallica W**

22 Bord latéral des El. sinué près du sommet; gouttière peu marquée; noir luisant: El. à points forts, en séries irrégulières; intervalles pointillés. 9 **Pyrenaica Duft**

— Bord latéral des El. non sinué postérieurement. 23

23 Th. sans pore pilifère aux angles; cuisses à taches rouges disparaissant q. q. fois. 24

— Th. peu distinctement ponctué, avec des pores pilifères aux angles; cuisses sans taches rouges; bleu noir, gouttière profonde et nette dans la moitié supérieure. 7,5—9 **fuliginosa Ol**

24 Plus grand, plus convexe; noir bleu luisant; El. à points serrés, plus égaux, en lignes géminées assez distinctes par places; intervalles pointillés, striguleux. 7—11 **femoralis Ol**

V. Ponctuation beaucoup plus forte: Th. à côtés évidemment arrondis. **V. Tagenii Herr**

— Plus petit, moins convexe; points des El. serrés, ruguleux; interv. à points plus petits, plus nombreux. 5—7 **affinis F**

25 El. à lignes géminées de points plus ou moins forts et nombreux. 26

— El. sans lignes géminées de points plus forts. 33

26 Th. sans gouttière à côtés couverts de points épars; intervalles alternes des El. à bandes d'or ou de pourpre. 7—8 **americana** L

— Th. à gouttière entière, lisse au fond; bourrelet latéral lisse, épais. 27

— Th. à gouttière entière ou non, toujours ponctuée; bourrelet ni lisse ni fort épais. 28

27 Th. à côtés presque droits; bronzé métallique: El. à lignes de gros P. écartés, intervalles plans. 7—10 **orichalcia** Mül

V. Dessus bleu foncé. **V. laevicollis Ol**

— Côtés du Th. arrondis; El. à lignes de P. plus petits, très serrés, enfoncés; interstries convexes; dessus roux à reflets métalliques. 6—7 **rufoænea** Suffr

28 Gouttière latérale courte, basale, plus ou moins marquée. 29

— Gouttière du Th. presque entière, profonde et ponctuée, souvent rugueuse; bleu foncé ou bronzé verdâtre; points des interv. presque aussi forts que ceux des lignes géminées. **salviæ Germ**

29 El. à rangées géminées nettes; pointillé des intervalles fin, peu marqué. 30

— Lignes géminées des El. moins nettes à cause du pointillé des intervalles plus fort. 32

30 Prosternum canaliculé complètement: Th. à côtés presque droits; P. géminés des El. très gros, peu nombreux; bleu foncé ou bleu vert métallique. 6—8 **lepida Ol**

— Prosternum très aminci en devant, faiblement canaliculé à la base; Th. à côtés arrondis. 31

31 Points géminés des El. petits, plus nombreux, plus réguliers; pointillé des intervalles moins marqué; bleu parfois verdâtre. 6 **didymata Scrib**

— Bleu ou noir ou bronzé verdâtre ou cuivreux; points des El. gros, peu nombreux, moins réguliers; pointillé des intervalles alternes plus distinct. 5—7 **hyperici Forst**

32 Lignes géminées assez avancées vers la base, plus écartées, à points moins nombreux; violet ou violet bleu alutacé; ant. à base plus claire. 6 **brunsvicensis Grav**

— Lignes géminées peu avancées vers la base, plus rapprochées, à points plus nombreux, ces points plus faibles vers la suture et la déclivité postér.; ant. à base plus foncée, dessus brillant. 4—5,5 **geminata Payk**

33 Forme oblongue à couleurs métalliques variées (*melanaria* seule noire). 34

— Forme courte, ovale, convexe; couleur uniforme peu brillante. 39

34 Th. à bourrelets et gouttières bien marqués : El. à bandes métalliques, q. q. fois très vagues mais presque toujours indiquées au milieu d'une ponctuation fine, irrégulièrement alignée. **cerealis L**
Var. Dessus complètement noir. **V. melanaria Suff**

— Th. sans bourrelets ni gouttières. 35

35 Premiers art. des ant. rougeâtres au moins en dessous. 36

— Ant. concolores. 37

36 Grand, allongé, fortement ponctué; vert doré avec 2 bandes pourpres sur les El.; angles antérieurs du Th. non saillants. 9—13 **graminis L**

— Plus petit, peu fortement ponctué; angles antér. du Th. saillants: El. d'un vert doré à bandes bleues suturale et médiane; dernier art. tarses à sommet denté de chaque côté. 6—7 **fastuosa Scop**

37 Dessus bleu, à teinte verdâtre; angles antérieurs du Th. aigus. 7—9 **cœrulans Scrib**

— Dessus vert doré ou cuivreux verdâtre; angles antérieurs du Th. subarrondis. 38

38 Th. fortement et également ponctué. 7—11 **menthastri Suff**

— Th. à ponctuation très fine sur le disque; dessus vert doré ou vert bleuâtre. 6—8,5 **viridana Kust**

39 Angles du Th. à pores pilifères : El. à points petits, serrés, égaux : Th. avec une légère impression rugueusement ponctuée à la base; dessus vert bleu, violet ou noir. 5 **varians Schal**

— Angles du Th. sans pores pilifères. 40

40 El. à points petits, serrés, égaux : Th. sans gouttière ni bourrelet; base des ant. et tarses, roux; dessus violet. **gœttingensis L**

— El. à points alignés, mais peu régulièrement; pattes et ant. rougeâtres. 41

41 P. des El. forts, enfoncés, écartés; dessus noir métallique olivâtre. 8—11 **Banksi F**

— P. des El. fins, petits, rapprochés; intervalles pointillés. 42

42 Gouttière latérale rugueusement ponctuée; bourrelet étroit: El. à interv. subélevés; dessus bronzé. 4,5—7 **staphylea L**

— Bourrelet large, épais; gouttière superficielle sans gros points au fond. 43

43 Gouttière un peu interrompue: Th. presque trapéziforme à côtés presque droits à la base; ponctuation des El. moins dense, moins alignée. 6—8 **hemisphærica Germ**

— Gouttière entière; côtés du Th. plus arrondis; ponctuation des El. plus dense, mieux alignée. 6—8 **crassimargo Germ**

## ORINA

**Corps allongé, épaules sensibles: 1er segment abdominal de la longueur du métasternum**

*Faune d'*Erichson, *Tom. VI, par J. Weise, traduction* A. Fauvel.

1 **Ant. concolores.** 2

— Les deux premiers art. des ant. en partie rougeâtres. 10
2 Palpes peu épais à dernier art. médiocrement large. 3
— Palpes maxil. grêles, à dernier art. étroit, conique. 5
3 Corps à reflets métalliques, bleu ou vert, ou noir concolore, mais sans mélange de couleur rouge. 7—8,5 **virgulata** Germ
— Corps noir sans reflets métalliques; Th. et El. rouges, ou d'un brun rouge ou noirâtres. 4
4 Courtement ovale, brillant: El. finement et très densément ponctuées-rugueuses, noirâtres, à base, bord externe et épipleures, rouges; les intervalles des points sont alutacés, rugueux. 10—12 **Ludovicæ** Mls
— Oblong, peu brillant: El. rouges, à ponctuation rugueuse, à intervalles convexes, polis, finement pointillés. **melanocephala** Duft
5 Th. à convexité presque régulière, le bourrelet latéral étant peu visible: El. ♀ mates. 7—9 **splendidula** Frm
— Bourrelet latéral du Th. très net. 6
6 Fond des El. alutacé; dessus vert ou bleu. 6—8,5 **elongata** Suff
— Fond des El. poli. 7
7 El. à bande d'un rouge-cuivreux s'étendant à la base entre l'écusson et le calus huméral. 7—8 **elegans** Arag
— El. au plus avec une bande plus ou moins incomplète. 8
8 Ant. courtes à art. 5-8 un peu plus longs que larges: Th. et El. fortement ponctués, celles-ci sans bandes. 5—6 **frigida** Weis
— Ant. plus longues à art. 5-8 presque moitié plus longs que larges. 9
9 Allongé; bourrelet du Th. fortement ponctué en entier ou en partie; El. à points aciculés, écartés, souvent avec une bande mate. 8—11 **cacaliæ** Schr
— Corps court, élargi en arrière; bourrelet du Th. presque lisse; El. à ponctuation normale, serrée, souvent avec une bande brillante. 7—10 **speciosissima** Scop
10 Repli des El. large; bourrelet du Th. large, très convexe: El. sans bandes. 9—12 **tristis** F
— Repli des El. étroit; bourrelet du Th. déprimé ou peu convexe. 11
11 El. finement ponctuées-ruguleuses sur toute leur surface, à fond poli, sans bandes; bourrelet du Th. largement aplani, à impression latérale peu profonde. 7—11 **intricata** Germ Var. **Anderschi** Duft
— El. ponctuées sur le tiers interne au moins, souvent ruguleuses sur les côtés; impression latérale du bourrelet plus profonde en arrière et interrompue au milieu par un ressaut plus ou moins fort. 12
12 El. à fond poli; bourrelet du Th. fortement saillant, à impression latérale profonde postérieurement. 13
— El. à fond alutacé. 15
13 Ponctuation des El. fine, double. 8—11 **bifrons** F
— El. presque relevées en bosse en arrière, à points médiocres, uniformes. 14
14 **Th. transversalement déprimé au devant de la base, à bourrelet**

épais, à impression latérale profonde et fortement ponctuée à la base. 9—10 **variabilis Weis**

— Th. obsolètement déprimé au devant de la base, à bourrelet étroit, à impression large à peine interrompue au milieu. 9—13 V. de **gloriosa F**

15 Th. à bourrelet peu sensible, à impressions latérales obsolètes : El. ♀ mates. 7—10 **viridis Duft**

— Bourrelet du Th. bien marqué en arrière. **16**

16 Déprimé; faciès de **Melasoma**: El. à points forts, serrés, subsériés; ordinairement, une tache bleue sur le Th. devant l'écusson et El. avec la suture et une bande discoïdale, d'un bleu noir. 8—10 **vittigera Suff**

— El. à ponctuation serrée, à peine sériée. **17**

17 El. à deux bandes d'un rouge de feu ou dorées. *gloriosa* V. **superba Ol**

— El. ayant au moins une bande, outre la suture foncée; corps étroit (corps large *V. pretiosa Suff*). 9—13 **gloriosa F**

# PHYLLODECTA

## PHRATORA

Ongles dentés; dessous glabre; tibias postér. non dentés

(*Faune d'*ERICHSON: *Cyclica*, J. WEISE)

1 Base du Th. finement rebordée (voir avec un fort grossissement); 8e intervalle des El. subélevé. 4—5 **vulgatissima L**

— Base du Th. non rebordée; 8e intervalle des El. plan. **2**

2 Tibias et tarses testacés, plus ou moins foncés; 4e art. tarses dépassant le 3e, d'une longueur plus grande que celle comprise entre les lobes du 3e. 5—6 **tibialis Suff**

Var. Tibias bleuâtres, à base subcuivreuse, tarses couleur de poix. **V. Cornelii W**

— Pattes concolores; 4e art. tarses moins allongé. **3**

3 Ovale oblong, vert doré; tubercules frontaux séparés par une ligne peu profonde; clypeus large, plan; Th. à côtés parallèles à la base, convergents en avant. 4—5 **vitellinæ L**

— Allongé, bleuâtre; tubercules frontaux convexes séparés par une ligne profonde allant jusqu'au Th. qui est très transverse, fortement dilaté et arrondi avant le milieu. 4—5 **laticollis Suffr**

## PHYTODECTA (Gonioctena)

Ongles des tarses et tibias postérieurs dentés; 3e art. tarses sinué ou échancré

(*Faune d'*ERICHSON: *J. Weise*)

1 Tibias antérieurs non dentés. **2**

— Tibias antérieurs faiblement dentés en dehors; angles antérieurs du Th. avec un pore sétigère. **4**

— Tous les tibias fortement dentés à leur sommet externe; angles antérieurs du Th. sans pore sétigère. **5**

2 Th. fortement convexe à disque finement ponctué: El. à 9 rangées plus ou moins régulières de points géminés. 5—8 **variabilis Ol**

*(Je ne parle pas de la couleur ou du dessin des El., toutes les espèces variant du noir au testacé concolore en passant par tous les intermédiaires, pour le nombre et la forme des taches).*

— Th. moins convexe, partout grossièrement ponctué: El. simplement striées-ponctuées. 3

3 Assez allongé, peu convexe; rebord interne des épipleures disparaissant après le milieu. 5—6,5 **5-punctata F**

— Plus convexe; rebord interne des épipleures allant jusqu'au sommet. 5—7 **pallida L**

4 Alutacé, peu brillant: El. finement striées-ponctuées avec points nombreux dans les intervalles. 5—7 **fornicata Brügg**

— Plus petit, plus brillant: El. fortement striées-ponctuées, intervalles à points très fins, clairsemés. 3,5—5 **olivacea Forst**

5 3e art. ant. presque 2 fois aussi long que le 5e; 10e au moins aussi long que large. 6

— 3e art. ant. égal au 5e ou peu plus long; 10e plus large que long. 7

6 Plus petit; tibias en grande partie testacés (même dans la race toute noire) à peine assombris aux genoux et au côté interne. 5—5,5 **nivosa Suffr**

— Plus grand; tibias plus foncés à la base et vers l'intérieur, souvent noirs complètement. 6—7 **Linnæana Schrank**

7 Pattes testacées; ant. testacées rembrunies au sommet. **rufipes Deg**

— Pattes noires, rarement tibias antérieurs testacés; ant. noires à base testacée. 6—7 **viminalis L**

— Fémurs noirs, tibias en grande partie testacés, tarses d'un brun de poix; ant. testacées rembrunies au sommet. 5—6,5 **flavicornis Suffr**

## MELASOMA (Lina)

Ongles des tarses simples; 3e art. tarses obsolètement bilobé; épipleures non aigûment terminés

(*Faune d'*Erichson: *J. Weise*)

1 Th. sans bourrelet latéral; dessus vert doré, bleu ou violet métallique ou cuivreux. 7—8 **ænea L**

— Th. avec un bourrelet latéral. 2

2 El. rouges. 3

— El. plus ou moins bronzées ou d'un noir violacé. 5

3 3e art. tarses bilobé; côte latérale externe des El. presque unisérialement ponctuée. 10—12 **populi L**

— 3e art. tarses échancré au sommet; côte marginale des El. à points plus nombreux et confus. 4

4 Dernier art. tarses denté de chaque côté en dessous; El. moins brillantes; forme ovale. 8—10 **tremulæ F**

— Dents du dernier art. des tarses très faibles, peu marquées: El. plus brillantes; forme oblongue. 7—9 **saliceti Weis**

5 El. concolores. 6

— El. à taches ou dessins. 7

6 Th. à côtés rouges testacés: El. d'un bleu noir ou d'un bronzé verdâtre. 7,5 **collaris L**

— Th. concolore à fin sillon médian; dessus cuivreux ou bleu. **cuprea F**

— Th. concolore sans sillon médian; dessus bleu. **V. bulgharensis F**

7 El. testacées avec chacune la suture noire et 10 taches d'un noir bronzé: Th. noir bronzé à bordure latérale rougeâtre. 7—8,5 **20-punctata Scop**

— El. bleues ou d'un bronzé noirâtre à 4 bandes jaunes ondulées souvent confluentes: Th. concolore. 5—8 **lapponica F**

## ENTOMOSCELIS

Métasternum long; fémurs dépassant à peine les El.

Noir en dessous, rouge en dessus avec une tache frontale, une tache médiane au Th. et 2 P. sur les côtés, écusson, la suture et sur chaque El. une bande raccourcie en arrière, noirs. **adonidis F**

## GASTROIDEA (Gastrophysa)

3ᵉ art. tarses sinué ou échancré; angles antér. du Th. sans fovéole sétigère

1 Bleu, base des ant., Th., anus et pattes, rouges; écusson subtriangulaire. 4—5 **polygoni L**

— Vert doré ou vert bleuâtre; front canaliculé; écusson transverse. 4—6 **viridula Deg**

## PLAGIODERA

Epipleures aigûment terminés; 3ᵉ art. tarses non ou obsolètement bilobé

Dessous noir, dessus bleu ou bleu verdâtre; base des ant. ferrugineuse: Th. finement ponctué: El. à cal huméral saillant; bord externe des El. renflé et unisérié. 3—4,5 **versicolora Laich**

## PHÆDON

3ᵉ art. tarses sinué, bilobé; ongles simples; corps ovale, convexe

1 1ʳᵉ rangée striale non sillonnée au sommet et non séparée de la suture par un bourrelet. 2

— 1ʳᵉ rangée striale sillonnée au sommet et limitée par un bourrelet du côté de la suture. 3

2 Noir bronzé: Th. subalutacé à points fins; interv. des El. à ponctuation très fine, peu visible; aptère. 3,5—4 **segnis Weiss**

— Bronzé clair: Th. alutacé à ponctuation bien nette; intervalles à ponctuation fine et assez serrée, bien distincte; ailé. **pyritosus Ross**

3 Th. ponctué seulement sur les côtés et au milieu de la base; interv. à peine pointillés. 4 **tumidulus Germ**

— Th. complètement ponctué, quoique moins densément au milieu du disque. 4

4 Cal huméral large, saillant, limité en dedans par une fossette; dessus noir bleu ou verdâtre; intervalles très finement ponctués. 3—4 **armoraciæ L**

V. Plus petit, ovale; noir bronzé ou noir à reflets bleus ou violets. **V. salicinus Heer**

— Cal huméral très obsolète, sans fossette latérale. 4

5 Noir bronzé; points des bords du Th. suballongés, stries des El. peu marquées à la base. 2,5—3 **lævigatus Duft**

— Bleu foncé ou verdâtre, points des bords du Th. ronds; stries bien marquées à la base des El., les 5e et 6e approfondies à la base. 3,5—4 **cochleariæ F**

### HYDROTHASSA (Eremosis)

Th. transverse non marginé à la base; fémurs postérieurs dépassant à peine les El.; El. entourées d'un limbe rougeâtre

1 Tête perpendiculaire; yeux demi-cachés; Th. concolore; dessus noir bronzé ou bleu brillant; El. fortement ponctuées-striées; corps ovale, convexe. 3—4 **aucta F**

— Tête penchée; yeux presque libres; forme oblongue: Th. à bordure latérale rouge. 2

2 El. sans ligne jaune médiane. 4—4,5 **marginella L**

— El. à ligne jaune médiane recourbée en dehors vers la base. 4—5 **hannoverana F**

### PRASOCURIS

Th. carré, marginé à la base; fémurs postérieurs dépassant de beaucoup les El.

1 Dessus concolore, bleu ou bleu noir. 4—5 **junci Boh**

— El. à bordure jaune avec ou sans ligne médiane jaune: Th. à marge latérale jaune. 2

2 El. sans ligne médiane jaune; pattes testacées. 4 **distincta Luc**

— El. à ligne médiane jaune, droite. 5—6 **phellandrii L**

### COLASPIDEMA

Angles antér. du Th. à fovéole sétigère

Noir brillant, fortement ponctué: base des ant. testacée: El. non striées. 5—6 **atrum Ol**

## GALERUCINI

(JOANNIS: *Monogr. des Galerucides*)

### ARIMA

Noir, avec la base des ant., les bords du Th. q. q. fois, la bordure des El. toujours, jaunes: El. très courtes laissant à découvert 5 ou 6 segments de l'abdomen. 9—11 **marginata F**

### LOCHMÆA et GALERUCA (Adimonia)

Corps élargi postérieurement, glabre ou peu pubescent

1 Tête rouge: El. d'un rouge concolore q. q. fois avec une linéole

noire (*cratægi Var.*). 2
— Tête noire ou d'un brun foncé. 3
2 Pattes noires; ant. noires à base testacée. 5—6 **rufa Germ**
— Sommet des tibias testacé; ant. brunes à base des art. rougeâtre. 4,5 **cratægi Forst**
3 El. rouges. 4
— El. brunes, noires ou testacées. 6
4 Ecusson rouge testacé. 7—8 **V. Villæ Com**
— Ecusson noir. 5
5 Dessus rouge testacé: El. arrondies au sommet. V. **scutellata Chvl**
— Dessus rouge sanguin vif: El. très arrondies au sommet où elles forment un angle rentrant. 4—5 **melanocephala Panz**
6 Pattes en partie testacées (tibias et sommet des cuisses des pattes antérieures au moins); ant. noires ou noires à base rousse. 5 **capreæ L**
— Pattes noires. 7
7 El. testacées brunes avec des côtes plus foncées, saillantes. 8
— El. testacées plus ou moins foncées avec côtes concolores. 9
— El. brunes ou noires. 10
8 El. à 6 côtes interrompues plus ou moins. 6—8 **interrupta Ol**
— El. à 4 côtes q. q. fois un peu interrompues. 7—9 **circumdata Duft**
9 El. à côtes peu distinctes; Th. à côtés non sinués, presque droits; dessus testacé clair ou brunâtre. 7—8 **Dahli Joan**
— El. à côtes bien distinctes: Th. à côtés sinués ou subarrondis; dessus brun clair: El. élargies en arrière. 9—10 **Pomonæ Scop**
10 Angles antérieurs du Th. pointus:
a— Suture saillante; angles ant. du Th. non saillants en dehors; 3 fines côtes entières sur les El. (2e 4e 6e). **erratica Ol**
a'— Suture non saillante; côtes variables en nombre; angles ant. du Th. saillants en dehors. 9—10 **littoralis F**
— Angles antérieurs du Th. arrondis. 11
11 Th. non échancré, droit au sommet. 6—9 **tanaceti L**
— Th. échancré. 6—7 **monticola Ksw**

## AGELASTICA et SERMYLA

Dernier segment abdominal ♂ bisinué ou peu profondément biéchancré; corps ovoïde, élargi postérieurement

1 Dessus bleu violet concolore; pattes noires. 6—9 **alni L**
— Dessus vert bronzé: Th., devant de la tête et pattes, testacés. **halensis F**

## PHYLLOBROTICA

Dernier segment abdominal ♂ profondément biincisé

Jaune testacé; vertex et 2 taches sur chaque El. (la postérieure la plus large, noirs). 6 **4-maculata L**

## AULACOPHORA (Rhaphidopalpus)

Complètement jaune testacé; yeux noirs: El. très finement ponctuées; sur le Th. une impression médiane transversale en forme d'accolade. 6,5 **abdominalis F**

## MALACOSOMA

Forme allongée, subparallèle; calus surantennaire profondément échancré en dessus près des yeux

Rouge testacé brillant: Th. lisse; El. finement pointillées; tête, ant., écusson et dessous moins l'abdomen, noirs. 7—9 **lusitanica L**

## GALERUCELLA

Corps allongé, parallèle, à pubescence épaisse

1 Côtés du Th. anguleux, puis sinueux au devant des angles postér. 2

— Côtés du Th. arrondis, sans sinuosités. 4

2 El. à pointillé fin, très serré. 5—6 **viburni Payk**

— El. à ponctuation grosse, écartée. 3

3 Angle apical des El. aigu, proéminent: El. foncées à bord externe plus clair. 6—7 **nymphææ L**

— Angle apical des El. arrondi. **sagittariæ Gyll**

El. grises à bande noire entière partant du calus huméral, bord concolore, suture obscure; 1 linéole noire, courte, entre l'épaule et l'écusson; 3 P. noirs sur le Th.: El. finement, densément ponctuées. **luteola Müll**

— El. sans bande noire humérale entière. 5

5 El. à ponctuation fine et serrée, avec une carène latérale partant du calus huméral. (**Diorhabda**) **elongata Brull**

— El. à ponctuation assez forte et espacée. 6

6 El. d'un rouge testacé à bordure pâle; tête et Th. généralement jaunes. 3,5 **pusilla Duft**

— El. à tache humérale brune (la tache se prolonge q. q. fois en une bande obscure, courte et étroite). 7

7 Ant. brunes à base testacée, tête sillonnée; épaules peu proéminentes; bord antérieur du Th. non en bourrelet. 5—6 **lineola F**

— Ant. rougeâtres à art. tachés de noir au sommet; tête non sillonnée; épaules proéminentes: bord antérieur du Th. en bourrelet. 5—7 **calmariensis L**

## LUPERUS

Calus surantennaires sans échancrure au dessus et formant à eux deux une accolade

Th. jaune concolore ou avec taches. 2

— Th. noir ou bleu. 5

2 Th. jaune largement taché de noir à la base; El. testacées à suture et bord externe, noirs. 4 **nigrofasciatus Goez**

— Th. concolore. 3
3 El. noires. 3—4,5 **flavipes L**
— El. bleues ou noires bleuâtres. 4
4 Base des cuisses et sommet des tibias, rembrunis. 4 **viridipennis Germ**
— Pattes complètement testacées; base des ant. testacée. **pyrenæus Germ**
5 El. noires. 6
— El. vertes ou bleues; pattes noires, genoux q. q. f. rougeâtres; 2e art. ant. beaucoup plus court que le 3e. 3,3 **nigripes Ksw**
— El. vertes ou d'un bleu métallique brillant; 2e art. ant. égale à peu près le 3e. 4 **xanthopus Duft**
6 Pattes complètement testacées. 3,5 **rufipes F**
— Cuisses complètement noires; dessus brun foncé; tête et Th. lisses; El. à ponctuation fine, peu profonde. 4 **longicornis F**
— Cuisses noires à la base. 7
7 2e et 3e art. ant. à peu près égaux. 8 **pinicola Duft**
— 2e art. ant. beaucoup plus court que le 3e. 3—4,5 **niger Goez**

### MONOLEPTA

El. bleues assez densément ponctuées: Th., tête, pattes et base des ant., testacés. 3—3,5 **erythrocephala Ol**

## HALTICÆ

(Foudras: *Altisides.*—Allard: *Monogr. des Altisides*)

### LITHONOMA

Dernier art. tarses brusquement renflé

Bleu, déprimé, profondément ponctué: Th. et El. limbés de testacé: El. à 4 taches pâles obliques. 4—5 **cincta F**

### HALTICA

Th. à sillon creux entier à la base: El. confusément ponctuées

1 El. avec un pli ou une carène vers le bord extérieur. **quercetorum Foud**
— El. sans pli ni carène vers le bord extérieur. 2
2 El. à ponctuation non visible; dessus bleu ou vert, terne; angles postérieurs du Th. presque droits. **tamaricis Schrk**
— El. à ponctuation plus ou moins forte, bien visible. 3
3 Taille plus petite, forme plus convexe: El. plus parallèles, peu élargies en arrière. 4
— Taille plus grande: El. plus planes, dilatées vers le sommet. 5
4 El. brillantes, d'un vert clair; sillon du Th. peu profond: points des El. très fins. **pusilla Duft**
— El. très alutacées, un peu mates, d'un bleu foncé; sillon peu profond au milieu, beaucoup plus aux extrémités. **V. montana Foud**

— Vert, brillant q. q. fois métallique; sillon droit assez profond; ponctuation des El. assez forte. **oleracea** L

5 Angles antérieurs du Th. sans calus saillant; dessus vert bleuâtre. **carduorum** Guer

— Angles antérieurs du Th. à calus saillant en dehors. 6

6 Dessus bleu ou violet peu brillant, alutacé surtout au Th.; El. à points irrégulièrement entremêlés de rugosités ondulées. **lythri** A

— Vert-doré ou cuivreux brillant: El. à points inégaux q. q. fois avec des nervures longitudinales: Th. finement rugueux à points fins et serrés. V.**brevicollis** Foud

— Vert ou vert bleuâtre: Th. finement pointillé: El. à points inégaux, très petits; partie antérieure du Th. distinctement ponctuée. **ampelophaga** Guer

— Vert-bleuâtre; calus huméral moins saillant, non limité intérieurement par une fossette. **ericeti** All

## HERMÆOPHAGA

Th. à sillon basal limité de chaque côté par un trait

1 Ovale, allongé, noir bleu; angles postérieurs du Th. aigus, proéminents. 2—2,7 **cicatrix** Illig

— Ovale, court, noir; angles postérieurs du Th. obtus. **mercurialis** Gyll

## ORESTIA

Th. à sillon basal transverse: El. à lignes de points sans stries

Rougeâtre convexe, brillant; dépression basale du Th. obsolète, limitée par 2 traits profonds: El. à séries de gros P. 2 **Pandellei** All

## CREPIDODERA

Th. à sillon basal transverse; El. striées-ponctuées

1 Impression transvers. de la base du Th. peu visible. 2

— Impression basale du Th. profonde. 5

2 Carène assez large, aplatie, mate, ainsi que les festons qui sont triangulaires et peu saillants. (**Ochrosis**) 4

— Carène brillante, saillante, festons linéaires. (**Hippuriphila**) 3

3 Bronzé: El. striées-ponctuées à sommet translucide, plus clair. 2 **Modeeri** L

— El. noires bleuâtres, à lignes de points assez régulières. **nigritula** Gyl

4 Suture des El. brune; dépression basale du Th. peu marquée. 1,5—2 **salicariæ** Payk

— Suture concolore; dépression basale du Th. bien marquée. 1,5—2 **ventralis** Illig

5 Th. fortement ponctué; dessus à couleurs métalliques, soit Th. seul ou Th. et El. (**Chalcoides**) 6

— Th. lisse ou finement ponctué. (**Crepidodera**) 11

6 El. à lignes de points fins, nombreux, sans stries: El. bleues ou ver-

tes: Th. cuivreux; intervalles plans, finement ponctués; derniers art. des ant. rembrunis. 3 **nitidula L**

— El. à stries ponctuées. 7

7 Ant. complètement rousses. 8

— Ant. rembrunies au sommet. 9

8 Dessus jaune d'or pur: Th. transverse, à angles ant. non saillants en dehors; sillon latéral du Th. s'arrêtant à la base; interstries plans. 2–3 **aureola Foud**

— Th. fortement transverse; dessus cuivreux; bordure latérale du Th. continuée sur les angles postérieurs, angles antérieurs proéminents en dehors; intervalles subconvexes très larges; ponctuation des stries médiocre. 2—2,4 **smaragdina Foud**

9 Dessus vert bleuâtre ou cuivreux: Th. concolore ou à peu près. 10

— Th. cuivreux, El. vertes ou violettes, différence de coloration bien tranchée; 5 premiers art. ant. testacés. 2–3 **aurata Marsh**

10 Ant. rembrunies vers l'extrême sommet seulement; calus des angles antér. du Th. ayant l'apparence d'une dent redressée; interv. plans, étroits, stries à ponctuation forte. 2—3 **helxines L**

Suivant M. Desbrochers la C. smaragdina Foud ne doit pas être réunie à l'helxines; elle en diffère par les plaques frontales très petites subarrondies: par la ponctuation serrée et inégale du Th., par la forme de ce segment sinué en dehors des angles postérieurs; par la gouttière du rebord latéral étroite; par les cuisses postérieures qui sont rousses, avec au plus une tache supérieure noire.

— Ant. avec les 4 premiers art. seulement ferrugineux; corps allongé, calus des angles du Th. à saillie très réduite et non avancée. 2—3 **chloris Foudr**

11 El. testacées. 12

— El. noires ou bleues. 14

12 Th. lisse sur le disque: El. à lignes de points géminés. **impressa F**

— Th. finement ponctué. 13

13 El. striées-ponctuées; base du Th. ponctuée. 2,5—4 **ferruginea Scop**

— El. à lignes de points géminés; ponctuation du Th. n'allant pas jusqu'à la base. 3,5—4 **transversa Marsh**

14 Dessus concolore, bleu ou bleu noir. 15

— Th. rouge. 16

15 El. striées-ponctuées bleues. 2,5–3,5 **cyanescens Duft**

— El. noires bleuâtres à lignes de points assez régulières. **nigritula Gyll**

16 Festons bien séparés entre eux et du front par une ligne enfoncée: Th. en bourrelet derrière l'impression; El. bleues ou bleues verdâtres. (**Derocrepis**) 2,5—3 **rufipes L**

— Th. sans bourrelet entre l'impression et la base. 17

17 El. noires. 3 **melanostoma Redt**

— El. bleues. 17bis

17bis Ant. noires à 3 ou 4 premiers art. rouges (1er noir en dessus); Th. finement ponctué; pattes noires; festons contigus séparés du front par une simple dépression. 3 **Peirolerii Küstch**

— Th. lisse; ant. rousses ou à sommet enfumé. 18
18 Ant. rousses; festons contigus, séparés du front par une simple dépression; cuisses brunes, tibias et tarses, roux. **femorata** Gyll
— Ant. rembrunies au sommet; cuisses noires, tibias et tarses, bruns. 3 **melanopus** Küst

## ARRHENOCŒLA

Ferrugineux; sillon basal du Th. ondulé, terminé par une fossette; El. striées-ponctuées à 3 lignes longitudinales noires, celle du milieu la plus longue. 3—3,5 **lineata** Ross

## EPITRIX

El. pubescentes

1 Sillon basal du Th. large, profond; dessus noir. 2 **pubescens** Kock
— Sillon basal du Th. peu profond, peu distinct. 2
2 Dessus noir, épaules et sommet des El. rougeâtres: Th. finement ponctué. 1,5—2 **atropæ** Foudr
— Dessus noir: Th. fort[t] ponctué; stries plus fort[t] ponctuées. **intermedia** Foud

## PODAGRICA

El. striées-ponctuées; tibias postérieurs bilobés au sommet, une épine au lobe externe

1 El. sérialement ponctuées à la base au moins. 2
— El. à ponctuation confuse. 4
2 Tête rouge. 3
— Sommet de la tête rembruni; pattes rougeâtres plus ou moins obscurcies. 2,5—3 **malvæ** Illig
3 Pattes noires. 2,5—3 **fuscipes** F
— » rousses. 3—3,5 **semirufa** Küst
4 Th. ponctué assez fortement; pattes brunes plus ou moins foncées. 2,5—3 **discedens** Boïel
— Th. finement pointillé; pattes rousses. 4—4,5 **fuscicornis** L

## MANTURA (Balanomorpha et Cardiapus)

Tibias postérieurs sans dépression au sommet, une épine sous le rebord terminal; corps cylindrique

1 El. à sommet ferrugineux, plus clair. 2
— El. concolores d'un bleu foncé ou d'un bronzé vert; strie scutellaire à double série de P. à la base. 3
— Dessus jaune testacé. **lutea** All
2 Intervalles des El. convexiuscules; taille grande: Th. vert bronzé. 2,7 **rustica** L
— Intervalles plans; plus petit: Th. bronzé cuivreux. **chrysanthemi** Hofm
3 Très convexe, dessus noir bronzé, interv. lisses. 2,5 **obtusata** Gyll
— Moins convexe; dessus bleu foncé, interv. lisses. 2,5 **ambigua** Küst
— 1er interv. ponctué antérieurem[t]; dessus vert bronzé. **Matthewsi** Curt

## BATOPHILA

Corps oblong; bord externe des tibias postérieurs non échancré, une épine sous le rebord terminal au sommet

1 Dessus vert bronzé; pattes rousses; base du Th. moins large que le sommet; corps oblong. 1,3 **ærata Marsh**

— Noir bronzé, pattes brunes; Th. plus étroit au sommet qu'à la base; corps oblong. **pyrenæa All**

— Noir, pattes rousses; corps ovale. 1,5 **rubi Payk**

## PHYLLOTRETA

Tibias postérieurs à épine placée sous le rebord terminal: El. confusément ponctuées ou lisses

1 El. noires à bandes ou taches jaunes. 2

— El. sans bandes jaunes, concolores. 10

2 Bande jaune large atteignant le bord externe près duquel est une tache noire isolée; calus huméral rembruni. **rugifrons Küst**

— Bande jaune large n'atteignant pas le bord externe. 3

— Bande jaune étroite. 6

3 Bande sans échancrure. 4

— Bande jaune échancrée extérieurement, au milieu. 5

4 Bord externe étroitement noir; bande suturale noire dilatée au milieu, rétrécie aux 2 extrémités. 3 **armoraciæ Koch**

— Bord externe plus largement noir rejoignant à la base une tache humérale noire; bande suturale noire subparallèle, un peu rétrécie à la base. 2 **parallela Boïeld**

5 Tache humérale isolée; 5e art. ant. ♂ allongé, dilaté; 4 pattes antér. testacées. 2 **ochripes Curt**

— Tache humérale reliée à la marge; 4e et 5e art. ant. ♂ dilatés; cuisses noires. 2 **sinuata Steph**

6 Bande presque droite; son extrémité postér. recourbée en dedans vers la suture. 7

— Bande interrompue au milieu et souvent transformée en 2 taches irrégulières (dans *variipennis* rarement). 8

7 Bande un peu plus large presque droite; tous les tibias ferrugineux; 4e et 5e art. ant. ♂ dilatés et striés en dessous. **nemorum L**

— Bande plus étroite un peu sinueuse au milieu; tibias rembrunis. 1,5–2 **vittula Redt**

— Bande un peu sinueuse; partie médiane des tibias brune; 5e art. ant. ♂ un peu dilaté. **undulata Küst**

8 Corps allongé ovalaire. 9

— Corps ovale court; 5e art. ant. ♂ dilaté: El. à points serrés; tibias antér. roux, souvent rembrunis. 1,5–2 **exclamationis Thun**

9 Ponctuation très forte, écartée; pieds antér. noirs. **tetrastigma Com**

— » » fine; tibias antér. et tarses roux; bande des El. recourbée en dedans à la base et au sommet, rétrécie au milieu en dehors. 1,5 **variipennis Boïeld**

10 Ant. noires. 11
— Base des ant. testacée. 12
11 El. noires; ponctuation confuse; art. 3, 4, 5 des ant. ♂ dilatés. 1,7 **consobrina Curt**
— Vert bronzé; dernier segment de l'abdomen dépassant les El. qui sont arrondies séparément; 5e art. ant. ♂ à peine dilaté. 2 **procera Redt**
— El. bronzées à reflets bleus ou verts: El. finement ponctuées, arrondies ensemble à l'extrémité. 1,7 **nigripes F**
12 Dessus noir. 13
— Dessus noir bronzé. 14
— Dessus vert bronzé, ou bronzé cuivreux, ou noir à reflets bleus ou verts. 15
13 Front et vertex à gros points confus; 4e art. ant. égale le 3e; base du Th. arrondie: El. à ponctuation sériée, un peu plus forte que celle du Th. 1,7 **atra F**
— Vertex granuleux sans P., séparé du front par une bande de P. inégaux; 4e art. ant. plus grand que le 3e; base du Th. un peu sinueuse; ponctuation des El. très serrée. 1,7 **diademata Foud**
14 Front et vertex ponctués sauf le sommet de celui-ci qui est finement granuleux; El. à ponctuation fine, confuse. 1,5 **ærea All**
— Front et vertex à points très fins, écartés; El. à points confus plus forts et plus serrés que ceux du Th. **crassicornis All**
15 Th. transversal; dessus noir à reflets bleus ou verts; front et vertex à gros P. confus; ponctuation des El. sériée aussi forte que celle du Th. **cruciferæ Goez**
— Th. carré. 16
16 Vert bronzé; vertex presque lisse. 2—2,3 **nodicornis Marsh**
— Bronzé cuivreux; vertex fortement ponctué. **corrugata Reich**

## APHTHONA

El. confusément ponctuées; corps oblong plus ou moins déprimé; sommet des tibias postérieurs divisé en 2 lobes, une courte épine à l'extrémite du lobe externe

1 Th. et El. d'un roux testacé jaune. 2
— Dessus bleu, noir ou vert. 8
2 Suture des El. plus ou moins noire. 3
— Suture des El. concolore. 4
3 Tête jaune. 2—2,5 **lutescens Gyl**
— Tête noire; bande suturale noire élargie au milieu; abdomen noir. 1,5 **nigriceps Redt**
4 Tête et abdomen noirs. **pallida Bach**
— Tête testacée. 5
5 Dessous testacé pâle: El. brillantes à points varioliques très petits irrégulièrement disposés. 6
— Dessous taché de brun ou de noir. 7
6 Dessus jaune rougeâtre, derniers art. ant. noirs. 2—3 **lævigata Illig**
— » testacé pâle, q. q. fois les derniers art. des ant. obscurs.

2 **variolosa Foud**

7 Dessous d'un roux sombre; ant. testacées: El. à pointillé fin assez serré: Th. finement ponctué. 3—4 **cyparissiæ Koch**

— Dessous complètement noir; pieds roux: El. testacées à points s'atténuant au sommet. 2 **abdominalis Duft**

— Dessous testacé; métathor. et base de l'abdomen bruns; pattes rousses: Th. sans points. 2—2,5 **flaviceps All**

8 Dessus bleu ou vert. 9

— Dessus noir avec ou sans reflets bleuâtres, violets ou bronzés. 13

9 Th. à points profonds inégaux, rugueux; El. d'un vert clair confusément et fortement ponctuées 1,8 **herbigrada Curt**

— Th. à ponctuation fine et écartée. 10

10 Cuisses antér. largement brunes, genoux et base des tibias plus clairs; dessus bleu; contour du corps en ovale court. **pseudacori Marsh**

— 4 pattes antér. testacées. 11

11 Taille petite; calus huméral peu saillant; dessus vert ou bleu, contour du corps ovale. 1,5 **euphorbiæ Schrk**

— Taille grande; calus huméral très saillant; Th. et El. bleus; corps en ovale allongé. 12

12 El. confusément et fortement ponctuées. 3—3,5 **semicyanea All**

— » » » légèrement ponctuées. 2,5—2,7 **cœrulea Fourc**

13 Pattes antérieures foncées à la base des cuisses. 14

— 4 pattes antérieures complètement testacées. 17

14 Dessus noir. 15

— Dessus noir bronzé ou noir violacé ou bleu. 16

15 Convexe: El. sans calus, pas plus larges que le Th. à la base: Th. finement ponctué. 1,2 **delicatula Foud**

— Th. et El. plus déprimés; calus huméral saillant; Th. lisse. 1,8 **depressa All**

16 Noir bronzé: El. à calus indistinct, à peine plus larges que le Th. à la base, à ponctuation assez forte. 0,8 **ænea All**

— Noir à reflet bleu, violet ou verdâtre; épaules saillantes, convexes: El. beaucoup plus larges que le Th., à ponctuation très fine, éparse. 2—2,2 **venustula Kuts**

17 Corps en ovale court; noir à reflets violets: El. à ponctuation un peu régulière à la base vers la suture. 1—1,5 **cyanella Redt**

— Corps en ovale allongé. 18

18 Ponctuation du Th. fine, serrée; dessus noir: El. ayant leur plus grande largeur après le milieu. 1,5 **atratula All**

— Ponctuation du Th. fine et écartée ou peu visible. 19

19 Noir, très convexe; calus allongé peu saillant: El. pontuées en séries vers la base. 1,2 **ovata Foud**

— Noir, bleuâtre, très convexe: El. à ponctuation confuse, plus obtusément arrondies à l'extrémité. 1—1,5 **pygmæa Küst**

— Noir, moins convexe: El. à rugosités entremêlées de points très forts. 1—1,2 **atrovirens Forst**

## LONGITARSUS

Tarses postérieurs aussi longs ou plus longs que la moitié des tibias

1 El. bleues concolores. **Linnæi** Duft
— El. noires non bronzées. 2
— El. noires bronzées. 8
— El. bronzées. 11
— El. d'un brun de poix, brun marron ou brun rouge, avec les épaules et le sommet plus clairs. 15
— Th. et El. d'un jaune testacé plus ou moins pâle; dessous du corps d'un jaune uniforme (El. d'un rouge de sang dans une espèce: *rutilus*). 20
— El. jaunes ou testacées plus ou moins pâles, avec suture et souvent la marge externe ou des taches rembrunies; dessous noir ou brun de poix. 36
2 El. noires à extrémité translucide, à points très fins. **parvulus** Payk
— El. noires concolores. 3
— El. noires bordées de jaune. 7
3 Fémurs antérieurs rembrunis 4
— Pattes antérieures ferrugineuses. 5
4 El. ponctuées en lignes au moins dans la première moitié, arrondies au sommet. **rectilineatus** Foud
— El. ponctuées confusément, obtuses au sommet. **anchusæ** Payk
5 El. ponctuées en lignes dans la 1re moitié. **niger** Koch
— El. confusément ponctuées. 6
6 Th. finement ponctué et granulé: corps ovale oblong. **absinthii** Küst
— Th. lisse, plus ou moins ponctué; corps ovale très court. **ventricosus** Foud
7 Tête noire; Th. rougeâtre. **dorsalis** F
— Tête et Th. noirs. **stragulatus** Foud
8 El. concolores: Th. et El. assez fortement ponctués; art. des ant. allongés. 1—1,5 **obliteratus** Rosh
— El. avec des taches. 9
9 1 tache humérale et 1 apicale. **4-guttatus** Pont
— Pas de tache humérale et 1 apicale seulement. 10
10 Une tache avant le sommet ne touchant ni la suture ni le bord externe. **holsaticus** L
— Sommet des El. rougeâtre. **apicalis** Beck
11 El. largement et obtusément arrondies au sommet. 12
— El. étroitement arrondies au sommet. 14
12 Calus huméral faible : Th. lisse à points superficiels et écartés: El. fortement ponctuées, plus finement au sommet. **corynthius** Reich
— Calus huméral fortement saillant. 13
13 Th. fortement et densément ponctué. 2 **fusco-æneus** Redt
— Points du Th. plus fins, plus écartés.. **æneus** Kust
14 El. à ponctuation assez grosse presque effacée au dernier tiers; dessus assez convexe: Th. à P. moyens et écartés. V. **dimidiatus** All

— Th. et El. criblés de gros P. **echii Hoff**

15 Calus huméral bien distinct: brun de poix rougeâtre, épaules et sommet plus clairs: El. ponctuées en lignes dans plus de la 1re moitié. **fulgens Foudr**

— Calus huméral très peu distinct. 16

16 El. brièvement ovales et très convexes. 17

— El. oblongues ovales. 18

17 Interst. des El. rugueux: Th. finement ponctué: El. brunes ferrugineuses ponctuées en lignes dans le milieu. **minusculus Foudr**

— Interst. lisses: Th. peu visiblement ponctué; ponctuation des El. irrégulière s'atténuant au sommet; roux ferrugineux. **gibbosus Foudr**

18 Th. lisse à points fins, écartés; angle sutural des El. presque rectangle. **brunneus Duft**

— Th. finement granulé: El. arrondies séparément au sommet. 19

19 Th. assez densément ponctué: El. à ponctuation grosse un peu en séries à la base. **luridus Scop**

— Th. et El. à points petits et confus; brun presque mat. **rubellus Foudr**

20 Calus huméral distinct. 21

— El. sans calus, à courbe elliptique régulière. 28

21 El. ovales convexes. 22

— El. ovales subdéprimées en dessus. 23

22 El. d'un rouge sang; tête et Th. roux ferrugineux: El. à ponctuation bien nette, en séries à la base. **rutilus Ill**

— El. d'un roux testacé, confusément et finement ponctuées; Th. peu long, très large, à angles antérieurs très inclinés. **pallens Foudr**

— Jaune pâle; 1er art. tarses postérieurs à peine aussi long que moitié du tibia: El. à ponctuation confuse, peu visible. **tabidus F**

23 El. confusément ponctuées. 24

— El. ponctuées en séries plus ou moins régulières à la base. 26

24 Art. 4 à 10 des ant. allongés égalant 4 fois leur plus grande largeur. 25

— Art. 4-10 ant. égalant 3 fois seulement leur plus grand diamètre; jaune très pâle: Th. 2 fois aussi large que long. **canescens Foud**

25 Taille plus grande (3m), Th. presque presque carré; 2e art. des ant. égal au 3e: El. d'un jaune ferrugineux. **rufulus Foudr**

— Plus petit (2-2,5), dessus jaune très pâle: Th. transverse, lisse; labre et palpes noirs; sommet des cuisses postérieures rembruni. **ochroleucus Mrsh**

26 El. à lignes de points presque droites jusqu'aux trois quarts, confuses vers le sommet et les côtés; suture rembrunie; labre noir, festons visibles. 1,5—1,7 **ordinatus Foud**

— El. à lignes de points moins régulières et moins longues à la base. 27

27 El. transparentes: Th. large finement ponctué; festons indistincts. **pellucidus Foudr**

— El. non transparentes d'un jaune-ferrugineux; labre brun; festons lancéolés distincts. **cerinus Foudr**

28 El. d'un blanc de lait. 29

— El. d'un roux testacé ou ferrugineux. 30
29 Festons peu distincts: Th. 2 fois aussi large que long, presque lisse. 1,7 **candidulus Foudr**
— Festons séparés par un trait profond: Th. 1 fois 1/2 aussi large que long, à ponctuation et rugosités très fines. 1—1,5 **nanus Foudr**
30 El. convexes, en ovale court; tête brune: Th. roux: El. d'un roux testacé. **viduus All**
— El. convexes oblongues. 31
31 El. imperceptiblement ponctuées ainsi que le Th. 32
— Th. à points peu visibles: El. plus fortement ponctuées, en séries à la base et à ponctuation écartée. **crassicornis Foud**
— Th. bien visiblement ponctué: El. à ponctuation plus forte; dessus jaune ferrugineux. 33
32 2e art. ant. plus court que le 3e; Th. finement rebordé à la base. **æruginosus Foud**
— 2e art. ant. égal au 3e; Th. non rebordé à la base. **succineus Foud**
33 Ant. plus longues que le corps: Th. grossièrement ponctué: El. à points rapprochés formant des vestiges de stries. **rubiginosus Foud**
— Ant. dépassant à peine moitié du corps. 34
34 El. presque arrondies ensemble au sommet; ponctuation du Th. bien distincte. 35
— El. fortement arrondies et séparément au sommet, à ponctuation forte à la base, plus faible vers le sommet. **membranaceus Foud**
35 El. à ponct. plus forte et confuse; suture ferrugineuse. **ferrugineus Foud**
— El. à ponctuation en séries sur le disque. **liliputanus All**
36 Tête, Th., suture et dessous, noirs. 37
— Tête noire ou brune, dessous noir; corps oblong: El. déprimées. 40
— Tête et dessous bruns de poix: El. à suture et à bord latéral ou taches sur le bord latéral, noirs. 41
— Tête noirâtre ou ferrugineuse; dessous noir ou brun; suture noire ou ferrugineuse mais étroitement. 43
— Suture de la couleur des El. ou un peu rougeâtre; dessous noir en totalité ou en partie. 47
37 Suture et bord externe noirs: Th. granulé fortement ponctué: El. fortement ponctuées à calus distinct. 1,8—2 **nasturtii F**
— Suture, bord latéral, et une grande tache ronde au milieu de l'El., noirs: Th. bronzé. **lateripunctatus Rosh**
— Suture seule noire. 38
38 Th. et El. à ponctuation peu visible, Th. surtout. **thoracicus Kirb**
— Th. et El. à ponctuation forte, bien nette. 39
39 El. sans calus: Th. bronzé à ponctuation plus forte, plus profonde, plus serrée: El. arrondies séparément au sommet. **V. papaveris All**
— El. à calus sensible, arrondies ensemble au sommet. **suturalis Marsh**
40 Calus visible: Th. roussâtre: El. d'un testacé pâle. **picipes Foud**
— Calus non visible: Th. et El. testacés à reflets olivâtres. **nigrocillus Mot**
41 **Th. ponctué; suture et bord externe, noirs, la bande externe**

rejoint souvent la suture au sommet: El. ponctuées en séries à la base. **lateralis Ill**

— Plus petit: Th. plus long, moins large; ponctuation du Th. plus forte: El. à suture seule étroitement rembrunie. **patruelis All**

— Th. lisse ou à points très fins. 42

42 Suture, un P. huméral et une petite bande latérale, noirs. **verbasci Panz**

— Suture (rétrécie à la base) et une bande latérale (souvent divisée au milieu), noires. **suturatus Foud**

43 Corps en ovale allongé. 44

— Corps en ovale court, déprimé sur le dos. 46

44 Corps en ovale régulier; calus huméral presque nul; Th. roux sombre à reflets cuivreux, à ponctuation assez forte, médiocrement serrée, sur fond rugueux. 2—3 **atricillus Gyll**

— Calus assez marqué; El. plus larges à la base. 45

45 Tête rousse; suture rousse; fémurs postérieurs rembrunis à l'extrémité. 3 **pratensis All**

— Tête rougeâtre: Th. et El. concolores; plus grand que le suivant; ponctuation des El. plus forte; calus moins saillant. 1,5—2 **melanocephalus Gyll**

— Tête noire: Th. roussâtre, gélatineux, transparent, noirâtre au sommet: El. pâles, testacées, transparentes, à ponctuation très fine; épaules plus saillantes. 1,8 **V. atriceps Küst**

46 Epaules peu larges, calus peu saillant; tête et suture brunes; Th. roussâtre; dessus testacé pâle; ponctuation des El. en séries assez régulières sur le dos. 1,3—1,5 **lycopi Foudr**

— Epaules arrondies: El. plus larges en arrière qu'en avant: Th. roussâtre aussi large que long: El. d'un jaune pâle à extrémités arrondies séparément au sommet; pygidium découvert. **xantulus Foud**

— Epaules larges, calus huméral très saillant: El. ponctuées en lignes à la base; front roux, suture étroitement ferrugineuse; forme plus grosse, plus plate; Th. un peu plus court. **juncicola Foud**

47 Tête d'un noir de poix, face ferrugineuse; El. en ovale allongé, arrondies séparément au sommet. 1,6 **pratensis Panz**

— Tête ferrugineuse. 48

48 Suture brune, dessous du Th. noir, corps ovale. 49

— Suture ferrugineuse, corps en ovale allongé: El. presque arrondies ensemble. 50

49 Abdomen roux. 2,5 **pectoralis Foud**

— Base de l'abdomen d'un brun noirâtre. 1,8 **albinus Foud**

50 Dessous du Th. roux; Th. roux; El. finement et confusément ponctuées. 2 **femoralis Gyll**

— Dessous du Th. noir; Th. concolore; El. ponctuées en séries sur le dos. 1,5—2 **ballotæ Marsh**

## APTEROPEDA

Corps très convexe plus ou moins hémisphérique; art. ant. 3,4,5 égaux

1 **Interstries ponctués: Th. à ponctuation fine peu serrée; coloration**

très variée. 2,5 **orbiculata Marsh**
— Interstries presque lisses; dessus noir bleuâtre. 2
2 Th. bien ponctué. 2,8—3 **globosa Illig**
— Th. à ponctuation imperceptible. 2,5 **splendida All**

## MNIOPHILA

Corps convexe; 3 derniers art. ant. plus épais que les précédents

Noir, brillant, subhémisphérique; ant. et pattes rousses. 1 **muscorum Koch**

## HYPNOPHILA

Corps convexe; 5e art. ant. plus long que les précédents

1 El. finement ponctuées-striées, interstries plans. 2,5 **obesa Walt**
— El. fortement ponctuées-striées, interstries subconvexes: El. en ovale moins convexe, plus oblong. 2,5 **impuncticollis All**

## DIBOLIA

Tibia postérieur à éperon terminal à 2 branches; yeux réniformes, tête enfoncée dans le Th.

1 Tous les tibias roux. 2
— Tibias postérieurs bruns ou noirs. 7
2 Ponctuation des El. confuse. 3
— Ponctuation des El. en lignes plus ou moins régulières, distantes. 5
3 Ponctuation des El. très forte; dessus vert bronzé. **femoralis Redt**
— Ponctuation des El. fine ou obsolète; dessus bronzé. 4
4 Th. rugueux à points fins et serrés: El. rugueuses à points fins peu distincts. 2,5—3 **rugulosa Redt**
— Th. presque lisse à points fins très écartés: El. presque lisses, très finement ponctuées. 3 **Pelleti All**
5 Noir, très convexe; Th. finement ponctué, intervalles rugueux; lignes ponctuées des El. distantes, peu régulières, intervalles subconvexes. 2,7 **Foersteri Bach**
— Dessus bronzé cuivreux, q. q. fois El. bleues ou vertes. 6
6 4 pattes antérieures ferrugineuses; Th. à ponctuation très serrée. 3,5 **Schillingii Letz**
— Cuisses antérieures bronzées; Th. à ponctuation plus fine, moins serrée. **timida Illig**
7 Cuisses et tibias antérieurs d'un brun de poix; dessus noir: El. à gros points, en séries peu régulières. 2—2,5 **occultans Koff**
— Tibias antérieurs testacés. 8
8 Dessus noir; Th. à points très fins, écartés, sur fond lisse; El. à lignes ponctuées régulières. 2,5—3 **depressiuscula Letz**
— Dessus bronzé ou bronzé verdâtre. 9
9 Th. à ponctuation forte, serrée, fond rugueux: El. à lignes de points peu régulières. 2,5 **paludina Foudr**

— Th. à ponctuation assez forte et égale sur fond imperceptiblement granulé: El. à lignes de points distinctes, irrégulières, plus ou moins distantes. 2,7 **cynoglossi Hoff**

— Th. à ponctuation fine: El. à points confus. 2 **cryptocephala Hoff**

## PSYLLIODES

Ant. de 10 art.; tarses insérés avant l'extrémité des tibias postérieurs

1 Tête perpendiculaire recouverte par le bord antérieur du Th. 2

— Tête plus ou moins inclinée, mais non recouverte par le bord antérieur du Th. 5

2 Corps allongé, étroit, fusiforme ou cylindrique. 3

— Corps large, ovale. 4

3 Front ponctué: dessus vert bronzé. 2,3 **cucullata Illig**

— Front finement granulé, dessus noir. 2 **petasata Foud**

4 Ponctuation des stries forte, interstries subconvexes; bleu ou bronzé. 2—2,5 **gibbosa Al1**

— Ponctuation des stries faible, interstries plans; bronzé cuivreux, en ovale plus large et plus convexe. 2,3 **inflata Reich**

5 El. testacées. 6

— Dessus brun de poix: Th. très finement ponctué. 2,8—3 **picina Marsh**

— Dessus noir bronzé. 11

— Dessus bronzé cuivreux, bleu ou verdâtre. 12

6 Tête, vertex et Th., d'un bronzé obscur. **V. anglica F**

— Tête et Th. rembrunis à reflets cuivreux; corps en ovale court, convexe. 2—2,4 **pallidipennis Rosh**

— Tête et Th. à reflets cuivreux: front à ponctuation grosse et serrée; corps en ovale allongé peu convexe; dessous roux, abdomen rembruni. 4—4,5 **marcida Illig**

— Tête, Th. et El., concolores. 7

7 Suture noire. 8

— Suture concolore. 9

8 Côtés des El. concolores; tête, suture et dessous, noirs. **affinis Payk**

— » » rembrunis. 2—2,7 **circumdata Redt**

9 Ovale, court, très convexe: labre enfumé: El. profondément striées-ponctuées; interstries finem[t] ponctués: dessous roux. 2,7 **puncticollis Rosh**

— Ovale oblong; dessous plus ou moins foncé. 10

10 Poitrine et abdomen noirs; intervalles à points épars. **luteola Müll**

— Poitrine et partie de l'abdomen, noires; front à peine ponctué. 3,5—5 **V. nucea Illig**

11 Cuisses antérieures ferrugineuses. 2 **glabra Duft**

— » » à base brune. 2—2,5 **picipes Redt**

12 2e art. des ant. plus court que le 1er et 3e plus court que le second; ponctuation du Th. double. 13

— 2e et 3e art. des ant. subégaux, peu plus courts que le 1er. 15

13 Dessus bronzé, pattes ferrugineuses moins les cuisses postérieures. 2,5—3 **hyoscyami L**

— Dessus bleu ou bleu à léger reflet verdâtre. 14

14 Pattes antér. et tibias postér. bruns. 2,5—3 **dulcamaræ Koch**

— Tous les tibias et tarses ferrugineux; cuisses antérieures rembrunies. 2—2,5 V. **chalcomera Illig**

15 Tête rougeâtre: Th. et El. d'un bleu verdâtre. 3,5—5 **chrysocephala L**

— » et Th. rouges: El. d'un bleu foncé. 3,5—4 **cyanoptera Illig**

— Dessus concolore. 16

16 Dessus bleu ou vert ou bleu-verdâtre. 17

— Dessus bronzé ou cuivreux ou bronzé verdâtre. 20

17 Labre ferrugineux: Th. finement ponctué; interstries distinctement pointillés. 2,5 V. **Allardi Bach**

— Labre concolore. 18

18 Pattes antérieures en grande partie d'un brun de poix; interstries assez fortement ponctués. 2 **thlaspis Foud**

— Pattes antér. testacées. 19

19 Corps fusiforme, bleu ou vert foncé, à interstries assez fortement ponctués; extrémité des cuisses postérieures rembrunie. 3 **fusiformis Illig**

— Interstries rugueux à ponctuation éparse: Th. à ponctuation fine et serrée. 2,5—3 **napi Hoff**

— Interstries plans et lisses: Th. fortement ponctué. 2 **lævata Foud**

20 Extrémité des El. plus ou moins rougeâtre; dessus vert bronzé clair; front non ponctué. 2—2,5 **attenuata Hoff**

— Extrémité des El. concolore. 21

21 Jambes antér. brunes, cuisses noirâtres. 22

— Pattes antér. complètement testacées ou cuisses peu rembrunies. 23

22 Front et Th. fortement ponctués; lignes des El. fortement ponctuées; intervalles à points distincts. 3 **cupreata Duft**

— Th. granulé, finement ponctué; lignes des El. fines, intervalles imperceptiblement ponctués; vert obscur ou noir bronzé. 2,5 **instabilis Foud**

23 Corps en ovale court, fortement convexe. 24

— Corps ovale oblong, allongé; dessus peu convexe. 25

24 Th. granulé à ponctuation fine et serrée; interstries à peine ponctués. 2,5 **ærea Foud**

— Th. lisse à peine ponctué; interstries lisses et brillants. **lauticollis All**

25 Th. densément ponctué. 2—3 **obscura Duft**

— Th. à ponctuation dense sur les côtés, écartée sur le disque. 2,5 **cuprea Hoff**

## CHÆTOCNEMA (Plectroscelis)

Bord externe des tibias postérieurs avec une dent suivie d'une échancrure

1 Carène faciale longue, étroite, saillante: El. bleues ou d'un vert bronzé

ou cuivreuses; vertex avec de gros points au-dessus de l'œil. 2
— Carène faciale, large, déprimée; Th. cuivreux, El. testacées à suture et bord externe, noirs. 6
— Face sans carène. 7
2 Corps en ovale allongé 2 fois aussi long que large. 3
— Corps de forme ovale plus courte. 4
3 Dessus bleu, interstries ponctués. 3—3,3 **major** du V
— Vert, un peu cuivreux; interstries finement granulés. **chlorophana** Duf
4 Deux traits obliques linéaires à la base du Th. près des bords latéraux. 5
— Th. sans traits linéaires à la base, toutes les cuisses noires; interv. rugueux, écailleux: dessus bronzé. 1,5 **tibialis** Illig
5 Dessus noir bleuâtre: Th. cuivreux ou bronzé; 4 cuisses antér. testacées. 2—2,5 **semi-cœrulea** Hoff
— Dessus bronzé; toutes les cuisses noires, intervalles lisses. **dentipes** Hoff
6 Calus huméral saillant, noir. 1,7 **conducta** Mots
— El. sans calus. 1,7 **depressa** Boield
7 El. régulièrement ponctuées-striées. 8
— El. à ponctuation confuse sur le dos, alignée sur les côtés. 11
8 Tibias antérieurs ferrugineux. 9
— Tibias antérieurs noirs; calus huméral nul. 10
9 Calus huméral nul, recouvert par les stries des El. qui vont jusqu'à la base. 1,7 **angustula** Rosen
— Calus huméral saillant non traversé par les stries qui sont plus profondes. 1,7 **ærosa** Letz
10 Tête et Th. cuivreux: El. d'un bleu verdâtre; vertex pointillé. 2 **procerula** Rosh
— Dessus noir terne; vertex imponctué. 1,7 **compressa** Letz
11 El. ponctuées en lignes irrégulières et par paires. 12
— El. à ponctuation confuse à la base et autour de l'écusson; dessus bleu foncé; calus huméral saillant. 2—2,3 **subcœrulea** Küst
— El. à ponctuation confuse, les côtés seulement et le sommet à stries ponctuées. 14
12 Pattes antérieures brunes; dessus bleu; tête et Th. fortement ponctués, labre noir. 2—2,2 **Shalbergi** Gyll
— Tibias antérieurs testacés, cuisses plus ou moins rembrunies. 13
13 Th. finement ponctué; labre roux; dessus bleu ou bronzé, en ovale un peu oblong. 1,8—2 **meridionalis** Foud
— Ovale plus court: Th. fortement ponctué; dessus cuivreux. 1,8 **aridella** Gyll
14 Dessus bleu; Th. finement ponctué; cuisses noires. **Mannerheimi** Gyll
— Dessus bronzé. 15
15 Th. très fortement ponctué; quatre pattes antérieures ferrugineuses. 2 **scabricollis** All
— Th. finement ponctué. 16

16 Corps ovale; cuisses bronzées, tibias souvent rembrunis au milieu. 1,5—2 **aridula Gyll**

— Corps ovale plus large et plus court. 17

17 El. fortement ponctuées, 4 à 5 stries visibles sur les côtés. **confusa Boh**

— El. très finement ponctuées, 2 ou 3 stries visibles sur les côtés. 1.2 **arenacea All**

## ARGOPUS

Face avec prolongement bifurqué en avant

1 Roux testacé; Th. et El. distinctement ponctués. 4 **Ahrensi Germ**

— Roux testacé; Th. et El. obsolètement ponctués. 4 **brevis All**

## SPHÆRODERMA

Face sans prolongement antérieur

1 Dessus en ovale arrondi plus long; ponctuation de la base du Th. plus forte que celle du disque: El. assez fortement ponctuées. 3 **cardui Gebl**

— Dessus hémisphérique; ponctuation du Th. assez égale, fine; ponctuation des El. très fine. 3 **testaceum F**

## CASSIDA

(DE MARSEUL: *Feuille des Jeunes Naturalistes*)

Th. et El. dilatés en lame mince; tête cachée

1 El. confusément ponctuées. 2

— El. ponctuées en lignes plus ou moins régulières. 3

2 Angles du Th. arrondis: Th. aplati, ainsi qu'un triangle à la base des El. qui se trouve dans le même plan; abdomen noir bordé de fauve. 8—9 **viridis L**

— Th. convexe, à angles postérieurs subaigus; abdomen jaune. 4—5 **hemisphærica Herbst**

3 Bords latéraux des El. relevés en gouttière peu large: El. tachées de noir. 4

— Expansion latérale des El. plus ou moins large, plane. 6

— Bords des El. vers la base tombant droit, sans expansion latérale plane. 23

4 Intervalles des El. plans, lisses. 5

— Intervalles des El. ruguleux, inégaux, à taches brunes vagues; pourtour du Th. relevé en gouttière. 10 **canaliculata Leach**

5 Abdomen noir: Th. à taches médianes et latérales noires: El. à suture et bandes dorsales, noires, celles-ci irrégulières. **fastuosa Schll**

— Abdomen à pourtour étroitement jaune: El. à taches noires très variables. 8 **murræa L**

6 El. avec une tache à la base, ferrugineuse, rouge ou rosée, plus ou moins large et plus ou moins prolongée sur la suture. 7

— El. sans taches basilaires. 14

7 El. à tache ferrugineuse s'étendant sur la suture. 8

— Tache basale des El. rouge rosée non prolongée en queue sur la suture. 9

8 Tache peu large à la base mais atteignant le sommet de la suture. **vibex** L

— Tache plus large à la base mais ne dépassant guère le milieu de la suture. 6 **ferruginea** Goez

9 Tache triangulaire, large, limitée à la base par le calus huméral d'où elle descend jusqu'aux 2/3 environ de la suture. **rufovirens** Suff

— Tache basale courte. 10

10 Base des cuisses largement noire. 6,5 **lata** Suff

— Pattes complètement rousses. 11

11 3e interstrie plus élevé que le 5e et plus large. 12

— 3e et 5e intervalles également mais peu relevés. 13

12 Angles postérieurs du Th. arrondis. 6 **stigmatica** Illig

— Angles postérieurs du Th. droits; tache de la base non interrompue. 6,5 **sanguinolenta** Müll

— Angles postérieurs du Th. obtus; tache basale interrompue. **chloris** Suff

13 Base du Th. denticulée vers les angles postérieurs. 6 **denticollis** Suff

— » » non denticulée vers les angles postérieurs. **sanguinosa** Suff

14 Dessus jaune ou vert, interstries plans. 15

— Dessus roux ferrugineux; front roux; interstries alternes saillants. 21

15 El. à tache rouge-pourpre sur le dos; écusson arrondi au sommet; dessous noir, base des ant. et pattes, pâles. **ornata** Creutz

V. Ecusson à sommet aigu. V. **lucida** Suff

— El. sans tache rouge pourpre. 16

16 Cuisses à base plus ou moins noire. 17

— Pattes jaunes. 18

17 Th. très large en avant, à côtés non arrondis depuis la base, à angles postérieurs en pointe un peu émoussée. 9 **deflorata** Illig

— Th. moins transverse, arrondi depuis la base, à angles postérieurs subarrondis. **rubiginosa** Müll

18 Angles postérieurs du Th. en pointe émoussée; une élévation entre le calus huméral et l'écusson. 7 **inquinata** Brüll

— Angles postérieurs du Th. arrondis. 19

19 Dessous de la tête jaune entre les yeux: El. à rangées régulières de gros points ocellés; angles postérieurs du Th. très arrondis. 5 **flaveola** Thun

— Tête noire. 20

20 Trois fovéoles brunes à la base des El. 4—5 **hexastigma** Suff

— Pas de » » » » » ». 6 **seladonia** Gyll

21 El. parsemées de petites taches noires. 7 **nebulosa** L

— El. sans taches noires. 22

22 **Th. fortement bisinué à la base: El. à interstries alternes nettement**

relevés, *bien droits et bien visibles de la base au sommet;* ponctuation peu distincte. 6 **meridionalis** Suff

— Th. non bisinué à la base; ponctuation des El. plus forte; intervalles alternes moins réguliers. **subferruginea** Schrk

23 Th. densément et rugueusement ponctué: El. vertes à gros points ocellés. 4,5 **pusilla** Walt

— Ponctuation du Th. fine ou nulle. 24

24 Base des cuisses noire. 5 **nobilis** L

— Pattes jaunes. 25

25 Une tache rosée à la base des El. qui ont une gibbosité et une impression bien nettes vers l'écusson. 5 **subreticulata** Suff

— El. sans tache rosée à la base. 26

26 Abomen noir bordé de jaune. 5 **vittata** Will

— Abdomen jaune. 27

27 Tête et poitrine noires. 4 **margaritacea** Schal

— Poitrine jaune; dessus très gibbeux. 3,5 **deflexicollis** Bohm

### HISPA

Corps épineux; tête saillante; ant. contiguës insérées au milieu du front

1 Dessus complètement noir. **atra** L

— Dessus roux; épines noires. **testacea** L

## COCCINELLIDÆ

Reitter: *Bestim. Tabel. Heft II par J. Weise*

### CHILOCORUS

Chaperon non lobé sur les côtés; dessus glabre, côtés du Th. seuls finement pubescents; tibias anguleusement dilatés extérieurement

1 Une grosse tache ronde, rouge, avant le milieu de chaque El. 4—5 **renipustulatus** Scrib

— El. avec chacune une bande transverse composée de 3 petites taches rouges, souvent réunies. 3—4 **bipustulatus** L

### EXOCHOMUS

Chaperon non dilaté sur les côtés; ligne des cuisses postér. formant un demi-cercle ou un angle

1 El. noires : Th. à large tache latérale rouge jaune. 4 **flavipes** Thun

— Th. noir; chaque El. avec 2 taches rouges (1 lunulaire vers l'épaule, 2 transverses au delà du milieu). **4-pustulatus** L

V. Dessus jaune rouge à taches pâles peu distinctes. V. **floralis** Mots

### HYPERASPIS

Epipleures des El. avec une fossette profonde; sommet des tibias creusé en forme de cuillère

1 El. avec chacune une tache rouge sur le côté du sommet; ♂

tête rouge. 3—4 **reppensis Hbst**

V. Les taches s'élargissent vers la bordure externe qui paraît seule noire. V. **marginella F**

La tache des El. devient ponctiforme et finit par disparaître V. **subconcolor Ws**

— Une tache rouge sur chaque El. derrière le milieu; ♂ tête jaune. 2—3 **campestris Hbst**

V. El. noires plus fortement ponctuées. V. **concolor Suffr**

## HIPPODAMIA

Ongles des tarses dentés

— Th. noir à bords antérieur et latéraux rouges, ceux-ci avec un point noir au milieu: El. rougeâtres ou jaunes à 13 P. noirs; (1,1/2, 2, 1,1, 1). **13-punctata L**

— Th. noir à bords antér. et latéraux flaves: El. rougeâtres à 6 P. noirs et une tache scutellaire commune: (1, 1/2, 2, 2, 1) **7-maculata Deg**

## ANISOSTICTA

Ongles des tarses simples; angles postérieurs du Th. dirigés en arrière en forme de dent courte

1 Ovale, long; dessus flave: Th. à 6 P. noirs (4,2); El. à 19 P. noirs: (1, 1/2, 2, 1, 2, 2, 1). 3—4 **12-punctata L**

— Ovale, court: Th. noir à bordures antérieure et latérales, à fine ligne médiane en avant et une autre plus large devant l'écusson, jaunes: El. flaves à bordure suturale abrégée et à bande longitudinale partant du calus huméral et liée à une ou 2 taches ponctiformes postérieures, noires. 3 **strigata Thun**

## ADONIA

3ᵉ art. ant. ♂ élancé; ongles des tarses dentés; 1ᵉʳ art. des tarses ♂ des 4 pattes postérieures fortement dilatés

Th. bordé de blanc au sommet et sur les côtés, un trait blanc en avant et un point de même couleur, de chaque côté au milieu: El. fauves rouges à 13 P. noirs: (1,1/2,2, 1, 1, 1). **variegata Goez**

Var. El. à 7 P. 1, 3 et 4 manquent V. **constellata Laich**

» 9 P. 2 et 3 » V. **carpini Fourc**

» 5 P. 1, 2, 3, 6 » V. **5-maculata F**

## ADALIA et SEMIADALIA

Ant. n'atteignant pas la base du Th.; dessus glabre à ponctuation simple; fossettes des yeux petites; la plus grande largeur du Th. au milieu ou avant (**Semiadalia**), après le milieu ou à la base (**Adalia**)

1 Th. bordé à la base, avec traits noirs en forme d'M: El. d'un jaune pâle sans taches ou avec une tache oblique allongée avant le sommet, seule ou accompagnée de petites taches irrégulières. 4—5 **obliterata L**

— Angles postérieurs du Th. seuls bordés. 2

2 Th. à peine plus large à la base qu'au sommet, sa plus grande largeur au milieu ou avant. (**Semiadalia**) 3

— La plus grande largeur du Th. se trouve après le milieu et souvent à la base. 4

3 Th. à bord antér. blanc, sinué: El. rouges fauves à 11 P. noirs, le 2e P. est éloigné du bord latéral: (1, 1/2, 1, 1, 1, 1); ♂ épistome flave. 5—6 **notata Leach**

— Th. à tache triangulaire blanche aux angles antérieurs ♀, avec le sommet bordé de blanc ♂: El. rouges fauves à 11 P. noirs (1, 1/2 1, 1, 1, 1), le 2e point touche le bord latéral. 6—7 **11-notata Sch**

4 Th. largement bordé de blanc. 5

— Th. noir étroitement maculé de blanc. 6

5 Dessus flave: Th. flave à tache noire en forme d'M: El. à suture et 12 points, noirs, ceux-ci allongés, tendant à s'unir. **bothnica Payk**

— Th. noir à côtés largement, base légèrement et sommet plus finement encore, bordés de blanc: El. rouges à 2 points noirs au-delà du milieu. 4—5 **bipunctata L**

6 Taille petite: El. noires entourées d'une bordure flave rouge allant de l'écusson au sommet. (**Semiadalia**) **rufocincta Mls**

— El. noires à tache lunulaire humérale allant à la moitié de l'El. et tache antéapicale quadrangulaire émettant une petite bande vers le bord latéral: Th. noir avec une petite bande blanchâtre aux angles antér. étendue sur une partie des côtés. **alpina Villa**

— El. noires à tache humérale carrée n'allant pas au 1/3 de l'El. sur le côté, plus 2 taches rondes suturales au-delà du milieu.
**bi-punctata V. 4-maculata Scop**

Q. q. fois il y a en plus 2 taches apicales. V. **6-pustulata L**

## COCCINELLA

Prosternum plat ou faiblement creusé en gouttière; massue des ant. forte, les avant-derniers art. plus larges que longs, droits en devant

1 Mésosternum droit en avant. (**Coccinella**) 2

— » à bordure antérieure faiblement triangulaire. (**Harmonia**). 9

2 El. rouges ou jaunes à taches noires. 3

— El. noires à taches jaunes. 8

3 Th. jaune blanchâtre à 6 ou 7 P. noirs, chez les espèces pâles; Th. avec au moins une bordure latérale entière pour les variétés foncées: El. ayant souvent une petite carène avant le sommet; dessus à couleurs et dessins des plus variés. **18-punctata L**

— Th. noir, angles antérieurs tachés de blanc. 4

4 Epimères noirs; base des El. sans tache noire derrière l'écusson ou avec une bande suturale noire qui entoure l'écusson: Th. noir à tache blanchâtre subtriangulaire aux angles antérieurs; El. à couleurs et dessins très variés. 3,5—4,5 **hieroglyphica L**

— Epimères blanchâtres: El. avec une tache noire potscutellaire et une tache blanchâtre de chaque côté de l'écusson. 5

5 El. à 7 P. noirs et à côtés régulièrement arrondis. V. **magnifica Redt**

— Côtés des El. avec un sillon large, peu profond, parallèle à la bordure. 6

6 Corps plus ou moins allongé: El. à 11 P. noirs (1/2, 1, 2, 2); la tache flave antérieure du Th. se prolonge sur les côtés en se rétrécissant. 3,5—5 **11-punctata L**

— Corps arrondi, parfois subsphérique: El. ayant au sommet un petit P. noir plus rapproché du bord que de la suture. 7

7 La tache blanche des angles antérieurs du Th. ne forme en dessous de ces angles qu'une petite bande: El. à 7 P. noirs (1/2,1,1,1). 6—8 **7-punctata L**

— La tache blanche du dessous des angles antérieurs du Th. est large, quadrangulaire: El. à 5 points noirs. **5-punctata L**

8 La tache jaune antéapicale des El. est transversale, arrondie en arc par derrière: El. à 14 taches jaunes (2,2,2,1): Th. noir à bordure antérieure flave, tridentée en arrière. **14-pustulata L**

— La tache jaune antéapicale est triangulaire ou demi-circulaire avec la base sur le côté de l'El.: El. à 14 taches jaunes (2,2,2,1) les taches 1 et 2 sont liées à la base et les taches 3, 5, 7 sont réunies et forment une bande sur le côté (q. q. fois la tache 2 est séparée de 1, ou 5 de 7, ou 3 de 5, *V. ambigua Gyl*). 2,5—3,5 **sinuatomarginata Fald**

9 Th. noir à tache blanchâtre triangulaire ou quadrangulaire aux angles antérieurs. 10

— Th. jaune avec points noirs. 11

10 Th. noir avec une tache antérieure quadrangulaire, 1 ligne médiane et une ligne au sommet, blanches: El. à 12 grosses taches jaunes. 3—4,5 **lyncea Ol**

— Taches des El. plus petites, plus rondes: Th. sans ligne médiane blanche et tache antérieure triangulaire. V. **12-pustulata Ol**

11 Th. à 11 P. noirs: El. à 16 P. noirs (1,3,3,1) disparaissant plus ou moins dans q. q. var. mais rarement les 2 P. du bord latéral manquent. **4-punctata Pont**

— Th. à 7 points noirs q. q. f. réunis: El. d'un blanc jaunâtre à 16 P. (2, 2, 1, 3). 3,5—5 **conglobata L**

— Th. à 7 P. noirs: El. fauves à 18 P. noirs (2, 2, 2,3), l'huméral prolongé en arrière, le sutural médian prolongé en avant et réuni par un arc à son voisin. 3,5–4 **Doublieri Mls**

## MICRASPIS

Ecusson à peine visible, la plus grande largeur du Th. après le milieu

Th. à 6 P. noirs: El. jaunâtres à suture et 16 P. noirs (P. 4 et 6 ou 2, 4, 6 réunis *V. 12-punctata L*) **16-punctata L**

## HALYZIA

1 Prosternum bicaréné. 2

— » sans carènes. 4

2 Mésosternum arrondi en avant (**Vibidia**); dessus jaune rougeâtre

pâle: El. à 12 taches blanches (1, 2, 2, 1), (ou El. concolores, d'un blanc jaunâtre *V. eburnea Brul*). 3—4 **22-guttata** Pod

— Mésosternum échancré en avant. 3

3 Dessous noir complètement ou en partie: El. avec taches ou bandes noires (**Propylea**): Th. noir avec côtés et sommet (triangulairement) blancs: El. jaunâtres à 14 P. noirs (1, 2, 3, 1), ainsi que la suture; les points les plus rapprochés d'elle se réunissent (El. presque noires avec chacune 4 ou 5 taches jaunes *V. conglomerata F*). 3,5—4,5 **14 punctata** L

— Dessous jaune ou rougeâtre obscur, dessus généralement rouge jaune ou rouge brun avec taches pâles (**Calvia**).

El. à 10 taches flaves. (2, 2, 1) **10-guttata** L
» à 14 » » , 2 taches à la base (2, 2, 2, 1) **15-guttata** F
» à 14 » » , 1 tache à la base (1, 3, 2, 1) **14-guttata** L

4 El. à bordure large, aplatie; yeux voilés par le Th. (**Halyzia**): jaune-pâle: Th. largement bordé de blanc; 16 taches blanches aux El. (1, 2, 2, 2, 1); rebord latéral du Th. et des El. explané, transparent. 6—7 **16-guttata** F

— Bordure des El. petite; yeux non complètement voilés par le Th. 5

5 Dessus jaune-citron: Th. à 5 P. noirs: El. à 22 P. (3, 4, 1, 2,1). (**Thea**) 3,5—4,5 **22-punctata** L

V. Un P. des El. manque V. **20-punctata** F

— Dessus rouge ou noir à taches jaunâtres. 6

6 Ant. grêles, art. 8 plus long que large (**Myrrha**); flave testacé : Th. à bordure latérale blanche et 2 taches allongées devant l'écusson: El. à 18 ou 20 taches pâles (2, 1, 3, 2, 1). **18-guttata** L

— Ant. plus épaisses, 8e art. au moins aussi long que large (**Sospita**); rouge jaune ou rouge brun; 3 taches allongées sur le Th. et une bande latérale, blanches: El. à 20 taches jaunâtres ou blanches (El. brunes ou noires à taches blanches *V. tigrina L*). 5—6 **20-guttata** L

## ANATIS

Suture des El. échancrée au sommet et garnie de poils jaunes en brosse

Th. noir avec 2 P. allongés devant l'écusson, le sommet et les côtés (moins le bord latéral), blancs: El. d'un rouge fauve à 20 taches noires entourées d'un cercle flave (2, 4, 3, 1). 8—9 **ocellata** L

Var. 2 taches ou plus se relient en long (1, 3, 4, 7 et souvent 10) 5 et 8 forment une bande au milieu et 6 et 9 une bande intérieure. V. **hebræa** L

## MYSIA

Tête en grande partie cachée sous le Th.; ongles des tarses non élargis à la base

Roux flave: Th. bordé de blanc: El. à 3 ou 4 lignes blanches. 6—8 **oblongoguttata** L

## CHELONITIS

Massue des ant. forte, les avant-derniers art. plus larges que longs

**Noir; une tache vers les yeux et une bande au devant du Th.**

jaunes: El. à bordure jaune à la base et sur les côtés. **venusta Ws**

## EPILACHNA

Crochets des tarses bifides, l'externe élargi à la base et denté

1 El. rouges jaunes à 12 grosses taches noires: (2,2,1,1). **chrysomelina F**

— » » à 11 points noirs (1,1/2,1,1,1), (les 2 P. postérieurs manquent *V. Bedeli Sic*). 6—8 **argus Fourc**

## SUBCOCCINELLA (Lasia)

Crochets des tarses simples, entaillés à la base et élargis en forme de dent

Une tache au milieu du Th.: El. à 24 points noirs (3,4,3,2). 3-4 **24-punctata L**

## CYNEGETIS

Corps aptère se rétrécissant rapidement à partir du milieu; épaules effacées

Dessus rouge, très ovale: Th. taché au milieu ou tout noir: El. immaculées. 4—4,5 **impunctata L**

## PLATYNASPIS

Chaperon dilaté sur les côtés et entamant les yeux; dessus pubescent; base du Th. non rebordée

Noir: Th. à tache triangulaire antér. et El. à 4 taches rondes rouges: 1 sur le disque, 1 avant le sommet. 3—3,5 **luteorubra Goez**

## RHYSOBIUS

Ant. atteignant la base du Th., yeux assez dégagés; base du Th. non rebordée

Brun-jaunâtre assez fortement ponctué: Th. q. q. fois avec une tache foncée devant l'écusson; El. concolores ou avec plusieurs taches allongées et une bande transverse commune aux 2/3. **litura F**

V. Une tache commune foncée sur la suture, se dilatant sur le disque; les El. n'ont de jaune que le tiers postérieur et une bande latérale. **V. discimaculata Cost**

Le **Rhizob. subdepressus Seid** a les côtés du Th. fortement arrondis, rétrécis du milieu au sommet, et 2 bandes foncées sur les El. se joignant à une bande longitudinale.

## COCCIDULA

Yeux recouverts en partie: Th. à base rebordée

1 El. concolores; rarement une petite tache derrière l'épaule. 2,5—3 **rufa Hbst**

— El. à 5 taches noires: (1/2,1,1). 2,5—3 **scutellata Hbst**

## SCYMNUS

Ant. de 11 art.; Th. à base rebordée s'élargissant par derrière, aussi large que la base des El.

1 El. complètement noires. 2

— El. d'un brun rougeâtre ou d'un rouge brun clair, concolores ou avec dessins plus foncés. 8

— El. noires à bande rouge médiane allant sur chaque El. de l'épaule aux 3/4. 1,3—1,8 **Redtenbacheri** Mls

— El. à sommet taché de flave rougeâtre. 13

— El. à taches rouges et à sommet noir. 18

2 Th. jaune rougeâtre; tête noire. 1,2—1,5 **fulvicollis** Mls

— » noir ou rougeâtre, mais au moins avec une tache arrondie devant l'écusson. 3

3 Angles postérieurs du Th. proéminents vers la base des El.; forme demi-sphérique: Th. assez fortement ponctué. (**Cœlopterus**) 1,6 **salinus** Mls

— Angles postérieurs du Th. non proéminents en arrière. 4

4 Cuisses et jambes noires, ant. et tarses seulement rougeâtres; dessus noir q. q. f. bleuâtre. 2—2,8 **ater** Thunb

— Pattes rougeâtres, cuisses q. q. f. plus ou moins foncées. 5

5 Base du Th. prolongée en angle en arrière et à peine bisinuée. 6

— Base du Th. régulièrement arrondie. 7

6 Th. mat, ainsi que le ventre, à ponctuation non visible: pattes d'un brun de poix, à tibias et tarses souvent plus pâles. (*celer Ws*) **ater** Kug

— Th. plus ou moins brillant, à ponctuation bien visible: tête jaune; ♀ avec généralement angles antérieurs du Th., et ♂ avec côtés, d'un rouge jaune. 1,3—2 **minimus** Ross

V. Tête et toutes les cuisses, foncées ou noires. V. **tibialis** Bris

7 Petit (1,3 à 1,5), peu brillant, ponctuation des El. très fine; cuisses noires. **V. unicolor** Ws

— Plus gros (1,8 à 2,3), brillant, à ponctuation assez forte, pattes rouges, ou cuisses rembrunies ou noires (V. *femoralis Gyll*); ♂ tête et Th. rougeâtres, celui-ci avec une tache noirâtre demi-circulaire devant l'écusson. **rubromaculatus** Gœz

8 El. concolores. 9

— El. d'un brun rougeâtre avec dessins plus foncés. 11

9 Pubescence des El. non uniforme (avant le milieu est une bande transversale qui paraît glabre à cause de la disposition des poils, arrangés de telle sorte qu'ils ne paraissent pas visibles de dessus); dessus rouge-brun sombre; El. à ponctuation assez grosse, éloignée. 2—2,5 **impexus** Mls

— Pubescence des El. uniforme. 10

10 Allongé ovale, ponctuation des El. double, assez espacée sur un fond brillant; de dessus on voit q. q. lignes de gros points, assez peu régulières; pubescence des El. assez dense et uniforme; dessus jaune ou rouge brun. 2,5—3 **abietis** Payk

— Ovale, large, rouge brun; ponctuation des El. double, mais moins visible, très serrée, sur fond ridulé; pubescence double, très serrée, feutrée. **V. pubescens** Panz

11 Tête et milieu de la suture, seuls noirâtres, sur fond brun rougeâtre. 1,3 **atricapillus** Bris

— Tête, Th. (au moins sur le disque), base des El., suture et bord externe, généralement noirs. 12

— Tête, Th. et base des El. d'un rouge brun, celles-ci d'un roux flave sur le disque avec suture foncée et un gros point transversal noir de chaque côté, vers la moitié. 1,8 **binotatus Bris**

12 Petit, allongé; El. très finement ponctuées, d'un jaune brun, avec base, suture et bords ext., noirs: Th. courbé régulièrement à la base. 1—1,5 **pallidivestis Mls**

— Plus gros, ovale, un peu convexe, presque mat; El. fortement ponctuées avec mêmes dessins; q. q. fois les angles antérieurs du Th. sont roussâtres; base du Th. avancée vers l'écusson et tronquée devant lui. 1,5—2,5 **suturalis Thunb**

13 El. brunes ou noires avec dessins plus clairs sur le disque. 14

— El. rougeâtres avec 14 taches noires (2, 3, 2) souvent réunies en 3 bandes transversales sinueuses. 2 **Kiesenwetteri Mls**

— El. sans taches sur le disque et à sommet seul plus ou moins largement coloré. 15

14 El. noires avec 2 lignes pâles concentriques en forme de fer à cheval (la postérieure souvent seule visible); côtés du Th. d'un blanc jaunâtre, ainsi que la tête chez le ♂. **arcuatus Ross**

— El. noires avec une tache rouge le plus souvent ronde, au delà du milieu (ou sans taches, *V. nigricans Ws*). **bipunctatus Kug**

— El. brunes ou noires avec chacune 2 taches transverses orangées, ne touchant ni la suture, ni les côtés; l'antérieure oblique rétrécie au milieu, la postérieure sublunulée. 1,5—2 **pulchellus Herbst**

— El. noires à 2 bandes obliques rouges partant du bord latéral et à tache apicale mal limitée; tête et côtés du Th. flaves. **subvillosus Gœz**

15 Taille très petite (0m8); pubescence relevée; sommet des El. très finement bordé de jaune; côtés du Th. et tête ♂ blanchâtres; ponctuation superficielle. **Abeillei Wss**

— Taille moyenne (2 à 3m). 16

16 Tache élytrale généralement assez forte, limitée en avant par une ligne droite transverse; dernier segment abdominal jaune; dessus peu convexe. 1,5—2,3 **hæmorrhoidalis Herbst**

— Tache apicale généralement mince, s'allongeant sur les côtés beaucoup plus loin que sur la suture. 17

17 Tache assez large, occupant 1/6 de l'El ; ventre jaune rougeâtre, (q. q. f. le 1er segment foncé); dessus peu convexe. 2,5 **ferrugatus Mot**

— Tache apicale des El. réduite à un fin liseré jaune, q.q.f. peu visible; abdomen noir, dernier segment jaunâtre; dessus arrondi, fortement convexe, avec suture en saillie, au milieu surtout. **capitatus F**

18 2 taches sur chaque El. **frontalis V. 4-pustulatus Herbst**

— 1 tache sur chaque El. 19

19 El. à ponctuation double avec lignes irrégulières de points plus forts; tache élytrale couvrant le côté externe depuis les épaules jusqu'aux 2/5 de la longueur sans toucher à la suture. 2,5—3,3 **rufipes F**

— El. à ponctuation simple. 20

20 Epipleures jaunes à la base; tache élytrale triangulaire atteignant le côté et le rebord et ne touchant pas la suture. **interruptus** Goez

— Epipleures noirs. 21

21 Tache élytrale arrondie, plus près du bord que de la suture; pattes noires moins les antérieures. **Apetzi** Mls

— Tache triangulaire oblique, allant derrière l'épaule, de la bordure vers la suture; cuisses souvent noirâtres. 2—3 **frontalis** F

### NOVIUS

Dessus pubescent; ant. à 8 art.; Th. non bordé à la base, plus étroit que la base des El.

Noir, avec 10 taches rouges sur les El. (2,2,1). 3—4 **cruentatus** Mls

## ENDOMYCHIDÆ

### POLYMUS

Corps pubescent; hanches antérieures séparées

Jaune rougeâtre; ant. noires sauf les deux premiers art.; sommet des cuisses obscur. 4 **nigricornis** Mls

### ENDOMYCHUS

Corps glabre; tête large au devant des yeux et de là rétrécie vers le sommet; Th. fortement rétréci de la base au sommet

Dessous brun, dessus rouge vermillon: Th. à longue bande noire médiane: El. avec chacune 2 taches noires. 6 **coccineus** L

### ANCYLOPUS

3e art. ant. plus long que le 2e; corps glabre

Noir: Th. et El. d'un brun rouge; Th. avec ou sans tache noire: El. ordinairement avec suture (abrégée au sommet) et 3 taches latérales noires. 4—5 **melanocephalus** Ol

### DAPSA

Corps pubescent; Th. rétréci du milieu à la base

Brun clair: El. sans strie suturale, avec trois taches au-delà du milieu, ordinairement réunies. **3-maculata** Mots

### LYCOPERDINA (Golgia)

Corps glabre; hanches antér. contiguës; 2e et 3e art. ant. subégaux

1 El. d'un rouge ferrugineux, sans strie suturale, à large bande transversale noire. 4—5 **succincta** L

— El. avec une strie suturale. 2

2 El. déprimées en devant le long de la suture et par suite strie suturale plus enfoncée à la base. **bovistæ** F

— El. à convexité uniforme, à strie suturale également enfoncée; noir, ant. et pattes d'un roux brun obscur. 4,5 **maritima** Reitt

### HYLAIA

Mêmes caractères, mais corps pubescent

Roux ferrugineux: El. noires à sommet plus clair. 3 **rubricollis** Germ

### MYCETINA

Hanches antér. séparées; dessus glabre; tête étroite au devant des yeux, de là à l'extrémité parallèle

Noir, avec Th. et El. rouges; celles-ci à suture noire, dilatée à la base et au sommet et 2 taches latérales noires libres ou réunies à la suture. 4 **cruciata** Schall

# CORRIGENDA

Pag. **1** lig. **30** lire: *pas de point blanc juxta-sutural.*
» **65** lig. **37** lire: *$4^e$ intervalle non costiforme.*
» **95** lig. **29** au lieu de: *à la base* lire: *sur le disque.*
» **102** lig. **8** lire : *Th. non rétréci de la base au sommet.*
» **109** lig. **37** au lieu de : *17* lire : *18*
» **110** lig. **45** » : *16* » : *17*
» **111** lig. **8** avant : *Côtés du Th.* mettre *$14^{bis}$*
» **148** lig. **5** lire : *Yeux médiocres, grands ou très grands, saillants ou non.*
» **148** lig. **16** au lieu de : *sans P.* lire : *sans 6 P.*
» **156** lig. **40** mettre : *recouvrir* avant : *tout le corps.*
» **188** lig. **20** au lieu de : *sans saillies distinctes* lire : *sans saillies bien distinctes.*
» **229** lig. **28** au lieu de : *troisième* lire : *cinquième.*
» **246** lig. **15** » : *allignés* » : *alignés.*
» **247** lig. **8** » : *caleuses* » : *calleuses.*
» **285** lig. **35** » : *tibas* » : *tibias.*
» **309** lig. **19** » : *hispidulus* » : *hispidus.*
» **312** lig. **30** » : *fascies* » : *faciès.*
» **317** lig. **30** » : **TBIBOLIUM** lire: **TRIBOLIUM.**
» **375** lig. **29** » : *moitié du $2^e$* » : *moitié du $1^{er}$.*
» **392** lig. **15** après : *redressées*, ajouter : *sur les intervalles.*
» **455** lig. **22** au lieu de : *Coniozonia* (ainsi écrit dans le *Catalogus Reitter*) lire : *Conizonia.*
» **471** lig. **3** au lieu de : *Epipleures rouges; noir;* lire : *Epipleures noirs; rouge.*
» **511** lig. **20** au lieu de : **RHYSOBIUS** lire : **RHYZOBIUS.**

# ADDENDA

**Pag. 104** **CYBOCEPHALUS**

Les ♂ se reconnaissent au 6ᵉ segment (qui manque chez les ♀) visible en dessus et en dessous

1 Dessus du corps noir, concolore, ♂ et ♀. **similiceps Duv**
— Tête ♂ à couleurs métalliques. 3
— Tête ♂ jaune ou rougeâtre. 2
2 El. à réticulation obsolète, à P. 3-striés. **politus Germ**
— El. visiblement réticulées, obsolètement ponctuées. **rufifrons Reit**
3 Tête ♂ seule d'un vert-émeraude : El. à P. 3-striés. **Heydeni Reit**
— Tête ♂ et souvent sommet du Th. largement, d'un vert-émeraude : El. simplement ponctuées. **festivus Er**
— Tête et sommet du Th. d'un bronzé sombre. **pulchellus Er**

Ce tableau doit remplacer celui de la page 104 dans lequel les sexes sont confondus.

**Pag. 123** A partir de la ligne **6** modifier ainsi le tableau :
5 Dessus complètement testacé. **caraboides L**
— Tête et abdomen d'un roux testacé, celui-ci enfumé vers le sommet. **testaceus Grav**
— Tête et abdomen plus ou moins rembrunis ou noirs. 6
6 Tête, Th. et abdomen, noirs : Th. bronzé à liseré rougeâtre étroit; taille grande. 7
— Abdomen noir, tête noirâtre : Th. noir ou brun; tête ♂ biépineuse. 8
— Th. plus ou moins rougeâtre ou testacé. 9
7 Abdomen mat à pubescence serrée; tête inerme. **alpestris Heer**
— Abdomen brillant à pubescence très rare, peu visible; tête ♂ biépineuse. **æneicollis Fvl**

**Pag. 133** lig. **23** Ajouter après : — El. sans taches :
**a**—4ᵉ art. tarses longuement bilobé, plus large que le 3ᵉ. 39
**a'**—4ᵉ art. tarses légèrement bilobé, pas plus large que le 3ᵉ : segm. 2-5 de l'abdomen crénelés à la base :
**b** Pattes noires : El. à peine échancrées, plus longues que le Th. **nigritulus Gyll**
**b'** Pattes d'un brun clair : El. plus courtes que le Th., très échancrées au sommet. **brunnipes Step**

**Pag. 187** *Machærites* : Mʳ Croissandeau dans le *Coléoptériste* divise ainsi les *Machærites* :
1 Th. non sillonné transversalement. **Lucantei**
— Th. sillonné transversalement. 2
2 Tibias antér. ♂ normaux, échancrés en dent obtuse. 3
— Tibias antérieurs normaux; inermes ♂ et ♀. 5
— Tibias antérieurs sinués avec renflement ou appendices. **Falesiæ**
3 Grand, pattes robustes. 1,8 **Bonvouloiri**
— Taille moyenne (1,3—1,5). 4
4 Th. à sillon longitudinal; taille de 1,5. **cristatus**
— Taille 1,3; élancé, rouge vif; ant. longues et grêles. **maritimus**
5 Cuisses crénelées denticulées ou épineuses. **Abeillei**
— » inermes. 6

6 Art. ant. 1 moyen, 2-3 oblongs, 4-10 monoliformes; trochanters intermédiaires longs, larges, arrondis. 1,5 **Mariæ**

— Art. ant. 1 long, cylindrique, 2 oblong, 3-6 monoliformes. **Xambeui**

**Pag. 193** La découverte que je viens de faire d'une nouvelle espèce de *Pararaphes*, devra faire modifier comme suit le tableau des *Cyrtoscydmini* :

2 Front fossulé entre les yeux : Th. carinulé à la base. 4

— Front sans fossettes entre les yeux : Th. sans carinule à la base. 8

— Front sans fossettes entre les yeux : Th. finement caréné à la base. **(Pararaphes)** 3

3 Vertex orné d'un denticule court, conique (*conifer Fvl*). **coronatus Sahl**

— Vertex sans denticule : El. à sommet tronqué. 1,3 **cantalicus Fvl**

**Pag. 208** *ANISOTOMA* : remplacer ainsi les 2 premiers paragraphes :

1 El. à ponctuation éparse; ant. dilatées en scie intérieur[t]. **serricornis**

— El. à rangées de P. plus ou moins distinctes; ant. simples. 2

**Pag. 263** *SELATOSOMUS* : près de l'*impressus* se placerait l'*æratus Mls* dont le principal caractère est d'avoir le repli des El. roussâtre dans sa partie rétrécie.

**Pag. 264** *ATHOUS* : D'après Mr du Buysson, les *A. virgatus* et *crenatostriatus Reich* sont identiques au *subtruncatus Mls* et l'*A. conicicollis Db* n'est qu'une variété du *vittatus F.*

**Pag. 322** *MYCETOCHARA*—Mr Baudi sépare *M. fasciata Mls* de *M. 4-maculata*, à cause de sa forme plus allongée, de sa couleur foncière moins sombre et de ses ant. plus minces et plus allongées.

**Pag. 359** *CATHORMIOCERUS* : *Le C. maritimus Rye* a le Th. non sillonné comme le *socius*, il en diffère par le scape moins angulé, les côtés du Th. plutôt anguleux qu'arrondis, et les soies des El. plus longues.

**Pag. 372** *HYPERA* .

14 El. à grande tache suturale commune, brunâtre, bien limitée, s'étendant de la base aux 3/5; jambes rougeâtres, rarement cuisses rembrunies. **constans Boh**

— El. sans tache suturale commune, avec q. q. f. des poils longs, jamais hérissés. 14bis

14bis Revêtement des El. squameux, doublé de petites soies etc......

**Pag. 391** lig. **14** *HYPURUS*— *L'H. subglobosus Bris* a le Th. très étranglé en avant, les El. avec suture ou une tache scutellaire et 2 bandes transverses, blanchâtres, la 2e plus obsolète; les ant., tibias et tarses sont ferrugineux; la forme est ovale, très courte, subglobuleuse.

**Pag. 397** *CEUTORRHYNCHIDIUS* : Ajouter au paragraphe 5 :

5 Pas de tache squamuleuse blanche sur le front. 2—2,5 **troglodytes**

— Une tache squamuleuse blanche sur le front. 5bis

5bis Taille petite (1,5—1,7); brun plus ou moins rougeâtre; Th. à 3 bandes longitudinales cendrées, plus foncé que les El.; celles-ci d'un rouge testacé, à suture noirâtre, à fascie transverse brunâtre, dénudée; interv. avec une série de petites soies. **rufulus Duf**

— Plus grand (2—2,5), plus foncé; Th. à 3 bandes cendrées, réunies en avant par une bande transverse : El. à fascie médiane transversale, dénudée, plus large, plus nette, et à faisceaux de poils hispides blancs sur leur milieu et à l'extrémité; rostre noir. **hystrix Perr**

— Taille petite (1,7), même coloration, mais Th. peu plus foncé que les El.; rostre ferrugineux foncé, à partir de l'insertion des ant.; El. sans faisceaux de poils hispides, à espace conique, commun, nu, allant de l'écusson aux 3/5. **Barnevillei Germ**

Le C. **achilleæ** Gyl est synonyme de **pyrrorhynchus** Marsh.

Le C. **quercicola** Payk placé dans les **Ceutorrhynchus** prendrait dans le tableau la place du **biscutellatus** Chev.

**Pag. 420** lig. **20** *APION*: substituer à *hydropicum, melancholicum Wenck*, synonyme de *hadrops Thom* (Bedel).

*L'hydropicum Wenk* se placerait Pag. 418 près du *rapulum Wenck* lig. 19; il en diffère par les yeux saillants, le Th. transverse à points assez forts, très serrés, avec une petite zone imponctuée le long du bord postérieur.

Pour le tableau des **Apion** j'ai adopté la division de **Wencker** en 3 groupes suivant le point d'insertion des ant. sur le rostre; ayant reconnu que ce caractère n'est pas fixe et constant, je conseille, si la première division ne donne pas de résultat, de passer à la deuxième, ou de recourir à la troisième si la deuxième parait ne pas convenir. (Voyez P. 417 lig. 14)

**Pag. 426** *TROPIDERES* : près de l'*undulatus Panz* se placerait le *fuscipennis Guill* (2 - 3), qui en diffère par la couleur des El. et des pattes qui sont ferrugineuses et surtout par les 4 premiers segm. de l'abdomen ♂, fovéolés au milieu. (Revue : P.199).

**Pag. 434** *CRYPHALUS*:

**A** Funicule de 4 art. **Cryphalus**

— Funicule de 5 art.

**B** Ecusson visible; massue oviforme en pointe allongée; Th. avec un petit tubercule au milieu du sommet. **Trypophlœus**

**B'** Ecusson caché; massue ronde; corps allongé, cylindrique; Th. avec 6 ou 8 granulations au sommet. (**Homœocryphalus**) **Ehlersi Eich**

**Pag. 444** *CLYTUS* : *Le C. speciosus* étant indiqué de France on pourra modifier ainsi le Tableau :

4bis Art. interm. des ant. non ou peu épineux au sommet. 5

5 9e art. ant. aussi long que le 4e; noir à taches ou bandes de duvet blanc sur le Th. et les El. 13—18 **speciosus Schn**

— 9e art. ant. plus court que le 4e. 5bis

5bis Front avec 2 lignes longitudinales carénif. etc......

**Pag. 456** *PLATEUMARIS* : *la D. rustica Kunz* ayant été trouvée en France, modifier comme suit le paragr. 5 :

5 Angles antér. du Th. à sommet saillant formé d'un bourrelet très étroit. **consimilis**

— Angles antér. du Th. écointés, formés d'une grosse callosité luisante.

**a** - Ant. rousses, assez courtes : Th. rétréci en arrière. **abdominalis**

**a'**- Ant. longues, noires ou noirâtres à base rousse : Th. en carré long. **rustica**

**Pag. 480** *CHRYSOMELA* : *la C. bicolor F* a comme l'*americana* le Th. sans gouttières, à côtés couverts de P. épars; elle en diffère par les stries géminées de P. forts, obscurs, cerclés de pourpre et l'absence de bandes brillantes sur les El.

**Pag 504** *CASSIDA*—Pour faciliter la détermination des *Cassides*, je donne ici un extrait du tableau de Mr DESBROCHERS, paru dans le *Frelon*;

1 Pattes noires. **fastuosa-murræa**

— Pattes testacées en tout ou partie. 2

2 Cuisses noires dans les 2/3 basilaires et nettement. 3

— Cuisses à base enfumée (*V. sanguinosa*) ou concolores. 6

3 El. à tache rougeâtre basale prolongée jusqu'au sommt de la suture. **vibex**

— Tache basale des El. ne dépassant pas le milieu de la suture; une tache à la base du Th. **ferruginea**

— El. sans taches ou à taches réduites à la base. 4

4 Taille grande; bords des El. ridés. **deflorata-rubiginosa**

— Taille petite; bords des El. ponctués. 5

5 El. squamulées avec 3 fovéoles brunes à la base. **hexastigma**

— El. sans squamules, sans fovéoles à la base. **algirica**

6 El. ponctuées sans ordre. **hemisphærica-viridis**

— El. à points alignés. 7

7 Th. à gros P. arrondis, subconfluents : El. à P. ocellés. **pusilla**

— Th. à ponctuat. normale; ponctuat. des El. non ocellée. 8

8 Th. et El. à bords tombant droit. **deflexicollis**

— El. à bords souvent larges, aplatis ou redressés. 9

9 Front ferrugineux. 10

— Front noir. 12

10 El. avec des taches. **nebulosa**

— El. sans taches. 11

11 Front sans P. ou à P. écartés. **obsoleta**

— Front distinctement ponctué. **meridionalis-subferruginea**

12 Forme très convexe, subhémisphérique; front avec une strie plus ou moins longue en avant. 13

— Forme oblongue ou ovale; front sans strie en avant. 15

13 Abdomen pâle. **margaritacea**

— Abdomen noir (au moins au milieu). 14

14 El. vertes, sans taches, à ponctuat. peu alignée. **seladonica**

— El. à tache rouge-pourpre sur le disque. **ornata**

— El. à suture et tache basale, rosées. **subreticulata**

15 Bords des El. ni relevés, ni explanés. **nobilis-vittata**

— El. à marge explanée au sommet surtout. 16

16 El. à stries de gros P. avec plusieurs larges côtes lisses près de la suture et une fossette juxta-scutellaire, limitée en arrière par une carène transverse obsolète. **sanguinolenta**

Angles du Th. arrondis **V. stigmatica.**
Tache des El. divisée **V. chloris.**

— El. à lignes de P. irrégulières avec q. q. vestiges de côtes. 17

17 El. sans taches **inquinata**

— El. à tache basale large, allant aux 2/3 de la suture. **V. rufovirens**

— El. à tache basale courte. 18

18 Une forte dent en dessous du Th. près des angles postér. **denticollis**

— Une dent obsolète au plus près des angles postér. du Th. **sanguinosa**

D'après Mr DESBROCHERS les **C. chloris Suff** et **stigmatica Suff** sont des var. de **sanguinolenta Müll**; la **lata Suff** est une var. de **rubiginosa** et la **C. rufovirens** est une var. de **denticollis**. La **C. canaliculata** n'a pas été trouvée en France.

# Index Generum.

N-B. Voir aux **ADDENDA**, pour les noms de genres précédés d'un astérisque

# INDEX GENERUM

## INDEX GENERUM

## INDEX GENERUM

INDEX GENERUM

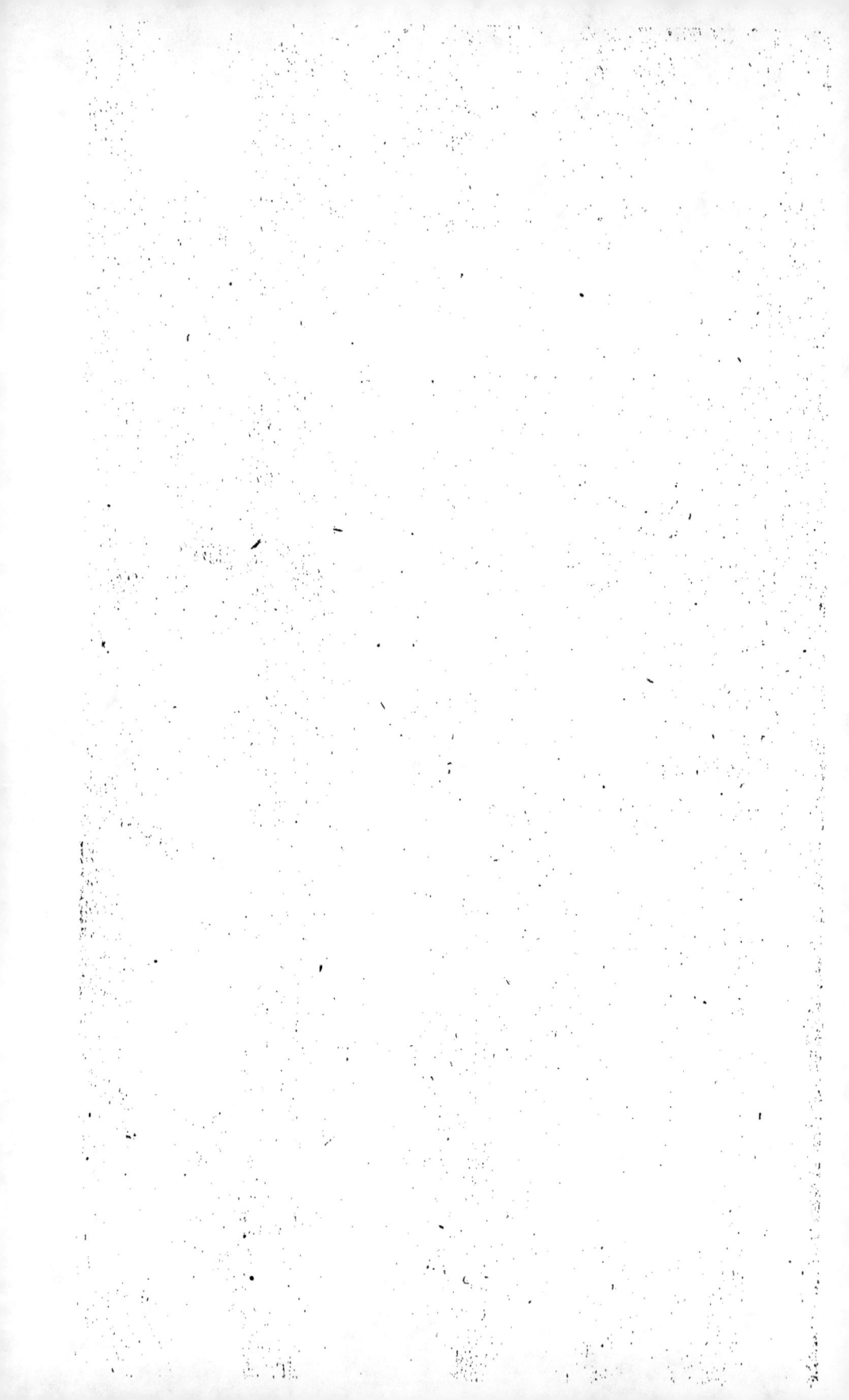

www.ingramcontent.com/pod-product-compliance
Lightning Source LLC
Chambersburg PA
CBHW060908220326
41599CB00020B/2892
* 9 7 8 2 0 1 1 3 2 2 1 6 6 *